Signale - Prozesse - Systeme

Springer

Berlin
Heidelberg
New York
Barcelona
Hongkong
London
Mailand
Paris
Singapur
Tokio

U. Karrenberg

Signale - Prozesse - Systeme

Eine multimediale und interaktive Einführung in die Signalverarbeitung

Zweite Auflage

Mit 239 Abbildungen

Springer

Dipl.-Ing. Ulrich Karrenberg
Studiendirektor
Mintarder Weg 90

40472 Düsseldorf

E-mail: karrenberg@aol.com

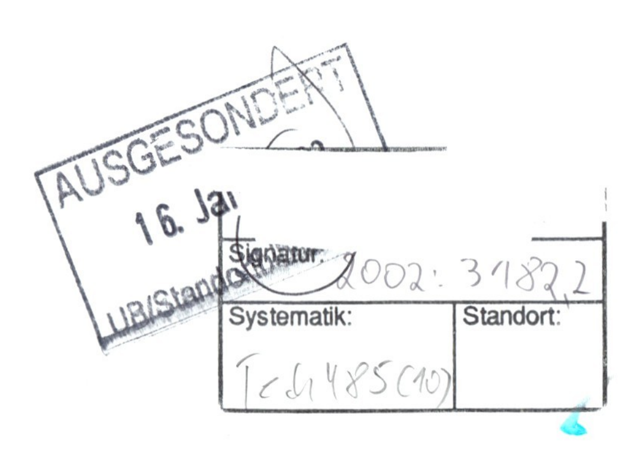

ISBN 3-540-41769-9 Springer-Verlag Berlin Heidelberg New York

Die Deutsche Bibliothek - CIP-Einheitsaufnahme
Karrenberg, Ulrich: Signale - Prozesse - Systeme : eine multimediale und interaktive Einführung in die Signalverarbeitung /
Ulrich Karreneberg. - 2. Aufl. -
Berlin; Heidelberg; New York; Barcelona; Hongkong; London; Mailand; Paris; Singapur; Tokio: Springer, 2001
ISBN 3-540-41769-9

Springer-Verlag Berlin Heidelberg New York
ein Unternehmen der BertelsmannSpringer Science+Business GmbH

http://www.springer.de

Satz: Satzerstellung durch Autor
Einband: design & production, Heidelberg
Gedruckt auf säurefreiem Papier SPIN: 10830928 07/3020hu - 5 4 3 2 1 0 -

Dieses Buch ist Claude E. Shannon gewidmet, dem Entdecker und Pionier der modernen Kommunikationstechnik. Er verstarb am 25. Februar 2001. Die 55 Seiten seiner „Mathematical Theory of Communication“ von 1948 sind nur wenigen zugänglich, was sein Genie und die Einmaligkeit seiner Erkenntnisse nicht schmälern kann. Sie haben die Welt mehr verändert als alle anderen Entdeckungen, denn Kommunikation ist der Schlüsselbegriff unserer Gesellschaft, ja des Lebens.

Vollendet sein wird sein Werk erst durch die Einbindung seiner Theorie in die moderne Physik und damit in die zentralen Wirkungsprinzipien der Natur. Diese steht noch aus.

- ♣ Wenn Du ein Schiff bauen willst, so trommle nicht die Leute zusammen, um Holz zu beschaffen, Aufgaben zu vergeben und die Arbeit einzuteilen, sondern wecke in ihnen die Sehnsucht nach dem weiten, endlosen Meer! (Atoine de Saint-Exupéry).
- ♣ Die größten Abenteuer finden im Kopf statt. (Steven Hawking).
- ♣ Die Fähigkeit von Sprache, Informationen zu vermitteln, wird weit überschätzt, vor allem in Kreisen von Gebildeten. Und nichts kann die Lücken schließen helfen, wenn die Dinge, die zur Sprache kommen, nicht der Art nach selbst erfahren wurden. (Alfred North Whitehead).
- ♣ Schämen sollten sich die Menschen, welche die Wunder der Wissenschaft und der Technik gedankenlos hinnehmen und nicht mehr davon geistig erfasst haben, als die Kuh von der Botanik der Pflanzen, die sie mit Wohlbehagen frisst. (Albert Einstein auf der Berliner Funkausstellung 1930)
- ♣ Reale Probleme nehmen keine Rücksicht auf die willkürliche Einteilung von Bildung in Unterrichtsfächer. (Autor)
- ♣ The purpose of Computing is insight, not numbers! (R. W. Hamming)
- ♣ Information and uncertainty find themselves to be partners. (Warren Weaver)

Inhaltsverzeichnis

Einführung

Zur Zeit liegt die Aus-, Fort- und Weiterbildung auf dem Gebiet der Mikroelektronik/ Computer- und Kommunikationstechnik im Blickpunkt der Öffentlichkeit. Hier werden händeringend qualifizierte Arbeitskräfte gesucht. Hier liegen die Märkte der Zukunft. Was fehlt, sind vor allem die zukunftsweisenden Konzepte für Studium und Unterricht bzw. auch für autodidaktisches „selbst erforschendes Lernen".

Verständliche Wissenschaft

Bei der Wahl der Studienfächer gelten all diejenigen Fachrichtungen nicht gerade als Renner, welche Theorie und Technik des Themenfeldes Signale - Prozesse - Systeme beinhalten. Sie sind derzeit als „harte" Studienfächer verschrien, weil der Zugang als auch das Studium mit Hindernissen versehen sind.

Hochschule, Industrie und Wirtschaft haben bislang wenig getan, diese Hindernisse zu beseitigen, obwohl hinter diesem Themenfeld sowohl der größte und umsatzstärkste Industriezweig als auch der bedeutendste Dienstleistungsbereich lauern.

Für den in der der Lehrerausbildung tätigen Autor war es seinerzeit schon fast erschreckend festzustellen, weltweit keine ihn selbst überzeugende, grundlegende didaktische Konzeption zur Mikroelektronik/Computer-, Kommunikations- bis Automatisierungstechnik sowohl für den Zugang als auch für das Studium selbst vorzufinden. Muss beispielsweise das Studium so theorielastig, die Berufsausbildung dagegen so praxisdominant sein, bilden Theorie und Praxis nicht gerade in dieser Fachwissenschaft zwangsläufig eine Einheit?

Eine kleine Episode soll das verdeutlichen. Im Fachseminar Nachrichtentechnik/ Technische Informatik sitzen 14 Referendare, allesamt diplomierte Ingenieure wissenschaftlicher Hochschulen, z.T. sogar mit Praxiserfahrung. Einer vom ihnen steht vor dem Problem, an seiner Berufsbildenden Schule eine Unterrichtsreihe „Regelungstechnik" durchführen zu müssen. Die Tagesordnung wird daraufhin auf „didaktische Reduktion und Elementarisierung" umgepolt. Alle Referendare haben während des Studiums die Vorlesung „Regelungstechnik" samt Übungen/Praktika besucht. Auf die Frage des Fachleiters, welcher zentrale Begriff zur Regelungstechnik denn in Erinnerung sei, kommt nach längerem Nachdenken die Antwort: *Laplace-Transformation*. Bei der inhaltlichen Hinterfragung dieses Begriffes wird allgemein verschämt eingestanden: Man könne zwar mit ihrem Formalismus ganz gut rechnen, was eigentlich substantiell dahinter stecke, sei jedoch weitgehend unklar!

Wer wollte bestreiten, dass ein Großteil des vermittelten Stoffes lediglich faktenhaft aufgenommen, unreflektiert angewendet und ohne tieferes Verständnis festgehalten wird? Und wer wird bezweifeln, dass sich ggf. mit alternativen Methoden der Wissensvermittlung *Lerneffizienz* und *Zeitökonomie* verbessern ließen?!

Kurzum: Das vorliegende *Lernsystem* möchte mit allen sinnvoll erscheinenden Mitteln versuchen,

- den *Zugang* zu dieser faszinierenden Fachwissenschaft *Signale - Prozesse - Systeme* (auch für nicht wissenschaftlich Vorgebildete) zu ermöglichen,

- die Symbiose von Theorie und Praxis *während des Studiums* zu verbessern sowie

- den *Übergang* vom Studium in den Beruf („Praxisschock") zu erleichtern.

Bei der Wahl der sinnvoll erscheinenden Mittel werden verschiedene Fachwissenschaften tangiert, die im weitesten Sinne ebenfalls mit *Kommunikation* zu tun haben.

Lehren und Lernen sind kommunikative Phänomene. Neben den Ergebnissen moderner Hirnforschung zur Bedeutung des bildhaften Lernens und der Bewusstseinsbildung (durch Wechselwirkung mit der Außenwelt) finden Ergebnisse der Lernpsychologie ihre Berücksichtigung.

Bei der *inhaltlichen* Veranschaulichung und Fundierung wird vor allem auf die *Physik* zurück gegriffen. Einerseits sind elektromagnetische Schwingungen und Wellen bzw. Quanten die Träger von Information; zwischen Sender und Empfänger findet eine physikalische Wechselwirkung statt. Andererseits wird Technik hier ganz einfach definiert als die sinnvolle und verantwortungsbewusste Anwendung von Naturgesetzen. *Nichts* läuft in der Technik - also auch nicht auf dem Gebiet der *Signale - Prozesse - Systeme* - , was nicht mit den Naturgesetzen in Einklang stehen würde!

Der Verzicht in diesem Lernsystem auf die - sattsam bekannte, in jeder Vorlesung individuell gestaltete - *mathematische Modellierung* signaltechnischer Phänomene ist eine der wichtigsten Maßnahmen, Hindernisse auf dem Wege zu dieser Fachwissenschaft aus dem Weg zu räumen und den Zugang zu erleichtern. Hierzu gibt es bereits hunderte von Fachbüchern; unnötig also, eine weitere Version hinzu zu fügen.

Für den Hochschullehrer stellt damit das Lernsystem ein *ideales Additivum* zu seiner Vorlesung dar. Gleichzeitig wird jedoch ein riesiger Personenkreis angesprochen, dem diese Fachwissenschaft bislang kaum zugänglich war.

Adressaten

Der Adressatenkreis ergibt sich fast zwangsläufig aus den vorstehenden Ausführungen:

- ♦ Dozenten und Hochschullehrer, die
  - → hervorragendes Bildmaterial, interaktive Simulationen und anschauliche Erklärungsmuster signaltechnischer Prozesse in ihre Vorlesungen/Seminare implementieren möchten,
  - → visualisieren wollen, was die Mathematik ihrer Vorlesung eigentlich bewirkt, wenn sie auf reale Signale losgelassen wird,
  - → es zu schätzen wissen, Laborübungen/Praktika nun fast zum Nulltarif planen, einrichten und durchführen zu können, ggf. auch zu Hause am heimischen PC des Studenten!
- ♦ Studierende ingenieurswissenschaftlicher Disziplinen an Fachhochschulen, Technischen Hochschulen und Universitäten (Mikroelektronik, Techn. Informatik, Mess-, Steuer-, Regelungs- bzw. Automatisierungstechnik, Nachrichten- bzw. Kommunikationstechnik usw.), denen z.B. in der Systemtheorie-Vorlesung die eigentliche Inhalte im Dickicht eines „mathematischen Dschungels“ verloren gegangen sind.
- ♦ Studierende anderer technisch - naturwissenschaftlicher Fachrichtungen, die sich mit der computergestützten Verarbeitung, Analyse und Darstellung realer Messdaten (Signale) beschäftigen müssen, mathematische und programmtechnische Barrieren aber vermeiden wollen.

- Firmen, die auf dem Gebiet der Mess-, Steuer-, Regelungs- bzw. Automatisierungstechnik arbeiten und die innerbetriebliche Fort- und Weiterbildung im Auge haben.
- Lehramtsstudierende der o.a. Fachrichtungen, deren Problem es ist, die überwiegend in mathematischen Modellen formulierte „Theorie der Signale – Prozesse – Systeme“ in die Sprache und bezogen auf das Vorstellungsvermögen der Schüler umzusetzen (Didaktische Reduktion und Elementarisierung).
- Lehrer der o.a. Fachrichtungen an Berufsbildenden Schulen /Berufskollegs, die zeitgemäße Konzepte und Lehrmittel suchen und im Unterricht einsetzen möchten.
- Ingenieure im Beruf, deren Studium bereits länger zurückliegt und die sich aufgrund ihrer Defizite in Mathematik und Informatik (Programmiersprachen, Algorithmen) bislang nicht mit den aktuellen Aspekten der computergestützten Signalverarbeitung auseinander setzen konnten.
- Facharbeiter/Techniker der o.a. Fachrichtungen/Berufsfelder, die sich autodidaktisch beruflich weiterqualifizieren möchten.
- Physiklehrer der Sekundarstufe II, die am Beispiel des Komplexes „Signale - Prozesse - Systeme“ die Bedeutung ihres Faches für das Verständnis moderner Techniken darstellen möchten, z.B. im Rahmen eines Leistungskurses „Schwingungen und Wellen“.
- Schülerinnen und Schüler informationstechnischer Berufe bzw. des Berufsfeldes Mikroelektronik - Computertechnik - Kommunikationstechnik, die an Berufsbildenden Schulen, Berufskollegs bzw. an Fachschulen für Technik ausgebildet werden.
- Populärwissenschaftlich Interessierte, die einen „lebendigen“ Überblick auf diesem hochaktuellen Gebiet gewinnen möchten.
- Schülerinnen und Schüler, die sich noch nicht für eine Berufs- oder Studienrichtung entschieden haben und sich einmal über dieses Fachgebiet informieren möchten, bislang aber durch den mathematischen Formalismus keinen Zugriff zu diesen Inhalten hatten.

Grafische Programmierung

Der Clou dieses Lernsystems ist die Implementierung einer professionellen Entwicklungsumgebung zur grafischen Programmierung signalverarbeitender Systeme. Dadurch sind mit den Algorithmen und Programmiersprachen weitere Hindernisse beseitigt, wodurch es möglich wird, den Blick auf die eigentliche Signalverarbeitung zu fokussieren.

Diese reale Signalverarbeitung und Simulation ermöglicht hierbei das im Hintergrund arbeitende Programm DASY*Lab*. Das Programm stellt ein nahezu ideales und vollständiges Experimentallabor mit allen nur erdenklichen „Geräten“ und Messinstrumenten zur Verfügung. DASY*Lab* wird weltweit durch die Fa. National Instruments Services GmbH & Co KG - einer Tochtergesellschaft von *National Instruments* in Austin, Texas - in vielen Ländern/Sprachen sehr erfolgreich vertrieben und in der Mess-, Steuerungs-, Regelungs- und Automatisierungstechnik eingesetzt. Während für die industrielle Einzellizenz dieses Programms ein marktkonformer Preis verlangt wird, greift das Lernsystem auf eine Studienversion zu, die den gleichen Leistungsumfang besitzt und praktisch umsonst mitgeliefert wird. Sie ist äußerst leicht zu bedienen und bietet alle Möglichkeiten, eigene Systeme oder Applikationen zu entwickeln, zu modifizieren, zu optimieren, zu verwerfen und umzugestalten.

Das elektronische Buch

Auf der CD befindet sich das gesamte elektronische Buch - multimedial und interaktiv aufbereitet - mit allen Programmen, Videos, Handbüchern usw. Das eigentliche Dokument bzw. Lernsystem **SiProSys.pdf** ist identisch mit diesem Buch.

Hinweise zur Installation

Im Prinzip brauchen Sie lediglich ein einziges Programm auf dem PC zu installieren: DASY*Lab*. Danach nur noch *eine* der DASY*Lab*-Dateien (*.dsb im Ordner dasylab) auf der CD mit diesem Programm verknüpfen. Schließlich den Button „Lernsystem" anklicken. Alles andere läuft dann direkt von der CD.

Trotzdem wird dringend empfohlen, das komplette System auf Ihrer Festplatte zu installieren. Damit läuft alles doch schneller, und das CD-ROM-Laufwerk muss nicht jedesmal erst hochlaufen.

Starten Sie den PC. Nachdem Windows geladen ist, schieben Sie bitte die CD ins Laufwerk. Nach kurzer Zeit sollten Sie folgendes Bild auf dem Bildschirm sehen:

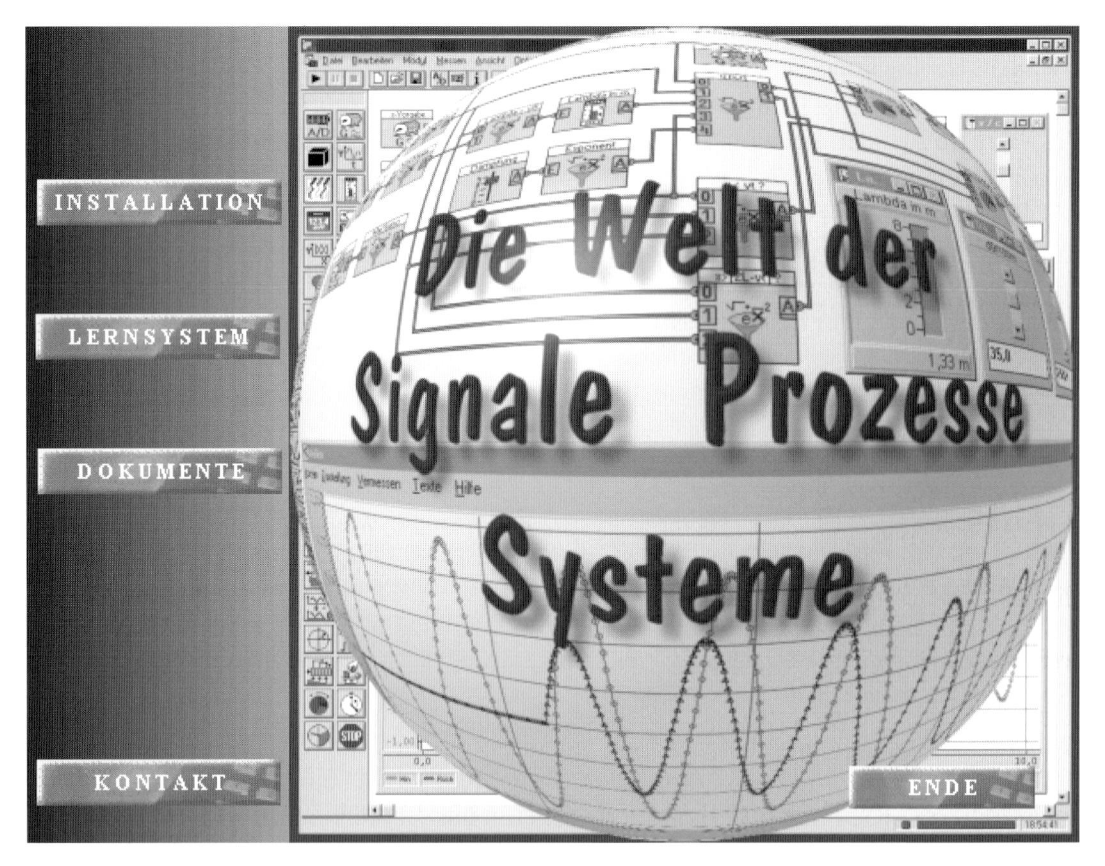

Abbildung I ***Die Bedienungsoberfläche nach dem Einlegen der CD***

Die Installation von DASY*Lab*

Drücken Sie den Button"Installation" und wählen Sie DASY*Lab* aus. Damit startet die Installation.

Die Installation des Acrobat Readers

Dies ist eine spezielle Version des Acrobat Readers (rs40deu.exe) mit erweiterter Suchfunktion. Falls Sie bereits einen anderen Acrobat Reader installiert haben, sollten sie diesen vorher deinstallieren. Die Installation läuft nun in gewohnter Weise ab.

Aktivieren der *.dsb-Dateien

Im Ordner „**dasylab**“ sind an die 200 Dateien mit der Endung *.dsb. Dahinter verbergen sich die signaltechnischen Systeme, mit denen Sie im „Lernsystem“ interaktiv arbeiten.

Sie müssen nun Ihrem PC mitteilen, mit welchem Programm dieser Dateityp geöffnet werden soll. Versuchen Sie mit einem Doppelklick, eine beliebige *.**dsb**-Datei zu öffnen. Als nächstes erscheint das Menü nach Abbildung II (hier wurde „**abb013.dsb**“ gewählt).

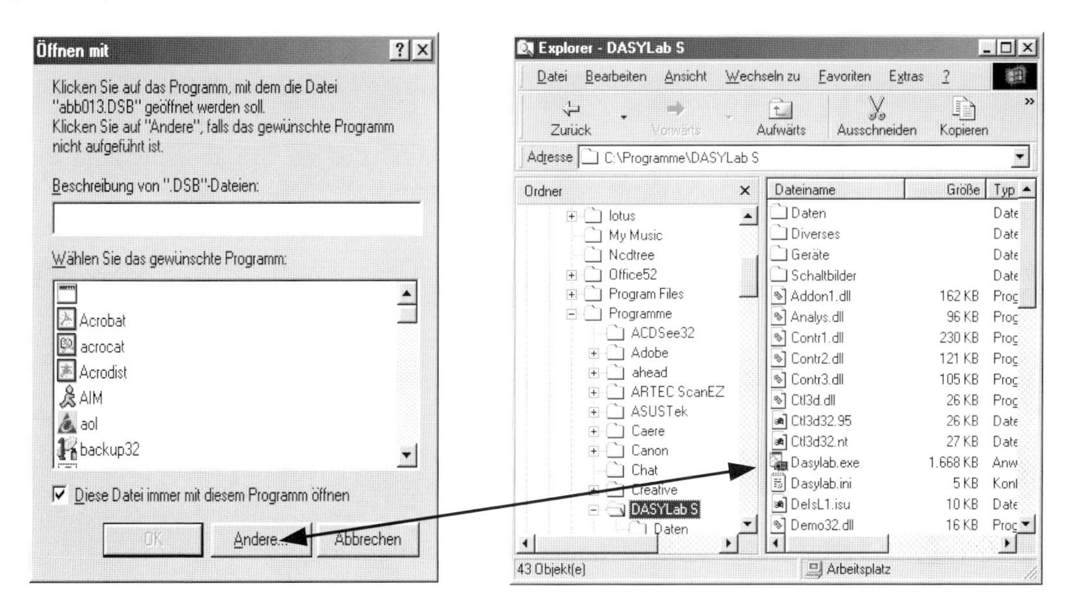

Abbildung II ***Verknüpfung***

Im Fenster werden Sie nicht direkt die Datei **Dasylab.exe** finden. Drücken Sie deshalb auf den Button „Andere...“ und suchen Sie im Explorer über die Ordner **Programme** und **DASYLab S** die Datei **Dasylab.exe** heraus. Diese einmal anklicken und dann im Fenster unter „Öffnen mit“ bestätigen. Daraufhin muss DASY*Lab* starten und genau diese Datei laden!

Installation des „Lernsystems“ auf der Festplatte

Erstellen Sie auf der Partition C (oder einer anderen Partition) einen neuen Ordner und nennen Sie ihn z.B. **SiProSys**.

Markieren Sie beim **CD-Inhalt** (wie in Abbildung III gezeigt) die 4 Ordner „**dasylab**“, „**dokumente**“, „**index**“ und „**video**“ sowie die beiden Dateien **SiProSys.pdf** und **index.pdx**, indem Sie die Control-Taste (**Strg**) gedrückt halten und nacheinander die genannten Ordner und Dateien mit der linken Maustaste anklicken.Kopieren Sie nun die markierten Ordner und Dateien mit **Control C** (**Strg** gedrückt halten und die **C**-Taste drücken). Nun diesen (leeren) Ordner **SiProSys** öffnen und mit **Control V** (**Strg** gedrückt halten und **V**-Taste drücken) alle Ordner und Dateien einfügen.

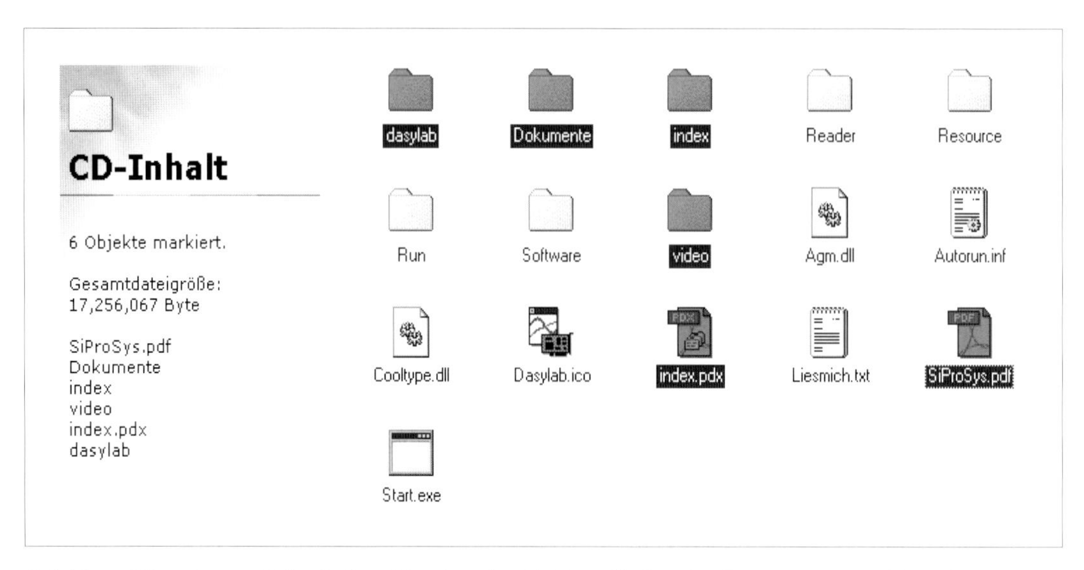

Abbildung III ***Ausgewählte Ordner/Dateien für die Installation des Lernsystems auf der Festplatte***

Um das Lernsystem nun komfortabel starten zu können, legen Sie abschließend eine *Verknüpfung* der Datei **SiProSys.pdf** auf den Desktop. Dazu diese Datei im Ordner **SiProSys** mit der rechten Maustaste anklicken und auf „*Verknüpfung erstellen*" klicken. Ziehen Sie die Verknüpfung aus diesem Ordner auf den Desktop. Durch einen Doppelklick können sie nun direkt das Lernsystem vom Desktop starten.

Stichwortsuche

Die installierte Version des Acrobat Readers besitzt eine besonders komfortable Suchfunktion für das elektronische Buch. Abbildung IV zeigt die Bedienung. Nacheinander werden alle Fundstellen angezeigt, selbst in den Bildern.

Installation der Software über den Arbeitsplatz oder den Explorer

Sollte aus irgend einem Grund die Installation der Software (Acrobat Reader und DASY*Lab*) nicht über die Bedienungsoberfläche der CD möglich sein, lässt sich - wie bei allen anderen CDs auch - die Installation über den Arbeitsplatz bzw. den Explorer durchführen. Öffnen Sie hierfür den Ordner **Software** (siehe Abb. V). Ein Doppelklick auf **rs40deu.exe** startet die Installation des Acrobat Readers. Im Ordner **Disk1** befindet sich die **Setup.exe**-Datei von DASY*Lab*. Auch hier startet die Installation nach einem Doppelklick.

Das interaktive Lernsystem

Die Datei **SiProSys.pdf** ist als interaktives Medium konzipiert. In diesem Dokument sind deshalb aktive Verknüpfungen festgelegt, die zu anderen Programmen oder Buchseiten des Lernsystems führen.

Es wird empfohlen, sich zunächst mit der Bedienung des Acrobat Readers vertraut zu machen. Vieles lässt sich für erfahrene User auch intuitiv erfassen und durchführen. Im Ordner „**Dokumente**" finden Sie für alle Fälle das (offizielle) Handbuch für den Acrobat Reader.

Die Verknüpfungen in pdf-Dokumenten sind als *aktive Flächen* gestaltet. Falls diese nicht besonders gekennzeichnet sind, teilt Ihnen das der Cursor mit: Das normale Cursor-Symbol „Hand" wechselt dann zum „Zeigefinger" (siehe Abbildung VI).

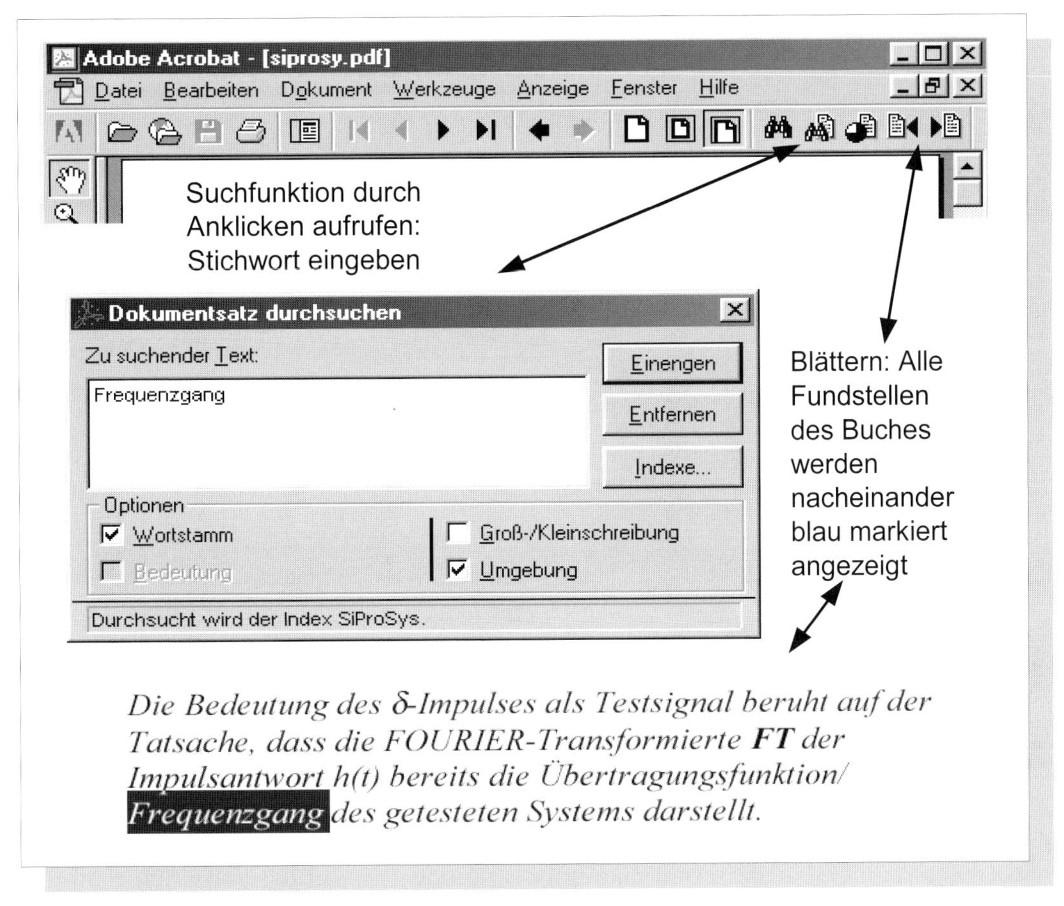

Abbildung IV **Stichwortsuche**

Im Lernsystem gibt es drei verschiedene Verknüpfungen:

- Jede Kapitelbezeichnung auf der Startseite des jeweiligen Kapitels ist mit einem *gelben* Rahmen versehen. Ein Klick auf diese Fläche startet ein „Screencam"-Video mit einer *Einführung* in das betreffende Kapitel. Bitte den PC-Lautsprecher einschalten!
- Der Großteil der ca. 250 Abbildungen des Buches ist mit der entsprechenden DASY*Lab*-Applikation verknüpft, die den zum Bild gehörenden Versuch durchführt. Dieser kann nach Belieben modifiziert bzw. verändert werden. Die Änderung kann unter anderem Namen abgespeichert und archiviert werden! Für die Rückkehr ins pdf-Dokument DASY*Lab* einfach *beenden*. Bleibt DASY*Lab* im Hintergrund aktiv, kann keine weitere DASY*Lab*-Verknüpfung gestartet werden!

Abbildung V **Software-Installation II**

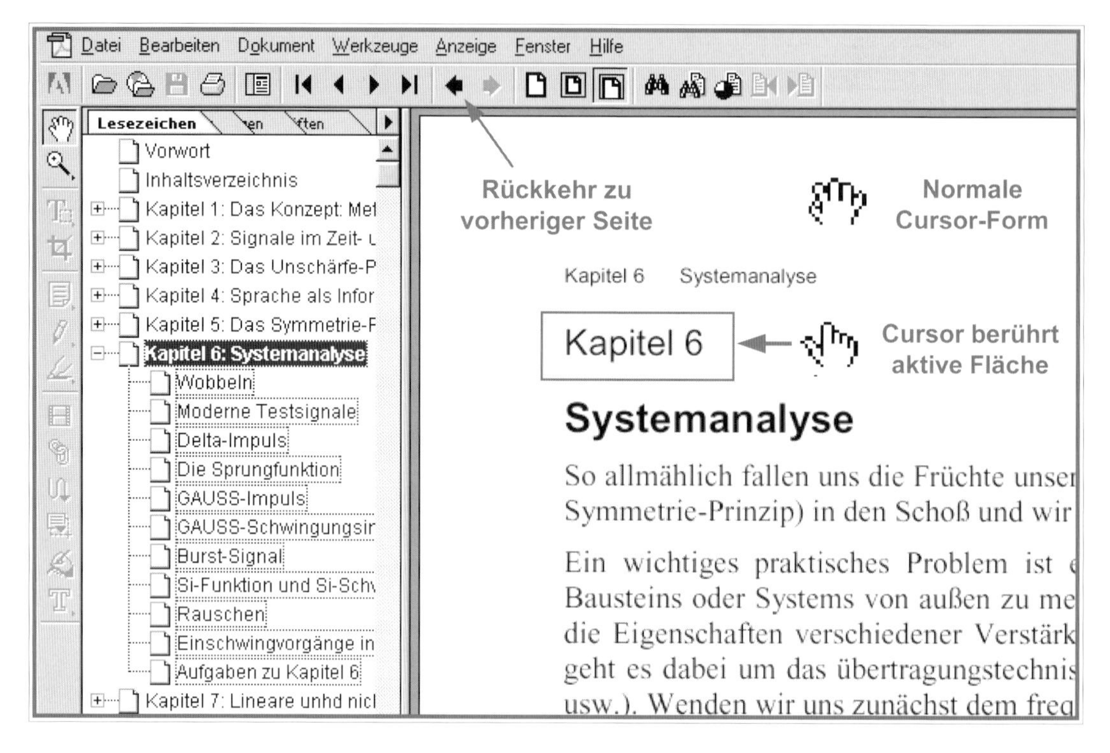

Abbildung VI ***Verknüpfungen und aktive Flächen***

- Hinweise zu anderen Stellen des Dokumentes - z.B. vom Inhaltsverzeichnis aus oder auf andere Abbildungen - sind ebenfalls verknüpft. Um an die vorherige Stelle des Dokumentes zurück zu kehren, wählen Sie die entsprechende Pfeiltaste oben rechts im Menü (siehe Abbildung VI).

Technische Eigenschaften und Voraussetzungen

Das Lernsystem läuft unter allen Windows-Betriebssystemen ab Windows 95. Vorausgesetzt wird ein für Multimedia-Anwendungen geeigneter PC mit mindestens 32 MB Hauptspeicher. Wichtig ist hierbei für die Ein- und Ausgabe *analoger* Signale eine Voll-Duplex-fähige Soundkarte mit dem für das jeweilige Betriebssystem (z.B. Windows NT!) geeigneten Treiber. Der Stereo-Eingang und -Ausgang der Soundkarte ergibt jeweils zwei analoge Ein- und Ausgangskanäle.

Digitale Signale können über den Parallelport mehrkanalig ein- und ausgegeben werden. Im Ordner „Dokumente“ finden Sie die entsprechenden Handbücher für die Handhabung von DASY*Lab* sowie die Ein- und Ausgabe realer Signale über Soundkarte und Parallelport.

In vernetzten PC-Systemen sollte das Lernsystem grundsätzlich *lokal* auf jedem PC installiert werden. Eine typische Netzversion gibt es derzeit noch nicht. Allerdings soll es nach Aussagen sachkundiger Betreiber durchaus möglich sein, das Lernsystem – z.B. in einem schnellen NOVELL-Netz – ausschließlich auf dem Server zu installieren.

Systementwicklung mit Blockschaltbildern

DASY*Lab* besitzt einen Vorrat an Modulen („Bausteine“), die jeweils einen signaltechnischen *Prozess* verkörpern. Durch Synthese dieser Module zu einem *Blockschaltbild* entsteht ein *signaltechnisches System*.

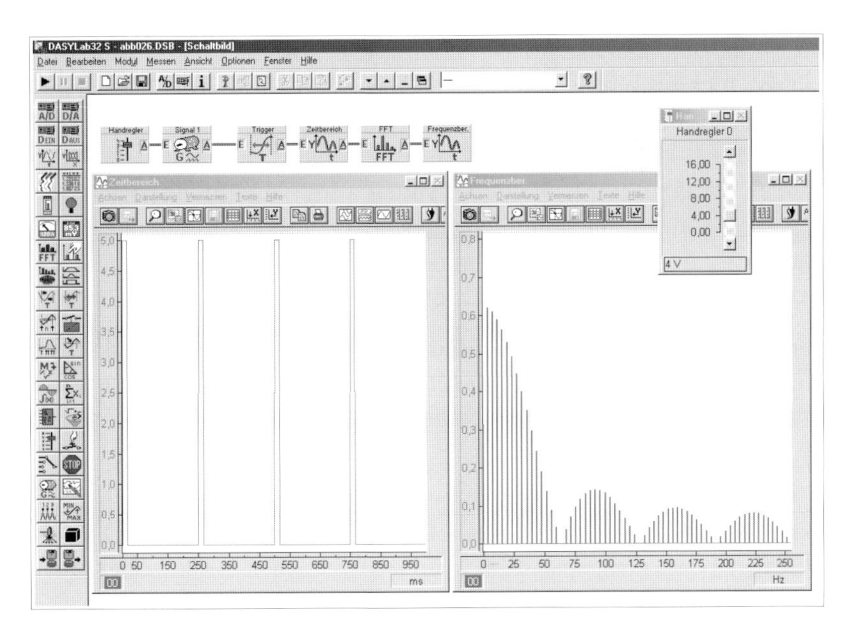

Abbildung VII ***Blockschaltbild als signaltechnisches System***

Diese Module finden Sie im Menü nach Oberbegriffen (z.B. „Datenreduktion") sortiert. In einer Modulleiste am linken Bildrand sollten Sie nur die von Ihnen verwendeten Module unterbringen, um schneller darauf zugreifen zu können. Am besten, Sie legen eine eigene, neue Modulleiste an.
Die grundsätzliche Arbeitsweise mit DASY*Lab* zeigt Ihnen das Video zu Kapitel 1. Die *Hilfe* in DASY*Lab* sowie die Handbücher im Ordner „**Dokumente**" geben Ihnen detaillierte Information.

Am einfachsten lernen Sie das „Zusammenwirken" der einzelnen Module kennen, indem Sie auf die zahlreichen Beispiele des Lernsystems und von DASY*Lab* (im Ordner „**Schaltbilder**") zurückgreifen. Probieren geht hier wirklich vor dem Studium der Handbücher!

Alle Beispiel des Lernsystems sind für die XGA-Bildschirmauflösung (1024 * 768) optimiert. Natürlich lässt sich auch mit einer höheren Auflösung arbeiten, denn Bilder können im Prinzip nicht groß genug sein. Allerdings werden Sie kaum einen Beamer (Video-Projektor) mit höherer Auflösung für Ihre Vorlesung bzw. Ihren Unterricht finden.

Bestechend sind die Möglichkeiten von DASY*Lab*,

- die visualisierten Daten/Messergebnisse mit dem Cursor genau zu vermessen,
- Signalabschnitte zu vergrößern („zoomen"),
- „3D-Darstellungen" für die Visualisierung größere Datenmengen einzusetzen („Wasserfall" und „Frequenz-Zeit-Landschaften" einschließlich Farb-Sonogrammen) sowie
- auf Knopfdruck diese Vektor-Grafiken (!) direkt in Ihre Dokumentation einzubinden (dsgl. auch die Schaltbilder).

Die einfachste Möglichkeit, reale (analoge) Signale ein- und auszugeben bietet ein preiswertes Headset (Kopfhörer mit Mikrofon). Diese „Hardware" ist vor allem dann zweckmäßig, wenn gemeinsam in größeren Gruppen gearbeitet wird.

Bedenken Sie bitte, dass bei dieser S-Version von DASY*Lab* die Verarbeitung realer Signale durch die technischen Eigenschaften der Soundkarte, des Parallelports sowie – ganz neu (!) – der seriellen Schnittstelle beschränkt sind. Beispielsweise können über die Soundkarte keine langsam schwankenden Signale aufgenommen werden, da an deren Eingängen Koppelkondensatoren sitzen. Im Handbuch ist allerdings eine Schaltung angegeben, mit Hilfe eines einfachen Spannungs-Frequenz-Wandlers (VCO) den Momentanwert einer (langsam sich ändernden) Messspannung in eine (Momentan-) Frequenz umzusetzen, ähnlich den Verfahren in der Telemetrie.

Für professionelle Anwendungen - z.B. in der Automatisierungstechnik – benötigen Sie die industrielle Version von DASY*Lab* sowie spezielle Multifunktions- und Schnittstellenkarten samt DASY*Lab* - Treibern .

Die S-Version besitzt den gleichen Funktionsumfang wie die industrielle Vollversion; aus naheliegenden Gründen wurde (lediglich) das Datenformat geändert sowie die Möglichkeiten der Kommunikation mit der Hardware-Peripherie eingeschränkt.

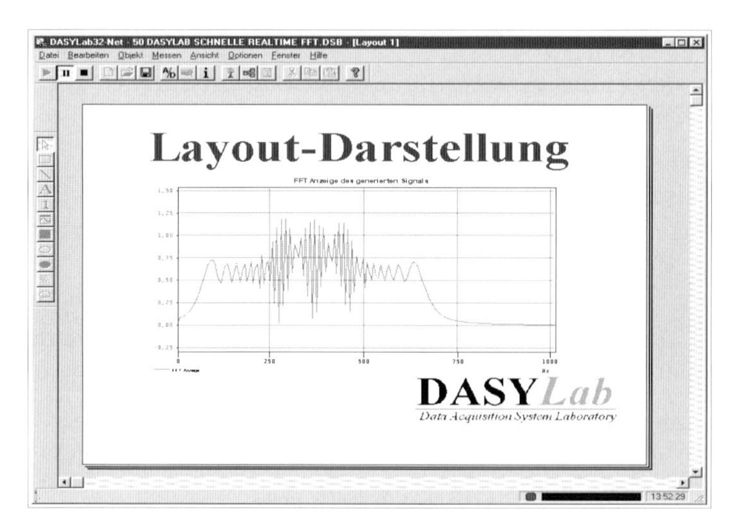

Abbildung VIII ***Präsentation***

Für die Präsentation visualisierter Daten ist die sogenannte Layout-Darstellung möglich. Sie entspricht dem, was üblicherweise auf der Frontplatte eines Messsystems zu sehen ist und blendet die eigentliche „Technik" aus, die sich im Gehäuse befindet.

Da das Lernsystem gerade diesen (system-)technischen Hintergund vermitteln möchte, findet sie in diesem Buch keine Verwendung.

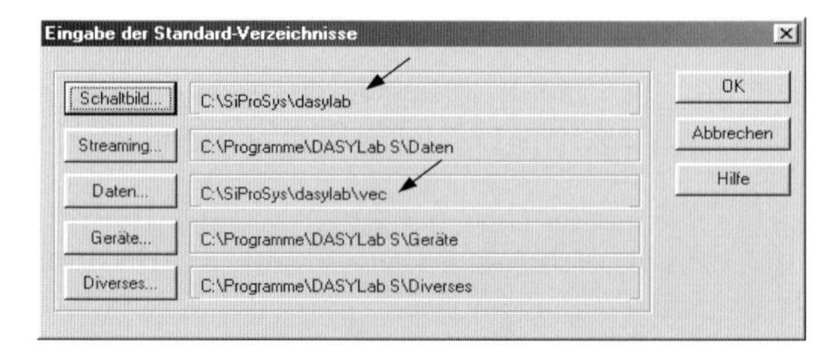

Abbildung IX ***Einstellung des Standard-Verzeichnis im DASYLab***

DASYLab muss wissen, auf welchem Pfad die Schaltbilder und einzulesenden Daten zu finden sind. Im ***Menü*** *finden Sie deshalb unter* ***Optionen*** *die* ***Standard-Verzeichnisse****. Falls Schaltbilder und Daten nicht richtig geladen werden, korrigieren Sie dort bitte die Einstellungen entsprechend Ihrer Installation.*

Kapitel 1

Das Konzept: Methoden - Inhalte - Ziele

Die Mikroelektronik bildet bereits heute die Schlüsselindustrie schlechthin (siehe Übersicht 1). Sie hat und wird nach Expertenmeinung unser Leben mehr verändern als jede andere Technologie. Ihre gesellschaftlichen, politischen und wirtschaftlichen Auswirkungen übersteigen möglicherweise jedes Vorstellungsvermögen.

Berufliche Mobilität dürfte zukünftig fast gleichbedeutend sein mit dem qualifizierten und verantwortungsbewussten Umgang mit Mikroelektronik im weitesten Sinne. Bildung und Wissenschaft dürften durch sie mehr beeinflusst und schneller verändert werden als je zuvor.

Nun ist die Mikroelektronik schon lange von einer unübersehbaren Vielfalt bei immer noch steigender Innovationsgeschwindigkeit. Für das Studium sowie die Aus-, Fort- und Weiterbildung auf dem Gebiet der Mikroelektronik wird deshalb die Frage nach einem effizienten Konzept immer drängender. Und angesichts von Tendenzen, aufgrund der scheinbaren inhaltlichen Komplexität, den „Ingenieur als Facharbeiter von morgen“ (VDI-Nachrichten) zu betrachten, taucht zwangsläufig die Frage auf: Was wird aus dem Facharbeiter - Heer von heute?

Auto und Verkehr - Flugsicherung - Verkehrsleitsysteme - Auto-Diagnosesysteme - Antiblockiersysteme - Abstandsradar - Bordcomputer - Ampelsteuerung - Motorsteuerung - Global Positioning System	**Energie und Umwelt** - Solartechnik - Wärmepumpe - Beleuchtungsregelung - Heizungsregelung - Klimaregelung - Überwachung Luft/Wasser - Optimierung von Verbrennungsprozessen - Recycling	**Büro und Handel** -Textverarbeitung - Sprachausgabe - Spracherkennung - Barcode-Leser - Schrifterkennung - Kopiergeräte - Bürocomputer - Drucker - Optische Mustererkennung
Unterhaltung / Freizeit - Musikinstrumente - Spiele - Radio/HiFi - Kameras - Fernseher - Personalcomputer - Digitales Video	**Anwendungen der Mikroelektronik**	**Industrie** - Maschinensteuerung - Messgeräte - Prozesssteuerung - CAD/CAM/CIM - Roboter - Sicherheitseinrichtungen - Transporteinrichtungen
Haushalt / Konsum - Herde - Uhren - Geschirrspüler - Waschmaschinen - Heimcomputer - Taschenrechner - Heizkostenverteiler - Alarmanlagen	**Kommunikation** - Telefonsysteme - Datennetze - Satellitenkommunikation - Breitbandkommunikation - Fernüberwachung/Ortung - Verschlüsselung - Mobilfunk - Speichertechnik	**Medizin** - Patientenüberwachung - Sehhilfen - Herzschrittmacher - Laborgeräte - Narkosegeräte - Hörhilfen - Prothesen - Sonographie/Tomographie

Übersicht 1: Schlüsselindustrie Mikroelektronik (Quelle: ZVEI)

Derzeit sind bereits ganze Systeme auf einem einzigen Chip - bestehend aus Millionen von Transistoren - integriert. Wie und was soll überhaupt vermittelt, dargestellt, unterrichtet werden, um auch dem *nicht*akademischen Nachwuchs Zugang zu dieser faszinierenden, unumkehrbaren und für jedermann wichtigen Technik zu ermöglichen?

Dies ist wohl in erster Linie eine Frage an die Fachwissenschaft Mikroelektronik selbst. Ein *Fachgebiet* wird schließlich erst in den Adelsstand *Fachwissenschaft* erhoben, falls u.a. der Nachweis gelingt, selbst für eine unendliche Vielfalt Übersicht und Transparenz (“Struktur“) mit Hilfe geeigneter Denkansätze - des richtig durchdachten Konzeptes - zu gewährleisten.

Alles unter einem Dach

Es gibt also gute Gründe, dieses Thema weitesten Kreisen zugänglich zu machen. Und es scheint auch einen Universalschlüssel zu geben, der diesen Zugang erleichtert. Alle Beispiele der Übersicht 1 zeigen, dass es sich um *Signalverarbeitung* - z.B. Messen, Steuern, Regeln - handelt. Dies gilt selbst für (moderne) Waschmaschinen, die ein elektronisch gesteuertes Programm abarbeiten und dabei Wasserstand und Temperatur überwachen. Und auch in einem Computer findet nichts anderes statt als *Signal*verarbeitung, hier allerdings meist als *Daten*verarbeitung bezeichnet.

Die gesamte Mikroelektronik macht nichts anderes als Signalverarbeitung!

Diese Kernaussage ermöglicht es, praktisch alle Systeme der Mikroelektronik unter einem gemeinsamen Dach zusammenzufassen. Diesem Gedanken folgend, lässt sich die Mikroelektronik vielleicht am einfachsten als Triade darstellen, bestehend aus den drei Säulen *Hardware, Software* sowie der „*Theorie der Signale - Prozesse - Systeme*“.

Während die heutige Hardware und Software in relativ kurzer Zeit veraltet sein werden, gilt dies nicht für die dritte Säule, die „Theorie der Signale - Prozesse - Systeme“. Sie ist praktisch zeitlos, weil sie auf Naturgesetzen basiert!

Die drei genannten Säulen der Mikroelektronik sollten gerade im Hinblick auf die künftige Entwicklung näher betrachtet werden.

Hardware: Systems on a Chip

Mit Hilfe des Computers lässt sich heute bereits praktisch jede Form der Signalverarbeitung, -analyse, -visualisierung realisieren. Der Computer ist damit so etwas wie eine *Universal-Hardware* für Signale bzw. Daten. Die Hardware eines PCs lässt sich bereits auf der Fläche einer Telefon-Chipkarte unterbringen. Aufgrund der Fortschritte bei den hochintegrierten Schaltungen – bis zu 600 Millionen Transistoren lassen sich derzeit auf einem Chip integrieren – ist es keine gewagte Prophezeiung, dass es in absehbarer Zeit eine auf *einem* Chip integrierte, komplette PC-Hardware einschließlich Speicher, Grafik, Sound, Schnittstellen, Video-Codec usw. geben wird.

Für alle Probleme, die sich nicht mit diesem universellen PC-Chip lösen lassen, wird es ebenfalls in Kürze hochkomplexe *frei programmierbare* Chips sowohl für analoge als auch für digitale Schaltungen geben. Deren Programmierung erfolgt wiederum am Computer, auf Knopfdruck wird dann der Schaltungsentwurf in den Chip „gebrannt“. Die hierfür erforderliche Kompetenz gehört aber zweifellos zum Bereich *Signale-Prozesse-Systeme!*

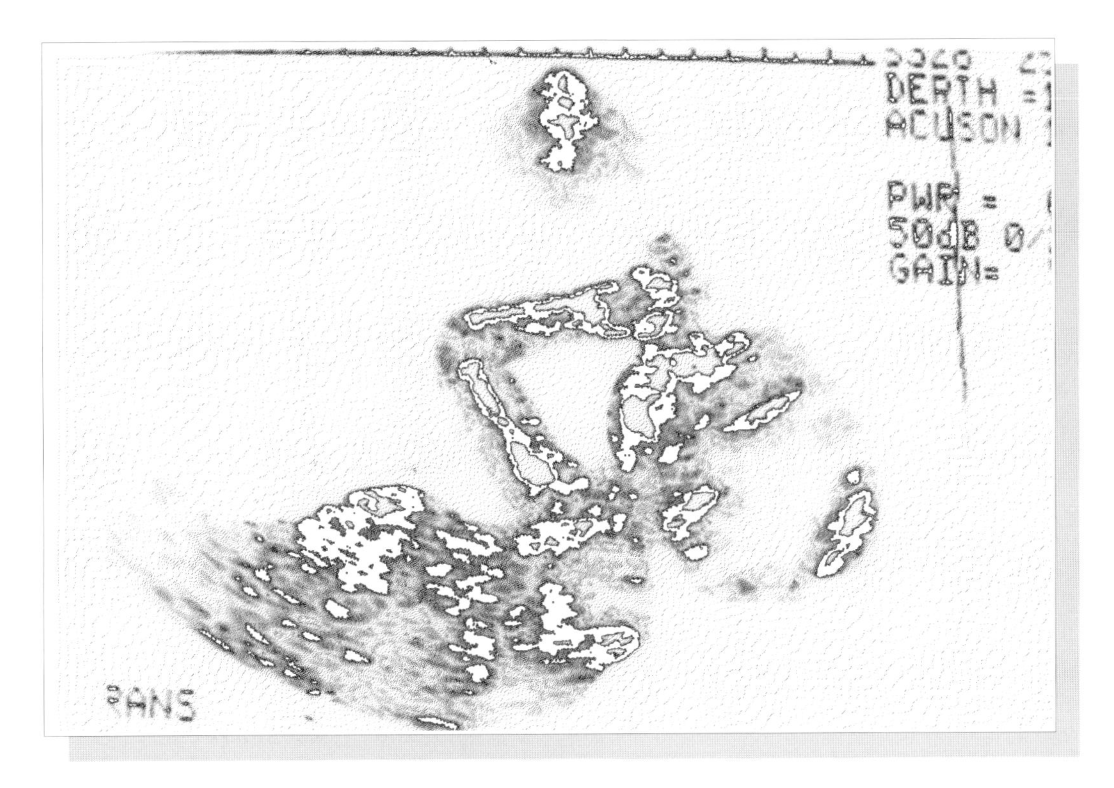

Abbildung 1 ***Sonographie***

Auch das ist angewandte Signalverarbeitung: Portrait mittels Ultraschall-Sonographie in der 22. Schwangerschaftsoche. Das Ungeborene lutscht am Daumen (Quelle: Geo Wissen Nr. 2/91, S. 107). Reichen beste Programmier- und Hardware-Kenntnisse sowie mathematische Kompetenz aus, ein solches Sonographie-Gerät zu entwickeln? Anders gefragt: Welche Kenntnisse sind substantiell wichtig, um solch komplexe Geräte der Mikroelektronik/Computertechnik in Zukunft entwickeln zu können?

Statt der unübersehbaren Vielfalt von derzeit über 100.000 verschiedenen ICs (Integrated Circuits bzw. Integrierte Schaltungen) geht der Trend also eindeutig in Richtung „PC-Standard-IC" bzw. frei programmierbaren ICs. Allenfalls in der Massenproduktion dürften noch funktions- und kostenoptimierte anwendungsspezifische integrierte Schaltungen (ASICs) zum Einsatz kommen.

Was ist die Konsequenz? Der Schwerpunkt der Mikroelektronik verschiebt sich künftig mehr und mehr auf die Software: *Algorithmen statt Hardware!*

The Software is the Instrument

Dieser Slogan der amerikanischen Firma *National Instrument* scheint damit seine Berechtigung zu haben. Nur: Welche Art von Software und Software-Programmierung wird sich durchsetzen? Gerade im Hinblick auf die hier angestrebte *hohe Lerneffizienz* bzw. *Zeitökonomie des Lernprozesses* bekommt diese Fragestellung ein besonderes Gewicht und wird deshalb noch einmal an späterer Stelle näher behandelt. Wäre es beispielsweise nicht traumhaft, Programme in einem Bruchteil der bisher benötigten Zeit ohne den Einsatz kryptischer Programmiersprachen und ohne die mit höherer Mathematik durchsetzten Algorithmen zu kreieren? Gemeint sind also Programme, die ohne Studium der Mathematik und Informatik in Inhalt und Struktur auch z.B. von Schülern, Facharbeitern und Technikern fast „intuitiv" gestaltet und verstanden werden können.

Der PC ist ein programmierbarer Rechner. Die eigentlichen Systemeigenschaften ergeben sich damit aus den Programmen. Sie stellen gewissermaßen *virtuelle Systeme* dar, da sie nicht „greifbar“ sind.

Woher wird der Anwender künftig seine Programme bekommen? Natürlich aus dem Internet! Was benötigt er, um auch die geeigneten Programme für jede spezielle Form der Signal- bzw. Datenverarbeitung auszuwählen? Vor allem signaltechnische Kompetenz, womit wiederum die dritte Säule – die *Theorie der Signale - Prozesse - Systeme* – mit ins Spiel kommt.

Ein Fall für zeitgemäße Bildung

Das Tripel Signale - Prozesse - Systeme ist ein Synonym für *Kommunikation*, dem eigentlichen Schlüsselbegriff unserer Gesellschaft, ja Existenz.

Kommunikation ist fast die Definition des Lebendigen: Kommunizieren die Gehirnzellen nicht mehr miteinander, so ist der Mensch klinisch tot. In der Medizin findet derzeit so etwas wie ein Paradigmenwechsel statt. Galt sie bislang als empirische, d.h. auf Erfahrung beruhende Wissenschaft, so stehen mit der Molekularbiologie und Genetik nunmehr mächtige Werkzeuge zur Verfügung, die es möglich erscheinen lassen, den Hintergrund bzw. die zur Krankheit führende Kausalkette aufzubröseln und zu verstehen. Krankheit wird immer mehr als kommunikative Störung zwischen Zellen verstanden! Die sich hieraus ergebenden Möglichkeiten zur Gestaltung, Selektion, Vorbeugung und Heilung stoßen derzeit nicht nur an die Grenzen unserer Ethik und Moral, sondern z.B. auch an die Grenzen der Finanzierungsmöglichkeit des sozialen Systems.

Ohne Kommunikation gäbe es auch keine Völker, Staaten, Industrie, Wirtschaft, Schulen und Familien. Was muss letztlich ein (Hochschul-)Lehrer beherrschen um erfolgreich zu arbeiten: Kommunikation!

Kurzum: In allen Bereichen des täglichen Lebens, der beruflichen Praxis und der Wissenschaft tauchen zahllose Fragestellungen auf, die letztlich untrennbar mit *Kommunikation* verbunden sind bzw. sich hierüber beantworten lassen. In der Bildung und auch in weiten Bereichen der Wissenschaft scheint sich dies noch nicht genügend herumgesprochen zu haben. Zu Beginn dieses Jahrtausends wird z.B. diskutiert, mit welchen Fächern der Bildungskanon des Gymnasiums aktualisiert bzw. besser an die Bedürfnisse der realen Welt angepasst werden könnte. In der Bildungsdiskussion sind - heftig bekämpft - derzeit mögliche Fächer wie „Wirtschaft“ und „Technik“. Von „Kommunikation“ war bislang noch nie die Rede!

Zur Einheit von Theorie und Praxis

Was also gesucht wird, sind *universelle Erklärungsmuster*, die bei der geistigen Durchdringung zahlloser kommunikativer Phänomene aus Praxis und Wissenschaft „greifen“. Mit deren Hilfe sich *Ordnung, Struktur und Transparenz* innerhalb eines Fachgebietes erzeugen lassen. Hiermit wird angerissen, was eigentlich unter Theorie verstanden werden sollte.

Lehren und Lernen beschreibt eine bestimmte Gruppe kommunikativer Phänomene. Die Nachrichtentechnik als Technische Kommunikation bzw. die Theorie der Signale - Prozesse - Systeme eine andere. Die Physiologie unseres Körpers eine weitere. Sind alle unter *einem* Dach?

Multimediales und interaktives Lernen

Multimediale und interaktive Kommunikation im Lernprozess bedeutet nichts anderes, als *mit allen Sinnen* zu kommunizieren!

In der schulischen und kulturellen Kommunikation dominiert bislang eindeutig die Sprache. Abgesehen davon, dass Sprache in hohem Maße fragmentarisch (bruchstückhaft) und redundant (weitschweifig) ist, für den akustischen Strom von Informationen genügt - wie beim Telefon - eine physikalische Bandbreite von 3 kHz.

Einen Bildstrom in der gleichen Qualität zu übertragen, die dem (Stereo)-Bild unserer Augen entspricht, erfordert etwa 300 MHz. Damit nehmen wir pro Zeiteinheit - verglichen mit Sprache - mit den Augen bis zum 100.000-fachen der Information auf!

Weiterhin ist der Hörsinn der letzte aller Sinne, welcher im Laufe der Evolution hinzu gekommen ist. Es besteht deshalb nicht nur der Verdacht, dass unser Gehirn vorwiegend für bildhafte Information strukturiert ist. *Jeder, der einen Roman liest, dreht seinen eigenen Film dazu!*

Alle Ergebnisse der modernen Hirnforschung - siehe Burda Akademie zum Dritten Jahrtausend - deuten deshalb auf einen Paradigmenwechsel: Von der derzeit noch dominanten schrift- und sprachorientierten Wissensvermittlung hin zur *bildorientierten* Wissensvermittlung („Pictorial Turn“).

Stellen Sie sich vor, sie wollen Fliegen lernen und kaufen sich deshalb ein entsprechendes Buch. Nach sorgfältigem Studium begrüßen Sie schließlich die Gäste am Flugzeug auf der Gangway und sagen ihnen: „Haben Sie keine Angst, ich habe mir alles genau durchgelesen“! Würden Sie mitfliegen? Das beschreibt in etwa die herkömmliche Situation an Schulen und Hochschulen („Vorlesung“). Konsequenz: Der Flugsimulator stellt tatsächlich einen pädagogischen Quantensprung dar, indem er alle Sinne anspricht, auch *selbst erforschendes Lernen* ermöglicht, ohne für Fehler die Konsequenzen tragen zu müssen. Ca. 70 Prozent der Pilotenausbildung findet in ihm inzwischen statt.

Dass solche computergestützten Techniken zur Modellierung, Simulation und Visualisierung z.B. bei der Entwicklung und Erprobung neuer technischer Systeme - Chips, Autos, Flugzeuge, Schiffe - Milliardenbeträge sparen, wird von vielen im Lehrbereich Tätigen aller Couleur immer noch verdrängt. Dass es möglich sein könnte (und ist!), wesentlich *zeitökonomischer* (z.B. um den Faktor 5) und *effizienter* zu lernen, zu planen und zu entwickeln, diese Anerkennung könnte - wenn nichts dagegen unternommen wird - den neuen Medien durch die Hoch- und sonstigen Schulen noch lange versagt bleiben.

Das vorliegende Lernsystem versucht diese Erkenntnisse weitgehend umzusetzen.

Wissenschaft und Mathematik

Die nachfolgenden Ausführungen sollen drei Dinge bewirken:

→ Dem Hochschullehrer soll an dieser Stelle erläutert werden, warum er in diesem Buch keine Mathematik außer den vier Grundrechnungsarten findet.

→ Den Studenten, Schülern usw. sollen Wert und Mächtigkeit der Mathematik anschaulich erläutert werden, damit er sie mehr als Chance und Inspiration begreift denn als Qual empfindet.

→ Für alle soll kurz erläutert werden, was Mathematik eigentlich präzise leistet und warum sie für Wissenschaft unverzichtbar ist.

Ohne Mathematik scheint bei den exakten Wissenschaften nichts zu laufen. Jeder Student der Elektrotechnik, Nachrichtentechnik oder Physik kann ein Lied davon singen. Einen wesentlichen Teil seiner Studienzeit beschäftigt er sich mit der „reinen und angewandten Mathematik". Für den berufspraktisch orientierten Facharbeiter und Techniker bedeutet sie gar eine unüberwindliche Barriere. Nur zu oft lässt sich als Ergebnis dieser „Verwissenschaftlichung" festhalten:

Die eigentlichen Inhalte verlieren sich im Dickicht eines mathematischen Dschungels.

Dabei stellt Mathematik für viele – auch für den Autor – die größte geistige Leistung dar, die je durch den Menschen geschaffen wurde. Welche Rolle spielt sie nun aber konkret? In Kürze lässt sich dieser Fragenkomplex nur unvollkommen beantworten. Vielleicht tragen aber die nachfolgenden Thesen etwas zur allgemeinen Klärung bei:

→ Mathematik ist zunächst einmal nichts anderes als ein mächtiges geistiges Werkzeug. Bei näherer Betrachtung stellt sie - etwa im Gegensatz zur Sprache - die wohl einzige Methode dar, *Exaktheit, Widerspruchsfreiheit, Vereinfachung, Kommunizierbarkeit, Nachprüfbarkeit, Vorhersagbarkeit* sowie *Redundanzfreiheit* bei der Beschreibung von Zusammenhängen zu garantieren.

→ Sie stellt zudem die genialste Methode dar, Informationen komprimiert darzustellen. So beschreibt beispielsweise in der Physik eine einzige mathematische Gleichung - die berühmte SCHRÖDINGER- Gleichung - weitgehend den Mikrokosmos, also die Welt der Atome, der chemischen Bindung, der Festkörperphysik usw.

→ Alles, was Mathematik schlussfolgert, ist nach allgemeinem Verständnis durchweg richtig, weil alle Voraussetzungen und Schritte bewiesenermaßen richtig sind.

Etwas bildhaft gesprochen bietet Mathematik die Möglichkeit, von der zerfurchten Ebene der unscharfen sprachlichen Begriffsbildungen, der unübersehbaren Zahl äußerer Einflüsse bei realen Vorgängen, der Widersprüchlichkeiten, der Weitschweifigkeiten (Redundanzen) abzuheben auf eine *virtuelle Ebene*, in der alle nur möglichen und in sich schlüssigen bzw. logischen Denkstrategien mit beliebigen Variablen, Anfangs- und Randwerten durchgespielt werden können. Der Bezug zur Realität geschieht durch sinnvolle und experimentell nachprüfbare Zuordnung realer Größen zu den mathematischen Variablen und Konstanten, die im Falle der Nachrichtentechnik physikalischer Natur sind.

Klar, dass Wissenschaftler dieses „Paradies" bevorzugen, um neue Denkstrategien anzuwenden. Allerdings ist dieses Paradies nur über ein wissenschaftliches Studium erreichbar.

Andererseits durchdringt die Mathematik unser Leben. Wir berechnen den Lauf der Gestirne und Satelliten, die Stabilität von Gebäuden und Flugzeugen, simulieren das Verhalten dynamischer Vorgänge und benutzen die Mathematik, um Vorhersagen zu treffen. Selbst die virtuellen Welten der Computerspiele bestehen aus letztlich einem einzigen Stoff: Mathematik.

Mathematisches Modell des elektrischen Leiterwiderstandes R

$$R = \rho \, (l / A)$$

l := Leiterlänge (in m); A := Leiterquerschnitt (in mm^2); ρ := Spezifischer Widerstand des Materials (in • mm^2/m)

Hinweis: Das Modell beschränkt sich auf drei Variable (ρ, l , A) So fehlt z.B. der geringfügige Einfluss der Temperatur des Leiters auf den elektrischen Widerstand R. Das Modell gilt für $\vartheta = 20\,^0C$.

Das Modell garantiert ...

→ **Exaktheit**: Jede Kombination bestimmter Zahlenwerte für ρ, l und A liefert ein exaktes Ergebnis, welches nur von der Messgenauigkeit der genannten Größen abhängt.

→ **Widerspruchsfreiheit**: Jede Zahlenkombination von ρ, l und A beschreibt eine eindeutige physikalische Situation und liefert ein einziges Ergebnis für R.

→ **Vereinfachung**: Das mathematische Modell beschreibt die Ermittlung des elektrischen Widerstands des Leiters für die unendliche Vielfalt verschiedenster Materialien, Längen und Querschnitte.

→ **Kommunizierbarkeit**: Das mathematische Modell gilt unabhängig von sprachlichen oder sonstigen Grenzen, also weltweit und international.

→ **Nachprüfbarkeit**: Das mathematische Modell ist experimentell nachprüfbar. Zahllose → Messungen mit den verschiedensten Materialien, Längen und Querschnitten bestätigen ausnahmslos die Gültigkeit des Modells.

→ **Vorhersagbarkeit**: Bei vorgegebenem Material, Länge und Querschnitt lässt sich der Leiterwiderstand vorhersagen. In einem Kabel lässt sich z.B. bei Kurzschluss durch die Messung des Leiterwiderstandes vorhersagen, an welcher Stelle der Fehler liegen dürfte, falls Material und Querschnitt bekannt sind und der Leiter homogen aufgebaut ist.

→ **Redundanzfreiheit**: Das mathematische Modell enthält kein „Füllmaterial". sondern liefert Information pur (Redundanz :"Weitschweifigkeit").

Hinweis: Mathematische Modelle der Physik sind nicht beweisbar im Sinne einer strengen mathematischen Logik. Hier gilt der Satz: Das Experiment - gemeint ist die experimentelle Überprüfung - ist der einzige Richter über wissenschaftliche Wahrheit!

Abbildung 2: Eigenschaften mathematischer Modelle an einem einfachen Beispiel

Aus den genannte Gründen ist Mathematik an der Hochschule das gängige Mittel, die Theorie der Signale, Prozesse und Systeme zu modellieren. Hunderte von Büchern bieten fundierte Darstellungen dieser Art und jeder Hochschullehrer gestaltet mit ihrer Hilfe sein eigenes Vorlesungskonzept. Da macht es wenig Sinn, noch ein weiteres Buch dieser Art zu schreiben. Mit dem vorliegenden Lernsystem dagegen lässt sich direkt demonstrieren, was *hinter* dieser Mathematik steckt und wie sie auf reale Signale wirkt, also ein *ideales Additivum* zur herkömmlichen Vorlesung. Lassen Sie sich überzeugen!

Auf der Suche nach anderen „Werkzeugen"

Unter einer „Theorie der Signale, Prozesse und Systeme" wird nun folgerichtig *die mathematische Modellierung signaltechnischer Prozesse auf der Basis schwingungs- und wellenphysikalischer Phänomene* verstanden. Dies gilt vor dem Hintergrund, dass in der Technik nichts funktionieren kann, was den Naturgesetzen widerspricht! Alle Rahmenbedingungen und Erklärungsmodelle von Technik müssen sich deshalb zwangsläufig aus Naturgesetzen, speziell aus der Physik ergeben.

Wiener-Chintschin-Theorem. Die Korrelationsfunktionen sind zeitabhängige Funktionen. Sie lassen sich mittels der Fourier-Transformation in den Frequenzbereich transformieren. Dabei werden das Autoleistungsdichtespektrum (ALDS) S_{xx} und das Kreuzleistungsdichtespektrum (KLDS) S_{xy} erhalten:

$$\mathscr{F}\left(\Phi_{xx}(\tau)\right) = \int_{\tau=-\infty}^{\infty} \Phi_{xx}(\tau)\, e^{-j\omega\tau}\, d\tau = S_{xx}(j\omega) \tag{7.23}$$

$$\mathscr{F}\left(\Phi_{xy}(\tau)\right) = \int_{\tau=-\infty}^{\infty} \Phi_{xy}(\tau)\, e^{-j\omega\tau}\, d\tau = S_{xy}(j\omega) \tag{7.24}$$

Auch die Umkehrung gilt. Über die inverse Fourier-Transformation lassen sich aus den Spektren die Korrelationsfunktionen ermitteln:

$$\mathscr{F}^{-1}\left(S_{xx}(j\omega)\right) = \frac{1}{2\pi} \int_{\omega=-\infty}^{\infty} S_{xx}(j\omega)\, e^{j\omega\tau}\, d\omega = \Phi_{xx}(\tau) \tag{7.25}$$

$$\mathscr{F}^{-1}\left(S_{xy}(j\omega)\right) = \frac{1}{2\pi} \int_{\omega=-\infty}^{\infty} S_{xy}(j\omega)\, e^{j\omega\tau}\, d\omega = \Phi_{xy}(\tau) \tag{7.26}$$

Abbildung 3 ***Barriere Mathematik***

„Kostprobe" aus einem neueren Buch zur Signalverarbeitung. Sie enthält eine wichtige Aussage über den Zusammenhang von Zeit- und Frequenzbereich (WIENER-CHINTCHIN-Theorem). Es ist bislang noch nicht überzeugend gelungen, solche Zusammenhänge ohne Mathematik anschaulich zu vermitteln. Die Formeln zeigen die Dominanz der Mathematik, die Physik ist hier weitgehend verschüttet. Lediglich Bezeichnungen wie „Autoleistungsdichtespektrum" weisen auf eine physikalische Substanz hin (Quelle: E. Schrüfer: Signalverarbeitung, Hanser-Verlag, München 1989)

Diese Sichtweise wird nicht von allen Wissenschaftlern anerkannt, die sich mit der Theorie der Signale, Prozesse und Systeme beschäftigen. Es gibt fundierte Fachbücher hierzu, in denen das Wort „Physik" oder „Naturgesetz" nicht einmal auftaucht. Die sogenannte *Informationstheorie* von Claude Shannon – grundlegend für alle modernen Kommunikationssysteme – stellt sich zudem als rein *mathematische* Theorie dar, die nur auf Statistik und Wahrscheinlichkeitsrechnung aufzubauen und nichts mit der Physik zu tun haben scheint. Diese Betrachtungsweise scheint daher zu rühren, dass der Informationsbegriff bis heute noch nicht richtig in der Physik verankert wurde.

Da also aus den beschriebenen Gründen eine „Theorie der Signale - Prozesse - Systeme" unter Verzicht auf paradiesische (mathematische) Möglichkeiten trotzdem zugänglich und verständlich sein sollte, taucht zwangsläufig die Frage nach alternativen „Werkzeugen" auf. Reichen beispielsweise Worte, Texte aus? Bietet Sprache die Möglichkeiten der Informationsvermittlung, die ihr in der Literatur zugestanden wird?

Im vorliegenden Falle scheint es doch eine bessere Möglichkeit zu geben. Wenn es anschaulich heißt „ein Bild sagt mehr als tausend Worte", so scheint dies kommunikationstechnisch zu bedeuten, dass *Bilder* - ähnlich wie Mathematik - in der Lage sind, Informationen komprimiert und ziemlich eindeutig darzustellen. Auch scheint unser Gehirn - bewusst oder unbewusst - Texte generell nachträglich in Bilder zu transformieren. Wie gesagt: Jeder, der ein Buch liest, „dreht seinen eigenen Film dazu".

Um diesen komplizierten „Transformationsprozess" weitgehend zu vermeiden, erscheint es für den Autor als aufregende Herausforderung, den Gesamtkomplex „Signale, Prozesse und Systeme" überwiegend auf Bilder zu stützen.

Dies geschieht in zweierlei Hinsicht:

→ Die im Hintergrund des Lernsystems arbeitende, professionelle Entwicklungs-umgebung DASYLab erlaubt die *grafische Programmierung* nahezu beliebiger, lauffähiger Anwendungen der Mess-, Steuer-, Regelungs- und Automatisierungs-technik.

→ An jeder Stelle des Systems lassen sich die Signale visualisieren. Durch den Vergleich von Eingangs- und Ausgangssignal jedes Moduls bzw. Systems lässt sich das signaltechnische Verhalten analysieren und verstehen.

Die grafische Programmierung *virtueller* und *realer* Systeme ist für die Zukunft der Joker gleichermaßen für Fachwissenschaft und Fachdidaktik!

Sie gestattet es, ohne großen Zeitaufwand, Kosten und auf umweltfreundliche Art und Weise jedes nachrichtentechnische System als Blockschaltbild auf dem Bildschirm zu generieren, zu parametrisieren, zu simulieren, zu optimieren und über spezielle Hardware (z.B. über die Soundkarte) real mit der Außenwelt in Kontakt treten zu lassen. Durch das Verbinden der Bausteine (Prozesse) auf dem Bildschirm zu einem Blockschaltbild entsteht im „Hintergrund" ein *virtuelles* System, indem die entsprechenden nachrichtentechnischen Algorithmen für den Gesamtablauf miteinander verkettet und gelinkt werden (Hinzufügen wichtiger Unterprogramme z.B. für Mathematik und Grafik).

Herkömmliche Programmiersprachen und auch das gesamte mathematische Werkzeug werden hierdurch unwichtiger, die Barriere zwischen dem eigentlichen fachlichen Problem und seiner Lösung wird drastisch gesenkt. Programmiersprachen und Mathematik lenken dadurch nicht mehr von den eigentlichen nachrichtentechnischen Inhalten/Problemstellungen ab.

Die geistige Trennung zwischen dem „wissenden" Ingenieur und dem „praktischen" Techniker könnte hierdurch weitgehend abgebaut werden. Zeitvergängliches Faktenwissen - verursacht durch die derzeitige unendliche Vielfalt der Mikroelektronik - als derzeit wesentlicher Anteil von Aus-, Fort- und Weiterbildung ließe sich nun durch den Einsatz fortschrittlicher Technik und Verfahren auf das unbedingt Notwendige reduzieren. Als Folge ließen sich die Kosten für Aus-, Fort- und Weiterbildung vermindern sowie die *berufliche Mobilität* in diesem Berufsfeld drastisch erhöhen.

Durch diese Form der grafischen Programmierung signal-technischer Systeme bilden Theorie und Praxis eine Einheit.

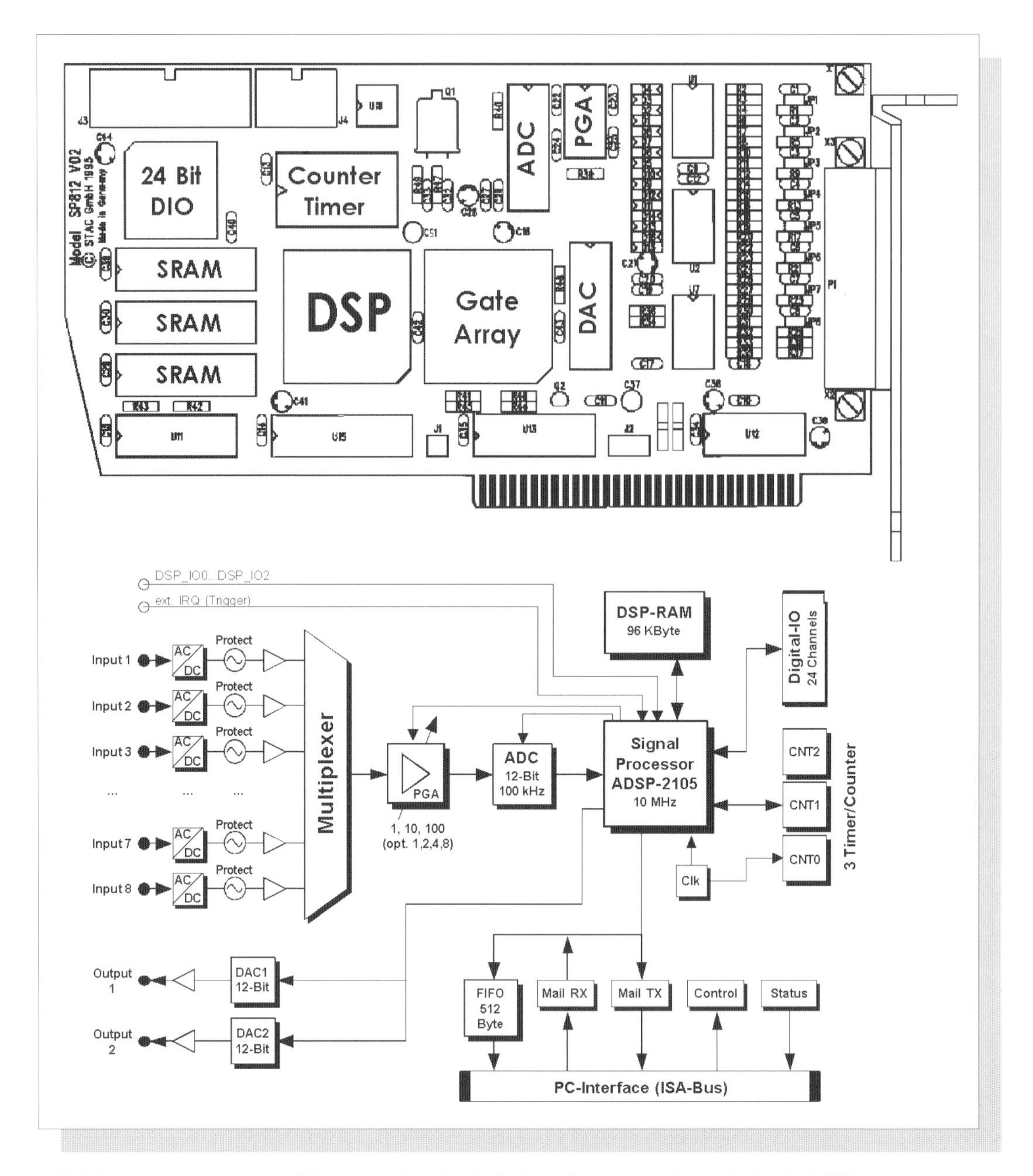

Abbildung 4 ***Reales Bild eines signaltechnischen Systems und H-Blockschaltbild.***

Dieses reale Abbild einer PC-Multifunktionskarte mit Signalprozessor (DSP) verdeutlicht die Dominanz der Digitaltechnik. Die einzigen analogen ICs sind der programmierbare Verstärker (PGA: Programmable Amplifier) sowie der Multiplexer. Selbst hierbei erfolgt die Einstellung rein digital. Diese Multifunktionskarte kann digitale und analoge Signale einlesen und ausgeben, quasi also den PC mit der Außenwelt verbinden. Durch den Signalprozessor kann die Signalverarbeitung extrem schnell auf der Karte durchgeführt werden. Dadurch wird der eigentliche PC entlastet. Dieses reale Bild der Multifunktionskarte beschreibt jedoch den hardwaremäßigen Aufbau nur andeutungsweise.

Mehr Information liefert das Hardware–Blockschaltbild (H-Blockschaltbild) unten. Zumindest zeigt es deutlich die Struktur der Hardware-Komponenten bzw. ihr Zusammenwirken, um Signale aufzunehmen oder auszugeben. Derartige Multifunktionskarten sind so aufgebaut, dass sie universell im Rahmen der Mess-, Steuer- und Regelungstechnik eingesetzt werden können. Das Manko solcher H-Blockschaltbilder besteht darin, dass zwar die Hardware-Struktur, jedoch nicht die signaltechnischen Prozesse ersichtlich sind, die der Signalprozessor durchführt. Eigentlich sind nur diese wichtig, entscheidet doch schließlich das Programm, wie die Signale verarbeitet werden!

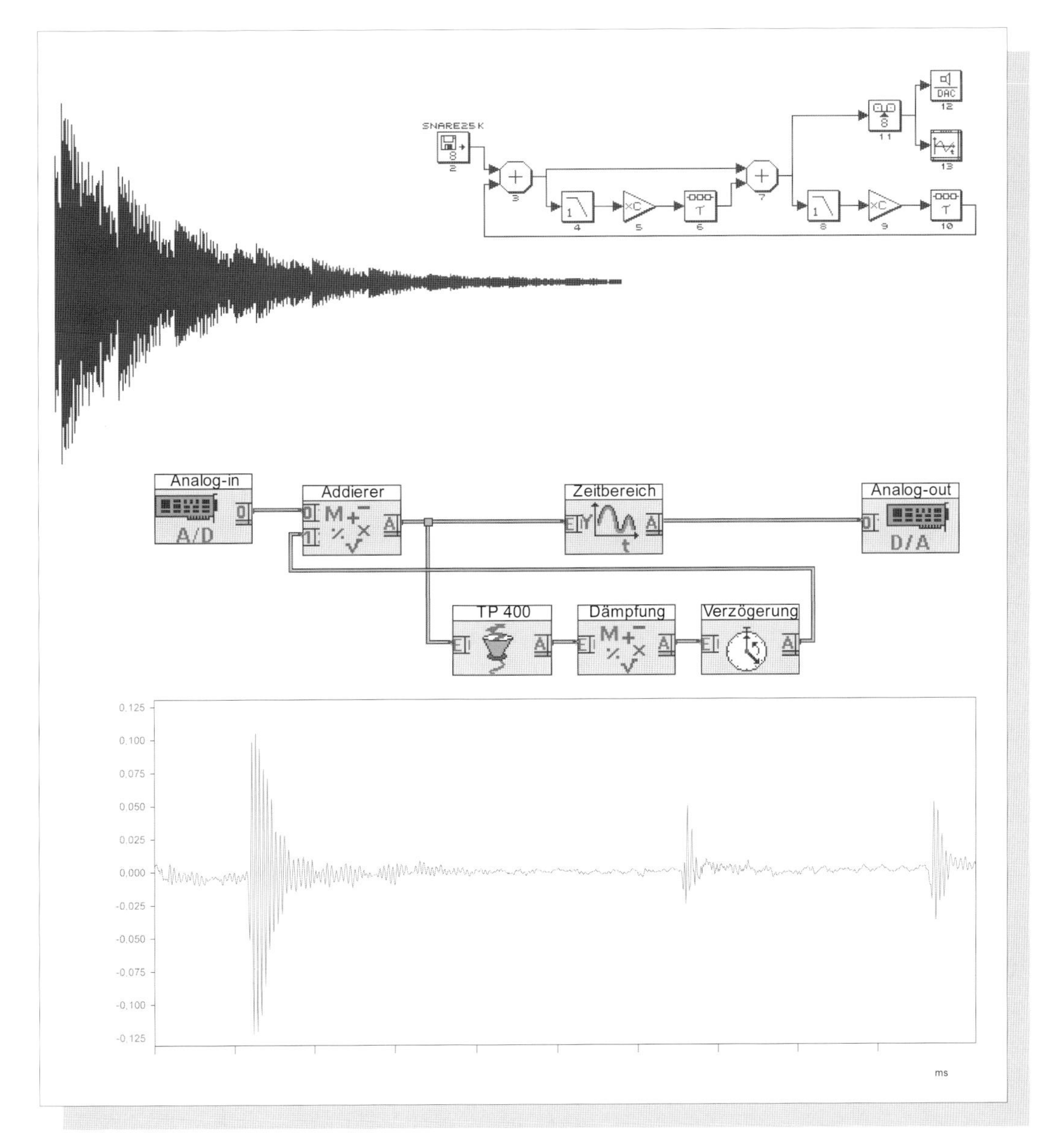

Abbildung 5 ***S - Blockdiagramm und Signalverlauf im Zeitbereich.***

Abgebildet ist oben ein kombiniertes Echo-Hall-System für den NF-Bereich. Auch dieses Blockschaltbild wurde auf dem Bildschirm aus Standard-Bausteinen - aus einer Bibliothek aufrufbar - zusammengestellt und diese wiederum miteinander verbunden. Bei einigen Bausteinen müssen noch „durch Anklicken" bestimmte Parameter eingestellt werden, z.B. beim Tiefpass (4 bzw. 8) die Grenzfrequenz sowie die Filterordnung. Das Eingangssignal geht einmal direkt zum „Oszilloskop" (13) (Bildschirm siehe links unten) bzw. zum PC-Lautsprecher (12). Parallel hierzu wird das Eingangssignal abgegriffen, tiefpassgefiltert (4), abgeschwächt (5) und schließlich zeitlich verzögert (6) zum Eingangssignal addiert (7) ("Echo"). Die Summe beider Signale wird auf den Eingang zurück gekoppelt, nachdem die bereits beschriebenen Operationen durchgeführt wurden (8),(9),(10), (3)("Hall"). Im Hintergrund läuft das Programm mit den verketteten Algorithmen und führt den Echo-Hall-Effekt real durch.

Unten wird ein mit DASYLab erstelltes Echo-Gerät dargestellt. Auch hier stellt sich die Echo-Erzeugung als ein Rückkopplungszweig dar, der die drei „Bausteine" Verzögerung, Dämpfung (Multiplikation mit einer Zahl kleiner als 1) enthält.

Schalten Sie Mikrofon und Lautsprecher an Ihren PC. Klicken Sie nun auf das Bild: Schon öffnet sich das DASYLab-Experimentallabor. Starten Sie den Versuch und experimentieren Sie nach Herzenslust.

Ausgangspunkt Physik

Die wissenschaftsorientierte Darstellung des Gesamtkomplexes „Signale – Prozesse - Systeme“ bedeutet, folgendem - für die (exakten) Wissenschaften allgemein gültigem - Kriterium genügen zu müssen:

> Auf der Basis weniger Grundphänomene oder Axiome lässt sich eine Struktur aufbauen, welche die Einordnung und Erklärung der unendlich vielen „Spezialfälle“ erlaubt. Weniger abstrakt ausgedrückt bedeutet dies, *alle konkreten „Spezialfälle“ nach einem einheitlichen Schema stets auf die gleichen Grundphänomene zurückführen zu können*. Nur so lässt sich angesichts der heutigen Wissensexplosion - d.h. Wissensverdoppelung in immer kürzeren Zeiträumen - ein Fachgebiet überhaupt noch überschauen.

Diese Grundphänomene müssen im vorliegenden Fall aber *physikalischer Natur* sein, denn die Physik - d.h. letztlich die Natur - steckt einzig und allein den Rahmen des technisch Machbaren ab. Die Physik bildet damit den Ausgangspunkt sowie Rahmen und Randbedingungen der Theorie der Signale - Prozesse - Systeme. Die primären Erklärungsmodelle liegen deshalb nicht in der Mathematik, sondern in der Schwingungs- und Wellenphysik verborgen. Nachrichtentechnische Vorgänge müssen deshalb prinzipiell (auch) darüber vermittelbar, erklärbar, modellierbar sein.

Prinzipiell sollte es daher ein alternatives Konzept geben, weitgehend frei von Mathematik den Gesamtkomplex „Signale-Prozesse-Systeme“ wissenschaftsorientiert, d.h. auf der Basis weniger physikalischer Grundphänomene inhaltlich und methodisch zu beschreiben. So zeigt z.B. auch das Bild „Sonographie“ die Nähe zur Schwingungs- und Wellenphysik.

Wichtig ist es in erster Linie, auf der Grundlage einiger physikalischer Phänomene *inhaltlich* zu verstehen, was die jeweiligen Signalprozesse bewirken. Ausgangspunkt sind nur drei physikalische Phänomene, wobei das zweite genau genommen sogar noch eine Folge des ersten ist:

1. *FOURIER-Prinzip (FP),*
2. *Unschärfe-Prinzip (UP)* und
3. *Symmetrie-Prinzip (SP).*

Alle Signale, Prozesse und Systeme sollen erklärungsmäßig hierauf zurückgeführt werden! Dieses Konzept ist bislang noch nicht verwendet worden und kommt hier als *didaktisches Leitprinzip* erstmalig zum Tragen.

Stellen Sie sich hierzu die Fachwissenschaft und das Fachgebiet Nachrichtentechnik bildlich einfach als einen Baum mit Wurzeln, Stamm, Ästen und Blättern vor. Jedes Blatt des Baumes entspricht einem bestimmten nachrichtentechnischen Problem. Unser Baum hat in erster Linie drei Hauptwurzeln: die drei genannten Prinzipien FP, UP und SP. Über diese drei Wurzeln, den Stamm, die Äste lässt sich jedes einzelne Blatt, d.h. praktisch jedes nachrichtentechnische Problem erreichen!

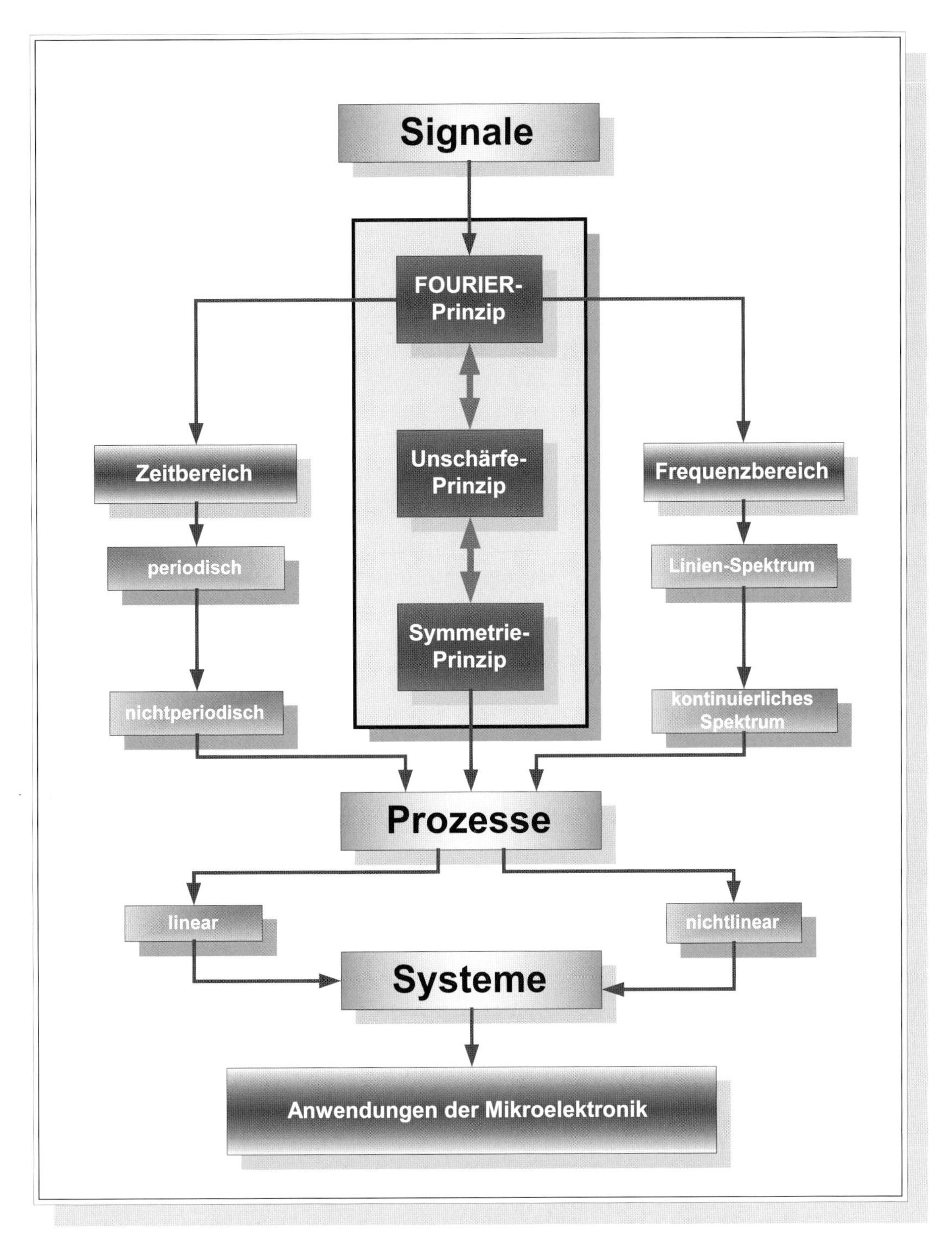

Abbildung 6 ***Struktur zum vorliegenden Konzept „Signale - Prozesse - Systeme.***

Um die unübersehbare Vielfalt signaltechnischer Vorgänge überschaubar und transparent zu machen, wird nachfolgend immer wieder auf die hier dargestellte Struktur zurückgegriffen. Sie erhebt allerdings keinen Anspruch auf Vollständigkeit und wird auch noch bei Bedarf ergänzt/erweitert werden.

Vielleicht fällt Ihnen auf, dass die im Signal enthaltene Information hier nicht als strukturierendes Element enthalten ist. Der Grund: In der Physik gibt es viele Theorien, aber bis heute keine „Informationstheorie". Wissenschaftler wie Dennis Gabor, R.V.L. Hartley, K. Küpfmüller usw. haben vergebens versucht, die Kommunikationstheorie auf eine physikalische Basis zu stellen. Eindeutiger „Sieger" war und ist bis heute der amerikanische Mathematiker Claude Shannon.

Zielaufklärung

Während bislang die beabsichtigte *Methodik* dieses Einführungskurses beschrieben wurde, wird es Zeit, sich den *Inhalten* zuzuwenden. Auch hier soll eine Art Programmvorschau eine bessere Orientierung ermöglichen und dem Leser verdeutlichen, was auf ihn zukommt.

Um im Bilde zu bleiben: Stellen Sie sich die Inhalte als eine Plattform vor, die abgestützt und begrenzt ist. Das Geländer wird beschrieben durch die technischen Rahmenbedingungen, die wir zur Zeit vorfinden. Die Stützen bilden die Grundphänomene bzw. die Grundbegriffe und ihre Definitionen. Hinter dem Geländer ist mehr oder weniger deutlich ein Horizont zu erkennen. Er reicht bis zu den Grenzen, welche durch die Naturgesetze - d.h. durch die Physik - gegeben sind.

Die Plattform sieht ungefähr so aus:

→ Signale lassen sich definieren als (physikalische) Schwingungen bzw. Wellen, die Träger von Information sind.

→ Informationen liegen in Form verabredeter, sinngebender *Muster* vor, die der Empfänger (er-)kennen muss. *Daten* sind informative Muster. Wesentliche Aufgabe der Nachrichtentechnik bzw. der Signaltechnik ist demnach die *Mustererkennung*.

→ Alle messbaren Signale der realen physikalischen Welt - auch wenn es sich um Bitmuster handelt - liegen in analog-kontinuierlicher Form vor. Sie werden generell durch Sensoren ("Wandler") in elektrische Signale umgesetzt und liegen an den Messpunkten (meist) als Wechselspannungen vor.

→ (Speicher-)Oszilloskope sind Geräte, die den zeitlichen Verlauf von Wechselspannungen auf einem Bildschirm grafisch darstellen können.

→ Jeder signaltechnische Prozess (z.B. Filterung, Modulation und Demodulation) lässt sich generell mathematisch beschreiben (Theorie!) und demnach auch mit Hilfe des entsprechenden Algorithmus bzw. Programms rein rechnerisch durchführen! Aus der Sicht der Theorie stellt ein analoges System - entstanden durch Kombination mehrerer Einzelschaltungen/Prozesse/Algorithmen - damit einen Analog*rechner* dar, der eine Folge von Algorithmen in „Echtzeit" abarbeitet. Dieser Gesichtspunkt wird nur zu oft übersehen. Dies gilt z.B. auch für den konventionellen Rundfunkempfänger.

→ Unter *Echtzeitverarbeitung* von (frequenzbandbegrenzten) Signalen wird die Fähigkeit verstanden, den Strom der gewünschten Informationen lückenlos zu erfassen bzw. aus dem Signal zu gewinnen.

→ *Analoge Bauelemente* sind in erster Linie Widerstand, Spule und Kondensator, aber natürlich auch Dioden, Transistoren usw. Ihre grundsätzlichen Nachteile sind Ungenauigkeit (Toleranz), Rauscheigenschaften, fehlende Langzeitkonstanz (Alterung), Temperaturabhängigkeit, Nichtlinearität (wo sie unerwünscht ist) und vor allem ihr „Mischverhalten". So verhält sich z.B. jede reale Spule wie eine Kombination von (idealer) Induktivität L und Widerstand R. Ein realer Widerstand besitzt das gleiche Ersatzschaltbild; beim Stromdurchfluss bildet sich um ihn herum ein Magnetfeld und damit existiert zusätzlich zum Widerstand eine Induktivität L ! Jede Diode richtet nicht nur gleich, sondern verzerrt zusätzlich auf unerwünschte

Weise nichtlinear. Dieses Mischverhalten ist der Grund dafür, einem Bauelement nicht nur *eine* signaltechnische Operation zuordnen zu können; es verkörpert stets mehrere signaltechnische Operationen. Da eine Schaltung meist aus vielen Bauelementen besteht, kann das *reale* Schaltungsverhalten erheblich von dem *geplanten* Verhalten abweichen. Jede Leiterbahn einer Platine besitzt auch einen OHMschen Widerstand R und infolge des Magnetfeldes bei Stromdurchfluss eine Induktivität L, zwischen zwei parallelen Leiterbahnen existiert ein elektrisches Feld; sie bilden also eine Kapazität. Diese Eigenschaften der Platine werden jedoch praktisch nie beim Schaltungsentwurf berücksichtigt (ausgenommen Hoch- und Höchstfreqenzbereich).

→ Durch die aufgezählten Einflüsse bzw. Störeffekte sind der Analogtechnik *Grenzen* gesetzt, vor allem dort, wo es um höchste Präzision bei der Durchführung eines gewollten Verhaltens (z.B. Filterung) geht. Sie bedingen, dass Analogschaltungen sich nicht in der Güte bzw. nicht mit den Eigenschaften herstellen lassen, welche die Theorie eigentlich eröffnet.

→ Nun gibt es eine Möglichkeit, die Grenzen des mit Analogtechnik Machbaren zu überschreiten und das Gebiet bis zu den durch die Physik vorgebenen absoluten Grenzen zu betreten: Die Signalverarbeitung mit Hilfe digitaler Rechner bzw. Computer. Da ihre *Rechengenauigkeit* - im Gegensatz zum Analogrechner und den durch ihn repräsentierten Schaltungen - *beliebig hoch* getrieben werden kann, eröffnet sich die Möglichkeit, auch bislang nicht durchführbare signaltechnische Operationen mit (zunächst) beliebiger Präzision durchzuführen.

→ Ein nachrichtentechnisches System kann also repräsentiert werden durch ein *Programm*, welches eine Anzahl von Algorithmen signaltechnischer Operationen miteinander verknüpft. In Verbindung mit einem „Rechner" bzw. Mikroprozessor-System (Hardware) ergibt sich ein System zur (digitalen) Signalverarbeitung. Das Programm entscheidet, was das System bewirkt.

→ Die Grenzen dieser Technik mit digitalen Rechnern (Mikroprozessoren) in dem durch die Physik markierten Bereich sind derzeit nur durch die Rechengeschwindigkeit sowie durch die bei der für die Computerberechnung notwendigen Signalum- und Signalrückwandlungen (A/D- und D/A-Wandlung) auftretenden Problemen gegeben. Sie werden ständig nach außen verschoben. Ziel dieser Entwicklung ist die *digitale Echzeitverarbeitung von Signalen*, d.h. die rechnerische Signalverarbeitung mit so hoher Geschwindigkeit, dass kein ungewollter Informationsverlust auftritt.

→ Schon heute steht fest: Die mit Hilfe von Mikrorechnerschaltungen durchgeführten Prozesse der Mess-, Steuer- und Regelungstechnik sind den herkömmlichen analogen Prozessen prinzipiell überlegen. So gelingt es mit der herkömmlichen Technik z.B. nicht, Messwerte bis zu ihrer Wiederverwendung langfristig präzise abzuspeichern, selbst die präzise kurzfristige zeitliche Verzögerung analoger Signale macht große Schwierigkeiten.

→ Die Analogtechnik wird immer mehr in die „Außenbereiche" der Mikroelektronik verdrängt, hin zur *Signalquelle* bzw. *Signalsenke sowie den eigentlichen Übertragungsweg.* Sie kann im Nachhinein als „Krücke" gesehen werden, mit der signaltechnische Prozesse sehr unzulänglich, fehler- und störungsbehaftet

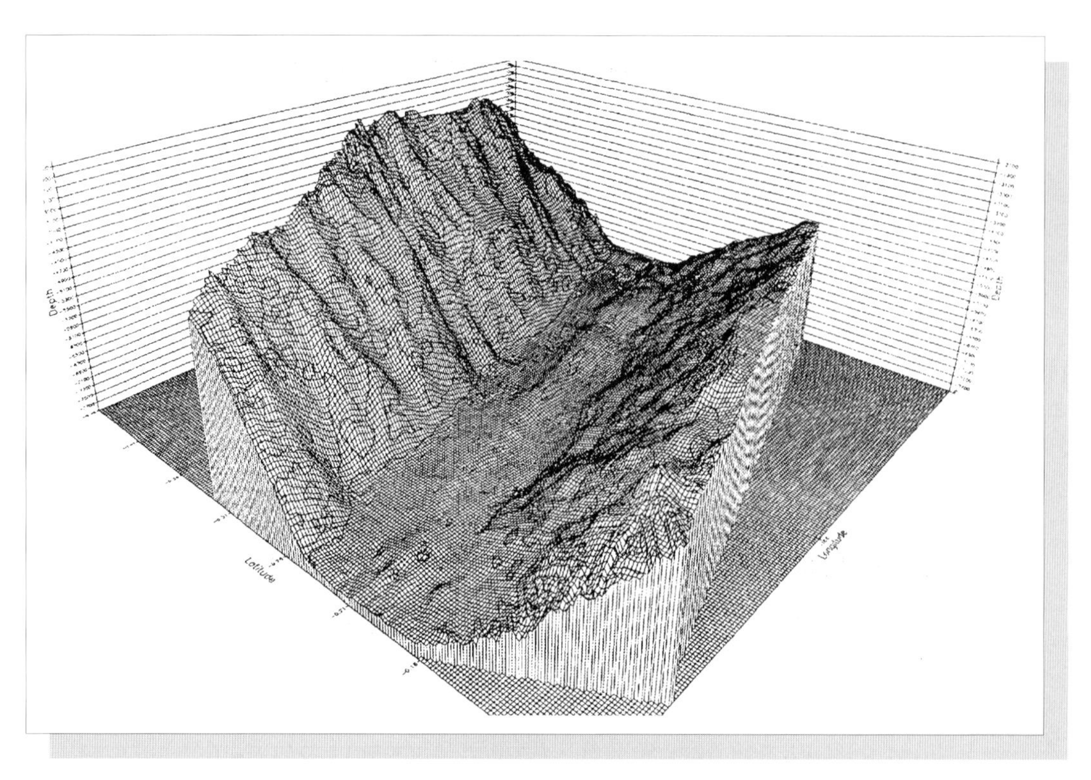

Abbildung 7: ***Datenanalyse zur grafischen Darstellung von Messdaten****: Die Tiefsee-Echolotung liefert beispielsweise eine Flut verschiedener Messdaten, die physikalisch gedeutet, d.h. verschiedenen mathematisch - physikalischen Prozessen unterworfen werden und schließlich in übersichtlicher Darstellung vorliegen müssen, hier als Relief eines Tiefseegrabens. Die Interpretation von „Messdaten" der verschiedensten Art, ihre Aufbereitung und strukturierende Darstellung stellt zunehmend eine wesentliche berufliche Qualifikation dar (Quelle: Krupp-Atlas Elektronik)*

durchgeführt werden konnten. Der Trend geht deshalb dahin, den analogen Teil eines Systems auf ein Minimum zu reduzieren und direkt über einen A/D-Wandler (Sampel&Hold, Quantisierung und Kodierung) *zu Zahlen zu kommen, mit denen man rechnen kann!* Die Genauigkeit der A/D- und D/A-Wandler hängt praktisch nur noch ab von Faktoren wie Höhe und Konstanz des (Quarz-) Referenztaktes oder/und der Konstanz einer Konstantstromquelle bzw. Referenzspannung. Jedes moderne digitale Multimeter basiert auf diesen Techniken.

→ Immer mehr bedeutet Nachrichtentechnik *rechnergestützte Signalverarbeitung*. Immer mehr werden digitale Signalprozessoren eingesetzt, die für solche Operationen optimiert sind und heute bereits in vielen Anwendungen die Echtzeitverarbeitung zwei- und mehrdimensionaler Signale - Bilder - möglich machen. Da bereits jetzt und künftig erst recht ein nachrichtentechnisches System durch ein Programm „verketteter" signaltechnischer Algorithmen repräsentiert werden kann, besteht neuerdings auch die Möglichkeit, die einzelnen Bausteine eines Systems als „virtuellen" Baustein auf dem Bildschirm per Mausklick zu platzieren und durch Verbinden dieser Bausteine zu einem Blockschaltbild ein *virtuelles System (VS)* zu generieren. Im Hintergrund werden gleichzeitig durch das Hauptprogramm die entsprechenden Algorithmen „gelinkt", d.h. unter Hinzufügung wichtiger Unterprogramme (z.B. für die Mathematik und die Grafik) für den Gesamtablauf miteinander verbunden.

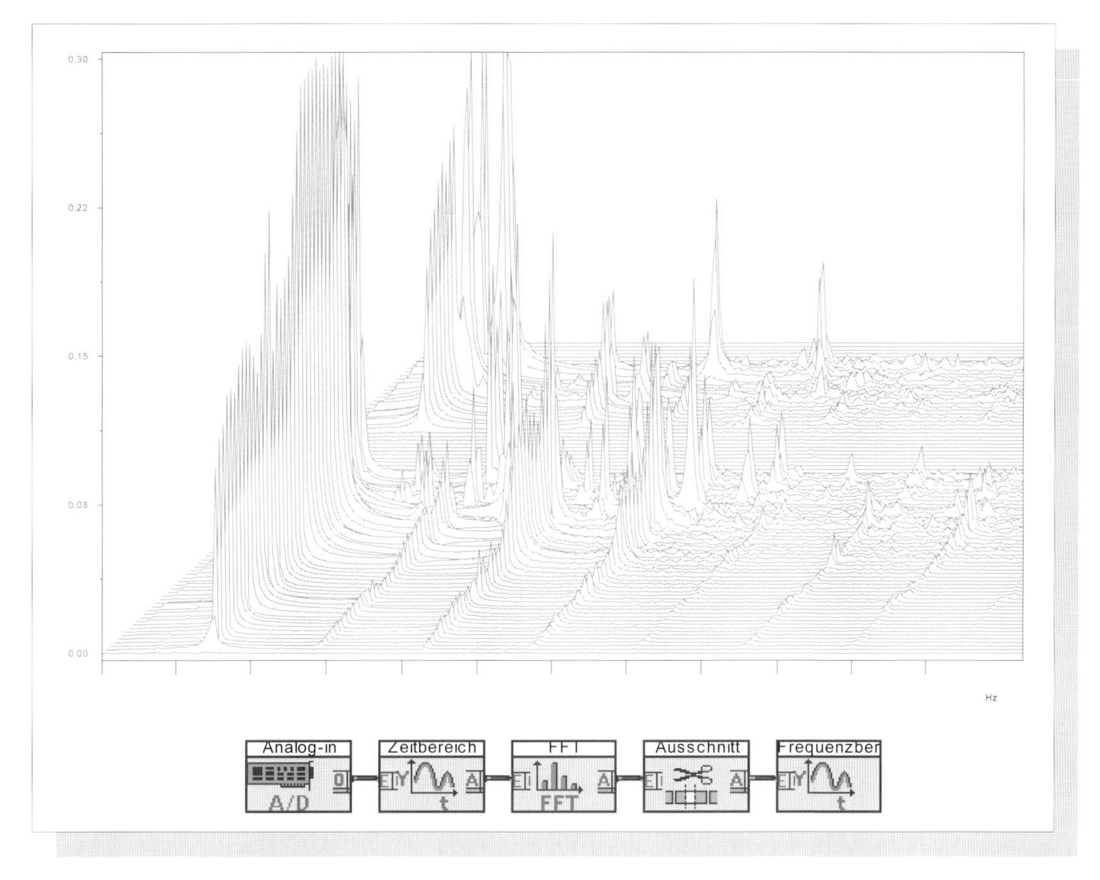

Abbildung 8 ***Zeit-Frequenz-Landschaft einer Tonfolge***

Zeit-Frequenz-Landschaften werden u.a. zur Stimmenanalyse oder bei der Untersuchung bestimmter Einschwingvorgänge eingesetzt. Dargestellt wird, wie sich das Spektrum eines Signals mit der Zeit ändert. Die Frequenzachse liegt horizontal, die Zeitachse geht schräg nach hinten. Die Vertikalachse gibt den Pegel wieder.

Derartige Messgeräte haben vor einigen Jahren noch viel Geld gekostet (> 50.000,-DM). Hier wurde mit DASYLab dieses Messgerät lediglich aus 5 Modulen („Bausteinen") zusammengesetzt. Davon sind für diese Darstellung sogar noch zwei überflüssig (Module „Zeitbereich" und „Ausschnitt").

Um ein solch komplexes Messgerät auf herkömmliche Art zu programmieren sind Wochen oder Monate erforderlich. Mit DASYLab sind es ca. 4 Minuten inklusive aller Einstellungen und Vorversuche. Muss noch etwas über den Nutzen und Vorteil der grafischen Programmierung signaltechnischer Systeme hinzugefügt werden? Sie brauchen lediglich ein Mikrofon in die Soundkarte zu stecken und das Bild im elektronischen PDF-Dokument anzuklicken. Viel Spass beim Experimentieren!

→ *Virtuelle Systeme liefern* mit Hilfe der Hardware (Computer, Peripherie) und des Programms, welches das virtuellen Systems verkörpert, *reale Ergebnisse*. Es ist von außen nicht zu unterscheiden, ob die Signalverarbeitung auf reiner Hardwarebasis oder unter Einbezug eines virtuellen Systems - d.h. eines Programms - durchgeführt wurde.

→ Ein wichtiges Spezialgebiet der computergestützten Signalanalyse ist auch die *Datenanalyse*. Hierbei geht es darum, umfangreiches (abgespeichertes) Datenmaterial - z.B. eine Flut von bestimmten Messergebnissen - übersichtlich und strukturiert darzustellen und damit überhaupt interpretierbar zu machen. In Abb. 7 ist dies z.B. die anschauliche „dreidimensionale" Darstellung eines Tiefseegraben-

Reliefs, die sich aus Millionen von Echolot-Ortungsmesswerten ergibt. Solche „Messergebnisse" können z.B. auch Börsenkurse und das Ziel dieser speziellen Datenanalyse eine bessere Abschätzung bzw. Vorhersage des Börsentrends sein. Hierbei kommen auch z.T. vollkommen neuartige Techniken zum Einsatz, die „lernfähig" sind bzw. durch Training optimiert werden können: *Fuzzy-Logik* und *Neuronale Netze* oder mit *Neuro-Fuzzy* die Kombination aus beiden.

Zwischenbilanz: Ein Konzept gewinnt Konturen

Alle bislang aufgeführten Fakten, Thesen und Argumente wären nutzlos, ließe sich aus ihnen nicht ein klares, zeitgemäßes und auch zukunftssicheres Konzept herausfiltern. Ein Konzept also, welches auch noch in vielen Jahren Bestand haben sollte und durch seine Einfachheit besticht. So wie die auf der ersten Seite formulierte These: *Mikroelektronik macht nichts anderes als Signalverarbeitung!*

→ Die ungeheure Vielzahl verschiedener (diskret aufgebauter) analoger Schaltungen ist zukünftig nicht mehr Stand der Technik und wird deshalb hier auch nicht behandelt. So zeigt auch die in der Abb. 4 dargestellte Multifunktionskarte, dass die Analogtechnik allenfalls noch am Anfang (Signalquelle) und am Ende (Signalsenke) eines nachrichtentechnischen Systems existent bleiben wird. Der „Systemkern" ist rein digital. Ausnahmen gibt es lediglich im Bereich der Hoch- und Höchstfrequenztechnik, z.B. auf dem eigentlichen Übertragungsweg.

→ Die gesamte (digitale) Hardware besteht - wie wiederum das Beispiel „Multifunktionskarte" in Abb. 4 zeigt - nur aus einigen Chips (A/D-, D/A-Wandlung, Multiplexer, Timer, Speicher usw., vor allem aber einem Prozessor). Künftig werden mehr und mehr alle diese Bausteine/Komponenten *auf einem einzigen Chip* integriert sein. Dies gilt beispielsweise schon heute für viele Mikrocontroller, ja für ganze Systeme. Es kann deshalb nicht Ziel dieses Manuskriptes sein, zahllose oder auch nur zahlreiche verschiedene IC-Chips im Detail zu besprechen. Es wird sie künftig auch nicht mehr geben. Die Hardware wird nachfolgend deshalb immer nur als Blockschaltbild (siehe Abb. 4) dargestellt werden. Dieses Blockschaltbild besteht aus Standard-Komponenten/Bausteinen/ Schaltungen, die miteinander verbunden bzw. „verschaltet" sind. Diese Form des Blockschaltbildes werden wir als *Hardware-Blockschaltbild (H-Blockschaltbild)* bezeichnen.

→ Die (digitale) Hardware hat die Aufgabe, dem Prozessor ("Rechner") die Messdaten bzw. Signale in geeigneter Form zur Verfügung zu stellen. Das Programm enthält in algorithmischer Form die signaltechnischen Prozesse. Was der Prozessor mit den Daten macht, wird also durch das Programm bestimmt. Die eigentliche „Intelligenz" des Gesamtsystems liegt damit in der Software. Wie die Entwicklung der letzten Zeit zeigt, kann Software die Hardware weitgehend ersetzen: *Algorithmen statt Schaltungen*! Somit verbleiben auch für die *digitale* Hardware nur noch wenige Standard- Komponenten übrig.

→ Programme zur Signalverarbeitung werden wohl in Zukunft nicht mehr durch einen „kryptischen Code" dargestellt, sondern ebenfalls als Blockschaltbild. Dieses zeigt die Reihenfolge bzw. Verknüpfung der durchzuführenden Prozesse. Das Blockschaltbild kann auf dem Bildschirm *grafisch programmiert* werden, erzeugt dabei im Hintergrund den Quellcode in einer bestimmten Programmiersprache (z.B. C_{++}).

Derartige Blockschaltbilder werden wir als *Signaltechnisches Blockschaltbild (S-Blockschaltbild)* bezeichnen. Nahezu alle in diesem Buch abgebildeten signaltechnischen Systeme sind S-Blockschaltbilder, hinter denen sich stets *virtuelle* Systeme verbergen. Sie wurden vor allem mit DASY*Lab* - generiert.

→ Die eigentlichen Signalprozesse sollen durch den bildlichen Vergleich von Eingangs- und Ausgangssignal (im Zeit- und Frequenzbereich) verstanden werden. Hierdurch ist erkennbar, wie der Prozess das Signal *verändert* hat.

→ Damit sind die wesentlichen verwendeten Darstellungsformen dieses Buches beschrieben. Sie sind *visueller* Natur und kommen damit der Fähigkeit des Menschen entgegen, in Bildern zu denken. Insgesamt handelt es sich um

→ H - Blockschaltbilder,

→ S - Blockschaltbilder (als bildliche Darstellung der *Signal-Prozesse*) sowie

→ Signalverläufe (im Zeit- und Frequenzbereich).

Somit sind viele fachliche und psychologische Barrieren von vornherein beseitigt. Um die „Theorie der Signale - Prozesse - Systeme“ zu verstehen, brauchen Sie nicht

→ eine oder mehrere Programmiersprachen zu beherrschen,

→ Mathematik studiert zu haben,

→ hunderte verschiedenster IC-Chips im Detail zu kennen.

Ausgangspunkt sind nur drei physikalische Phänomene:

→ *FOURIER-Prinzip (FP),*

→ *Unschärfe-Prinzip (UP)* und

→ *Symmetrie-Prinzip (SP).*

Es gilt zunächst, diese grundlegenden Prinzipien in voller Tiefe zu verstehen und zu verinnerlichen. Die folgenden Kapitel dienen genau diesem Zweck.

Aufgaben zu Kapitel 1:

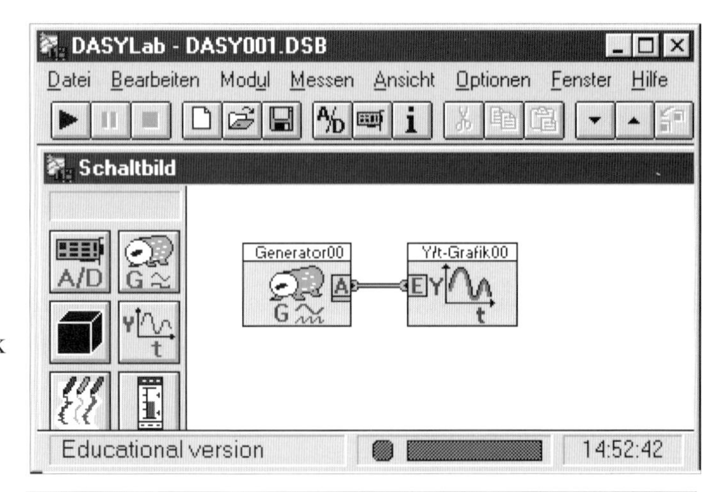

Das Programm **DASY*Lab*** wird uns ab jetzt begleiten. Es ist eine grandiose Arbeitsplattform, ja ein komplett ausgestattetes Mess- und Entwicklungs-labor, mit dem wir praktisch alle Systeme der Mess-, Steuer und Regelungstechnik aufbauen können.

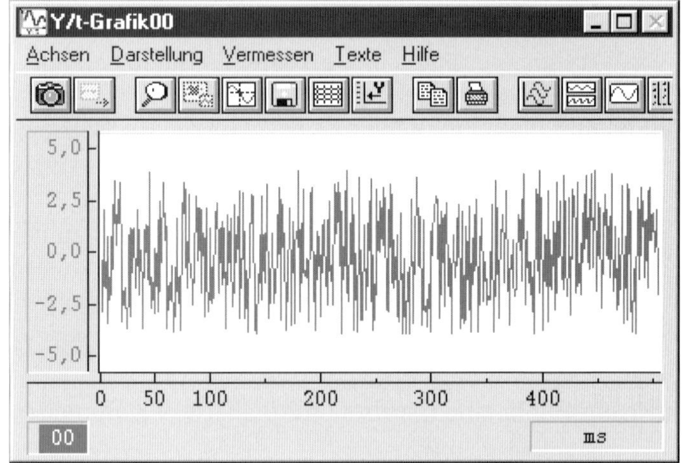

Die *Studienversion* ist voll funktionsfähig und kann reale analoge sowie digitale Signale ein- und auslesen (über die Soundkarte bzw. die Parallelschnittstelle).

Wichtig für das „Handling" sind allgemeine Kenntnisse im Umgang mit Microsoft Windows.

Aufgabe 1:

Machen Sie sich sorgfältig mit der Funktionsweise von DASY*Lab* vertraut. Alle Fragen werden Ihnen unter dem Menüpunkt *Hilfe* genau erläutert, alle Bausteine (Module) dort genau beschrieben.

1. Beschränken Sie sich zunächst auf die beiden obigen Module ("Laborgeräte") Generator und „Oszilloskop" (Bildschirm). Versuchen Sie wie oben, ein Rauschsignal zu erzeugen und sichtbar zu machen.
2. Geben Sie nun andere Signale auf den Bildschirm, indem Sie den Signalgenerator - nach einem Doppelklick auf den Baustein - entsprechend einstellen (Signalform, Amplitude, Frequenz, Phase). Experimentieren Sie ein wenig, um mit den Einstellungsmöglichkeiten vertraut zu werden.
3. Versuchen Sie, über das Bildschirmmenü einen Ausschnitt mit Hilfe der *Lupe* zu „vergrößern". Machen diese Darstellung anschließend wieder rückgängig.
4. Schalten Sie den Cursor ein. Auf dem Bildschirm sehen Sie zwei senkrechte Linien. Gleichzeitig öffnet sich auf dem Bildschirm ein weiteres Anzeigefenster in dem Sie die zeitliche Position der beiden Linien zahlenmäßig angezeigt werden. Verschieben sie nun die Cursorlinien, messen Sie Momentanwerte, den zeitlichen Abstand zwischen ihnen usw.

5. Bringen Sie den Bildschirm mit dem Signalverlauf in die Windows-Zwischenablage und drucken Sie das Bild in einem Dokument aus (*Menü: Darstellung - Export - Zwischenablage oder Ausdruck*).

Aufgabe 2:

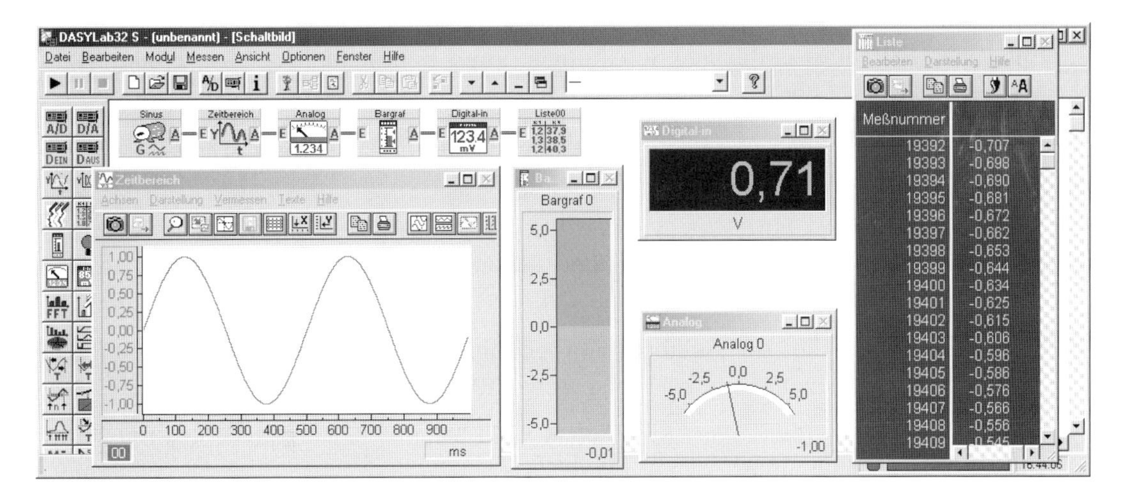

Die *Visualisierung von Messwerten bzw. Signalverläufen* ist in diesem Manuskript das wichtigste Hilfsmittel, signaltechnische Prozesse zu verstehen. DASY*Lab* kennt viele Arten der Visualisierung von Messdaten bzw. Signalverläufen. Erstellen Sie zunächst die abgebildete Schaltung mit verschiedenen Bausteinen zur Visualisierung (siehe oben).
Versuchen Sie, die Größe und Plazierung der Anzeigen wie auf dem Bildschirm zu gestalten. Stellen Sie ein sinusförmiges Signal mit der Frequenz f = 2 Hz ein.

1. Starten Sie nun links oben das System und beobachten Sie über längere Zeit alle Anzeigen. Versuchen Sie herauszufinden, welche Messwerte jeweils das Analoginstrument, das Digitalinstrument sowie der Bargraf anzeigen.

2. Versuchen Sie einen Zusammenhang herzustellen zwischen dem Signalverlauf auf dem Bildschirm des Schreibers und den Messwerten auf der Liste. In welchem zeitlichen Abstand werden jeweils die Momentanwerte des Signals ermittelt bzw. abgespeichert. Wie hoch ist die sogenannte *Abtastfrequenz*, mit der „Proben“ vom Signalverlauf genommen werden?

3. Für welche Art von Messungen sind wohl Analog-, Digitalinstrument sowie Bargraf lediglich geeignet? Welchen Messwert einer ganzen „Messreihe“ bzw. eines *Block*s geben sie hier lediglich wieder?

4. Welches der „Anzeigeinstrumente“ liefert am deutlichsten die Messwerte, die der Computer dann weiterverarbeiten könnte?

5. Finden Sie heraus, wie Sie die *Blockgröße* sowie die *Abtastrate* oben im Menü einstellen können. Was geben diese beiden Größen genau an?

6. Stellen Sie für alle weiteren Versuche eine Blockgröße von 1024 und eine Abtastrate von ebenfalls 1024 ein. Wie lange dauert nun die Aufnahme einer Messreihe (eines Blocks) und wieviel Messwerte umfasst sie?

Aufgabe 3:

Ihre „Bausteine“ (Prozesse) finden Sie entweder in dem „Schrank“ auf der linken Seite (Symbol einfach anklicken und es erscheint auf der Arbeitsfläche) oder oben im Menü unter *Modul*.

1. Beschäftigen Sie sich intensiv mit den einfachsten der dort abgebildeten Prozesse. Entwerfen Sie selbst einfachste Schaltungen unter Benutzung der *Hilfe*-Funktion im Menü von DASY*Lab*.
2. Beginnen Sie mit einer einfachen Schaltung, die im Abstand von 1 s die „Lampe“ ein- und ausschaltet.
3. Verknüpfen Sie mit Hilfe des Mathematik-Bausteins zwei verschiedene Signale - z.B. Addition oder Multiplikation - und sehen sie sich alle drei Signale auf dem *gleichen* Bildschirm untereinander an.
4. Untersuchen Sie die zur Schulversion gehörenden Beispiele zur „Aktion“ und „Meldung“. Versuchen sie selbst, entsprechende Schaltungen zu entwerfen.
5. Untersuchen und überlegen Sie, wozu und wann der „Black-Box-Baustein“ verwendet werden könnte.

Aufgabe 4:

1. Versuchen Sie, die hierunter abgebildete Schaltung zur Darstellung der sogenannten LISSAJOUS-Figuren zu erstellen. Als Signale nehmen Sie jeweils eine Sinusschwingung.
2. Bei welchen Frequenzverhältnissen bekommen Sie ein stehendes Bild, bei welchen ein langsam oder schneller „rotierendes“ Bild?
3. Versuchen Sie, durch gezielte Experimente herauszufinden, wofür man dieses „Gerät“ bzw. Messinstrument einsetzen könnte.

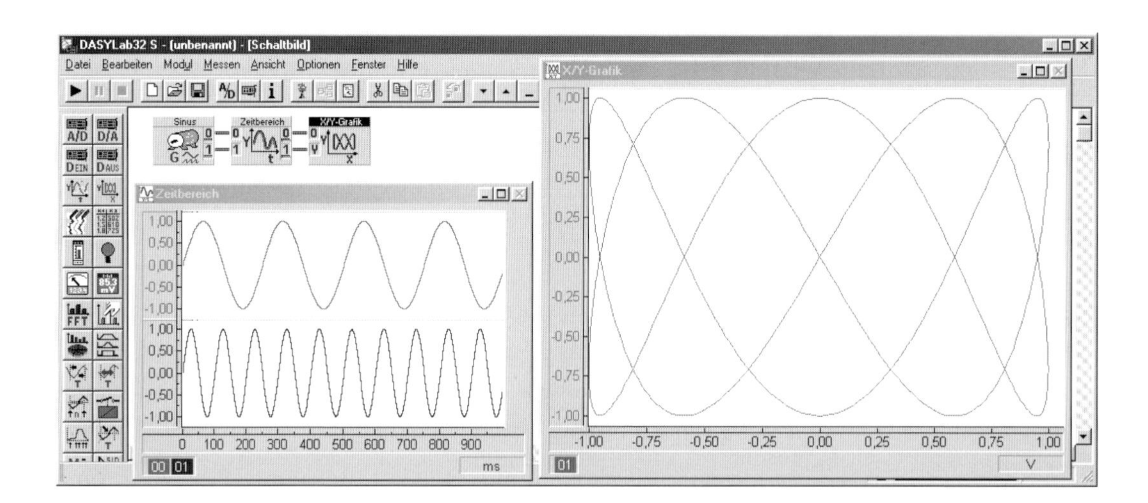

Kapitel 2

Signale im Zeit- und Frequenzbereich

Signale sind - physikalisch betrachtet - Schwingungen bzw. Wellen. Ihnen sind bestimmte Informationen aufgeprägt, indem sie sich nach einem bestimmten Muster ändern.

In der Nachrichtentechnik werden ausschließlich *elektrische* bzw. *elektromagnetische* Signale verwendet. Sie besitzen gegenüber anderen Signalformen - z.B. akustischen Signalen - unübertreffliche Vorteile:

Elektrische Signale ....

→ breiten sich (nahezu) mit Lichtgeschwindigkeit aus.

→ können mit Hilfe von Leitungen genau dorthin geführt werden, wo sie gebraucht werden.

→ können mit Hilfe von Antennen auch drahtlos, d.h. durch Luft und Vakuum rund um die Erde oder sogar ins Weltall gesendet werden.

→ lassen sich konkurrenzlos präzise und störsicher aufnehmen, verarbeiten und übertragen.

→ verbrauchen kaum Energie im Vergleich zu anderen elektrischen und mechanischen Systemen.

→ Werden durch winzigste Chips verarbeitet, die sich durchweg äußerst preiswert produzieren lassen (vollautomatisch Produktion in großen Serien).

→ belasten bei richtigem Einsatz nicht die Umwelt und sind nicht gesundheitsgefährdend.

Wenn ein Signal Informationen enthält, dann sollte es insgesamt unendlich viele verschiedene Signale geben, weil es unendlich viele Informationen gibt.

Wollte man also alles über alle Signale wissen bzw. wie sie auf Prozesse bzw. Systeme reagieren, ginge die Studienzeit zwangsläufig gegen unendlich. Da dies nicht geht, muss nach einer Möglichkeit Ausschau gehalten werden, alle Signale nach einem einheitlichen Muster zu beschreiben.

Das FOURIER-Prinzip

Das FOURIER-Prinzip erlaubt es, alle Signale aus einheitlichen „Bausteinen" zusammengesetzt zu betrachten. Einfache Versuche mit DASY*Lab* oder mit einem Signalgenerator ("Funktionsgenerator"), einem Oszilloskop, einem Lautsprecher mit (eingebautem) Verstärker sowie - ganz wichtig! - Ihrem Gehör führen zu der Erkenntnis, die der französische Mathematiker, Naturwissenschaftler und Berater Napoleons Jean Baptist FOURIER vor knapp zweihundert Jahren auf mathematischem Wege fand.

Abbildung 9: ***Jean Baptiste FOURIER (1768 – 1830)***

Fourier gilt als einer der Begründer der mathematischen Physik. Er entwickelte die Grundlagen der mathematischen Theorie der Wärmeleitung und leistete wichtige Beiträge zur Theorie der partiellen Differentialgleichungen. Welche Bedeutung „seine" FOURIER-Transformation in Naturwissenschaft und Technik erlangen sollte, hat er sich wohl nie träumen lassen.

Periodische Schwingungen

Diese Versuche sollten mit verschiedenen *periodischen* Schwingungen durchgeführt werden.

> *Periodische Schwingungen* sind solche, die sich immer und immer wieder nach einer bestimmten *Periodendauer T* auf die gleiche Art wiederholen. Theoretisch - d.h. idealisiert betrachtet - dauern sie deshalb unendlich lange in Vergangenheit, Gegenwart und Zukunft. Praktisch ist das natürlich nie der Fall, aber es vereinfacht die Betrachtungsweise.

Bei vielen praktische Anwendungen - z.B. bei Quarzuhren und anderen Taktgeneratoren ("Timer") oder auch bei der Netzwechselspannung - ist die Dauer so groß, dass sie fast dem Ideal „unendlich lange" entsprechen. Die Präzision der gesamten Zeitmessung hängt wesentlich davon ab, wie genau die „Referenzspannung" wirklich periodisch war, ist und bleibt.

Obwohl für viele Anwendungen sehr wichtig, sind periodische Schwingungen keine typischen Signale. Sie liefern nämlich kaum (neue) Information, da ihr weiterer Verlauf genau vorhergesagt werden kann. Je größer also die *Ungewissheit* ist über den Verlauf des Signals im nächsten Augenblick, desto größer kann die in ihm enthaltene

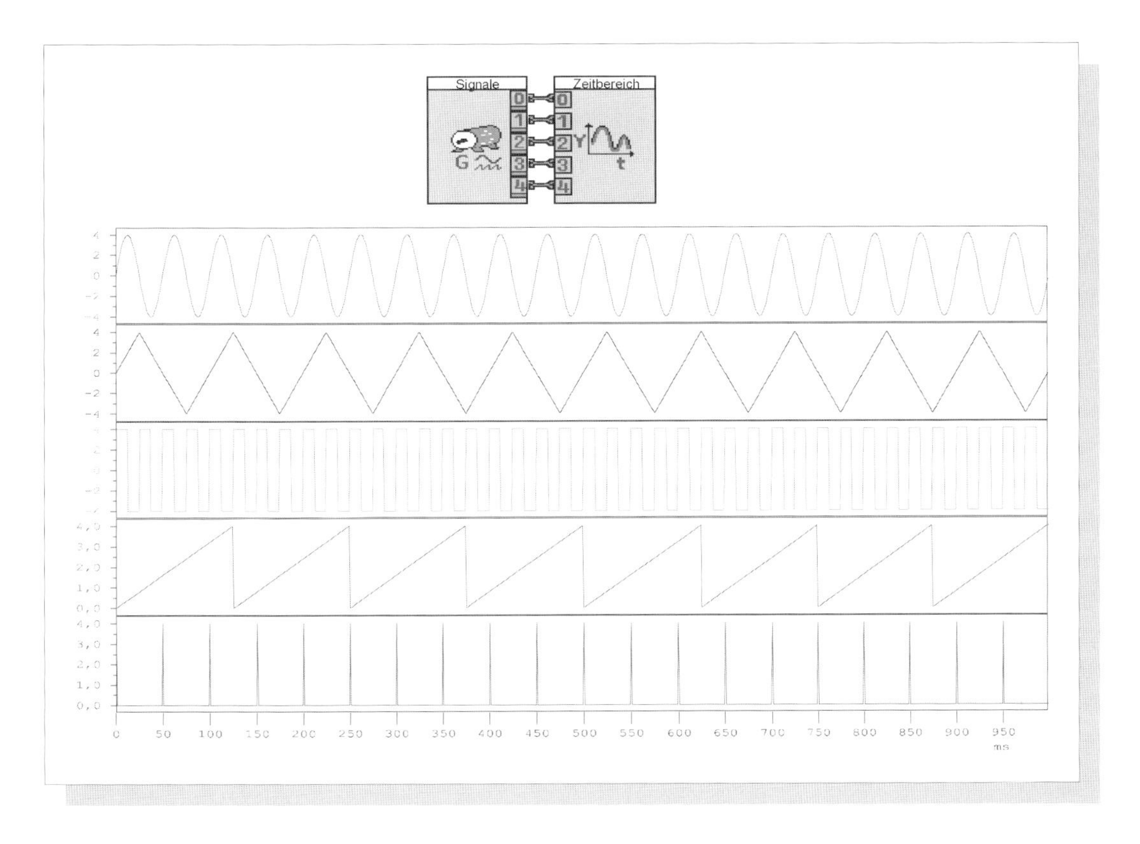

Abbildung 10: ***Wichtige periodische Signale***
Hier sehen Sie fünf wichtige Formen periodischer Signale, von oben nach unten: Sinus, Dreieck, Rechteck, Sägezahn und Nadelimpuls. Aus theoretischer Sicht besitzen periodische Signale unendliche Dauer, d.h. sie reichen außerhalb des abgebildeten Teilausschnitts weit in die Vergangenheit und in die Zukunft hinein. Versuchen Sie, Periodendauer und Frequenz der einzelnen Signale zu bestimmen!

Information sein. Je mehr wir darüber wissen, welche Nachricht die Quelle übermitteln wird, desto geringer sind Unsicherheit und Informationswert. In der Alltagssprache wird Information eher mit „Kenntnis" verbunden als mit der Vorstellung von Unsicherheit.

Erstaunlicherweise werden wir aber feststellen, dass Sprache und Musik trotz des vorstehenden Hinweises ohne „fastperiodische" Schwingungen nicht denkbar wären! Periodische Schwingungen sind aber auch leichter in ihrem Verhalten zu beschreiben und stehen deshalb am Anfang unserer Betrachtungen.

Unser Ohr als FOURIER-Analysator

Mit Hilfe sehr einfacher Versuche lassen sich grundlegende gemeinsame Eigenschaften der verschiedenen Schwingungs- bzw. Signalformen herausfinden. Es genügen einfache, in fast jeder Lehrmittelsammlung vorhandene Geräte, um diese durchzuführen.

Ein *Funktionsgenerator* ist in der Lage, verschiedene periodische Wechselspannungen zu erzeugen. Er stellt die Signalquelle dar. Das Signal wird über den Lautsprecher hörbar und über den Bildschirm des Oszilloskops bzw. Computers sichtbar gemacht.

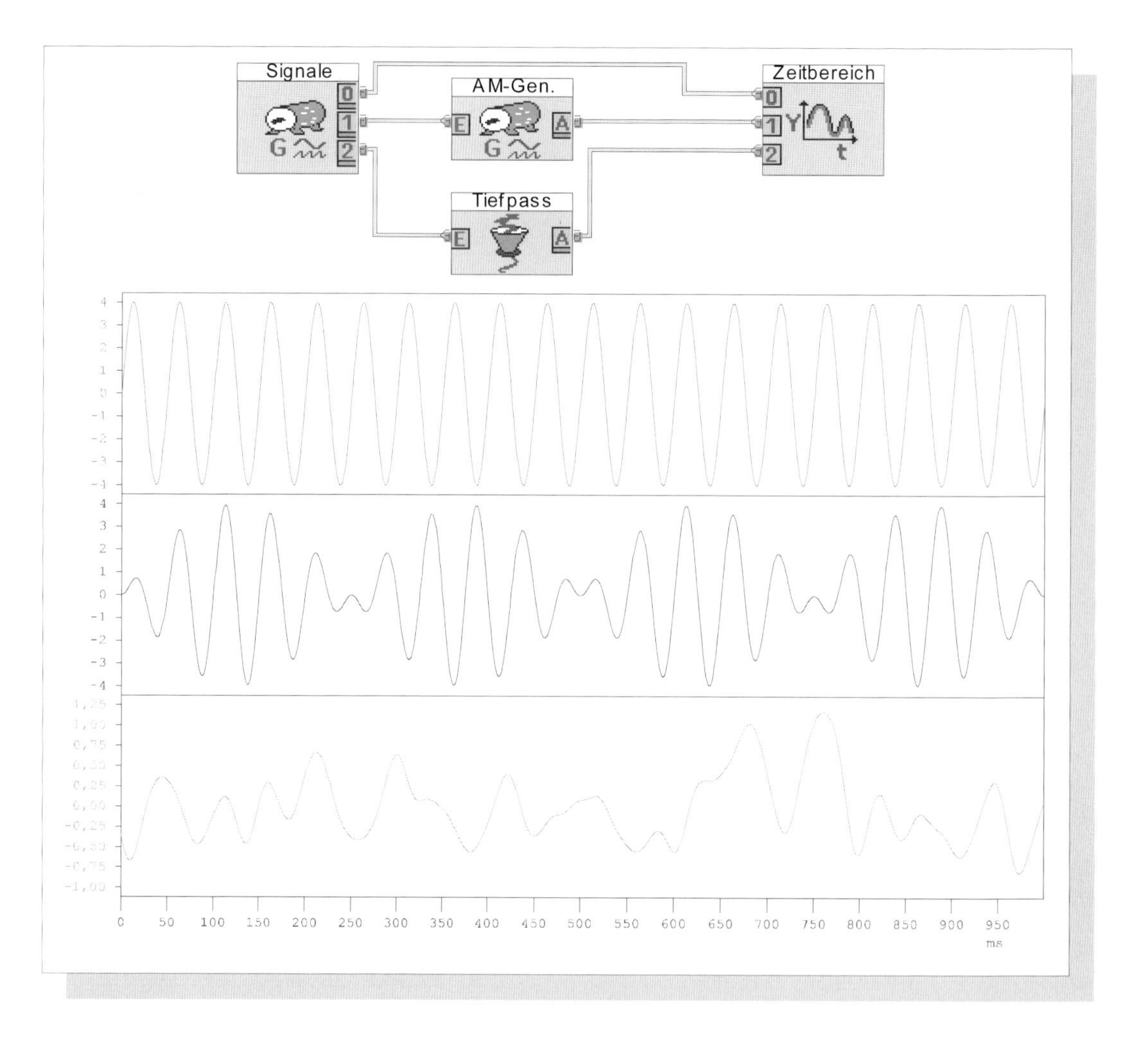

Abbildung 11: ***Signal und Information.***
Ein Generator-Modul erzeugt zunächst drei verschiedene Signale, von denen die beiden unteren anschließend „manipuliert" werden. Der Informationswert der obigen Signale nimmt von oben nach unten zu. Das Signal oben ist ein Sinus, dessen Verlauf sich genau vorhersagen lässt. Mit der Zeit kommt also keine neue Information. Das mittlere Signal ist ein moduliertes Sinussignal, hier folgt die Amplitude einem bestimmten - sinusförmigen - Muster. Schließlich besitzt das Signal rechts unten einen bereits recht "zufälligen" Verlauf (hier handelt es sich um gefiltertes Rauschen). Es lässt sich am wenigsten vorhersagen, enthält aber z.B. die gesamte Information über die speziellen Eigenschaften des Filters.

Als Beispiel werde zunächst eine periodische Sägezahnspannung mit der Periodendauer T = 10 ms (Frequenz f = 100 Hz) gewählt. Bei genauem Hinhören sind mehrere Töne verschiedener Höhe ("Frequenzen") erkennbar. Je höher die Töne, desto schwächer erscheinen sie in diesem Fall. Bei längerem "Hineinhören" lässt sich feststellen, dass der zweittiefste Ton genau eine Oktave höher liegt als der tiefste, d.h. doppelt so hoch ist wie der *Grundton*.

Auch bei allen anderen periodischen Signalformen sind mehrere Töne gleichzeitig hörbar. Das Dreiecksignal aus Abb. 10 klingt weich und rund, ganz ähnlich einem Blockflötenton. Der "Sägezahn" klingt wesentlich schärfer, eher wie ein Geigenton. In ihm sind wesentlich mehr und stärkere hohe Töne (Obertöne) zu hören als beim "Dreieck". Offensichtlich tragen die Obertöne zur Klangschärfe bei.

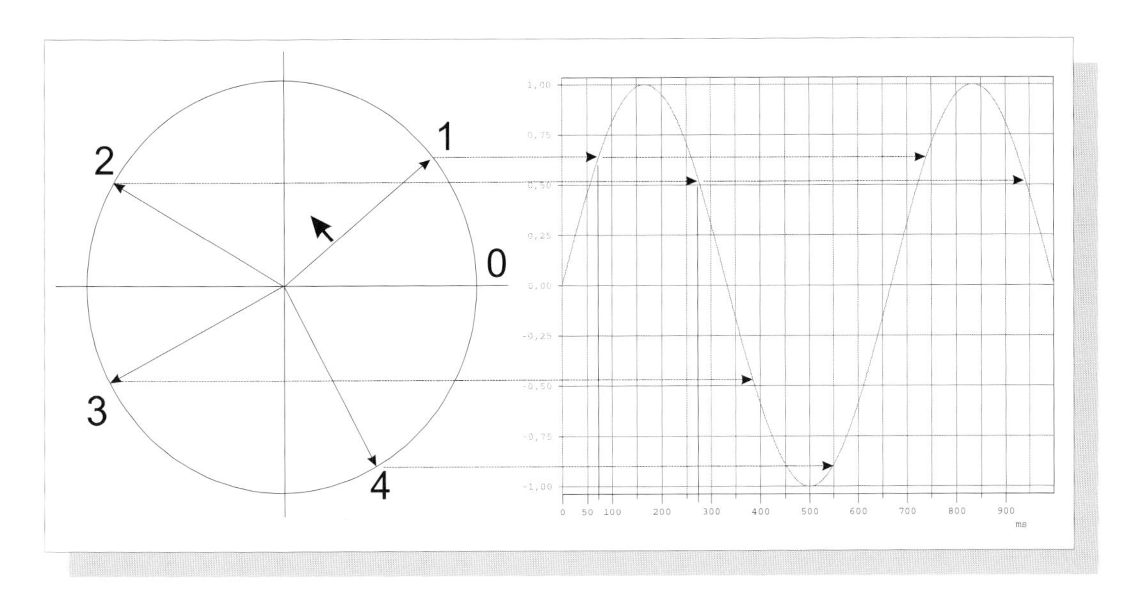

Abbildung 12 ***Modellvorstellung zur Entstehung einer Sinusschwingung***
Ein Zeiger rotiere gleichförmig gegen den Uhrzeigersinn, hier im Diagramm bei 0 beginnend. Wenn z.B. die Zahlen Zeitwerte in ms bedeuten, so befindet sich der Zeiger nach 70 ms in Position 1, nach 550 ms in Position 4 usw. Die Periodendauer (von 0 bis 6,28) beträgt dann T = 666 ms, d.h. der Zeiger dreht sich pro Sekunde 1,5 mal. Physikalisch gemessen werden kann jeweils nur die Projektion des Zeigers auf die senkrechte Achse.
Der sichtbare/messbare Sinus-Verlauf ergibt sich also aus den momentanen Zeigerprojektionen. Zu beachten ist, dass die (periodische) Sinusschwingung bereits vor 0 existent war und nach 1000 ms noch weiter existent ist, denn sie dauert ja (theoretisch) unendlich lange! Dargestellt werden kann deshalb also immer nur ein winziger Zeitabschnitt, hier etwas mehr als eine Periodendauer T.

Nun gibt es aber eine (einzige) Wechselspannungsform, die hörbar nur einen einzigen Ton besitzt: Die *Sinusschwingung*! Es ist bei diesen Experimenten nur eine Frage der Zeit, bis ein bestimmter Verdacht aufkeimt. So ist in dem "Sägezahn" von 100 Hz gleichzeitig ein Sinus von 200 Hz, von 300 Hz usw. hörbar. Deshalb gilt: Sähen wir nicht, dass eine periodische Sägezahnschwingung hörbar gemacht wurde, würde unser Ohr uns glauben machen, gleichzeitig einen Sinus von 100 Hz, 200 Hz, 300 Hz usw. zu hören!

Zwischenbilanz:

1. Es gibt *nur eine einzige Schwingung*, die lediglich *einen* Ton enthält: Die (periodische) *Sinusschwingung*!
2. Alle anderen (periodischen) Signal bzw. Schwingungen - z.B. auch Klänge und Vokale - enthalten mehrere Töne.
3. Unser Ohr verrät uns:

→ Ein Ton = 1 Sinusschwingung.

→ Damit gilt: Mehrere Töne = mehrere Sinusschwingungen.

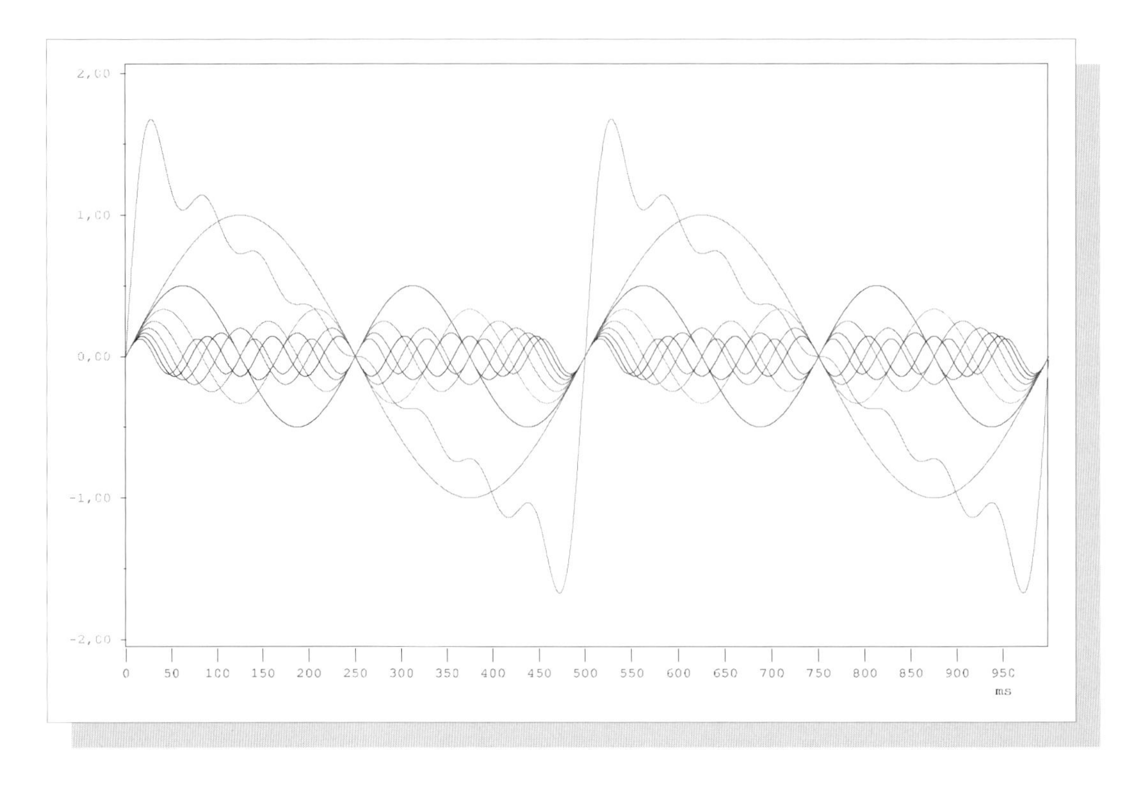

Abbildung 13: ***Zusammensetzen (Addition) von Schwingungen/Signalen aus einheitlichen Bausteinen****. Dies ist die erste Abbildung zur FOURIER-Synthese. Am Beispiel einer periodischen Sägezahnschwingung wird hier dargestellt, wie durch Addition geeigneter Sinusschwingungen eine sägezahnähnliche Schwingung entsteht. Hier sind es die ersten sechs von den (theoretisch) unendlich vielen Sinusschwingungen, die benötigt werden, um eine perfekte lineare Sägezahnschwingung mit sprunghafter Änderung zu erhalten. Dieses Beispiel wird in den nächsten Abbildungen weiter verfolgt. Deutlich ist zu erkennen: (a) An einigen Stellen (hier sind fünf sichtbar) besitzen alle Sinusfunktionen den Wert Null: dort ist also auch der „Sägezahn" bzw. die Summe gleich Null. (b) Nahe der „Sprung-Nullstelle" zeigen links und rechts alle Sinusschwingungen jeweils in die gleiche Richtung, die Summe muss hier also am größten sein. Dagegen löschen sich die Sinusschwingungen gegenseitig nahe der „Flanken-Nullstelle" gegenseitig fast aus, die Summe ist hier also sehr klein.*

→ Alle periodischen Schwingungen/Signale außer dem "Sinus" enthalten mehrere Töne!

Hieraus folgt das für unsere Zwecke fundamentale FOURIER-Prinzip:

Alle Schwingungen/Signale können so aufgefasst werden, als seien sie aus lauter Sinusschwingungen verschiedener Frequenz und Stärke (Amplitude) zusammengesetzt.

Es beinhaltet weit reichende Konsequenzen für die Naturwissenschaften - die Schwingungs- und Wellenphysik - , Technik und Mathematik. Wie noch gezeigt werden wird, gilt das FOURIER-Prinzip für alle Schwingungen, also auch für *nicht*periodische oder einmalige Signale!

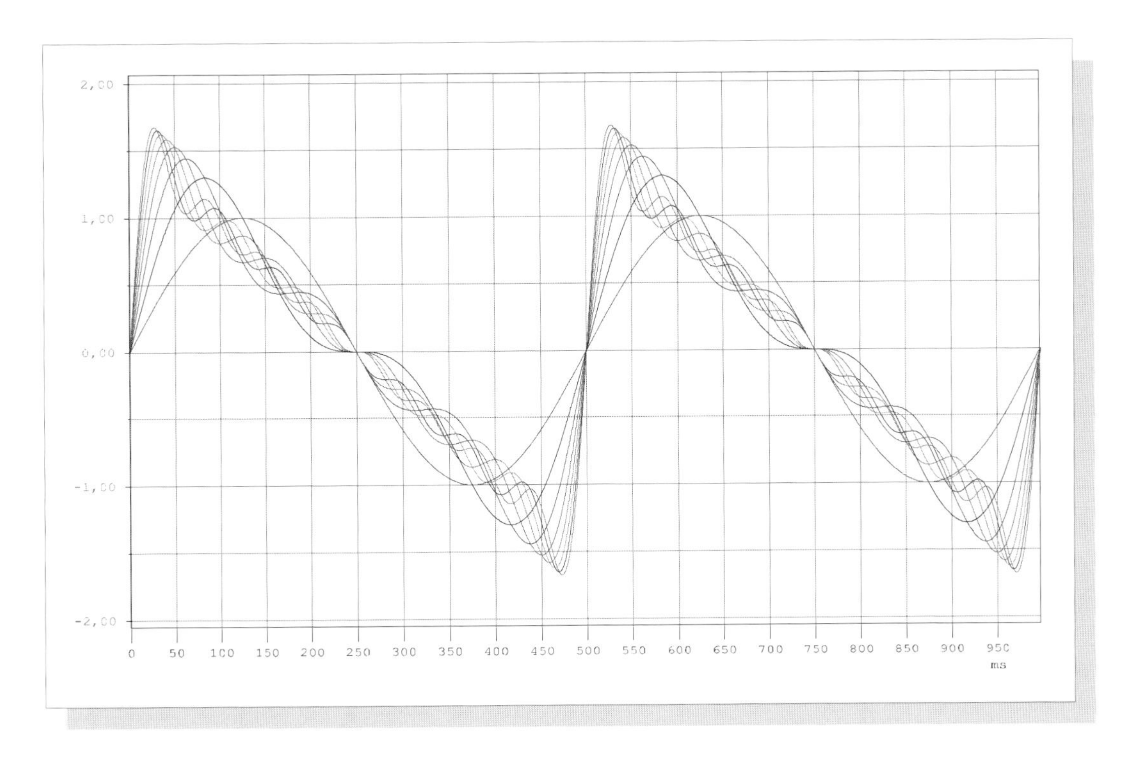

Abbildung 14: ***FOURIER-Synthese der Sägezahnschwingung***
Es lohnt sich, dies Bild genau zu betrachten. Dargestellt sind die Summenkurven, beginnend mit einer Sinusschwingung (N = 1) und endend mit N = 8. Acht geeignete Sinusschwingungen können also die Sägezahnschwingung wesentlich genauer „modellieren" als z.B. drei (N = 3). Und Achtung: Die Abweichung von der idealen Sägezahnschwingung ist offensichtlich dort am größten, wo sich diese Schwingung am schnellsten ändert. Suchen Sie einmal die Summenkurve für N = 6 heraus!

Die Bedeutung dieses Prinzips für die Signal- bzw. Nachrichtentechnik beruht auf dessen Umkehrung:

> Ist bekannt, wie ein beliebiges System auf Sinusschwingungen verschiedener Frequenz reagiert, so ist damit auch klar, wie es auf alle anderen Signale reagiert ... weil ja alle anderen Signale aus lauter Sinusschwingungen zusammengesetzt sind.

Schlagartig erscheint die gesamte Nachrichtentechnik überschaubar, denn es reicht, die Reaktion nachrichtentechnischer Prozesse und Systeme auf Sinusschwingungen verschiedener Frequenz näher zu betrachten!

Für uns ist es demnach sehr wichtig, alles über die Sinusschwingung zu wissen. Wie aus Abb. 12 ersichtlich, ergibt sich der Wert der Frequenz f aus der Winkelgeschwindigkeit $\omega = \varphi/t$ des rotierenden Zeigers. Gibt man den Wert des Vollwinkels (entspricht 360^0) in rad an, so gilt $\omega = 2\pi/T$ bzw. $\omega = 2\pi f$.

Insgesamt besitzt eine Sinusschwingung *drei* Merkmale. Das wichtigste Merkmal ist eindeutig die *Frequenz*. Sie gibt z.B. in der Akustik die Tonhöhe an.

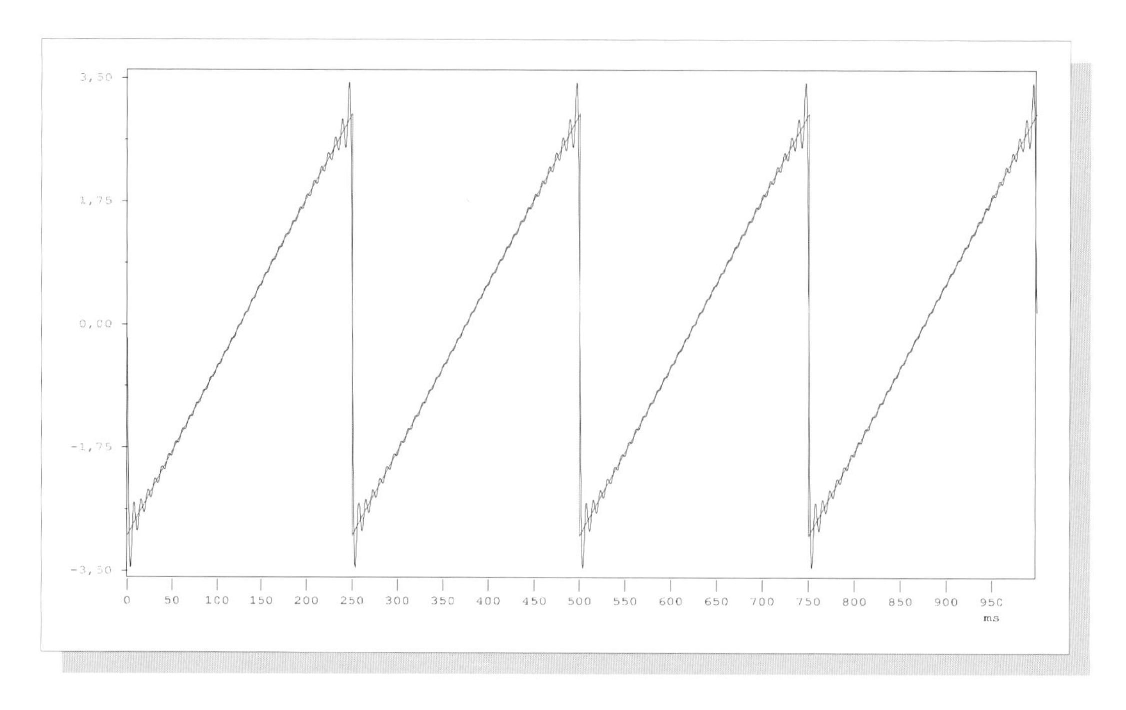

Abbildung 15: ***FOURIER-Synthese: Je mehr, desto besser!*** *Hier wurden (die ersten) N = 32 Sinusschwingungen addiert, aus denen eine Sägezahnschwingung zusammengesetzt ist. An der Sprungstelle des „Sägezahns" ist die Abweichung am größten. Die Summenfunktion kann sich aber niemals schneller ändern, als die Sinusschwingung mit der höchsten Frequenz (sie ist als „Welligkeit" praktisch sichtbar). Da sich der „Sägezahn" an der Sprungstelle theoretisch „unendlich schnell ändert", kann die Abweichung erst dann verschwunden sein, wenn die Summenfunktion auch eine sich „unendlich schnell ändernde" Sinusschwingung (d.h. $f \rightarrow \infty$) enthält. Da es die nicht gibt, kann es auch keine perfekte Sägezahnschwingung geben. In der Natur braucht jede Änderung halt ihre Zeit!*

Allgemein bekannt sind Begriffe wie "Frequenzbereich" oder "Frequenzgang". Beide Begriffe ergeben nur im Zusammenhang mit Sinusschwingungen einen Sinn:

Frequenzbereich: Der für Menschen hörbare Frequenzbereich liegt etwa im Bereich 30 bis 20.000 Hz (20 kHz). Dies bedeutet: Unser Ohr (in Verbindung mit unserem Gehirn) hört nur akustische Sinusschwingungen zwischen 30 und 20.000 Hz.

Frequenzgang: Ist für einen Basslautsprecher ein Frequenzgang von 20 bis 2500 Hz angegeben, so bedeutet dies: Der Lautsprecher kann nur akustische Wellen abstrahlen, die Sinuswellen zwischen 20 und 2500 Hz enthalten.

Hinweis: Im Gegensatz zum *Frequenzbereich* wird der Ausdruck *Frequenzgang* immer im Zusammenhang mit einem schwingungsfähigen System benutzt.

Die beiden anderen - natürlich auch wichtigen Merkmale - einer Sinusschwingung sind

→ *Amplitude* und

→ *Phasenwinkel*

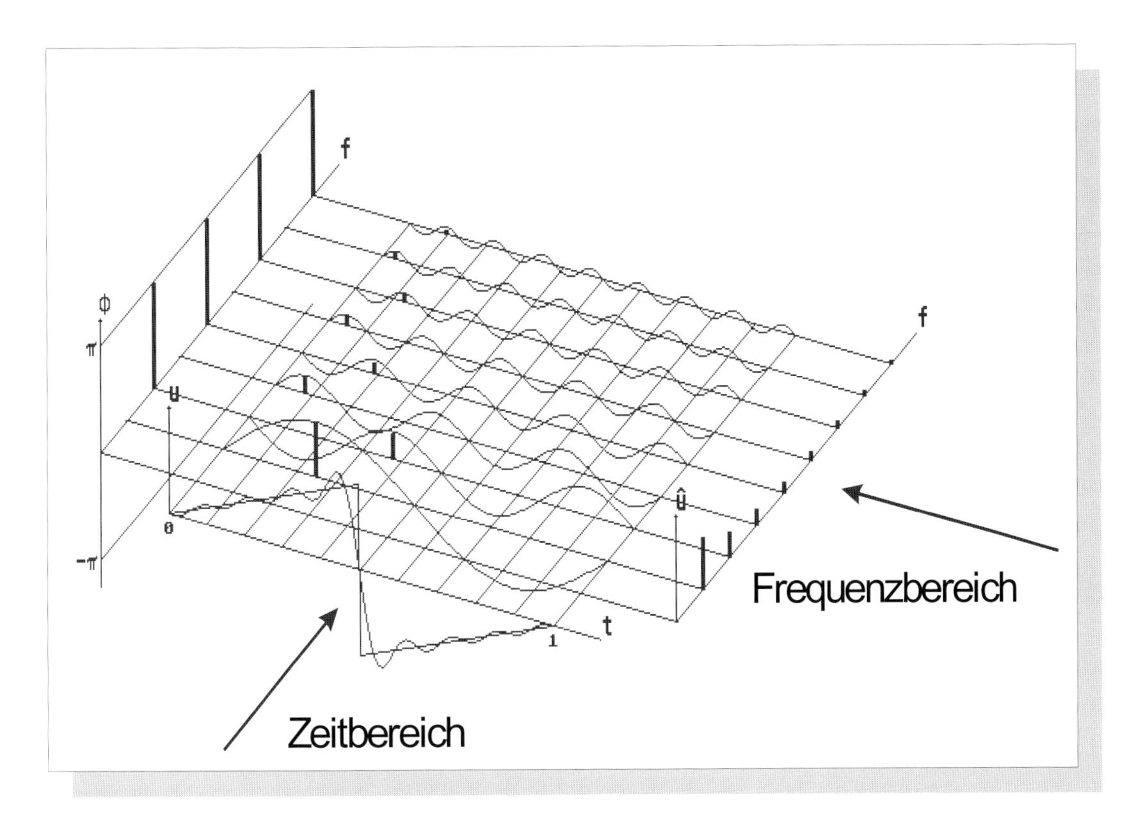

Abbildung 16: ***Bildgestützte FOURIER-Transformation***
Die Abbildung zeigt sehr anschaulich für periodische Schwingungen (T = 1), wie der Weg in den Frequenzbereich - die FOURIER-Transformation - zustande kommt. Zeit- und Frequenzbereich sind zwei verschiedene Perspektiven des Signals. Als bildliche „Transformation" zwischen den beiden Bereichen dient eine „Spielwiese" für die (wesentlichen) Sinusschwingungen, aus denen die hier dargestellte periodische „Sägezahn"- Schwingung zusammengesetzt ist. Der Zeitbereich ergibt sich aus der Überlagerung (Addition) aller Sinuskomponenten (Harmonischen). Der Frequenzbereich enthält die Daten der Sinusschwingungen (Amplitude und Phasen), aufgetragen über die Frequenz f. Das Frequenzspektrum umfasst das Amplitudenspektrum (rechts) sowie das Phasenspektrum (links); beide lassen sich direkt auf der „Spielwiese" ablesen. Zusätzlich eingezeichnet ist die „Summenkurve" der ersten - hier dargestellten - acht Sinuskomponenten. Wie schon die Abb. 13 bis 15 darstellen, gilt: Je mehr der im Spektrum enthaltenen Sinusschwingungen addiert werden, desto kleiner wird die Abweichung zwischen der Summenkurve und dem „Sägezahn".

Die *Amplitude* - der Betrag des Maximalwertes einer Sinusschwingung (entspricht der Zeigerlänge des gegen den Uhrzeigersinn rotierenden Zeigers in Abb. 12 !) - ist z.B. in der Akustik ein Maß für die Lautstärke, in der (klassischen) Physik und Technik ganz allgemein ein Maß für die in der Sinusschwingung enthaltene (mittlere) Energie.

Der *Phasenwinkel* φ einer Sinusschwingung ist letztlich lediglich ein Maß für die zeitliche Verschiebung dieser Sinusschwingung gegenüber einer anderen Sinusschwingung oder eines Bezugszeitpunktes (z.B. t = 0 s)

Zur Erinnerung: Der dieser Zeit entsprechende Phasenwinkel φ des rotierenden Zeigers wird nicht in "Grad", sondern in "rad" (von "Radiant": Kreisbogenlänge des Einheitskreises (r = 1), der zu diesem Winkel gehört) angegeben.

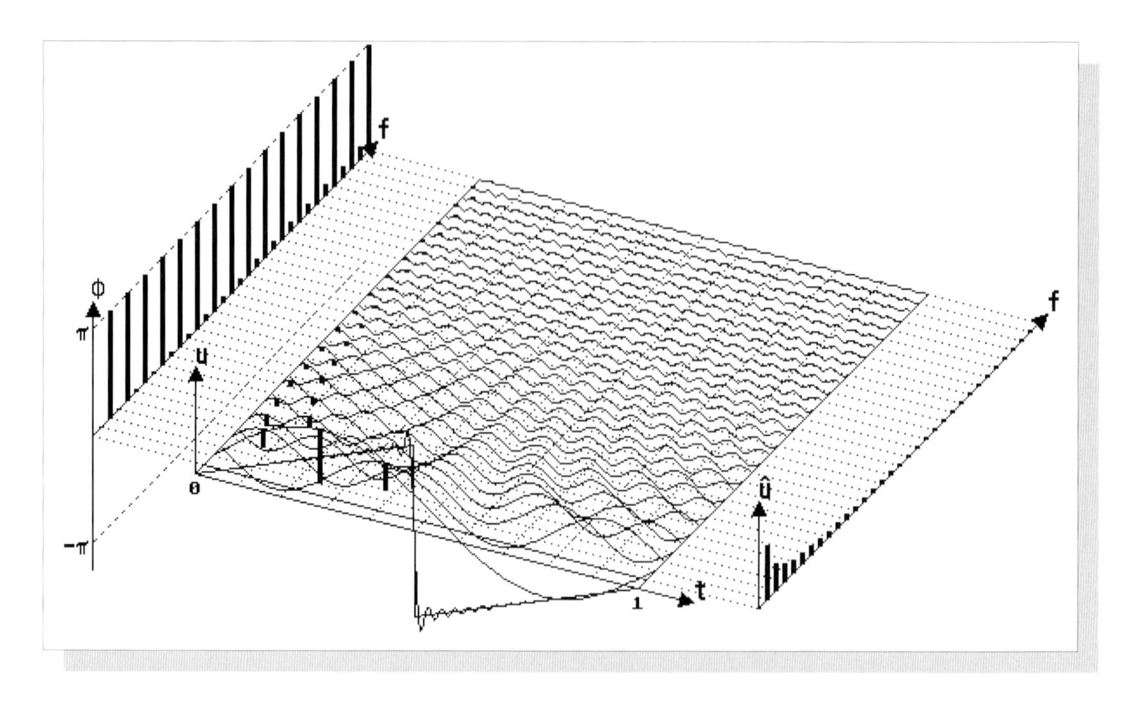

Abbildung 17: ***„Spielwiese" der Sägezahnschwingung mit den ersten 32 Harmonischen***
Die Abweichung zwischen Sägezahnschwingung und Summenkurve ist deutlich geringer als in Abb. 16 . Siehe hierzu noch einmal Abb. 15

→ Umfang des Einheitskreises = 2 * π * 1 = 2 * π rad

→ 360 Grad entsprechen 2 * π rad

→ 180 Grad entsprechen π rad

→ 1 Grad entspricht π/180 = 0,01745 rad

→ x Grad entsprechen x * 0,01745 rad

→ z.B. entsprechen 57,3 Grad 1 rad

FOURIER-Transformation: Vom Zeit- in den Frequenzbereich und zurück

Aufgrund des FOURIER-Prinzips werden alle Schwingungen bzw. Signale zweckmäßigerweise aus zwei Perspektiven betrachtet, und zwar dem

→ *Zeitbereich* sowie dem

→ *Frequenzbereich*

Im *Zeitbereich* wird angegeben, welche *Momentanwerte* ein Signal innerhalb einer bestimmten Zeitspanne besitzt (Zeitverlauf der Momentanwerte).

Im *Frequenzbereich* wird das Signal durch die Sinusschwingungen beschrieben, aus denen es zusammengesetzt ist.

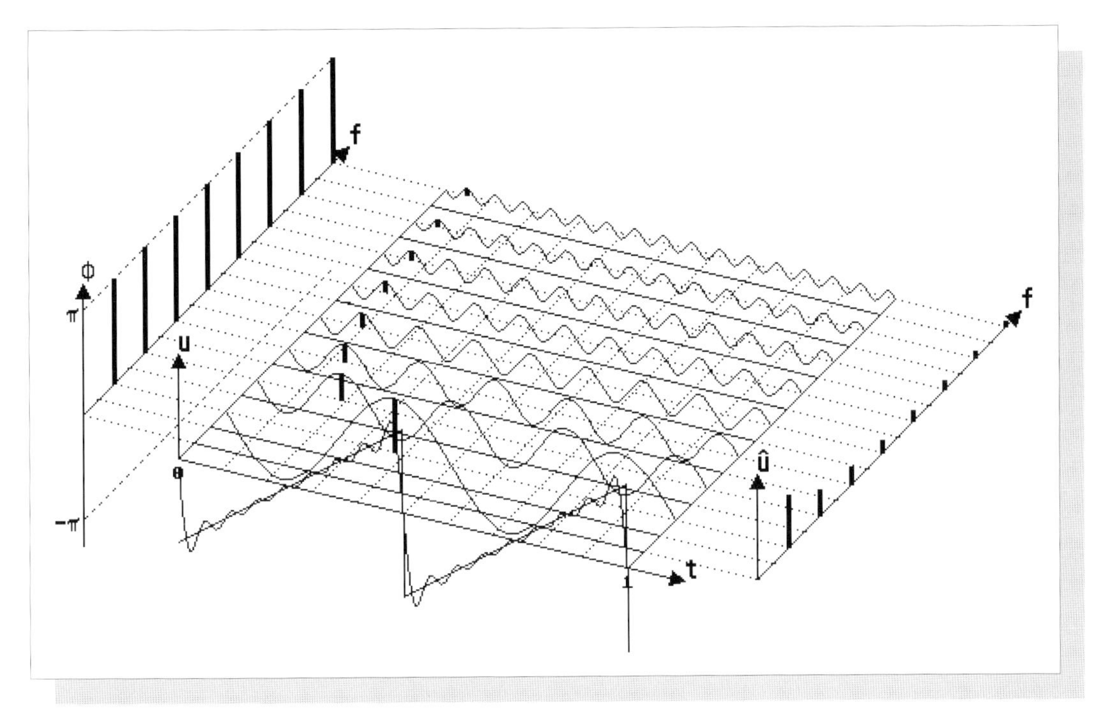

Abbildung 18: ***Frequenzverdopplung***

Hier beträgt die Periodendauer der Sägezahnschwingung T=0,5s (oder z.B. 0,5 ms). Die Frequenz der Sägezahnschwingung ist dementsprechend 2 Hz (bzw. 2 kHz). Der Abstand der Linien im Amplituden- und Phasenspektrum beträgt nun 2 Hz (bzw. 2 kHz). Beachten Sie auch das veränderte Phasenspektrum!

Stark vereinfachend lässt sich sagen: Unsere Augen sehen das Signal im Zeitbereich auf dem Bildschirm eines Oszilloskops, unsere Ohren sind eindeutig auf der Seite des Frequenzbereichs.

Wie wir bei vielen praktischen Problemen noch sehen werden, ist es manchmal günstiger, die Signale im Zeitbereich bzw. manchmal im Frequenzbereich zu betrachten.

Beide Darstellungen sind gleichwertig, d.h. alle Informationen sind jeweils in ihnen enthalten. Jedoch tauchen die Informationen des Zeitbereichs in veränderter ("transformierter") Form im Frequenzbereich auf und bedarf etwas Übung, sie zu erkennen.

Neben der sehr komplizierten (analog-) messtechnischen "Harmonischen Analyse" gibt es nun ein Rechenverfahren (Algorithmus), aus dem Zeitbereich des Signals dessen frequenzmäßige Darstellung - das Spektrum - zu berechnen und umgekehrt. Dieses Verfahren wird FOURIER-Transformation genannt. Es stellt den wichtigsten aller signaltechnischen Prozesse dar!

*FOURIER-Transformation (**FT**):*

Verfahren, das (Frequenz-)Spektrum des Signals aus dem zeitlichen Verlauf zu berechnen.

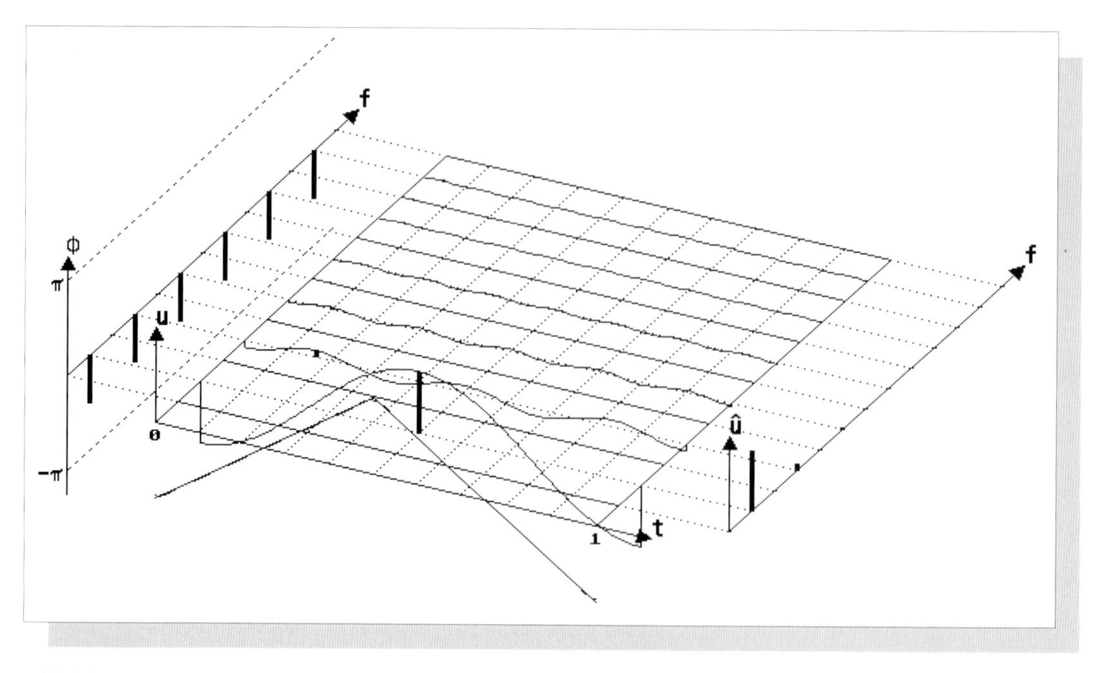

Abbildung 19: ***Periodische Dreieckschwingung***
Das Spektrum scheint im wesentlichen aus einer Sinusschwingung zu bestehen. Dies ist nicht weiter verwunderlich, da die Dreieckschwingung der Sinusschwingung ziemlich ähnlich sieht. Die weiteren Harmonischen leisten nur noch Feinarbeit (siehe Summenkurve). Aus Symmetriegründen fehlen die geradzahligen Harmonischen völlig.

*Inverse FOURIER-Transformation (**IFT**):*

Verfahren, den Zeitverlauf des Signals aus dem Spektrum zu berechnen.

Die **FT** sowie die **IFT** lassen wir den Computer für uns ausführen. Uns interessieren hierbei nur die grafisch dargestellten Ergebnisse. Der Anschaulichkeit halber wird hier eine Darstellung gewählt werden, bei der Zeit- und Frequenzbereich in einer *dreidimensionalen* Abbildung zusammen dargestellt werden.

Das eigentliche FOURIER-Prinzip kommt bei dieser Darstellungsform besonders schön zur Geltung, weil die (wesentlichen) Sinusschwingungen, aus denen ein Signal zusammengesetzt ist, alle nebeneinander aufgetragen sind. Hierdurch wird die **FT** quasi grafisch beschrieben! Es ist deutlich zu erkennen, wie man aus dem Zeitbereich zum Spektrum und umgekehrt vom Spektrum in den Zeitbereich wechseln kann. Dadurch wird es auch sehr einfach, die für uns wesentlichen "Transformationsregeln" herauszufinden.

Zusätzlich zur Sägezahnschwingung ist jeweils noch die Summenkurve der ersten 8, 16, oder gar 32 Sinusschwingungen ("Harmonischen") aufgetragen. Es besteht also eine Differenz zwischen dem idealen Sägezahn und der Summenkurve der ersten 8 bzw. 32 Harmonischen, d.h. das Spektrum zeigt *nicht alle* Sinusschwingungen, aus denen die (periodische) Sägezahnschwingung besteht.

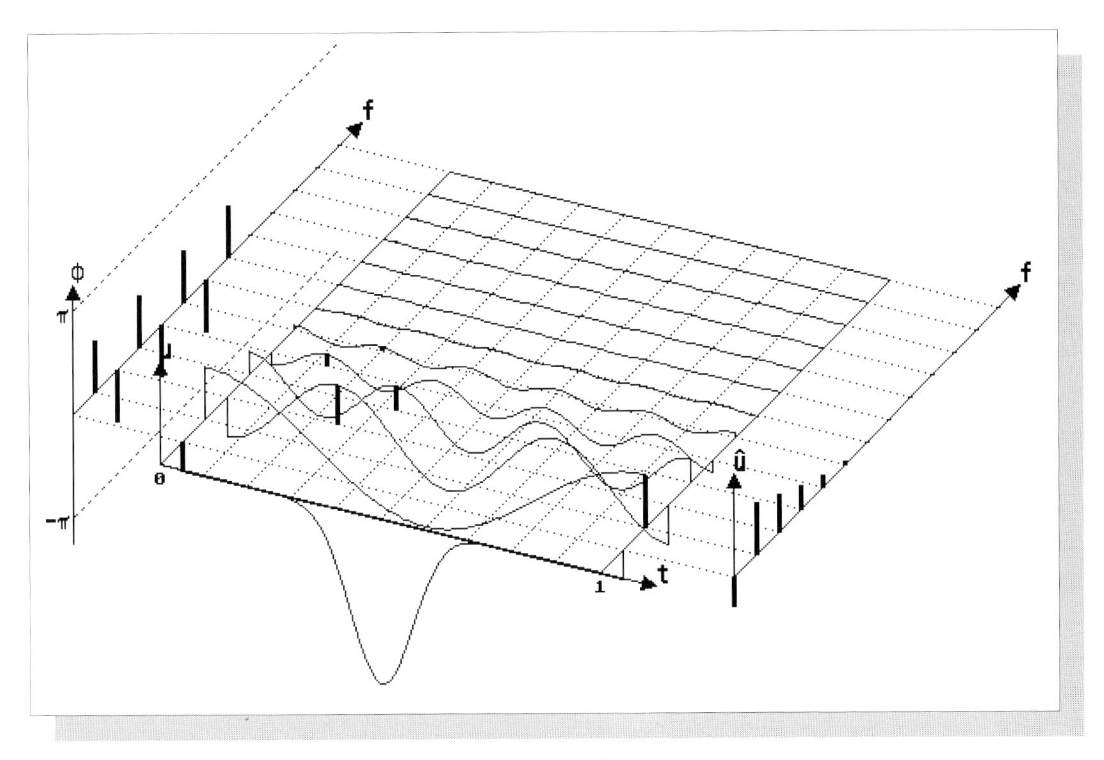

Abbildung 20: ***Impulsform ohne schnelle Übergänge***

Innerhalb dieser (periodischen) GAUSS-Impulsfolge beginnt und endet jeder Impuls sanft. Aus diesem Grunde kann das Spektrum keine hohen Frequenzen enthalten. Diese Eigenschaft macht GAUSS-Impulse für viele moderne Anwendungen so interessant. Wir werden dieser Impulsform noch oft begegnen.

Wie insbesondere auch an Abb. 13 zu erkennen ist, gilt für alle periodischen Schwingungen/ Signale:

> Alle periodischen Schwingungen/Signale enthalten als Sinuskomponenten *nur die ganzzahlig Vielfachen der Grundfrequenz,* da nur diese in das Zeitraster der Periodendauer T (hier T = 1s) passen. Bei periodischen Schwingungen müssen sich ja alle in ihnen enthaltenen Sinusschwingungen jeweils nach der Periodendauer T in gleicher Weise wiederholen!

Beispiel: Ein periodischer "Sägezahn" von 100 Hz enthält lediglich die Sinuskomponenten 100 Hz, 200 Hz, 300 Hz usw.

Das Spektrum periodischer Schwingungen/Signale besteht demnach stets aus Linien in regelmäßigen Abständen.

> *Periodische Signale besitzen ein Linienspektrum!*

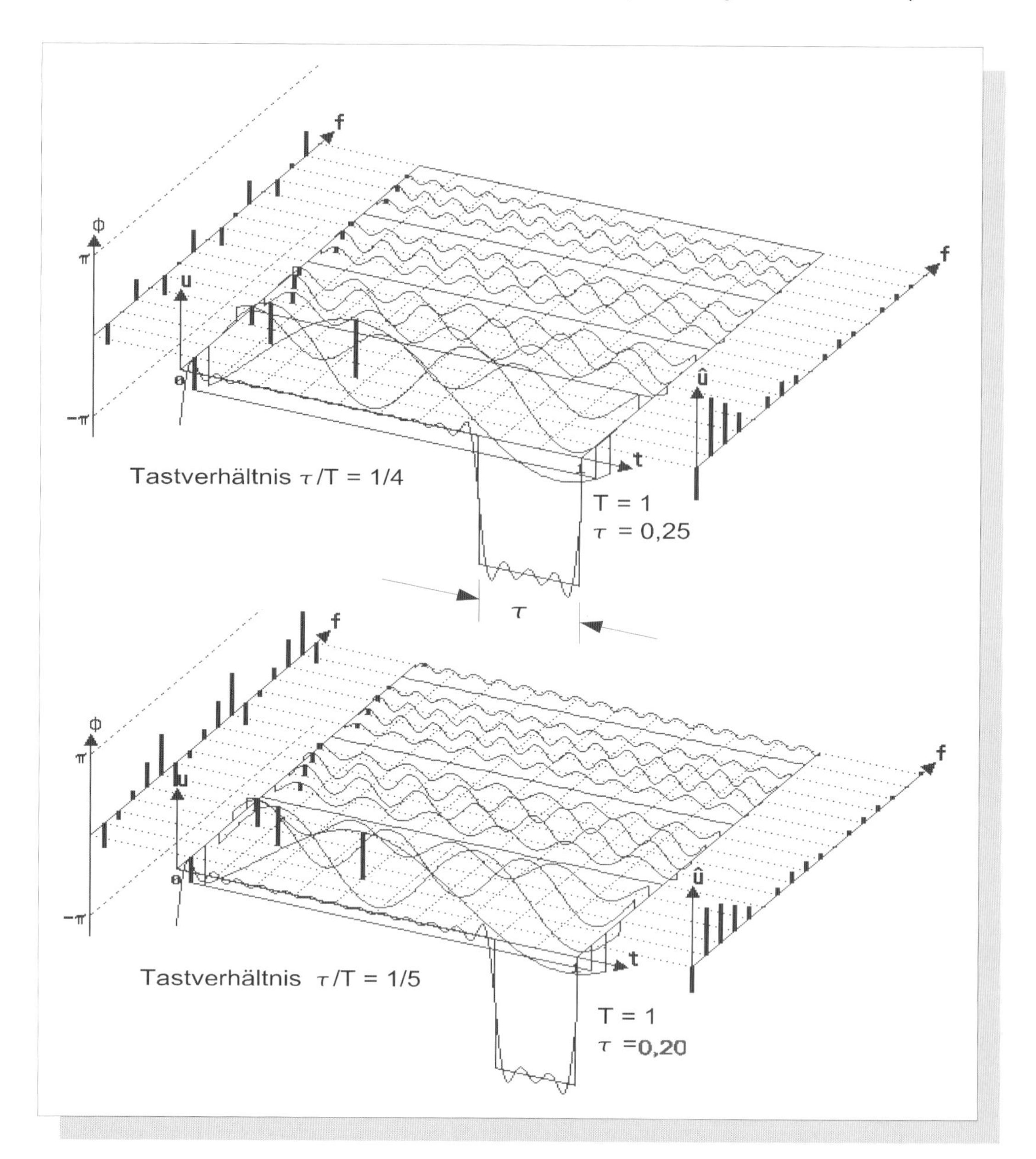

Abbildung 21: ***Periodische Rechteckimpulse mit verschiedenem Tastverhältnis***

Diese Abbildung zeigt, wie sich die Information des Zeitbereiches im Frequenzbereich wiederfindet. Die Periodendauer T findet sich in dem Abstand 1/T der Linien des Frequenzspektrums wieder. Da in dieser Abbildung T = 1s, ergibt sich ein Linienabstand von 1 Hz. Die Impulsbreite τ beträgt in der oberen Darstellung 1/4 bzw. in der unteren 1/5 der Periodendauer T. Es fällt auf, dass oben jede 4. Harmonische (4 Hz, 8 Hz usw.), unten jede 5. Harmonische (5 Hz, 10 Hz usw.) den Wert 0 besitzt. Die Nullstelle liegt also jeweils an der Stelle $1/\tau$. Damit lassen sich Periodendauer T und Pulsdauer τ auch im Frequenzbereich bestimmen!

Die Sägezahnschwingungen oder auch die Rechteckschwingungen enthalten Sprünge in "unendlich kurzer Zeit" von z.B. 1 bis -1 oder von 0 bis 1. Um "unendlich schnelle" Übergänge mit Hilfe von Sinusschwingungen modellieren zu können, müssten auch Sinusschwingungen unendlich hoher Frequenz vorhanden sein. Deshalb gilt:

Schwingungen/Signale mit Sprüngen (Übergänge in "unendlich kurzer Zeit") enthalten (theoretisch) auch Sinusschwingungen unendlich hoher Frequenz.

Da es nun physikalisch betrachtet keine Sinus-Schwingungen "unendlich hoher Frequenz" gibt, kann es in der Natur auch keine Signale/Schwingungen mit "unendlich schnellen Übergängen" geben.

In der Natur braucht alles seine Zeit, auch Sprünge bzw. Übergänge, denn sie sind stets mit einem Energiefluss verbunden. Alle realen Signale/Schwingungen sind deshalb frequenzmäßig begrenzt.

Wie die Abb. 15 und 17 zeigen, ist die Differenz zwischen dem idealen (periodischen) Sägezahn und der Summenkurve dort am größten, wo die schnellsten Übergänge bzw. Sprünge sind.

Die im Spektrum enthaltenen Sinusschwingungen *hoher* Frequenz dienen in der Regel dazu, *schnelle Übergänge* zu modellieren.

Hieraus folgt natürlich auch:

Signale, die *keine* schnellen Übergänge aufweisen, enthalten auch *keine* hohen Frequenzen.

Wichtige periodische Schwingungen/Signale

Aufgrund des FOURIER-Prinzips versteht es sich von selbst, dass die Sinusschwingung das wichtigste periodische "Signal" ist.

Dreieck- und Sägenzahnschwingung sind zwei weitere wichtige Beispiele, weil sie sich beide linear mit der Zeit ändern. Solche Signale werden in der Mess-, Steuer- und Regelungstechnik (MSR-Technik) gebraucht (z.B. zur horizontalen Ablenkung des Elektronenstrahls in einer Bildröhre).

Sie lassen sich auch leicht erzeugen. Beispielsweise lädt sich ein Kondensator linear auf, der an eine Konstantstromquelle geschaltet ist.

Ihr Spektrum weist aber interessante Unterschiede auf. Zunächst ist der hochfrequente Anteil des Spektrums der Dreieckschwingung viel geringer, weil - im Gegensatz zur Sägezahnschwingung - kein schneller Sprung stattfindet. Während aber beim (periodischen) "Sägezahn" alle geradzahligen Harmonischen im Spektrum enthalten sind, zeigt das Spektrum des (periodischen) "Dreiecks" nur ungeradzahlige Harmonische (z.B. 100 Hz, 300 Hz, 500 Hz usw.). Anders ausgedrückt: Die Amplituden der geradzahligen Harmonischen sind gleich Null.

Weshalb werden hier die geradzahligen Harmonischen nicht benötigt?

Die Antwort liegt in der größeren Symmetrie der Dreieckschwingung. Zunächst sieht sie der Sinusschwingung schon recht ähnlich. Deshalb zeigt das Spektrum auch nur noch "kleine Korrekturen". Wie die Abb. 19 zeigt, können als Bausteine nur solche Sinusschwingungen Verwendung finden, die auch diese Symmetrie innerhalb der Periodendauer T aufweisen, und das sind nur die ungeradzahligen Harmonischen.

Signalvergleich im Zeit- und Frequenzbereich

Durch die Digitaltechnik, aber auch durch bestimmte Modulationsverfahren bedingt, besitzen (periodische) *Rechteck*schwingungen bzw. -impulse eine besondere Bedeutung. Dienen sie zur zeitlichen Synchronisation bzw. Zeitmessung, werden sie treffend als clock-Signal (sinngemäß „Uhrtakt“) bezeichnet. Typische digitale Signale sind dagegen nicht periodisch. Da sie Träger von (sich fortlaufend ändernder) Informationen sind, können sie nicht oder nur „zeitweise“ periodisch sein.

Entscheidend für das Frequenzspektrum von (periodischen) Rechteckimpulsen ist das sogenannte Tastverhältnis, der Quotient aus Impulsdauer τ (“tau“) und Periodendauer T. Bei der symmetrischen Rechteckschwingung beträgt $\tau/T = 1/2$ (“1 zu 2“). In diesem Fall liegt eine Symmetrie vor wie bei der (symmetrischen) Dreieckschwingung und ihr Spektrum enthält deshalb auch nur die *un*geradzahligen Harmonischen (siehe Abb. 22).

Ein besseres Verständnis der Zusammenhänge erhalten wir durch die genaue Betrachtung von Zeit- und Frequenzbereich bei verschiedenen Tastverhältnissen τ/T (siehe Abb. 21). Beim Tastverhältnis 1/4 fehlt genau die 4., die 8., die 12. usw. Harmonische, beim Tastverhältnis 1/5 (“1 zu 5“) die 5., 10., 15. usw. Harmonische, beim Tastverhältnis 1/10 die 10., 20., 30., usw. Harmonische (siehe Abb. 23).

Diese „Fehlstellen“ werden „Nullstellen des Spektrums“ genannt, weil die Amplituden an diesen Stellen formal den Wert Null besitzen. Folgerichtig fehlen bei der symmetrischen Rechteckschwingung mit dem Tastverhältnis 1/2 alle geradzahligen Harmonischen.

Jetzt lässt sich erkennen, wie die Kenngrößen des Zeitbereichs im Frequenzbereich „versteckt“ sind:

Der Kehrwert der Periodendauer T entspricht dem Abstand der Spektrallinien im Spektrum. Betrachten Sie hierzu noch einmal aufmerksam die Abbildung 18 . Der Frequenzlinienabstand $\Delta f = 1/T$ entspricht der Grundfrequenz f_1 (1. Harmonische).

Beispiel:
T = 20 ns ergibt eine Grundfrequenz bzw. eine Frequenzlinienabstand von 50 MHz.

Der Kehrwert der Impulsdauer τ entspricht dem Abstand der Nullstellen im Spektrums ΔF_0.

Nullstellenabstand $\Delta F_0 = 1/\tau$

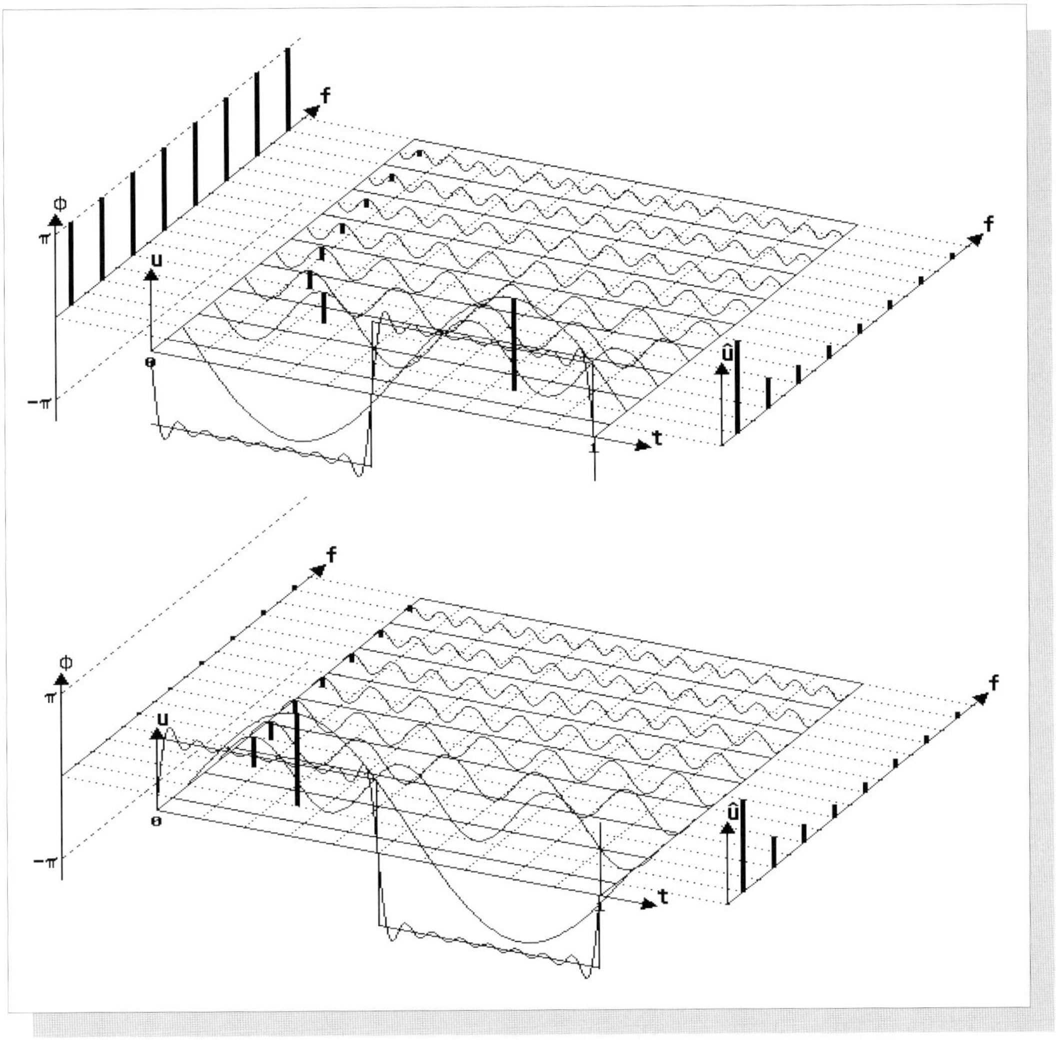

Abbildung 22: ***Symmetrische Rechteckimpulsfolge mit unterschiedlichem Zeitbezugspunkt t = 0 s.***

Bei beiden Darstellungen handelt es sich um das gleiche Signal. Das untere ist gegenüber dem oberen lediglich um T/2 zeitlich verschoben. Beide Darstellungen besitzen also einen verschiedenen Zeitbezugspunkt t = 0 s. Eine Zeitverschiebung von T/2 entspricht aber genau einer Phasenverschiebung von π. Dies erklärt die verschiedenen Phasenspektren. Wegen $\tau/T = 1/2$ fehlt jede geradzahlige Harmonische (d.h. die Nullstellen des Spektrums liegen bei 2 Hz, 4 Hz usw.).

Hieraus lässt sich auf eine grundsätzliche und äußerst wichtige Beziehung zwischen Zeit- und Frequenzbereich schließen.

> *Alle **großen** zeitlichen Kenngrößen erscheinen im Frequenzbereich **klein**, alle **kleinen** zeitlichen Kenngrößen erscheinen **groß** im Frequenzbereich.*

Beispiel: Vergleichen Sie Periodendauer T und Impulsdauer τ.

Das verwirrende Phasenspektrum

Auch bezüglich des Phasenspektrum lässt sich eine wichtige Feststellung machen. Wie Abbildung 22 zeigt, kann das gleiche Signal unterschiedliche Phasenspektren besitzen. Das Phasenspektrum hängt nämlich auch von zeitlichen Bezugspunkt $t = 0$ ab.

Das Amplitudenspektrum bleibt dagegen von zeitlichen Verschiebungen unberührt.

Aus diesem Grund ist das Phasenspektrum verwirrender und viel weniger aussagekräftig als das Amplitudenspektrum. In den nächsten Kapiteln wird deshalb im Frequenzbereich meist nur noch das Amplitudenspektrum herangezogen.

Hinweise:

→ Trotzdem liefern erst beide spektrale Darstellungsformen zusammen die Gesamtinformation über den Verlauf des Signals/der Schwingung im Zeitbereich. Die Inverse FOURIER-Transformation **IFT** benötigt also das Amplituden- *und* Phasenspektrum zur Berechnung des Signalverlaufs im Zeitbereich!

→ Eine besonders interessantes Phänomen ist die Eigenschaft unseres Ohres (ein FOURIER-Analysator!), Änderungen des *Phasenspektrums* eines Signals kaum wahrzunehmen. Jede wesentliche Änderung im Amplitudenspektrum wird dagegen sofort bemerkt. Dazu sollten Sie mit DASYLab nähere akustische Versuche durchführen.

Interferenz: Nichts zu sehen obwohl alles da ist.

Die (periodischen) Rechteckimpulse in der Abbildung 21 besitzen während der Impulsdauer τ einen konstanten (positiven oder negativen) Wert, zwischen zwei Impulsen jedoch den Wert Null! Würden wir nur diese Zeiträume $T - \tau$ betrachten, so könnte leicht der Gedanke kommen, „wo etwas Null ist, kann nichts sein", also auch keine Sinusschwingungen.

Dieser Gedanke ist grundsätzlich falsch und dies lässt sich auch experimentell beweisen. Zum anderen wäre sonst auch das FOURIER- Prinzip falsch (Warum?)! Es gilt hier eins der wichtigsten Prinzipien der Schwingungs- und Wellenphysik:

> *(Sinus-) Schwingungen und Wellen können sich durch Überlagerung (Addition) zeitweise und lokal (Wellen) gegenseitig auslöschen oder auch verstärken.*

In der Wellenphysik wird dieses Prinzip *Interferenz* genannt. Auf dessen Bedeutung für die Schwingungsphysik/Signaltheorie wird meist leider viel zu wenig hingewiesen.

Schauen wir uns zunächst noch einmal Abbildung 21 an. Überall ist - mit Bedacht - die *Summenkurve* der ersten 16 Harmonischen im Zeitbereich mit aufgetragen. Wir sehen, dass die Summen der ersten 16 Harmonischen zwischen den Impulsen nur an ganz wenigen Stellen gleich Null ("Nulldurchgänge"), sonst etwas von Null abweicht. Erst die Summe aller unendlich vielen Harmonischen kann Null ergeben! Auf der „Sinus-Spielwiese" sehen wir aber auch über die gesamte Periodendauer T die unveränderte Existenz aller Sinusschwingungen des Spektrums.

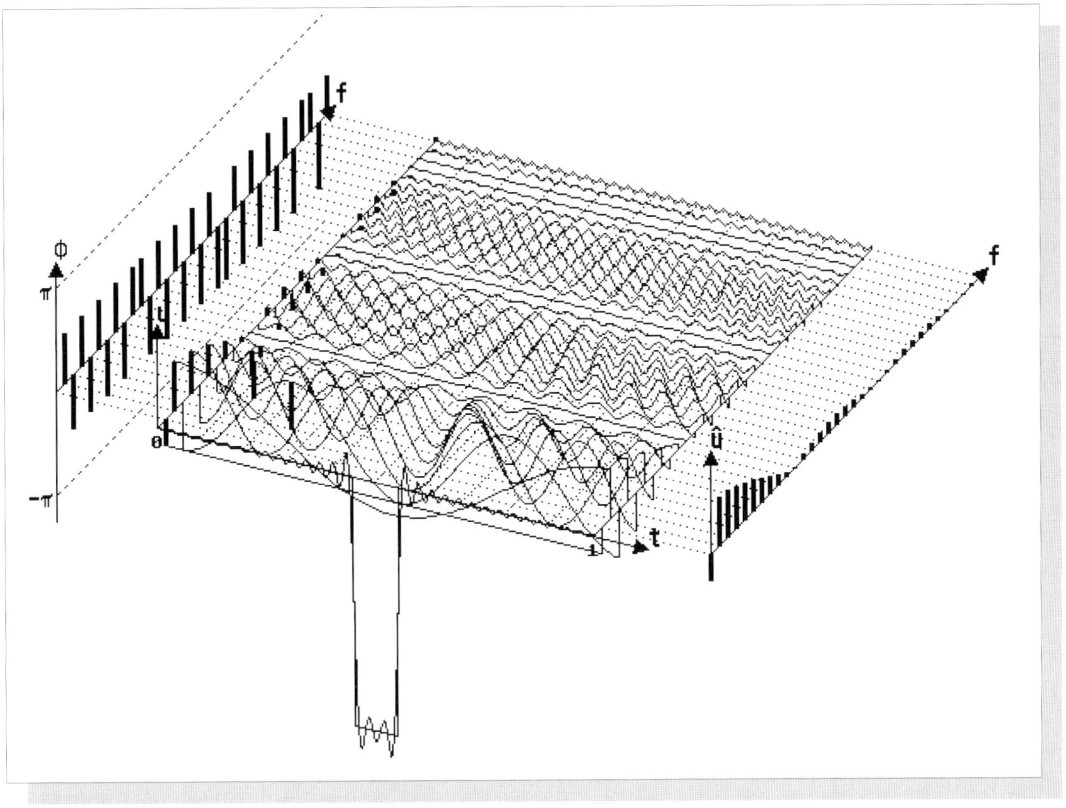

Abbildung 23: ***Eine genaue Analyse der Verhältnisse***

In dieser Darstellung sollen noch einmal die wesentlichen Zusammenhänge zusammengestellt und ergänzt werden:

→ *Das Tastverhältnis der (periodischen) Rechteckimpulsfolge beträgt 1/10. Die erste Nullstelle des Spektrums liegt deshalb bei der 10. Harmonischen. Die ersten 10 Harmonischen liegen an der Stelle t = 0,5 s so in Phase, dass sich in der Mitte alle „Amplituden" nach unten addieren. An der ersten (und jeder weiteren) Nullstelle findet ein Phasensprung von π rad statt. Dies ist sowohl im Phasenspektrum selbst als auch auf der „Spielwiese" gut zu erkennen. In der Mitte überlagern sich alle „Amplituden" nach oben, danach - von der 20. bis 30. Harmonischen - wieder nach unten usw.*

→ *Je schmaler der Impuls wird, desto größer erscheint die Abweichung zwischen der Summe der ersten (hier N = 32) Harmonischen und dem Rechteckimpuls. Die Differenz zwischen Letzterem und der Summenschwingung ist dort am größten, wo sich das Signal am schnellsten ändert, z.B. an bzw. in der Nähe der Impulsflanken.*

→ *Dort, wo momentan das Signal gleich Null ist - jeweils links und rechts von einem Impuls - , summieren sich alle (unendlich vielen) Sinusschwingungen zu Null; sie sind also vorhanden, löschen sich aber durch Interferenz aus. „Filtert" man von allen - wie hier - die ersten N = 32 Harmonischen heraus, so ergibt sich die dargestellte „runde" Summenschwingung; sie ist nicht mehr links und rechts vom Impuls überall gleich Null. Die „Welligkeit" der Summenschwingung entspricht der höchsten enthaltenen Frequenz.*

Auch wenn Signale über einen Zeitbereich Δt wertmäßig gleich Null sind, enthalten sie auch während dieser Zeit Sinusschwingungen. Genau genommen müssen auch „unendlich" hohe Frequenzen enthalten sein, weil sich sonst immer „runde" Signalverläufe ergeben würden. Die „Glättung" geschieht also durch hohe und höchste Frequenzen.

In Abbildung 23 sehen wir im Amplitudenspektrum auch den „Gleichanteil" an der Stelle f = 0. Auf der „Spielwiese" ist dieser Wert als konstante Funktion ("Nullfrequenz") aufgetragen. Würden wir diesen Gleichanteil -U beseitigen - z.B. durch einen Kondensator - , wäre der bisherige Nullbereich nicht mehr Null sondern gleich +U. Deshalb muss gelten:

Enthält ein Signal während eines Zeitabschnittes Δt einen konstanten Bereich, so muss das Spektrum theoretisch auch „unendlich hohe" Frequenzen enthalten.

In Abbildung 23 ist ein (periodischer) Rechteckimpuls mit dem Tastverhältnis 1/10 im Zeit- und Frequenzbereich abgebildet. Die (erste) Nullstelle im Spektrum liegt deshalb bei der 10. Harmonischen.

Die erste Nullstelle des Spektrums wird nun in Abb. 24 immer weiter nach rechts geschoben, je kleiner wir das Tastverhältnis wählen (z.B. 1/100). Geht schließlich das Tastverhältnis gegen Null, so haben wir es mit einer (periodischen) „Nadelimpuls"-Folge zu tun, bei der die Pulsbreite gegen Null geht.

Gegensätze, die vieles gemeinsam haben: Sinus und δ–Impuls

Solche Nadelimpulse werden in der theoretischen Fachliteratur als δ-Impulse ("Delta-Impulse") bezeichnet. Der δ-Impuls ist nach dem Sinus die wichtigste Schwingungsform bzw. Zeitfunktion.

Hierfür sprechen folgende Gründe:

→ In der digitalen Signalverarbeitung DSP (Digital Signal Processing) werden in gleichmäßigen Zeitabständen (Taktfrequenz) Zahlen verarbeitet. Diese Zahlen entsprechen graphisch Nadelimpulsen einer bestimmten Höhe. Die Zahl 17 könnte beispielsweise einer Nadelimpulshöhe von 17 entsprechen. Näheres hierzu in den Kapiteln zur digitalen Signalverarbeitung.

→ Jedes Signal lässt sich theoretisch auch zusammengesetzt denken aus lauter kontinuierlich aufeinander folgenden Nadelimpulsen bestimmter Höhe! Siehe hierzu Abbildung 25.

→ Eine Sinusschwingung im Zeitbereich ergibt eine „Nadelfunktion" im Frequenzbereich (Linienspektrum). Mehr noch: Alle periodischen Schwingungen/ Signale ergeben ja Linienspektren, also äquidistante ("im gleichen Abstand erscheinende") Nadelfunktionen im *Frequenz*bereich.

→ Aus theoretischer Sicht ist der δ-Impuls das ideale Testsignal für alle Systeme. Wird nämlich ein δ-Impuls auf den Eingang eines Systems gegeben, so wird das System gleichzeitig mit allen Frequenzen, und zwar zusätzlich noch mit gleicher Amplitude getestet! Siehe hierzu die nachfolgenden Seiten, insbesondere Abbildung 24.

→ Der (periodische) δ-Impuls enthält im Abstand $\Delta f = 1/T$ alle (ganzzahlig Vielfachen) Frequenzen von Null bis Unendlich mit stets gleicher Amplitude!

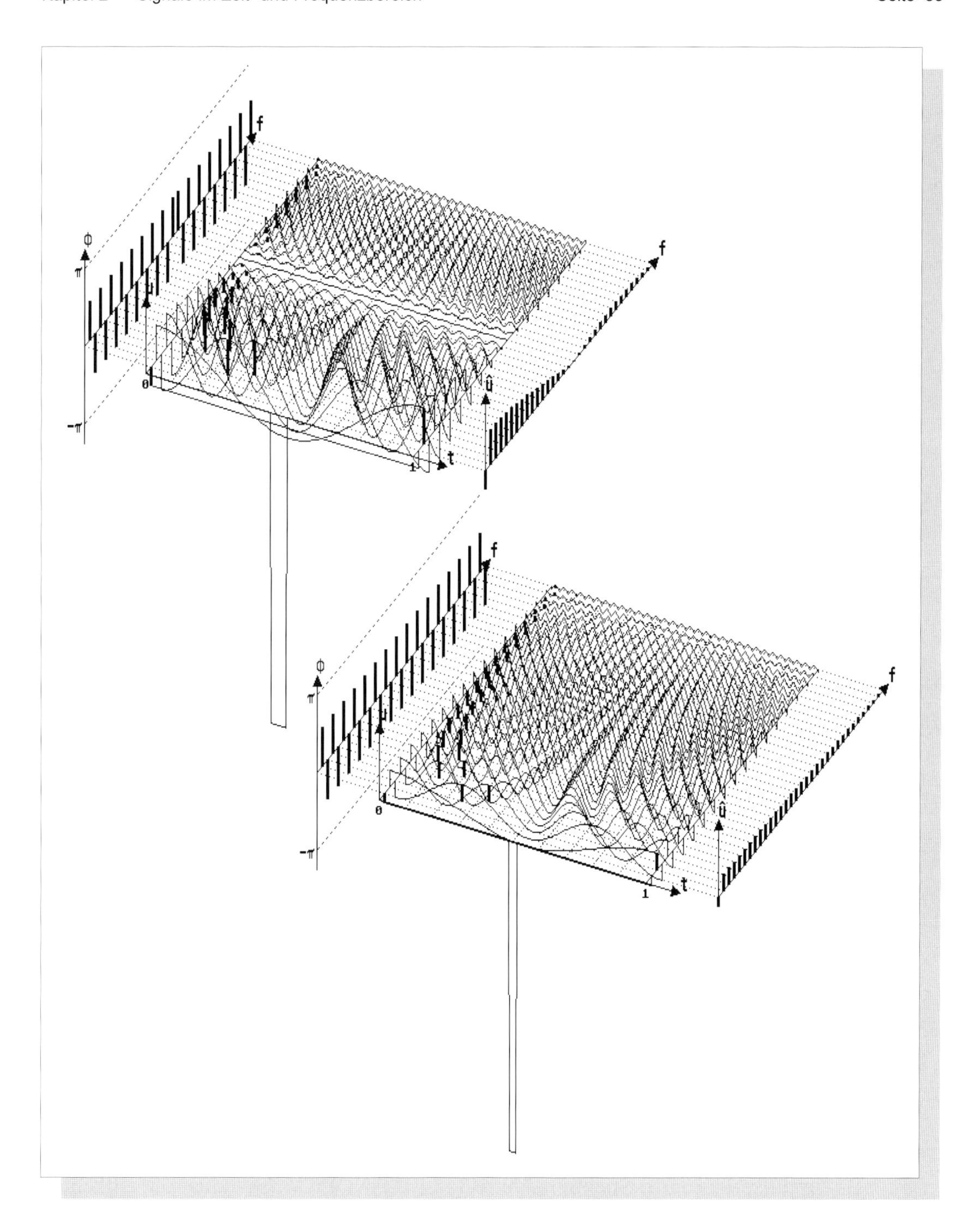

Abbildung 24: ***Schritte in Richtung Nadelimpuls***

Oben beträgt das Tastverhältnis ca. 1/16, unten 1/32. Oben liegt demzufolge die erste Nullstelle bei N = 16, unten bei N = 32. Die Nullstelle „wandert" also immer mehr zu höheren Frequenzen nach rechts, falls der Impuls immer schmaler wird. Unten scheinen die dargestellten Linien des Spektrums bereits nahezu gleich große Amplituden zu besitzen. Bei einem „Nadel"-Impuls (δ-Impuls) geht die Impulsbreite gegen Null, die (erste) Nullstelle des Spektrums damit gegen Unendlich. Damit besitzt der δ-Impuls ein „unendlich breites Frequenzspektrum"; alle Amplituden besitzen ferner die gleiche Größe!

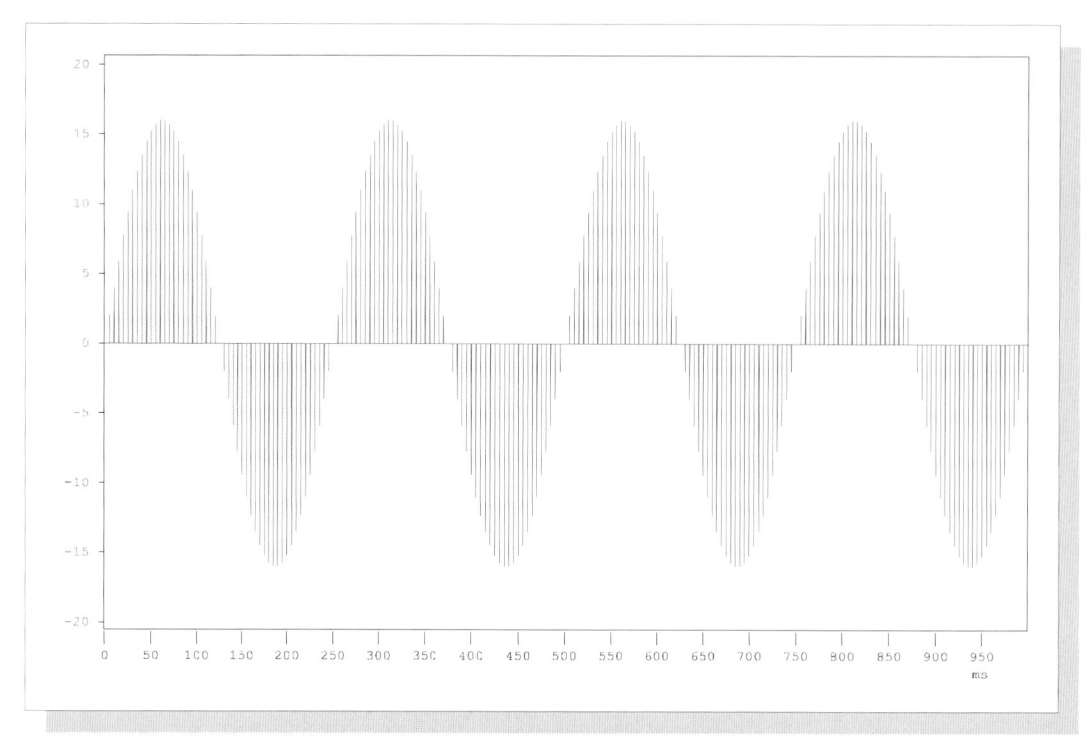

Abbildung 25 ***Signal-Synthese mit Hilfe von δ-Impulsen***

Hier wird ein „Sinus" aus lauter direkt aufeinander folgenden δ-Impulsen entsprechender Höhe „zusammengesetzt". Dies entspricht genau der Vorgehensweise in der „Digitalen Signalverarbeitung" DSP. Signale entsprechen dort „Zahlenketten", die - physikalisch betrachtet - schnell aufeinander folgenden Messwerten dieses analogen Signals entsprechen; jede Zahl gibt die „gewichtete" δ-Impulshöhe zu einem bestimmten Zeitpunkt t an.

Diese seltsame Beziehung zwischen Sinus- und Nadelfunktion wird im nächsten Kapitel ("Unschärfe-Prinzip") genau untersucht und ausgewertet werden.

> Hinweis:
> Gewisse mathematische Spitzfindigkeiten führen dazu, in der Theorie dem δ-Impuls eine gegen Unendlich gehende Amplitude zuzuordnen. Auch physikalisch macht dies einen gewissen Sinn. Ein „unendlich kurzer" Nadelimpuls kann keine Energie besitzen, es sei denn, er wäre „unendlich hoch". Dies zeigen auch die Spektren schmaler periodischer Rechteckimpulse bzw. die Spektren von δ-Impulsen. Die Amplituden der einzelnen Sinusschwingungen sind sehr klein und in den Abbildungen kaum zu erkennen, es sei denn, wir vergrößern (über den Bildschirm hinaus) die Impulshöhe.

In diesem Manuskript wählen wir aus Anschaulichkeitsgründen normalerweise Nadelimpulse der Höhe „1".

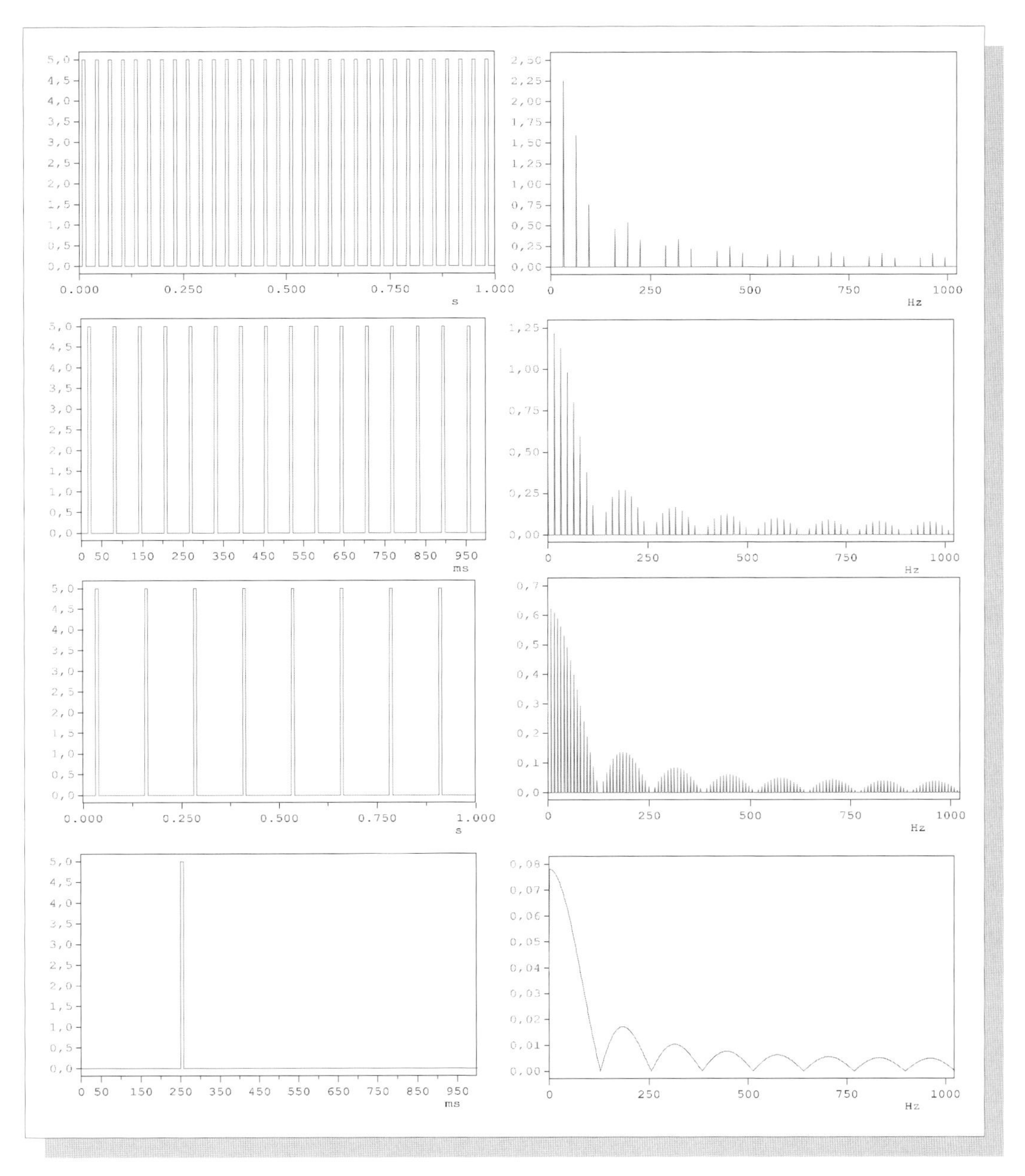

Abbildung 26: ***Vom periodischen Signal mit Linienspektrum ... zum nichtperiodischen Signal mit kontinuierlichem Spektrum.***

Links im Zeitbereich sehen Sie von oben nach unten periodische Rechteckimpulsfolgen. Die Pulsfrequenz halbiert sich jeweils, während die Pulsbreite konstant bleibt! Dementsprechend liegt der Abstand der Spektrallinien immer enger ($T = 1/f$), jedoch verändert sich wegen der konstanten Pulsbreite nicht die Lage der Nullstellen.

In der unteren Reihe soll schließlich ein einmaliger Rechteckimpuls dargestellt sein. Theoretisch besitzt er die Periodendauer $T \to \infty$. Damit liegen die Spektrallinien „unendlich dicht" beieinander, das Spektrum ist nun kontinuierlich und wird auch als kontinuierliche Funktion gezeichnet.
Wir sind jetzt zu der üblichen (zweidimensionalen) Darstellung von Zeit- und Frequenzbereich übergegangen. Sie ergibt ein wesentlich genaueres Bild im Vergleich der bislang verwendeten „Spielwiese" für Sinusschwingungen.

Nichtperiodische und einmalige Signale

Eigentlich lässt sich eine periodische Schwingung gar nicht im Zeitbereich auf einem Bildschirm darstellen. Um nämlich über ihre Periodizität absolut sicher zu sein, müsste ja ihr Verhalten in Vergangenheit, Gegenwart und Zukunft beobachtet werden. Eine (idealisierte) periodische Schwingung wiederholte, wiederholt und wird sich immer wieder auf gleiche Art wiederholen. Im Zeitbereich zeigt man deshalb nur eine oder mehrere Perioden auf dem Bildschirm.

Das ist im Frequenzbereich ganz anders. Besteht das Spektrum aus - in regelmäßigen Abständen befindlichen - *Linien*, so signalisiert dies sofort eine *periodische* Schwingung. Um noch einmal darauf hinzuweisen: Es gibt nur eine (periodische) Schwingung, deren Spektrum genau *eine* Linie enthält: *die Sinusschwingung.*

Nun soll aber der Übergang zu den - nachrichtentechnisch betrachtet - weitaus interessanteren nichperiodischen Schwingungen erfolgen. Zur Erinnerung: Alle *informationstragenden* Schwingungen (Signale) besitzen ja einen desto größeren Informationswert, je unsicherer ihr künftiger Verlauf ist (siehe Abbildung 11).

Bei periodischen Schwingungen ist dagegen der künftige Verlauf vollkommen klar.

Um den Spektren *nicht*periodischer Signale auf die Schliche zu kommen, wenden wir einen kleinen gedanklichen Trick an. Nichtperiodisch bedeutet ja für das Signal, sich in „absehbarer Zeit“ nicht zu wiederholen. In der Abbildung 26 vergrößern wir nun ständig die Periodendauer T eines Rechteckimpulses, aber ohne dessen Impulsdauer τ zu ändern, bis diese schließlich „gegen Unendlich“ strebt. Das läuft auf den vernünftigen Gedanken hinaus, allen nichtperiodischen bzw. einmaligen Signalen die Periodendauer $T \rightarrow \infty$ (“T geht gegen unendlich“) zuzuordnen.

Wird jedoch die Periodendauer größer und größer, wird der Abstand $\Delta f = 1/T$ der Linien im Spektrum kleiner und kleiner, bis sie schließlich miteinander „verschmelzen“. Die Amplituden (“Linienendpunkte“) bilden nun keine diskrete Folge von Linien im gleichmäßigen Abstand mehr, sondern formen eine durchgehende (kontinuierliche) Funktion (Abbildung 26 unten).

*Periodische Schwingungen/Signale besitzen ein **diskretes** Linienspektrum, nichtperiodische Schwingungen/Signale dagegen ein **kontinuierliches** Spektrum.*

Nochmals: Ein Blick auf das Spektrum genügt um festzustellen, um welchen Schwingungstyp es sich handelt, *periodisch* oder *nichtperiodisch*. Aber: Wie so oft, ist die Grenze zwischen periodisch und nichtperiodisch nicht ganz unproblematisch. Sie wird von einer wichtigen Signalklasse besetzt, die man als *fastperiodische* Signale bezeichnet. *Sprache* und *Musik* gehören beispielsweise hierzu.

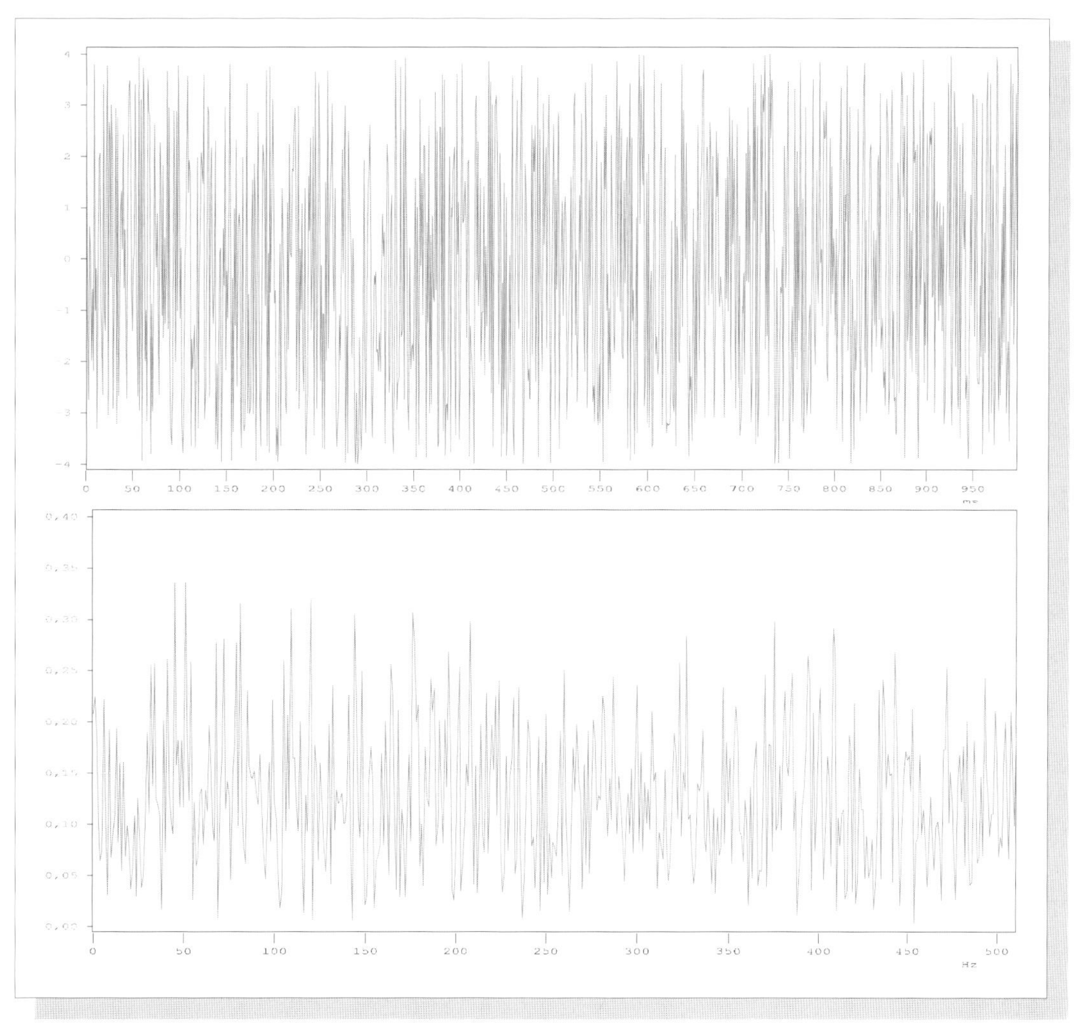

Abbildung 27: ***Stochastisches Rauschen***

Das obere Bild zeigt stochastisches Rauschen im Zeitbereich (1s lang), darunter das Amplitudenspektrum des obigen Rauschens. Da der Zeitbereich rein zufällig verläuft, ist auch innerhalb des betrachteten Zeitraumes vom Frequenzspektrum keine Regelmäßigkeit zu erwarten (sonst wäre das Signal ja nicht stochastisch). Trotz vieler „unregelmäßiger Linien“ kann es sich nicht um ein typisches Linienspektrum handeln, denn sonst müsste der Zeitbereich ja periodisch sein!

Einmalige Signale sind - wie der Name sagt - nichtperiodisch. Allerdings werden als einmalig solche nichtperiodischen Signale bezeichnet, die sich nur innerhalb des betrachteten Zeitraums ändern, z. B. ein Knall oder ein Knacklaut.

Der pure Zufall: Stochastisches Rauschen

Ein typisches und extrem wichtiges Beispiel für eine nichtperiodische Schwingung ist Rauschen. Es besitzt eine höchst interessante Ursache, nämlich eine schnelle Folge nicht vorhersehbarer Einzelereignisse.

Beim Rauschen eines Wasserfalls treffen Milliarden von Wassertropfen in vollkommen unregelmäßiger Reihenfolge auf eine Wasseroberfläche. Jeder Wassertropfen macht

„Tick“, aber der Gesamteffekt ist Rauschen. Auch der Applaus einer riesigen Zuschauermenge kann wie Rauschen klingen, es sei denn, es würde - wie bei dem Wunsch nach einer Zugabe - rhythmisch geklatscht (was wiederum nichts anderes als eine gewisse Ordnung, Regelmäßigkeit bzw. Periodizität bedeutet!).

Elektrischer Strom im Festkörper bedeutet Elektronenbewegung im metallischen Kristallgitter. Der Übergang eines einzelnen Elektrons von einem Atom zum benachbarten geschieht nun vollkommen zufällig.

Auch wenn die Elektronenbewegung überwiegend in die Richtung der physikalischen Stromrichtung weist, besitzt dieser Prozess eine stochastische - rein zufällige, nicht vorhersagbare - Komponente. Sie macht sich durch ein Rauschen bemerkbar. Es gibt also keinen reinen Gleichstrom, er ist immer von einem Rauschen überlagert. Jedes elektronische Bauteil rauscht, also selbst jeder Widerstand oder Leitungsdraht. Das Rauschen steigt mit der Temperatur.

Rauschen und Information

Stochastisches Rauschen bedeutet so etwas wie absolutes Chaos. Es ist kein „verabredetes, sinngebendes Muster“ - d.h. keine Information - in ihm enthalten.

Stochastisches Rauschen zeigt keinerlei „Erhaltungstendenz“, d.h. nichts in einem beliebigen Zeitabschnitt B erinnert an den vorherigen Zeitabschnitt A. Bei einem Signal ist ja doch immerhin mit einer bestimmten Wahrscheinlichkeit der nächste Wert voraussagbar. Denken Sie beispielsweise an Text wie diesem, wo der nächste Buchstabe mit einer bestimmten Wahrscheinlichkeit ein „e“ sein wird.

Stochastisches Rauschen ist also kein „Signal“, weil es ja kein informationstragendes Muster - Information - enthält.

An stochastischem Rauschen ist innerhalb eines beliebigen Zeitabschnittes alles rein zufällig und unvorhersehbar, also auch Zeitverlauf und Spektrum. Stochastisches Rauschen ist sozusagen das „nichtperiodischste“ Signal überhaupt!

Alle Signale sind nun aus den geschilderten Gründen immer (etwas mehr oder weniger oder zu sehr) verrauscht. Auch stark verrauschte Signale unterscheiden sich aber von reinem stochastischem Rauschen dadurch, dass sie eine bestimmte Erhaltungstendenz aufweisen. Diese wird durch das Muster geprägt, welches die Information enthält.

Rauschen ist der größte Feind der Nachrichtentechnik, weil hierdurch die Information eines Signals regelrecht „zugeschüttet“ wird.

Eines der wichtigsten nachrichtentechnischen Probleme ist daher, verrauschte Signale möglichst weitgehend vom Rauschen zu befreien bzw. die Signale von vornherein so zu schützen bzw. so zu modulieren und kodieren, dass die Information trotz Rauschens im Empfänger fehlerfrei zurückgewonnen werden kann.

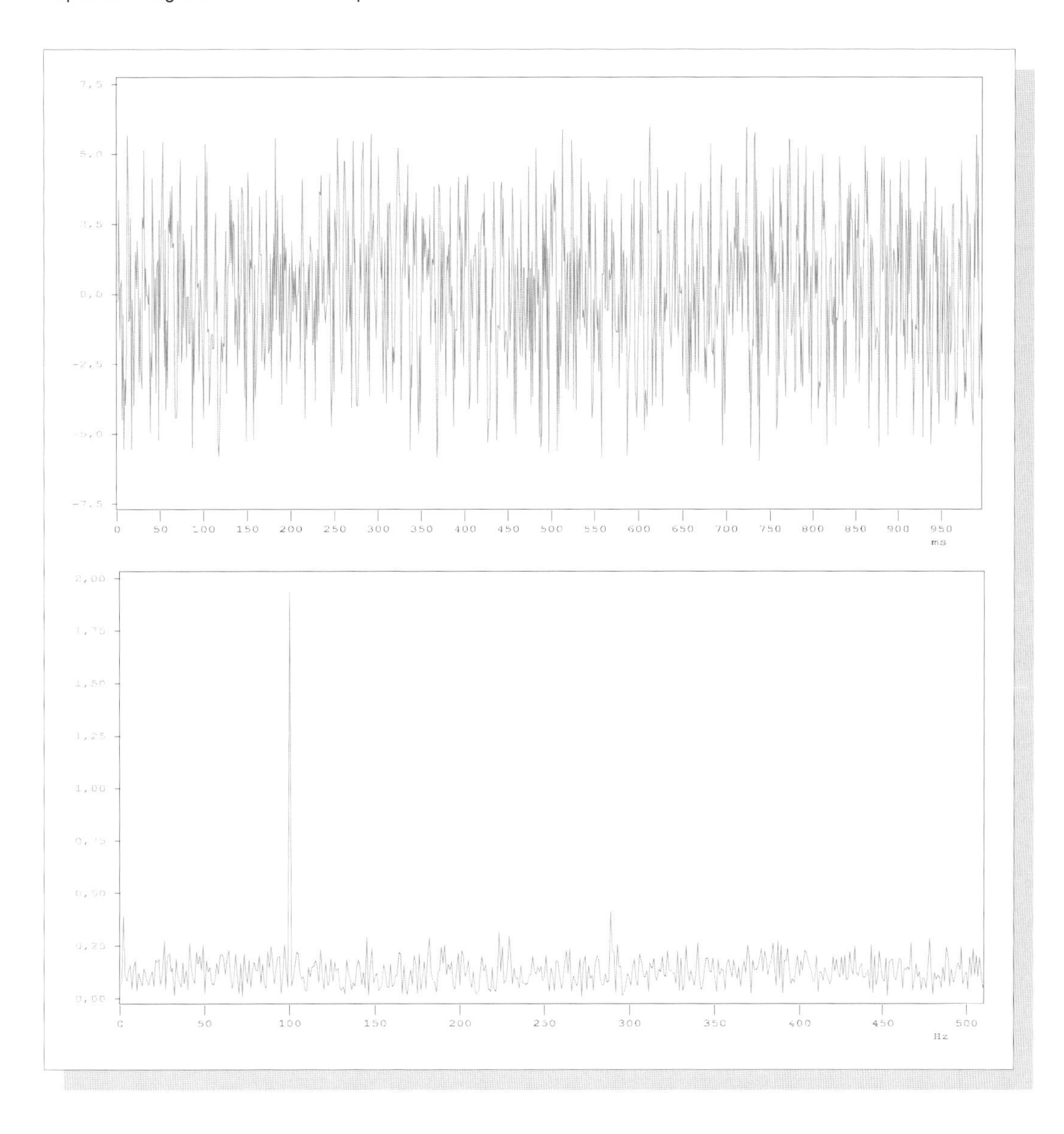

Abbildung 28: ***Erhaltungstendenz eines verrauschten Signals***
Beide Bilder - oben Zeitbereich, unten Amplitudenspektrum - beschreiben ein verrauschtes Signal, also ein nicht rein stochastisches Rauschen, welches (eine durch das Signal geprägte) Erhaltungstendenz aufweist. Dies zeigt das Amplitudenspektrum unten. Deutlich ist eine aus dem unregelmäßigen-kontinuierlichen Spektrum herausragende Linie bei 100 Hz zu erkennen. Ursache kann nur eine im Rauschen versteckte (periodische) Sinusschwingung von 100 Hz sein. Sie bildet das tendenzerhaltende Merkmal, obwohl sie im Zeitbereich nur äußerst vage erkennbar ist. Durch ein hochwertiges Bandpass-Filter ließe sie sich aus dem Rauschen „herausfischen"!

Dies ist eigentlich das zentrale Thema der „Informationstheorie". Da sie sich als rein mathematisch formulierte Theorie darstellt, werden wir sie nicht in diesem Manuskript geschlossen behandeln. Andererseits bildet die „Information" den Kernbegriff jeglicher Nachrichten- und Kommunikationstechnik. Deshalb tauchen auch wichtige Ergebnisse der Informationstheorie an zahlreichen Stellen dieses Manuskriptes auf.

Signale sind durchweg nichtperiodische Schwingungen. Je weniger sich der künftige Verlauf voraussagen lässt, desto größer *kann* ihr Informationswert sein. Jedes Signal besitzt jedoch eine *Erhaltungstendenz*, die durch das informationstragende Muster bestimmt ist. Stochastisches Rauschen dagegen ist vollkommen zufällig, besitzt keinerlei Erhaltungstendenz und ist damit kein Signal im eigentlichen Sinne.

Nun sollte man das stochastische Rauschen nicht so sehr verteufeln. Weil es so extreme Eigenschaften besitzt, d.h. den puren Zufall verkörpert, ist es höchst interessant. Wie wir sehen werden, besitzt es als Testsignal für (lineare) Systeme eine große Bedeutung.

Aufgaben zu Kapitel 2:

Aufgabe 1:

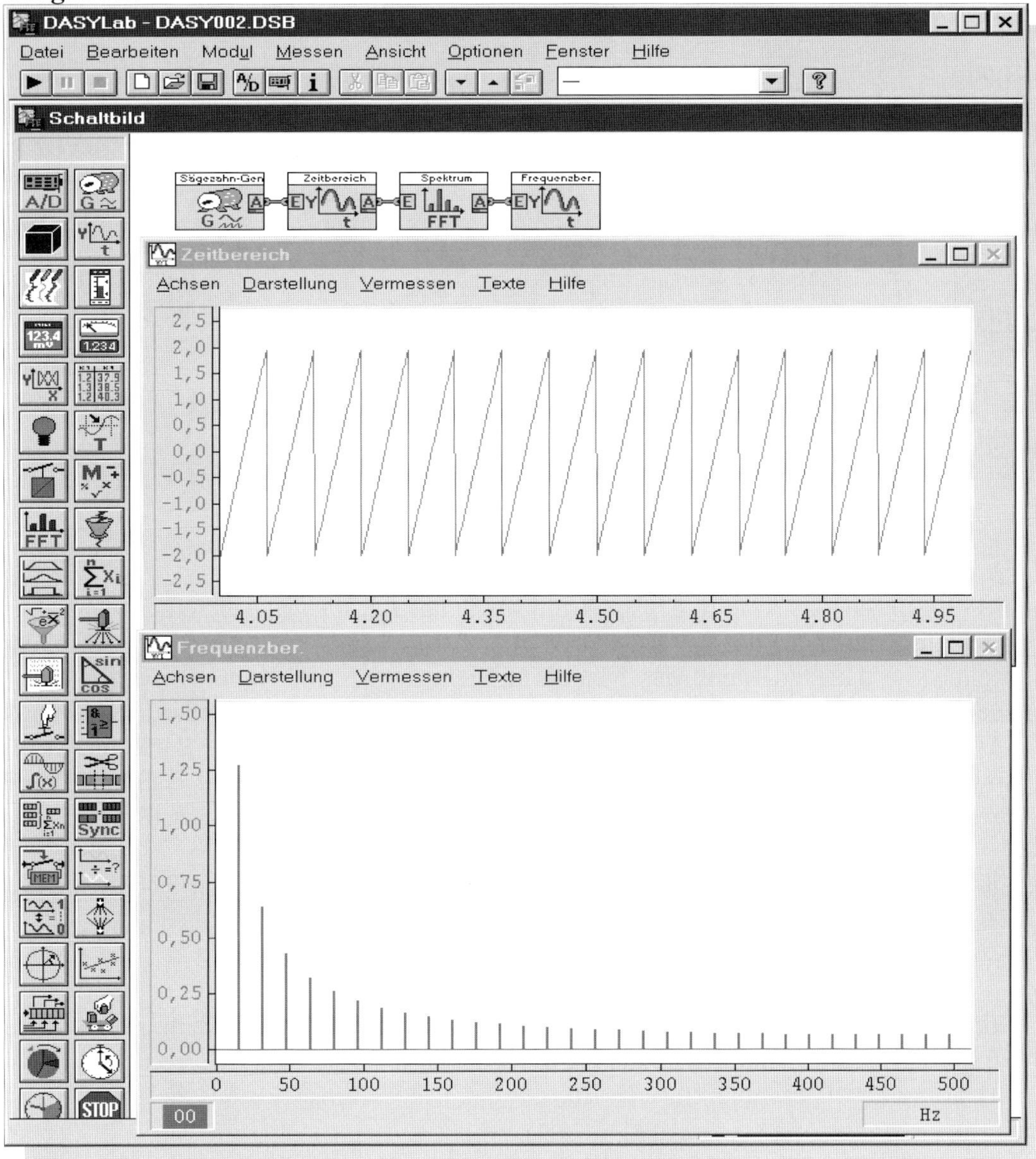

Hier sehen Sie noch einmal die gesamte Oberfläche von **DASY*Lab*** abgebildet. Die mit Abstand wichtigste Schaltung zur Analyse und Darstellung von Signalen im Zeit- und Frequenzbereich finden Sie im Bild oben.

1. Erstellen Sie diese Schaltung und visualisieren Sie - wie oben - einen periodischen Sägezahn ohne Gleichspannungsanteil im Zeit- und Frequenzbereich.
2. Vermessen Sie mit Hilfe des Cursors das Amplitudenspektrum. Nach welcher einfachen Gesetzmäßigkeit nehmen die Amplituden ab?
3. Vermessen Sie in gleicher Weise auch den Abstand der „Linien" des Amplitudenspektrums. Wie hängt er von der Periodendauer des Sägezahns ab?

4. Erweitern Sie die Schaltung wie in Abb. 10 dargestellt und bilden Sie wie dort die Amplitudenspektren verschiedener periodischer Signale auf einem „Bildschirm" untereinander ab.

Aufgabe 2

1. Erzeugen Sie mit DASY*Lab* ein System, welches Ihnen die FOURIER-Synthese eines Sägezahns gemäß Abb. 13 liefert.
2. Erzeugen Sie mit DASY*Lab* ein System, welches Ihnen die *Summe* der ersten *n* Sinusschwingungen ($n = 1, 2, 3, \dots, 9$) gemäß Abb. 14 liefert.

Aufgabe 3

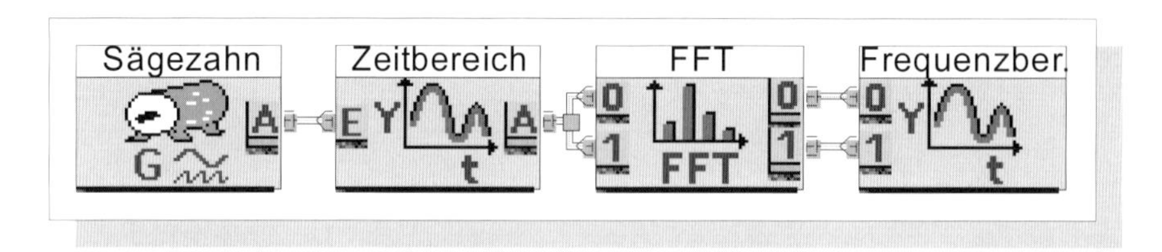

1. Versuchen Sie, das Amplitudenspektrum sowie das *Phasenspektrum* eines Sägezahns direkt untereinander auf dem gleichen Bildschirm gemäß Aufgabe 1 darzustellen. Stellen Sie dazu im Menü des Moduls „Frequenzber." auf Kanal 0 „Amplitudenspektrum", auf Kanal 1 „Phasenspektrum" ein. Wählen Sie die „Standardeinstellung" (Abtastrate und Blocklänge = 1024 = 2^{10} im A/D-Menü der oberen Funktionsleiste) sowie eine niedrige Frequenz (f = 1; 2; 4; 8 Hz). Was stellen sie fest, falls Sie eine Frequenz wählen, deren Wert sich nicht als Zweierpotenz darstellen lässt?

2. Stellen Sie verschiedene Phasenverschiebungen (π (180^0), $\pi/2$ (90^0), $\pi/3$ (60^0) sowie $\pi/4$ (45^0) für den Sägezahn im Menü des Generator-Moduls ein und beobachten Sie jeweils die Veränderungen des Phasenspektrums.

3. Stimmen die Phasenspektren aus der Aufgabe 2 mit der 3D-Darstellung in den Abb. 16 bis 18 überein? Stellen Sie die Abweichungen fest und versuchen eine mögliche Erklärung für die eventuell falsche Berechnung des Phasenspektrums zu finden.

4. Experimentieren Sie mit verschiedenen Einstellungen für Abtastrate und Blocklänge (A/D-Button in der oberen Funktionsleiste, beide Werte jedoch jeweils gleich groß wählen, z.B. 32, 256, 1024!).

Aufgabe 4

Rauschen stellt ein rein stochastisches Signal dar und ist damit „total nichtperiodisch".

1. Untersuchen Sie das Amplituden- und Phasenspektrum von Rauschen. Handelt es sich dann auch um ein kontinuierliches Spektrum? Zeigen auch Amplituden- und Phasenspektrum stochastisches Verhalten.

2. Untersuchen Sie das Amplituden- und Phasenspektrum von Tiefpass-gefiltertem Rauschen (z.B. Grenzfrequenz 50 Hz, Butterworth-Filter 6. Ordnung). Zeigen beide

auch ein stochastisches Verhalten? Ist das gefilterte Rauschen auch „total nichtperiodisch"?

Aufgabe 5

1. Entwerfen Sie einen Rechteck-Generator, mit dem sich das *Tastverhältnis* sowie die *Frequenz* des periodischen Rechtecksignals beliebig einstellen lassen. Benutzen Sie ggf. als Hilfe die beigefügte Abbildung.

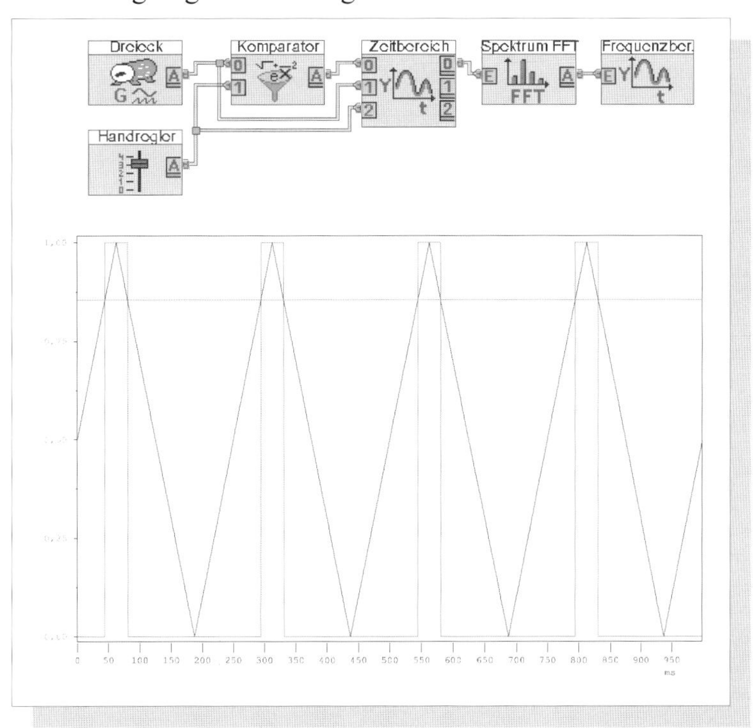

2. Koppeln Sie (wie oben) Ihren Rechteckgenerator mit unserer Standardschaltung zur Analyse und Visualisierung von Signalen im Zeit- und Frequenzbereich.

3. Untersuchen Sie nun das Amplitudenspektrum, indem Sie bei einer festen Frequenz des Rechtecksignals die Impulsbreite τ immer kleiner machen. Beobachten Sie insbesondere den Verlauf der „Nullstellen" des Spektrums wie in den Abb. 21 bis 24 dargestellt.

4. Im Amplitudenspektrum erscheinen hier meist zusätzliche kleine Spitzen zwischen den erwarteten Spektrallinien. Experimentieren Sie, wie diese sich optisch vermeiden lassen, z.B. durch Wahl geeigneter Abtastraten und Blocklängen (Einstellung von A/D in der oberen Funktionsleiste) sowie Signalfrequenzen und Pulsbreiten. Deren *Ursache* erfahren Sie noch im Kapitel 10 („Digitalisierung").

5. Versuchen Sie eine Schaltung zu entwickeln, wie Sie zur Darstellung der Signale in Abb. 26 - Übergang vom Linienspektrum zum kontinuierlichen Spektrum - verwendet wird. Nur die Frequenz, nicht die Impulsbreite soll veränderbar sein.

Aufgabe 6

1. Wie ließe sich mit DASY*Lab* experimentell beweisen, dass in einem Rauschsignal praktisch alle Frequenzen - d.h. Sinusschwingungen - vorhanden sind? Experimentieren sie!
2. Wie lässt sich feststellen, ob in einem total verrauschten Signal doch ein (periodisches) Signal enthalten ist?

Kapitel 3

Das Unschärfe-Prinzip

Musiknoten haben etwas mit der gleichzeitigen Darstellung des Zeit- und Frequenzbereichs zu tun, wie sie in den dreidimensionalen Abb. 16 bis 24 (Kapitel 2) periodischer Signale zu finden sind. Die Höhe der Noten auf den Notenlinien geben die Tonhöhe, also letztlich die Frequenz, die Form der Note ihre Zeitdauer an. Noten werden nun von Komponisten so geschrieben, als ließen sich Tonhöhe und Zeitdauer vollkommen unabhängig voneinander gestalten. Erfahrenen Komponisten ist allerdings schon lange bekannt, dass z.B. die tiefen Töne einer Orgel oder einer Tuba eine gewisse Zeit andauern müssen, um überhaupt als wohlklingend empfunden zu werden. Tonfolgen solcher tiefen Töne sind also lediglich mit begrenzter Geschwindigkeit spielbar!

Eine seltsame Beziehung zwischen Frequenz und Zeit und ihre praktischen Folgen

Es gehört zu den wichtigsten Erkenntnissen der Schwingungs-, Wellen- und der modernen Quantenphysik, dass bestimmte Größen - wie hier Frequenz und Zeit - nicht *unabhängig* voneinander gemessen werden können. Solche Größen werden *komplementär* ("sich ergänzend") genannt.

Abbildung 29: ***Gleichzeitige Darstellung von Zeit- und Frequenzbereich durch Musiknoten*** *Norbert WIENER, der weltberühmte Mathematiker und Vater der Kybernetik, schreibt in seiner Autobiographie (ECON-Verlag):"Nun sehen wir uns einmal an, was die Notenschrift wirklich bezeichnet. Die vertikale Stellung einer Note im Liniensystem gibt die Tonhöhe oder Frequenz an, während die horizontale Stellung diese Höhe der Zeit gemäß einteilt" ... „So erscheint die musikalische Notation auf den ersten Blick ein System darzustellen, in dem die Schwingungen auf zwei voneinander unabhängige Arten bezeichnet werden können, nämlich nach Frequenz und zeitlicher Dauer". Nun sind „die Dinge doch nicht so ganz einfach. Die Zahl der Schwingungen pro Sekunde, die eine Note umfasst, ist eine Angabe, die sich nicht nur auf die Frequenz bezieht, sondern auch auf etwas, was zeitlich verteilt ist „ ... „Eine Note zu beginnen und zu enden, bedingt eine Änderung ihrer Frequenzkombination, die zwar sehr klein sein kann, aber sehr real ist. Eine Note, die nur eine begrenzte Zeit dauert, muss als Band einfacher harmonischer Bewegungen aufgefasst werden, von denen keine als die einzig gegenwärtige einfache harmonische Bewegung betrachtet werden darf. Zeitliche Präzision bedeutet eine gewisse Unbestimmtheit der Tonhöhe, genau wie die Präzision der Tonhöhe eine zeitliche Indifferenz bedingt".*

Seltsamerweise wird dieser für Signale immens wichtige Aspekt immer wieder außer acht gelassen. Dabei handelt es sich um eine absolute Grenze der Natur, die niemals mit noch so aufwendigen technischen Hilfsmitteln überschritten werden kann. Frequenz und Zeit sind gleichzeitig auch nicht mit den raffiniertesten Methoden beliebig genau messbar.

Das Unschärfe-Prinzip **UP** ergibt sich aus dem FOURIER-Prinzip. Es stellt sozusagen die zweite Säule unserer Plattform "Signale - Prozesse - Systeme" dar. Seine Eigenschaften lassen sich in Worte fassen:

Je mehr die Zeitdauer Δt eines Signals eingeschränkt wird, desto breiter wird zwangsläufig sein Frequenzband Δf. Je eingeschränkter das Frequenzband Δf eines Signals (oder eines Systems) ist, desto größer muss zwangsläufig die Zeitdauer Δt des Signals sein.

Wer diesen Sachverhalt immer berücksichtigt, kann bei vielen - auch komplexen - signaltechnischen Problemen direkt den Durchblick gewinnen. Wir werden ständig hierauf zurückkommen.

Zunächst soll aber das **UP** experimentell bewiesen und größenmäßig abgeschätzt werden. Dies geschieht mit Hilfe des in den Abbildungen 30 und 31 dokumentierten Experiments. Zunächst wird ein (periodischer) Sinus von z.B. 200 Hz über die Soundkarte bzw. Verstärker und Lautsprecher hörbar gemacht. Erwartungsgemäß ist nur ein einziger Ton zu hören und das Spektrum zeigt auch nur eine einzelne Linie. Aber auch diese ist nicht ideal, sondern zeigt bereits eine kleine spektrale Unschärfe, da bei dem Versuch nicht "unendlich lang" - sondern hier z.B. nur 1 Sekunde - gemessen wurde.

Nun schränken wir die Zeitdauer der "Sinusschwingung" - die ja dann eigentlich keine ideale mehr ist - Schritt für Schritt ein.

Die gezeigten Signale lassen sich mit Hilfe des Moduls „Ausschnitt" erzeugen und auch über die Soundkarte hörbar machen. Je mehr der zeitliche Ausschnitt verkleinert wird, desto schlechter ist der ursprüngliche Ton wahrnehmbar.

Definition:
Ein Schwingungsimpuls aus einer ganz bestimmten Zahl von Sinusperioden wird *Burst-Signal* genannt. Ein *Burst* ist also ein zeitlicher Ausschnitt aus einer (periodischen) Sinusschwingung.

Bei einem längeren Burst-Signal sind neben dem "reinen Sinuston" noch viele weitere Töne zu hören. Je kürzer der Burst wird, desto mehr geht der Klang in ein Knattern über. Besteht schließlich der Burst nur noch aus wenigen (z.B. zwei) Sinusperioden (Abbildung 30 unten), so ist vor lauter Knattern der ursprünglich Sinus-Ton nicht mehr hörbar.

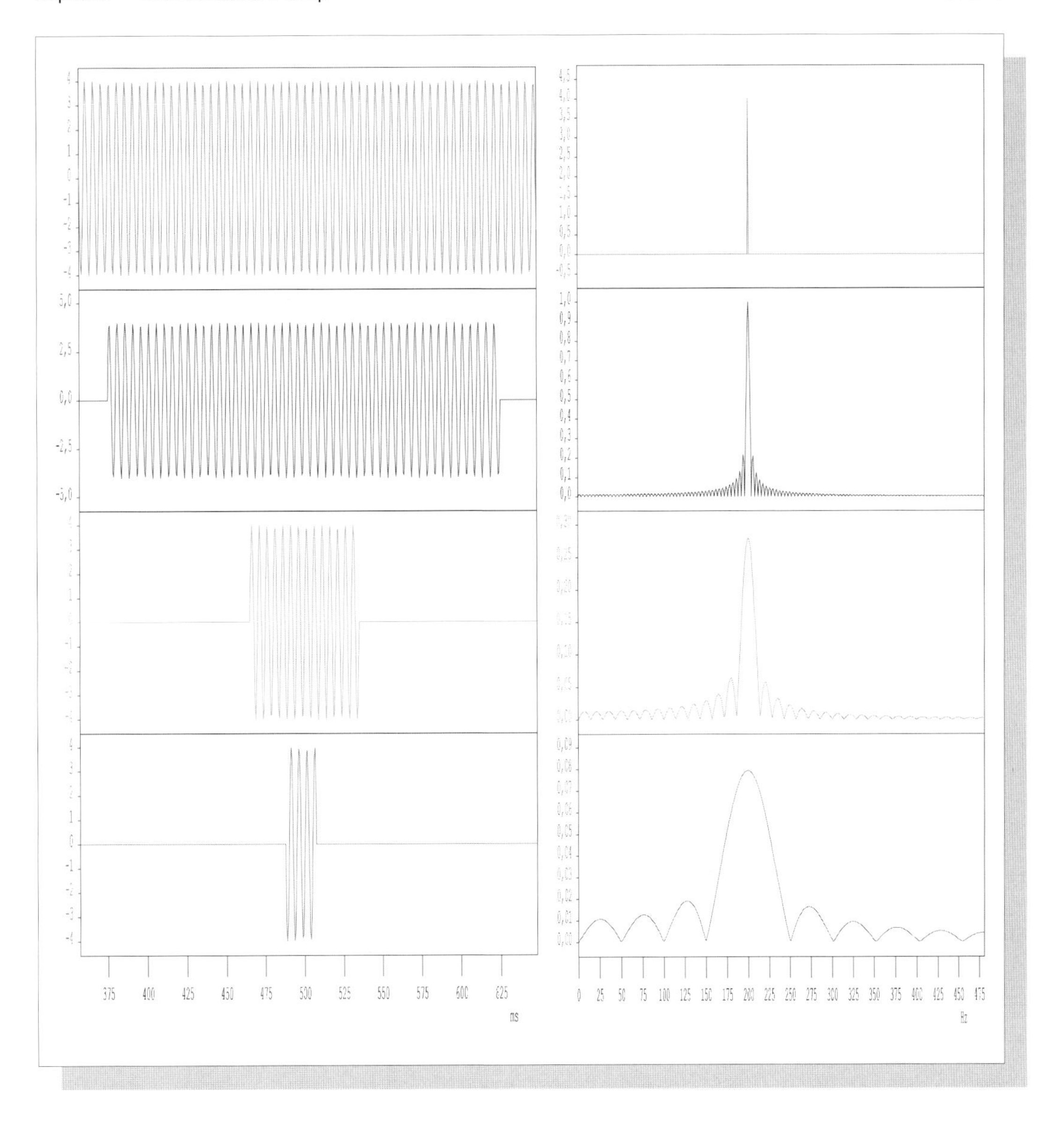

Abbildung 30: ***Zeitliche Eingrenzung bedeutet Ausweitung des Frequenzbandes.***

Wie sich aus der Bildfolge von oben nach unten ergibt, ist es nicht möglich, bei einer „zeitbegrenzten Sinusschwingung" von einer Frequenz zu sprechen. Ein solcher, als „Burst" bezeichneter Schwingungsimpuls, besitzt ein Frequenzband, dessen Breite mit der Verkürzung der Burst-Dauer ständig größer wird. Die Frequenz der Sinusschwingung im oberen Bild beträgt 40 Hz, der durch die Messung erfasste Zeitbereich der Sinusschwingung in der oberen Reihe betrug 1 s (hier nur Ausschnitt sichtbar!). Deshalb besteht auch das Spektrum in der oberen Reihe aus keiner scharfen Linie.
Seltsamerweise wird das Spektrum mit zunehmender Bandbreite scheinbar immer unsymmetrischer (siehe unten). Ferner wandert das Maximum immer weiter nach links!. Auf die Gründe kommen wir noch zu sprechen. Fazit: Es besteht aller Grund, von einer Unschärfe zu sprechen.

Die Spektren auf der rechten Seite verraten Genaueres. Je kleiner die Zeitdauer Δt des Burst, desto größer die Bandbreite Δf des Spektrums. Wir müssen uns allerdings noch einigen, was unter Bandbreite verstanden werden soll. Im vorliegenden Fall scheint die "totale Bandbreite" gegen Unendlich zu gehen, denn - bei genauerem Hinsehen - geht das Spektrum noch über den aufgetragenen Frequenzbereich hinaus. Allerdings geht der Amplitudenverlauf auch sehr schnell gegen Null, so dass dieser Teil des

Frequenzbandes vernachlässigbar ist. Falls unter "Bandbreite" der wesentliche Frequenzbereich zu verstehen ist, ließe sich im vorliegenden Fall z.B. die halbe Breite des mittleren Hauptmaximums als "Bandbreite" bezeichnen. Offensichtlich gilt dann: Halbiert sich die Zeitdauer Δt, so verdoppelt sich die Bandbreite Δf. Δt und Δf verhalten sich also "umgekehrt" proportional. Demnach gilt

$$\Delta t = K * 1/ \Delta f \quad \text{bzw.} \quad \Delta f * \Delta t = K$$

Die Konstante K lässt sich aus den Abbildungen bestimmen, obwohl die Achsen nicht skaliert sind. Gehen Sie einfach davon aus, daß der reine Sinus eine Frequenz von 200 Hz besitzt. Damit können Sie selbst die Skalierung vornehmen, falls Sie daran denken, daß bei f = 200 Hz die Periodendauer T = 5 ms beträgt. N Periodendauer stellen dann die Burstdauer $\Delta t = N * T$ dar usw. Bei dieser Abschätzung ergibt sich ungefähr der Wert K = 1. Damit folgt $\Delta f * \Delta t = 1$. Da die Bandbreite Δf aber eine Definitionssache ist (sie stimmt üblicherweise nicht ganz genau mit der unseren überein), formuliert man eine *Un*gleichung, die eine *Abschätzung* erlaubt. Und mehr wollen wir nicht erreichen.

Unschärfe-Prinzip *für Zeit und Frequenz:* $\Delta f * \Delta t \geq 1$

Ein aufmerksamer Beobachter wird bemerkt haben, dass sich das Maximum des Frequenzspektrums immer weiter nach links - also hin zu den tieferen Frequenzen - verschiebt, je kürzer der Burst dauert. Deshalb wäre es eine Fehlinterpretation, die „korrekte Frequenz“ des Burst dort zu vermuten, wo das Maximum liegt. Das **UP** verbietet gerade zu - und das Spektrum zeigt es - , in diesem Falle von *einer* Frequenz zu reden. Woher diese Verschiebung bzw. diese Unsymmetrie des Spektrums kommt, wird im Kapitel 5 erläutert.

> Hinweis: Versuchen Sie also niemals, das **UP** "auszutricksen", indem Sie mehr interpretieren, als das **UP** erlaubt! Sie können niemals genauere Angaben über die Frequenz machen als das **UP** $\Delta t * \Delta f \geq 1$ angibt, weil sie eine absolute Grenze der Natur verkörpert.

Wie zweckmäßig es ist, für das **UP** eine Ungleichung zu wählen, zeigt Abbildung 31. Hier wird ein Sinus-Schwingungsimpuls gewählt, der sanft beginnt und sanft endet. Dann beginnt und endet auch das Spektrum in gleicher Weise. Wie groß ist nun hier die Zeitdauer Δt, wie groß die Bandbreite Δf des Spektrums? Für beides ließe sich einheitlich festlegen, den wesentlichen Bereich für die Zeitdauer Δt und die Bandbreite Δf dort beginnen bzw. enden zu lassen, wo jeweils die *Hälfte des Maximalwertes* erreicht wird. In diesem Fall ergibt die Auswertung - die Sie nachvollziehen sollten - die Beziehung

$$\Delta f * \Delta t = 1$$

Sinusschwingung und δ–Impuls als Grenzfall des Unschärfe-Prinzips

Bei der "idealen" Sinusschwingung gilt für die Zeitdauer $\Delta t \rightarrow \infty$ (z.B. 1 Milliarde). Hieraus folgt für die Bandbreite $\Delta f \rightarrow 0$ (z.B. 1 Milliardstel), denn das Spektrum besteht ja aus einer Linie bzw. einem dünnen Strich bzw. einer δ-Funktion. Im Gegensatz dazu besitzt der δ-Impuls die Zeitdauer $\Delta t \rightarrow 0$. Und im Gegensatz zum

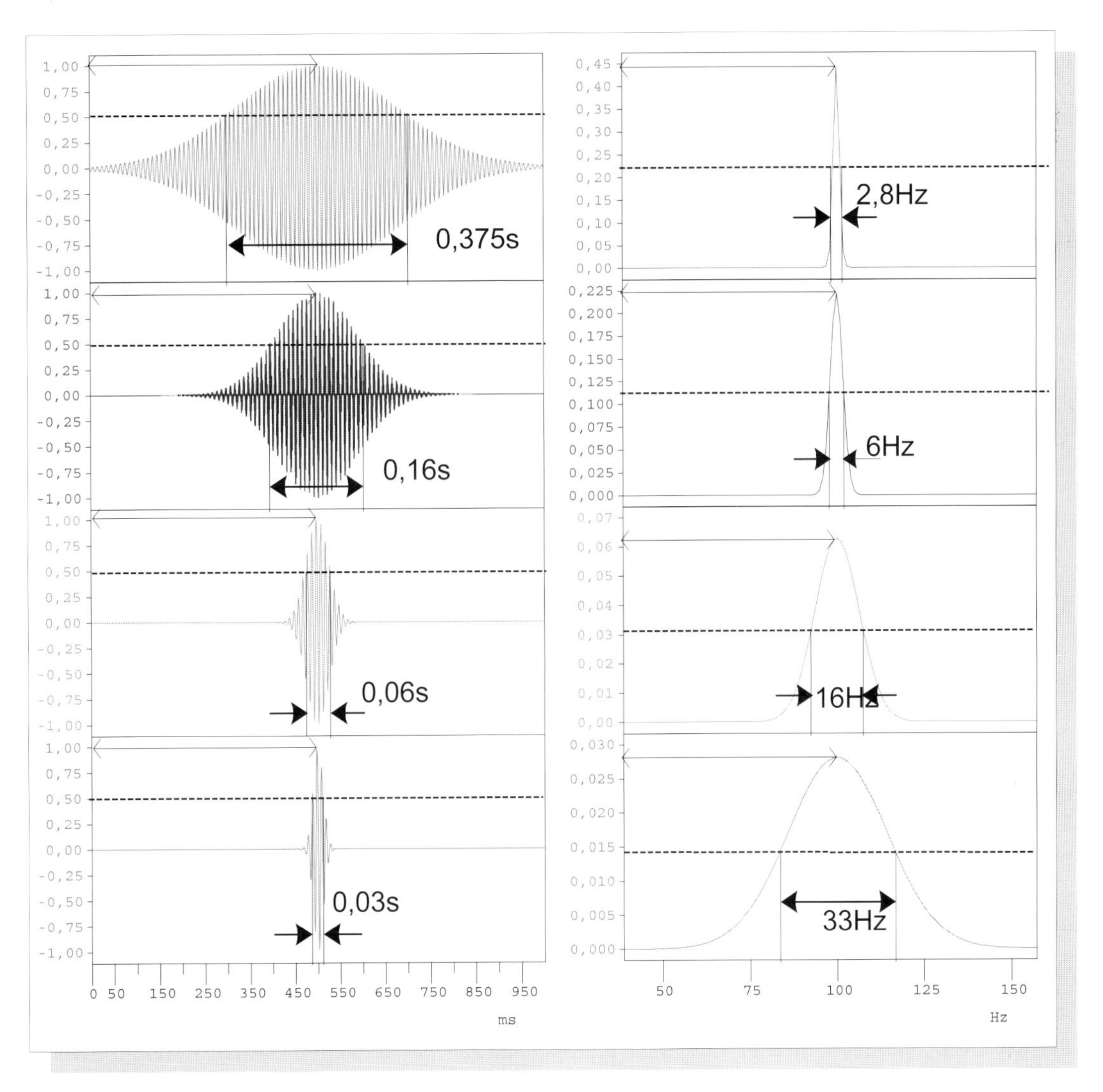

Abbildung 31: ***Bandbreite Δf, Zeitdauer Δt und Grenzfall des UP***

Hier wird ein sogenannter GAUSS-Schwingungsimpuls zeitlich immer mehr eingeschränkt Die GAUSS-Funktion als Einhüllende einer „zeitlich begrenzten Sinusschwingung" garantiert, dass der Schwingungsimpuls sanft beginnt und auch sanft endet, also keine abrupten Änderungen aufweist. Durch diese Wahl verläuft das Spektrum ebenfalls nach einer GAUSS-Funktion; es beginnt also ebenfalls sanft und endet auch so.

Zeitdauer Δt und Bandbreite Δf müssen nun definiert werden, denn theoretisch dauert auch ein GAUSS-Impuls unendlich lange. Wird nun als Zeitdauer Δt bzw. als Bandbreite Δf auf die beiden Eckwerte bezogen, bei denen der maximale Funktionswert (der Einhüllenden) auf 50% gesunken ist, ergibt das Produkt aus $\Delta f * \Delta t$ ungefähr den Wert 1, also den physikalischen Grenzfall $\Delta f * \Delta t = 1$.
Überprüfen Sie am besten diese Behauptung mit Lineal und Dreisatzrechnung für die obigen 4 Fälle: z.B. 100 Hz auf der Frequenzachse sind x cm, die eingezeichnete Bandbreite Δf - durch Pfeile markiert - sind y cm . Dann die gleiche Messung bzw. Berechnung für die entsprechende Zeitdauer Δt. Das Produkt $\Delta f * \Delta t$ müsste jeweils in allen vier Fällen um 1 liegen.

Sinus gilt für ihn die Bandbreite $\Delta f \rightarrow \infty$ (mit konstanter Amplitude!). Sinus und δ-Funktion liefern also jeweils im Zeit- und Frequenzbereich die Grenzwerte 0 bzw. ∞, nur jeweils vertauscht.

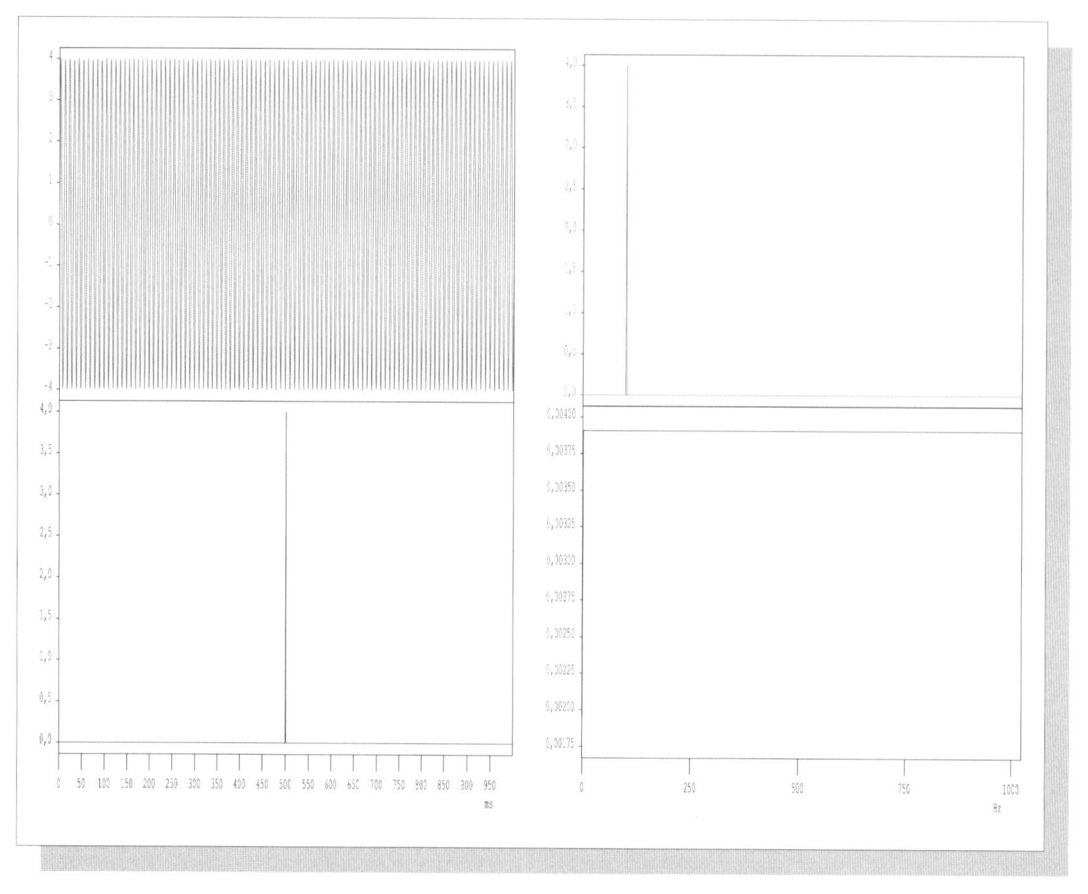

Abbildung 32: ***δ-Funktion im Zeit- und Frequenzbereich***

Ein δ-Impuls in einem der beiden Bereiche ($\Delta t \rightarrow 0$ bzw. $\Delta f \rightarrow 0$) bedeutet also immer eine unendliche Ausdehnung im komplementären („ergänzendem") Bereich ($\Delta f \rightarrow \infty$ bzw. $\Delta t \rightarrow \infty$).

Bei genauerer Betrachtung zeigt sich, dass die Spektrallinie des Sinus (oben rechts) keine Linie im eigentlichen Sinne ($\Delta f \rightarrow 0$), sondern in gewisser Weise „verschmiert", d.h. unscharf ist. Der Sinus wurde jedoch auch nur innerhalb des dargestellten Bereiches von $\Delta t = 1s$ ausgewertet. Damit ergibt sich nach dem Unschärfe-Prinzip UP auch $\Delta f \geq 1$, d.h. ein unscharfer Strich mit mindestens 1 Hz Bandbreite!

Ein (einmaliger) δ-Impuls ergibt wegen $\Delta t \rightarrow 0$ demnach eine „unendliche" Bandbreite bzw. $\Delta f \rightarrow \infty$. In ihm sind alle Frequenzen enthalten, und zwar mit gleicher Amplitude (!); siehe hierzu auch Abb. 24. Dies macht den δ-Impuls aus theoretischer Sicht zum idealen Testsignal, weil - siehe FOURIER-Prinzip - die Schaltung/das System gleichzeitig mit allen Frequenzen (gleicher Amplitude getestet wird.

Warum es keine idealen Filter geben kann

Filter sind signaltechnische Bausteine, die Frequenzen - also bestimmte Sinusschwingungen - innerhalb eines Frequenzbereichs durchlassen (Durchlassbereich), sonst sperren (Sperrbereich). Sollen bis zu einer bestimmten Grenzfrequenz nur die tiefen Frequenzen durchgelassen werden, so spricht man von einem *Tiefpass*. Wie wir zeigen wollen, muss der Übergang vom Durchlass- in den Sperrbereich und umgekehrt stets mit einer bestimmten Unschärfe erfolgen.

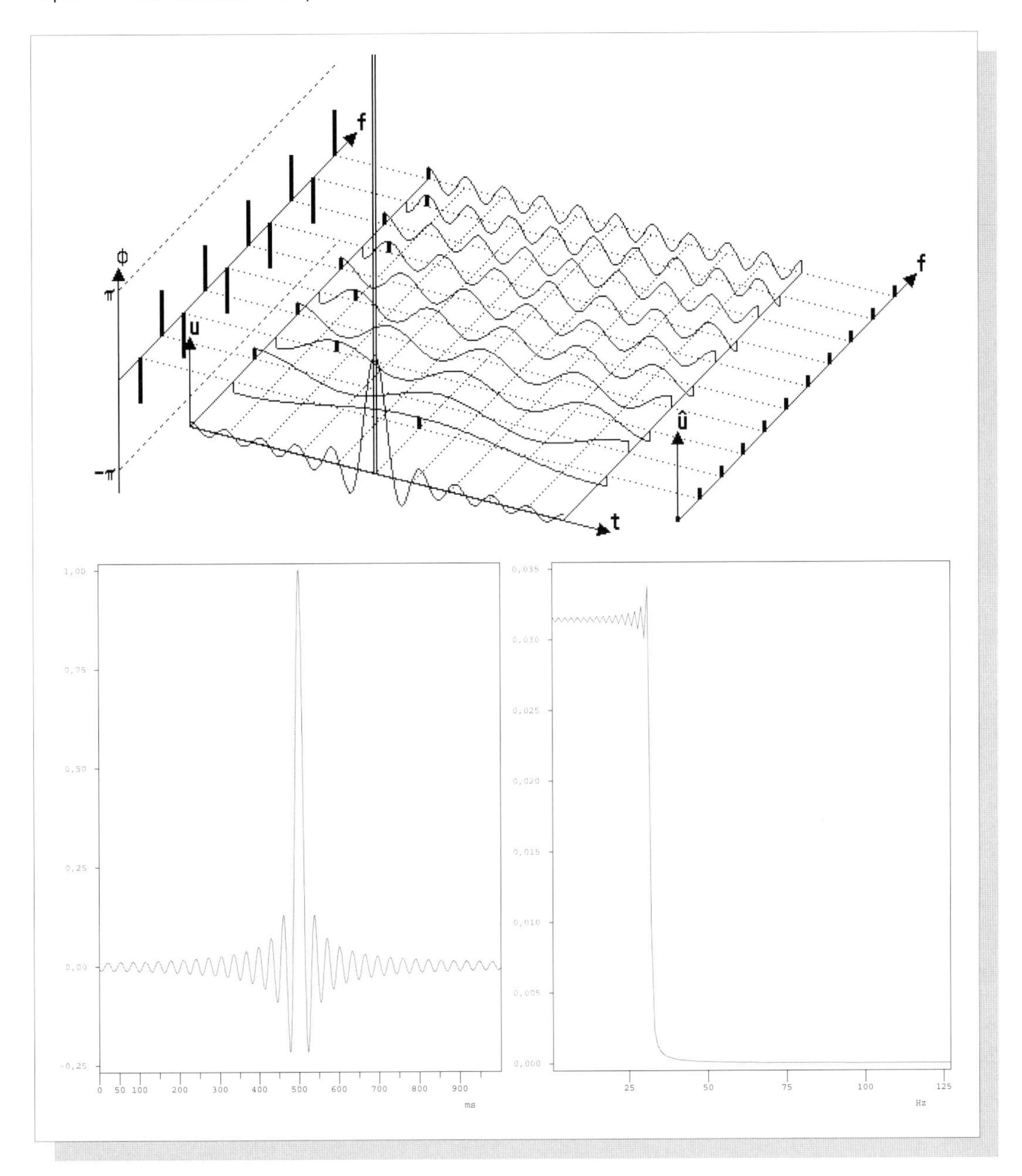

Abbildung 33 ***Impulsantwort eines idealen Tiefpasses***

Die obere FOURIER-„Spielwiese" zeigt einen δ-Impuls im Zeit- und Frequenzbereich. Die Summe der ersten 10 Sinusschwingungen ist ebenfalls im Zeitbereich eingetragen. Gäbe es also einen idealen „rechteckförmigen" Tiefpass, der genau nur die ersten (hier zehn) Sinusschwingungen durchlässt und dann perfekt alle weiteren Sinusschwingungen sperrt, so müsste am Ausgang genau diese Summenkurve erscheinen, falls auf den Eingang ein δ-Impuls gegeben wurde!

In der mittleren Darstellung deutet sich nun an, dass diese Summenkurve genau genommen sehr weit in die „Vergangenheit" und in die „Zukunft" hineinragt. Dies würde wiederum bedeuten, dass das Ausgangssignal bereits vor dem Eintreffen des δ-Impulses am Filtereingang begonnen haben müsste. Das widerspricht jedoch dem Kausalitätsprinzip: Erst die Ursache und dann die Wirkung. Ein solches ideales rechteckiges Filter kann es also nicht geben.

Schränkt man nun diese als ***Si****-Funktion bezeichnete „δ-Impuls-Antwort" auf den hier dargestellten Bereich von 1 s ein und führt eine* ***FFT*** *durch, so ergibt sich eine abgerundete bzw. wellige Tiefpass-charakteristik. Alle realen Impulsantworten sind also zeitlich beschränkt; dann kann es aufgrund des* ***USP*** *keine idealen Filter mit „rechteckigem" Durchlassbereich geben!*

Hinweis:
Allerdings sind auch im Zeitbereich Filter denkbar. Eine "Torschaltung", wie sie in Abbildung 30 zur Generierung von Burst-Signalen verwendet wurde, lässt sich ebenfalls als sehr wohl als "Zeitfilter" bezeichnen. Torschaltungen, die im Zeitbereich einen bestimmten Signalbereich herausfiltern, werden jedoch durchweg als *Zeitfenster* bezeichnet. Ein *idealer* Tiefpass mit einer Grenzfrequenz von z.B. 1 kHz würde also alle Frequenzen von 0 bis 1000 Hz ungedämpft passieren lassen, z.B. die Frequenz 1000,0013 Hz aber bereits vollkommen sperren (Sperrbereich). Einen solchen Tiefpass kann es nicht geben. Warum nicht? Sie ahnen die Antwort: Weil es das **UP** verletzt.

Bitte beachten Sie zur nachfolgenden Erklärung einmal genau die Abb. 33. Angenommen, wir geben einen δ-Impuls als Testsignal auf einen idealen Tiefpass. Wie sieht dann das Ausgangssignal, die sogenannte *Impulsantwort* (gemeint ist die Reaktion des Tiefpasses auf einen δ-Impuls) aus? Er muss so aussehen wie die *Summenkurve* aus Abb. 33, bildet dieses Signal doch die Summe aus den ersten 10 Harmonischen, alle anderen Frequenzen oberhalb der "Grenzfrequenz“ fallen ja - wie beim Tiefpass - weg!

Dieses Signal ist noch einmal in einem ganz anderen Maßstab in Abb. 33 Mitte wiedergegeben. Hierbei handelt es sich um die *Impulsantwort* eines idealen Tiefpasses auf einen einmaligen δ-Impuls. Zunächst ist seine Symmetrie klar zu erkennen. Gravierend aber ist: Die Impulsantwort eines solchen Tiefpasses ist aber (theoretisch) unendlich breit, geht also rechts und links vom Bildausschnitt immer weiter. Die Impulsantwort müsste (theoretisch) bereits in der Vergangenheit begonnen haben, als der δ-Impuls noch gar nicht auf den Eingang gegeben wurde! Ein solches Filter ist nicht kausal ("Erst die Ursache, dann die Wirkung"), widerspricht den Naturgesetzen und ist damit nicht vorstellbar bzw. herstellbar.

Begrenzen wir nämlich diese Impulsantwort zeitlich auf den Bildschirmausschnitt - dies geschieht in Abbildung 33 - und schauen uns an, welche Frequenzen bzw. welches Frequenzspektrum es aufweist, so kommt keine ideal rechteckige, sondern eine abgerundete, „wellige“ Tiefpasscharakteristik heraus.

Das **UP** kann deshalb doch noch weiter präzisiert werden. Wie das obige Beispiel zeigt, geht es halt nicht nur um Zeitabschnitte Δt und Frequenzbänder Δf, sondern genauer noch darum, wie *schnell* sich im Zeitabschnitt Δt das Signal ändert bzw. wie *abrupt* sich das Frequenzspektrum bzw. der Frequenzgang (z.B. des Tiefpasses) innerhalb des Frequenzbandes Δf *ändert*.

Je steiler der Kurvenverlauf im Zeitbereich ***Δt*** *bzw. innerhalb des Frequenzbandes* ***Δf****, desto ausgedehnter und ausgeprägter ist das Frequenzspektrum* ***Δf*** *bzw. die Zeitdauer* ***Δt*** *.*

Zeitliche bzw. frequenzmäßige sprunghafte Übergänge erzeugen immer weit ausgedehnte "Einschwingvorgänge" im komplementären Frequenz- bzw. Zeitbereich.

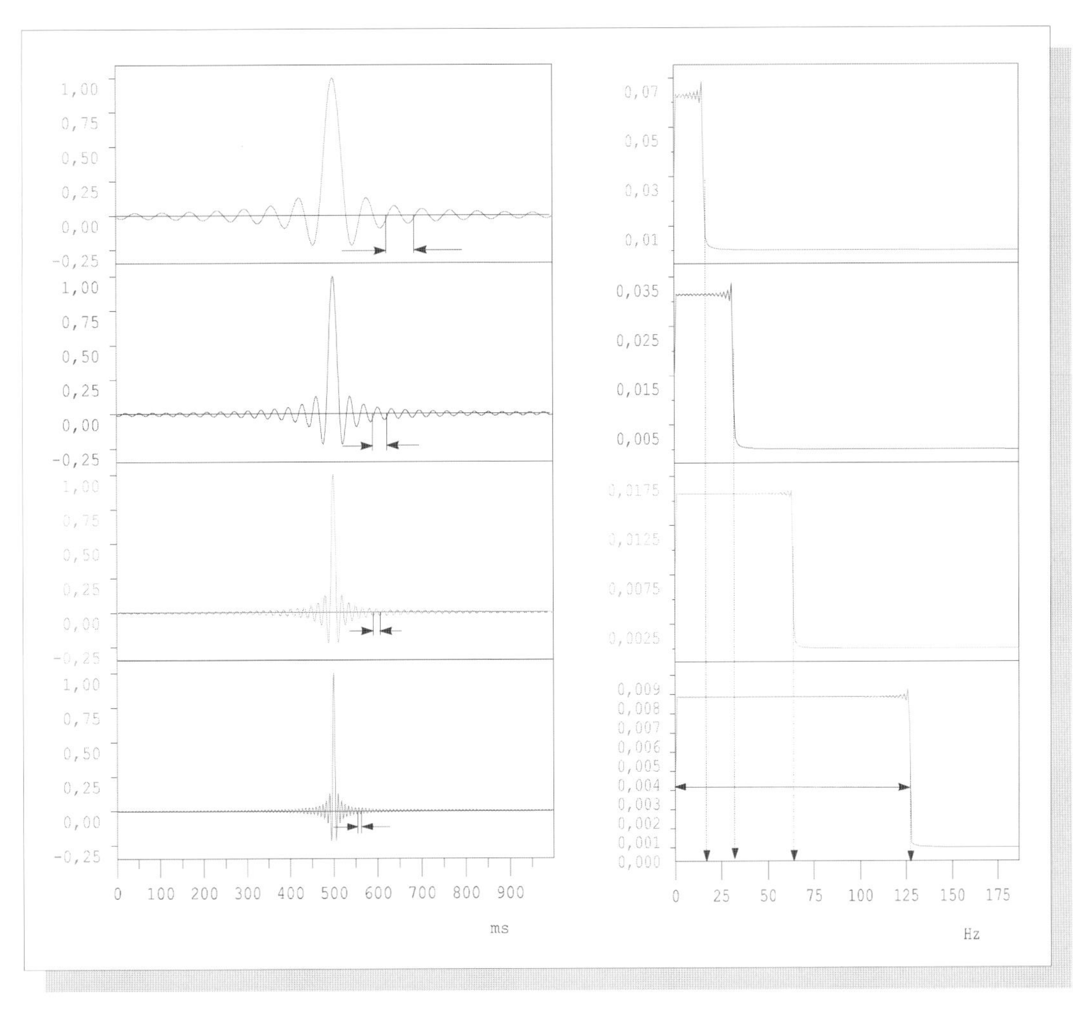

Abbildung 34 ***Impulsantwort (Si-Funktion) bei verschiedenen Tiefpass-Bandbreiten.***
Wie bereits angedeutet, besitzt das Tiefpass-Filter (bestenfalls) einen rechteckähnlichen Verlauf. Bislang hatten wir überwiegend mit rechteckähnlichen Verläufen im Zeitbereich zu tun gehabt. Betrachten Sie nun einmal genau die Si-Funktion im Zeitbereich und vergleichen Sie diese mit dem Verlauf des Frequenzspektrums eines Rechteckimpulses (siehe hierzu Abbildung 26 unten).

Ihnen wird aufgefallen sein, dass jeweils bei den Si-Funktionen eine Zeit $T' = 1/\Delta f$ eingetragen ist, die bildlich so etwas wie die Periodendauer zu beschreiben scheint. Aber es kann ja keine Periodendauer sein, weil sich die Funktion nicht jeweils nach der Zeit T' genau wiederholt. Jedoch besitzt jede der dargestellten Si-Funktionen eine andere „Welligkeit": sie richtet sich jeweils nach der Bandbreite Δf des Tiefpasses. Diese Welligkeit entspricht der Welligkeit der höchsten Frequenz, die den Tiefpass passiert. Die Impulsantwort kann sich nämlich niemals schneller ändern als die höchste im Signal vorkommende Frequenz. Der Verlauf der Si-Funktion wird deshalb genau durch diese höchste Frequenz geprägt!

Die *Impulsantwort* eines idealen „rechteckigen" Tiefpasses (der aber - wie gesagt - physikalisch unmöglich ist), besitzt eine besondere Bedeutung und wird *Si-Funktion* genannt. Sie ist so etwas wie „ein zeitlich komprimierter oder gebündelter Sinus". Deshalb kann sie wegen des **UP** auch nicht aus nur *einer* Frequenz bestehen.

Die Frequenz dieses sichtbaren „Sinus" - genau genommen die „Welligkeit" der Si-Funktion - entspricht genau der *höchsten* im Spektrum vorkommenden Frequenz. Diese höchste im Spektrum vorkommende Frequenz bestimmt ja auch, wie schnell sich das Summensignal überhaupt ändern kann. Siehe hierzu Abbildung 34.

Frequenzmessungen bei nichtperiodischen Signalen

Den nichtperiodischen Signalen sowie den fast- bzw. quasiperiodischen Signalen sind wir bislang etwas aus dem Weg gegangen. Mit dem **UP** haben wir aber nun genau das richtige „Werkzeug“, diese in den Griff zu bekommen. Bislang ist uns bekannt:

> *Periodische* Signale besitzen ein *Linien*spektrum. Der Abstand dieser Linien ist immer ein ganzzahlig Vielfaches der Grundfrequenz $f = 1/T$.
>
> *Nicht*periodische, z.B. *einmalige* Signale besitzen ein *kontinuierliches* Spektrum, d.h. zu jeder Frequenz gibt es auch in der winzigsten, unmittelbaren Nachbarschaft weitere Frequenzen. Sie liegen „dicht bei dicht“!

Nun bleibt vor allem die Frage, wie sich bei nichtperiodischen Signalen mit ihrem *kontinuierlichen* Spektrum die in ihnen enthaltenen Frequenzen *möglichst genau* messtechnisch auflösen lassen.

Wegen $\Delta t * \Delta f \geq 1$ liegt die generelle Antwort auf der Hand: Je länger wir messen, desto genauer können wir die Frequenz ermitteln.

Wie ist das zunächst bei den *einmaligen* - d.h. auch nichtperiodischen - Signalen, die lediglich kurz andauern? In diesem Fall wird die Messzeit größer sein als die Dauer des Signals, einfach um den gesamten Vorgang besser erfassen zu können. Was ist dann entscheidend für die Messgenauigkeit bzw. frequenzmäßige Auflösung: Die Messdauer oder die Signaldauer?

Ein entsprechender Versuch wird in Abb. 35 dokumentiert. Fall Sie die skalierten Messergebnisse des Zeit- und Frequenzbereichs richtig interpretieren sollten Sie zu folgendem Ergebnis kommen:

> Ist bei einem einmaligen Signal die Messdauer größer als die Signaldauer, so bestimmt ausschließlich die *Signaldauer* die frequenzmäßige Auflösung.

Bei lang andauernden nichtperiodischen Signalen - wie z.B. Sprache oder Musik - ist es aus technischen und anderen Gründen nur möglich, einen Zeitausschnitt zu analysieren. So wäre es unsinnig, sich das Gesamtspektrum eines ganzen Konzertes anzeigen zu lassen; die Spektralanalysen müssen hier so schnell wie die Klänge wechseln, denn nichts anderes machen auch unsere Ohren!

Es bleibt also nichts anderes übrig, als lang andauernde nichtperiodische Signale *abschnittsweise* zu analysieren. Aber wie? Können wir einfach wie mit der Schere das Signal in mehrere gleich große Teile zerschneiden? Oder sind in diesem Fall doch intelligentere Verfahren zu abschnittsweisen Analyse erforderlich?

Machen wir doch einen entsprechenden Versuch. Als Testsignal verwendeten wir in Abb. 36 eine tiefpassgefiltertes Rauschsignal, welches auch physikalisch betrachtet Ähnlichkeiten mit der Spracherzeugung im Rachenraum aufweist (Luftstrom entspricht dem Rauschen, der Rachenraum bildet den Resonator/das Filter). Auf jeden Fall ist es nichtperiodisch und dauert beliebig lange. In unserem Falle wird ein Tiefpass hoher Güte (10. Ordnung) gewählt, der praktisch alle Frequenzen oberhalb 100 Hz heraus filtert.

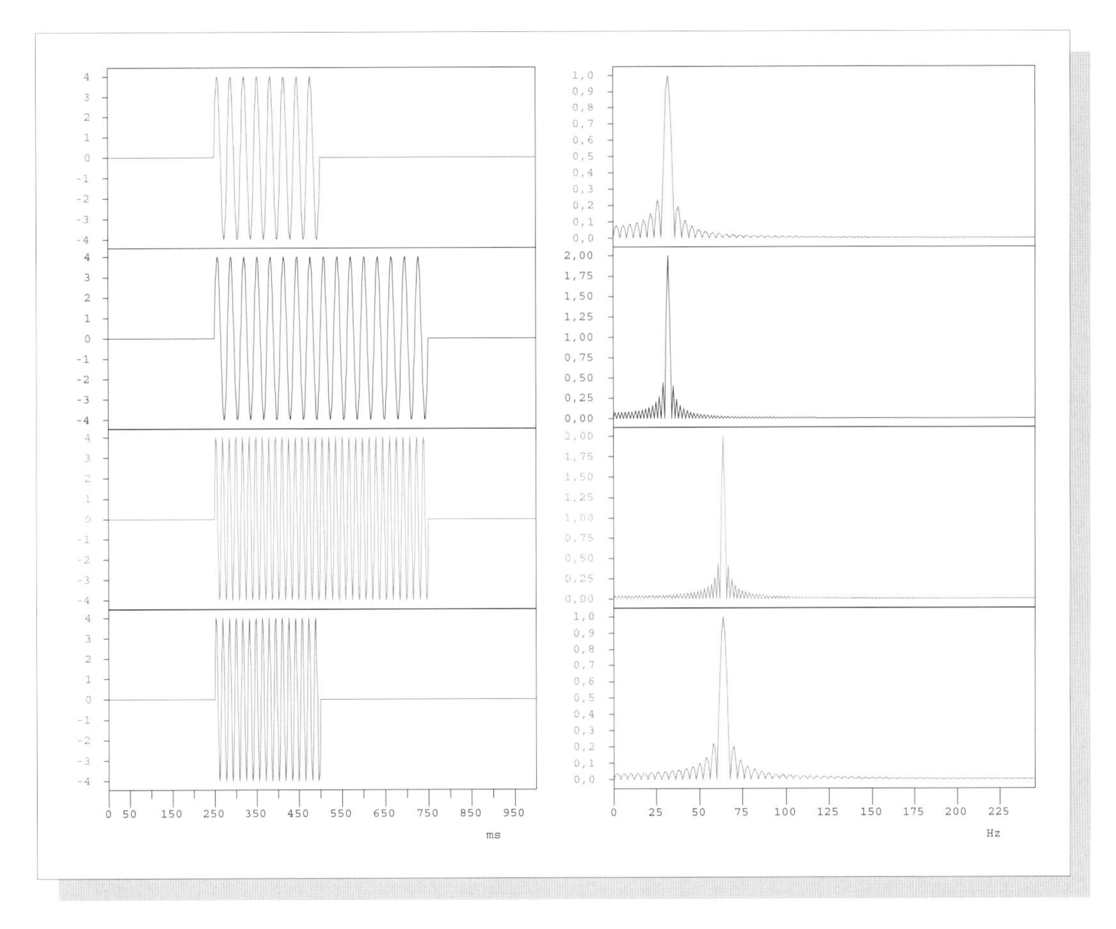

Abbildung 35 ***Hängt die frequenzmäßige Auflösung von der Messdauer oder Signaldauer ab?***

Hier sind vier verschiedene einmalige Burst-Signale zu sehen. Zwei Durst-Signale besitzen gleiche Dauer, zwei Burst-Signale gleiche Mittenfrequenz. Die Messdauer - und damit die Analysedauer - beträgt in allen vier Fällen 1 s. Das Ergebnis ist eindeutig. Je kürzer die Signaldauer, desto unschärfer die Mittenfrequenz des Burst-Impulses! Die Unschärfe hängt also nicht von der Messzeit, sondern ausschließlich von der Signaldauer ab. Dies ist ja auch zu erwarten, da die gesamte Information nur im Signal enthalten ist, jedoch nicht in der ggf. beliebig großen Messdauer.

Das Signal wird zunächst als ganzes analysiert (unterste Reihe). Darüber werden fünf einzelne Abschnitte analysiert. Das Ergebnis ist seltsam: Die fünf Abschnitte enthalten höhere Frequenzen als das tiefpassgefilterte Gesamtsignal! Die Ursache ist jedoch leicht erkennbar. Durch den senkrechten Ausschnitt sind steile Übergänge erzeugt worden, die mit dem ursprünglichen Signal nichts zu tun haben. Steile Übergänge verursachen jedoch nach dem Unschärfe-Prinzip ein breites Frequenzband.

Außerdem ist die „Verbindung" zwischen den einzelnen willkürlich getrennten Signalabschnitten verloren gegangen. Damit können jedoch Informationen zerschnitten werden. Informationen sind bestimmte „verabredete" Muster - siehe 1. Kapitel - und dauern deshalb eine bestimmte Zeit. Um diese Informationen lückenlos zu erfassen, müssten die Signalabschnitte sich sicherheitshalber eigentlich gegenseitig überlappen.

Dieser wichtige signaltechnische Prozess wird „*Windowing*" ("Fensterung") genannt. Hiermit soll das „Ausschneiden" im Frequenzbereich unterschieden werden, welches ja *Filterung* genannt wird.

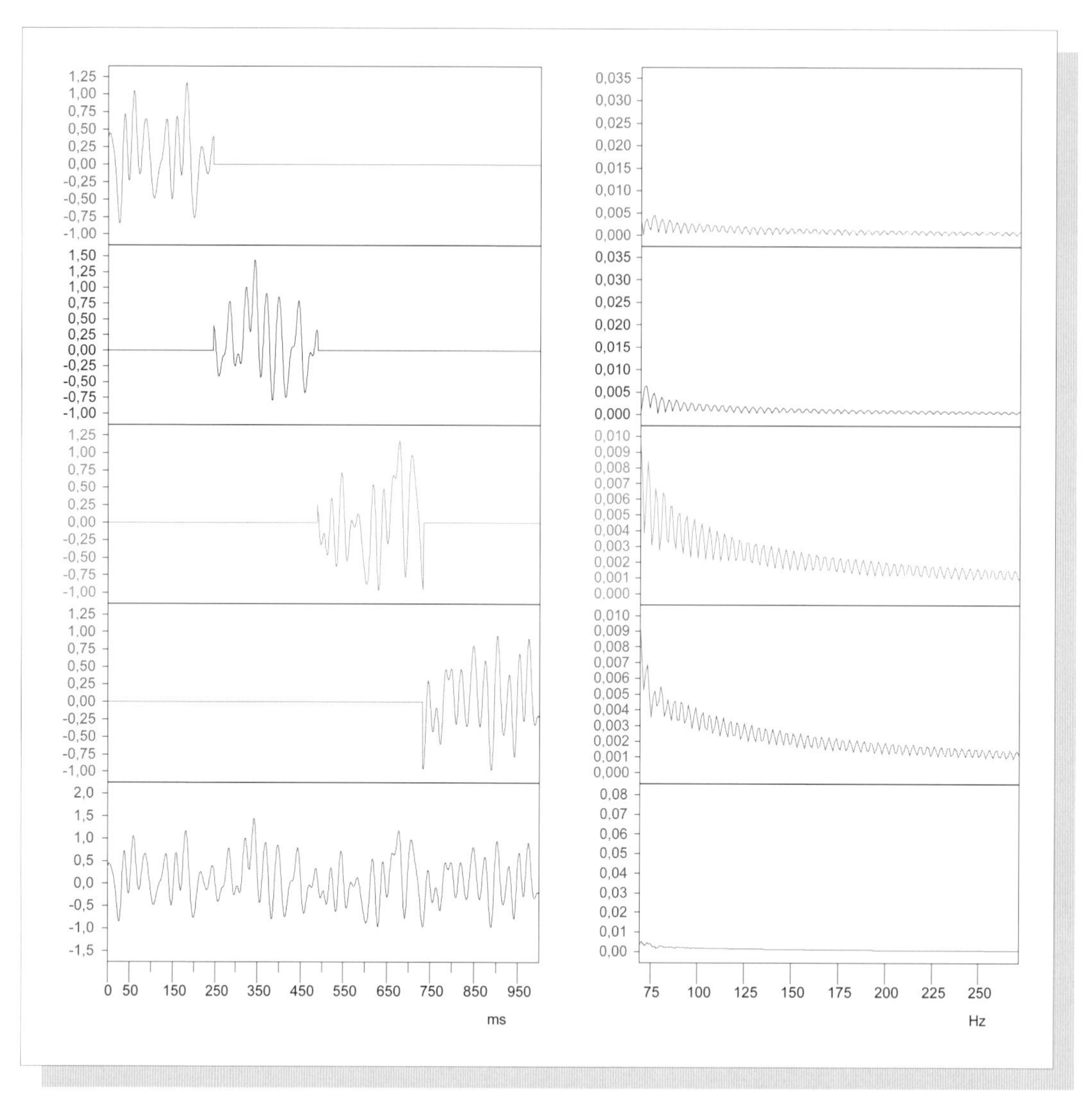

Abbildung 36 ***Analyse eines lang andauernden, nichtperiodischen Signals***

Die Nichtperiodizität wird hier erzielt, indem ein Rauschsignal verwendet wird. Dies Rauschsignal wird nun durch einen Tiefpass hoher Güte (Flankensteilheit) mit der Grenzfrequenz 50 Hz gefiltert. Dies bedeutet jedoch nicht, dass dieses Filter oberhalb 50 Hz nichts mehr durchlässt. Diese Frequenzen werden nur mehr oder weniger - je nach Filtergüte - bedämpft.
Betrachtet wird hier der „Sperrbereich" oberhalb 50 Hz, beginnend bei 70 Hz. Die oberen 5 Signalausschnitte enthalten in diesem Bereich wesentlich mehr bzw. „stärkere" Frequenzanteile als das Gesamtsignal (unten). Dieses „Ausschneiden" von Teilbereichen erzeugt demnach Frequenzen, die in dem ursprünglichen Signal gar nicht enthalten waren! Und: Je kürzer der Zeitabschnitt, desto unschärfer wird der Frequenzbereich. Dies erkennen Sie deutlich durch den Vergleich der Spektren des länger andauernden vorletzten Signalausschnitt mit den vier oberen Signalausschnitten.
Übrigens wird hier auch das Gesamtsignal lediglich über die Signaldauer (=Messdauer) 1 s analysiert.

Nun kennen Sie bereits aus Abb. 31 den Trick mit Hilfe der GAUSS-Funktion, den Signalausschnitt *sanft beginnen* und *sanft enden* zu lassen. Mit dieser „zeitlichen Wichtung" wird der mittlere Bereich des Signalausschnittes genau, die Randbezirke weniger genau bis gar nicht analysiert.

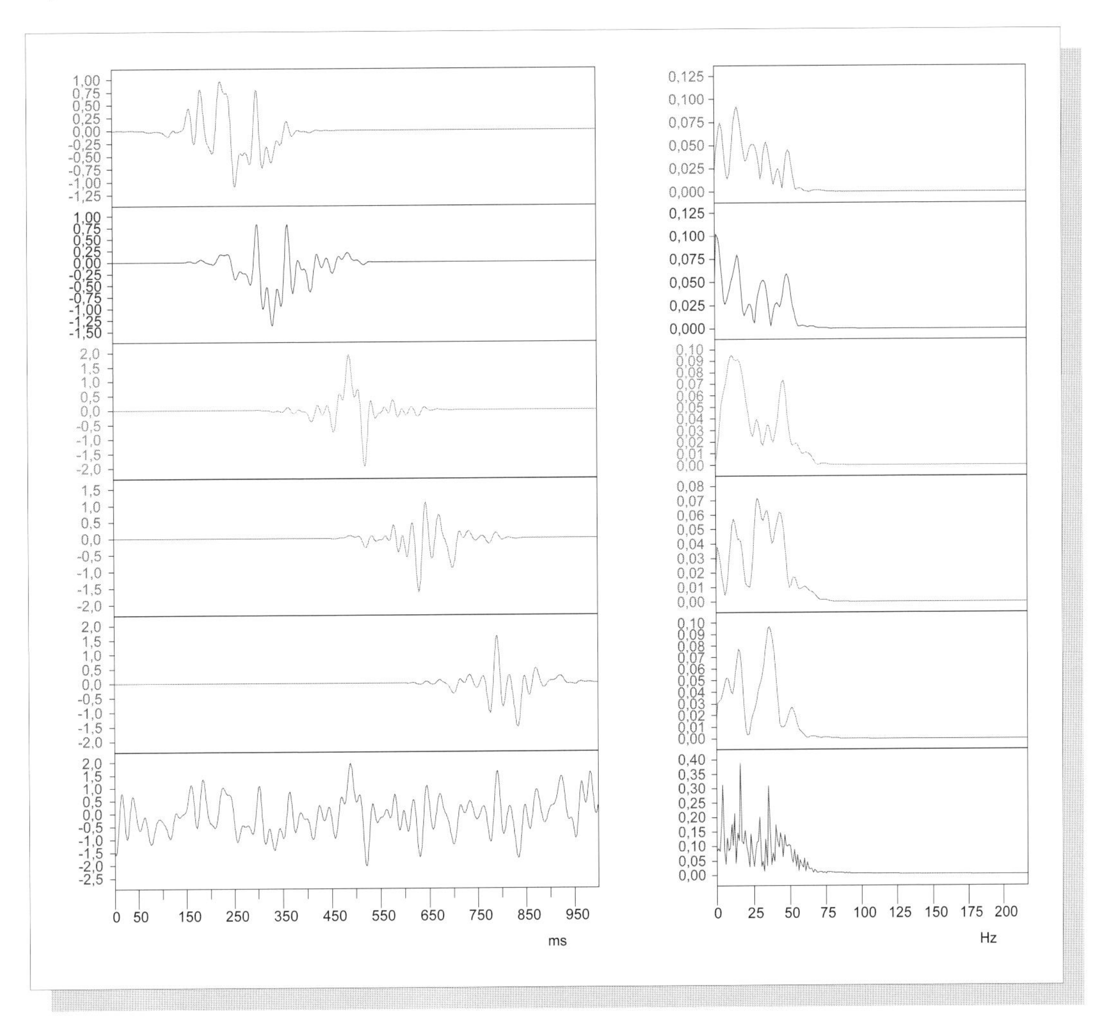

Abbildung 37 ***Analyse eines lang andauernden, nichtperiodischen Signals über das GAUSS-Window***
Wie in Abb. 36 wird hier das lange, nichtperiodische Signal in einzelne Zeitabschnitte zerlegt. Dieses sogenannte „Windowing" geschieht hier jedoch mit Hilfe eines entsprechend zeitversetzten GAUSS-Fensters. Dadurch beginnen und enden die Teilabschnitte sanft. Im Gegensatz zu Abb. 36 ist nunmehr der Frequenzbereich der Zeitabschnitte nicht mehr größer als der Frequenzbereich des Gesamtsignals.

Wie diese relativ beste Lösung aussieht zeigt Abb. 37. Die Abschnitte beginnen und enden jeweils sehr sanft. Dadurch werden die steilen Übergänge vermieden. Ferner überlappen sich die Abschnitte. Dadurch ist die Gefahr kleiner, Informationen zu verlieren. Andererseits wir das Signal so „verzerrt", dass nur der mittlere Teil voll zur Geltung kommt bzw. stark gewichtet wird.

Eine ideale Lösung gibt es aufgrund des Unschärfe-Prinzips nicht, sondern lediglich einen sinnvollen Kompromiss. Glauben Sie übrigens nicht, dass es sich hier lediglich um ein *technisches* Problem handelt. Die gleichen Probleme treten natürlich auch bei der menschlichen Spracherzeugung und -wahrnehmung auf; wir haben uns lediglich daran gewöhnt damit umzugehen. Schließlich handelt es sich bei dem Unschärfeprinzip um ein Naturgesetz!

Unser Ohr und das Gehirn analysieren in Echtzeit. Ein langandauerndes Signal - z.B. einem Musikstück - wird also gleichzeitig und permanent analysiert. Durch „Windowing" im Zeitbereich?

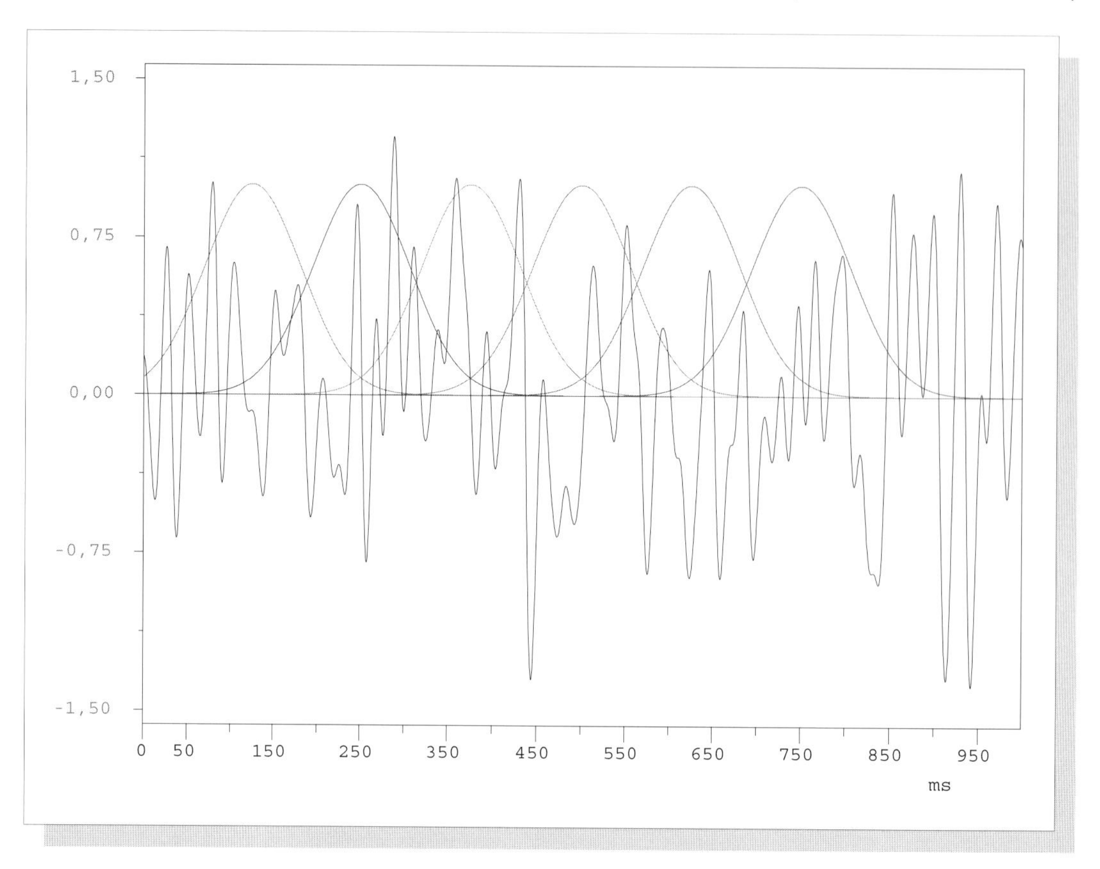

Abbildung 38 ***Sichtbarmachung der GAUSS-Fenster aus Abb. 37***
Hier sind nun genau die 6 GAUSS-Fenster zu sehen, die in Abb. 37 verwendet wurden, um das Gesamtsignal auf sinnvolle Weise in Teilbereiche zu zerlegen. Alle GAUSS-Fenster haben die gleiche Form, das jeweils nachfolgende Fenster ist nur um um einen konstanten Zeitwert von ca. 75 ms nach rechts verschoben. Mathematisch entspricht das „Ausschneiden" des Teilbereiches der Multiplikation mit der jeweiligen Fensterfunktion.
Das hier abgebildete Gesamtsignal stimmt nicht mit Abb. 37 überein.

Nein, unser Ohr ist ein FOURIER-Analysator, arbeitet also im Frequenzbereich, und zwar mit vielen, frequenzmäßig nebeneinander liegenden, sehr schmalbandigen Filtern. Aufgrund des Unschärfe-Prinzips ist jedoch die Reaktionszeit ("Einschwingzeit") desto größer, je schmalbandiger das Filter ist. Näheres hierzu erfahren Sie im nächsten Kapitel.

Weil es sich beim „Windowing" stets um einen Kompromiss, andererseits es sich aber um einen sehr wichtigen Vorgang handelt, hat man sich viele Gedanken über die Idealform eines Zeitfensters gemacht. Im Prinzip machen sie alle das gleiche und sehen deshalb bis auf wenige Ausnahmen der GAUSS-Funktion ähnlich: Sie beginnen sanft und enden auch so. Die wichtigsten Fenstertypen werden in Abb. 39 dargestellt und ihre frequenzmäßigen Auswirkungen miteinander verglichen. Das schlechteste ist dabei natürlich das Dreieckfenster, weil es im Zeitbereich *Unstetigkeiten* am Anfang in der Mitte sowie am Ende aufweist. Die anderen Fenster unterscheiden sich kaum, so dass wir weiterhin immer das GAUSS-Fenster verwenden werden.

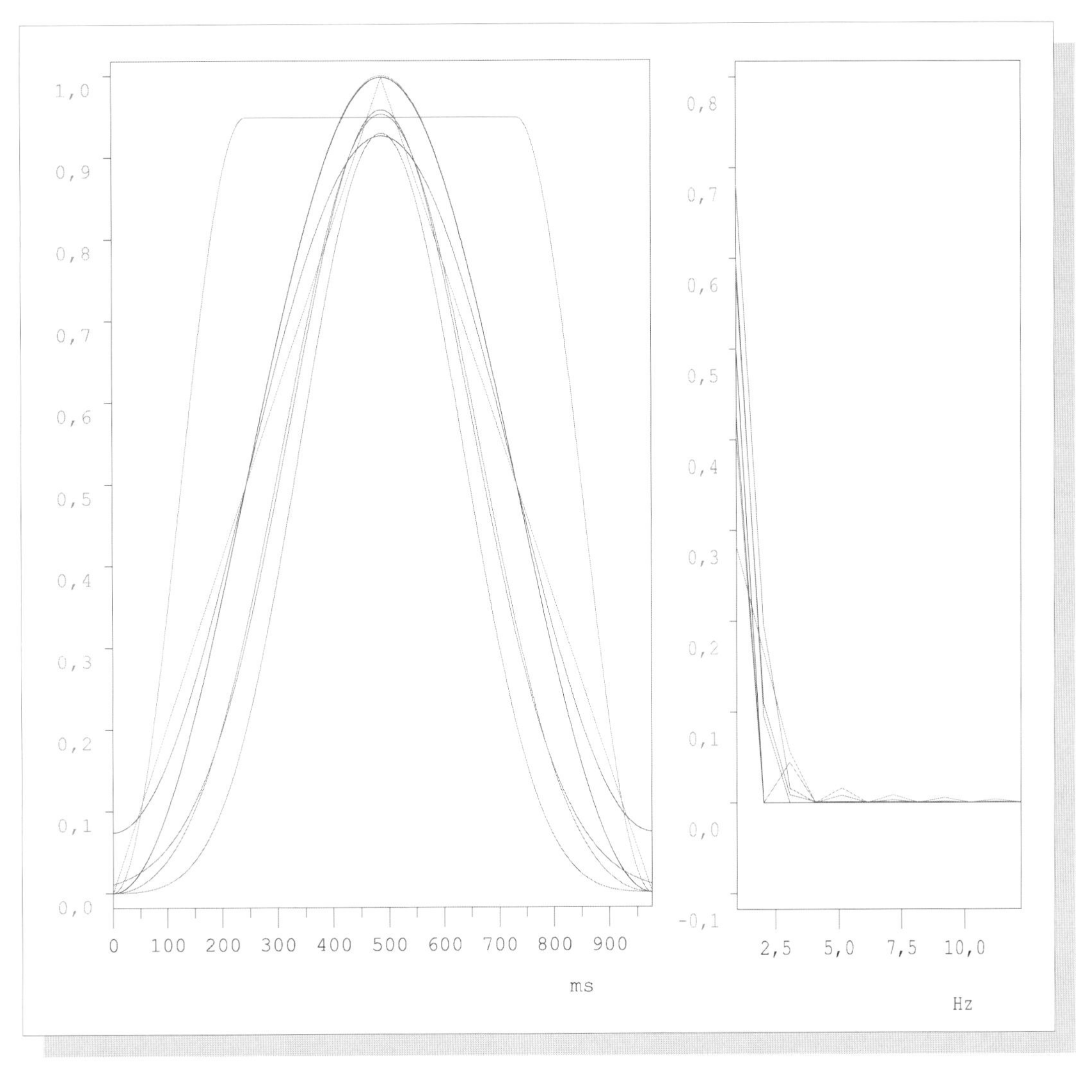

Abbildung 39 ***Überblick über die wichtigsten „Window-Typen"***
Hier sehen Sie die wichtigsten Vertreter von Windows-Typen. Bis auf das dreieckförmige sowie das „abgerundete Rechteckfenster sehen sie ziemlich gleich aus und unterscheiden sich kaum im Spektrum. Bei einer Dauer von ca. 1s erzeugen sie eine frequenzmäßige Unschärfe von nur ca. 1 Hz. Die dreieckförmigen Verläufe im Frequenzbereich stammen von den schlechtesten Fenstern: Dreieck und „abgerundeter Rechteck".

Bei der frequenzmäßigen Analyse lang andauernder nichtperiodischer Signale - z.B. Sprache - werden diese in mehrere Abschnitte unterteilt. Die frequenzmäßige Analyse wird dann von jedem einzelnen Abschnitt gemacht.

Diese Abschnitte müssen sanft beginnen und enden sowie sich gegenseitig überlappen, um möglichst wenig von der im Signal enthaltenen Information zu verlieren.

Je größer die Zeitdauer Δt *des Zeitfensters gewählt wird, desto präziser lassen sich die Frequenzen ermitteln bzw. desto größer ist die frequenzmäßige Auflösung!*

Dieser Vorgang wird „Windowing“ genannt. Die abschnittsweise „Zerlegung“ entspricht mathematisch betrachtet der Multiplikation des (langen nichtperiodischen) Originalsignals mit einer Fensterfunktion (z.B. GAUSS-Funktion).

Letztlich wird ein lang andauerndes nichtperiodisches Signal also in viele Einzelereignisse unterteilt und so analysiert. Dabei darf die „Verbindung“ zwischen den „Einzelereignissen“ nicht abreißen, sie sollten sich deshalb überlappen.

Bei einmaligen, kurzen Ereignissen, die abrupt bei Null beginnen und dort enden (z.B. ein „Knall“) sollte dagegen immer ein Rechteckfenster gewählt werden, welches das eigentliche Ereignis zeitlich begrenzt. So werden die Verzerrungen vermieden, die zwangsläufig bei allen „sanften“ Fenstertypen auftreten!

Fastperiodische Signale

Fastperiodische Signale bilden den unscharfen Grenzbereich zwischen periodischen - die es streng genommen gar nicht gibt - und den nichtperiodischen Signalen.

Fastperiodische Signale wiederholen sich über einen bestimmten Zeitraum in *gleicher* oder in *ähnlicher* Weise.

Als Beispiel für ein fastperiodisches Signal, welches sich in *gleicher* Weise über verschiedenen große Zeiträume wiederholt, wird in Abb. 40 ein Sägezahn gewählt. Der Effekt ist hierbei der gleiche wie in Abb. 35: Beim Burst wiederholt sich der Sinus auch in gleicher Weise! Der jeweilige Vergleich von Zeit- und Frequenzbereich unter Berücksichtigung des Unschärfe-Prinzips führt zu folgendem Ergebnis:

Fastperiodische Signale besitzen mehr oder weniger linienähnliche Spektren (“verschmierte“ bzw. „unscharfe“ Linien), die ausschließlich ganzzahlig Vielfache der „Grundfrequenz“ umfassen. Je kürzer die Gesamtdauer, desto unschärfer die „Linie“. Es gilt für die Linienbreite

$$\Delta f \geq 1/\Delta t \quad \textbf{(UP)}$$

Reale fastperiodische Signale bzw. fastperiodische Phasen eines Signals sind, wie die nachfolgenden Bilder zeigen, im *Zeitbereich* nicht immer direkt als fastperiodisch zu erkennen. Dies gelingt jedoch auf Anhieb im Frequenzbereich.

Alle Signale, die "linienähnliche" (kontinuierliche) Spektren besitzen und in denen diese "unscharfen" Linien auch als ganzzahliges Vielfaches einer Grundfrequenz interpretiert werden können, werden hier als fastperiodisch definiert.

Nun gibt es jedoch in der Praxis Signale, die ein linienähnliches Spektrum besitzen, deren "unscharfe" Linien jedoch z.T. nicht als ganzzahliges Vielfaches einer Grundfrequenz interpretiert werden können. Sie werden hier als *quasiperiodisch* definiert. Ihre Entstehungsursache wird im nächsten Abschnitt beschrieben.

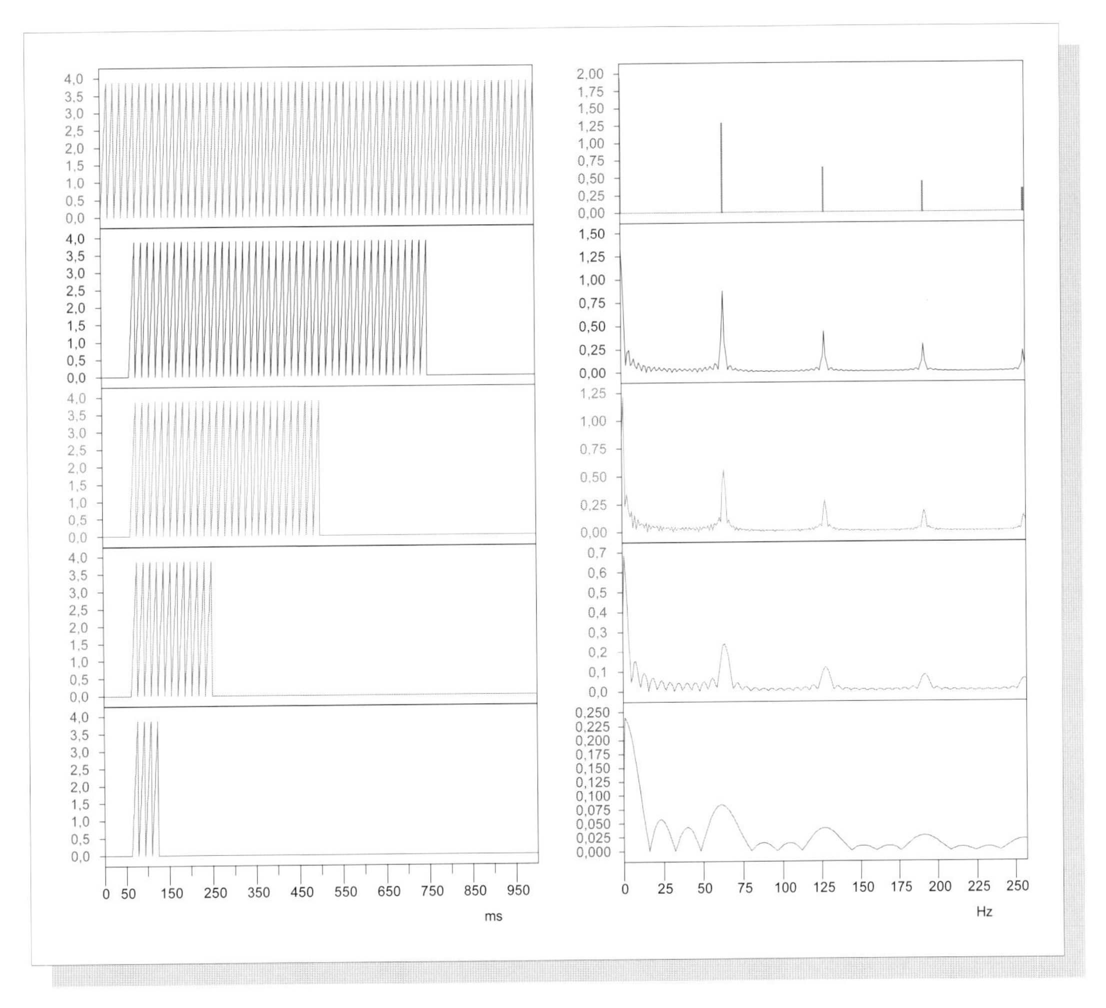

Abbildung 40 ***Zum Spektrum fastperiodischer Sägezahnschwingungen***

Diese Serie von Sägezahnschwingungen verdeutlicht sehr schön, wie oft sich Schwingungen wiederholen sollten, um als (noch) fastperiodisch gelten zu können. Auch die obere Reihe enthält genau genommen ein fastperiodisches Signal, weil dieser Sägezahn nur 1 s aufgenommen wurde! Die beiden unteren Reihen verkörpern den Übergang zu nichtperiodischen Signalen.

Töne, Klänge und Musik

Während wir bislang vom Computer oder Funktionsgeneratoren künstlich erzeugte Signale wie Rechteck, Sägezahn oder selbst Rauschen untersucht haben, kommen wir nun zu den Signalen, die für uns wirkliche Bedeutung besitzen, ja auch existentiell wichtig sind, weil sie unsere Sinnesorgane betreffen.

Seltsamerweise werden sie in praktisch allen Theoriebüchern über "Signale - Prozesse - Systeme - verschmäht oder übersehen. Sie passen nicht immer in simple Schemata, sie sind nicht nur das eine, sondern besitzen gleichzeitig auch etwas von dem anderen. Die Rede ist von Tönen, Klängen, Gesang, vor allem aber von der Sprache.

In bewährter Weise fahren wir mit einfachen Experimenten fort. So kommt nun als „Sensor", quasi als Quelle des elektrischen Signals das Mikrofon ins Spiel.

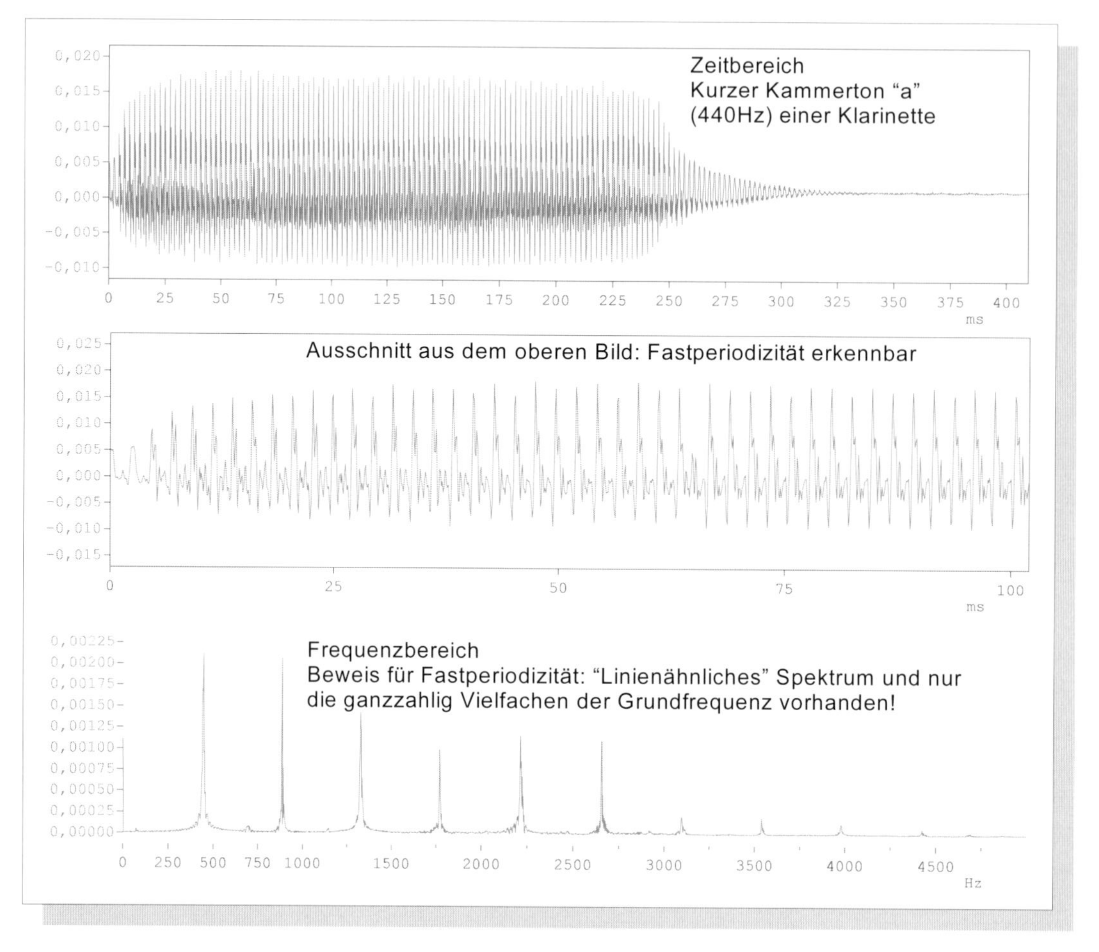

Abbildung 41 ***Ton , Tonhöhe und Klang***

Hier wird am Beispiel eines kurzen Klarinettentons (440 Hz = Kammerton „a") die Fastperiodizität aller Töne verdeutlicht. Bereits im Zeitbereich lassen sich „ähnliche Ereignisse" im gleichen Abstand T wahrnehmen. Messen Sie einmal mit einem Lineal 10 T (warum nicht einfach T ?), bestimmen Sie dann T und berechnen Sie den Kehrwert $1/T = f_G$. *Herauskommen müsste die Grundfrequenz* f_G*=440 Hz.*

*Da unser Ohr ein **FOURIER**-Analysator ist - siehe Kapitel 2 - , sind wir in der Lage, die (Grund-) Tonhöhe zu erkennen. Falls Sie nicht ganz unmusikalisch sind, können Sie diesen vorgespielten Ton auch nachsingen.*

Nun klingt der „Kammerton a" einer Klarinette anders als der einer Geige, d.h. jedes Instrument besitzt seine eigene Klangfarbe. Diese beiden Töne unterscheiden sich nicht in der Grundtonhöhe ($=f_G$*), sondern in der Stärke (Amplitude) der Obertöne. Da eine Geige „schärfer" klingt als eine Klarinette, sind dort die Obertöne stärker vertreten als im Spektrum der Klarinette.*

Hier wurde extra ein kurzer Ton/Klang gewählt, der sogar innerhalb des fastperiodischen Teils einen kleinen „Fehler" besitzt. Der eigentliche Ton dauert hier ca. 250 ms und liefert bereits ein fastperiodisches Spektrum. So kommt man zu folgender Faustregel: Jeder gleichmäßige Ton/Klang, der mindestens 1 s dauert, liefert bereits ein praktisch periodisches Spektrum!

Das Ohr empfindet ein akustisches Signal als Ton oder Klang, falls ihm eine mehr oder weniger *eindeutige frequenzmäßige Zuordnung* gelingt. Als harmonisch wird das Signal zusätzlich empfunden, falls alle Frequenzen in einem bestimmten Verhältnis zueinander stehen (ihr Abstand äquidistant ist). Diese eindeutige frequenzmäßige Zuordnung ist aber nun aufgrund des **UP** nur möglich, falls sich das Signal im betrachteten Zeitabschnitt über einen längeren Zeitraum in ähnlicher Weise mehrfach wiederholt.

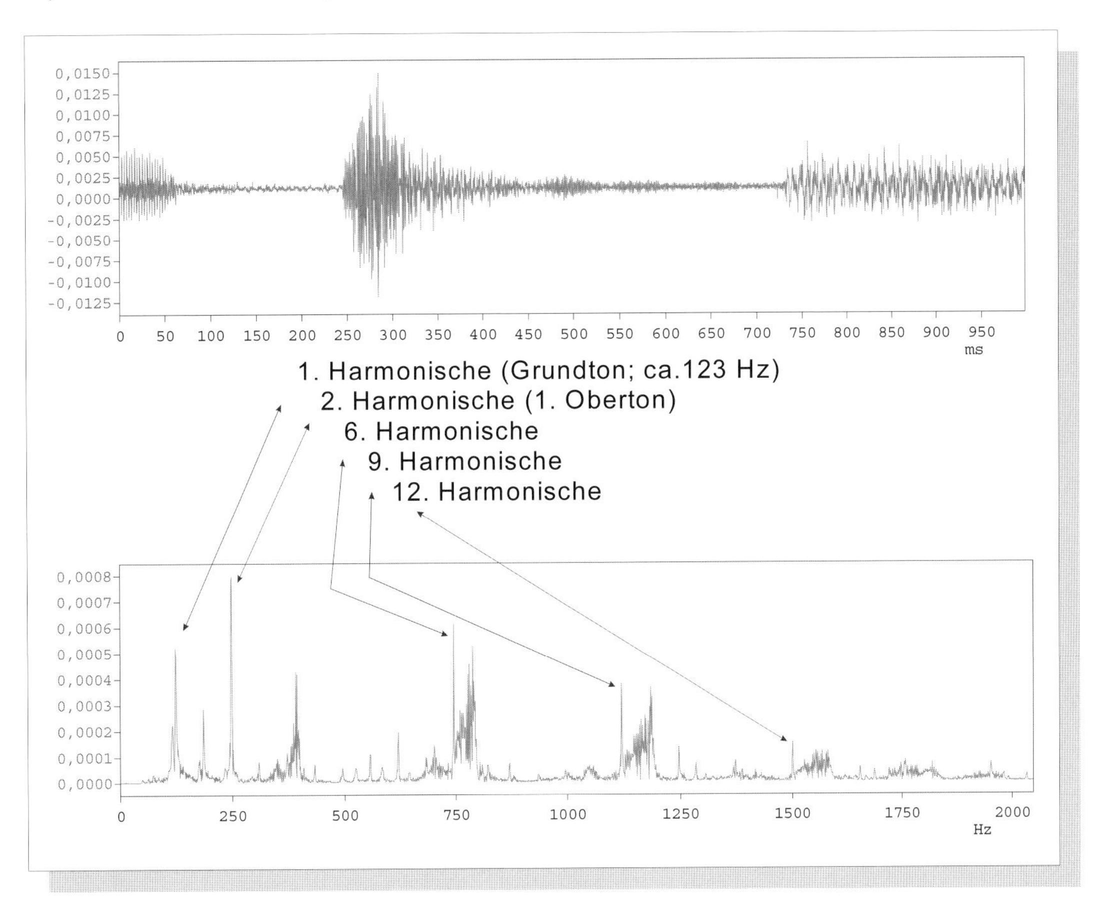

Abbildung 42 ***Klang als Überlagerung mehrerer verschiedener Töne***
*Ausschnitt aus einer Jazz-Aufnahme (Rolf Ericson Quartett) . Im Augenblick spielen Trompete und Klavier. Während der Zeitbereich nur wenig von dem fastperiodischen Charakter der Musik verrät, ist das beim Frequenzbereich ganz anders. Die Linien sprechen eine eindeutige Sprache. Nur: Welche Linie gehören zusammen? Dieses Spektrum enthält ferner keinerlei Informationen darüber, wann bestimmte Töne/Klänge innerhalb des betrachteten Zeitraums vorhanden waren. Aus der „Breite" der Linien lassen sich jedoch Rückschlüsse auf die Dauer dieser Töne/Klänge ziehen (**UP**!). Siehe hierzu noch einmal die Abb. 30 und 40.*

Töne bzw. Klänge müssen also länger andauern, um als solche erkannt zu werden. *Töne bzw. Klänge sind aus diesem Grunde fastperiodisch bzw. quasiperiodisch.*

Aus der in Abb. 41 dargestellten Analyse ergibt sich folgende Faustformel:

> *Jeder gleichmäßige Ton/Klang, der mindestens 1 s dauert, liefert bereits ein praktisch periodisches Spektrum! Jedes praktisch periodische Spektrum entspricht akustisch einem in der Tonhöhe eindeutig identifizierbaren Ton/Klang, der mindestens 1 s dauert.*

Hinweis: Im sprachlichen, aber auch im fachlichen Bereich werden die Begriffe Ton und Klang nicht eindeutig unterschieden. Man spricht vom *Klang* einer Geige oder auch, die Geige habe einen schönen *Ton*. Wir verwenden bzw. definieren die Begriffe hier folgendermaßen:

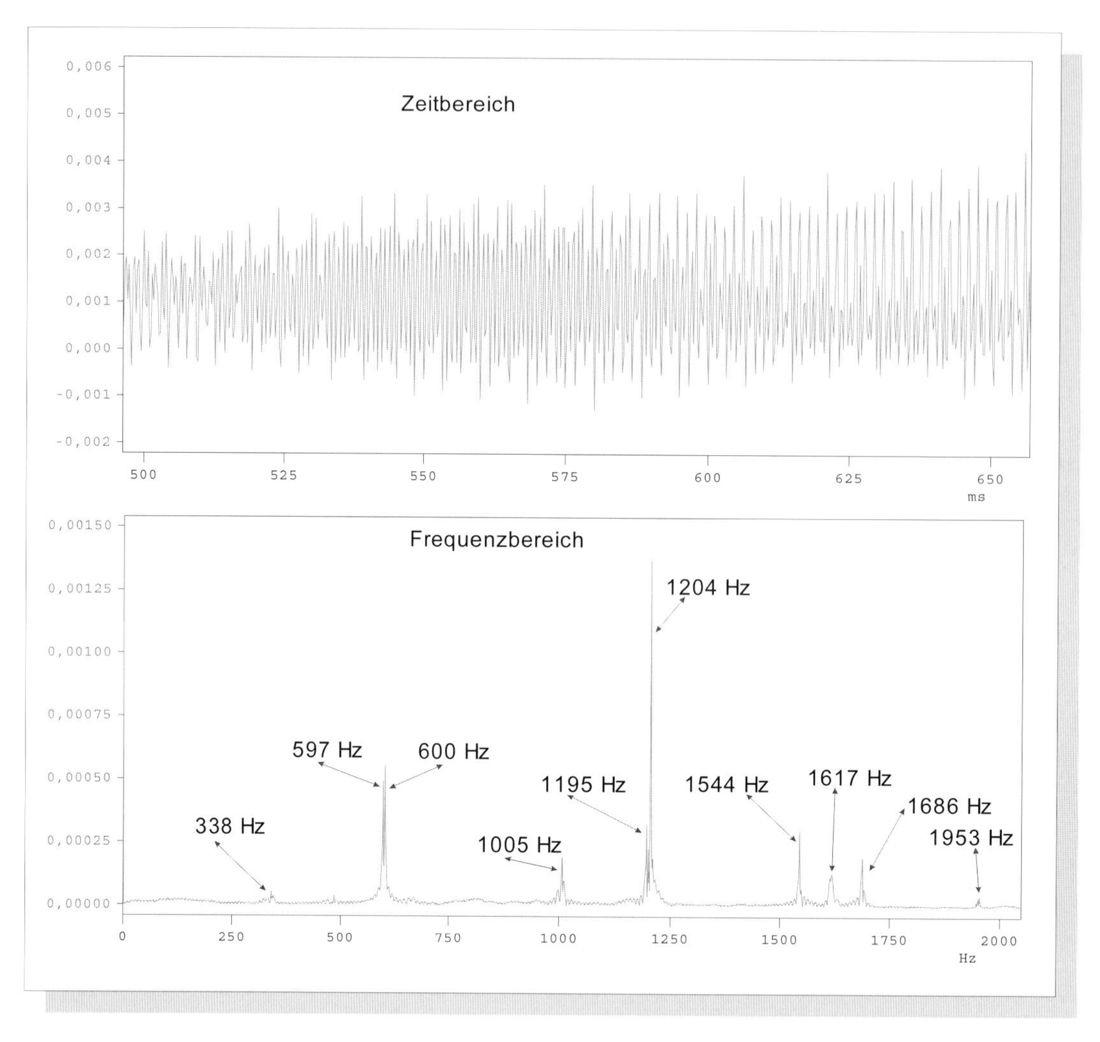

Abbildung 43 ***Klang eines Weinglases als quasiperiodisches Signal***
Im Zeitbereich ist nur sehr schwer eine Periodizität feststellbar, das Signal scheint sich permanent zu ändern. Lediglich der Abstand der Maximalwerte in der rechten Hälfte scheint praktisch gleich zu sein. Dagegen weist der Frequenzbereich eindeutige Linien auf. Auf dem Bildschirm wurden die Frequenzen mit dem Cursor gemessen. Wie Sie leicht feststellen können, sind zunächst nicht alle Linien die ganzzahlig Vielfachen einer Grundfrequenz. Das Signal ist also nicht fastperiodisch. Wir bezeichnen diesen Fall deshalb als quasiperiodisch.
Die physikalische Ursache quasiperiodischer Schwingungen sind z.B. Membranschwingungen. Auch ein Weinglas ist eine Art verformte Membran. Auf der Membran bilden sich in Abhängigkeit von der Membrangröße bzw. -form stehende Wellen, sogenannte Schwingungsmoden mit bestimmten Wellenlängen bzw. Frequenzen. Diese Frequenzen erscheinen dann im Spektrum.
Ein solche Analyse kann z.B. in der Automatisierungstechnik verwendet werden, um bei der Gläser- oder Dachziegelherstellung defekte Objekte z.B. mit Rissen ausfindig zu machen. Deren Spektrum weicht erheblich von dem eines intakten Glases bzw. einer intakten Fliese ab.

Bei einem *reinen Ton* ist lediglich eine einzige Frequenz zu hören. Es handelt sich also um eine *sinusförmige* Druckschwankung, die das Ohr wahrnimmt.

→ Bei einem *Ton* lässt sich eindeutig die *Tonhöhe* bestimmen. Ein Geigenton enthält hörbar mehrere Frequenzen, die tiefste wahrnehmbare Frequenz ist der *Grundton* und gibt die Tonhöhe an. Die anderen werden *Obertöne* genannt und sind bei fastperiodischen akustischen Signalen ganzzahlig Vielfache der Grundfrequenz.

→ Ein *Klang* - z.B. der Akkord eines Pianos - besteht durchweg aus mehreren Tönen. Hier lässt sich dann nicht eine einzige Tonhöhe bzw. eine eindeutige Tonhöhe ermitteln.

→ Jedes Instrument und auch jeder Sprecher besitzt eine bestimmte Klangfarbe. Sie wird geprägt durch die in den sich überlagernden Tönen enthaltenen Obertöne.

Eine ganz klare Trennung der Begriffe Ton und Klang ist deshalb kaum möglich, weil sie umgangssprachlich schon unendlich länger in Gebrauch sind, als die physikalischen Begriffe Ton und Klang der Akustik.

Töne, Klänge und Musik stimulieren die Menschen wie kaum etwas anderes. Nur noch optische Eindrücke können hiermit konkurrieren. In der Evolutionsgeschichte des Menschen scheint sich eine bestimmte Sensibilität für die Überlagerung fastperiodischer Signale - Töne, Klänge, Musik - durchgesetzt zu haben.

Obwohl die Informationsmenge aufgrund der Fastperiodizität begrenzt sein muss, spricht uns gerade Musik an.

Und auch die Sprache fällt in diese Kategorie. Sie hat viel mit Tönen und Klängen zu tun. Andererseits dient sie nahezu ausschließlich dem Informationstransport. Das nächste Kapitel beschäftigt sich deshalb in einer Fallstudie mit diesem Komplex.

Aufgaben zu Kapitel 3

Aufgabe 1

Entwerfen Sie eine Schaltung, mit der Sie die Versuche in Abb. 30 nachvollziehen können. Die Burst-Signale erhalten sie durch das Modul „Ausschnitt", indem Sie einen periodischen Sinus im Zeitbereich mit diesem Modul ausschneiden.

Aufgabe 2

In dem Modul „Filter" lassen sich Tiefpässe und Hochpässe verschiedener Typen und Ordnungen einstellen.

(a) Geben Sie auf einen Tiefpass einen δ -Impuls und untersuchen Sie, wie die Dauer der Impulsantwort h(t) von der jeweiligen Bandbreite des Tiefpasses abhängt.

(b) Verändern Sie auch die Steilheit des Tiefpasses (über die „Ordnung") und untersuchen Sie deren Einfluss auf die Impulsantwort h(t).

(c) Geben Sie δ -Impuls und Impulsantwort auf einen Bildschirm und überzeugen Sie sich, dass die Impulsantwort erst dann beginnen kann, nachdem der δ -Impuls auf den Eingang gegeben wurde.

Aufgabe 3

Die sogenannte Si-Funktion ist die Impulsantwort eines idealen „rechteckigen" Filters. Sie ist also ein praktisch ideales, bandbegrenztes NF-Signal, welches alle Amplituden bis zur Grenzfrequenz in (nahezu) gleicher Stärke enthält.

(a) Schalten Sie DASY*Lab* ein und wählen Sie die Schaltung dasy034.dsb. Hier wird eine Si-Funktion erzeugt und ihr Spektrum dargestellt. Verändern Sie mit dem Formelbaustein durch Experimentieren die Form der Si-Funktion und die Auswirkung auf das Spektrum.

(b) Überzeugen Sie sich, dass die „Welligkeit" der Si-Funktion identisch ist mit der höchsten Frequenz dieses Spektrums.

(c) Sie wollen die Eigenschaften eines hochwertigen Tiefpasses messen, haben aber lediglich ein normales Oszilloskop, mit dem Sie sich die Si-ähnliche Impulsantwort abschauen können. Wie können Sie aus ihr die Filtereigenschaften ermitteln?

Aufgabe 4

Erzeugen Sie ein sprachähnliches Signal für ihre Versuche, indem sie ein Rauschsignal tiefpassfiltern. Wo ist in unserem Mund-Hals-Rachen-Raum ein „Rauschgenerator" bzw. ein „Tiefpass"?

Aufgabe 5

Weshalb sehen fastperiodische Signale „fastperiodisch“ aus, quasiperiodische (siehe Abb. 43) dagegen überhaupt nicht „fastperiodisch“, obwohl sie Linienspektren besitzen?

Aufgabe 6

(a) Entwickeln Sie eine Schaltung, mit der Sie die Zeitfenster-Typen des Moduls „Datenfenster“ grafisch darstellen können wie in Abb. 39.

(b) Vergleichen Sie den Frequenzverlauf dieser verschiedenen Zeitfenster wie in Abb. 39 rechts.

(c) Nehmen Sie ein längeres gefiltertes Rauschsignal und versuchen Sie wie in Abb. 37, das „Windowing“ mit Hilfe zeitversetzter, überlappender GAUSS-Windows durchzuführen.

(d) Stellen Sie das Spektrum dieser Signalabschnitte in einer Zeit-Frequenz-Landschaft dar.

Aufgabe 7

Untersuchung der Impulsantwort h(t) verschiedener Tiefpässe im Zeit- und Frequenzbereich

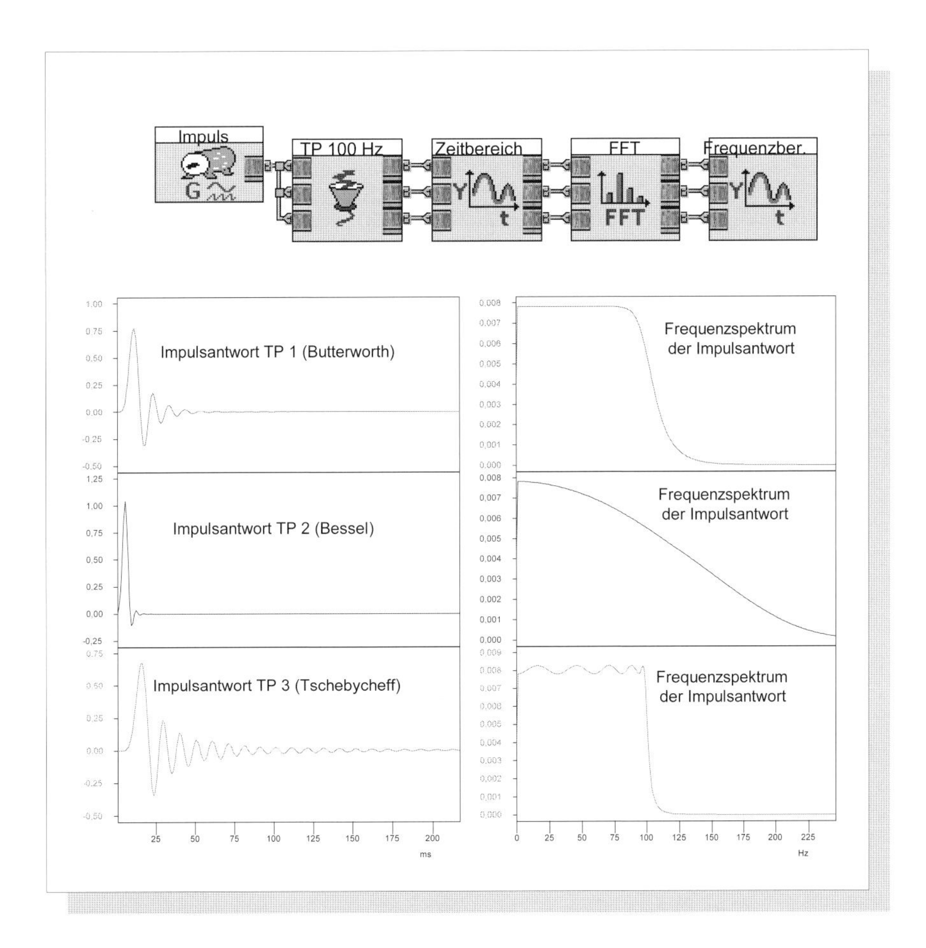

Auf drei verschiedene Tiefpass-Typen gleicher Grenzfrequenz (100 Hz) und jeweils 10. Ordnung wird ein δ-Impuls gegeben. Denken Sie daran, dass der einmalige δ-Impuls alle Frequenzen von 0 bis ∞ mit gleich großer Amplitude enthält.

a) Welche Frequenzen können die Impulsantworten jeweils nur enthalten? Welche Eigenschaften der Filter können Sie bereits jeweils aus der Impulsantwort h(t) erkennen?

b) Der Frequenzbereich der Impulsantwort gibt offensichtlich die „Filterkurve" bzw. den Frequenzgang der Filter an. Warum?

c) Weshalb ist die Dauer der unteren Impulsantwort wesentlich größer als die der anderen Impulsantworten. Was bedeutet dies aus der Sicht des **UP**?

d) Entwerfen Sie diese Schaltung mit DASY*Lab* und führen Sie die Experimente durch.

Kapitel 4

Sprache als Informationsträger

Es ist immer wieder interessant festzustellen, wie kurz der Weg von den physikalischen Grundlagen zur „praktischen Anwendung" ist. *Grundlagenwissen ist durch nichts zu ersetzen.* Leider besitzt im Zusammenhang mit Grundlagenwissen das Wort „Theorie" für viele einen unangenehmen Beigeschmack, wohl aufgrund der Tatsache, dass diese meist durch abstrakte mathematische Modelle beschrieben wird. Aber nicht hier!

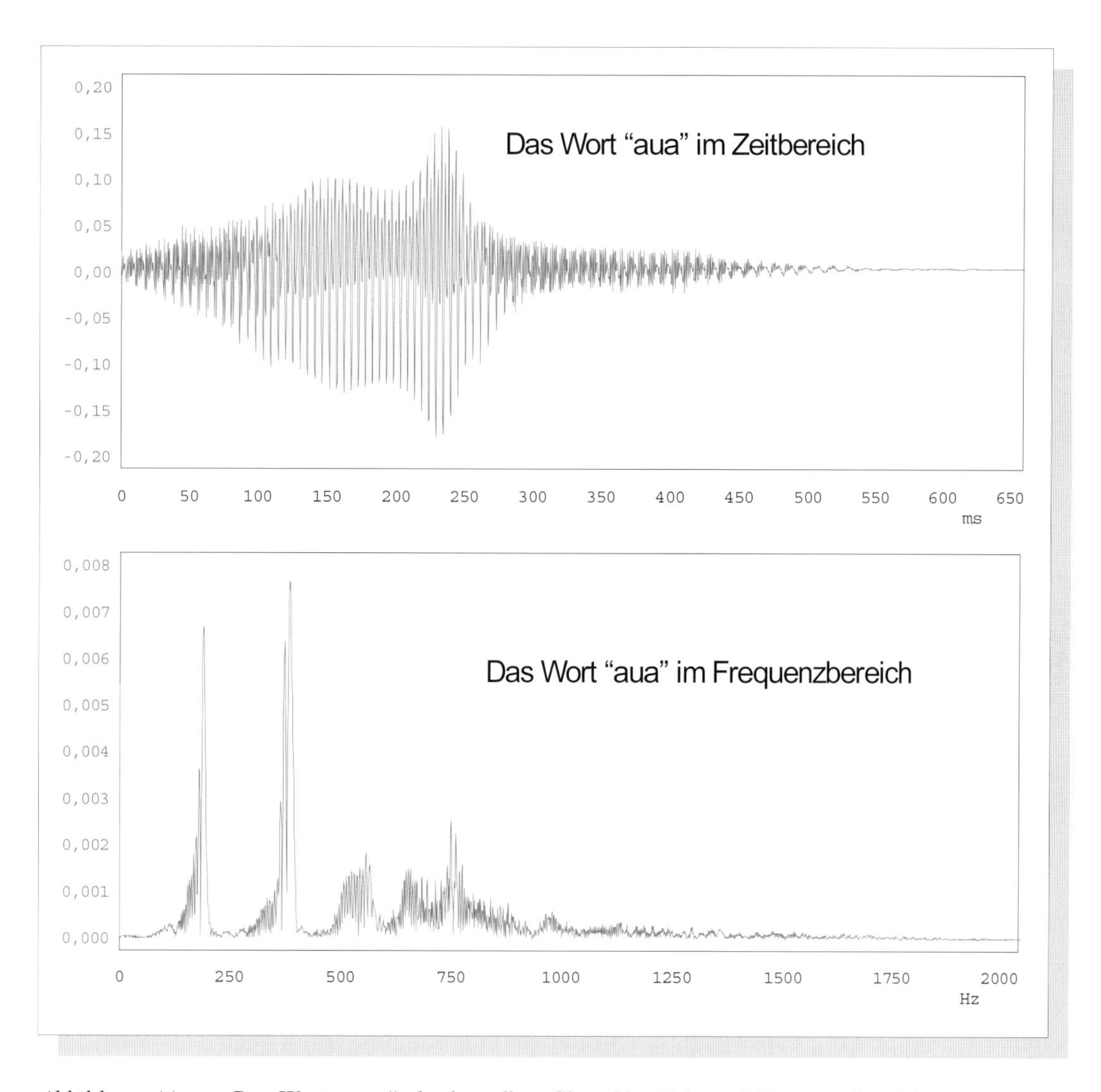

Abbildung 44 ***Das Wort „aua" als einmaliges Signal im Zeit- und Frequenzbereich***
Selbst ein so kurzes Wort wie „aua" besitzt schon eine sehr komplizierte Struktur sowohl im Zeit- als auch im Frequenzbereich. Im Zeitbereich lassen sich 5 Phasen erkennen. Das Anfangs „a", die Übergangsphase von „a" nach „u", die „u"-Phase, die Übergangsphase von „u" nach „a" sowie die etwas längere „a"-Phase zum Schluss. Hinzu zählen könnte man auch die die Einschwingphase ganz am Anfang sowie die Ausklingphase ganz am Ende.
Das Frequenzspektrum verrät uns, dass es keinen Sinn macht, die Frequenzen über die gesamte Wortlänge zu ermitteln. Hier sind viele Frequenzmuster ineinander verschachtelt. Offensichtlich ist es besser - wie in den Abb. 36 -38 geschehen - einzelne Abschnitte des Wortes getrennt zu analysieren. Hierfür sind spezielle Techniken entwickelt worden ("Wasserfall-Analyse", siehe Abb. 45)

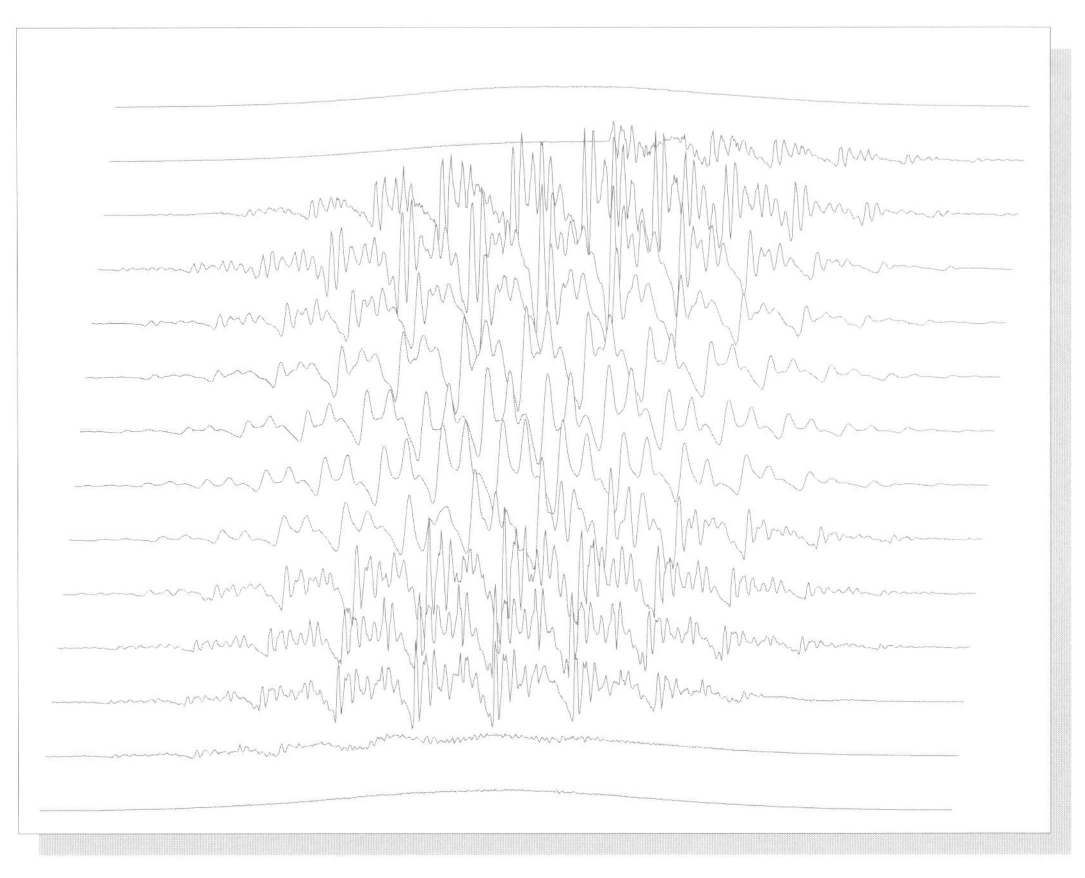

Abbildung 45 ***„Wasserfall"-Darstellung des Wortes „aua"***
Hier wird das gesamte Wort „aua" in Teilbereiche zerlegt, wobei wie in Abb. 37 diese Bereich sanft beginnen und auch so enden (Wichtung mit einem GAUSS-Fenster). Das Wort beginnt in der obersten Reihe und endet unten. Deutlich sind die „a"-Bereiche, der „u"-Bereich und die Übergangsphasen dazwischen zu sehen. Von jedem Abschnitt wird nun das Frequenzspektrum berechnet (Abb. 47)

Bevor wir uns näher ansehen, wie überhaupt Sprache erzeugt wird, vor allem aber, wie sie wahrgenommen wird, schauen wir uns doch einfach einmal Sprache an und analysieren sie über den Zeit- und Frequenzbereich.

Bereits zwei Wörter als Beispiele reichen aus, allgemeine Rückschlüsse über die Möglichkeiten und Schnelligkeit zu ziehen, Informationen durch Sprache zu übertragen.

Das erste Wort ist sehr wichtig für den Alltag und lautet „aua". Es besteht aus 3 Vokalen. Wenn Sie jetzt dieses Wort langsam sprechen, stellen Sie fünf Phasen fest: Vokal „a" - Übergang von a nach u - Vokal „u" - Übergang von u nach a - Vokal „a".

Abb. 44 zeigt das gesamte Ereignis sozusagen als einmaliges Signal im Zeit- und Frequenzbereich. Schaut man mit der Lupe hin - das geschieht in der nachfolgenden Abb. 46-, so stellt man schnell fastperiodische Signalabschnitte fest. Dies sind eindeutig die Vokale (Abb. 46). Auch das Spektrum in Abb. 44 zeigt eine ganze Anzahl von „Linien", die auf fastperiodische Anteile hindeuten. Wie bereits ausgeführt, ist es jedoch nicht möglich im Spektrum/Frequenzbereich zu erkennen, in welcher Reihenfolge die fastperiodischen Abschnitte auftauchen. So ist es naheliegend, abschnittsweise über ein „gleitendes Fenster" (Windowing) das Signal zu zerlegen und frequenzmäßig zu untersuchen.

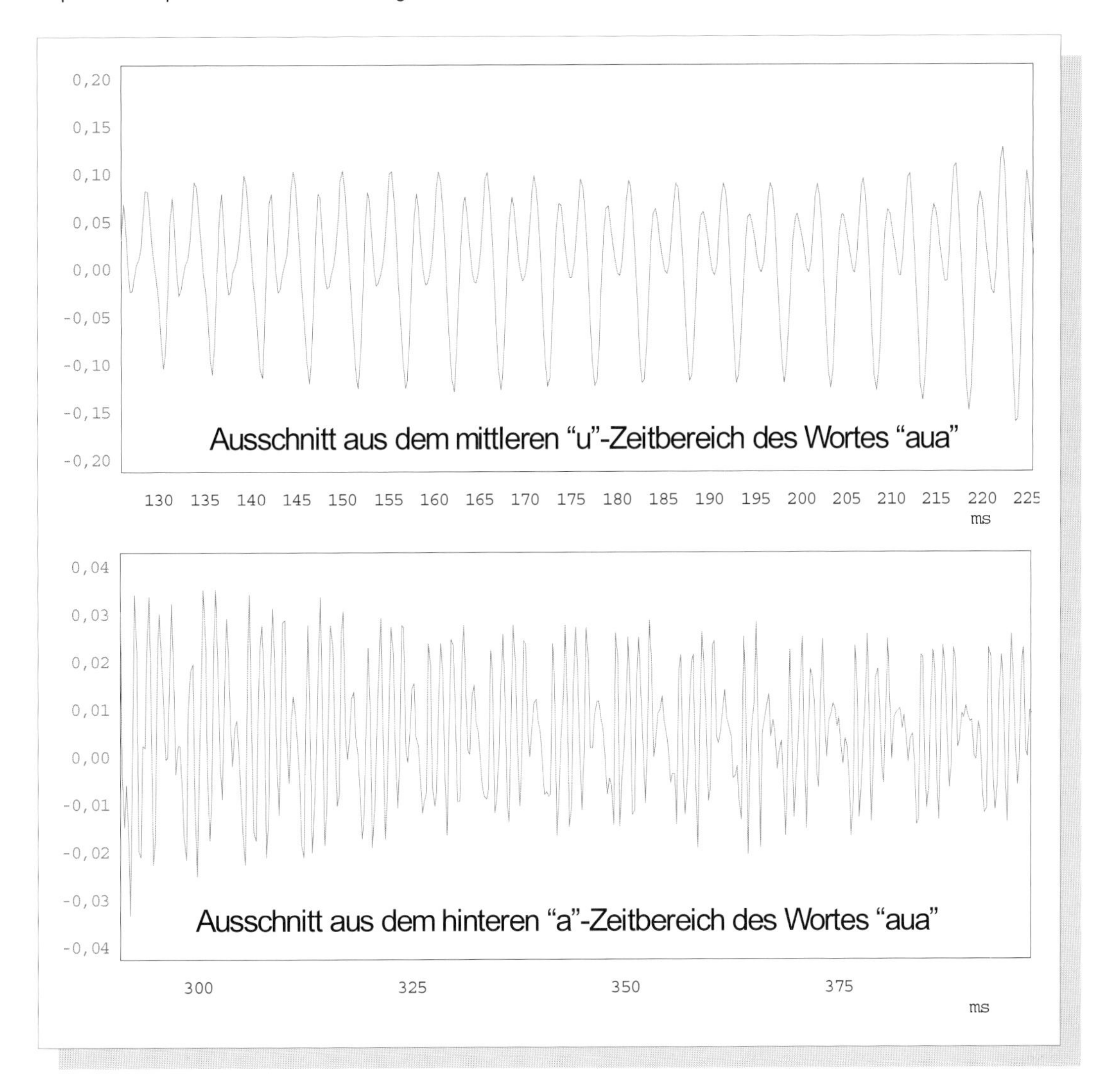

Abbildung 46 ***Fastperiodizität von Vokalen***

Dies sind Ausschnitte im Zeitbereich der Vokale „u" und „a" aus Abb. 44, mit denen sich der Begriff „Fastperiodizität" besser definieren lässt als durch Worte. Hier sieht man besonders klar, in welcher Form sich Signale „in ähnlicher Weise" wiederholen können.

Dies geschieht in der Abb. 47. Hier wird nun eine besonders eindrucksvolle Technik eingesetzt - die „Wasserfallanalyse" - die ein landschaftsartiges, dreidimensionales Bild der *Zeit-Frequenz-Landschaft* dieses Wortes liefert. Überlappen sich wie hier die Fenster - dies wurde bereits in den Abb. 37 und 38 dargestellt - so muss diese 3D-Landschaft auch alle Informationen des Gesamtsignals „aua" enthalten, weil die Verbindung zwischen den einzelnen Abschnitten nicht abgerissen wird. Als erste wichtige Ergebnisse halten wir fest:

> Ein Vokal entpuppt sich als ein *fastperiodischer Abschnitt eines "Wortsignals"*. Er besitzt also ebenfalls ein "linienähnliches" Spektrum. Je länger er gesprochen wird, desto klarer kann er wahrgenommen werden. Desto kürzer er ausfällt, desto unverständlicher muss er ausfallen (**UP**!). Ein extrem kurzer „Vokal" wäre nichts anderes als ein Geräusch.

Die besondere *Betonung* bestimmter Worte durch erfahrene Vortragende trägt also mit dazu bei, die Verständlichkeit zu erhöhen. Betont werden die Vokale.

Wer gut betonen kann, müsste eigentlich gut singen können, denn ein beto...o...o...onendes Wort ist praktisch ein gesungenes Wort, welches eine eindeutige Tonhöhe besitzt.

Wie Sie wissen werden, besteht Sprache aus einer Folge von Vokalen und Konsonanten. Während also Vokale fastperiodischen Charakter besitzen, gilt dies nicht für Konsonanten. Sie sind wie Geräusche, benutzen z.T. das Rauschen des Luftstromes - sprechen Sie einmal lange „ch“ - oder stellen explosionsartige Laute dar wie „b“, „p“, „k“, „d“, „t“. Sie besitzen demnach ein kontinuierliches Spektrum ohne fastperiodische Anteile. Als zweites Beispiel wählen wir das Wort „Sprache“, weil es den Wechsel von Vokalen und Konsonanten beinhaltet.

Aufgrund dieser Tatsache ist beispielsweise die menschliche Sprechgeschwindigkeit - und damit die Informationsgeschwindigkeit - begrenzt. Die Sprache ist eine schnelle Folge aus Vokalen und Konsonanten. Je kürzer aber die Vokale dauern, desto unverständlicher werden sie und damit die gesamte Sprache.

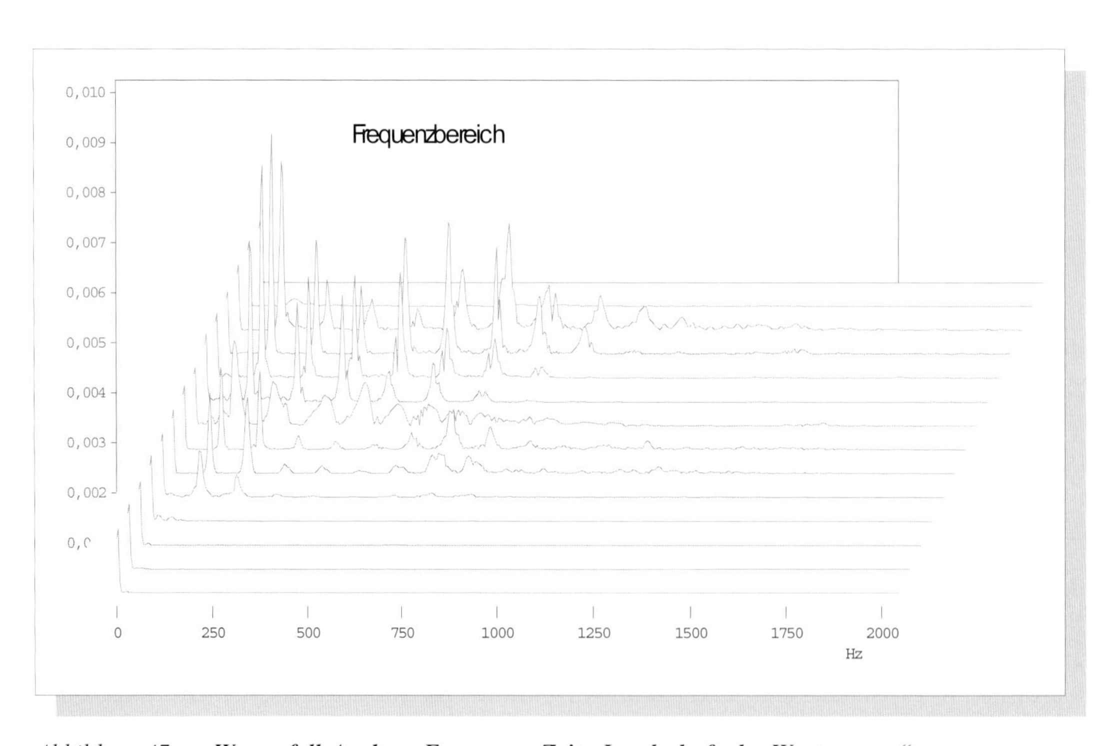

Abbildung 47 ***Wasserfall-Analyse: Frequenz - Zeit - Landschaft des Wortes „aua“***
Dies ist die entsprechende Darstellung zu Abb. 45 im Frequenzbereich. Oben sind die Spektren des Wortanfangs, unten die des Wortendes. Deutlich erkennbar sind die „a“-Spektren oben und unten, in der Mitte die „u“-Spektren mit höheren Frequenzen als beim „a“ sowie die unscharfen Übergangsspektren.

*Ein perfekte Frequenz-Zeit-Landschaft sähe noch etwas anders aus, hier geformt aus mehreren, von vorn nach hinten verlaufenden, teilweise parallelen Felsscheiben mit tiefen Schluchten dazwischen. Diese perfekte Zeit-Frequenz-Landschaft würde in idealer Weise den Zusammenhang zwischen Zeitdauer und Bandbreite, damit also das **UP** für dieses Ereignis darstellen. Siehe hierzu auch Abb. 50.*

Es gibt Leute, die - um die Schnelligkeiten ihrer Gedanken (Intelligenz!?) zu demonstrieren - so schnell sprechen, dass es äußerst anstrengend ist ihnen zu folgen. Es ist nicht anstrengend, weil sie so schnell denken, sondern weil das eigene Gehirn Schwerstarbeit leisten muss, den Sprachfetzen bestimmte Vokale zuzuordnen. Dies ist dann oft nur aus dem Kontext möglich, und das strengt an.

In einer Art Zwischenbilanz sollten wir das Wesentliche festhalten. Ausgehend von der Tatsache, dass unser Ohr nur Sinusschwingungen wahrnehmen kann - Erklärung hierfür folgt noch - lässt sich erkennen:

> *Jeder Ton, Klang bzw. jeder Vokal besitzt einige charakteristische Frequenzen, die - ähnlich wie ein Fingerabdruck - nahezu unverwechselbar sind.*

Die akustische Mustererkennung mit Hilfe unserer Ohren geschieht also im *Frequenzbereich*, *weil* die angestoßenen Gläser, Münzen, starren Körper bzw. auch Vokale "klingen", also - nach einer Einschwingphase - *fast*- *bzw. quasiperiodische Signale* ausgesendet werden. Die Spektren dieser Klänge weisen durchweg nur einige charakteristische Frequenzen - Linien - auf, liefern also denkbar einfache Muster, die als Erkennungsmerkmal herangezogen werden.

> *Akustische Mustererkennung geschieht in der Natur wie in der Technik also überwiegend im Frequenzbereich.*
>
> Die Frequenzmuster von fastperiodischen und quasiperiodischen Signalen - z.B. Vokalen - sind besonders einfach, da sie lediglich aus mehreren „verschmierten“ Linien (“peaks“) verschiedener Höhe bestehen.
>
> Frequenz-Zeitlandschaften von Tönen, Klängen und Vokalen ähneln in ihrem Aussehen in etwa Nagelbrettern, in die Nägel verschieden hoch hineingetrieben worden sind.

Auf die gleiche Art wie hier in den Bildern dargestellt und beschrieben müsste auch unser akustisches System - Ohren und Gehirn - funktionieren. Unser Gehirn wartet ja nicht ein Musikstück ab, um es dann frequenzmäßig zu analysieren, sondern macht das *fortlaufend*. Sonst könnten wir nicht fortlaufend Klänge usw. wahrnehmen. Wie bereits im letzten Kapitel erwähnt, wird dieser „Echtzeitbetrieb“ nicht über viele aufeinander folgende Zeitfenster (“Windowing“), sondern prinzipiell im Ohr durch viele nebeneinander liegende „Frequenzfenster“ (Filter, Bandpässe) realisiert. Unser Ohr ist ein FOURIER-Analysator, ein System also, welches frequenzmäßig organisiert ist. Wie diese Filterkette aufgebaut ist und wo sie sich befindet, zeigt und beschreibt Abb. 56.

Außerdem muss es im Gehirn so etwas wie ein Bibliothek oder Datenbank geben, in der zahllose „Nagelbretter“ als Referenz abgespeichert sind. Wie könnte uns sonst ein Klang oder eine Musik bekannt vorkommen?

Die akustischen Vorgänge in unseren Ohren sind in Wahrheit weit komplizierter als hier dargestellt. Vor allem die Signalverarbeitung durch das Gehirn ist bislang noch weitgehend ungeklärt. Zwar ist bekannt, welche Regionen des Gehirns für bestimmte Funktionen zuständig sind, ein präzise Modellvorstellung ist jedoch bis heute nicht vorhanden.

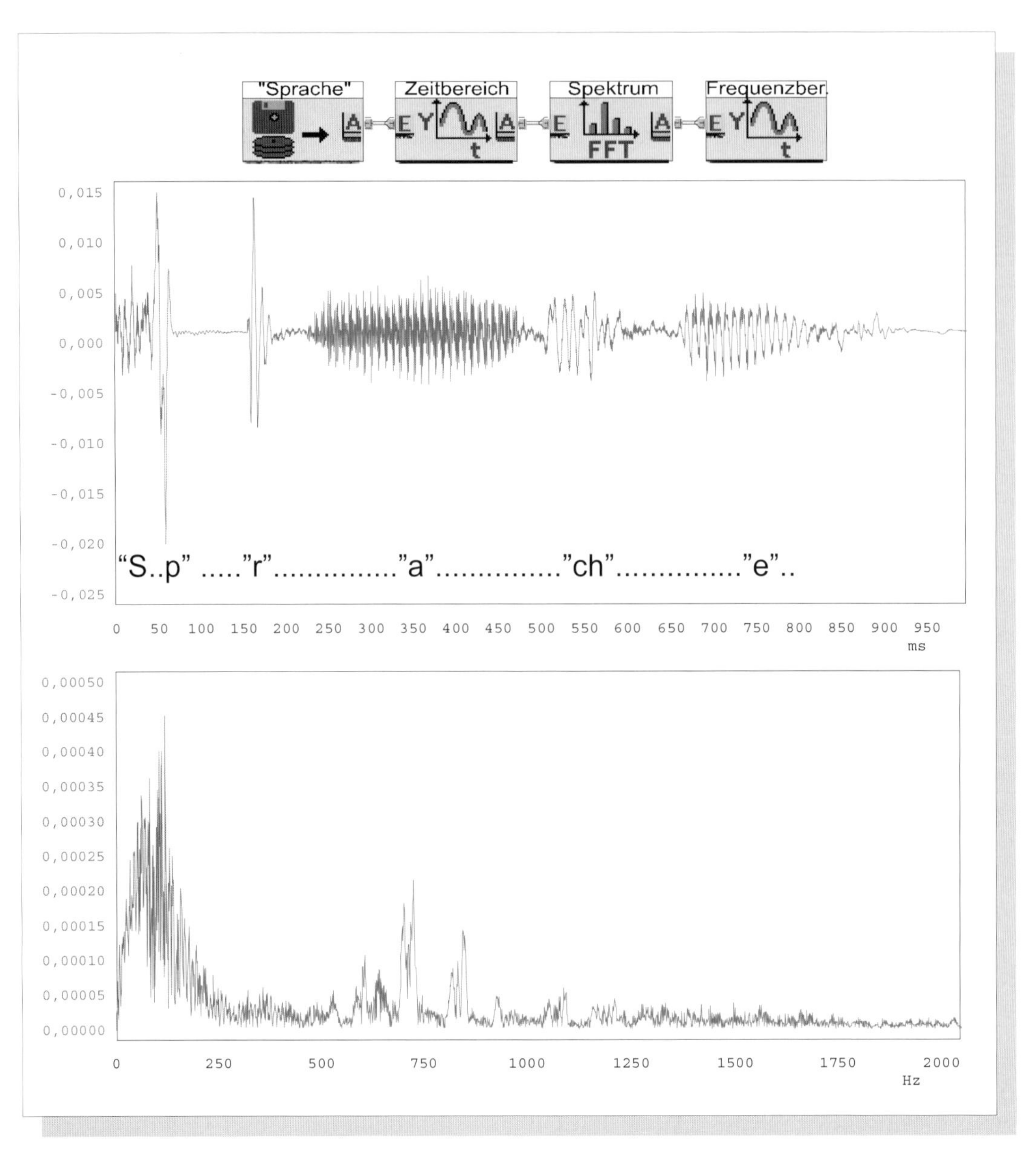

Abbildung 48 ***„Sprache" als Folge von Vokalen und Konsonanten***

Im Zeitbereich lassen sich recht genau Vokale und Konsonanten unterscheiden. Auch die Gestalt der Explosivlaute (Konsonanten) sind deutlich erkennbar.
Der Frequenzbereich des gesamten Wortes „Sprache" liefert dagegen keine verwertbare Information. Hierzu ist wieder eine Wasserfall-Darstellung bzw. eine Frequenz-Zeit-Landschaft anzufertigen. Dies geschieht in den beiden nachfolgenden Abbildungen.

Aber egal wie es funktioniert, auf jeden Fall handelt es sich um bio*physikalische* Vorgänge, speziell um Phänomene der Schwingung- und Wellenphysik. Da in der Nachrichtentechnik die Natur der große Lehrmeister der Wissenschaft ist, erscheint es sinnvoll, in aller Kürze auch auf die Prinzipien der Spracherzeugung und Wahrnehmung einzugehen.

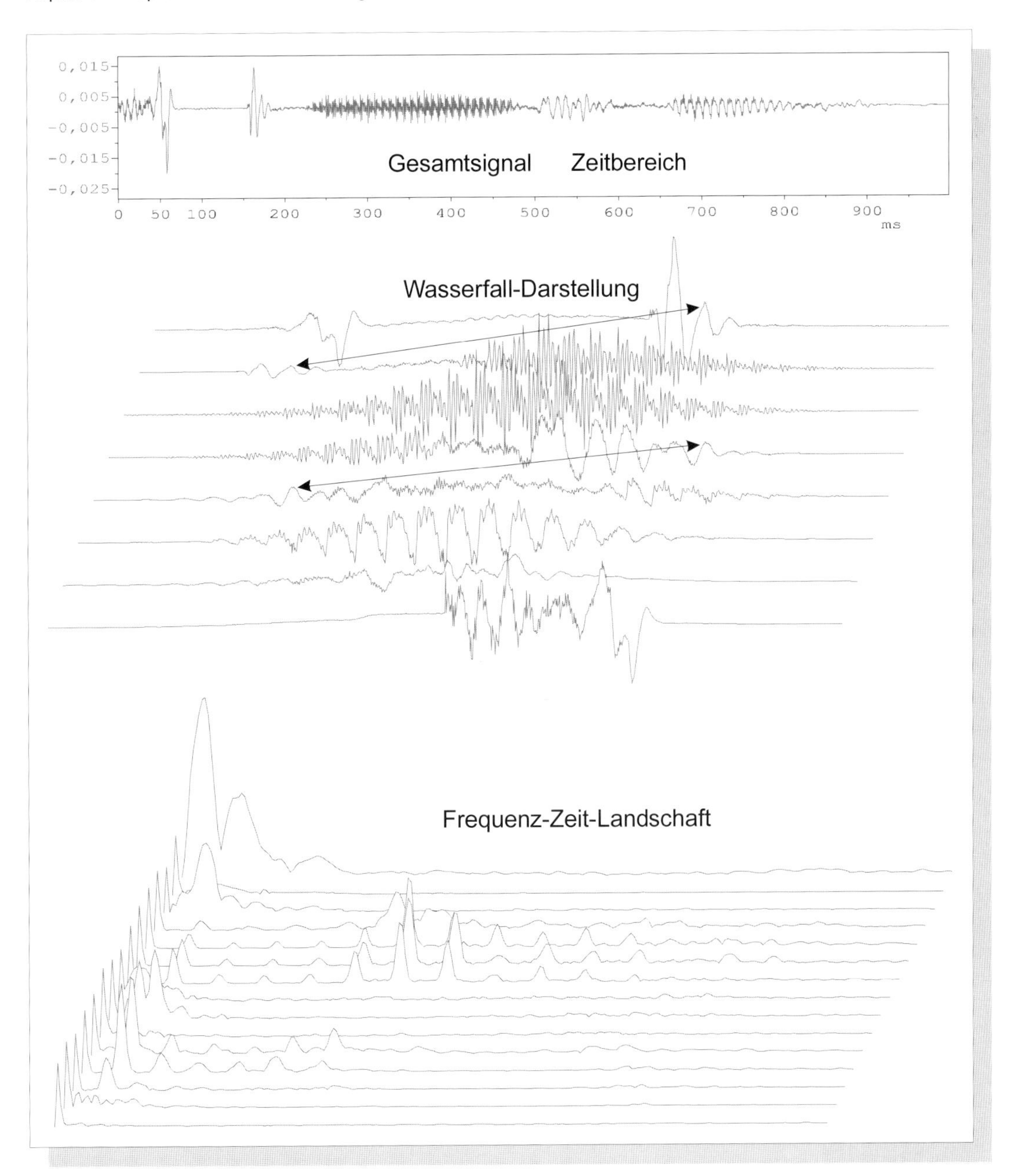

Abbildung 49 ***Das Wort „Sprache" als Wasserfall-Darstellung und Frequenz-Zeit-Landschaft***

Oben sehen Sie den Gesamtverlauf im Zeitbereich, darunter die Wasserfall-Darstellung (Zeitbereich). Beachten Sie bei der Wasserfall-Darstellung die Überlappung der Signalabschnitte! Sie sind durch die beiden Pfeile angedeutet. Am Anfang sehen Sie den rauschähnlichen Konsonanten „s", gefolgt vom Explosivlaut (Konsonant) „p", Die Vokale „a" und „e" sind klar unterscheidbar, da auf unterschiedliche Art fastperiodisch. Gut zu erkennen auch das rauschartige „ch" (Konsonant).
Die Wasserfall-Darstellung wird unten zur frequenzmäßigen Analyse herangezogen, um die nicht- und fastperiodischen Eigenschaften besser auflösen zu können. Deutlich sind diese in der Frequenz-Zeit-Landschaft erkennbar.
Bei der akustischen Mustererkennung bzw. Spracherkennung muss also diese Form der Signalanalyse gewählt werden, um aus der Folge der jeweiligen Konsonanten und Vokale das gesprochene Wort identifizieren zu können.

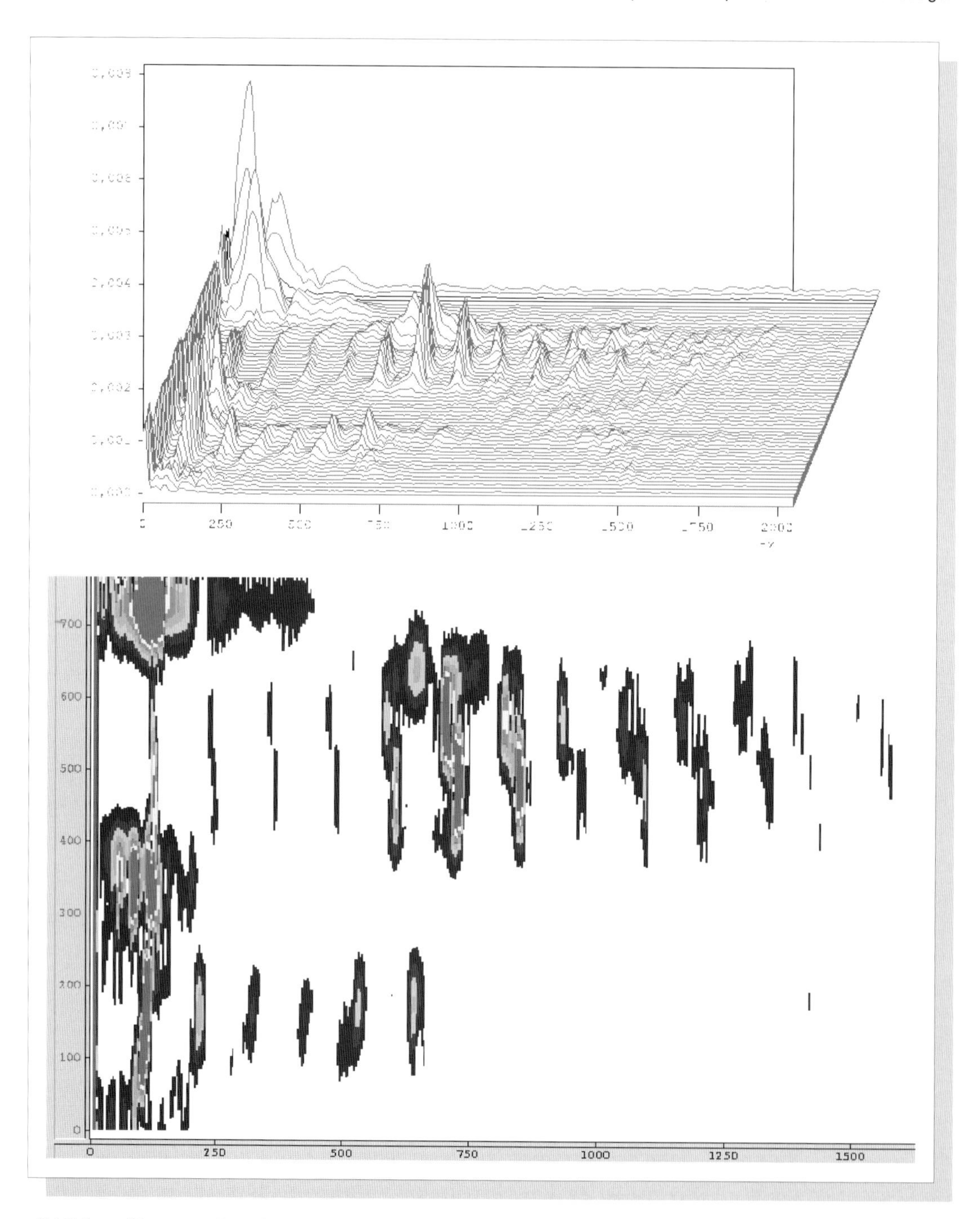

Abbildung 50 ***Das Sonogramm als spezielle Form der Zeit-Frequenz-Landschaft***

Oben sehen Sie eine perfektionierte Zeit-Frequenz-Landschaft des Wortes „Sprache". Hierbei wurden im Gegensatz zur Abb. 49 das „FFT- Fenster" nur um einen sehr kleinen Wert gegenüber dem vorherigen Fenster verschoben.

Insgesamt wurden über 100 Spektren hintereinander aufgezeichnet. Jetzt sieht die Frequenz-Zeit-Landschaft wirklich wie eine Landschaft aus! Die Vokale werden hier durch die im gleichen Abstand befindlichen „Scheiben" dargestellt.

Das untere Sonogramm ergibt sich als Höhenmuster des oberen Bildes. Die Höhe der Amplituden wird hier in 5 Höhenschichten aufgeteilt. Jede Schicht besitzt eine andere Farbe, was Sie im sw-Druck natürlich nicht erkennen können (jedoch im elektronischen Dokument auf dem Bildschirm).

Sonogramme werden z.B. in der Stimm- und Sprachforschung benutzt, um anhand grafischer Muster stimmliche bzw. akustische Eigenheiten erkennen zu können.

Wie Sprache, Töne, Klänge entstehen und wahrgenommen werden

Wenn nun ein kurzer Ausflug in die menschliche Anatomie - verbunden mit schwingungs- und wellenphysikalischen Betrachtungen - erfolgt, so geschieht dies aus zwei Gründen:

→ Zunächst ist die Natur der großartigste Lehrmeister der Fachwissenschaft Nachrichtentechnik. Im Laufe der Evolution hat die Natur „Wahrnehmungs-Mechanismen" geschaffen, die es den Arten überhaupt erst ermöglichte zu überleben. Unsere Sinnesorgane sind höchst empfindliche und präzise Sensoren, die technische Nachahmungen meist weit übertreffen.
Ein Beispiel hierfür sind unsere Ohren: Selbst schwächste akustische Signale, deren Pegel nur knapp über dem Rauschpegel liegen, den das „Bombardement" der Luftmoleküle auf dem Trommelfell erzeugt, werden noch wahrgenommen!

→ Weiterhin sind diese physiologischen Zusammenhänge Grundlage der Akustik sowie jeder Form sprachlicher Kommunikation.

Techniker haben meist eine unverständliche Scheu vor der Physik, erst recht der „Biophysik". Nun beschreibt aber Technik nichts anderes als die sinnvolle und verantwortungsbewusste Anwendung der Naturgesetze. Deren Theoretiker sind aber bislang gescheitert, Sinneswahrnehmungen wie das Hören eindeutig (mathematisch) zu modellieren. Und alles, was nicht mathematisch erfassbar ist, wird in herkömmlichen Lehrbüchern zur Theorie der Nachrichtentechnik weitgehend ausgeklammert.

Es soll anschaulich versucht werden, die Erzeugung von Tönen und Sprache im Sprachtrakt zu beschreiben. Danach ist dann die akustische Wahrnehmung durch die Ohren an der Reihe. Als Highlight soll schließlich in einer Art Fallstudie ein einfaches computergestütztes Spracherkennungssystem entwickeln.

Was unser Ohr betrifft, begnügen wir uns mit einem sehr einfachen Modell. Die Wirklichkeit der akustischen Wahrnehmung, vor allem die „Signalverarbeitung" durch das Gehirn ist - wie bereits erwähnt - so komplex, dass man bis heute nur relativ wenig hierüber weiß.

Auf jeden Fall steckt hinter allem eine Portion Schwingungs- und Wellenphysik, die man braucht, um überhaupt etwas davon zu verstehen. Bitte immer daran denken: In Natur und Technik kann nichts geschehen, was den Naturgesetzen - z.B. denen der Physik - widerspricht. Beginnen wir also hiermit.

Um der Entstehung von Tönen, Klängen, Sprache auf die Spur zu kommen müssen wir uns fragen, was alles benötigt wird, um diese zu erzeugen. Das sind in erster Linie Oszillatoren und Hohlraumresonatoren sowie Energie, welche den Vorgang entfacht.

> Definition:
> Ein (mechanischer) *Oszillator* ist ein schwingungsfähiges Gebilde, welches - einmal angestoßen - mit der ihm eigenen Frequenz (Eigenfrequenz) schwingt. Die Schwingung kann aufrecht gehalten werden, falls ihm in geeigneter Form Energie zugeführt wird. Dies ist insbesondere dann der Fall, falls im Spektrum des Energie zuführenden Signals die Eigenfrequenz enthalten ist. Ein Beispiel für einen mechanischen Oszillator ist z.B. die Stimmgabel. Ein anderes Beispiel ist das Blatt auf einem Klarinettenmundstück, bei dem die Schwingung durch einen geeigneten Luftstrom aufrecht gehalten wird.

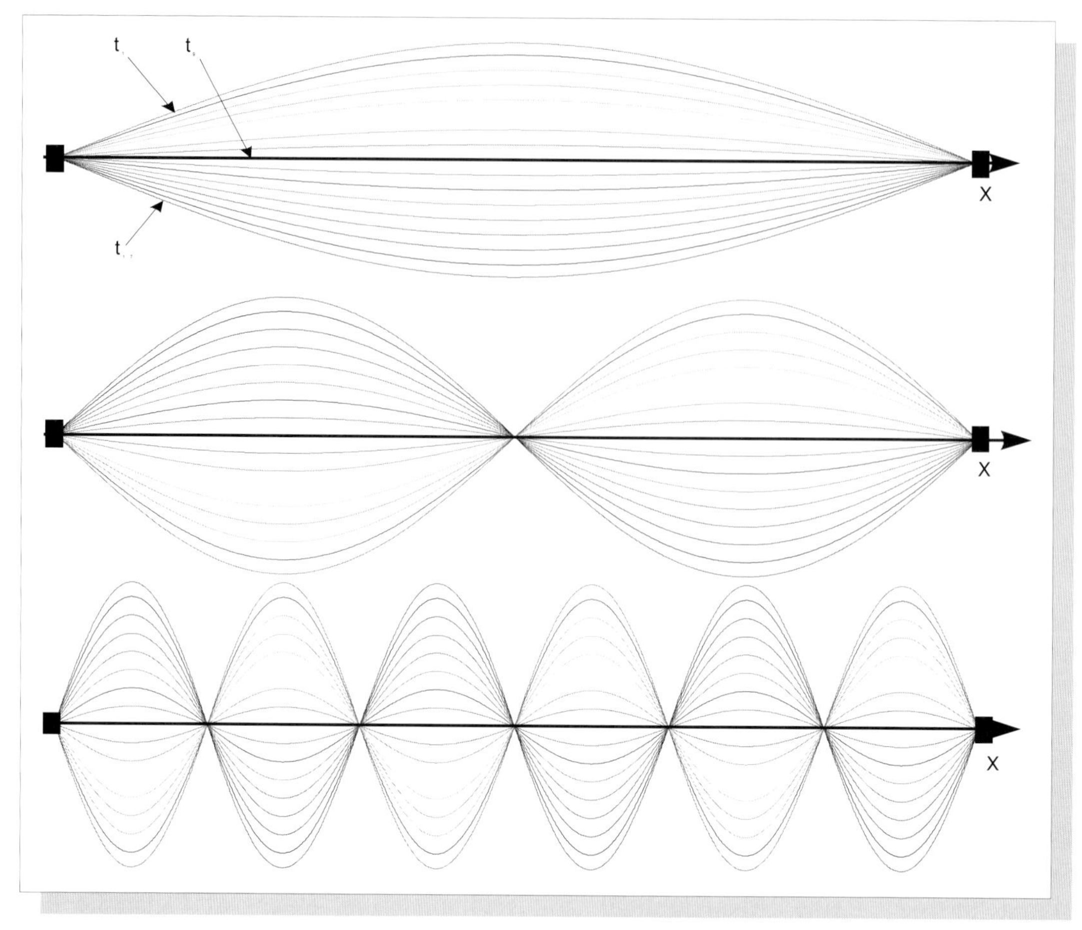

Abbildung 51 ***Stehende sinusförmige Wellen auf einer Saite***

Die sinusförmige Auslenkung der Saite ist stark übertrieben dargestellt. Bei dem oberen Bild beträgt die Saitenlänge λ/2. Für den Zeitpunkt t_1 gelte der obere Kurvenverlauf, für den Zeitpunkt t_2 der darunter usw. Bei Zeitpunkt t_9 ist die Saite momentan gerade in Ruhe! Beim Zeitpunkt t_{17} wird der untere Verlauf erreicht, danach geht das ganze wieder rückwärts. Bei t_{25} wäre die Saite wieder momentan in Ruhe, bei t_{33} wäre der Zustand wie bei t_1 wieder erreicht usw. Es handelt sich also bei der stehenden Welle um eine dynamischen, d.h. zeitlich veränderlichen Zustand.

Die immer in Ruhe befindlichen Zonen der Saite werden „Knoten" genannt, die Zonen größter Auslenkung „Bäuche".

In der mittleren Reihe ist die Frequenz doppelt so groß, die Wellenlänge dagegen nur halb so groß wie oben. Wie man sieht können sich also auf einer Saite nur die ganzzahlig Vielfachen der Grundfrequenz (oben) als stehende Welle ausbilden. Deshalb erzeugt eine Gitarrensaite ein (fast-) periodischen Ton mit einer bestimmten Klangfarbe! Die oben abgebildeten sinusförmigen „Grundzustände" überlagern sich also beim Anzupfen wie gehabt (FOURIER-Prinzip) zu einer sägezahnähnlichen oder dreieckähnlichen Auslenkung der Gitarrensaite.

Ein (mechanischer) *Hohlraumresonator* ist zum Beispiel jede Flöte, Orgelpfeife oder der Resonanzkörper einer Gitarre.

Aufgrund der Form und Größe des *Luftvolumens* „schaukeln" sich in ihm bestimmte Frequenzen bzw. Frequenzbereiche auf, andere werden bedämpft. Angehoben werden diejenigen Frequenzbereiche, für die sich in dem Hohlraum sogenannte *stehende Wellen* bilden können.

Da man eine Flöte sowohl als Oszillator als auch als Hohlraumresonator bezeichnen kann, sind die Übergänge fließend. In beiden Fällen handelt es sich um schwingungsfähige Gebilde.

Betrachten wir zunächst ein *eindimensionales* schwingungsfähiges Objekt, eine Gitarrensaite. Sie ist an beiden Enden fest eingespannt, kann also dort nicht ausgelenkt werden. Wird sie angezupft so ertönt jedes Mal praktisch der gleiche Ton, zumindest aber die gleiche Tonhöhe. Wie kommt das ?

Eine eingespannte schwingende Saite bildet einen eindimensionalen Oszillator/ Resonator. Wird sie angestoßen bzw. kurz angezupft- dies entspricht einem Zufuhr von Energie - , so oszilliert sie frei mit den ihr eigenen Frequenzen ("*Eigenfrequenzen*"; "freie Schwingungen").

Würde sie dagegen periodisch sinusförmig mit veränderlicher Frequenz erregt, so müsste sie *erzwungen* schwingen. Die Frequenzen, bei denen sie dann eine extreme Auslenkung - in Form stehender sinusförmiger Wellen - aufweist, werden *Resonanzfrequenzen* genannt. Die Eigenfrequenzen entsprechen den Resonanzfrequenzen, sind aber theoretisch etwas kleiner, weil der Dämpfungsvorgang zu einer Verzögerung des Schwingungsablaufs führt.

Durch das Anzupfen wird die Saite zunächst mit allen Frequenzen angeregt, weil ein einmaliger kurzer Impuls praktisch alle Frequenzen enthält (siehe Abbildung 9). Jedoch löschen sich alle auf der Saite hin- und herlaufenden - an den Saitenenden reflektierenden - sinusförmigen Wellen gegenseitig auf, *bis auf diejenigen, die sich durch Interferenz verstärken* und stehende Wellen mit *Knoten* und *Bäuchen* bilden. Die Knoten sind diejenigen Punkte der Saite, die hierbei immer in Ruhe sind, d.h. nicht ausgelenkt werden. Diese „Eigenfrequenzen“ müssen hierbei immer ganzzahlige Vielfache einer Grundschwingung sein, d.h. eine Saite schwingt fastperiodisch und klingt dadurch harmonisch. Die Wellenlänge berechnet sich hierbei sehr einfach aus der Saitenlänge L.

Definition:
Die Wellenlänge λ einer sinusförmigen Welle ist die Strecke, welche die Welle in der Periodendauer T zurücklegt. Für die Wellengeschwindigkeit c gilt also

c = Weg / Zeit = λ / T und wegen $f = 1 / T$ folgt schließlich

$$\mathbf{c = \lambda * f}$$

Beispiel:
Die Wellenlänge λ einer Schallwelle ($c = 336$ m/s) von 440 Hz beträgt 0,74 m.

Für die stehende Welle auf der Saite kommen nur die sinusförmigen Wellen in Frage, für welche die Saitenlänge ein ganzzahliges Vielfaches von $\lambda/2$ ist. Dies veranschaulicht die Abb. 51. Alle anderen sinusförmigen Wellen laufen sich längs der Saite tot bzw. löschen sich gegenseitig aus.

Die Ausbreitungsgeschwindigkeit der Welle beim Grundton lässt sich so sehr einfach experimentell ermitteln. Beim Grundton beträgt die Saitenlänge $\lambda/2$ (siehe Abb. 51 oben). Nun wird über ein Mikrofon die Frequenz f des Grundtons bestimmt und die Ausbreitungsgeschwindigkeit c nach obiger Formel berechnet.

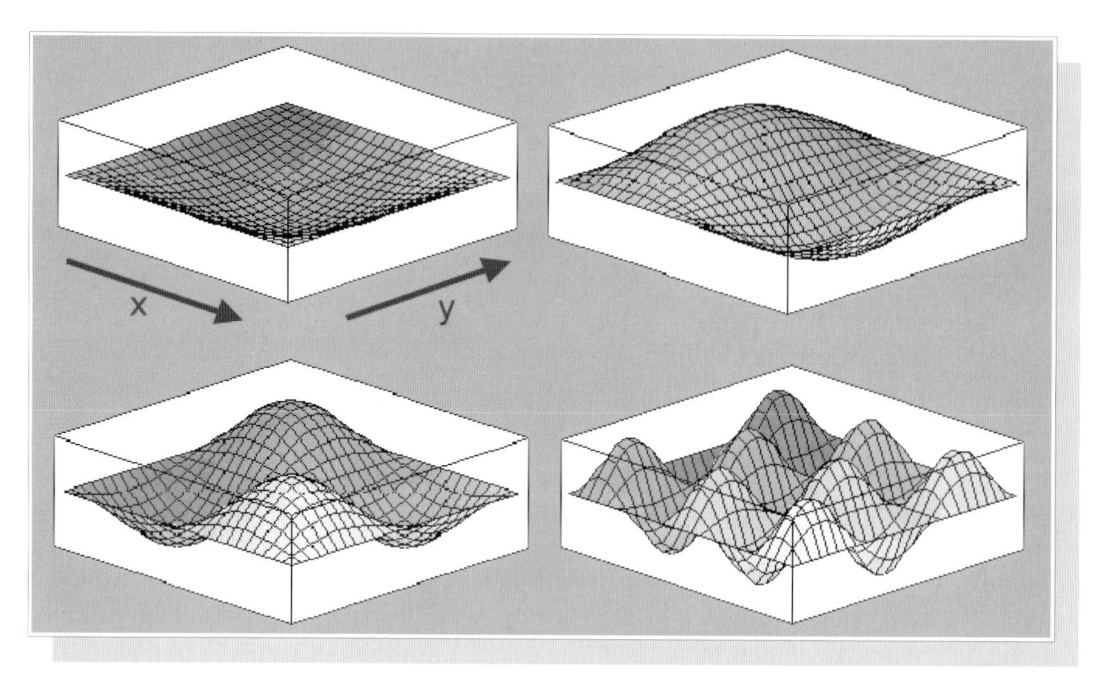

Abbildung 52 ***Sinusförmige Schwingungsmoden einer Rechteckmembran***

Links oben eine Momentaufnahme einer stehenden (Grund-) Welle mit λ/2 in x- und y- Richtung. Beachten sie, dass in den nachfolgenden Momenten die Amplitude abnimmt, die Membran kurzzeitig plan ist und sich dann nach unten (sinusförmig) formt (Quelle: http://ac16.uni-paderborn.de/).
Rechts oben: x = λ und y = λ/2; links unten: x = λ und y = λ; rechts unten: x = 2 λ und y = 3/2 λ. Sind x und y unterschiedlich, so gehören zu beiden Richtungen auch unterschiedliche Wellenlängen.

Wenden wir uns nun dem *zweidimensionalen* Oszillator/Resonator zu. Als Beispiel wird eine fest eingespannte Rechteck-Membran gewählt. Wird sie angestoßen, so bilden sich auf ihr bestimmte *Schwingungsmoden* aus. Schwingungsmoden entstehen wiederum durch die Bildung stehender Wellen, jetzt jedoch in zweidimensionaler Form. Die Grundformen dieser Schwingungsmoden sind sinusförmig. Schauen Sie sich einmal aufmerksam die Abb. 52 an und Sie werden verstehen, welche Schwingungsmoden sich ausprägen können und wie sie von der Länge und Breite der Rechteck-Membran abhängen. Links oben sehen Sie den Fall, bei dem die Membran in x und in y Richtung mit λ/2 schwingt.

Eine Membran - und hierum handelt es sich auch bei schwingenden Münzen und Gläsern - kann als "zweidimensionale Saite" aufgefasst werden. Wenn z.B. die Länge einer Rechteckmembran in keinem ganzzahligen Verhältnis zu ihrer Breite steht, sind Eigenschwingungen bzw. Eigenfrequenzen möglich, die in *keinem* ganzzahligen Verhältnis zu einer Grundschwingung stehen, jedoch insgesamt ein (etwas unscharfes) Linienspektrum bilden. Hier handelt es sich dann um *quasiperiodische* Schwingungen. Sie klingen oft nicht mehr "harmonisch". Der Klang einer Pauke beispielsweise weist einen hierfür typischen geräuschartigen Perkussionsklang auf.

Membranen erzeugen typischerweise *quasiperiodische* Signale. Ein Beispiel hierfür ist eine Pauke. Ein Paukenschlag klingt aus diesem Grunde nicht „harmonisch" (fastperiodisch), sondern anders (quasiperiodisch), obwohl das Spektrum aus lauter „Linien" besteht. Betrachten Sie hierzu auch das klingende Weinglas in Abb. 43.

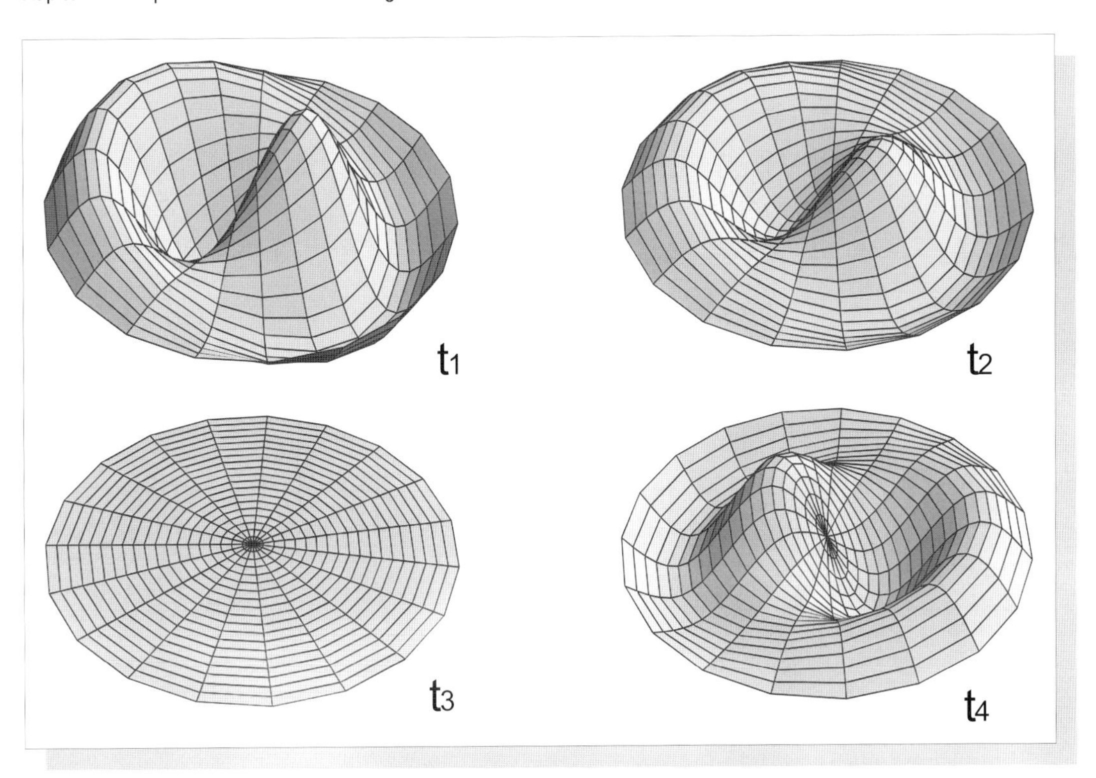

Abbildung 53 ***Membranschwingung einer Trommel***

Mit Hilfe eines Programms ("Mathematica" von Wolfram Research) wurde hier auf der Grundlage wellenphysikalischer Gesetzmäßigkeiten die - hier stark überhöhte - Auslenkung einer Trommelmembran nach dem Auftreffen eines Trommelstocks für aufeinanderfolgende Momente berechnet. Jedes Bild stellt die Überlagerung der möglichen Schwingungsmoden (Eigenfrequenzen) dar. Die Schwingungsmoden einer kreisförmigen eingespannten Membran sind ungleich komplizierter zu verstehen als die einer Rechteck-Membran.

Zuguterletzt noch der *dreidimensionale* Oszillator/Hohlraumresonator. Die akustische Gitarre besitzt einen Resonanzkörper bzw. Hohlraumresonator. Erst durch ihn bekommt die Gitarre ihre typische Klangfarbe. Abhängig von Form und Größe dieses Resonanzkörpers können sich in ihm dreidimensionale stehende akustische Wellen ausbilden, wie z.B. auch in jeder Orgelpfeife oder in jedem Holzblasinstrument. Dreidimensionale stehende Wellen lassen sich nicht graphisch befriedigend darstellen (eine *zwei*dimensionale stehenden Welle wird ja bereits *drei*dimensional gezeichnet!), deshalb finden Sie also hier keine entsprechende Darstellung.

Damit arbeitet jedes Saiteninstrument mit Resonanzkörper folgendermaßen: Die Saite wird gezupft und erzeugt ein Klang mit einem fastperiodischen Klangspektrum. Der Resonanzkörper/Hohlraumresonator verstärkt nun diejenigen Frequenzen, bei denen sich in seinem Inneren stehende Wellen bilden können und schwächt diejenigen, für die das nicht gilt. Der Resonanzkörper entspricht also aus nachrichtentechnischer Sicht einem „Bewertungsfilter".

Versuchen wir nun - siehe Abb. 54 - diese Erkenntnisse auf den menschlichen Stimmapparat zu übertragen. Energieträger ist der Luftstrom aus den Lungen. Baut sich an den Stimmbändern - sie sind ein Zwischending zwischen Saite und Membrane und stellen hier den Oszillator dar - ein Überdruck auf, so öffnen sich diese, der Druck baut sich ruckartig ab, sie schließen sich wieder usw. usw. Bei Vokalen geschieht dies fastperiodisch, bei Konsonanten nichtperiodisch.

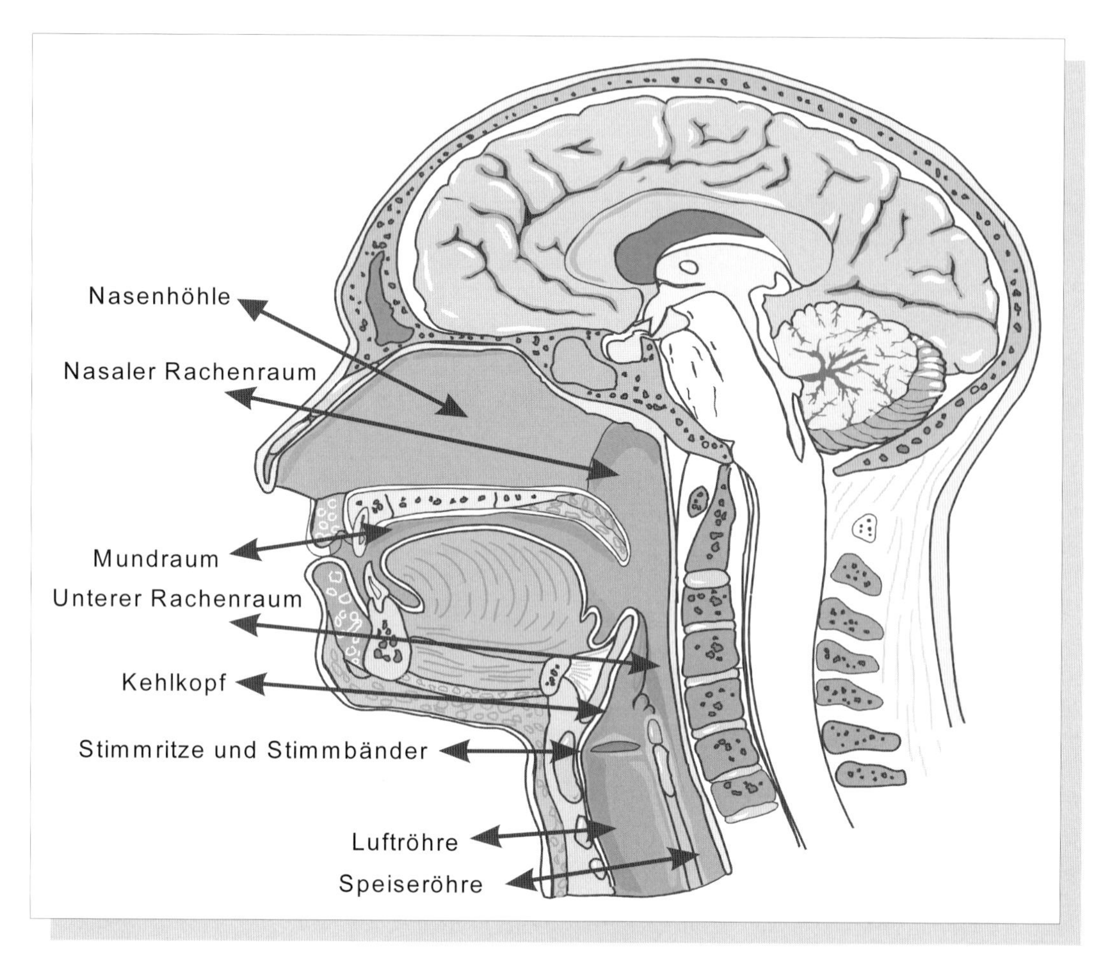

Abbildung 54 ***Der menschliche Sprachtrakt als verformbarer Hohlraumresonator***

Der gesamt Stimmapparat besteht aus einem Energiespeicher - den Lungen - , einem Oszillator - den Stimmbändern - sowie einem „verstellbaren" Hohlraumresonator - den Rachen- und Mundraum.
Die Lungen dienen hauptsächlich dazu, einen Luftstrom mit genügendem Druck zu erzeugen. Dabei strömt die Luft durch die Stimmritze, dem Raum zwischen den beiden Stimmbändern am unteren Ende des Kehlkopfes.
Baut sich ein Überdruck auf, so werden die Stimmbänder in Bruchteilen von Sekunden auseinander gedrängt. Dadurch baut sich ruckartig der Druck ab, die Stimmbänder schließen sich und bei einem Vokal oder bei Gesang geschieht dies fastperiodisch. Falls die Stimmbänder fastperiodisch „flattern", ist das Stimmbandspektrum dann praktisch ein Linienspektrum.

Die Rolle des Hohlraumresonators Mund- und Rachenraum erläutert Abb. 55. Das Stimmbandspektrum wird - wie bei der Gitarre beschrieben - durch den komplexen Hohlraumresonator frequenzmäßig bewertet. Der Resonatorraum wirkt nun wie eine "Filterbank" aus mehreren parallel geschalteten Bandpässen auf das durch die Stimmbänder erzeugte fastperiodische Signal. Hierdurch werden letztlich alle Frequenzen hervorgehoben, die in der Nähe der *Formanten-Frequenzen* liegen. Anders ausgedrückt: Es wird eine frequenzmäßige Bewertung/Wichtung des Stimmbandsignals vorgenommen. Zu jeder Kombination der vier bis fünf Formanten gehört ein Vokal. Vokale müssen deshalb "harmonisch", d.h. fastperiodisch sein, weil der Resonatorraum eine erzwungene fastperiodische Schwingung durchführt, im Gegensatz zur freien Schwingung (Eigenfrequenzen) einer Pauken-Membran. Die Frequenzen des Stimmbandspektrums, die in diesen Resonanzbereichen liegen, werden deutlich „betont" bzw. verstärkt. Alle anderen werden bedämpft.

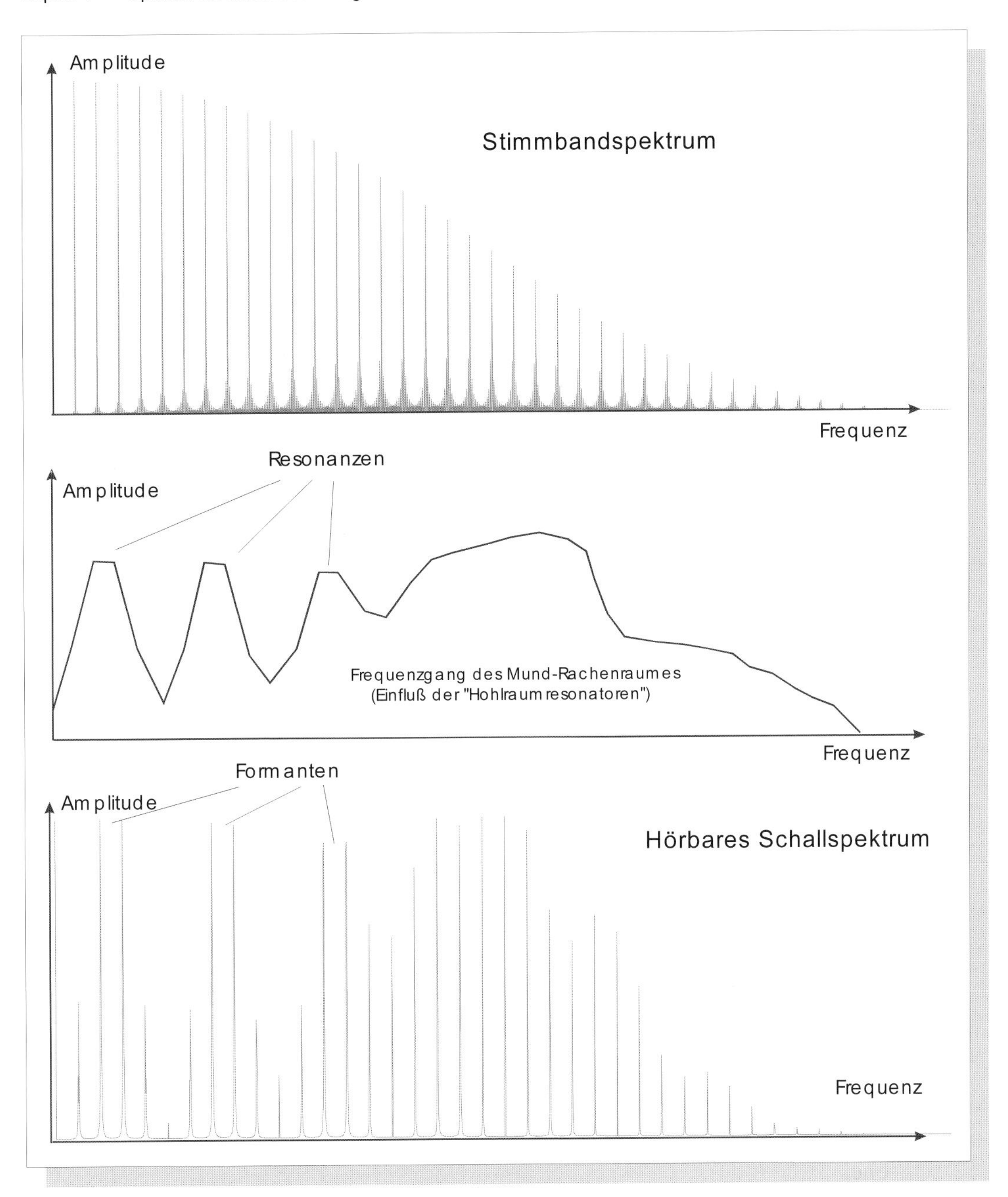

Abbildung 55 ***Resonanzen und Formanten***

Die „Betonung“ bzw. die resonanzartige Verstärkung verschiedener Frequenzbereiche erzeugt Formanten. Ihre Kombination entspricht den verschiedenen Vokalen. Der Resonanzraum kann nun - durch das Gehirn ausgelöst - in vielfältiger Weise verengt oder erweitert werden. Geschieht dies nur an einer einzigen Stelle, so ändern bzw. verschieben sich die Formanten ganz unterschiedlich. Sichtbar gibt es drei Möglichkeiten, den „Hohlraumresonator zu ändern: mit den Kiefern, dem Zungenrücken und der Zungenspitze.

Das eigentliche Wunder ist die gezielte Formung des Hohlraumresonators Mund-Rachenraum sowie Steuerung des Luftstroms durch das Individuum, und zwar so, dass sich akustische Signale ergeben, welche die zwischenmenschliche Kommunikation ermöglichen. Der Mensch braucht Jahre, um Lautfolgen sprechen zu lernen und diesen bestimmte Begriffe zuzuordnen.

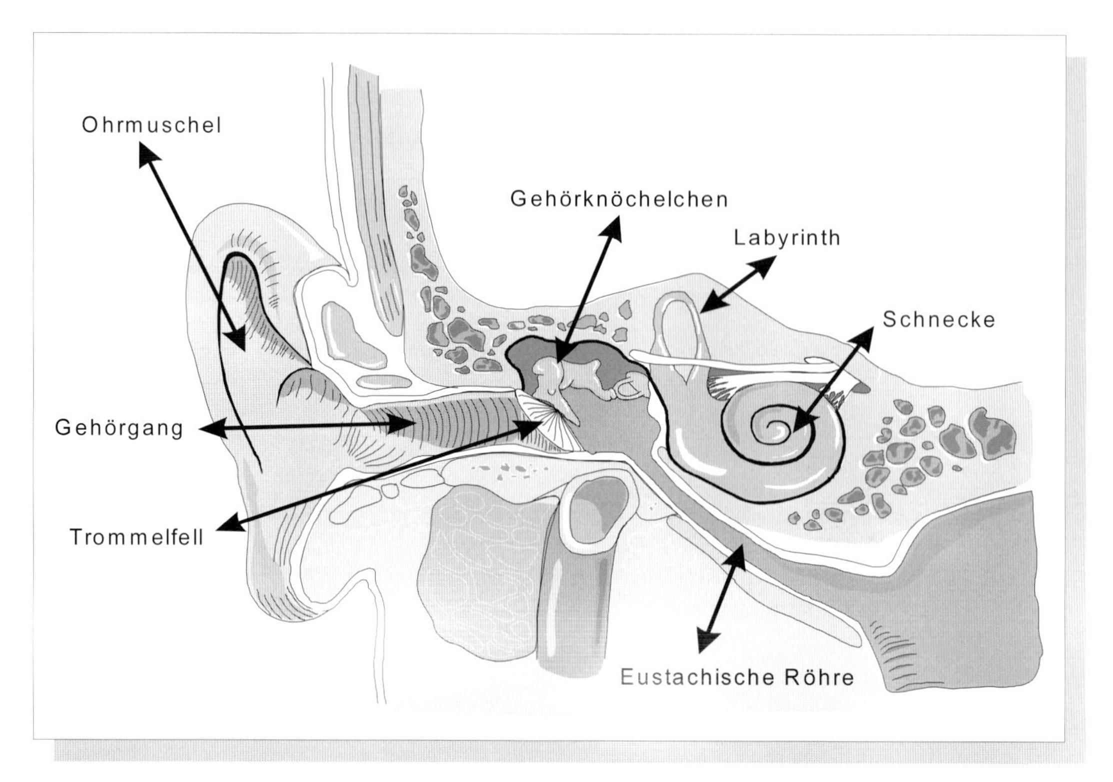

Abbildung 56 ***Aufbau des Gehörorgans***

Bis zum Trommelfell werden die äußeren akustischen Druckschwankungen transportiert. Zwischen ihm und der Schnecke geschieht dies durch die Mechanik der Gehörknöchelchen. Diese erzeugen in der flüssigkeitsgefüllten Schnecke eine raffinierte Wanderwelle, die man sich im Prinzip so wie ein Wobbelsignal - siehe Kapitel 5 „Systemanalyse" - vorzustellen hat. Das ganze Spektrum der in der Druckschwankung vorhandenen Frequenzen verteilt sich auf die Länge des Schneckentrichters, d.h. bestimmte Regionen von Sinneshärchen - Sensoren - sind für ganz bestimmte Frequenzen zuständig.

Welchen Beitrag liefert hierbei das Gehör? Es lässt sich zeigen, dass die eigentliche Mustererkennung bereits hier durchgeführt, zumindest aber hier vorbereitet wird. Abb. 56 zeigt den Aufbau des Gehörorgans.

Von der Ohrmuschel (Trichterwirkung) bzw. dem äußeren Gehörgang gelangen die akustischen Druckschwankungen der Schallwelle auf das Trommelfell. Über ein mechanisches System aus Gehörknöchelchen - Hammer und Steigbügel - werden diese Druckschwankungen auf das wichtigste „Subsystem", die Schnecke (Cochlea) übertragen.

Die Vorgänge werden nun bewusst einfach dargestellt. Die Schnecke besitzt insgesamt die Form eines aufgerollten, sich immer mehr verengenden Trichters und ist mit Flüssigkeit gefüllt. Längs dieses Trichters sind lauter „Sinneshärchen" angeordnet, die mit den Nervenzellen - Neuronen - verbunden sind. Sie sind die eigentlichen Signalsensoren.

Die Druckschwankungen rufen nun in dieser Flüssigkeit eine *Wanderwelle* hervor, die zum Ende der Schnecke hin „zerfließt". Dies geschieht auf besondere Weise und wird Frequenz-*Dispersion* genannt: Hohe Frequenzanteile der Druckschwankung ordnen sich in der Welle an anderer Stelle an als niedrige Frequenzanteile. So sind also in der Schnecke ganz bestimmte Orte mit ihren Sinneshärchen für tiefe, mittlere und hohe Frequenzen zuständig.

Letzten Endes wirkt nach Helmholtz dieses phänomenale System ähnlich einem „Zungenfrequenzmesser". Dieser besteht aus einer Kette kleiner Stimmgabeln. Jede Stimmgabel kann nur mit einer einzigen Frequenz schwingen, d.h. jede Stimmgabel schwingt *sinusförmig*! Die Eigenfrequenz dieser Stimmgabeln nimmt von der einen zur anderen Seite kontinuierlich zu. Insgesamt gilt dann:

> Unser Ohr kann lediglich Sinusschwingungen wahrnehmen, d.h. unser Ohr ist ein FOURIER-Analysator!
>
> *Unser Gehör-Organ transformiert alle akustischen Signale in den Frequenzbereich.*

Wie aus den Abb. 41 und 43 erkennbar ist, besteht das spektrale Muster von Tönen, Klängen und Vokalen im Gegensatz zum zeitlichen Verlauf nur aus wenigen Linien. Hierin liegt bereits eine äußerst wirksame Mustervereinfachung oder - in Neudeutsch - eine leistungsfähige Datenkomprimierung vor. Unser Gehirn braucht „lediglich" ein relativ einfaches linienartiges Muster einem bestimmten Begriff zuzuordnen!

> Die Transformation der akustischen Signale in den Frequenzbereich durch unser Gehör-Organ bedeutet gleichzeitig eine sehr effektive Mustervereinfachung bzw. Datenkomprimierung.

Fallstudie: Ein einfaches System zur Spracherkennung

In einem kleinen Projekt sollen nun die beschriebenen physiologischen Grundlagen in einfacher Weise technisch nachgeahmt werden. Wir werden hierfür DASY*Lab* einsetzen. Natürlich wären wir überfordert, würden wir den Wortschatz zu groß wählen.

Deshalb soll die Aufgabe konkret lauten: In einem Hochregallager sollen die Stapler über ein Mikrofon gesteuert werden. Benötigt wird hier der Wortschatz „hoch", „tief", „links", „rechts" und „stopp". Wir benötigen also ein Mikrofon, welches an eine PC-Soundkarte angeschlossen wird.

Alternativ könnte natürlich auch eine professionelle *Multifunktionskarte* mit angeschlossenem Mikrofon verwendet werden. Um die Verbindung mit DASY*Lab* herzustellen, ist eine „Treiber"-Software erforderlich. Hierfür bräuchten Sie dann aber auch die *industrielle Version* von DASY*Lab.*

Zunächst sollten die Sprachproben mit einer möglichst einfachen Versuchsschaltung im Zeit- und Frequenzbereich aufgezeichnet und genau analysiert werden. Wie beschrieben ist Mustererkennung bzw. Mustervergleich im Frequenzbereich wesentlich einfacher als im Zeitbereich. Es gilt daher, die Eigenarten jedes dieser fünf Frequenzmuster festzustellen.

Planungsphase und erste Vorversuche:

→ Das Mikrofon darf erst ab einem bestimmten Schallpegel ansprechen, sonst würde nach der Aktivierung der Schaltung jedes Hintergrundgeräusch direkt aufgezeichnet werden, ohne dass gesprochen wird. Erforderlich hierfür sind ein Trigger- sowie ein

Relais-Modul (Abb. 57). Dieser Triggerpegel ist vom Mikrofon abhängig und muss sorgfältig ausprobiert werden.

→ Keines dieser Worte dauert länger als 1 Sekunde. Im Gegensatz zur fließenden Sprache planen wir deshalb (zunächst) keine „Wasserfall"-Analyse bzw. keine Analyse für Zeit-Frequenz-Landschaften!

→ Die Einstellungen im Modul „FFT" erlauben neben dem *Amplitudenspektrum*, welches wir (mit dem *Phasenspektrum*) bislang ausschließlich verwendet haben auch die Einstellungen *Leistungsspektrum*, *Leistungsdichtespektrum, FOURIER-Analyse* sowie die logarithmische Darstellung des Spektrums in dB (Dezi-Bel). Eine gute Gelegenheit, die Eigenheiten dieser Darstellungsformen des Spektrums auszuloten und ggf. anzuwenden.
Hinweis: Die Anwendungen „Komplexe FFT" einer reellen oder komplexen Funktion" werden wir im Kapitel 5 behandeln, dsgl. auch Einzelheiten zum Leistungsspektrum und der dB-Darstellung.

→ Machen Sie zunächst Mehrfachversuche mit jedem Wort. Stellen Sie fest, wie sich kleine Abweichungen in der Betonung usw. bemerkbar machen. Um sicher zu gehen, sollte man unbedingt von jedem Wort mehrere „Frequenzmuster" erstellen, damit nicht ein zufällige Komponente als typisch deklariert wird. Aus diesen Mustern ist dann ein *Referenzspektrum* auszuwählen, mit dem in der Praxis das Spektrum des jeweils gesprochenen Wortes verglichen werden soll.

Ziel dieser ersten Versuche ist also die *Gewinnung von Referenzspektren*. Die Spektren der später ins Mikrofon gesprochenen Worte werden später mit diesen Referenzspektren verglichen bzw. die Ähnlichkeit zwischen gemessenem und Referenzspektrum festgestellt. Aber wie misst man *Ähnlichkeit*?

Auch hierzu gibt des ein geeignetes Modul: *Korrelation*. Es stellt mit Hilfe des Korrelationsfaktors die *gemeinsame Beziehung (*Korrelation) bzw. die Ähnlichkeit zwischen - hier - zwei Spektren fest. Die Zahlenangabe von z.B. 0,74 bedeutet quasi eine Ähnlichkeit von 74 %, worauf immer sich diese auch beziehen mag.

Dieses Modul verwenden wir - um die Fallstudie nicht unnötig zu unterbrechen - zunächst einfach, ohne seine Funktionsweise genauer zu analysieren. Dies geschieht dann im nachfolgenden Abschnitt *Mustererkennung*.

Wenn es uns gelingt, über das Modul *Korrelation* - mit nachfolgender digitaler Anzeige des Korrelationsfaktors - eine weitgehend eindeutige Identifizierung des gesprochenen Wortes zu erzielen, ist unsere Fallstudie praktisch gelöst.

Da aber jedes Spektrum eines gesprochenen Wortes irgendeine Ähnlichkeit mit jedem Referenzspektrum besitzt ist zu prüfen, mit welchem Verfahren der größte „Sicherheitsabstand" zwischen dem gesprochenen und identifizierten sowie den anderen Wörtern erzielt wird.

Die Fehlerrate bzw. Sicherheit dürfte kritischer werden, falls eine andere Person die Worte anders spricht als derjenige, welcher Urheber der Referenzspektren war. Gibt es Verfahren, das System an andere Sprecher anzupassen?

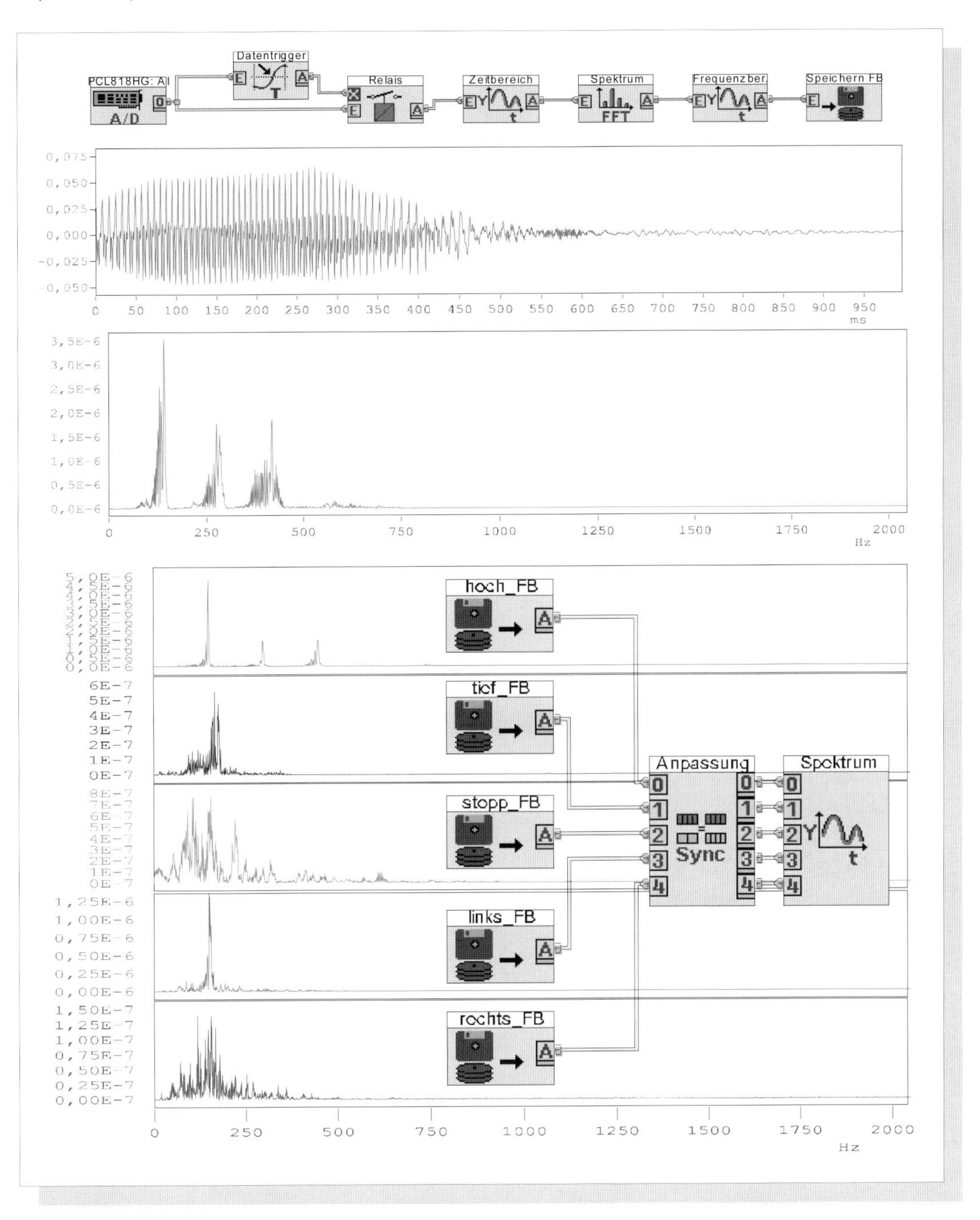

Abbildung 57 ***Messtechnische Erfassung der Referenzspektren (Amplitudenspektren)***

Oben sehen Sie die geeignete Schaltung zur Darstellung und Abspeicherung der Referenzspektren. Hier wurde das Wort „hoch" im Zeit- und Frequenzbereich dargestellt. Beachten Sie bitte, vor der Abspeicherung eines Referenzspektrums die Datei richtig zu bezeichnen und den Pfad richtig im Menü des Moduls „Daten lesen" einzustellen. Hier ist sorgfältiges Vorgehen gefragt.
*Um die Spektren anschließend qualitativ und quantitativ vergleichen zu können, sollten Sie alle fünf Referenzspektren in einer Darstellung zusammenfassen. Dazu entwerfen Sie die untere Schaltung. Das Modul „Anpassung" dient zur Synchronisation der Daten und Überprüfung, ob alle Signale mit der gleichen Blocklänge und Abtastrate aufgenommen wurden! Hier wurde ein Blocklänge und Abtastrate von 4096 oben in der Menüleiste (**A/D**) eingestellt.*
Sie sehen, dass sich erstaunlicherweise oberhalb von 1000 Hz kaum noch etwas abspielt. Wählen Sie deshalb die Lupenfunktion, um sich diesen Bereich des Spektrums genauer anzusehen.

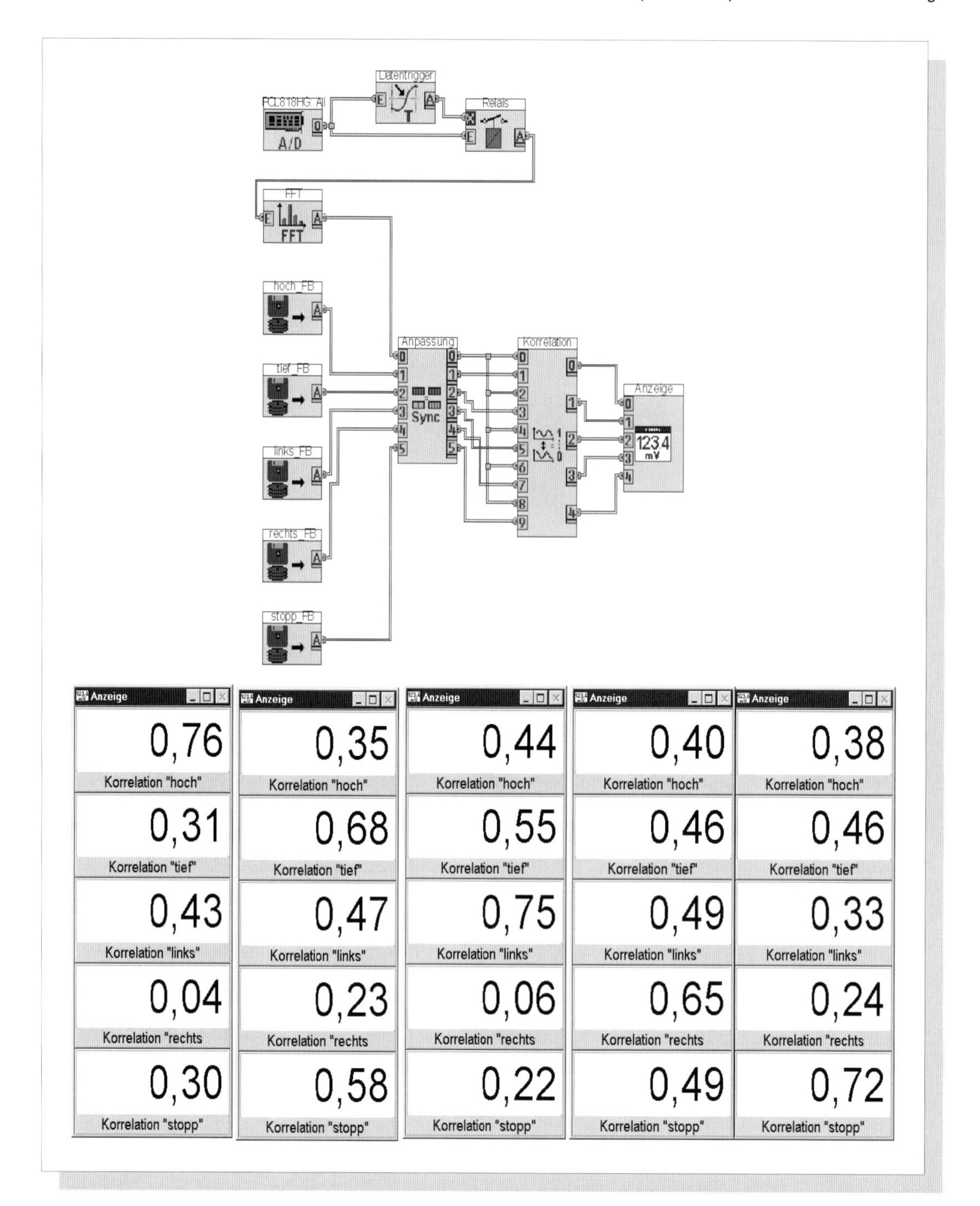

Abbildung 58 ***Spracherkennung durch Messung des Korrelationsfaktors***

Nacheinander wurden die Worte (in der Reihenfolge von oben nach unten gesprochen und jeweils die Korrelationsfaktoren in Bezug auf alle Referenzspektren gemessen. Am unsichersten wurde das Wort „tief" erkannt. Der „Sicherheitsabstand" ist hier am kleinsten (10%, zweite Spalte von links). In der Diagonalen sehen Sie die Korrelationsfaktoren der jeweils gesprochenen Worte. Das System funktioniert bereits einigermaßen.
Wie wichtig das Modul „Anpassung" hier ist, stellen Sie beim Versuch fest. Die Referenzspektren werden sofort eingelesen und es erscheint auf den Modulen EOF ("End of File"). Das Spektrum des gesprochenen Wortes lässt länger auf sich warten, weil es erst berechnet werden muss. Erst dann werden die 5 Korrelationsfaktoren berechnet.

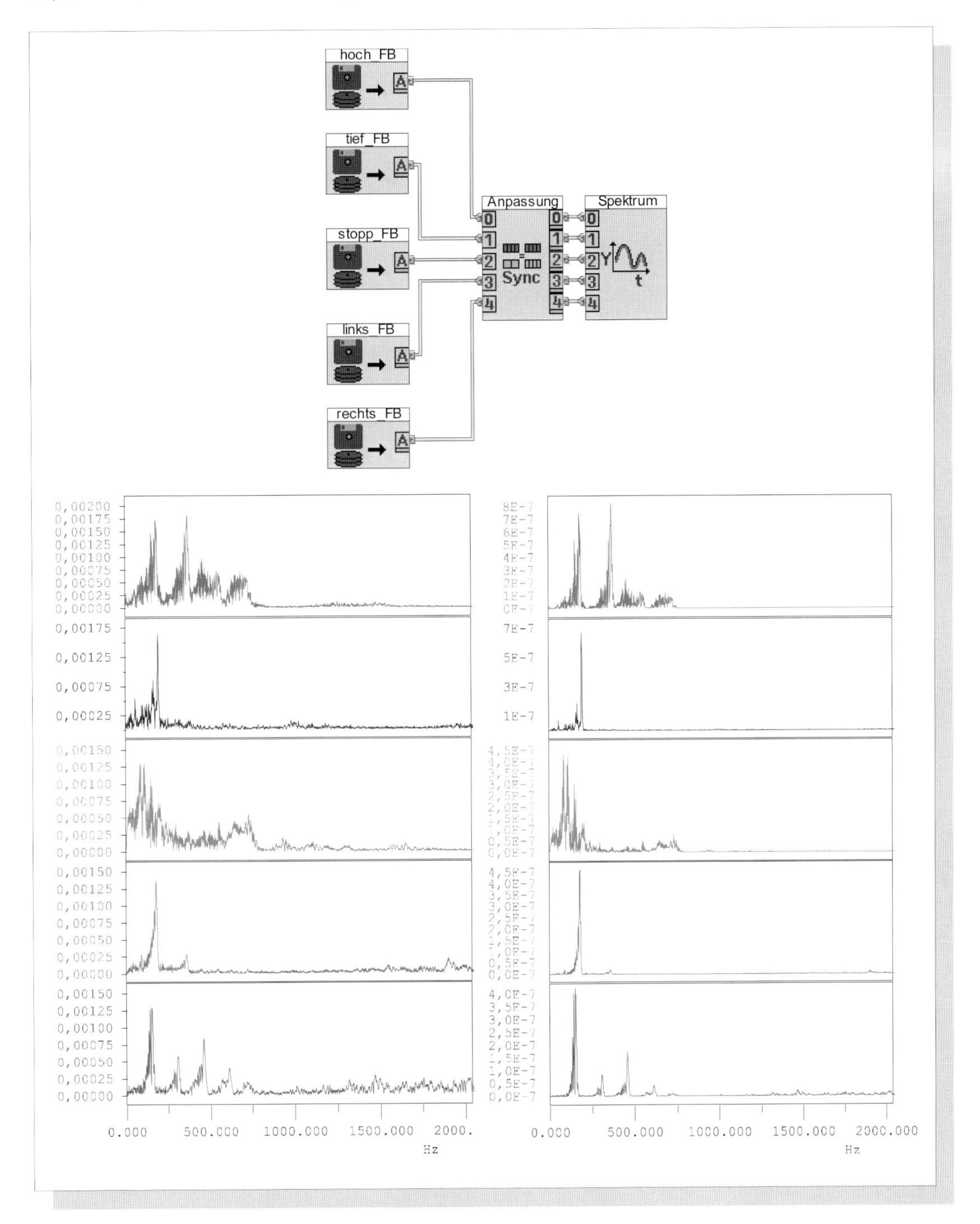

Abbildung 59 ***Amplitudenspektrum und Leistungsspektrum***

In der linken Spalte sehen Sie die Amplitudenspektren, in der rechten die Leistungsspektren der jeweils gleichen Signale. Das Leistungsspektrum erhalten Sie, indem Sie das Quadrat der Amplituden auftragen. Was macht dies für einen Sinn?
Bereits beim Amplitudenspektrum erkennen Sie die „Linien" der charakteristischen Frequenzen, die von den Vokalen stammen und die die anderen, weniger typischen Frequenzen überragen. Indem Sie nun die Amplituden dieses Spektrums quadrieren, erhalten die charakteristischen Frequenzen noch mehr „Übergewicht", die weniger wichtigen dagegen werden zur Bedeutungslosigkeit degradiert (siehe rechts).
Sie sollten nun untersuchen, ob Sie aus diesem Grunde nicht besser die Spracherkennung über die Leistungsspektren durchführen. Das Leistungsspektrum besitzt eine große theoretische Bedeutung (Wiener-Chinchin-Theorem) im Bereich der Mustererkennung.

Ein weites Feld also für eigene Versuche. Die Ergebnisse dürften zeigen, dass wir es hier mit einem der komplexesten Systeme zu tun haben, fernab der bisherigen schulischen Praxis. Nicht umsonst arbeiten weltweit hervorragende Forschungsgruppen an einer sicheren Lösung dieser kommerziell verwertbaren „Killer"-Applikation. Übrigens: Unser eigenes akustisches System scheint unschlagbar!

Phase der Verfeinerung und Optimierung:

Wenn auch nicht perfekt, so arbeitet das in Abb. 58 dargestellte System bereits im Prinzip. Experimentiert man jedoch etwas damit, so zeigt sich, wie leicht es sich „täuschen" lässt. Welche Ursachen kommen hierfür in Betracht und welche alternativen Möglichkeiten bieten sich ?

→ Bei einer Abtastrate und einer Blocklänge von 4096 ergibt sich laut Messung ein Frequenzbereich bis 2000 Hz. Die frequenzmäßige Auflösung beträgt ca. 1 Hz, wie Sie leicht mit dem Cursor nachprüfen können (kleinster Schrittweite df = 1 Hz; siehe *Abtast-Prinzip* im Kapitel 9).
Jede stimmliche Schwankung bei der Aussprache der fünf Worte bedeutet nun eine bestimmte frequenzmäßige Verschiebung der charakteristischen Frequenzen gegenüber dem Referenzspektrum. Bei dieser hohen frequenzmäßigen Auflösung schwankt der Korrelationsfaktor, weil die charakteristischen Frequenzen nicht mehr deckungsgleich sind.
Es wäre deshalb zu überlegen, wie z.B. die Bereiche charakteristischer Frequenzen „unschärfer" wahrgenommen werden könnten.

→ In Abb. 59 ist deutlich der Unterschied zwischen dem Amplituden- und dem Leistungsspektrum erkennbar. Durch die Quadrierung der Amplituden beim Leistungsspektrum werden die charakteristischen Frequenzen - von den Vokalen stammend - mit ihren großen Amplituden überproportional verstärkt, die nicht so relevanten spektralen Anteile der Konsonanten überproportional unterdrückt.
Eine (geringfügige) Verbesserung der Spracherkennung durch die Korrelation von Leistungsspektren wäre deshalb zu überprüfen.

→ Statt des Moduls „Korrelation" ließen sich auch steilflankige Filter verwenden, welche die zu erwartenden charakteristischen Frequenzen herausfiltern. Ein „Filterkamm" mit dem Modul „Ausschnitt" könnte z.B. für jedes der fünf Worte überprüfen, ob die charakteristischen Frequenzen mit entsprechender Amplitude vorhanden sind (Abb. 93). Allerdings erscheint dieses Verfahren sehr hausbacken gegenüber der Korrelation, weil mit sehr großem Aufwand bei der Filtereinstellung verbunden.

→ Eine weitere Alternative zeigt Abb. 60. Hier findet zunächst eine Signal-Vorverarbeitung statt. Das Signal wird zunächst durch Hochpass (z.B. f_G = 50 Hz) und Tiefpass (z.B. f_G = 1 kHz) frequenzmäßig begrenzt. Mit dem Modul „Datenfenster" wird eine „Wasserfall"-Darstellung vorbereitet, jedoch durch das nachfolgende Modul „Separierung" lediglich der Zeitausschnitt eines Vokalteils gewählt.
Dieser Zeitausschnitt könnte nun so kurz gewählt werden , dass die neue Blocklänge z.B. nur noch 128 (128 von 4096 entspricht ca. Δt = 1/32 s) lang ist. Dies bedeutet wegen des **UP** eine frequenzmäßige Auflösung von ca. Δf = 32 Hz. Dadurch wäre das Frequenzmuster wesentlich unschärfer, d.h. toleranter gegenüber stimmlichen Schwankungen. Selbstverständlich müssten dann alle Referenzspektren auch nach der gleichen Separationsmethode gewonnen werden.

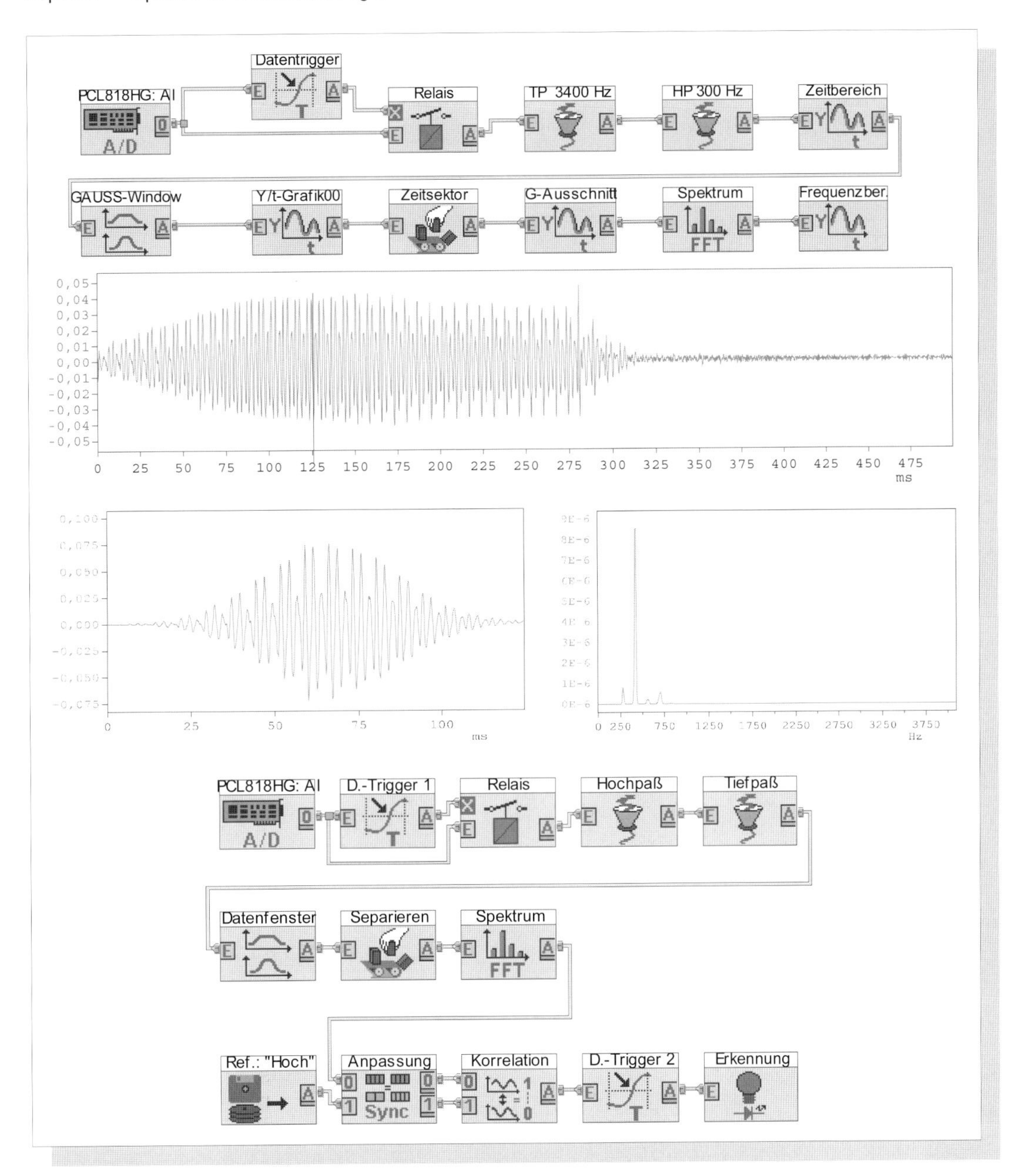

Abbildung 60 ***Verfeinertes Verfahren zur Spracherkennung***

Das Verfahren nach Abb. 58 hat u.a. den Nachteil, frequenzmäßig so scharf zu analysieren, dass kleinste stimmliche Änderungen in der Tonlage, die sich als geringfügige Frequenzänderung bemerkbar machen, erheblich den Korrelationsfaktor beeinflussen können.

*Wir sollten also das **UP** verwenden, um „toleranter" korrelieren zu können. Zu diesem Zweck wird hier eine „Wasserfall"-Darstellung gewählt, aber nur ein Block separiert, indem ein Ausschnitt eines Vokals - hier „o" von „hoch" - enthalten ist.*

*Der Zeitaussschnitt wird also z.B. auf 1/32 verkleinert, und nach dem **UP** dadurch die frequenzmäßige Unschärfe um den Faktor 32 erhöht. So einfach ist das, falls die grundlegenden Prinzipien der Signalverarbeitung bekannt sind. Oder wäre Sie darauf gekommen?*

Oben sehen Sie die grundlegende Testschaltung, auch zur Aufnahme der Referenzspektren bestimmt. In der Mitte sehen Sie, wie gut sich bei konstanter Sprechweise ein Vokal „treffen" lässt. Bestechend ferner, wie einfach dann das Frequenzmuster aussieht.

Unten schließlich die fertige Schaltung zur Messung des Korrelationsfaktors. Über einen festzulegenden Triggerpegel wird die Erkennung gesteuert. Tip: Das System nachprogrammieren und testen!

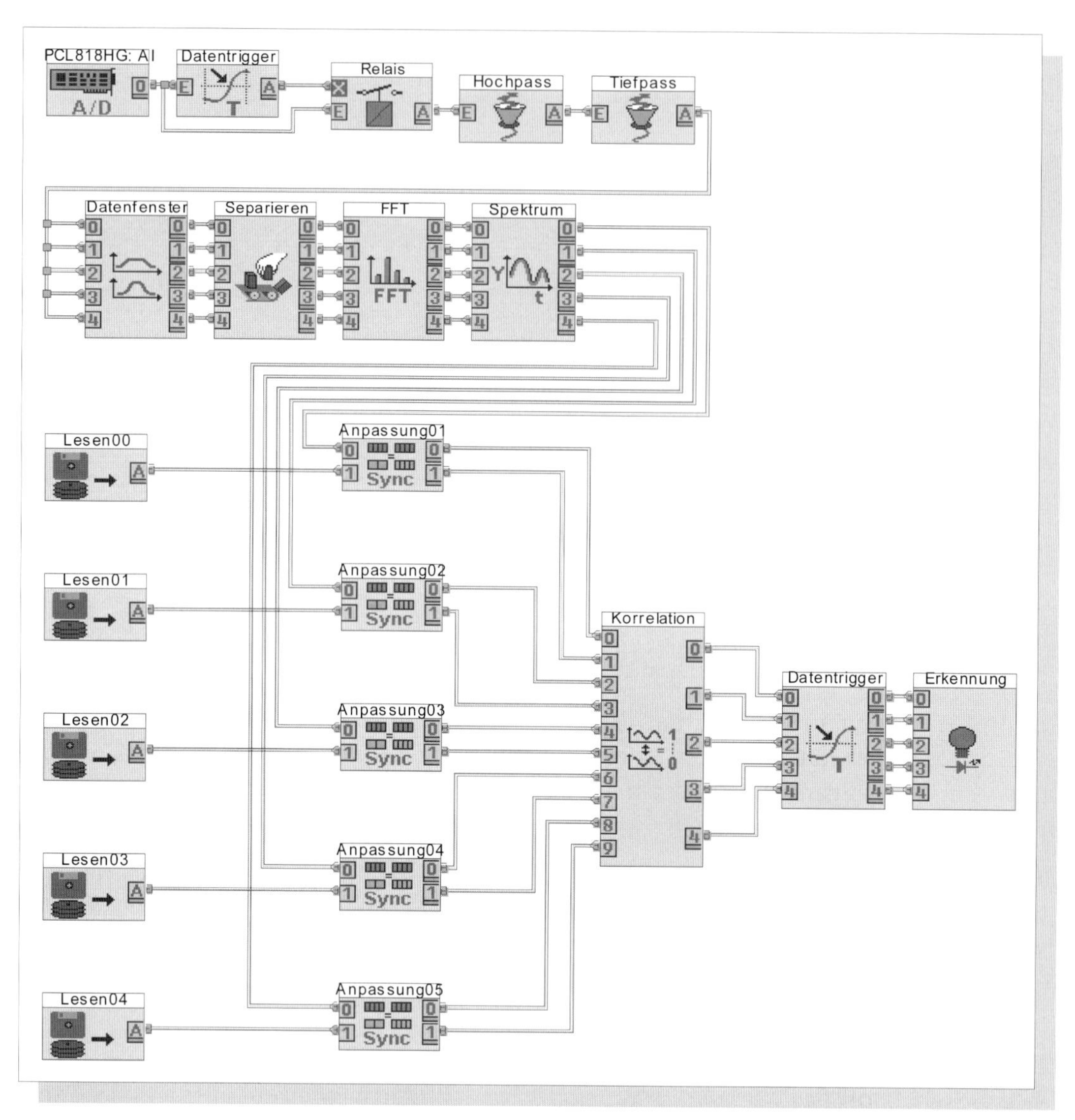

Abbildung 61 ***Die verfeinerte Spracherkennung für den Hochregalstapler***

Abb. 60 wurde hier zu einem vollständigen System ergänzt, welches - bei einer gewissen „Sprachkultur" - 5 Worte erkennen kann. Allerdings sind keine Parameter vorgegeben. Versuchen Sie deshalb, das hier dargestellte System nachzuprogrammieren und einzustellen. Um die Verbindungen übersichtlich zu gestalten, sollten Sie die Autorouter-Funktion unter dem Menüpunkt „Optionen" ausschalten und die Verbindungsführung selbst gestalten.
Die Referenzspektren erhalten Sie mit Hilfe der Schaltung in Abb. 57 (oben). Falls es Ihnen gelingt, ein vorführbares System mit annehmbarer „Treffsicherheit" herzustellen, besitzen Sie nachweislich fortgeschrittene Kenntnisse zum Themenkreis „Signale - Prozesse - Systeme".

→ Nun, werden Sie vielleicht einwerfen, man könne sich kaum nur nach den Vokalen richten, da das „i" als auch das „o" in jeweils zwei Worten enthalten, also nicht unterscheidbar wäre. Wie aber eine genaue Analyse zeigt, können sich die gleichen Vokale je nach Wort erheblich *spektral* unterscheiden. Das „o" in „stopp" ist also nicht unbedingt identisch mit dem „o" in „hoch".
Kritisch wiederum ist dieses System gegenüber zeitlichen Schwankungen. Der Vokal könnt ggf. nicht mehr im separierten Block liegen.

Ihrer Kreativität und Inspiration sind also kaum Grenzen gesetzt und DASY*Lab* lässt es zu, fast alle Ideen mit wenigen Mausklicks zu überprüfen. Eine erfolgreiche Lösung bedingt jedoch systematisches Vorgehen. Wer nur herumprobiert, hat keine Chance.

Hier ist *wissenschaftsorientiertes* Vorgehen angesagt. Zunächst müssen verschiedene Möglichkeiten ins Auge gefasst werden, hinter denen eine physikalisch begründbare Idee steckt. Diese müssen sorgfältig erprobt und protokolliert werden.

Eine perfekte Lösung ist auf dieser Basis allerdings nicht möglich, lediglich eine relativ beste. Unser Gehirn setzt ja noch zusätzliche, ungeheuer wirksame Methoden ein, z.B. das gesprochene Wort aus dem *Zusammenhang* her zu erkennen. Da ist auch DASY*Lab* mit seinem Latein am Ende.

Mustererkennung

Genau genommen haben wir mit der Korrelation *das* grundlegende Phänomen der Kommunikation aufgegriffen: die Mustererkennung. Jeder „Sender" kann nicht mit dem „Empfänger" kommunizieren, falls nicht ein verabredeter, sinngebender Vorrat an Mustern zugrunde liegt bzw. vereinbart wurde. Dabei ist es gleich, ob es sich um ein technisches Modulationsverfahren oder um Ihren Aufenthalt im Ausland mit seinen fremdsprachlichen Problemen handelt.

Damit Sie das Modul „Korrelation" bzw. den Korrelationsfaktor nicht blind verwenden, soll hier noch gezeigt werden, wie einfach Mustererkennung sein kann (aber nicht sein muss!). Wie wird der Korrelationsfaktor - also die „Ähnlichkeit zweier Signale in %" - durch den Computer berechnet?

Die Grundlage für die Erklärung liefert Ihnen Abb. 62. Mit der oberen Hälfte soll wieder in Erinnerung gerufen werden, dass der Computer in Wahrheit „Zahlenketten" rechnerisch verarbeitet und keine kontinuierlichen Funktionen - oben - dargestellt. Die Zahlenketten lassen sich bildlich als Folge von Messwerten einer bestimmten Höhe darstellen.

Für die beiden unteren Signale soll nun der Korrelationsfaktor ermittelt werden. Das untere Signal soll das Referenzsignal sein. Uns soll gar nicht interessieren, ob es sich um den Zeit- oder Frequenzbereich handelt. Zur Vereinfachung beschränken wir die Anzahl der Messwerte auf 16 und „quantisieren" das Signal, indem wir lediglich 9 verschiedene, ganzzahlige Werte von 0 bis 8 zulassen.

Nun werden die jeweils untereinander stehenden Messwerte miteinander multipliziert. Alle diese Produkte werden dann aufsummiert. Es ergibt sich so:

$$2*6 + 2*7 + 2*8 + 3*8 + 3*8 + 4*8 + \ldots + 7*1 + 7*1 + 0*7 + 0*8 = \mathbf{273}$$

Diese Zahl sagt bereits etwas über die Ähnlichkeit aus; je größer sie ist, desto mehr Übereinstimmung dürfte vorhanden sein.

Aber wie „normieren" wir diesen Wert, so dass er zwischen 0 und 1 liegt? Da das untere Signal als Referenzsignal festgelegt wurde, wird nun auf die gleiche Weise die Ähnlichkeit zwischen dem Referenzsignal und sich selbst festgestellt. Es ergibt sich:

$$2*2 + 2*2 + 2*2 + 3*3 + 3*3 + 4*4 + \ldots + 7*7 + 7*7 + 7*7 + 8*8 = \mathbf{431}$$

Bei 431 wäre also die Übereinstimmung 100 % oder 1,0 . Indem wir den oberen durch den unteren Wert dividieren (Dreisatzrechnung), erhalten wir 273/431 = 0,63 bzw. eine Ähnlichkeit von 63 % zwischen den beiden Signalen bzw. Signalausschnitten.

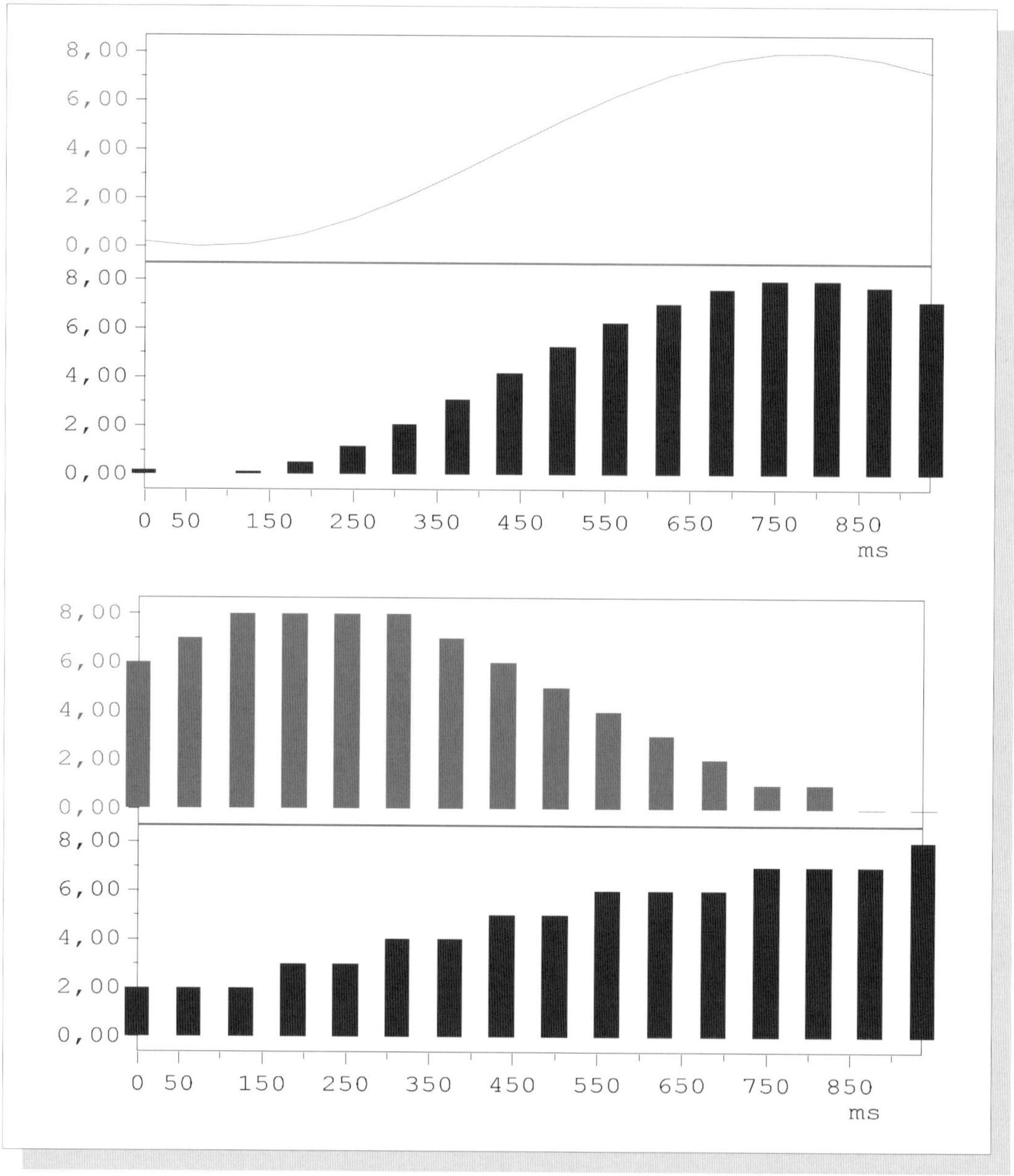

Abbildung 62 ***Zur Berechnung der Korrelation bzw. des Korrelationsfaktors***

DASYLab stellt üblicherweise die Signale als kontinuierliche Funktion dar, indem die Messpunkte miteinander verbunden werden. Falls Sie genau hinsehen, erkennen Sie oben jeweils eine Gerade zwischen zwei Messpunkten. Dadurch wird zwar die Übersichtlichkeit erhöht, jedoch auch vorgegaukelt, sich in einer analogen Welt zu befinden.

Worin besteht denn hier eigentlich die Ähnlichkeit? Zum einen sind alle Messwerte im positiven Bereich. Zum anderen besitzen sie auch die gleiche Größenordnung. Innerhalb des kleinen Ausschnittes verlaufen beide Signale also „in etwa gleichartig".

Aufgaben zu Kapitel 4

Um die nachfolgenden Aufgaben in Angriff nehmen zu können, benötigen eine Multifunktionskarte oder eine Soundkarte mit dem jeweils zugehörigen DASY*Lab*-Treiber. Am günstigsten ist jedoch die DASY*Lab S* –Version (Educational Version), bei der akustische Signale direkt über die Soundkarte eingelesen werden können. Sie können auch notfalls auf abgespeicherte Sprachdateien (*.ddf) zurückgreifen.

Aufgabe 1

1. Versuchen Sie über die *.ddf-Datei eines gesprochenen Wortes auf dem Bildschirm die Abschnitte von Vokalen und Konsonanten wie in Abb. 48 zu erkennen.
2. Entwickeln sie eine Schaltung, mit deren Hilfe Sie diese verschiedenen Abschnitte weitgehend getrennt analysieren können (Tip: Abb. 60).
3. Zeichnen Sie ein bestimmtes Wort mehrmals hintereinander, jedoch in größerem zeitlichen Abstand auf und vergleichen Sie die Spektren.
4. Zeichnen Sie ein bestimmtes, von verschiedenen Personen gesprochenes Wort auf und vergleichen Sie die Spektren.
5. Nach welchen Gesichtspunkten sollten die Referenzspektren ausgesucht werden?
6. Welche Vorteile könnte es bringen, statt der Amplitudenspektren die Einstellung „Leistungsspektrum" zu wählen? Welche Frequenzen werden hierbei hervorgehoben, welche unterdrückt?

Aufgabe 2

1. Entwerfen Sie ein System zur Erstellung von Zeit-Frequenz-Landschaften von Sprache (siehe Abb. 50).
2. Zerlegen Sie das Signal in immer kleinere, sich überlappende, gefensterte Blöcke und verfolgen Sie die Veränderung der Zeit-Frequenz-Landschaft.
3. Stellen Sie die Zeit-Frequenz-Landschaft als „Nagelbrettmuster" dar, indem Sie die „Balkendarstellung" des Signals wählen (siehe Abb. 62).
4. Stellen Sie die Zeit-Frequenz-Landschaft als Sonogramm dar (siehe Abb. 50). Stellen Sie die Farbskala so ein, dass die Bereiche verschiedener Amplituden optimal dargestellt werden.
5. Recherchieren Sie (z.B. im Internet), wofür Sonogramme in Wissenschaft und Technik verwendet werden!
6. Wie lassen sich in Sonogrammen Vokale und Konsonanten unterscheiden?

Aufgabe 3

1. Versuchen Sie ein System zu akustischen Erkennung von Personen zu entwerfen ("Türöffner" im Sicherheitsbereich).
2. Welche technischen Möglichkeiten sehen Sie, ein solches System zu überlisten?
3. Durch welche Maßnahme(n) könnten Sie dies verhindern?

Aufgabe 4

Führen Sie den Versuch zu den Abbildungen 60 und 61 durch und versuchen Sie, ein „verfeinertes" Spracherkennungssystem für 5 Worte zu entwickeln. Denken Sie hierbei kreativ und versuchen sie, ggf. neuartige Lösungen zu finden!

Kapitel 5

Das Symmetrie-Prinzip

Die Symmetrie ist eines der wichtigsten Strukturmerkmale der Natur. Der Raum ist symmetrisch - d.h. keine Richtung wird physikalisch bevorzugt - und praktisch zu jedem Elementarteilchen (z.B. das Elektron mit negativer Elementarladung) fordert (und findet) man dann ein "spiegelbildliches" Objekt (z.B. das Positron mit positiver Elementarladung). Zu Materie gibt es aus Symmetriegründen Antimaterie.

Aus Symmetriegründen: Negative Frequenzen

Ein periodisches Signal beginnt ja nicht bei t = 0 s. Es weist eine Vergangenheit und eine Zukunft auf, und beide liegen quasi symmetrisch zur Gegenwart.

Jedoch beginnt im Frequenzbereich das Spektrum (bislang) immer bei f = 0 Hz. Das Äquivalent (das Entsprechende) zur Vergangenheit wären "negative Frequenzen" im Frequenzbereich. Negative Frequenzen machen zunächst keinen Sinn, weil sie nicht physikalisch interpretierbar erscheinen. Aber wir sollten das Symmetrieprinzip der Natur so ernst nehmen, um doch nach Effekten zu suchen, wo negative Frequenzen eventuell den Schlüssel zum Verständnis liefern könnten.

Einen solchen Effekt beschreibt Abb. 63. Um Sie neugierig zu machen, schauen Sie sich bitte noch einmal die Abb. 30 genau an. Dort wurde der Verlauf des Spektrums mit zunehmender Einschränkung des Zeitbereiches **Δ**t immer unsymmetrischer. Dies bedarf einer Erklärung, denn im Zeitbereich gibt es kein Äquivalent hierzu.

Wir wollen nun experimentell beweisen: Die Unsymmetrie kann erklärt und sozusagen behoben werden, falls negative Frequenzen und auch negative Amplituden zugelassen werden. Physikalisch müssten dann *negative* und *positive* Frequenzen immer *gemeinsam* wirken, jede energiemäßig zur Hälfte.

> Hinweis:
> Von (physikalischer) Bedeutung ist auch die Information über die *Richtung*, in der gemessen wurde (z.B. von hoch nach tief (Gefälle) oder von tief nach hoch (Steigung)). Deshalb erscheint es auch sinnvoll, folgende Regel zu akzeptieren: Die Frequenz einer (periodischen) Sinusschwingung erhalten wir über den Kehrwert der Periodendauer f = 1/T. Wird die Periodendauer von links nach rechts - also in Richtung der positiven Zeitachse - gemessen, ergibt sich ein positiver Zahlenwert, von rechts nach links - also in Richtung Vergangenheit - dagegen ein negativer Zahlenwert. Beide Messungen müssen vollkommen gleichwertig sein, denn: Warum sollte die positive Richtung bevorzugt werden ? Da aber dann positive und negative Frequenz die gleiche Sinusschwingung beschreiben, begnügten wir uns bislang mit der positiven Frequenzangabe (Betrag). Allerdings haben wir damit das Symmetrieprinzip irgendwie verletzt. Und wir werden sehen, dass wir mit diesen „zwei" Frequenzen besser fahren.

Beweis für die physikalische Existenz negativer Frequenzen

Abb. 63 liefert uns einen ersten Hinweis auf die physikalische Existenz negativer Frequenzen. Durch ein Trick - „Faltung" einer Si-Funktion (siehe Kapitel 10) - werden die beiden Frequenzbänder eines speziellen Signals immer weiter nach links in Richtung

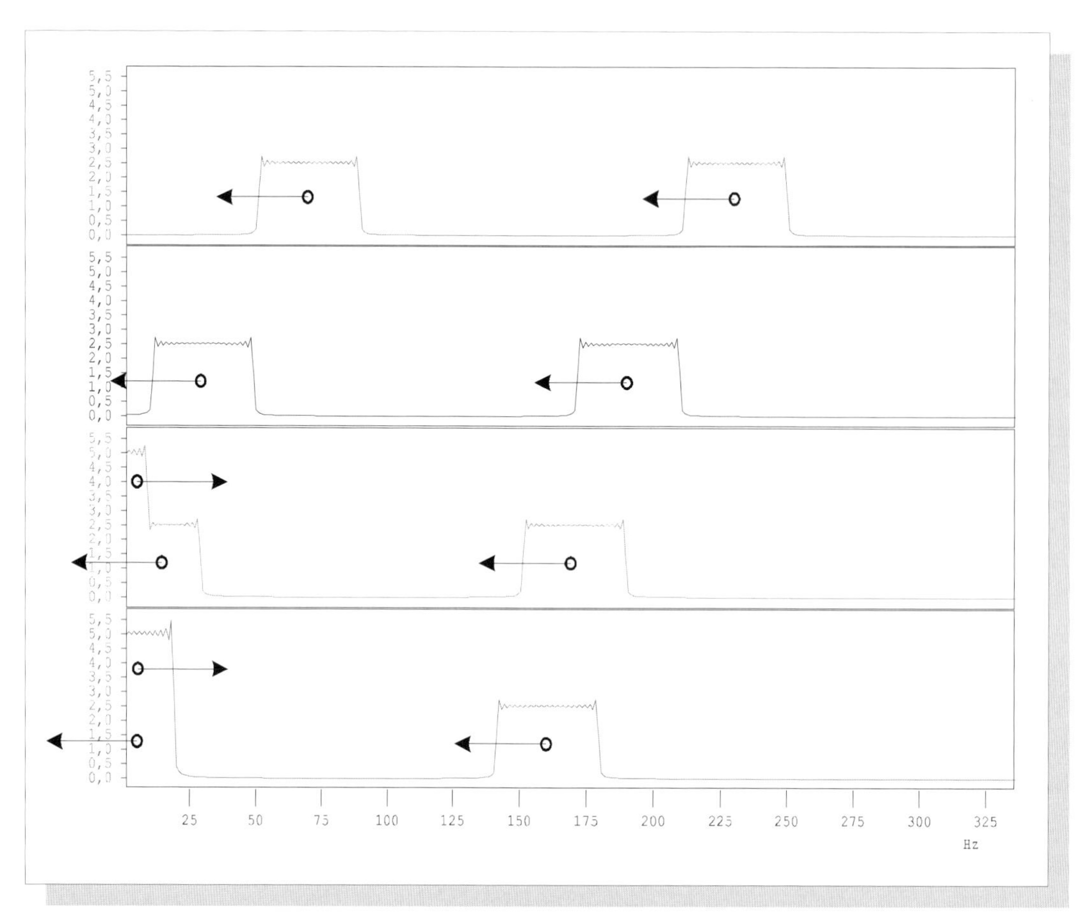

Abbildung 63: ***Frequenzspiegelung?***
Ein recht komplexes Signal - dessen Verlauf im Zeitbereich uns gar nicht interessieren soll - liefert ein Spektrum, welches aus zwei getrennten, gleich steilflankigen und breiten Frequenzbändern besteht. Durch geschickte Manipulation des Signals werden die beiden Frequenzbänder - ohne ihren Verlauf oder Abstand zu ändern - nun Schritt für Schritt nach links in Richtung f = 0 Hz verschoben. Was passiert, wenn das untere Frequenzband über f = 0 Hz nach links hinausgeht? In den drei unteren Bildern lässt sich erkennen, dass das „negative Spektrum" wie gespiegelt im positiven Bereich erscheint und sich dem positiven Bereich „überlagert", d.h. addiert wird. Bei weiterer Frequenzverschiebung „bewegt" sich das „positive Frequenzband" weiter nach links, das „negative Frequenzband" dagegen weiter nach rechts. Die ehemals tieferen Frequenzen sind jetzt die höheren und umgekehrt! Das interessanteste Bild ist zweifellos das unterste. Hier überlappen sich positiver und negativer Bereich gerade so, dass links eine Tiefpasscharakteristik vorliegt. Demnach ist ein Tiefpass gewissermaßen auch ein Bandpass mit der Mittenfrequenz f = 0 Hz, die virtuelle - und wie wir noch zeigen werden - physikalische Bandbreite ist das Doppelte der hier sichtbaren Bandbreite!

f = 0 Hz verschoben. Was wird passieren, wenn schließlich f = 0 Hz überschritten wird? Gäbe es keine negativen Frequenzen, so würde das Frequenzband nach und nach immer mehr abgeschnitten werden und schließlich verschwunden sein!

Das ist aber mitnichten der Fall. Der über f = 0 in den negativen Bereich hineinragende Teil des Frequenzbandes erscheint an der vertikalen Achse wie „gespiegelt" wieder im positiven Bereich. Hat sich die „Wanderrichtung" des Frequenzbandes also umgekehrt, liegen jetzt alle ehemals tief liegenden Frequenzen hoch und umgekehrt? Oder wird quasi der *Betrag* der negativen Frequenz weiter berücksichtigt? Oder aber: Schiebt sich aus dem negativen Bereich ein zum positiven Bereich vollkommen spiegelsymmetrisches Frequenzband in den positiven Bereich und umgekehrt!

Am interessantesten ist natürlich das unterste Bild in Abb. 63. Hier handelt es sich beim linken Frequenzband um eine Tiefpass-Charakteristik, deren Bandbreite genau die Hälfte der ursprünglichen Bandbreite bzw. der Bandbreite des rechten Bandes entspricht. Dafür ist sein Amplitudenverlauf doppelt so hoch. Jeder Tiefpass scheint demnach eine „virtuelle Bandbreite" zu besitzen, die *doppelt so groß* ist wie die im Spektrum mit positiven Frequenzen sichtbare Bandbreite. Wir können zeigen, dass diese „virtuelle" Bandbreite die eigentliche physikalische Bandbreite ist. Dies folgt aus dem **UP**. Würde nämlich der Filterbereich bei f = 0 Hz beginnen, besäße der Tiefpass dort eine *unendlich große Flankensteilheit*. Genau dies verbietet das **UP**. Weiterhin verrät uns dies auch der Zeitbereich (siehe Kapitel 6 unter „Einschwingvorgänge").

Das raffinierte Signal aus Abb. 63 wurde im Zeitbereich mit Hilfe der Si-Funktion erzeugt. Das liegt nahe, falls Sie sich noch einmal die Abbildungen 33 und 34 anschauen. Diese Signalform erscheint immer wichtiger und es drängt sich die Frage auf, ob es die Si-Funktion auch im negativen Frequenzbereich gibt. Die Antwort lautet *ja*, falls wir negative Frequenzen und auch negative Amplituden zulassen. Dann gilt endgültig das Symmetrieprinzip zwischen Zeit- und Frequenzbereich.

In Abb. 64 oben sehen wir noch einmal das 3D-Spektrum eines schmalen (periodischen) Rechteckimpulses. Betrachten Sie genau die „Spielwiese" der Sinusschwingungen", und zwar dort, wo der Rechteckimpuls symmetrisch zu t = 0,5 s liegt. Da das Tastverhältnis τ/T ca. 1/10 beträgt, liegt die erste Nullstelle bei der 10. Harmonischen. Die Amplituden der ersten 10 Harmonischen zeigen bei t = 0,5 s auf der „Spielwiese" nach oben, von 11 bis 19 aber nach unten, danach wieder nach oben usw. Es wäre also besser, die Amplituden des Amplitudenspektrums im zweiten (vierten usw.) Sektor (11 bis 19) nach unten statt nach oben aufzutragen.

In Abb. 64 Mitte sehen Sie das kontinuierliche Amplitudenspektrum eines *einmaligen* Rechteckimpuls. Wird der Verlauf im zweiten, vierte, sechsten usw. Sektor nach unten gezeichnet, müsste es Ihnen allmählich dämmern. Dann sehen Sie nämlich nichts anderes als die rechte Symmetriehälfte der Si-Funktion. Und zuguterletzt: Zeichnen wir die Si-Funktion spiegelsymmetrisch nach links in den negativen Frequenzbereich, so erhalten wir die komplette Si-Funktion (allerdings genau genommen nur halb so hoch, weil die Hälfte der Energie ja auf die negativen Frequenzen fallen muss).

Hintergrundwissen:
Was wir anhand von „Experimenten" - die hier durchgeführten Simulationen mit einem virtuellen System würden real mit geeigneten Messinstrumenten zu vollkommen gleichen Ergebnissen führen - ermittelt haben, liefert die Mathematik automatisch, falls im geeigneten Zahlenbereich (GAUSSsche Zahlenebene) gerechnet wird.

Warum leistet die Mathematik (der FOURIER-Transformation) dies?
Steht am Anfang der Berechnung eine richtige physikalische Aussagen mit realen Randbedingungen, so liefern alle weiteren mathematischen Berechnungen richtige Ergebnisse, weil die verwendeten mathematischen Operationen in sich widerspruchsfrei sind. Allerdings muss nicht jede beliebige mathematische Operation auch physikalisch interpretierbar sein!

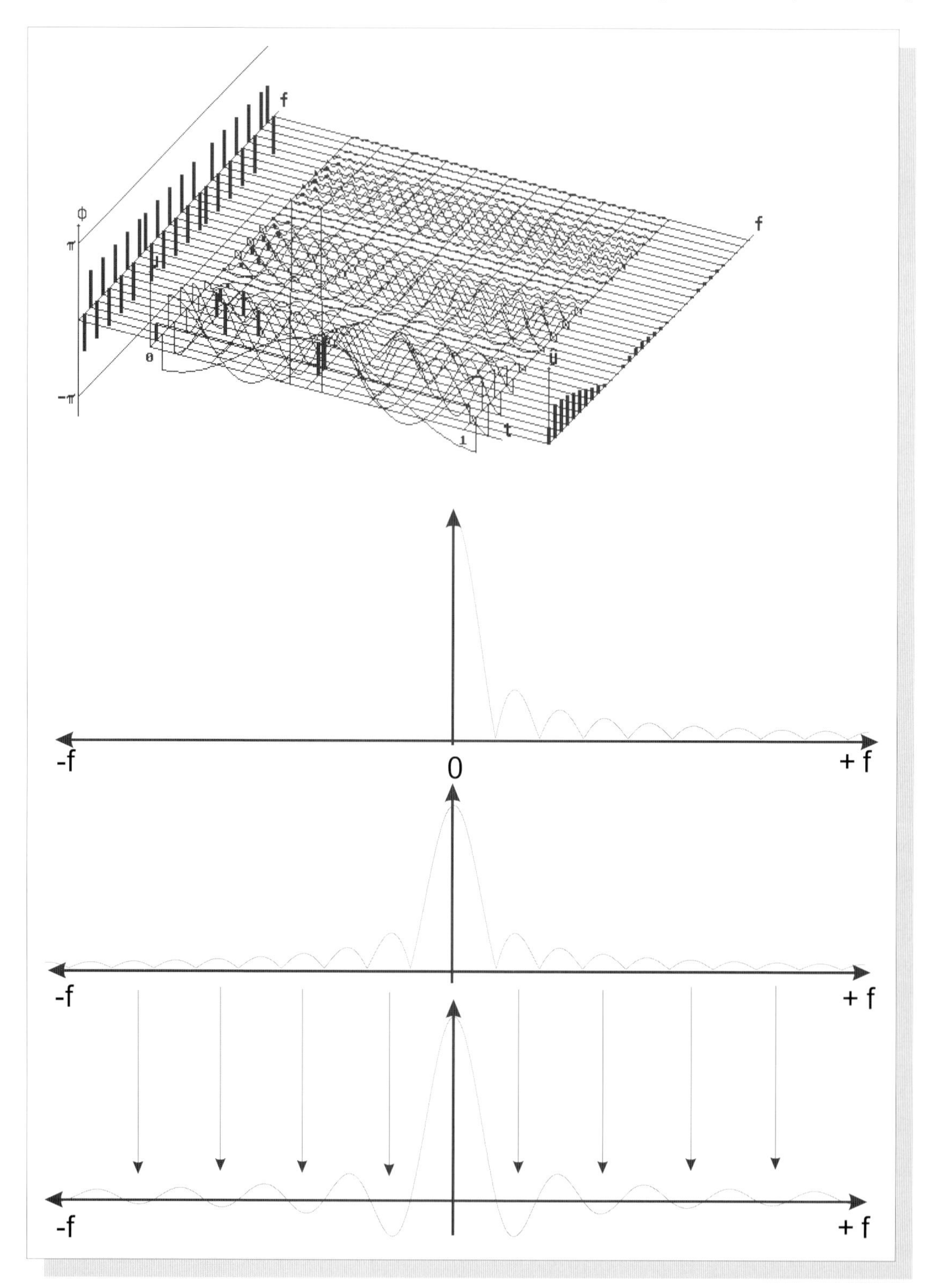

Abbildung 64: ***Symmetrisches Spektrum***

Oben: Darstellung eines (periodischen) Rechteckimpulses mit Tastverhältnis $\tau/T = 1/9$ im Zeit- und Frequenzbereich. Auf der „Spielwiese der Sinusschwingungen" liegen die Amplituden der ersten neun Harmonischen in der Impulsmitte ($t = 0{,}5$ s) in Impulsrichtung nach oben, die nächsten neun Harmonischen dagegen nach unten usw. Unten: Darstellung des Amplitudenspektrums (eines einmaligen, also nichtperiodischen Rechteckimpulses) mit negativen Frequenzen und Amplituden. Jetzt ergibt sich eine „symmetrische FOURIER-Transformation" vom Zeit- in den Frequenzbereich und umgekehrt. Beachten Sie, dass nunmehr auch die Phaseninformation im Amplitudenspektrum enthalten ist!

Eine Rechteck-Funktion im Zeitbereich/Frequenzbereich liefert also eine Si-Funktion im Frequenzbereich/Zeitbereich, falls aus Symmetriegründen negative Frequenzen und negative Amplituden gleichberechtigt zu den positiven Werten zugelassen werden.

Alle im rein positiven Frequenzbereich auftretenden Frequenzen bzw. Frequenzbänder erscheinen spiegelsymmetrisch liegend im negativen Frequenzbereich. Aus energetischen Gründen ist der Kurvenverlauf nur noch "halb so hoch".

*Symmetrieprinzip **SP**:*

Die Ergebnisse der FOURIER-Transformation vom Zeit- in den Frequenzbereich sowie die vom Frequenz- in den Zeitbereich sind weitgehend identisch, falls negative Frequenzen und Amplituden zugelassen werden. Durch diese Darstellungsweise entspricht die Signal- Darstellung im Frequenzbereich weitgehend der des Zeitbereichs.

Demnach besitzt also nur ein einziges "Signal" im symmetrischen Frequenzspektrum eine einzige Spektrallinie: Die Gleichspannung. Für sie gilt f = 0 Hz, deshalb fallen +f und -f zusammen. Jeder Sinus dagegen besitzt die zwei Frequenzen +f und -f, die symmetrisch zu f = O Hz liegen. Beim Sinus wiederum muss aus Symmetriegründen zu einer der beiden Frequenzen eine negative Amplitude gehören. Beim Cosinus - also einem um π/2 rad phasenverschobenen bzw. T/4 zeitlich verschobenen Sinus - ist die Symmetrie perfekter: beide Linien zeigen in eine Richtung.

Die im negativen Frequenzbereich liegende Frequenzband-Hälfte eines Tiefpasses wird *Kehrlage* genannt, weil eine "Frequenzvertauschung" vorliegt. Die im positiven Bereich liegende Hälfte wird als *Regellage* bezeichnet.

Nun ist auch erklärlich, wie es zu den „Symmetrieverzerrungen" in der Abb. 30 unten kam. Der negative Frequenzbereich ragt in den positiven Frequenzbereich hinein und überlagert (addiert) sich zu den positiven Frequenzen. Das macht sich am stärksten in der Nähe der Nullachse bemerkbar.

Umgekehrt ragt auch der positive Frequenzbereich in den negativen hinein und überlagert sich dort mit dem negativen Bereich, so dass sich zwei zur Nullachse vollkommen spiegelsymmetrische Spektralbereiche ergeben.

Über das Symmetrie-Prinzip **SP** sind wir zu einer vereinfachten und vereinheitlichten Darstellung von Zeit- und Frequenzbereich gekommen. Außerdem enthält diese Darstellungsform auch mehr Information. So geben „negative Amplituden" z.B. Hinweise auf den Phasenverlauf, d.h. Hinweise auf die Lage der Sinusschwingungen zueinander.

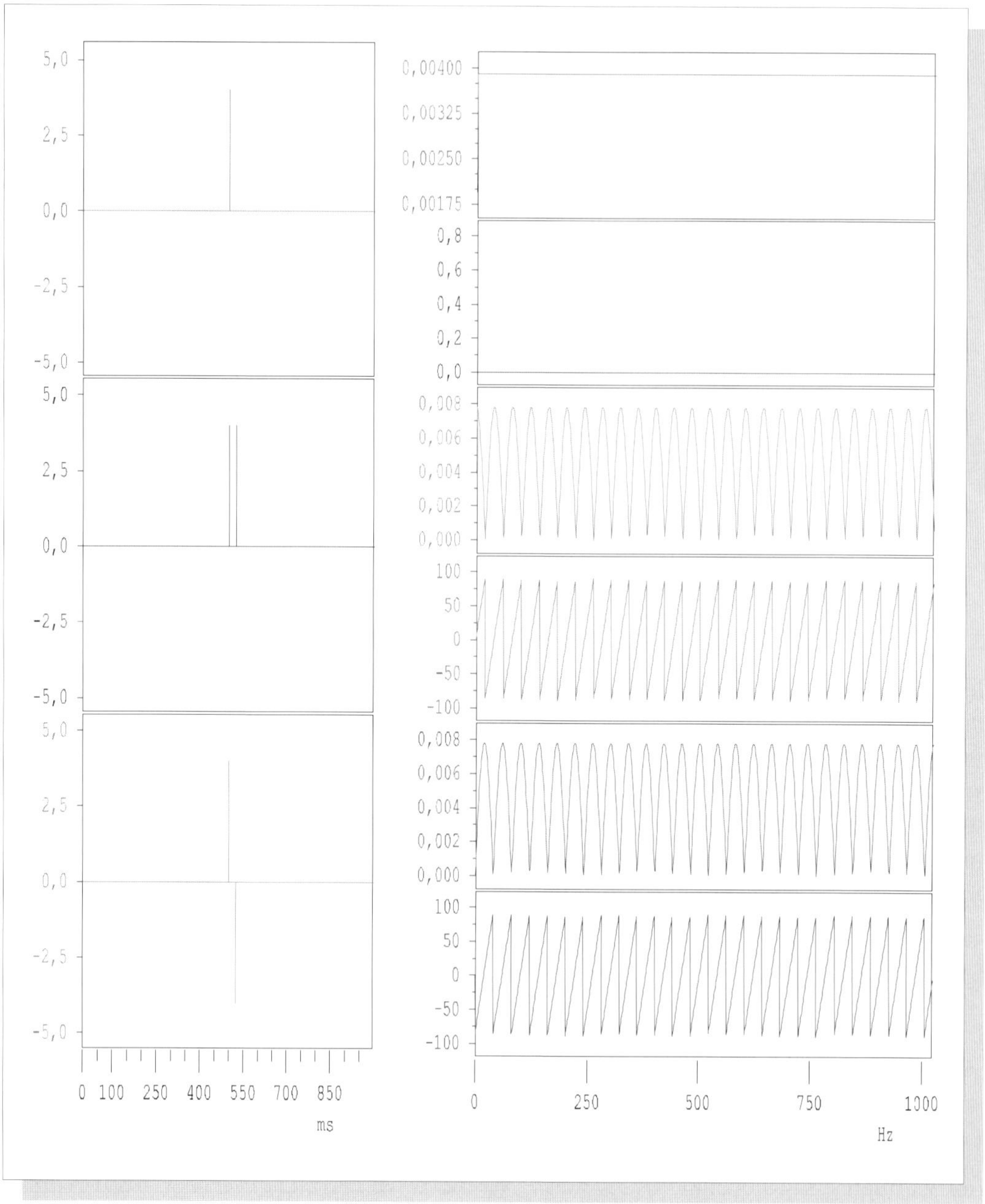

Abbildung 65 **Gibt es aus Symmetriegründen auch ein sinusförmiges Amplitudenspektrum?**

Eine reizvolle Frage, die auch als Prüfstein für das Symmetrie-Prinzip aufgefasst werden kann.
Obere Reihe: Eine Linie im Zeitbereich (z.B. bei t=0) ergibt einen konstanten Verlauf des Amplitudenspektrums, wie auch eine einzige Linie im Amplitudenspektrum bei f = 0 eine „Gleichspannung" im Zeitbereich ergibt.
Mittlere und untere Reihe: Zwei Linien (z.B. bei t = -20 ms und t = +20 ms) ergeben einen cosinus- bzw. sinusförmigen Verlauf des Amplitudenspektrums (falls negative Amplituden zugelassen werden!), wie auch zwei Linien im Amplitudenspektrum (z.B. bei f = -50 Hz und f = +50 Hz) einen cosinus- bzw. sinusförmigen Verlauf im Zeitbereich garantieren.
Der Phasensprung von π - genauer von +π/2 bis -π/2 - an den Nullstellen des (sinusförmigen) Amplitudenspektrums ist der Beweis dafür, dass jede zweite „Halbwelle" eigentlich im negativen Bereich liegen müsste!
Bezüglich der FOURIER-Transformation sind also Zeit- und Frequenzbereich weitgehend symmetrisch, falls - wie gesagt - für den Spektralbereich negative Frequenzen und Amplituden zugelassen werden.

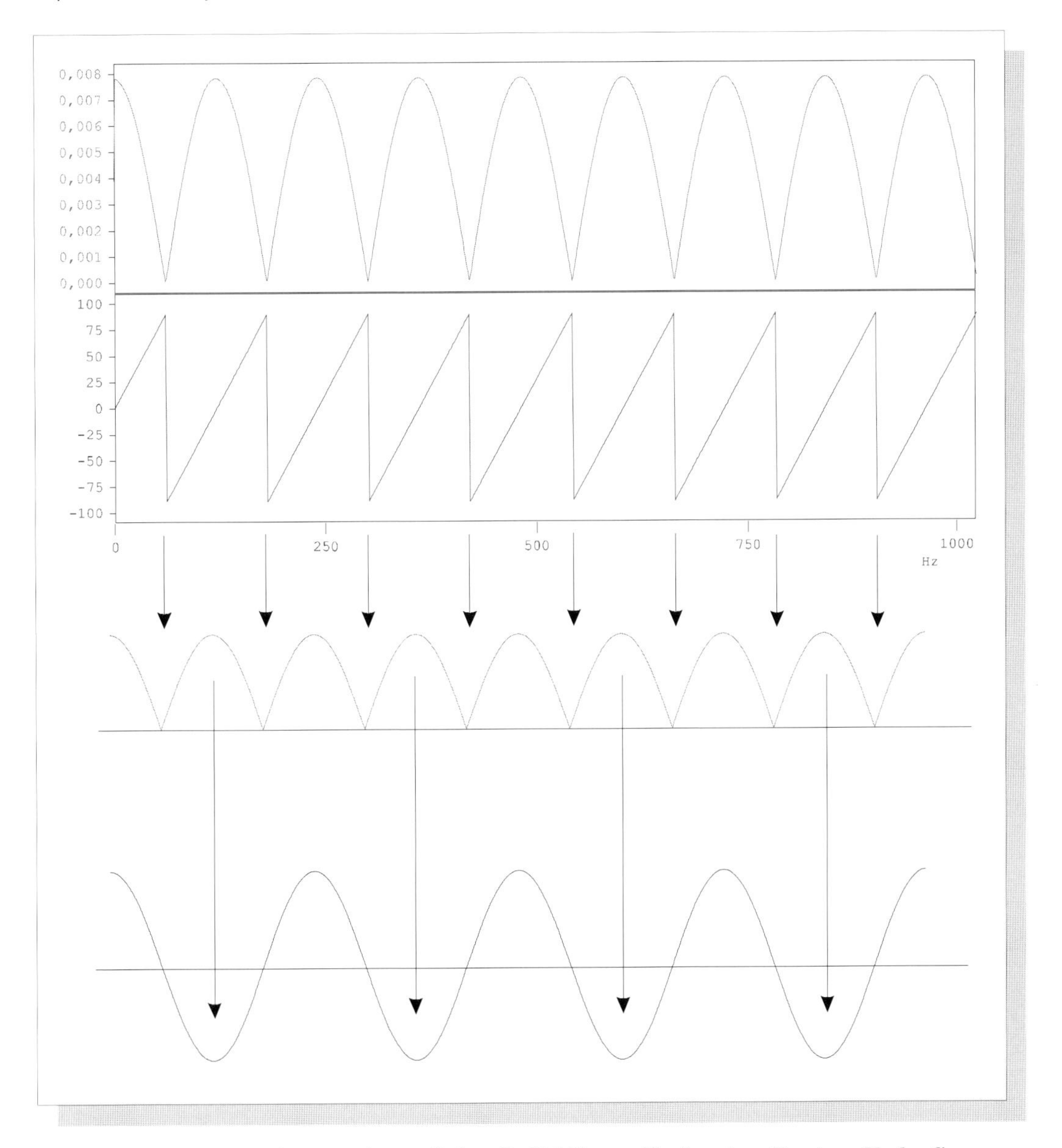

Abbildung 66 ***Das Phasenspektrum liefert die Erklärung für den sinusförmigen Verlauf!***

Vielleicht haben Sie sich auch schon gedacht:" Ein δ-Impuls ergibt ein konstanten Spektralverlauf (alle Frequenzen sind ja in gleicher Stärke vorhanden!), dann müssten zwei δ -Impulse ja eigentlich ebenfalls einen konstanten Spektralverlauf doppelter Höhe ergeben?". Ganz falsch ist dies nicht gedacht, nur gilt das lediglich für die Stellen, an denen die entsprechenden gleichfrequenten Sinusschwingungen beider δ -Impulse in Phase sind. Dies gilt genau nur für die Nullstellen des Phasenspektrums! An den „Sprungstellen" des Phasenspektrums liegen die gleichfrequenten Sinusschwingungen beider δ -Impulse genau um π phasenverschoben und löschen sich damit gegenseitig aus (Interferenz!). Zwischen diesen beiden Extremstellen verstärken oder vermindern sie sich je nach Phasenlage zueinander gegenseitig.

Um mit der Wahrheit herauszurücken: Die perfekte Symmetrie im Hinblick auf negative Amplituden ist nicht immer gegeben. Sie beschränkt sich bei der FOURIER-Transformation auf Signale, die - wie Sinus- oder Rechteck-Funktion - spiegelsymmetrisch in Richtung „Vergangenheit" und „Zukunft" verlaufen (siehe Abb. 68).

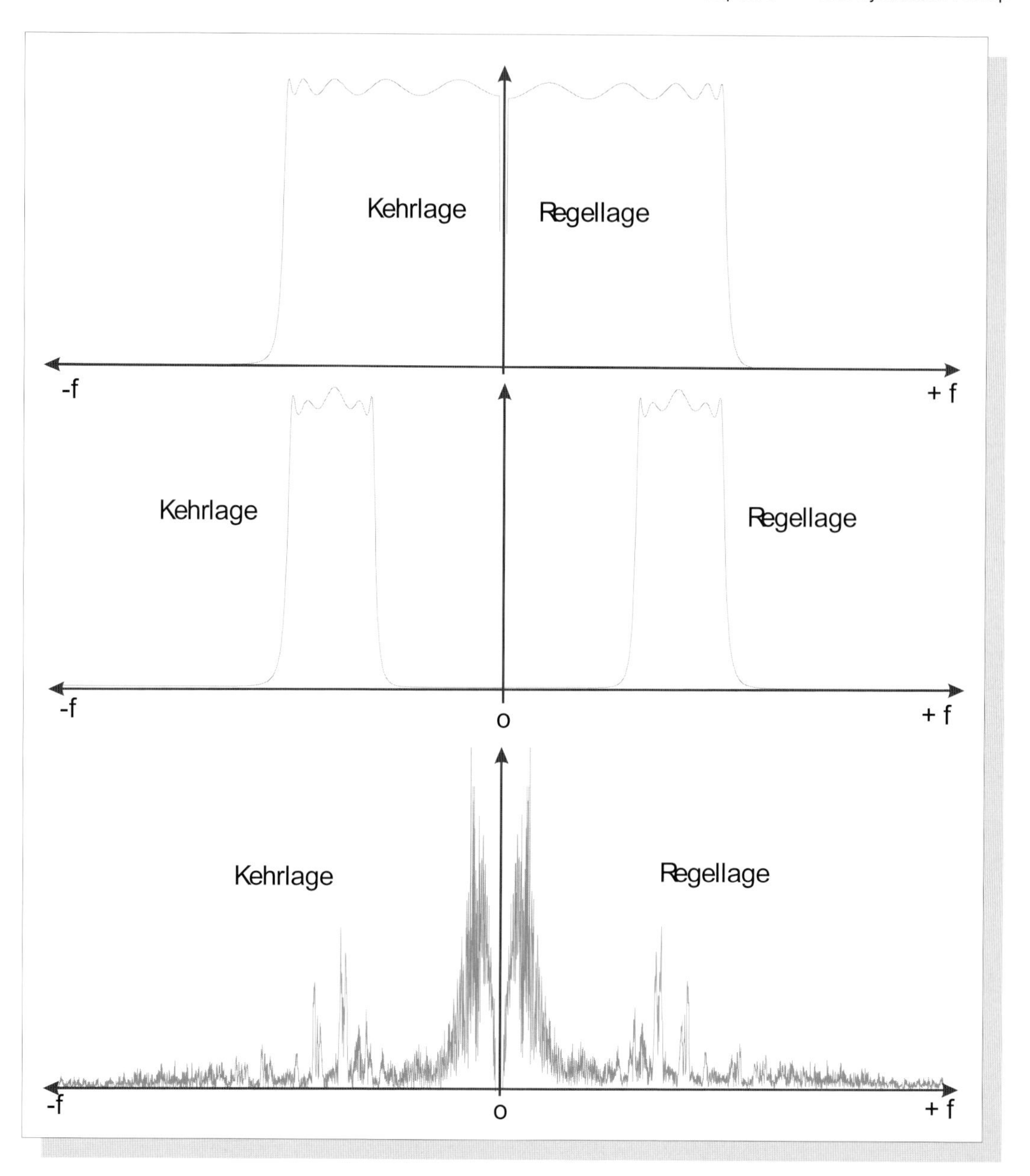

Abbildung 67: ***Regel- und Kehrlage als Charakteristikum symmetrischer Spektren***

Obere Reihe: Symmetrisches Spektrum eines Tiefpasses. Jeder Tiefpass ist gewissermaßen ein „Bandpass" mit der Mittenfrequenz f = 0 Hz. Beide Hälften des Spektrums sind spiegelbildlich identisch; sie enthalten vor allem die gleiche Information. Jedoch kann der Tiefpass nicht bei f = 0 Hz beginnen, er hätte sonst bei f = 0 Hz eine unendlich steile Filterflanke. Dies jedoch würde gegen das ***UP*** *verstoßen!*
Mittlere Reihe: Auch ein Bandpass besitzt ein spiegelbildliches Pendant. Beachten Sie bitte, dass man jeweils in der Kehr- und Regellage sorgfältig mit den Begriffen „obere und untere Grenzfrequenz" des Bandpasses umgehen muss.
Untere Reihe: Symmetrisches Spektrum (mit Regel- und Kehrlage) eines Ausschnitts aus einem Audio-Signal ("Sprache"). Manche Computerprogramme stellen im Frequenzbereich konsequent immer das symmetrische Spektrum dar. Da symmetrische Spektrum wird auch durch die Mathematik (FFT) automatisch geliefert. Allerdings würde dann die Hälfte des Bildschirms für „redundante" Information verloren gehen.
Bei „unsymmetrischen" Audio-Signalen gibt es keine Spiegelsymmetrie in Richtung Vergangenheit und Zukunft wie z.B. beim (periodischen) Rechteck. Deshalb gibt es hierbei nicht diese einfache Symmetrie im Frequenzbereich mit positiven und negativen Amplituden usw.

Symmetrische Spektren führen ferner nicht zu Fehlinterpretationen von Spektralverläufen wie in Abb. 30. Ferner lassen sich nichtlineare Signalprozesse (Kapitel 7) wie Multiplikation, Abtastung bzw. Faltung, die für die Digitale Signalverarbeitung DSP eine überragende Bedeutung besitzen, einfacher nachvollziehen.

Periodische Spektren

Rufen wir uns noch einmal in Erinnerung: *Periodische Signale besitzen Linienspektren!* Die Linien sind äquidistant bzw. sind die ganzzahlig Vielfachen einer Grundfrequenz.

Aufgrund des Symmetrieprinzips sollte nun eigentlich gelten: Äquidistante Linien im Zeitbereich müssten eigentlich auch *periodische Spektren* im Frequenzbereich geben.

In Abb. 69 wird dies experimentell untersucht. In der ersten Reihe sehen Sie das Linienspektrum einer periodischen Sägezahn-Funktion.

In der zweiten und dritten Reihe sehen Sie periodische δ-Impuls-Folgen verschiedener Frequenz, *und zwar im Zeit- und Frequenzbereich!* Dies ist der Sonderfall, bei dem beides gleichzeitig im Zeit- und Frequenzbereich auftritt: Periodizität *und* Linien!

In der vierten Reihe ist eine einmalige, kontinuierliche Funktion - ein Teil einer Si-Funktion - dargestellt, die ein relativ schmales kontinuierliches Spektrum aufweist. Wird dieses Signal digitalisiert - d.h. als Zahlenkette dargestellt - so entspricht dies aus mathematischer Sicht der Multiplikation dieser kontinuierlichen Funktion mit einer periodischen δ-Impulsfolge (hier mit der δ-Impulsfolge der dritten Reihe). Dies zeigt die untere Reihe.

Jedes digitalisierte Signal besteht dadurch aus einer periodischen, aber „gewichteten“ δ-Impulsfolge. Jedes digitalisierte Signal besteht also aus (äquidistanten) Linien im Zeitbereich und muss deshalb ein periodisches Spektrum besitzen.

> Der wesentliche Unterschied zwischen den zeitkontinuierlichen analogen Signalen und den zeitdiskreten digitalisierten Signalen liegt also im Frequenzbereich: *Digitalisierte Signale besitzen immer periodische Spektren!*

Periodische Spektren stellen also keinesfalls eine theoretische Kuriosität dar, sie sind vielmehr der Normalfall, weil die Digitale Signalverarbeitung DSP (Digital Signal Processing) schon längst die Oberhand in der Nachrichtentechnik/Signalverarbeitung gewonnen hat. Wie bereits im Kapitel 1 beschrieben, wird die Analogtechnik zunehmend dorthin verdrängt, wo sie immer physikalisch notwendig ist: An die Quelle bzw. Senke eines nachrichtentechnischen Systems (z.B. Mikrofon - Lautsprecher bei der (digitalen) Rundfunkübertragung sowie auf den eigentlichen Übertragungsweg.

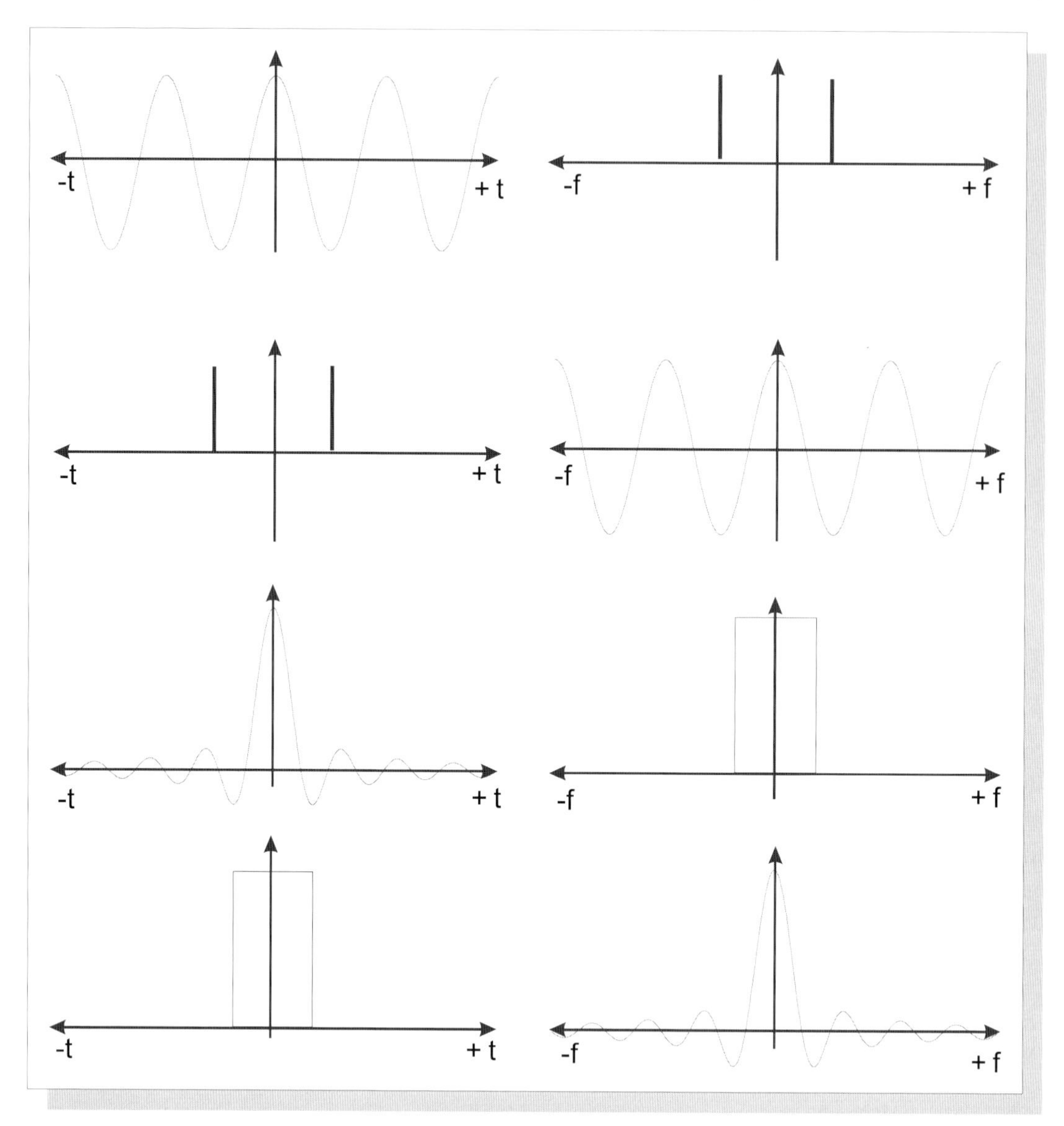

Abbildung 68 ***Symmetriebilanz***

Die Bilder fassen noch einmal für zwei komplementäre Signale - Sinus und δ-Impuls sowie Si-Funktion und Rechteck-Funktion - die Symmetrieeigenschaften zusammen. Die wesentlich Erkenntnis ist: Signale des Zeitbereichs können in gleicher Form im Frequenzbereich (und umgekehrt) vorkommen, falls negative Frequenzen und Amplituden zugelassen werden. Zeit- und Frequenzbereich stellen zwei „Welten" dar, in denen gleiche Gestalten - in die „andere Welt" projiziert - die gleichen Abbilder ergeben.

Genau genommen gilt diese Aussage vollständig jedoch nur für diejenigen Signale, die - wie hier dargestellt - spiegelsymmetrisch in Richtung „Vergangenheit" und „Zukunft" verlaufen. Diese Signale bestehen aus Sinusschwingungen, die entweder gar nicht oder um π zueinander phasenverschoben sind; mit anderen Worten, die eine positive oder negative Amplitude besitzen!

*Beachten Sie auch, dass hier idealisierte Signale als Beispiele genommen wurden. Es gibt aus physikalischer Sicht weder rechteckige Funktionen im Zeit-, noch im Frequenzbereich. Weil die Si-Funktion die FOURIER-Transformierte der Rechteck-Funktion ist, kann es sie in der Natur auch nicht geben. Auch sie reicht - wie der Sinus (oben) - unendlich weit nach links und rechts, im Zeitbereich also unendlich weit in Vergangenheit und Zukunft. Schließlich kann es auch keine Linien geben, denn dazu müsste die Sinusschwingung ja wegen des **UP** ja unendlich lang andauern.*

In der Natur braucht halt jede Änderung ihre Zeit und alles hat einen Anfang und ein Ende! Idealisierte Funktionen (Vorgänge) werden betrachtet, um zu wissen, wie reale und fast ideale Lösungen aussehen sollten.

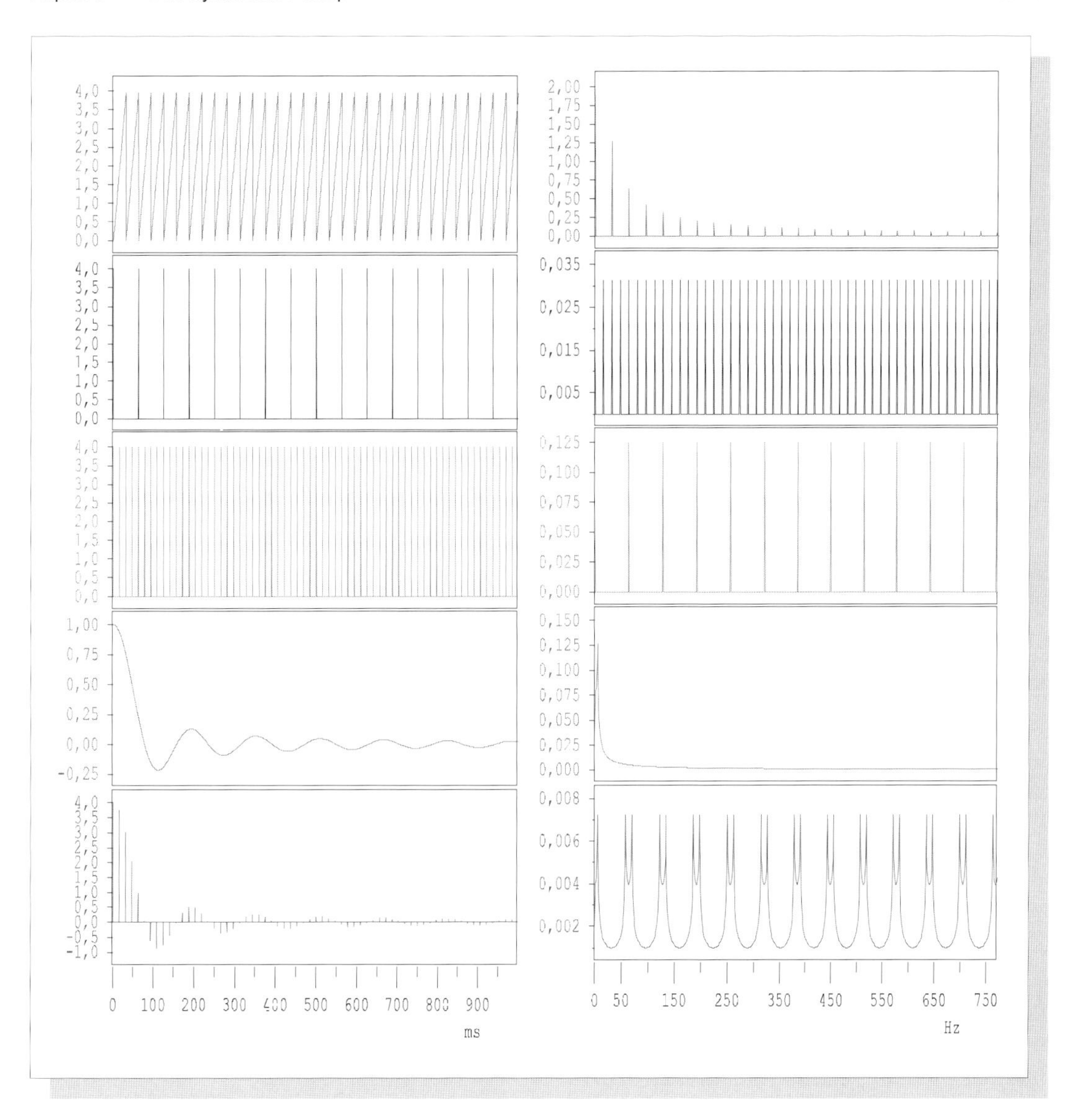

Abbildung 69 ***Periodische Spektren***

In dieser Darstellung wird die wichtigste Folgerung des Symmetrieprinzips ***SP*** *für die moderne digitale Signalverarbeitung* ***DSP*** *erläutert.*

In der oberen Reihe wird noch einmal gezeigt, dass periodische Funktionen im Zeitbereich - hier Sägezahn - ein Linienspektrum im Frequenzbereich besitzen. Dies besteht immer aus äquidistanten Linien.

Das Symmetrieprinzip fordert nun auch die Umkehrung: Äquidistante Linien im Zeitbereich sollten nun auch periodische Spektren ergeben .

In der zweiten und dritten Reihe ist ein Spezialfall dargestellt, für den Sie diesen Tatbestand schon kannten, aber nicht beachtet haben: Die periodische δ-Impulsfolge! Hier liegen Linien und Periodizität gleichermaßen sowohl im Zeit- als auch Frequenzbereich vor!

Als Folge äquidistanter Linien muss aber jedes digitalisierte Signal betrachtet werden, quasi als „periodische, aber gewichteten δ-Impulsfolge". Es entsteht durch Multiplikation des analogen Signals mit einer periodischen δ-Impulsfolge. Im Spektrum müssen also beide Charakteristika vertreten sein, die des analogen Signals und der periodischen δ-Impulsfolge. Das periodische Ergebnis sehen wir unten rechts.

Bitte beachten Sie, dass auch hier nur die positiven Frequenzen dargestellt sind. Das Spektrum des analogen Signals sieht also genau so aus, wie jeder Teil des periodischen Spektrums!

Inverse FOURIER-Transformation und GAUSSsche Zahlenebene

Sobald ein signaltechnisches Problem aus den beiden Perspektiven Zeit- und Frequenzbereich betrachtet wird, ist außer dem FOURIER-Prinzip **FP** und dem Unschärfe-Prinzip **UP** auch das Symmetrie-Prinzip **SP** mit im Spiel.

Nachdem bislang in diesem Kapitel das Phänomen „Symmetrie" dominierte, sollen nun die Anwendung sowie die messtechnische Visualisierung - Sichtbarmachung - des Symmetrie-Prinzips im Vordergrund stehen. Gewissermaßen als Krönung des Symmetrie-Prinzips sollte es eine Möglichkeit geben, mit der gleichen Operation *FOURIER-Transformation* auch von dem Frequenzbereich in den Zeitbereich zu gelangen.

Dies lässt sich aus der Abb. 68 auch direkt folgern, denn hier sind Zeit- und Frequenzbereich unter den genannten Bedingungen ja austauschbar. Außerdem wird bereits im Kapitel 2 auf die Möglichkeit der „FOURIER-Transformation in die andere Richtung" - der Inversen FOURIER-Transformation **IFT** - vom Frequenz- in den Zeitbereich hingewiesen. Unter der Überschrift „Das verwirrende Phasenspektrum" in diesem Kapitel ist auch zu lesen, dass erst Amplituden - *und* Phasenspektrum die vollständige Information über das Signal im Frequenzbereich liefern.

Die Perspektiven, die dieses Hin - und - Her zwischen Zeit- und Frequenzbereich bietet, sind bestechend. Sie werden in der modernen Digitalen Signalverarbeitung **DSP** auch immer mehr genutzt. Ein Beispiel hierfür wären qualitativ höchstwertige Filter, die - bis auf die durch das **UP** unvermeidliche Grenze - nahezu rechteckige Filterfunktionen liefern.

Das zu filternde Signal wird hierfür zunächst in den Frequenzbereich transformiert. Dort wird der unerwünschte Frequenzbereich ausgeschnitten, d.h. die Werte in diesem Bereich werden einfach auf 0 gesetzt! Danach geht es mit der **IFT** wieder zurück in den Zeitbereich und fertig ist das gefilterte Signal (siehe Abb. 72 unten).. Allerdings heißt die Hürde hier „Echtzeitverarbeitung". Der beschriebene *rechnerische* Prozess muss so schnell ausgeführt werden, dass auch bei einem lang andauernden Signal kein ungewollter Informationsverlust auftritt.

Nun soll auf experimentellem Wege mit DASY*Lab* die Möglichkeiten dieses Hin - und Her erkundet und erklärt werden.

Schauen wir uns zunächst einmal die im Modul „FFT" vorgesehenen Möglichkeiten an, in den Frequenzbereich zu kommen. Bisher haben wir ausschließlich die Funktionsgruppe „Reelle FFT eines reellen Signals mit Bewertung" und in ihr das Amplituden- oder/und das Phasenspektrum verwendet. Im vorherigen Kapitel kam noch das Leistungsspektrum hinzu. An erster Stelle steht hier aber im Menü die „FOURIER-Analyse". Die wählen wir jetzt. Bitte bauen Sie nun die Schaltung nach Abb. 70 auf und stellen Sie alle Werte so ein, wie dort im Bildtext angegeben.

Erstaunlicherweise sehen wir hier das Symmetrie-Prinzip **SP** in gewisser Weise verwirklicht, denn es besteht eine Spiegel-Symmetrie in Bezug auf die senkrechte Mittellinie. In der neuen Version von DASY*Lab* bzw. in der Schulversion lässt diese Symmetrie durch Anklicken des Menüpunktes „Symmetrische Achse" wählen.

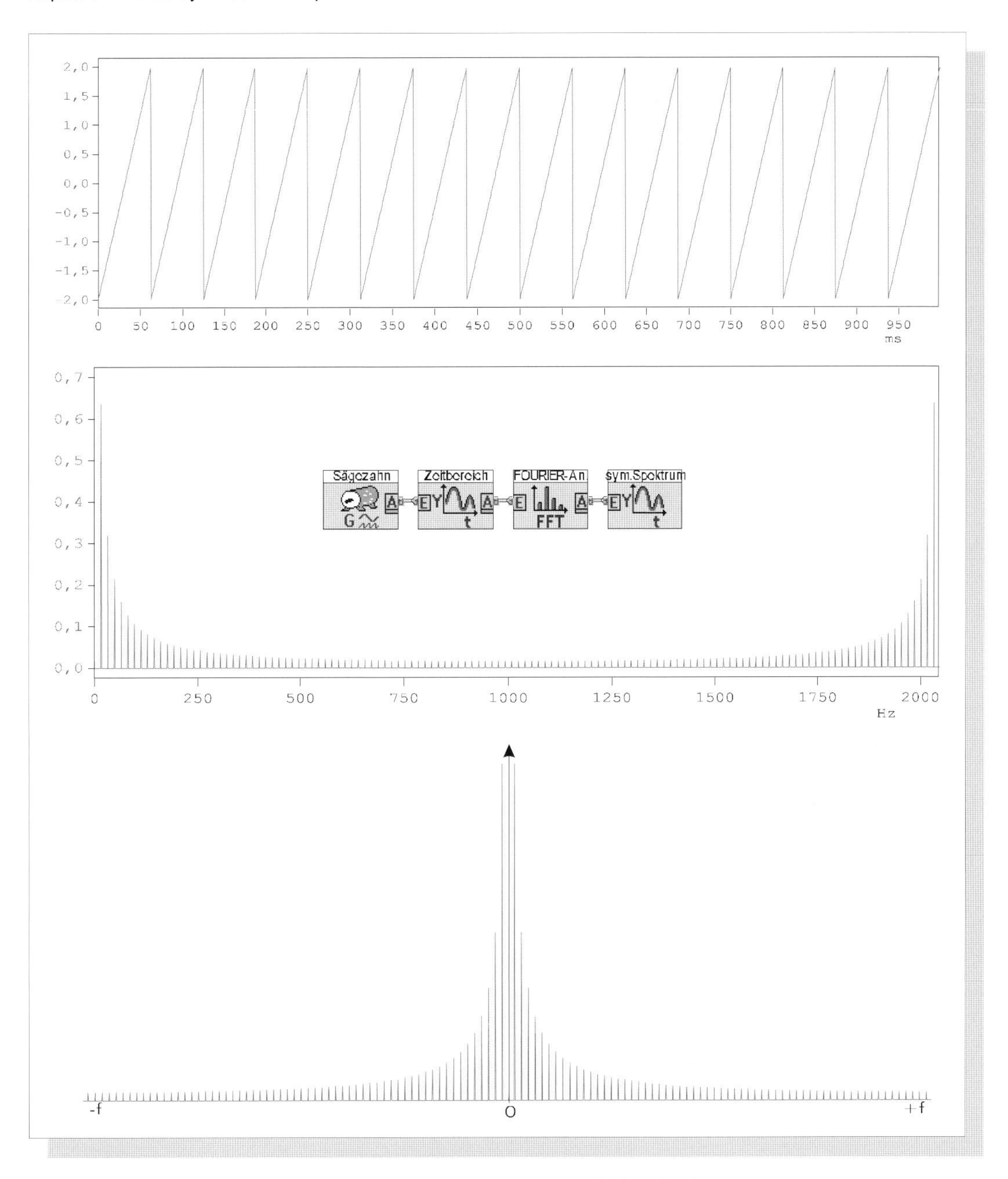

Abbildung 70 ***FOURIER-Analyse und symmetrisches Spektrum***

Beim FFT-Modul wurde wie bisher die „reelle FFT eines reellen Signal mit Bewertung“ und anschließend die Einstellung „FOURIER-Analyse“gewählt. Oben im Menü A/D ist unsere Standardeinstellung Blocklänge = Abtastrate = 1024 eingestellt. Die Sägezahnfrequenz beträgt 16 Hz. Bei „krummen“ Werten ergeben sich zusätzliche Spektrallinien, auf die im Kapitel 9 eingegangen wird.

Es ergibt sich nun ein mit DASYLab gemessenes symmetrisches Spektrum. Allerdings oben nicht, wie bislang dargestellt, mit positiven und negativen Frequenzen, aber immerhin symmetrisch. Nun gibt es in der neuen Version 5.0 und auch in der Studienversion die Möglichkeit, über die Einstellung (rechts unten) „symmetrische Achse“ die untere Darstellung mit positivem und negativem Frequenzbereich zu wählen.

Allerdings fehlen die negativen Amplituden bzw. es fehlt jegliche Information über das Phasenspektrum. Die FOURIER-Analyse liefert also nicht alle Informationen, die wir bräuchten, um eine eineindeutige Darstellung des Signals im Frequenzbereich zu erhalten. Deshalb schauen wir uns an, was es sonst noch für Varianten des FFT-Moduls gibt (Abb. 71). Da gibt es 2 Formen der „komplexen FFT“, die zwei Ausgänge besitzen. Die werden wir nun einsetzen!

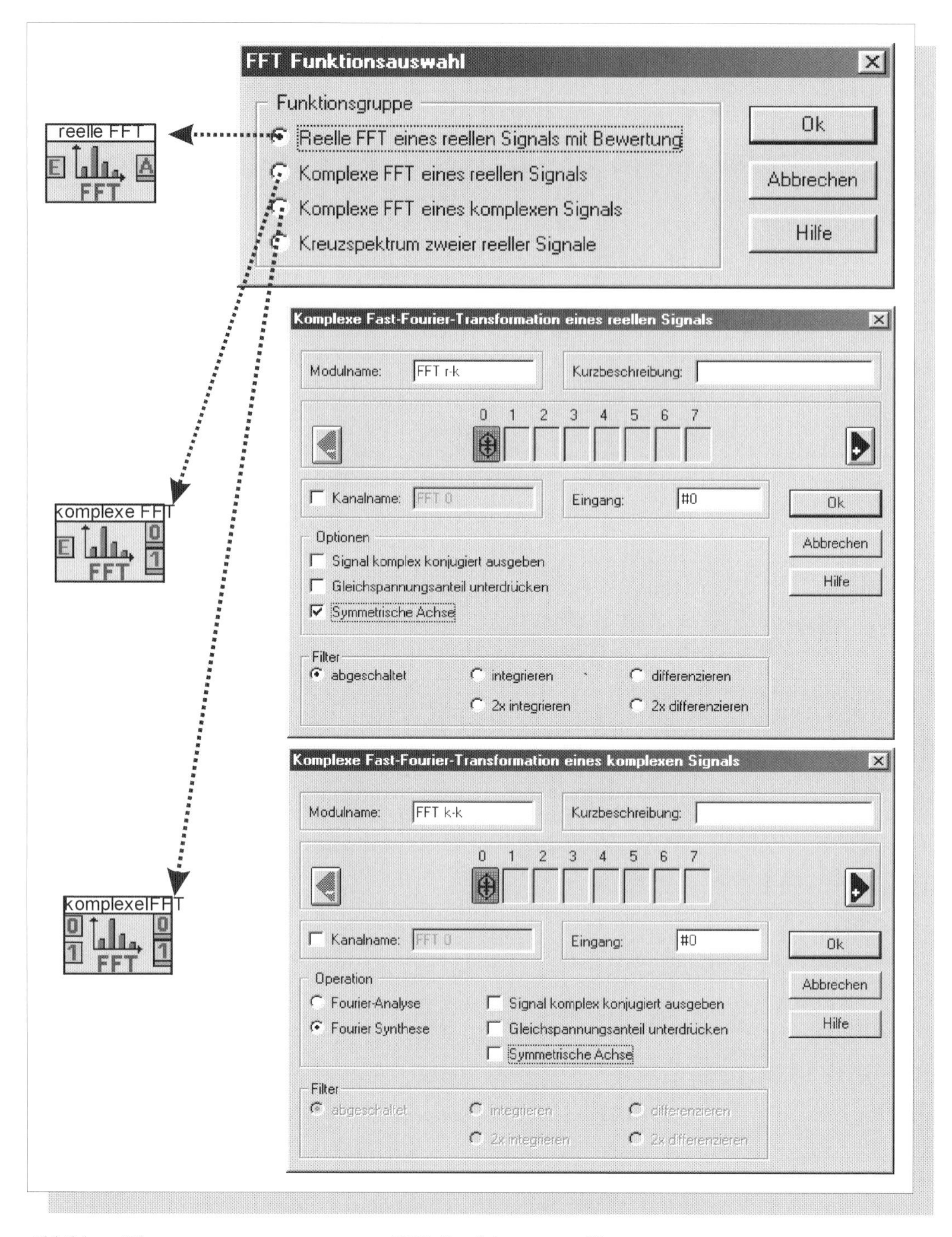

Abbildung 71 ***FFT-Funktionsauswahl***

Das FFT-Modul erlaubt verschiedene Varianten. Am augenfälligsten äußert sich dies in der Anzahl der Ein- und Ausgänge dieses Moduls (siehe oben links). Bislang wurde ausschließlich von der „Reellen FFT ...“ Gebrauch gemacht. Auch hierbei gibt es ja verschiedene Wahlmöglichkeiten.

*Wie wir sehen werden, wird das Symmetrieprinzip **SP** bei den beiden Formen der „Komplexe FFT ...“ ausgenutzt, um das „Hin - und Her“ zwischen Zeit- und Frequenzbereich zu realisieren (siehe unten). Für den Weg von Zeit- in den Frequenzbereich (**FT**) benötigen wird das Modul mit einem Eingang und zwei Ausgängen, für den umgekehrten Weg (**IFT**) das Modul mit zwei Eingängen und Ausgängen. Ganz wichtig hierbei: Wählen Sie die Einstellung „FOURIER-Synthese“, weil Sie ja das Zeitsignal aus den Sinusschwingungen des Spektrums zusammensetzen wollen.*

Bevor wir nun diese Art der FOURIER-Transformation auf experimentellem Weg genau erkunden soll gezeigt werden, dass es funktioniert.

In Abb. 72 erkennen Sie einen entsprechenden Schaltungsaufbau. Falls Sie hier die Parameter gemäß Bild und Bildtext von Abb. 71 einstellen, kommt am oberen Ausgang des (inversen) FFT-Moduls tatsächlich das linke Eingangssignal wieder zum Vorschein. Hier wurden also offensichtlich alle Informationen des Zeitbereichs in den Frequenzbereich übertragen, so dass über den *kompletten Satz aller notwendigen Informationen* die inverse FOURIER-Transformation **IFT** in umgekehrter Richtung zurück in den Zeitbereich ebenfalls erfolgreich war.

Jetzt gilt zu zeigen, wie einfach es sich im Frequenzbereich manipulieren lässt. Durch Hinzufügen des Ausschnitt-Moduls haben wir die Möglichkeit, einen beliebigen Frequenzbereich auszuschneiden. In der unteren Hälfte sehen wir den Erfolg dieser Maßnahme: Ein praktisch idealer Tiefpass mit der Grenzfrequenz 32 Hz, wie er bislang nicht realisiert werden konnte! Diese Schaltung wird sich als eine der wichtigsten und raffiniertesten in vielen praktischen Anwendungen erweisen, auf die noch zu sprechen kommen wird.

Im nächsten Schritt wollen wir nun experimentell ermitteln, wie das ganze funktioniert und was das mit dem **SP** zu tun hat. Machen wir den Versuch und bilden zunächst drei einfache einfache Sinusschwingung mit 0, 30 und 230 Grad bzw. 0, π/6 und 4 rad Phasenverschiebung über die „komplexe“ FFT“ eines reellen Signals ab. Das Ergebnis in Abb. 73 sind für jede der drei Fälle *zwei* verschiedene, *symmetrische* Linienspektren. Allerdings scheint es sich nicht um Betrag und Phase zu handeln, da beim Betrag nur positive Werte möglich sind. Das jeweils untere Spektrum kann auch kein Phasenspektrum sein, da die Phasenverschiebung der Sinusschwingung nicht mit den dortigen Werten übereinstimmt.

Wir forschen nun weiter und schalten ein X-Y-Modul hinzu (Abb. 74). Nun sehen Sie in der Ebene mehrere „Frequenzvektoren“. Zu jedem dieser Frequenzvektoren gibt es spiegelsymmetrisch zur Horizontalachse einen zugehörigen „Zwilling“. Im Falle der Sinusschwingung mit 30 Grad bzw. π/6 Phasenverschiebung gehören hierzu die beiden Frequenzvektoren, die jeweils 30 Grad bzw. π/6 rad Phasenverschiebung gegenüber der durch den Mittelpunkt (0;0) vertikal gehenden Linie aufweisen. Die Phasenverschiebung gegenüber der durch den Punkt (0;0) horizontal verlaufenden Linie beträgt demnach 60 Grad bzw. π/3 rad.

Die Vertikale nennen wir zunächst *Sinus-Achse*, weil beide Frequenzlinien bei einer Phasenverschiebung von 0 Grad bzw. 0 rad auf ihr liegen. Die Horizontale nennen wir zunächst *Cosinus-Achse*, weil die Frequenzlinien bei einer Phasenverschiebung des Sinus von 90 Grad bzw. π/2 - dies entspricht dem Cosinus - beide auf ihr liegen.

Andererseits ist ein um π/6 rad verschobener Sinus nichts anderes als ein um -π/3 verschobener Cosinus. Wenn Sie nun die Achsabschnitte mit den Werte der Linienspektren vergleichen, gehören die Werte des oberen Spektrums zur Cosinus-Achse, die Werte des unteren Spektrums zur Sinus-Achse.

Die beiden Frequenzlinien besitzen also offensichtlich die Eigenschaften von Vektoren, die ja neben ihrem Betrag noch eine bestimmte Richtung aufweisen. Wir werden sehen, dass die Länge *beider* Frequenzvektoren die Amplitude des Sinus, der Winkel der „Frequenzvektoren“ zur Vertikal- bzw. Horizontallinie die Phasenverschiebung des Sinus bzw. Cosinus wiedergibt zum Zeitpunkt t = 0 s wiedergibt.

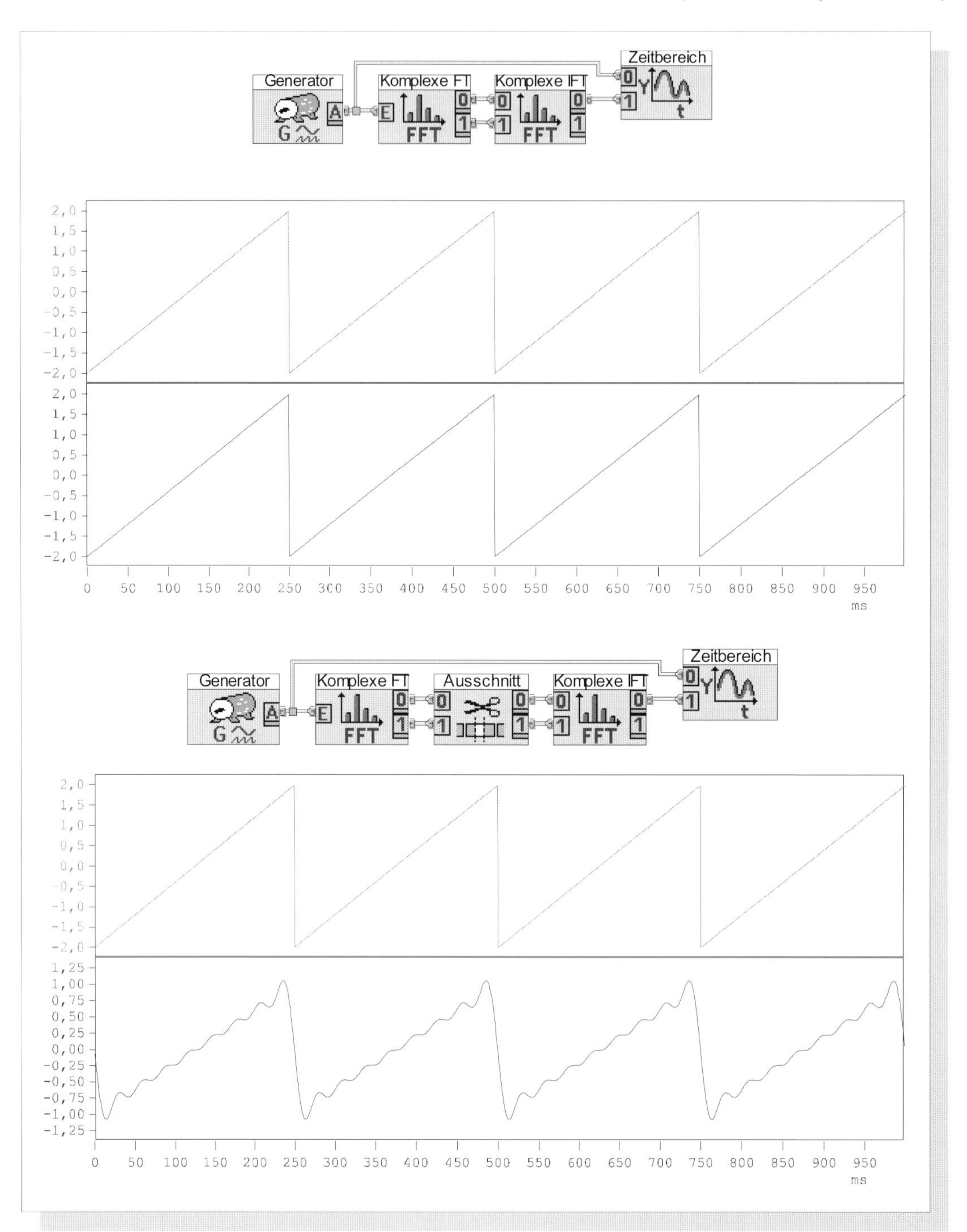

Abbildung 72 ***FT und IFT: Symmetrische FOURIER-Transformation***

Als Testsignal wurde hier ein periodischer Sägezahn mit 4 Hz ausgewählt. Sie könnten aber genauso gut jedes andere Signal, z.B. Rauschen wählen. Stellen Sie - wie gewohnt - oben im Menü unter A/D die Abtastfrequenz als auch die Blocklänge auf 1024.

*Im Modul „Ausschnitt" wurden die Frequenzen 0 bis 32 Hz durchgelassen (bei den gewählten Einstellungen entspricht die Sample-Nr. praktisch der Frequenz). Die höchste Frequenz von 32 Hz sehen Sie als „Welligkeit" des Sägezahns: Dieser „wellige Sinus" geht bei jedem Sägezahn über 8 Perioden; bei 4 Hz Sägezahnfrequenz besitzt damit die höchste durchgelassenen Frequenz also den Wert 4*8=32 Hz.*

Ganz wichtig ist hierbei, auf beiden Kanälen genau den gleichen Ausschnitt (Frequenzbereich) einzustellen!

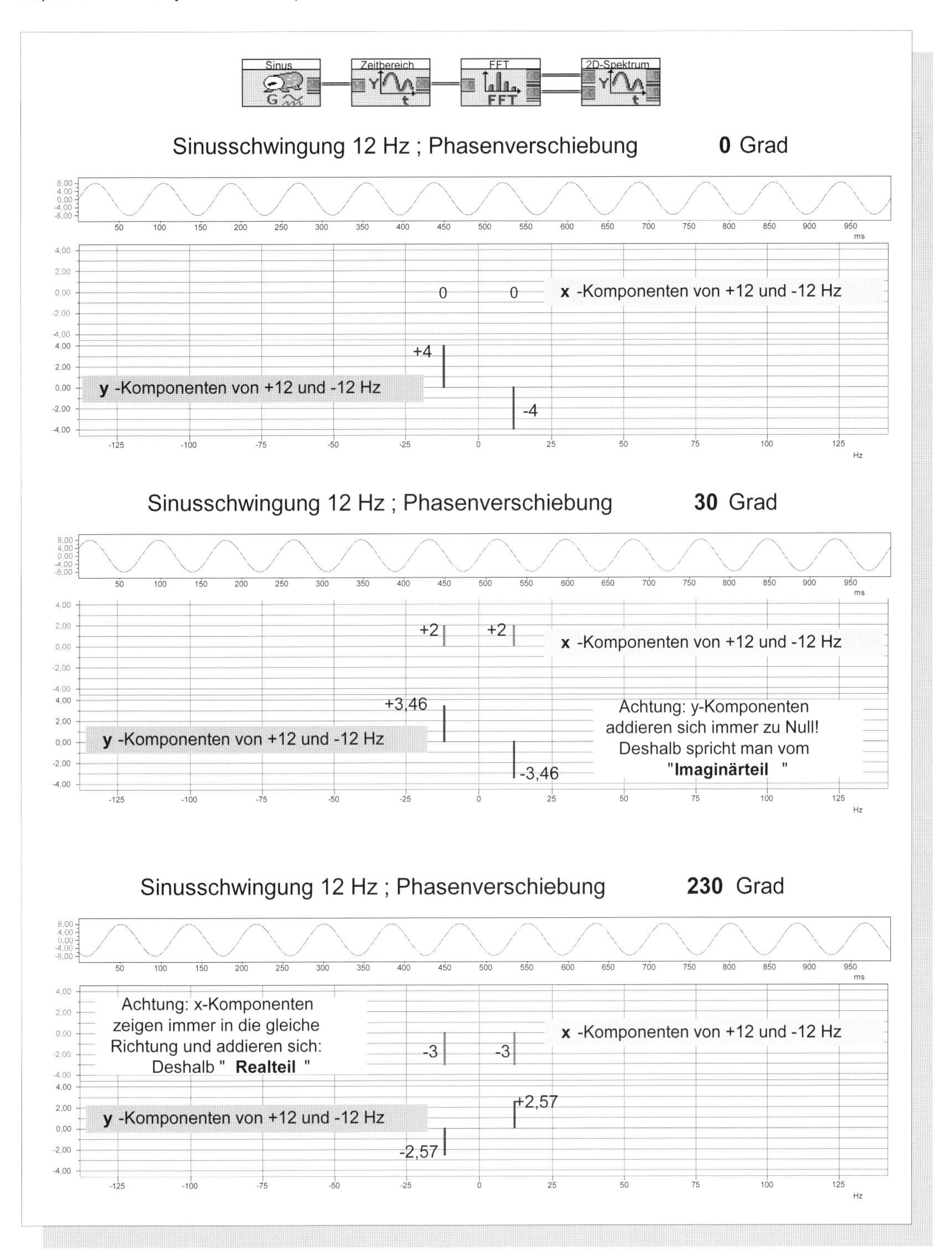

Abbildung 73 ***Symmetrische Spektren, bestehend aus x- und y-Komponenten (x-y-Darstellung)***

Hier soll nun geklärt werden, welche Angaben an den beiden Ausgängen dieses FFT-Moduls erscheinen. Neben der Frequenz gehört zu jeder Sinusschwingung die Angabe von Amplitude und Phase. Erste Vermutung deshalb: An den beiden Ausgängen erscheinen Amplitude und Phase der positiven und negativen Frequenz + bzw. - 12 Hz. Die Bilder liefern ein anderes Ergebnis.

Erinnern wir uns: Abb. 12 verknüpft die Sinusschwingung mit einem rotierenden Zeiger. Wird diese Idee verfolgt, so lässt sich der rotierende Zeiger wie ein Vektor über (zeitlich veränderbare) x- und y-Komponenten darstellen. Diesem Gedanken folgend, wird in Abb. 74 ein x-y-Modul zur Visualisierung der beiden Kanäle gewählt. Ergebnis: Zwei entgegengesetzt rotierende Zeiger!

Wie Abb. 74 zeigt, ist der „Drehsinn“ der beiden „Frequenzvektoren“ entgegengesetzt, falls die Phasenverschiebung des Sinus zu- oder abnimmt. Die in Abb. 73 (unten) jeweils rechte Frequenz , die wir in Abb. 69 (unten) als negative Frequenz darstellten, dreht sich gegen den Uhrzeigersinn, die positive mit dem Uhrzeigersinn bei jeweils zunehmender positiver Phasenverschiebung.

Wie verbirgt sich nun der Momentanwert der drei Sinusschwingungen zum Zeitpunkt t = 0 s in der Ebene? Vergleichen Sie intensiv die symmetrischen Spektren der Abb. 73 mit der Ebene des X-Y-Moduls in der Abb. 74. Berücksichtigen Sie dabei, dass es sich bei den Frequenzlinien ja um Vektoren handelt, und für die gelten ganz bestimmte Regeln. Vektoren - z. B. Kräfte - lassen sich durch *Projektion* auf die horizontale und vertikale Achse in Teile zerlegen, die hier als Markierungen eingetragen sind.

Für die Sinusschwingung mit der Phasenverschiebung 30 Grad bzw. π/6 rad ergibt sich als Projektion auf die Cosinus-Achse jeweils der Wert 2. Die Summe ist 4 (Momentanwert zur Zeit t = 0 s). Die Projektion auf die Sinus-Achse dagegen ergibt den Wert 3,46 bzw. -3,46, d.h. die Summe ist gleich 0.

Deshalb liegen die resultierenden Vektoren aller (symmetrischen) „Frequenzvektor“-Paare *immer* auf der Cosinus-Achse und stellen hier die *realen*, der Messung zugänglichen Momentanwerte zum Zeitpunkt t = 0 dar. Deshalb wird auf der Cosinus-Achse der sogenannte *Realteil* dargestellt.

Auf der Sinus-Achse liegen dagegen die Projektionen der Frequenzvektor-Paare immer entgegengesetzt. Ihre Summe ist deshalb unabhängig von der Phasenlage immer gleich 0. Die Projektion auf die Sinus-Achse besitzt also kein real-messtechnisch erfassbares Gegenstück. In Anlehnung an die *Mathematik der Komplexen Rechnung* in der sogenannten GAUSSschen Zahlenebene bezeichnen wir deshalb die Projektion auf die Sinus-Achse als *Imaginärteil.* Beide Projektionen machen trotzdem einen wichtigen physikalischen Sinn. Dies erläutert Abb. 75. Die Projektion verrät uns, dass jede phasenverschobene Sinusschwingung immer aus einer Sinus- und einer Cosinus-Schwingung *gleicher Frequenz* zusammengesetzt werden kann. Daraus ergeben sich wichtige Konsequenzen.

Alle Signale lassen sich im Frequenzbereich auf drei Arten abbilden: Als

→ Amplituden - und Phasenspektrum,

→ *Spektrum der Frequenzvektoren in der GAUSSschen Zahlenebene* sowie

→ *Spektrum von Sinus- und Cosinus-Schwingungen.*

Die symmetrischen Spektren aus Abb. 73 (unten) entpuppen sich also als der letztgenannte Typ der Darstellung eines Spektrums. Dies beweist Abb. 75.

Die folgenden Abbildungen beschäftigen sich mit den Spektren periodischer und nichtperiodischer Signale in der Darstellung als symmetrisches „Frequenzvektor“-Paar in der GAUSSschen Zahlenebene der komplexen Zahlen. Nähere Hinweise finden Sie im Bildtext.

Komplexe Zahlen werden in der Mathematik solche genannt, die einen realen und einen imaginären Anteil enthalten. Es wäre reizvoll zu zeigen, dass das Rechnen hiermit alle andere als „komplex“, sondern viel einfacher ist als nur mit reellen Zahlen. Aber wir wollten ja die Mathematik draußen vor lassen!

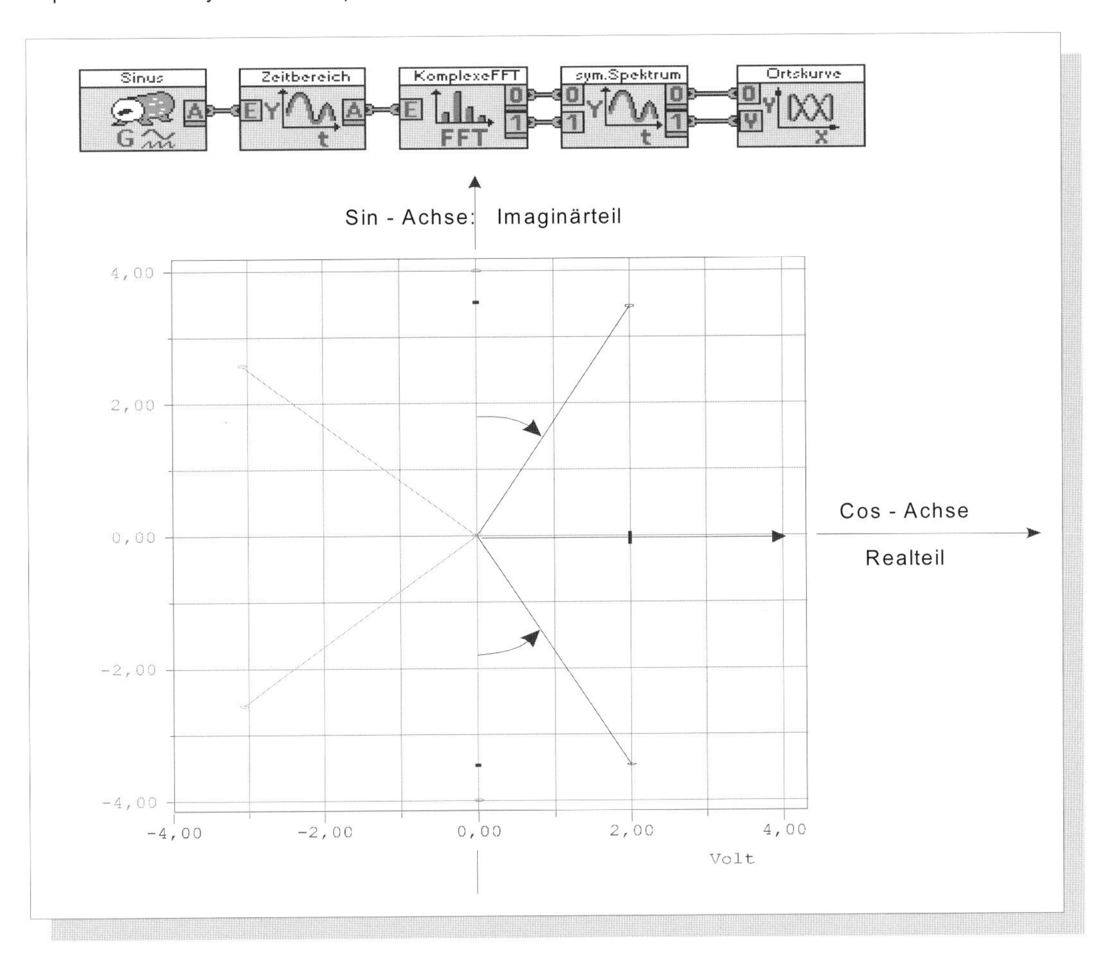

Abbildung 74 ***Darstellung der „Frequenzvektoren" in der komplexen GAUSSschen Zahlenebene***

Durch das X-Y-Modul lassen sich alle Informationen der beiden Spektren aus Abb. 73 in einer Ebene zusammenfassen. Jede der drei Sinusschwingungen aus findet sich hier als ein „Frequenzvektor-Paar" wieder, welches immer symmetrisch zur Horizontalachse liegt. Statt der üblichen Vektor-Pfeilspitze verwenden wir hier ein kleines kreisähnliches Gebilde. Die Länge aller „Frequenzvektoren" ist hier 4 V, d.h. auf jede der beiden Frequenzvektoren entfällt die Hälfte der Amplitude der Sinusschwingung!

Die Sinusschwingung ohne Phasenverschiebung können Sie am schlechtesten erkennen: Dieses Paar von Frequenzvektoren liegt auf der durch den Punkt (0;0) gehenden Vertikalachse, die wir aus diesem Grund „Sinus-Achse" nennen. Bei einer Phasenverschiebung von 90 Grad bzw. π/2 rad - dies entspricht einem Cosinus - liegen beide Frequenzvektoren übereinander auf der Horizontalachse. Wir nennen diese deshalb „Cosinus-Achse".

Bei einer Phasenverschiebung von 30 Grad bzw. π/6 rad erhalten wir die beiden Frequenzvektoren, bei denen der Winkel in Bezug auf die Sinus-Achse eingezeichnet ist. Wie Sie nun sehen können, ist ein Sinus mit einer Phasenverschiebung von 30 Grad bzw. π/6 rad nichts anderes als ein Cosinus von –60 Grad bzw. - π/3 rad. Ein phasenverschobener Sinus besitzt also einen Sinus- und einen Cosinus-Anteil!

Achtung! Die beiden gleich großen Cosinus-Anteile eines Frequenzvektor-Paars addieren sich, wie Sie in Abb. 73 nachprüfen sollten, zu einer Größe, die dem Momentanwert dieser Sinusschwingung zum Zeitpunkt t = 0 s entspricht. Dagegen addieren sich die Sinus-Anteile immer zu 0, weil sie entgegengesetzt liegen. Weil sich auf der Cosinus-Achse real messbare Größen wiederfinden, sprechen wir hier auch vom Realteil. Da sich auf der Sinus-Achse immer alles aufhebt und nichts Messbares übrig bleibt, wählen wir - in Anlehnung an die Mathematik der Komplexen Rechnung - hier die Bezeichnung Imaginärteil.

Wir werden in der nächsten Abbildung zeigen, dass sich aus der Addition der Sinusschwingungen, die zu dem Realteil- und dem Imaginärteil gehören, die zum „Frequenzvektor-Paar" gehörende Sinusschwingung herstellen lässt.

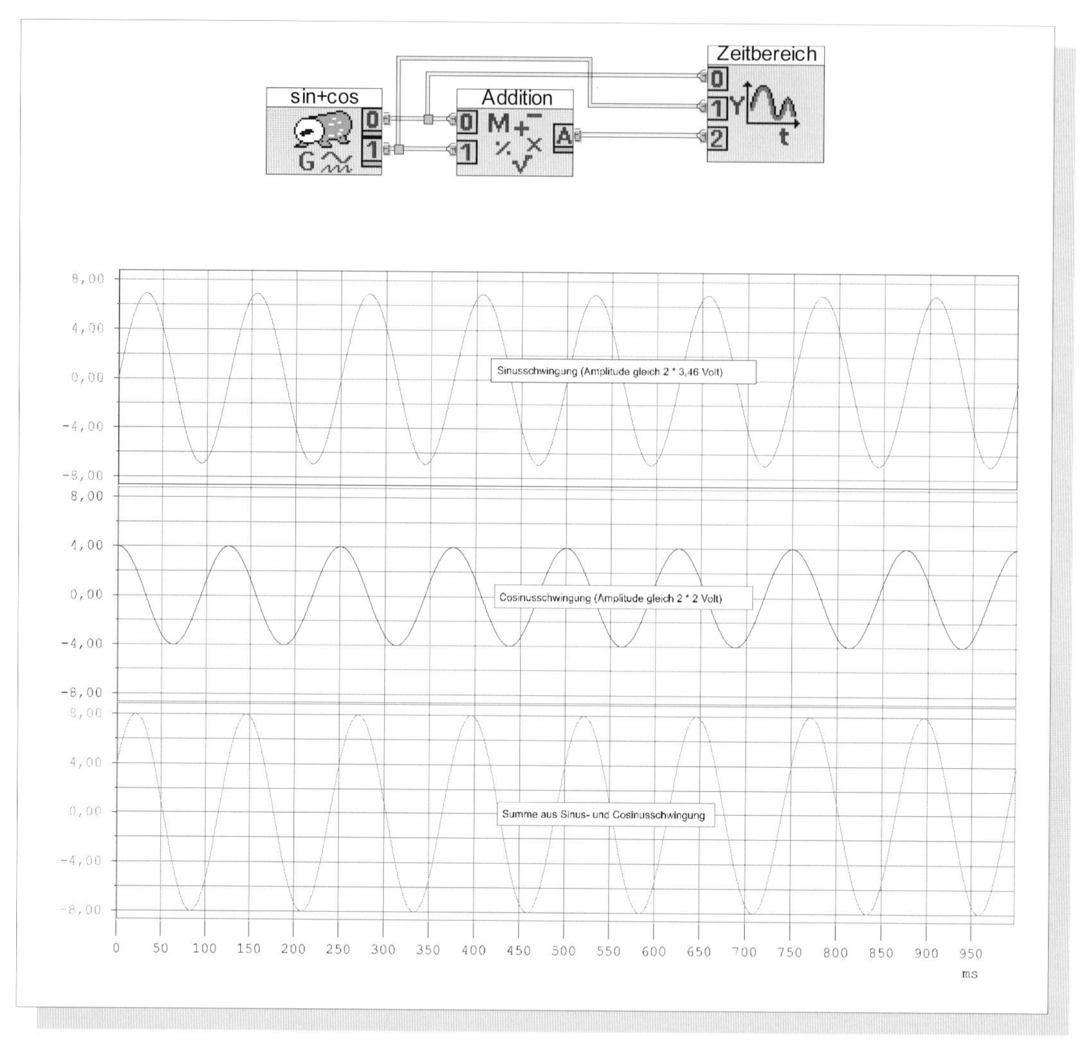

Abbildung 75 ***Spektrale Zerlegung in Sinus- und Cosinus-Anteile***

Hier sehen Sie die Probe aufs Exempel, inwieweit die drei verschiedenen Arten der spektralen Darstellung bzw. der Darstellung des Frequenzbereichs in sich konsistent sind. Aus den „Frequenzvektoren" in der GAUSSschen Ebene der komplexen Zahlen ergeben sich als Projektionen auf die Sinus- und Cosinus-Achse die entsprechenden Sinus- und Cosinus-Anteile (Imaginär- und Realteil).

*Betrachten wir zuerst die obige Sinusschwingung mit der Amplitude 2 * 3,46 = 6,92 V. In der Ebene der komplexen Zahlen ergibt Sie ein „Frequenzvektor-Paar", welches auf der Sinus-Achse liegt, ein Vektor von 3,46 V Länge zeigt in die positive Richtung , der andere „Zwilling" in die negative Richtung. Ihre vektorielle Summe ist gleich 0.*

Nun zur Cosinus-Schwingung mit der Amplitude 4 V. Das zugehörige „Frequenzvektor-Paar" liegt übereinander in positiver Richtung auf der Cosinus-Achse. Jeder dieser beiden Vektoren besitzt die Länge 2, damit ist die Summe 4.

Alles stimmt also genau mit der Abb. 74 überein. Beachten Sie bitte, dass die um 30 Grad bzw. π/6 rad phasenverschobene Sinusschwingung auch die Amplitude 8 V besitzt. Dies ergibt auch die entsprechende Rechnung über das rechtwinklige Dreieck: $3{,}46^2 + 2^2 = 4^2$ *(Satz des Pythagoras).*

Die Darstellung in der sogenannte GAUSSschen Ebene besitzt nun deshalb eine überragende Bedeutung, weil sie im Prinzip alle drei spektralen Darstellungsarten in sich vereint: Amplitude und Phase entsprechen der Länge und dem Winkel des „Frequenzvektors". Cosinus- und Sinus-Anteil entsprechen der Zerlegung eines phasenverschobenen Sinus in reine Sinus- und Cosinus-Formen.

Ein einziger Nachteil ist bislang zu erkennen: Wir können leider nicht die Frequenz ablesen. Die Lage des Vektors ist unabhängig von seiner Frequenz!

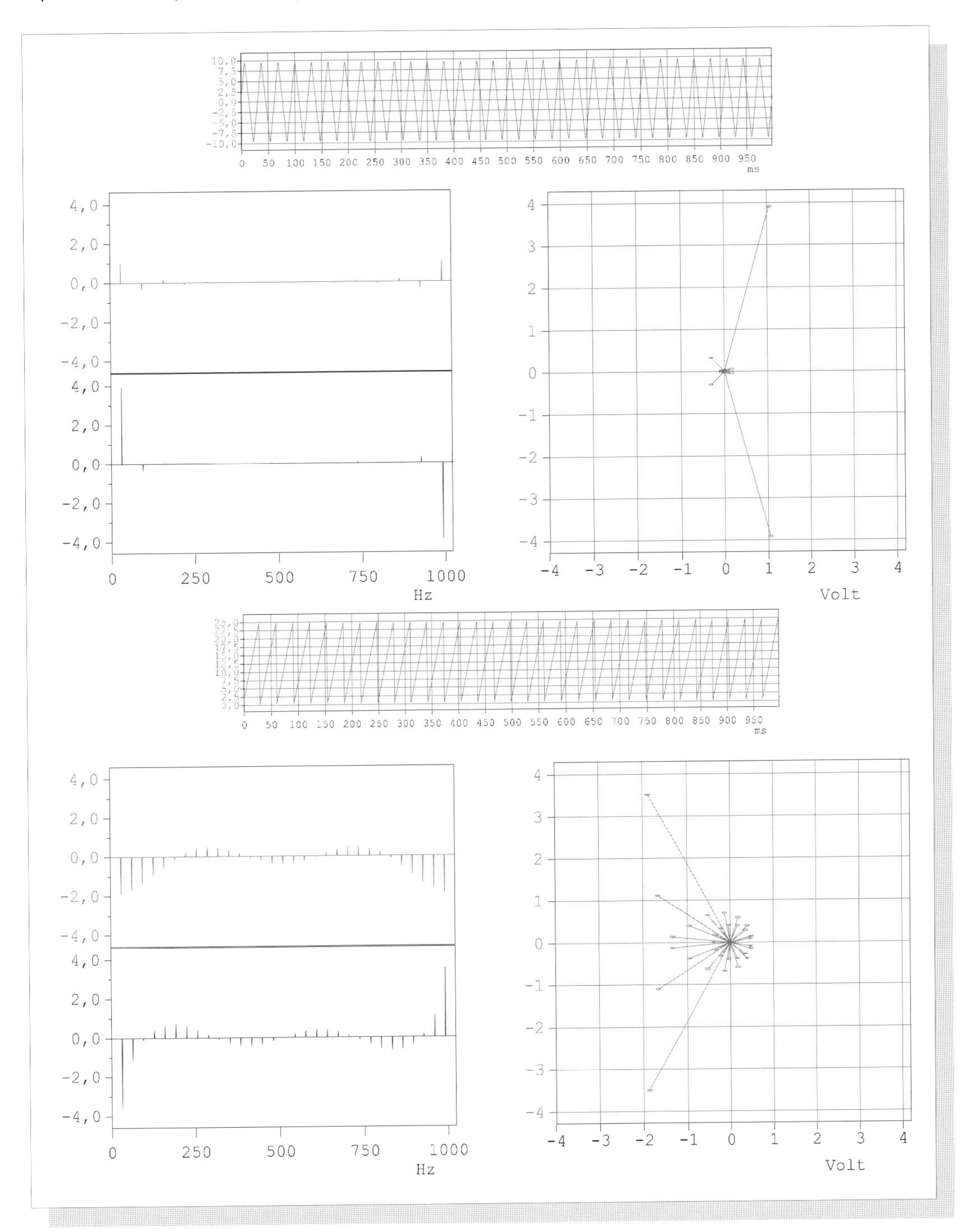

Abbildung 76 ***Spektrale Darstellung periodischer Signale in der GAUSSschen Zahlenebene***

Periodische Signale enthalten ja nur im Spektrum die ganzzahligen Vielfachen ihrer Grundfrequenz. Wir haben hier in Abweichung von bisher viele „Frequenzvektor-Paare" zu erwarten.

Oben sehen Sie ein periodische Dreieckschwingung mit der Phasenverschiebung 30 Grad bzw. π/6 rad. Aus Abb. 19 ist ersichtlich, wie schnell die Amplituden mit zunehmender Frequenz abnehmen. Je kleiner also hier die die Amplitude, desto höher ist die Frequenz. Hierüber ist also bereits eine frequenzmäßige Zuordnung möglich, falls wir die Grundfrequenz kennen.

Das gleiche gilt auch für die Sägezahnschwingung mit der Phasenverschiebung 15 Grad bzw. π/12 rad. Hier verändern sich die Amplituden - siehe Abb. 16 bis 18 - nach einer besonders einfachen Gesetzmäßigkeit: $\hat{U}_n = \hat{U}_1/n$. Die zweite Frequenz besitzt also nur die halbe Amplitude der ersten usw.

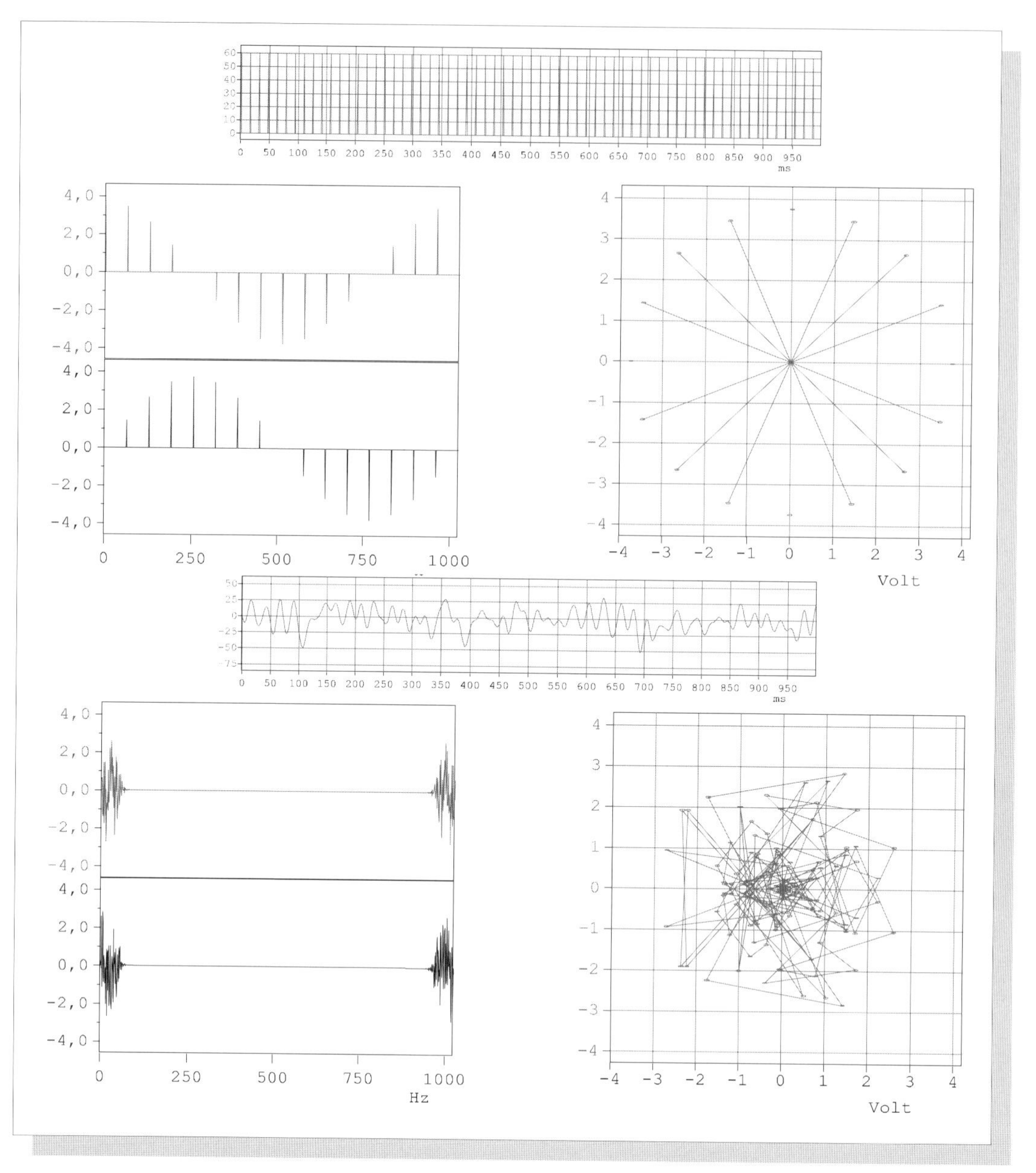

Abbildung 77 ***Periodische und nichtperiodische Spektren in der GAUSSschen Ebene***

Oben sehen Sie - etwas durch das Raster gestört - eine periodische δ-Impulsfolge. Beachten Sie den cos- bzw. sinusförmigen Verlauf des Linienspektrums von Realteil bzw. Imaginärteil. Falls Sie diese Cos- bzw. Sinus-Anteile nun in die GAUSSsche Zahlenebene übertragen, finden Sie das erste „Frequenzvektor-Paar" auf der horizontalen Cosinus-Achse in positiver Richtung, das zweite Paar mit doppelter Frequenz unter dem Winkel π/8 zur Cosinus-Achse, das nächste Paar unter dem doppelten Winkel usw. vor. Die Amplituden aller Frequenzen sind beim δ-Impuls ja gleich groß, deshalb ergibt sich eine sternförmige Symmetrie.

Darunter handelt es sich um tiefpassgefiltertes Rauschen (Grenzfrequenz 50 Hz), also um ein nichtperiodisches Signal. Bei diesem Signaltyp kann es keine Gesetzmäßigkeiten für Amplitude und Phase geben, weil es rein zufälliger - stochastischer - Natur ist. Unschwer erkennen Sie auch hier die Symmetrie der „Frequenzvektor-Paare. Hier sind auch die jeweils aufeinander folgenden Frequenzen direkt miteinander verbunden, d.h. die eine Linie führt zur tieferen, die andere zur nächst höheren Frequenz. In dem Gewusel dürfte es sehr schwer sein, Anfang und Ende der Gesamtlinie herauszufinden. Wie also kommen wir an den Frequenzwert jedes Paares?

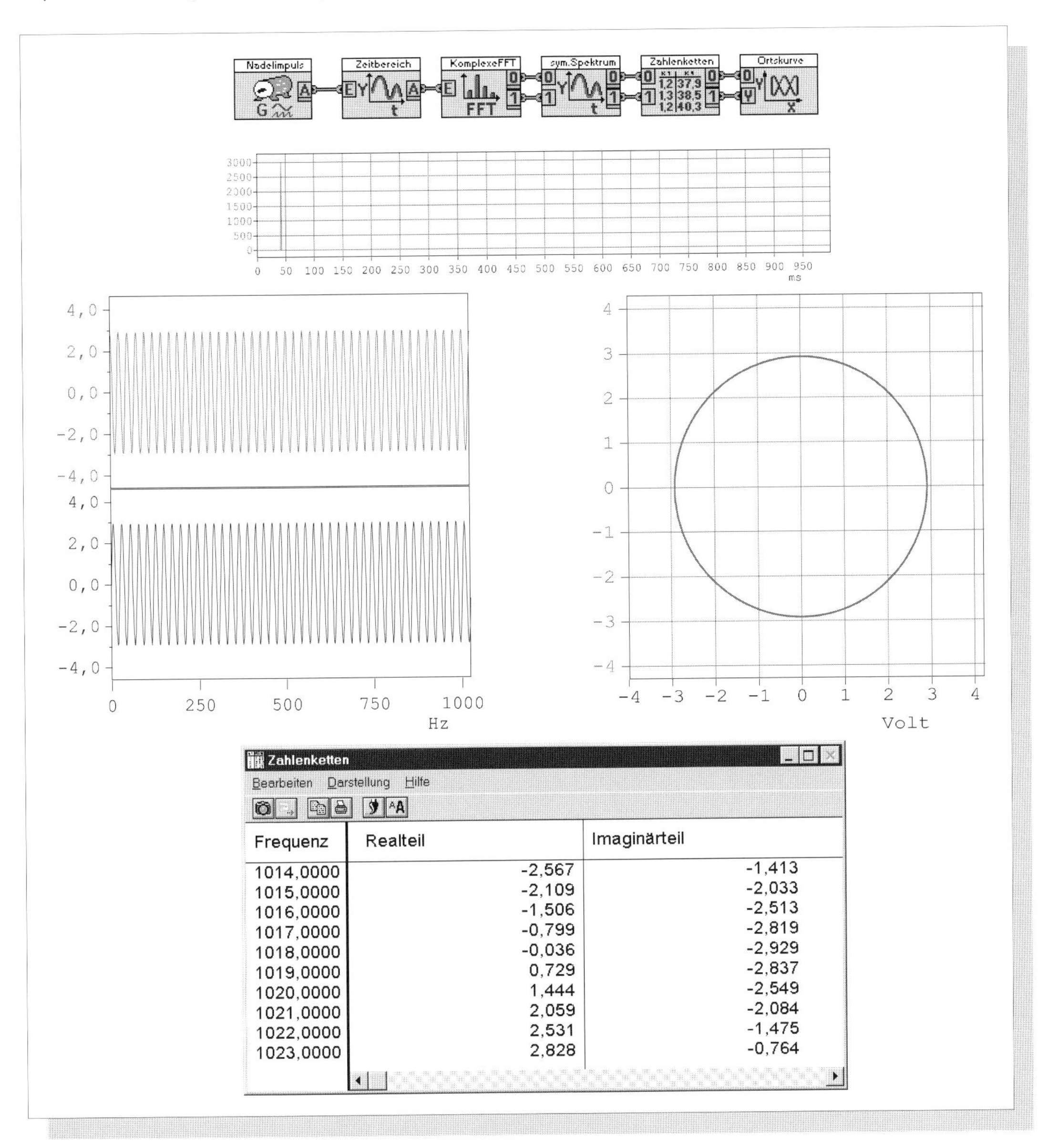

Frequenz	Realteil	Imaginärteil
1014,0000	-2,567	-1,413
1015,0000	-2,109	-2,033
1016,0000	-1,506	-2,513
1017,0000	-0,799	-2,819
1018,0000	-0,036	-2,929
1019,0000	0,729	-2,837
1020,0000	1,444	-2,549
1021,0000	2,059	-2,084
1022,0000	2,531	-1,475
1023,0000	2,828	-0,764

Abbildung 78 ***„Ortskurve" eines einmaligen δ-Impulses***

Bei einem einmaligen Signal liegen die in ihm enthaltenen Frequenzen dicht bei dicht. Die „Frequenzvektor-Paare" liegen hier alle auf einem Kreis, weil alle Frequenzen des δ-Impulses ja die gleichen Amplituden besitzen. Wie aber der cosinus- und sinusförmige Verlauf des Real- und Imaginärteils zeigt, wechselt von Frequenz zu Frequenz die Phase sehr stark, so dass die benachbarten „Frequenzvektor-Paare" auch sternförmig wie in Abb. 77 auseinander liegen.

*Bei einer Abtastrate von 1024 und Blocklänge von 1024 dauert das gemessene Signal insgesamt 1 s. Damit ist die frequenzmäßige Unschärfe in etwa 1 Hz **(UP)**. Die komplexe FOURIER-Transformation liefert uns ein Spektrum von 0 bis 1023, also 1024 „Frequenzen". Das sind 512 „Frequenzvektor-Paare", die nun alle auf diesem Kreis liegen. Aus der Anzahl der „Perioden" des sinus- bzw. cosinusförmigen Spektrums (ca. 42) ergibt sich, dass die Verbindungskette aller Frequenzen ca. 42 mal die Kreisbahn umläuft. Die Winkeldifferenz zwischen benachbarten Frequenzen ist also knapp (42*360)/1024 = 15 Grad bzw. π/24 rad. Zwischen zwei benachbarten Punkten wird eine Gerade gezogen. Weil diese 1024 Geraden sich überlappen, erscheint hier die Kreislinie dicker.*

Mit dem Cursor lässt sich leicht der zugehörige Real- und Imaginärteil anzeigen. Mit Hilfe des Tabellen-Moduls lässt sich dann die zugehörige Frequenz ermitteln, wie gesagt allenfalls auf 1 Hz genau.

Aufgaben zu Kapitel 5

Aufgabe 1

(a) Wie lässt sich die Folge der Spektren in Abb. 63 mit Hilfe des Symmetrie-Prinzips SP erklären?

(b) Zeichnen Sie das *symmetrische* Spektrum zu den beiden unteren Spektren.

Aufgabe 2

(a) Versuchen Sie, die passende Schaltung zu Abb. 65 zu erstellen. Die beiden δ-Impulse können sie z.B. mit Hilfe des Moduls „Ausschneiden" aus einer periodischen δ–Impulsfolge erzeugen. Für die untere Darstellung ist es möglich, über zwei Kanäle erst zwei zeitversetzte δ-Impulse zu erzeugen, einen davon zu invertieren (*(-1)) und anschließend beide zu addieren. Sonst geht es auch mit dem „Formelinterpreter".

(b) Überprüfen Sie, wie sich der zeitliche Abstand der beiden δ-Impulse auf das sinusförmige Spektrum auswirkt. Überlegen sie vorher, welche Auswirkung sich aufgrund des Symmetrieprinzips ergeben müsste?

(c) Wird durch die unten abgebildeten δ-Impulse (von +4V und –4V) ein sinusförmiges oder ein cosinusförmiges, d.h. ein um π verschobenes Spektrum erzeugt?

(d) Schneiden Sie drei und mehr dicht beieinander liegende δ-Impulse aus und beobachten Sie den Verlauf des (periodischen!) Spektrums. Nach welcher Funktion muss es verlaufen?

Aufgabe 3

Warum kann ein Audio-Signal kein perfekt-symmetrisches Spektrum mit negativen Amplituden besitzen?

Aufgabe 4

(a) Fassen Sie die Bedeutung periodischer Spektren für die Digitale Signalverarbeitung **DSP** zusammen.

(b) Finden Sie eine Erklärung, weshalb die periodischen Spektren immer aus spiegelsymmetrischen Teilen bestehen!

Aufgabe 5

(a) Was wäre das symmetrische Pendant zu *fastperiodischen* Signalen bzw. wie könnte es zu fastperiodischen Spektren kommen?

(b) Ob es auch *quasiperiodische* Spektren geben könnte?

Aufgabe 6

Stellen Sie verschiedene Signale im Frequenzbereich in der Variante

(a) Amplituden- und Phasenspektrum,

(b) Real- und Imaginärteil sowie als

(c) „Frequenzvektor-Paare" in der GAUSSschen Zahlenebene dar.

Aufgabe 7 Wie lässt sich die Frequenz in der GAUSSschen Zahlenebene bestimmen?

Kapitel 6

Systemanalyse

So allmählich fallen uns die Früchte unserer Grundlagen (FOURIER-, Unschärfe- sowie Symmetrie-Prinzip) in den Schoß und wir können mit der Ernte beginnen.

Ein wichtiges praktisches Problem ist es, die Eigenschaften einer Schaltung, eines Bausteins oder Systems von außen zu messen. Sie kennen solche Testberichte, wo z.B. die Eigenschaften verschiedener Verstärker miteinander verglichen werden. Durchweg geht es dabei um das übertragungstechnische Verhalten ("Frequenzgang", "Klirrfaktor" usw.). Wenden wir uns zunächst dem frequenzabhängigen Verhalten eines Prüflings zu.

Wir haben dabei leichtes Spiel, falls wir das **UP** nicht vergessen: Jedes frequenzabhängige Verhalten ruft zwangsläufig eine bestimmte zeitabhängige Reaktion hervor. Das FOURIER- Prinzip sagt uns noch präziser, dass sich aus dem frequenzabhängigen Verhalten die zeitabhängige Reaktion vollkommen bestimmen lässt und umgekehrt!

Der signaltechnische Test einer Schaltung, eines Bausteins oder eines Systems erfolgt generell durch den Vergleich von Ausgangssignal u_{out} mit dem Eingangssignal u_{in}. Es ist zunächst vollkommen gleich - siehe oben -, ob der Vergleich beider Signale im Zeit- oder Frequenzbereich geschieht.

Hinweis:
Beispielsweise ist es aber zwecklos, sich das Antennensignal Ihrer Dachantenne auf dem Bildschirm eines (schnellen) Oszilloskops anzusehen. Zu sehen ist lediglich ein völliges „Gewusel". Alle Rundfunk- und Fernsehsender sind werden nämlich frequenzmäßig gestaffelt ausgestrahlt. Deshalb lassen sie sich lediglich auf dem Bildschirm eines geeigneten Spektrumanalysators getrennt darstellen (siehe Kapitel 8: Klassische Modulationsverfahren).

Das Standardverfahren beruht auf der direkten Umsetzung des FOURIER-Prinzips:

Ist bekannt, wie ein beliebiges (lineares) System auf Sinusschwingungen verschiedener Frequenz reagiert, so ist damit auch klar, wie es auf alle anderen Signale reagiert, ...weil ja alle anderen Signale aus lauter Sinusschwingungen zusammengesetzt sind.

Dieses Verfahren wird durchweg auch in jedem Schullabor praktiziert. Benötigte Geräte hierfür sind:

→ Sinusgenerator, Frequenz einstellbar oder wobbelbar

→ 2-Kanal-Oszilloskop

Die Eigenschaften im Zeit- und Frequenzbereich sollen durch Vergleich von u_{out} und u_{in} ermittelt werden. Dann sollten beide Signale auch gleichzeitig auf dem Bildschirm dargestellt sein. Deshalb wird u_{in} nicht nur auf den Eingang der Schaltung, sondern auch auf Kanal A des Oszilloskops gegeben. Das Ausgangssignal gelangt dann über Kanal B auf den Bildschirm.

Mit Hilfe von Funktionsgenerator und Oszilloskop lässt sich über eine zeitaufwendige Messung, Protokollierung der Messwerte sowie Berechnung mit Hilfe des Taschenrechners die Darstellung des Frequenzgangs nach Amplitude ($\hat{U}_{out}/\hat{U}_{in}$) und Phase ($\Delta\varphi$) zwischen u_{out} und u_{in}) ermitteln.

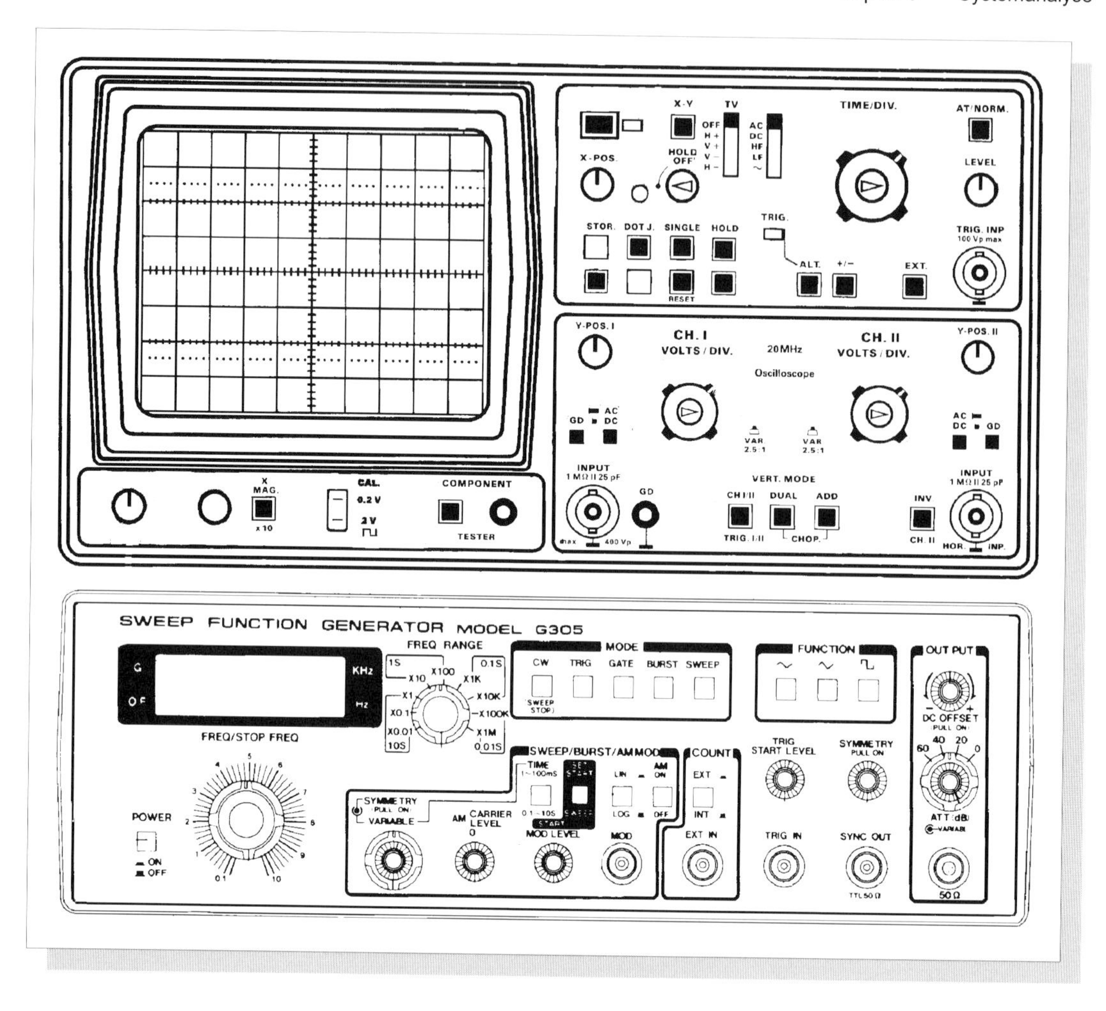

Abbildung 79 ***Funktionsgenerator und Oszilloskop***
Diese beiden Geräte fehlen an keinem „klassischen" Laborplatz. Der Funktionsgenerator erzeugt das (periodische) Testsignal u_{in}. *Als Standardsignal stehen zur Verfügung: Sinus, Dreieck und Rechteck. Ferner lassen sich noch bei etwas komfortableren Geräten Wobbelsignale ("Sweep"), Burst-Signale und „one-Shot"-Signale (ausgelöst durch einen Triggervorgang wird lediglich eine Periode des eingestellten Signals ausgegeben) erzeugen.*
Das „analoge" Oszilloskop kann lediglich periodische Signale „stehend" auf dem Bildschirm sichtbar machen. Für einmalige Signale werden digitale Speicheroszilloskope benötigt (siehe oben).
Die Tage dieser beiden klassischen (analogen) Messinstrumente sind allmählich gezählt. Computer mit entsprechender Peripherie (PC-Multifunktionskarten zur Ein- und Ausgabe analoger und digitaler Signale) lassen sich individuell über grafische Benutzeroberflächen für jede mess-, steuer- und regelungstechnische Aufgabenstellung bzw. jede Form der Signalverarbeitung (z.B. ***FT****) einsetzen.*

Diese Ermittlung frequenzselektiver Eigenschaften - *Frequenzgang* bzw. *Übertragungsfunktion* - eines (linearen) Systems beschränkt sich im Prinzip auf zwei verschiedene Fragestellungen bzw. Messungen.

→ Wie stark werden Sinusschwingungen verschiedener Frequenz durchgelassen? Hierzu werden die Amplituden von u_{out} und u_{in} innerhalb des interessierenden Frequenzbereichs miteinander verglichen ($\hat{U}_{out}/\hat{U}_{in}$).

→ Wie groß ist die zeitliche Verzögerung zwischen u_{out} und u_{in}? Sie wird über die Phasendifferenz $\Delta\varphi$ zwischen u_{out} und u_{in} bestimmt.

Hinweis:
Auch bei allen nichtsinusförmigen Testsignalen und modernen Analyseverfahren - wie sie nachfolgend beschrieben werden - geht es stets nur um diese beiden Messungen „Amplituden - und Phasenverlauf". Der einzige Unterschied ist der, dass hier alle interessierenden Frequenzen *gleichzeitig* auf den Eingang gegeben werden!

Falls Ihnen nun nicht computergestützte moderne Verfahren zur Verfügung stehen, sollten Sie folgende Tipps und Tricks beachten:

1. Triggern Sie immer auf das Eingangssignal und verändern Sie während der gesamten Messreihe nicht die Amplitude von u_{in} (möglichst $\hat{U}_{in}$ = 1V wählen!).
2. Drehen Sie am Funktionsgenerator einmal den zu untersuchenden Frequenzbereich mit der Hand durch und merken Sie sich den Bereich, in dem sich die Amplitude von u_{out} *am stärksten ändert*. Machen Sie die meisten Messungen in diesem Bereich!
3. Wählen Sie zur Messung der Amplituden ($\hat{U}_{out}$ in Abhängigkeit von der Frequenz) eine so große Zeitbasis, dass die sinusförmige Wechselspannung als „Balken" auf dem Bildschirm erscheint. Dadurch lässt sich die Amplitude am leichtesten bestimmen (siehe Abb. 80 oben).
4. Zur Messung der Phasendifferenz $\Delta\varphi$ stellen Sie *genau eine halbe Periode* des Eingangssignals u_{in} mit Hilfe des unkalibrierten, d.h. beliebig einstellbaren Zeitbasisreglers ein. T/2 beträgt dann auf der Bildschirmskala z.B. 10 cm und entspricht einem Winkel von π rad. Nun lesen sie die Phasendifferenz $\Delta\varphi$ (bzw. Zeitverschiebung) zwischen den Nulldurchgängen von u_{out} und u_{in} ab und erhalten (zunächst) x cm. Über „Dreisatz" bestimmen Sie schließlich mit Hilfe des Taschenrechners für jeden x-Wert die Phasendifferenz $\Delta\varphi$ in rad. Ist u_{out} *nacheilend* wie in Abb. 80 unten, so ist $\Delta\varphi$ *positiv*, sonst negativ.

Für eine komplette sorgfältige Messung mit Auswertung benötigen Sie ca. 2 Stunden. Um Ihr Interesse an den modernen, computergestützten Verfahren schon einmal zu wecken: Für die gleiche Messung und Auswertung mit erheblich höherer Präzision benötigen Sie *nur den Bruchteil einer Sekunde*!

Wobbeln

Ein schnellerer Überblick über das frequenzabhängige Verhalten der Ausgangsamplitude $\hat{U}_{out}$ gelingt mit dem Wobbelsignal (Abb. 81). Die Idee ist hierbei folgende: Statt von Hand den Frequenzbereich kontinuierlich von der unteren Startfrequenz f_{start} bis zur oberen Stoppfrequenz f_{stopp} einzustellen, geschieht dies geräteintern durch einen spannungsgesteuerten Oszillator VCO (**V**oltage **C**ontrolled **O**scillator). Hierbei werden Wobbelbereich sowie Wobbelgeschwindigkeit durch eine entsprechende Sägezahnspannung bestimmt. Steigt die Sägezahnspannung linear an, ändert sich die Frequenz des Sinus auch linear, ändert sich die Sägezahnspannung dagegen logarithmisch, so gilt dies auch für die Frequenz der sinusförmigen Ausgangsspanung. Die Amplitude $\hat{U}_{in}$ bleibt während des Wobbelvorgangs (englisch: „sweep") immer konstant.

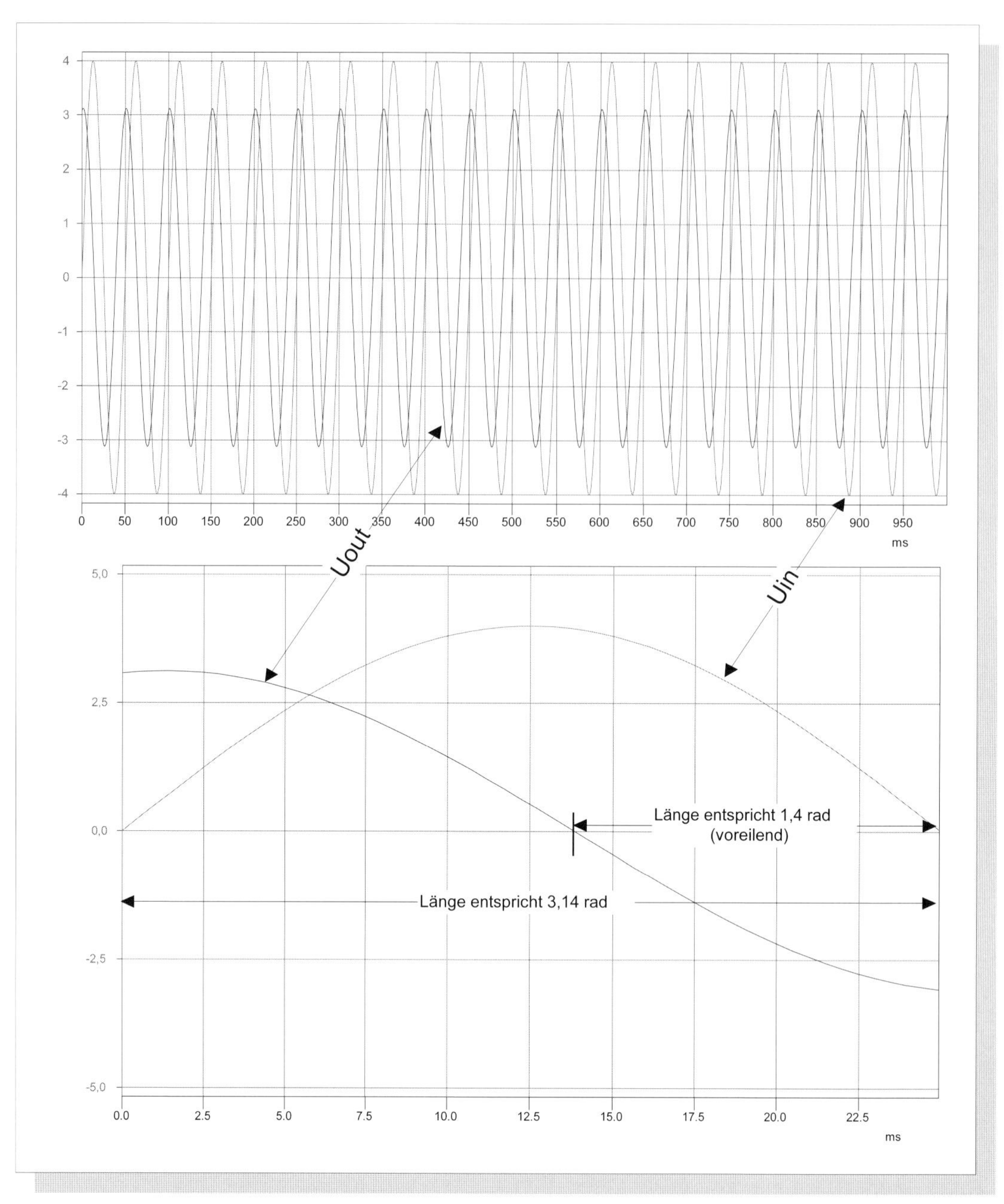

Abbildung 80 ***Funktionsgenerator und Oszilloskop***

Mit Hilfe eines herkömmlichen Funktionsgenerators und Oszilloskops lässt sich über eine zeitaufwendige Messung, Protokollierung, Auswertung (mit Hilfe des Taschenrechners) sowie grafische Darstellung der „Kurven" der Frequenzgang nach Amplitude ($\hat{U}_{out}/\hat{U}_{in}$) und Phase ($\Delta\varphi = \varphi_{out} - \varphi_{in}$) ermitteln. Computergestützte Verfahren erledigen dies alles in Bruchteilen von Sekunden.

Die Abbildungen verraten zwei „Tricks" zur Bestimmung des Frequenzgangs. Im obigem Bild wird angedeutet, dass der Amplitudenverlauf recht schnell - ohne ständiges Umschalten der Zeitbasis des Oszilloskops - in Abhängigkeit von der Frequenz erfasst werden kann, falls die Zeitbasis groß genug gewählt wird. Das (sinusförmige) Eingangs- bzw. das Ausgangssignal erscheinen dann als „Balken", dessen Höhe sich leicht ablesen lässt.

Die Genauigkeit des Phasenverlaufs lässt sich maximieren, indem für jede Messfrequenz mit Hilfe des Zeitbasisreglers - meist ein Drehknopf auf oder neben dem Zeitbasisschalter - genau eine Periodenhälfte von u_{in} über die ganze Skala dargestellt wird. Mit Hilfe der Dreisatzrechnung lässt sich dann die Phasenverschiebung recht einfach berechnen. Wegen $\Delta\varphi = \varphi_{out} - \varphi_{in}$ und $\varphi_{in} = 0$ ergibt sich bei der obigen Situation $\Delta\varphi = 1,4$ rad bzw. 81^0 (u_{out} eilt vor).

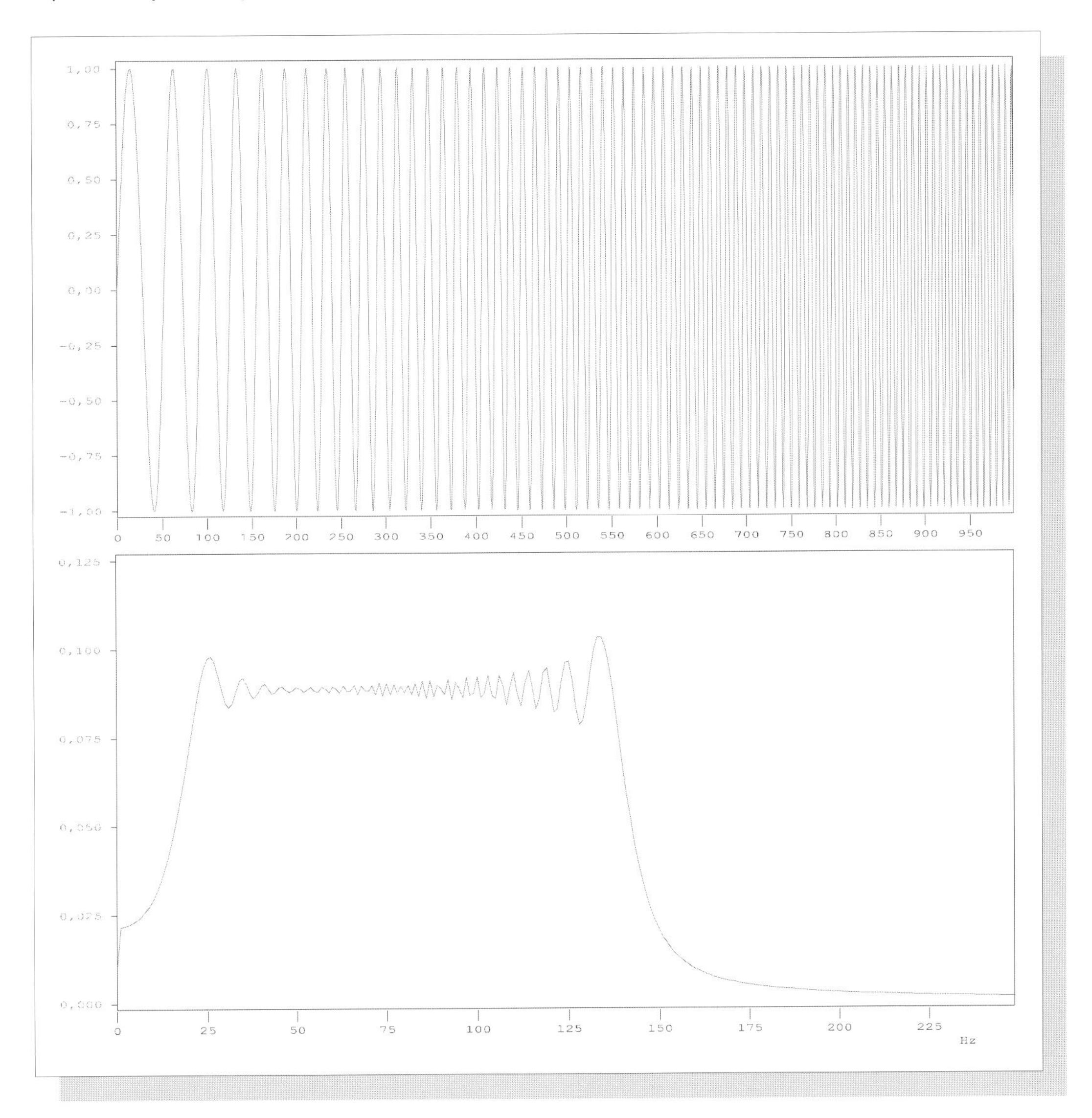

Abbildung 81 ***Das Wobbelsignal ("Sweep-Signal") als "Frequenzbereich-Scanner"***
Das Wobbelsignal war der erste Schritt zu einer automatisierten Frequenzgangserfassung." Nach und nach" werden hierbei alle Sinusschwingungen bzw. Frequenzen von einer Startfrequenz f_{Start} bis zu einer Stoppfrequenz f_{Stopp} (mit $\hat{U}$ = konstant) auf den Eingang der Testschaltung gegeben. Am Ausgang hängt $\hat{U}_{out}$ von den frequenzmäßigen Eigenschaften der Testschaltung ab. Indirekt stellt die Zeitachse des Wobbelsignals auch eine Frequenzachse von f_{Start} bis f_{Stopp} dar.
*Der Pferdefuß dieses Verfahrens ist seine Ungenauigkeit: Eine „Momentanfrequenz" kann es aufgrund des **UP** nicht geben, denn die Sinusschwingung einer bestimmten Frequenz muss hiernach sehr lange dauern, damit $\Delta f \rightarrow 0$. Liegen diese „Momentanfrequenzen" zu kurz an, kann das System hierauf nicht oder nur verfälscht reagieren. Dies zeigt auch die **FT** des Wobbelsignals (unten). Eigentlich sollte sich ein rechteckiges Frequenzfenster von f_{Start} bis f_{Stopp} ergeben, durch Verletzung des **UP** ergibt sich ein welliger, unscharfer Frequenzverlauf.*

So wird die Schaltung nach und nach mit allen Frequenzen des interessierenden Frequenzbereichs getestet. In Abb. 81 ist das gesamte Wobbelsignal auf dem Bildschirm dargestellt, links die Startfrequenz, rechts die Stoppfrequenz. Auf diese Art und Weise zeigt der Verlauf von u_{out} auf dem Bildschirm nicht nur den Zeitverlauf, sondern *indirekt auch den Frequenzgang* des untersuchten Systems an.

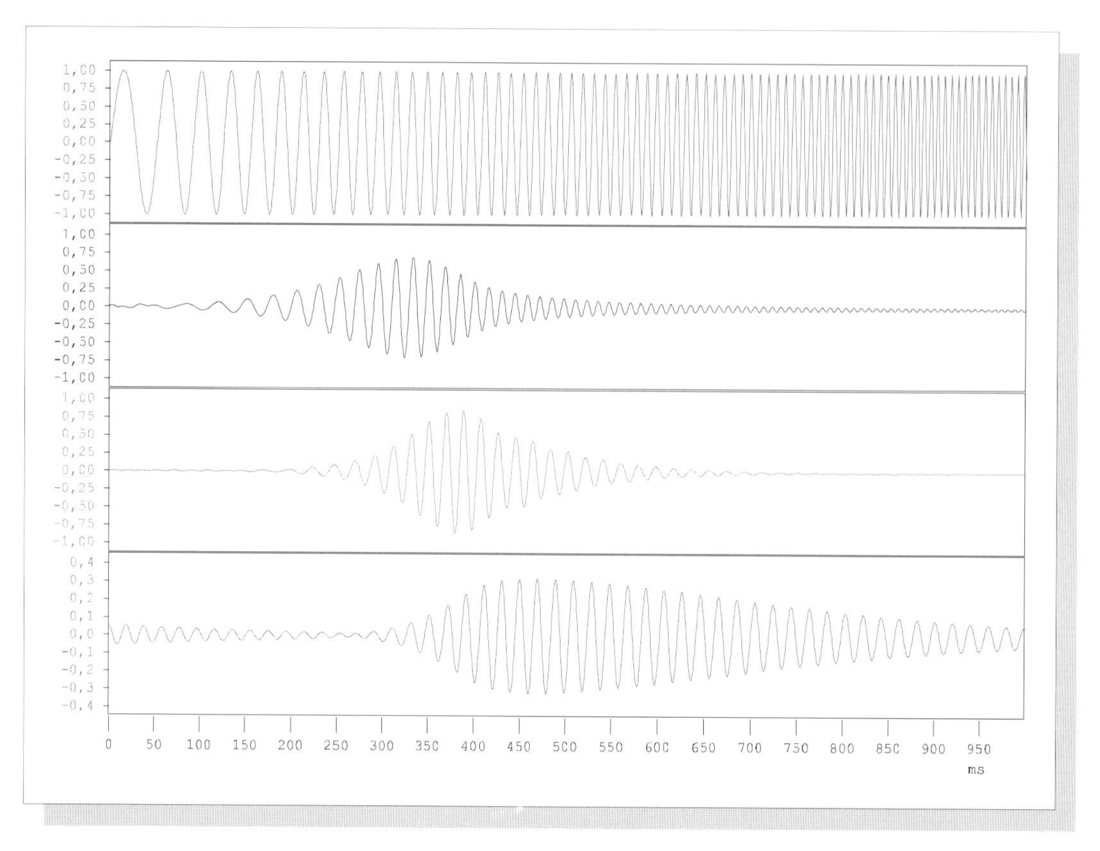

Abbildung 82 ***Frequenzabhängige Reaktion eines Bandpasses auf das Wobbelsignal***
Die obere Reihe zeigt unser Wobbelsignal, welches jeweils in gleicher Weise auf den Eingang dreier Bandpässe verschiedener Güte gegeben wird (2. Reihe Q=3; 3. Reihe Q=6 und 4. Reihe Q=10).
Die Wobbelantwort u_{out} der drei Bandpässe ist sehr aufschlussreich. In der zweiten Reihe - der BP mit Q=3 - lässt sich scheinbar noch genau erkennen, bei welcher Momentanfrequenz der Bandpass am stärksten reagiert, der Amplitudenverlauf scheint dem Frequenzgang des Filters zu entsprechen.
In der dritten Reihe liegt das Maximum weiter rechts, obwohl der Bandpass seine Mittenfrequenz nicht verändert hat. Die Momentanfrequenz scheint sich im Gegensatz zum Wobbelsignal - nicht mehr von links nach rechts zu ändern.
In der unteren Reihe schließlich - der BP mit Q=10 - besitzt die Wobbelantwort u_{out} eindeutig die gleiche Momentanfrequenz über den gesamten Zeitraum. Die Wobbelantwort gibt so keinesfalls mehr den Frequenzgang wieder!

Aber Vorsicht! Vergessen Sie nie das Unschärfe-Prinzip **UP**. Die FOURIER-Transformierte dieses Wobbelsignals zeigt *die Folgen, eine Frequenz plötzlich zu beginnen, schnell zu verändern und abrupt zu beenden.* Eigentlich müsste ja das Wobbelsignal einen präzis rechteckigen Frequenzgang ergeben. Dass es den nicht geben kann, wissen Sie hoffentlich bereits. Je schneller gewobbelt wird, desto kürzer liegt die „Momentanfrequenz" an und desto ungenauer wird gemessen.

In Abb. 82 wird die Wobbelmessung an einem Bandpass mit variabler Bandbreite bzw. Güte Q durchgeführt. Die Güte Q eines einfachen Bandpasses ist ein Maß für die Fähigkeit, möglichst schmalbandig auszufiltern bzw. ein Maß für die Flankensteilheit des Filters. Zunächst wird ein „schlechter", d.h. breitbandiger Bandpass ohne steile Flanken (Q = 3) gewobbelt. Hier lässt sich noch recht gut der Frequenzgang über den Amplitudenverlauf erkennen. Aufgrund seiner großen Bandbreite B = Δf lagen bei der Messung alle „Momentanfrequenzen" noch lange genug an (Δt), so dass **Δf * Δt ≥1** erfüllt wurde (**UP**).

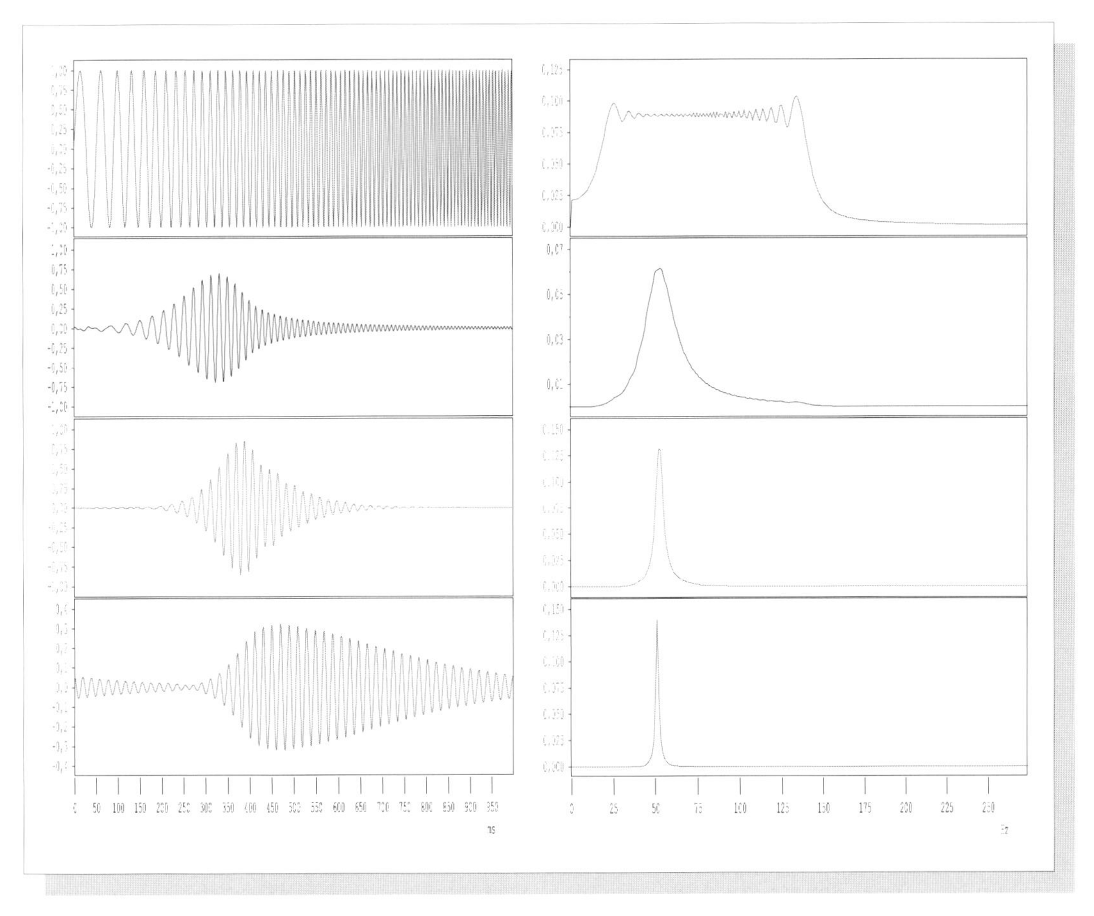

Abbildung 83 ***Wobbeln - eine Messmethode mit vorprogrammierten Fehlern***
Hier sehen wir die drei Wobbelsignal-Antworten aus Abbildung 73 noch einmal. Im Zeitbereich sind sie jeweils sehr verschieden, vor allem bei den unteren beiden Reihen treten „rätselhafte" Effekte auf.
*Die **FT** dieser „verkorksten" Signale zeigt dagegen den Frequenzgang recht genau; demnach muss in u_{out} doch die richtige Information über den Frequenzgang enthalten sein (siehe nächster Abschnitt: Einschwingvorgänge). Die **FT** erscheint also als das einzige geeignete Mittel, Aussagen über das frequenzmäßige Verhalten einer Schaltung/eines Prozesses zu machen. Nun ist auch das Signal in der unteren Reihe leicht erklärbar: Da der BP hier extrem schmal ist ($\Delta f \rightarrow 0$), kann er praktisch auch nur eine Frequenz durchlassen - siehe unten links - und aufgrund des **UP** muss u_{out} auch länger andauern.*
*Das Wobbelverfahren birgt - falls nicht extrem langsam gemessen wird - aufgrund des **UP** zu viele Fehler in sich, weil die Einhüllende ggf. nicht den wahren Amplitudenverlauf widerspiegelt. Wie hier nämlich rechts zu sehen ist, besitzen alle drei Bandpässe die gleiche Mittenfrequenz 50 Hz!*

Denken Sie sich nun einen Kurvenzug, der die jeweils oberen Maximalwerte (d.h. die Amplituden der „Momentanfrequenzen" miteinander verbindet. Dieser Kurvenzug soll den Frequenzgang (der Amplitude) des Filters darstellen.

Wird nun die Bandbreite des Bandpasses über die Güte Q - z.B. Q = 6 und Q = 10 - immer schmaler eingestellt bzw. nimmt die Flankensteilheit immer mehr zu, so zeigt der Wobbelverlauf nicht mehr (indirekt) den Frequenzgang an, weil offensichtlich das **UP** verletzt wurde. Das Ausgangssignal u_{out} spiegelt vielmehr ein diffuses Schwingungsverhalten als Reaktion auf das Wobbelsignal, nicht aber den Amplituden-Frequenzgang wieder.

Mit etwas Intelligenz und besseren Methoden (Computerhilfe!) kommen wir etwas aus dieser Sackgasse heraus. Offensichtlich hat auch hier der Bandpass höherer Güte Q durch sein Verhalten im Zeitbereich signalisiert, welche übertragungstechnischen

Eigenschaften er im Frequenzbereich besitzt. Er hat gewissermaßen durch sein „Einschwingverhalten" (im Zeitbereich) gezeigt, wie er es mit dem Frequenzbereich hält!

Dies soll präzisiert werden: Durch das Wobbelsignal werden auf den Eingang „nach und nach" (hier in insgesamt t = 1 s) alle Frequenzen - Sinusschwingungen - des zu untersuchenden Frequenzbereichs mit konstanter Amplitude gegeben. Irgendwie muss - mit einer gewissen Unschärfe - das Ausgangssignal alle Frequenzen enthalten, die mit einer bestimmten Stärke (Amplitude) und Phasenverschiebung den Bandpass passierten.

u_{out} sollte deshalb mit Computerhilfe einer **FT** unterworfen werden. Das Ergebnis ist in Abb. 83 dargestellt. Der „fehlerhafte", durch Einschwingvorgänge „verzerrte" Wobbelverlauf zeigt im Frequenzbereich - dargestellt als Amplitudenspektrum - offensichtlich korrekt den Frequenzgang des schmalbandigen Bandpasses an. Demnach sind die eigentlichen Informationen doch in dem Ausgangssignal u_{out} enthalten, *nur sind diese Informationen lediglich über eine **FT** erkennbar!*

Zwischenbilanz:

→ Mit den herkömmlichen Messinstrumenten - analoger *Funktionsgenerator* und analoges *Oszilloskop* - lassen sich die übertragungstechnischen Eigenschaften von Schaltungen/ Bausteinen/Systemen nicht sehr genau und nur äußerst zeitaufwendig ermitteln.

→ Es fehlt vor allem an der Möglichkeit zur **FT** und **IFT** (Inverse FT). Dies ist jedoch ohne weiteres in der digitalen Signalverarbeitung (**DSP**) mit Computerhilfe möglich.

→ Es gibt nur einen korrekten Weg vom Zeitbereich in den Frequenzbereich und umgekehrt: **FT** und **IFT**!

Die Zukunft der modernen Signalerzeugung/Signalverarbeitung/Signal- und Systemanalyse liegt deshalb in der computergestützten, digitalen Signalverarbeitung **DSP** (Digital Signal Processing). Bereits über eine einfache Soundkarte lassen sich ohne weiteres mit der DASY*Lab* S-Version analoge Signale digital abspeichern und nach beliebigen Kriterien rechnerisch auswerten sowie grafisch darstellen.

Moderne Testsignale

Im Zeitalter der computergestützten Signalverarbeitung gewinnen andere Testsignale aufgrund ihrer theoretischen Bedeutung auch praktische Bedeutung, weil sich jedes theoretisch-mathematische Verfahren über einen bestimmten Programm-Algorithmus auch real umsetzen lässt.

Weitere wichtige Testsignale sind vor allem:

δ-Impuls	GAUSS-Impuls
Sprungfunktion	GAUSS-Schwingungsimpuls
Burst-Impuls	Si-Funktion
Rauschen	Si-Schwingungsimpuls

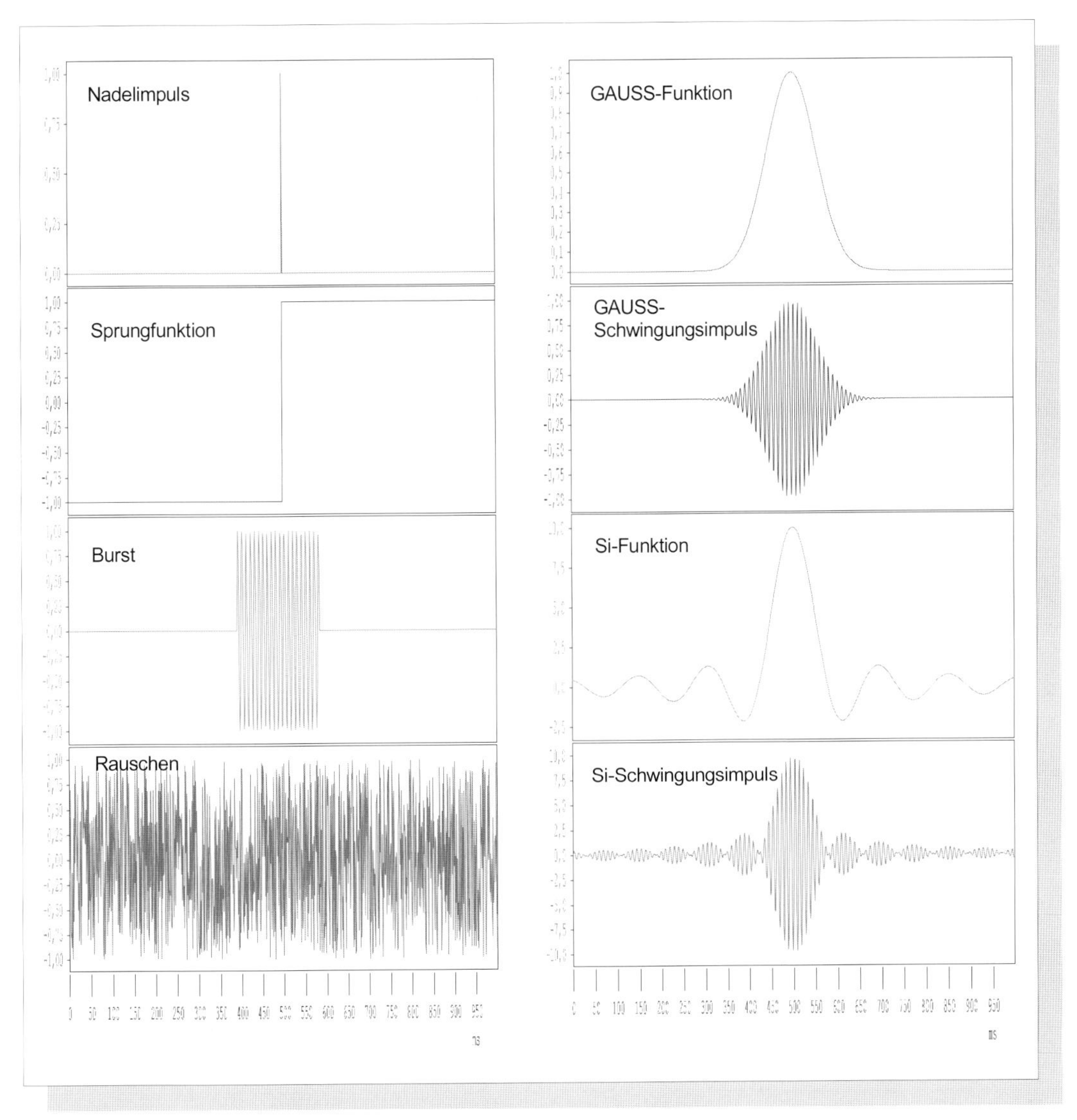

Abbildung 84 ***Wichtige Testsignalformen für computergestützte Methoden***
Die hier vorgestellten Signale haben bislang fast ausschließlich theoretische Bedeutung besessen. Durch den Computer bilden Theorie und Praxis immer mehr eine Einheit, weil die Theorie sich mit den mathematischen Modellen der Prozesse beschäftigt, der Computer aber spielend leicht die Ergebnisse dieser mathematischen Prozesse ("Formeln") berechnen und grafisch darstellen kann.
Alle diese Testsignale werden heute formelmäßig mit Hilfe des Computers und nicht mittels spezieller analoger Schaltungen generiert.

Jedes dieser Testsignal besitzt bestimmte Vor-, aber auch Nachteile, die hier kurz angerissen werden sollen.

Der δ-Impuls

Wie lassen sich sehr einfach die Schwingungseigenschaften eines Autos - Automasse, Feder, Stoßdämpfer bilden einen stark gedämpften mechanischen Bandpass! - ermitteln? Ganz simpel: schnell durch ein Schlagloch fahren! Schwingt der Wagen länger nach - wegen des **UP** handelt es sich dann um ein schmalbandiges System! - , so sind die Stoßdämpfer nicht in Ordnung, d.h. das mechanische Schwingungssystem Auto ist nicht stark genug gedämpft.

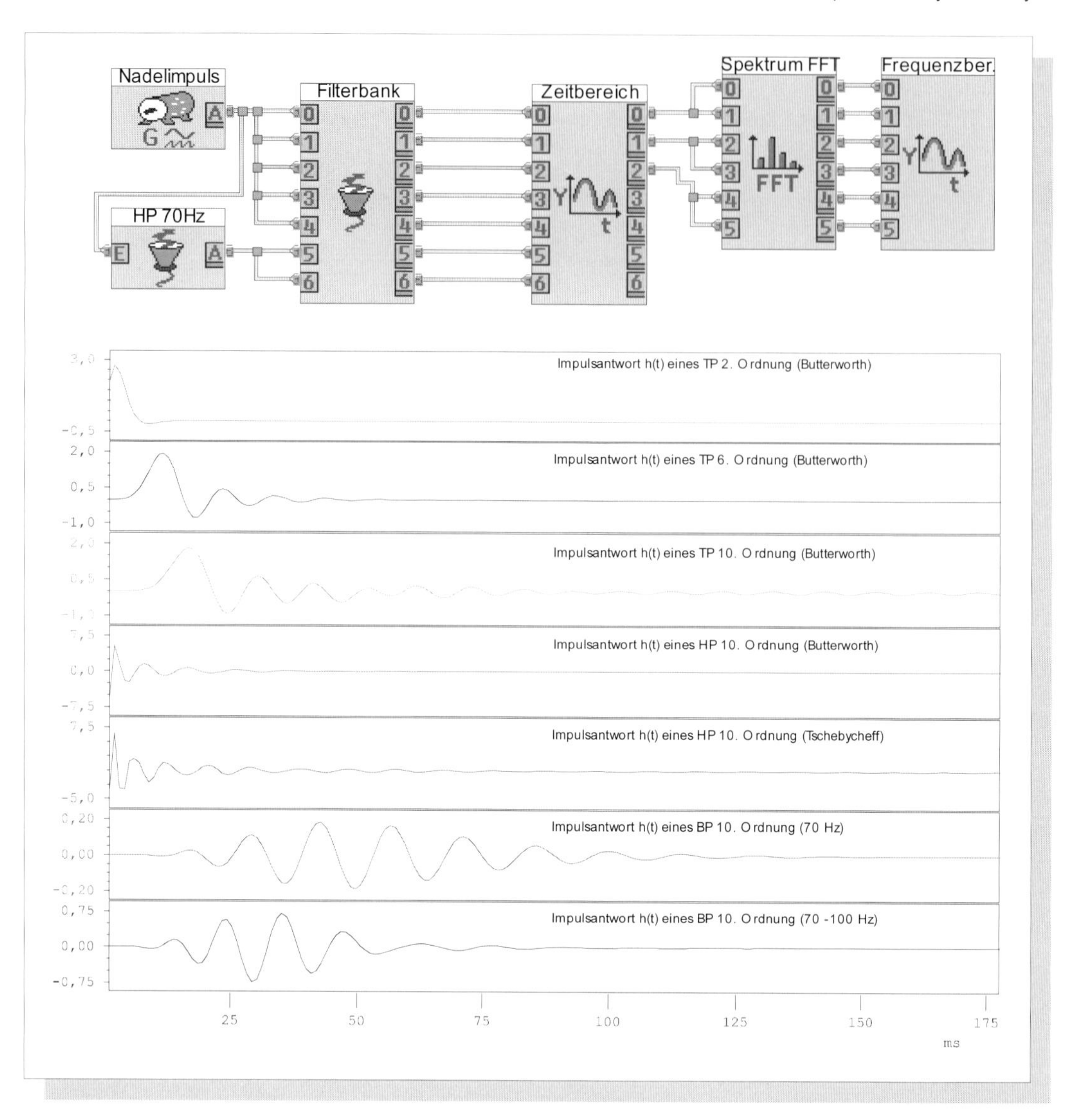

Abbildung 85 ***Vom hässlichen Entlein ...***

Obwohl uns die Eigenschaften des δ-Impulses inzwischen vertraut sein müssten - er enthält ja alle Frequenzen bzw. Sinusschwingungen mit gleicher Amplitude d.h. das System wird also durch ihn gleichzeitig mit allen Frequenzen getestet - , ist das Ergebnis dieser messtechnischen Analyse doch immer wieder erstaunlich: Die Impulsantworten sehen auf den ersten Blick so nichtssagend unscheinbar aus, verraten dem Fachmann aber bereits viel über das frequenzabhängige Verhalten der Filter.

*Bei höherer Ordnung ist die Flankensteilheit der Filter größer und damit der Durchlassbereich des Filters kleiner. Hierdurch bedingt dauert die Impulsantwort h(t) aufgrund des **UP** länger an. Dies ist ganz deutlich beim schmalbandigen Bandpass (70 Hz) zu sehen. Und: Je größer die Flankensteilheit, desto mehr verzögert setzt die Impulsantwort ein.*

Ein Hochpass ist immer breitbandig, seine Impulsantwort setzt mit einem Sprung an und schwingt sich auf seine Grenzfrequenz ein. Durch die hohe Flankensteilheit des Tschebycheff-Hochpasses dauert h(t) hier länger als beim Butterworth-Hochpass gleicher Ordnung.

*Wie ein Wunder erscheint es aber, dass die **FT** dieser unscheinbaren Impulsantworten perfekt die Übertragungsfunktion **H(f)** nach Betrag und Phase ergibt (siehe Abbildung 86). Das Phasenspektrum wird allerdings nur dann korrekt angegeben, falls der δ-Impuls im Bezugszeitpunkt t = 0 positioniert ist! Im Gegensatz zur herkömmlichen Messmethode mit Oszilloskop und dauert der computergestützte Mess- und Auswertevorgang heute nur noch Bruchteile von Sekunden!*

Das elektrische Pendant zum Schlagloch ist der δ-Impuls. Die Reaktion eines Systems auf diese spontane, äußerst kurzzeitige Auslenkung ist am Systemausgang die sogenannte δ-*Impulsantwort* (siehe Abb. 85). Ist sie z.B. zeitlich ausgedehnt, so ist nach dem **UP** der Frequenzbereich stark eingeschränkt, d.h. es liegt eine Art Schwingkreis vor. Jeder stark gedämpfte Schwingkreis (intakter Stoßdämpfer oder OHMscher Widerstand) ist dagegen breitbandig, d.h. er liefert uns deshalb nur eine kurze Impulsantwort! Nur hierüber lässt sich z.B. das physikalische Verhalten von (auch digitalen) Filtern überhaupt verstehen.

Also: Schon die δ-Impulsantwort (allgemein als „Impulsantwort" h(t) bezeichnet) ermöglicht über das **UP** einen *qualitativen* Aufschluss über die frequenzmäßigen Eigenschaften des getesteten Systems. Aber erst die **FT** liefert genaue Information über den Frequenzbereich. Erst sie verrät uns, welche Frequenzen (bzw. deren Amplituden und Phasen) die Impulsantwort enthält.

Wird ein System mit einem δ-Impuls getestet, so wird ja - im Gegensatz zum Wobbelsignal - das System *gleichzeitig* mit allen Frequenzen (Sinusschwingungen) *gleicher* Amplitude getestet. Am Ausgang z.B. eines Hochpass-Filters fehlen unterhalb der Grenzfrequenz die tiefen Frequenzen fast vollständig. Die Summe der durchgelassenen (hohen) Frequenzen formen die Impulsantwort h(t). Um den Frequenzgang zu erhalten, muss die Impulsantwort h(t) nur noch einer **FT** unterworfen werden.

*Die Bedeutung des δ-Impulses als Testsignal beruht auf der Tatsache, dass die FOURIER-Transformierte **FT** der Impulsantwort h(t) bereits die Übertragungsfunktion bzw. der Frequenzgang des getesteten Systems darstellt.*

Definition der Übertragungsfunktion **H(f)** :

Für jede Frequenz werden Amplituden und Phasenverschiebung von u_{out} und u_{in} miteinander verglichen.

$$H(f) = (\hat{U}_{out}/\hat{U}_{in}) \qquad (0 < f < \infty) \qquad\qquad \Delta\varphi = (\varphi_{out} - \varphi_{in}) \quad (0 < f < \infty)$$

Zwischenbilanz und Hinweise:

→ Im Gegensatz zum Wobbelsignal wird das System beim δ-Impuls *gleichzeitig* mit allen Frequenzen ($\hat{U}$ = konstant) gemessen.

→ Da beim δ-Impuls $\hat{U}_{in}$ = konstant für alle Frequenzen ist, bildet das Amplitudenspektrum der Impulsantwort bereits den Betragsverlauf **H(f)** der Übertragungsfunktion. Aufgrund dieser Verwandtschaft wird die Impulsantwort international mit h(t) bezeichnet.

→ In stenografischer Schreibweise lässt sich damit schreiben: |**FT(h(t))**| = |**H(f)**| ("der Betrag der **FT** von h(t) ist gleich dem Betrag der Übertragungsfunktion **H(f)**"). Ferner gilt: **IFT(H(f))** = h(t) ("die Inverse **FT** der Übertragungsfunktion **H(f)** ist die Impulsantwort h(t)").

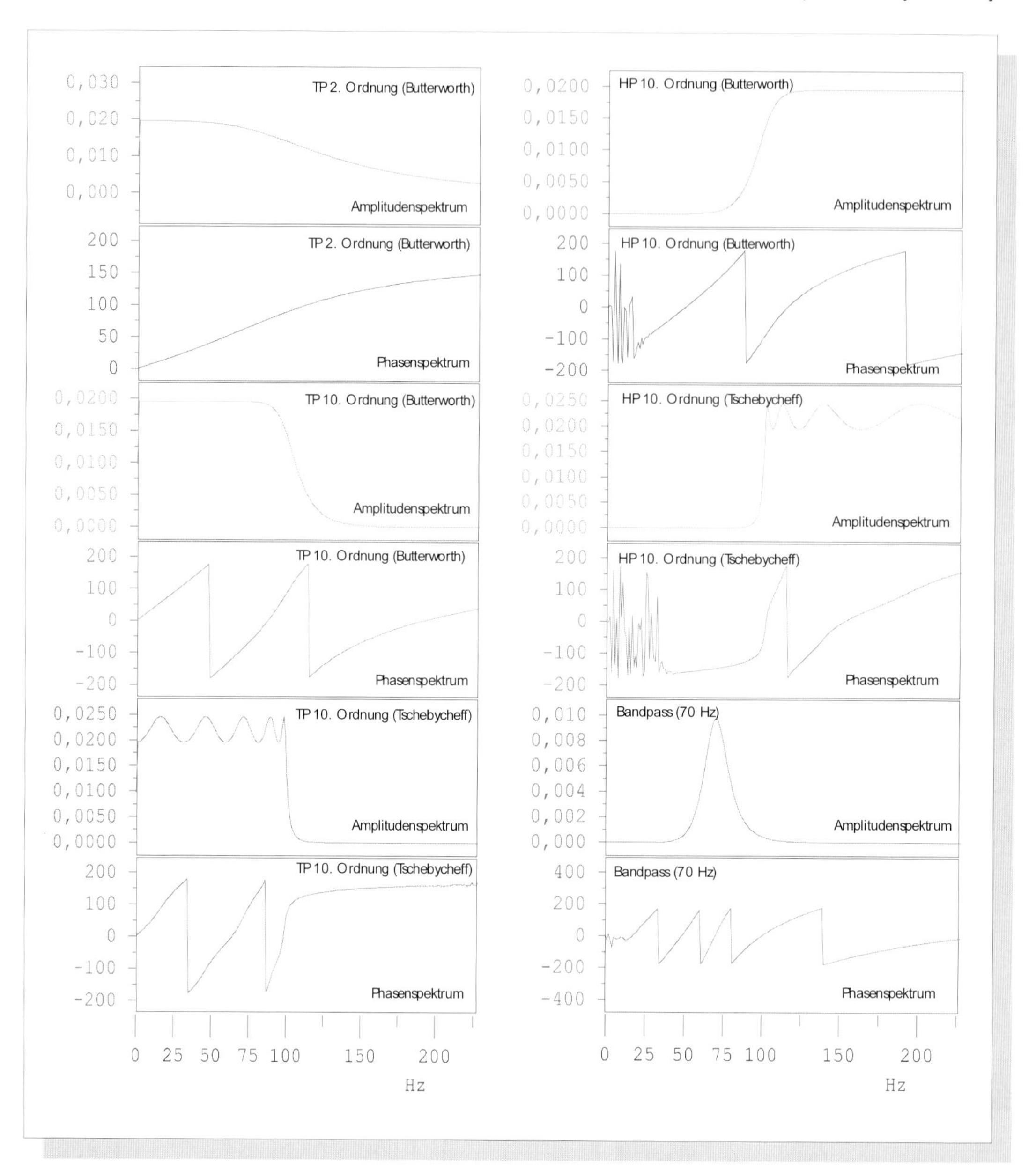

Abbildung 86 ***... zum schönen Schwan!***

*Die **FT** der unscheinbaren Impulsantworten **h(t)** aus Abbildung 85 ergibt wie durch Zauberei - obwohl die Erklärung hierfür ja klar ist - die Übertragungsfunktion nach Betrag und nach Phase (Phasenverlauf jeweils unten).*

Bei den Phasenspektren sehen Sie „seltsame Sprünge". In Wahrheit wird das Phasenspektrum immer nur zwischen -π (bzw. -180 Grad) und π (bzw. 180 Grad) aufgetragen. Wird letzterer Wert überschritten, so springt die Kurve nach unten, denn beide Winkel sind ja identisch! Der unregelmäßige, „rauschartige" Phasenverlauf rechts kommt durch Rechenungenauigkeiten zustande.

Ganz deutlich ist zu erkennen, womit Flankensteilheit erkauft werden muss. Der Tschebycheff-Typ besitzt im Durchlassbereich bei gleicher Ordnung steilere Flanken, jedoch im Durchlassbereich eine große „Welligkeit".

*Aus den vorstehenden Betrachtungen ergibt sich die besondere (theoretische) Bedeutung von **δ**-Impulsen als Testsignal. Für die Praxis müssten sie sehr hoch sein, um genügend Energie zu besitzen. In diesem Fall stellen sie so etwas dar wie ein <u>Funken</u>, d.h. so etwas wie eine extrem kurze Hochspannung. Damit aber sind sie gefährlich für alle Schaltungen der Mikroelektronik. Liefert die Theorie eine Alternative, d.h. ein Testsignal mit genügend Energie, extrem einfach zu generieren und ungefährlich für die Mikroelektronik?*

spektrum des δ-Impulses geht nämlich mit ein, und das hängt wiederum von der Lage des δ-Impulses bezüglich $t = 0$ s ab. Liegt der δ-Impuls exakt bei $t = 0$ s - was wegen der physikalisch endlichen Breite Δt des δ-Impulses nie ganz genau möglich ist - , dann stimmen beide Phasenverläufe exakt überein.

→ Der Computer kann aber diese "Bereinigung" rechnerisch durchführen und liefert dann den Phasenverlauf der Übertragungsfunktion.

Der Nachteil des δ-Impulses als Testsignal ist seine geringe Energie, weil er so kurz andauert. Sie lässt sich nur vergrößern, indem seine Höhe vergrößert wird (z.B. 100 V). Ein solcher Spannungsimpuls könnte jedoch die Eingangs-Mikroelektronik zerstören. Auch für akustische, also elektromechanische Systeme wie Lautsprecherboxen, ist der δ-Impuls als Testsignal vollkommen ungeeignet, ja gefährlich. Bei entsprechender Stärke könnte Ihnen die Lautsprechermembran entgegen geflogen kommen. Er hätte die gleiche Wirkung wie ein kurzer Schlag mit dem Hammer auf die Membran bzw. wie das "Schlagloch" beim Auto, welches doch etwas zu tief war!

Die Sprungfunktion

Das in der Regelungstechnik durchweg verwendete Testsignal ist die Sprungfunktion (siehe Abb. 84). Dahinter steckt wohl folgende „Philosophie“: Das System wird hierdurch *einer* extrem kurzzeitigen Zustandsänderung ausgesetzt (beim δ-Impuls sind es ja *zwei* direkt aufeinander folgende extreme Zustandsänderungen, wobei die erste Zustandsänderung direkt wieder rückgängig gemacht wird!). Diese bei der Sprungfunktion nunmehr einmalige Zustandsänderung ruft eine bestimmte Reaktion des Systems hervor. Diese „erzählt“ danach alles über das eigene systeminterne schwingungsphysikalische Verhalten.

Während das mit dem Auto schnell genug durchfahrene Schlagloch als „Testsignal“ dem δ-Impuls entspricht, lassen sich die Eigenschaften der Sprungfunktion mit dem Hinauf- oder Hinunterfahren des Autos von der Bordsteinkante am besten vergleichen (Achtung: Manche Bordsteinkanten sind einfach zu hoch!). Auch hierbei verrät das kurzzeitig schwingende Auto, ob z.B. die Stoßdämpfer in Ordnung sind. Elektrisch betrachtet entspricht die Sprungfunktion dem Ein- oder Ausschalten einer Gleichspannung, d.h. dieses Testsignal lässt sich extrem einfach herstellen.

Die Sprungfunktion besitzt gegenüber dem δ-Impuls den Vorteil, mehr Energie zu besitzen. Auch dies lässt sich am „mechanischen Schwingkreis“, dem Auto, nachvollziehen. Ein schnell durchfahrenes Schlagloch - es entspricht ja dem δ-Impuls - kann sich für den Fahrer überhaupt nicht bemerkbar machen, weil es „verschluckt“ wird. Erst ab einer bestimmten Größe wird es sich bemerkbar machen. Der Sprung eines Wagens von einer Bordsteinkante wird sich dagegen immer bemerkbar machen, egal, wie schnell der Wagen hinunterfährt.

Da nun jedes schwingende System auf so einen Sprung reagieren wird bzw. jeder „Schwingkreis“ mit der ihm eigenen Frequenz (Eigenfrequenz f_E) angestoßen wird, muss die (einmalige) Sprungfunktion ebenfalls alle Frequenzen enthalten.

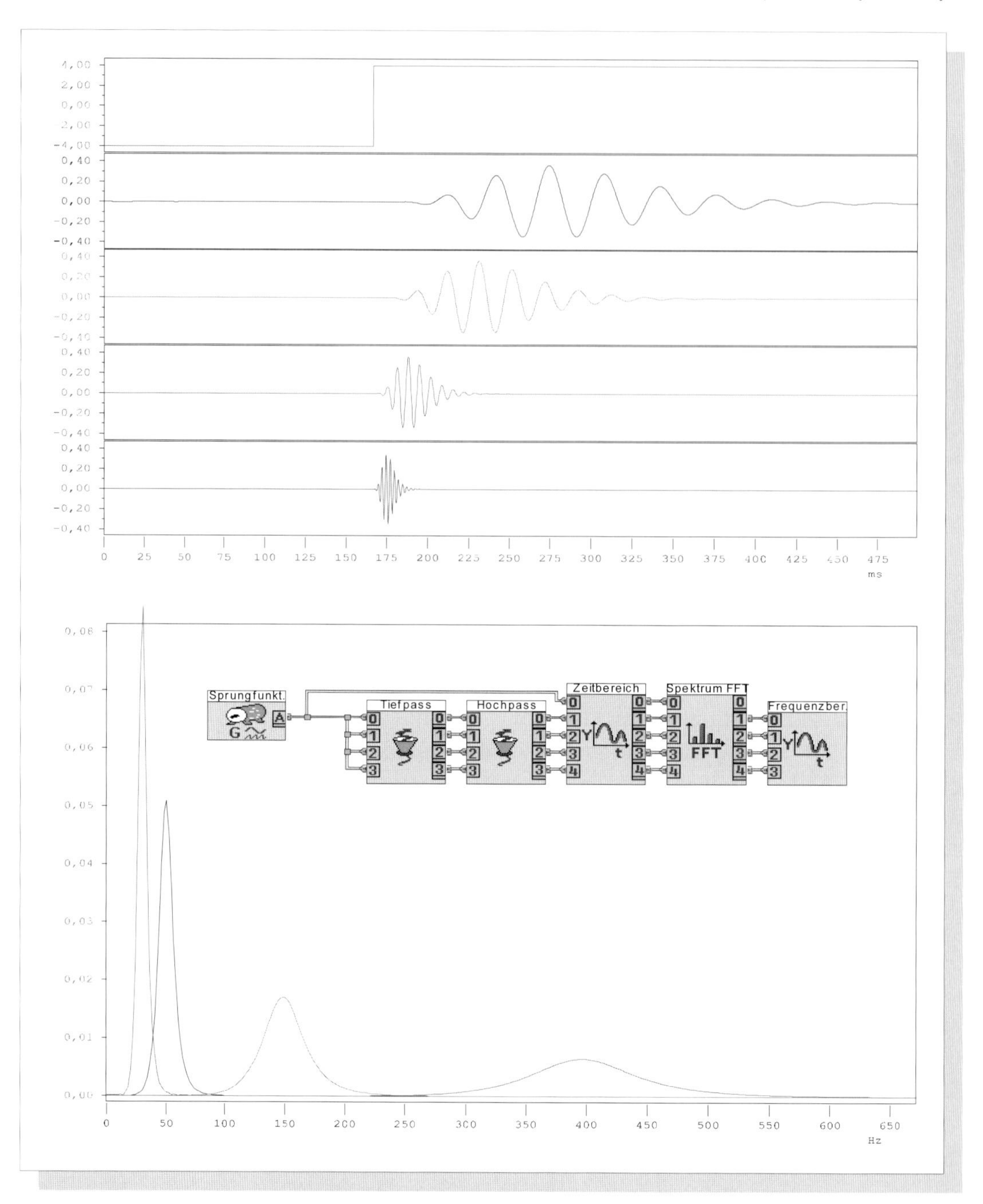

Abbildung 87 ***Enthält die Sprungfunktion alle Frequenzen?***

Hier wird die Sprungfunktion auf einen (aus TP und HP gebildeten) extrem schmalbandigen Bandpass - der also jeweils quasi nur „eine" Frequenz durchlässt - gegeben. Deshalb stellen die Sprungantworten auch kurzzeitige Sinusschwingungen dar. Variiert wird lediglich die „Durchlassfrequenz", ohne jedoch die „Empfindlichkeit" (Güte Q) des Filters zu verändern. Das Spektrum - die ***FT*** *der Sprungantworten - zeigt bereits, dass die tiefen Frequenzen wesentlich stärker im Spektrum vertreten sind als die hohen. Genauer formuliert: Wird die Frequenz jeweils verdoppelt, so halbiert sich die Höhe des Amplitudenspektrums der Sprungantwort. Dies lässt vermuten:* $\hat{U} \sim 1/f$.

Diese Eigenschaft soll in einem in Abb. 87 dargestellten Versuch ausgenutzt werden, um erste Hinweise auf den *Verlauf* des Amplitudenspektrums der Sprungfunktion zu erhalten.

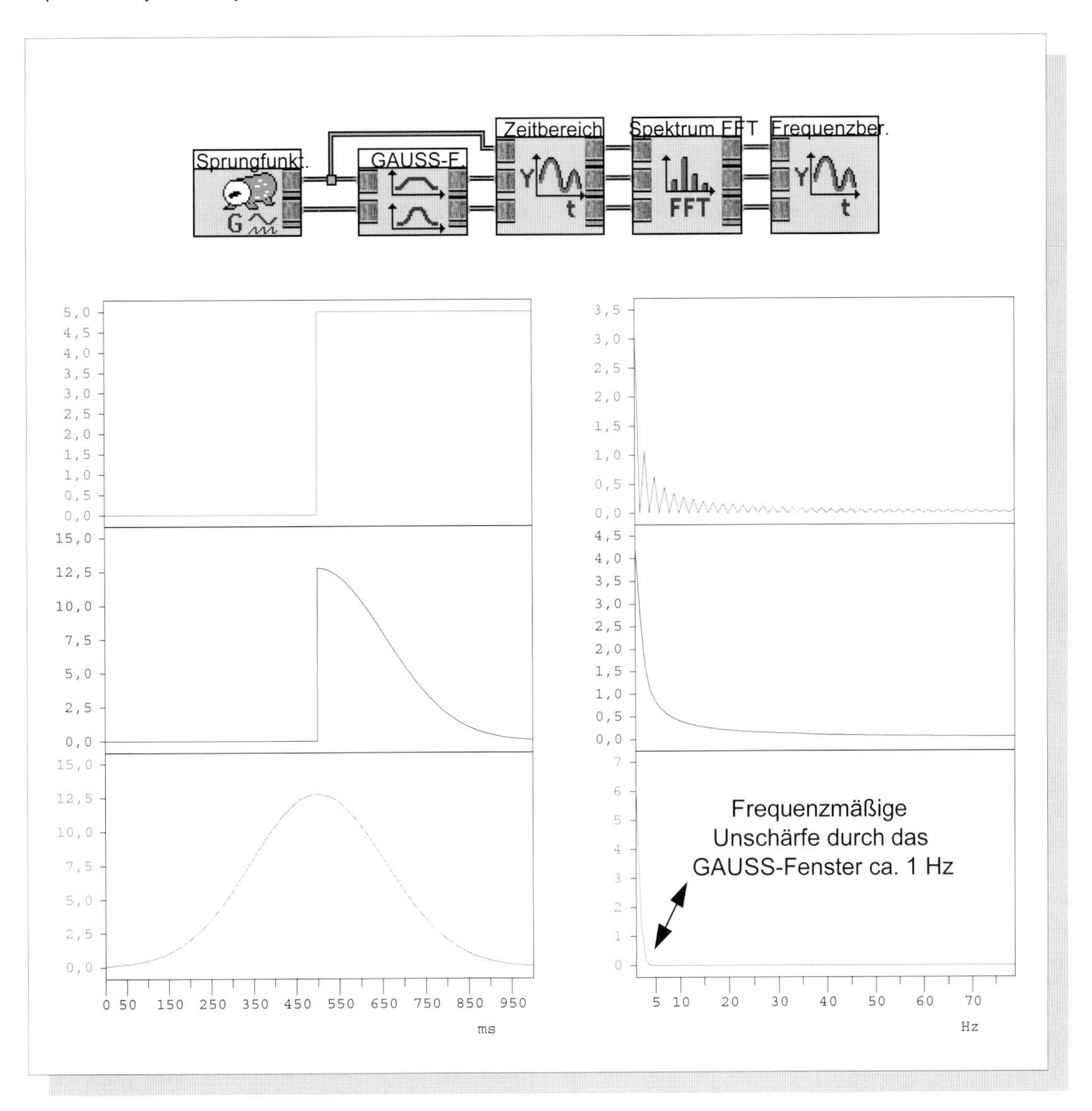

Abbildung 88 ***Der Trick mit der Laplace-Transformation***
Die Sprungfunktion birgt mathematische und messtechnische Schwierigkeiten, weil unklar ist, was nach dem Sprung passiert. Das Ende des Messvorgangs bedeutet auch ein Ende bzw. einen „Rücksprung" der Sprungfunktion. Damit haben wir jedoch (nachträglich) gar nicht die Sprungfunktion als Testsignal verwendet, sondern einen Rechteckimpuls der Breite τ.
*Mit einem Trick wird dieses Problem aus der Welt geschafft: Die Sprungfunktion wird möglichst sanft beendet, indem sie langsam exponentiell bzw. nach einer GAUSS-Funktion abklingt. Je langsamer dies geschieht, desto mehr besitzt dieses Testsignal die Eigenschaften der (theoretischen) Sprungfunktion. Dieser Trick in Verbindung der nachfolgenden **FT** wird **LAPLACE**-Transformation genannt.*

Eine **FT** der Sprungfunktion ohne Kunstgriff durchzuführen ist nämlich nicht ohne weiteres möglich, weil sie *weder periodisch noch ihre Dauer festgelegt* ist (Was kommt nach dem Sprung? Ein Rücksprung?).

Durch Nachdenken kommen wir weiter: Die Sprungfunktion ist ja eine Art Rechteck, bei dem der zweite Sprung - d.h. die zweite Flanke - im Unendlichen liegt. Die Pulsbreite τ ist - siehe Abb. 21 - ein Maß für die Nullstellen des Rechteck-Amplitudenspektrums. Je größer also τ ist, desto kleiner ist der Abstand zwischen den Nullstellen des Spektrums. Praktisch liegt der zweite Sprung ("Rücksprung") jedoch dort, wo der Messvorgang jeweils beendet wird! Je nach „Aufzeichnungslänge“ Δt besitzt τ also einen ganz bestimmten Wert. Messtechnisch und auch mathematisch ergeben sich hieraus große Schwierigkeiten.

Die Mathematiker greifen da in die Trickkiste, und der Trick heißt *Laplace-Transformation*. Er besteht darin, die Dauer der Sprungfunktion künstlich zeitlich zu begrenzen und damit über eine **FT** auswertbar zu machen. Hierzu wird üblicherweise eine *e-Funktion* oder z.B. hier die GAUSS-Funktion verwendet, wie sie in Abb. 88 dargestellt ist. Sie gestaltet den Übergang so „sanft“, dass sich dieser frequenzmäßig kaum bemerkbar macht. Die Anwendung solcher sanfter Übergänge (“Zeitfenster“; “Windowing“) bei der **FT**-Analyse nichtperiodischer Signale wurde bereits erläutert (Abb. 37 - 39).

> Hinweis:
> Nur periodische Signale sind - obwohl von zeitlicher Unbegrenztheit - exakt analysierbar, weil sie sich auf gleiche Art und Weise immer wiederholen. Die Analysierdauer muss dann *ganz genau ein ganzzahliges Vielfaches der Periodendauer T* sein.
> Andernfalls sind Signale generell nur mit einer frequenzmäßigen Auflösung Δf analysierbar, die wegen des **UP** dem Kehrwert der Zeitdauer Δt der Signaldauer entspricht.

Diese Begrenzung geschieht also „unmerklich“, indem sich nach dem Sprung der Sprungwert (z.B. 1 V) exponentiell und langsam dem Wert Null nähert. Für die Dauer Δt dieser „Nullnäherung“ sollte wegen des **UP** gelten $\Delta t > 1/\Delta f$, wobei Δf die gewünschte frequenzmäßige Auflösung darstellt.

Die Theorie liefert uns die intelligenteste Methode, die Vorteile der Sprungfunktion - genügend Energie - mit dem Vorteil des δ-Impulses - die FT der Impulsantwort liefert direkt die Übertragungsfunktion bzw. den Frequenzgang - zu verbinden. Aus einer Sprungfunktion lässt sich nämlich durch Differentiation ein δ-Impuls erzeugen. Die Differentiation ist eine der wichtigsten mathematischen Operationen, die in Naturwissenschaft und Technik verwendet wird. Auf sie wird noch ausführlich im Kapitel 7 (“Lineare und nichtlineare Prozesse“) eingegangen werden. An dieser Stelle reicht es zu wissen, was sie bei einem Signal bewirkt.

Durch die Differentiation wird festgestellt, wie *schnell* sich das Signal *momentan ändert*. Je schneller das Signal momentan zunimmt, desto größer ist der Momentanwert des differenzierten Signals. Nimmt das Signal momentan ab, ist der Momentanwert des differenzierten Signals negativ. Schauen Sie sich doch einfach Abb. 89 an, und Sie wissen, was die Differentiation eines Signals bewirkt!

Durch die Reihenfolge der Operationen in Abb. 89 wird das Verfahren in gewisser Weise optimiert. Wie Sie aus dem Bildtext entnehmen können, besitzt das Testsignal Sprungfunktion genügend Energie bei kleiner Sprunghöhe - zerstört also nicht die Mikroelektronik - , ausgewertet wird jedoch die Impulsantwort h(t), deren **FT** direkt die Übertragungsfunktion **H(f)** liefert.

Die Sprungfunktion besitzt nunmehr auch als reales Testsignal eine große Bedeutung. Sie besitzt genügend Energie und ist extrem leicht zu erzeugen. Durch die computergestützte Verarbeitung der Sprungantwort - erst Differentiation, dann die **FT** - erhalten

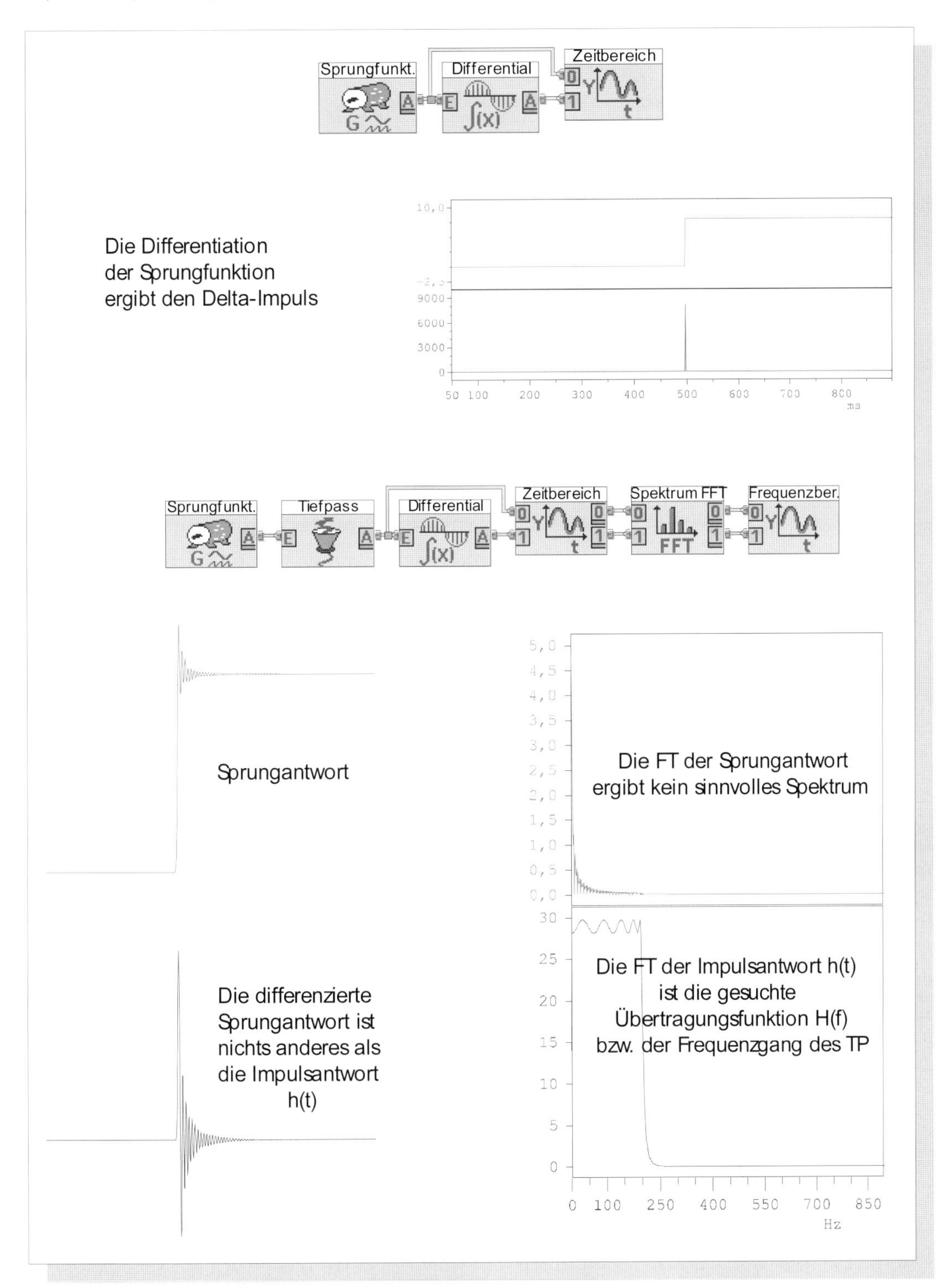

Abbildung 89 ***Optimierung der Systemanalyse: Differenzieren der Sprungantwort!***

Wenn die differenzierte Sprungfunktion einen δ-Impuls ergibt, so ergibt die differenzierte Sprungantwort auch die Impulsantwort h(t). Dies folgt aus der Tatsache, dass sowohl der Tiefpass als auch die Differentiation <u>*lineare*</u> *Prozesse darstellen. Deren Reihenfolge lässt sich jedoch vertauschen! Auf die Tiefpass-Schaltung bzw. auf das System wird die Sprungfunktion gegeben, die genügend Energie besitzt. Die Sprungantwort wird differenziert, man erhält die Impulsantwort h(t). Indirekt wurde das System also mit einem δ-Impuls getestet! Ohne theoretischen Hintergrund ist dieses Verfahren nicht nachvollziehbar.*

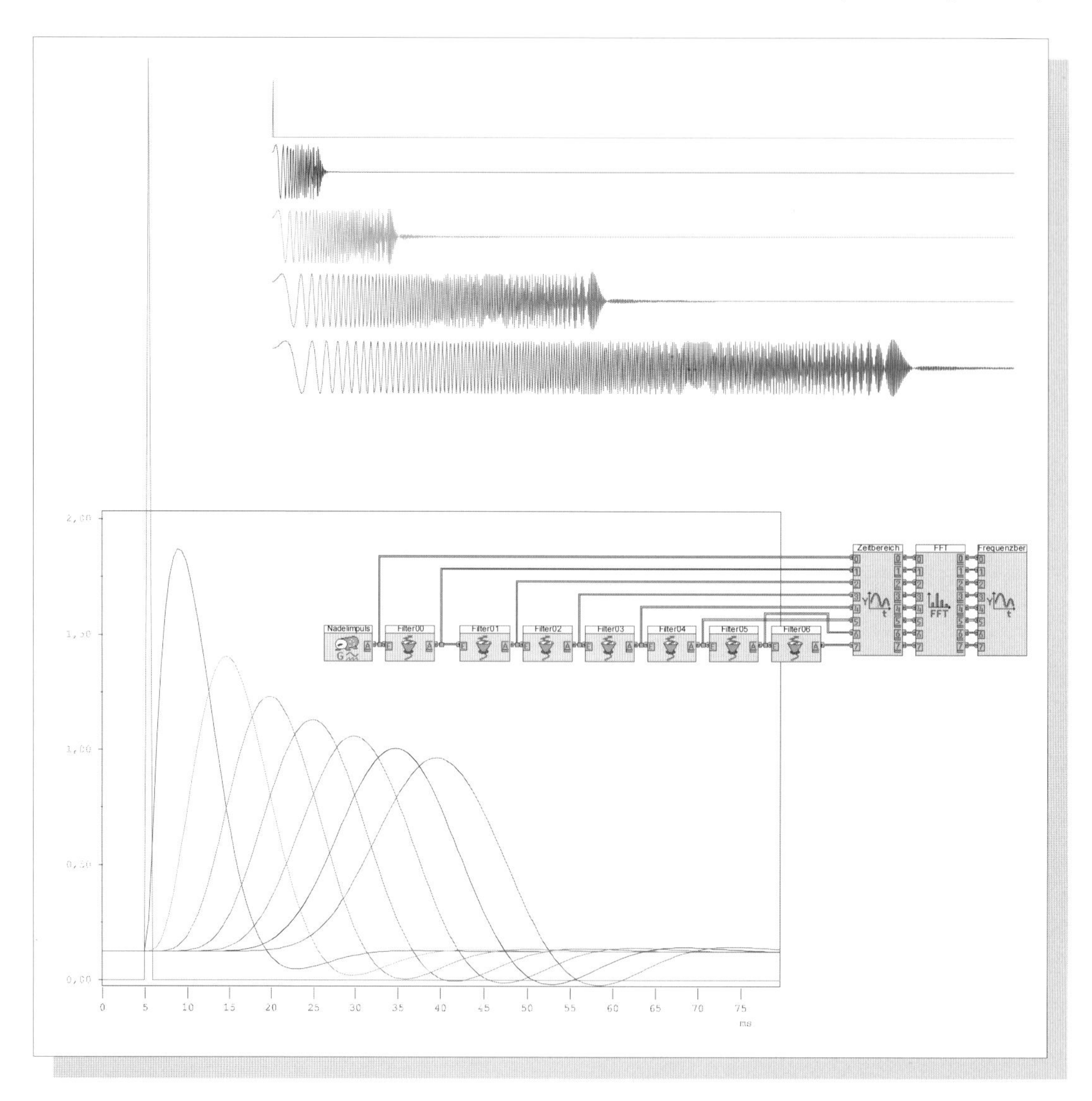

Abbildung 90 ***Zerfließen von Impulsen auf Leitungen durch Dispersion***

Von ihrer Form her wären Nadelimpulse auf den ersten Blick ideal für Laufzeitmessungen auf Leitungen bzw. für die Bestimmung der Ausbreitungsgeschwindigkeit auf Leitungen. Jedoch treten auf (homogenen) Leitungen zwei physikalische Phänomene auf, welche die Impulsform verändern: Durch die frequenzabhängige ***Dispersion*** *- die Ausbreitungsgeschwindigkeit hängt von der Frequenz ab - ändert sich das Phasenspektrum, durch die frequenzabhängige* ***Absorption*** *(Dämpfung) das Amplitudenspektrum des Signals. Am Ausgang erscheint also ein anderes Signal als am Eingang.*

Hier wird nun zunächst oben in „Reinkultur" das Zerfließen eines δ-Impulses durch Dispersion dargestellt. Die Leitung wurde hierbei simuliert durch mehrere in Reihe geschaltete „Allpässe". Sie sind rein dispersiv, d.h. sie dämpfen nicht frequenzabhängig, sondern verändern lediglich das Phasenspektrum. Der δ-Impuls bei $l = 0$ km besitzt also praktisch das gleiche Amplitudenspektrum wie bei $l = 16$ km. Interessanterweise zerfließt der δ-Impuls zu einem Schwingungsimpuls, der einem Wobbelsignal ähnelt.

Eine reale Leitung lässt sich sehr gut durch eine Kette von Tiefpässen simulieren, weil ein Tiefpass eine frequenzabhängige Dämpfung und Phasenverschiebung aufweist (Absorption und Dispersion, siehe unten.

Rechteckimpulse sind ebenfalls für solche Laufzeitmessungen auf Leitungen ungeeignet. Verbleibt die Frage, welche Impulsform hierfür optimal geeignet ist. Favorit hierfür dürfte eine Impulsform sein, welche - im Gegensatz zum δ-Impuls und Binärmustern - nur eine relativ schmales Frequenzband aufweist.

wir die Übertragungsfunktion **H(f)**, d.h. die vollständige Information über den Frequenzbereich des getesteten Systems. Vermieden werden jetzt auch alle mathematischen und physikalischen Schwierigkeiten, die man normalerweise mit der Sprungfunktion bekommt.

Der GAUSS-Impuls

Impulse spielen im Zeitalter der DSP (Digital Signal Processing) eine extrem wichtige Rolle, da jedes binäre Muster, d.h. jede binäre Information aus physikalischer Sicht aus einer Anordnung von Impulsen ("Impuls-Muster") besteht.

Rechteckimpulse besitzen aufgrund ihrer „Sprungstellen" ein sehr breites Frequenzband. Dieses breite Frequenzband macht sich gerade in der Übertragungstechnik unangenehm bemerkbar. So stellt beispielsweise jede Leitung ein *dispersives* Medium dar und erschwert damit die Übertragung von Impulsen.

Ein Medium ist dispersiv, falls die Ausbreitungsgeschwindigkeit c in ihm nicht konstant, sondern von der jeweiligen Frequenz abhängt.

Als Folge verändert sich längs der Leitung das Phasenspektrum des Signals, weil sich die einzelnen Sinusschwingungen (Frequenzen) unterschiedlich schnell ausbreiten und am Ende nun eine andere Lage zueinander besitzen. Durch diesen Effekt „zerfließen" die einzelnen Impulse längs der Leitung; sie werden flacher und breiter, bis sie sich gegenseitig überlappen. Und damit geht die Information verloren.

So lässt sich aus diesem Grunde beispielsweise kaum die Ausbreitungsgeschwindigkeit c längs einer Kabelstrecke mit Hilfe eines Rechteckimpulses über die Laufzeit τ messen. Der am Leitungsende erscheinende Impuls ist bei größerer Leitungslänge so zerflossen, dass sich Anfang und Ende des Impulses nicht mehr feststellen lassen.

Für die Übertragungstechnik - aber auch für die hier angedeutete Impulsmesstechnik - wird deshalb ein Impuls benötigt, der bei vorgegebener Dauer τ und Höhe U ein möglichst schmales Frequenzband besitzt. Solche Impulse werden kaum zerfließen - sondern nur gedämpft werden - , weil sich aufgrund des schmalen Frequenzbandes die Frequenzen kaum unterschiedlich schnell ausbreiten werden.

Da der GAUSS-Impuls sehr sanft beginnt, sich sanft verändert und auch so endet, besitzt er nach unseren bisherigen Erkenntnissen (**UP**!) dieses erwünschte Verhalten. Deshalb ist er als Pulsform nicht nur für die schnelle Übertragung binärer Daten, sondern auch für Laufzeitmessungen in Systemen geeignet.

Es gibt noch weitere Signalformen, die auch sanft beginnen bzw. enden und sich auf den ersten Blick kaum vom GAUSS-Impuls unterscheiden. Alle diese Signale spielen eine wichtige Rolle als „Zeitfenster" (Window) bei der Erfassung bzw. Analyse nichtperiodischer Signale.

Auf eine wichtige Eigenschaft des GAUSS-Impulses sollte hier noch hingewiesen werden: Die **FT** einer GAUSS-Funktion ist wieder eine GAUSS-Funktion, d.h. das Spektrum - inkl. negativer Frequenzen - besitzt die gleiche Form wie das Signal im Zeitbereich. Dies gilt für keine weitere Funktion.

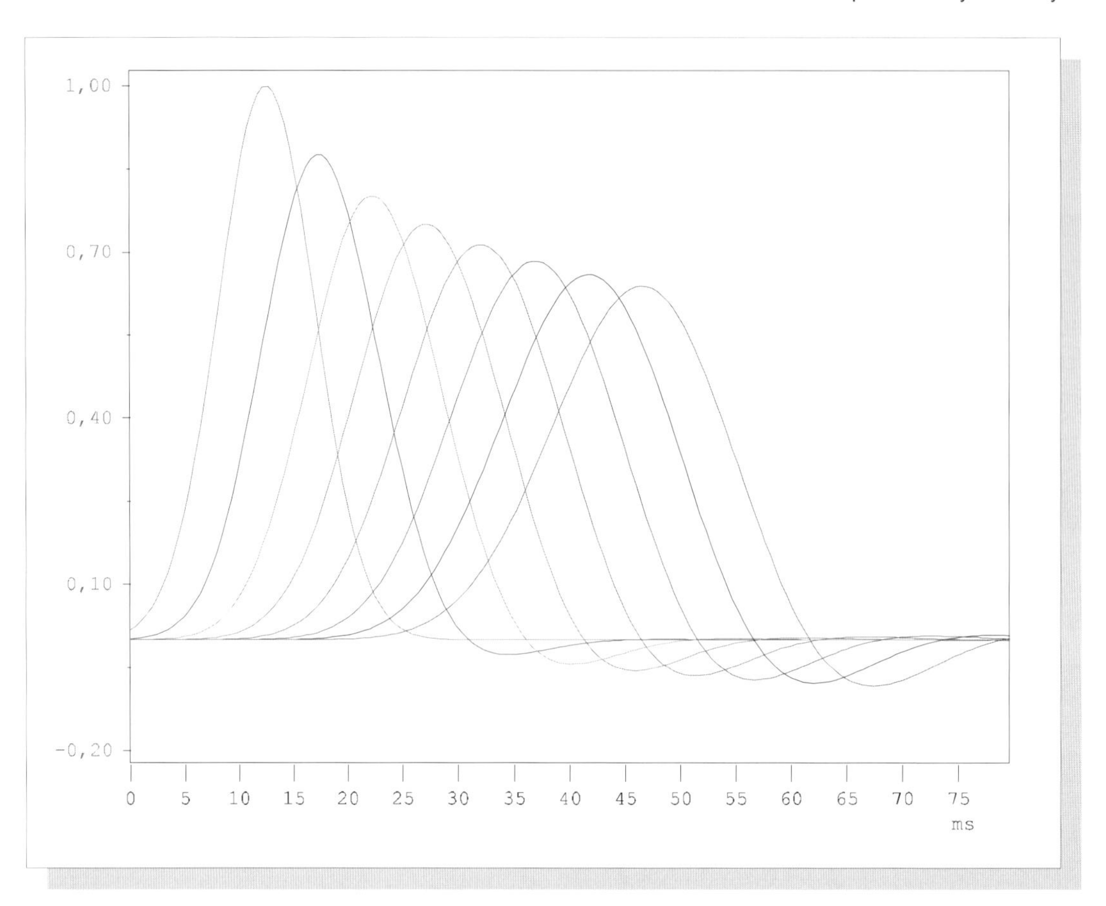

Abbildung 91 ***GAUSS-Impulse als Optimalimpulse für Laufzeitmessungen und digitale Übertragung***
Statt δ-Impulse werden hier GAUSS-Impulse der Dispersion ausgesetzt. Das Ergebnis ist eindeutig: die Impulsform ändert sich nicht extrem. Demnach stellen GAUSS-Impulse optimale Impulse für die Übertragung auf Leitungen dar. Dies beschränkt sich nicht nur auf Laufzeitmessungen, sondern gilt auch für digitale Übertragungsverfahren, bei denen ja generell Information in Form von Binärmustern übertragen werden. Als Impulsform für diese binären Muster ist der GAUSS-Impuls geeignet, obwohl andere Modulationsverfahren hier Stand der Technik sind.
Weil er sanft beginnt und sanft endet, also keine schnellen Übergänge besitzt, ist seine Bandbreite minimal, die „kaum verschiedenen" Frequenzen breiten sich also fast gleich schnell aus. Dadurch wird die Dispersion „überlistet".

Der GAUSS-Schwingungsimpuls

Während der GAUSS-Impuls ein schmales Spektrum symmetrisch zur Frequenz f = 0 Hz besitzt, lässt sich durch einen „Trick" dieses Spektrum an eine beliebige Stelle des Frequenzbereichs verschieben. Im Zeitbereich ergibt sich dann der GAUSS-Schwingungsimpuls.

Zu diesem Zweck wird der GAUSS-Impuls einfach mit einem Sinus der Frequenz f_T (T wie „Trägerfrequenz") *multipliziert*, um die das Spektrum verschoben werden soll. Das Ergebnis ist dann im Zeitbereich ein Sinus, der sanft beginnt und sanft endet (siehe Abb. 84). Im Frequenzbereich bewirkt dies eine Verschiebung des (symmetrischen) Spektrums von f = 0 Hz hin zu f = f_T Hz (und auch f = -f_T). Je *schmaler* dieses GAUSS-Schwingungsimpuls genannte Signal im Zeitbereich, desto *breiter* ist sein Spektrum im Frequenzbereich (**UP** ; **s**iehe hierzu auch Abb. 31). Dieser wichtige „Trick" mit der Multiplikation wird ausführlich in den Kapiteln 7 und 8 behandelt.

Der GAUSS-Schwingungsimpuls ist - ebenso wie der GAUSS-Impuls - geeignet, auf einfache Art und Weise die sogenannte *Gruppengeschwindigkeit* v_{Gr} auf Leitungen bzw. in ganzen Systemen zu bestimmen und - zusätzlich - mit der sogenannten *Phasengeschwindigkeit* v_{Ph} zu vergleichen.

Die Phasengeschwindigkeit v_{Ph} ist die Geschwindigkeit einer sinusförmigen Welle. In einem dispersiven Medium - z.B. längs einer Leitung - ist v_{Ph} nicht konstant, sondern hängt von der Frequenz f bzw. der Wellenlänge λ ab. Unter der Gruppengeschwindigkeit v_{Gr} versteht man allgemein die Geschwindigkeit einer Wellengruppe, d.h. eines zeitlich und örtlich begrenzten Wellenzuges (z.B. GAUSS-Schwingungsimpuls).

> Hinweis:
> Energie und Information pflanzen sich nun mit der Gruppengeschwindigkeit v_{Gr} fort. Wird der GAUSS-Schwingungsimpuls als Wellengruppe verwendet, so ist die Laufzeit τ des sinusförmigen „Trägersignals" ein Maß für die Phasengeschwindigkeit v_{Ph}, der gaussförmige Verlauf der Einhüllenden dagegen ein Maß für die Gruppengeschwindigkeit v_{Gr}. Ist v_{Ph} = konstant, so ist $v_{Gr} = v_{Ph}$. Eine interessante physikalische Eigenschaft ist die Tatsache, dass die Gruppengeschwindigkeit v_{Gr} niemals größer sein kann als die Lichtgeschwindigkeit in Vakuum c_0 (c_0 = 300.000 km/s). Dies gilt aber nicht unbedingt für die Phasengeschwindigkeit v_{Ph}! Die maximale obere Grenze für Energie- und Informationstransport ist also die Lichtgeschwindigkeit bzw. die Geschwindigkeit der elektromagnetischen Energie des betreffenden Mediums. Sie liegt bei Leitungen zwischen 100.000 und 300.000 km/s.

Zwischenbilanz:

> *GAUSS-Impuls und GAUSS-Schwingungsimpuls besitzen weniger Bedeutung als Testsignale zur Messung des Frequenzgangs von Schaltungen bzw. Systemen. Sie können vielmehr bei Pulsmessungen zur einfachen Bestimmung von Laufzeit, Gruppen- und Phasengeschwindigkeit eingesetzt werden.*

Das Burst-Signal

Auch das Burst-Signal ist - wie wir bereits aus Abb. 30 wissen - ein zeitbegrenzter „Sinus". Allerdings beginnt und endet er abrupt, und das hat Folgen für die Bandbreite bzw. die frequenzmäßige Unschärfe des Sinus.

So lässt sich z.B. der Burst einsetzen, um *qualitativ* die Frequenzselektivität einer Schaltung bzw. eines Systems im Bereich des Wertes der Sinusfrequenz (Mittenfrequenz) zu testen. Allerdings besitzt das Spektrum ja Nullstellen; diese stellen frequenzmäßige Lücken dar.

Hervorragend lassen sich mit einem Burst auch *Einschwingvorgänge* frequenzselektiver Schaltungen demonstrieren. Hierzu der nächste Abschnitt „Einschwingvorgänge".

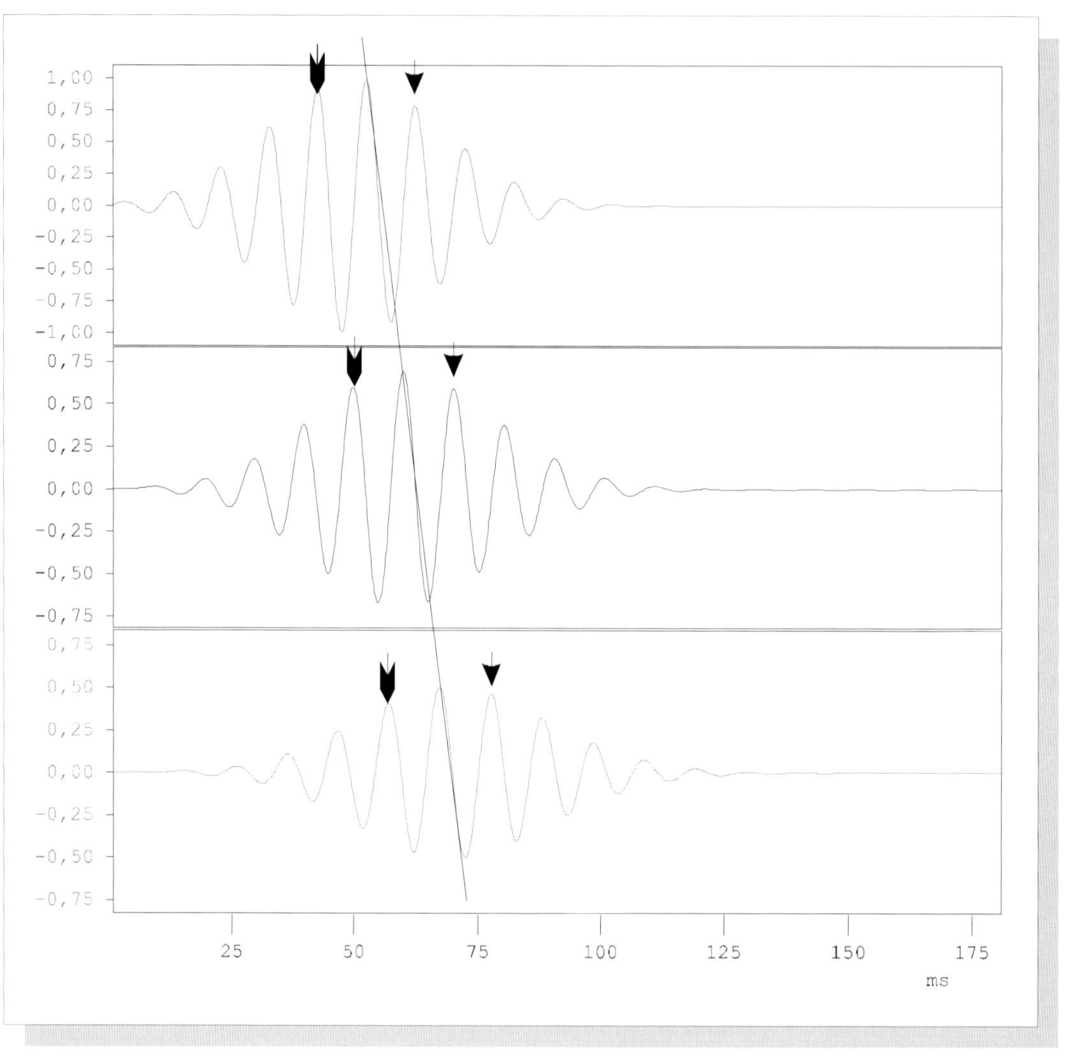

Abbildung 92 ***Gruppen- und Phasengeschwindigkeit***

Dieser GAUSSsche Schwingungsimpuls wird hier auf eine Kette gleicher Tiefpässe nach Abb. 89 gegeben. Auf ihn wirken Dämpfung und Phasenverschiebung ein.

Die Phasengeschwindigkeit wird hier anhand des Maximums des „kurzzeitigen" Sinus bzw. der durch die drei Maxima gezogene Linie visualisiert. Die Gruppengeschwindigkeit entspricht der Geschwindigkeit der einhüllenden GAUSS-Funktion. Beide Geschwindigkeiten sind hier nicht gleich, weil die benachbarten Maxima nicht die gleiche Höhe behalten.

Die Si-Funktion und der Si-Schwingungsimpuls

Nachteile des δ-Impulses als Testsignal waren seine geringe spektrale Energie sowie seine „gefährliche" Impulshöhe. Die Energie verteilt sich zudem noch gleichmäßig auf den gesamten Frequenzbereich von 0 bis ∞.

Wie könnte nun ein ideales Testsignal aussehen, welches alle Vorteile des δ-Impulses, aber nicht dessen Nachteile besitzt? Versuchen wir einmal, ein solches Testsignal zu beschreiben:

→ Die Energie des Testsignals sollte sich auf den Frequenzbereich des zu testenden Systems beschränken.

→ In diesem Bereich sollten alle Frequenzen (wie beim δ-Impuls) gleiche Amplitude besitzen, damit die **FT** direkt die Übertragungsfunktion **H(f)** liefert!

→ Alle Frequenzen sollten gleichzeitig vorhanden sein, damit - im Gegensatz zum Wobbelsignal - sich das zu testende System gleichzeitig auf alle Frequenzen einschwingen kann.

→ Die Energie des Testsignals sollte nicht abrupt bzw. extrem kurzzeitig, sondern kontinuierlich zugeführt werden, um das System nicht zu zerstören. Beachten Sie in diesem Zusammenhang, dass aufgrund der **UP** ein frequenzbandbegrenztes Signal (Δf) zwangsläufig eine bestimmte Zeitdauer Δt besitzen muss!

→ Der Maximalwert des Testsignals darf nicht so groß sein, dass die Mikroelektronik "zerschossen" wird.

Es gibt ein Signal, welches das alles leistet, und wir kennen es bereits recht gut: Die *Si-Funktion* bzw. der *Si-Schwingungsimpuls*. Warum wird es dann bis dato kaum verwendet? Ganz einfach: Es kann nur computergestützt erzeugt - d.h. berechnet - und computergestützt ausgewertet werden. Die Verwendung dieses Signals ist also untrennbar mit der computergestützten **DSP** (**D**igital **S**ignal **P**rocessing) verbunden.

Bereits aus Abb. 33 lässt sich erkennen:

Die Si-Funktion (und auch der Si-Schwingungsimpuls) ist nichts anderes als ein Ausschnitt aus dem Spektrum des δ-Impulses.

Die Si-Funktion (im Zeitbereich) ergibt sich als frequenzmäßiger Ausschnitt des δ-Impulses von f = 0 bis $f = f_G$ Hz mit dem Frequenzgang eines nahezu idealen Tiefpasses TP. Genauer gesagt, reicht das Spektrum der Si-Funktion von $f = -f_G$ bis $f = +f_G$. Siehe hierzu auch Abb. 68

Der Si-Schwingungsimpuls (im Zeitbereich) ergibt sich als frequenzmäßiger Ausschnitt des δ-Impulses von $f = f_{unten}$ bis $f = f_{oben}$ mit dem Frequenzgang eines nahezu idealen Bandpasses BP.

Es gibt zwei Methoden, die Si-Funktion bzw. den Si-Schwingungsimpuls zu erzeugen. Zunächst einmal rein formelmäßig (z.B. mit Hilfe des Moduls „Formelinterpreter" von DASY*Lab*). Dann müsste man jedoch lange experimentieren, bis Si-Funktion oder gar Si-Schwingungsimpuls genau die richtige Bandbreite besitzen.

Wesentlich eleganter ist die auf dieser Seite bereits angedeutete Methode, einfach aus dem Spektrum eines δ-Impulses den gewünschten Bereich auszuschneiden. Dies ist das Verfahren, welches erstmalig in Abb. 72 und nun in Abb. 93 eingesetzt wird. Erst hier wird richtig klar, wie elegant die Methode des „Hin- und Her"-Transformierens für die Praxis sein kann.

Hinweise:

→ Je breiter das Frequenzband Δf der Si-Funktion bzw. des Si-Schwingungsimpulses ist, desto mehr ähnelt sie/er dem δ-Impuls. In diesem Fall kann die Si-Impulsspitze ggf. wieder der Mikroelektronik gefährlich werden.

→ Je länger die Si-Funktion insgesamt dauert - d.h. je mehr der Si-Verlauf gegen Null gegangen ist - , desto mehr ähnelt der Frequenzgang dem ("idealen") rechteckförmigen Verlauf (**UP**!).

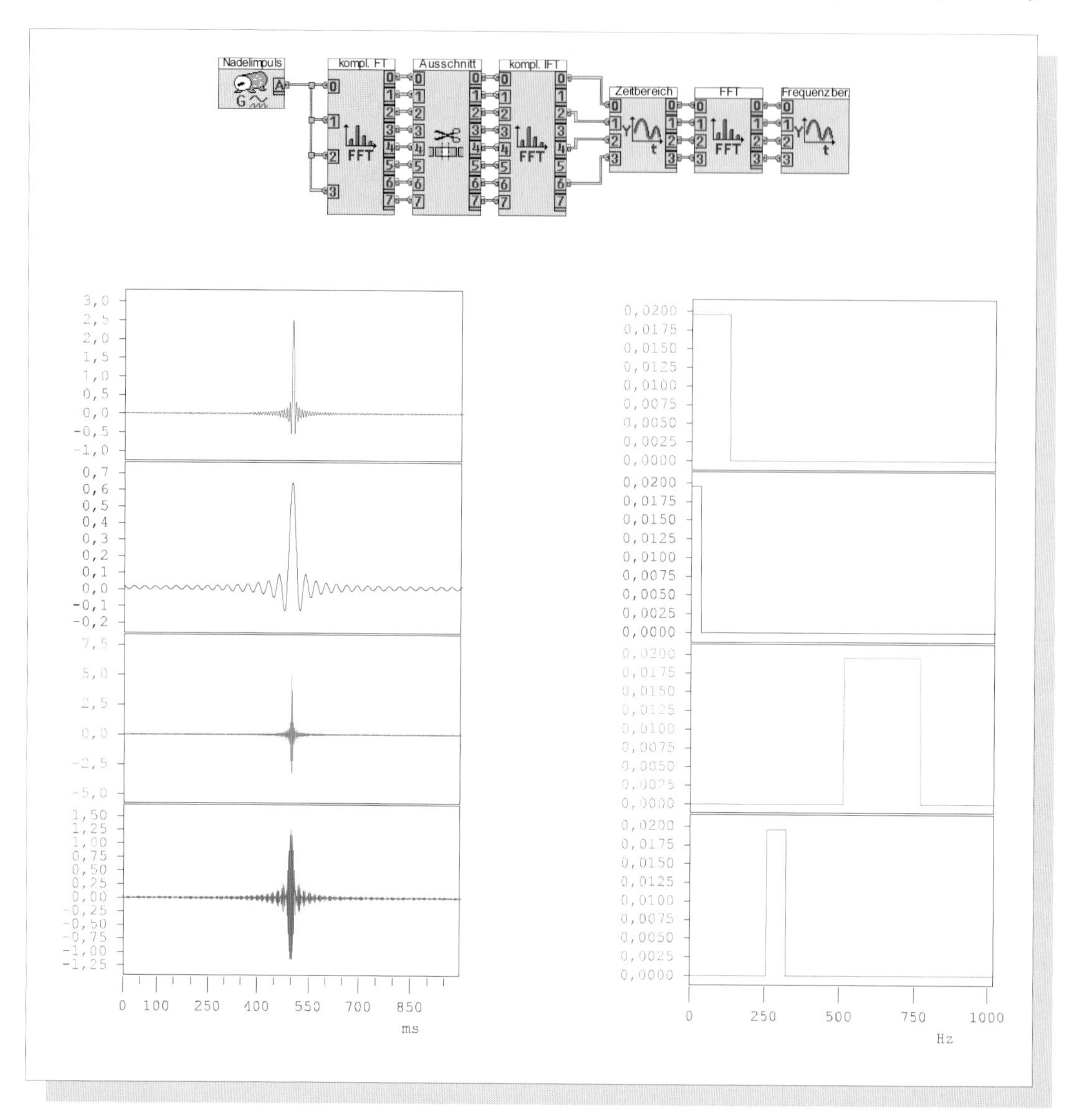

Abbildung 93 ***Der ideale Si-Testgenerator***

Diese im Prinzip bereits in Abb. 72 eingesetzte Schaltung macht sich die Tatsache zu Nutze, dass Si-Funktion bzw. Si-Schwingungsimpuls sich als frequenzmäßige Ausschnitte des δ-Impulses ergeben.
*Der δ-Impulses wird zunächst in den Frequenzbereich (**FT**) transformiert. Dort werden Real- und Imaginärteil in gleicher Weise ausgeschnitten. Soll es sich um einen Tiefpass-Signal handeln, werden Die Frequenzen von 0 bis zur Grenzfrequenz f_G ausgeschnitten. Bei einem Bandpass-Signal nur der entsprechende Bereich usw. Das restliche Frequenzband wird wieder in den Zeitbereich rücktransformiert (**IFT**). Es steht nun als Testsignal mit genau definiertem Frequenzbereich zur Verfügung.*
Beachten Sie, dass der obere Tiefpass ja eigentlich die doppelte Bandbreite besitzt, nämlich von $-f_G$ bis $+f_G$. Das dritte Signal ("Bandpass") besitzt genau die gleiche Bandbreite wie das erste ("Tiefpass"). Entsprechendes gilt für das zweite und vierte Signal. Dies ist im Zeitbereich zu erkennen: Die hier aufgeführten Si-Schwingungsimpulse besitzen als Einhüllende genau die beschriebenen Si-Signale.

Rauschen

Das „exotischste" Testsignal ist ohne Zweifel das (rein stochastische) Rauschen. Wie auf den Seiten 47 bis 50 bereits ausgeführt, entspringt es rein zufälligen Prozessen in der Natur. Solche Prozesse lassen sich beliebig perfekt auch rechnerisch simulieren, so dass Rauschen sich auch computergestützt erzeugen lässt.

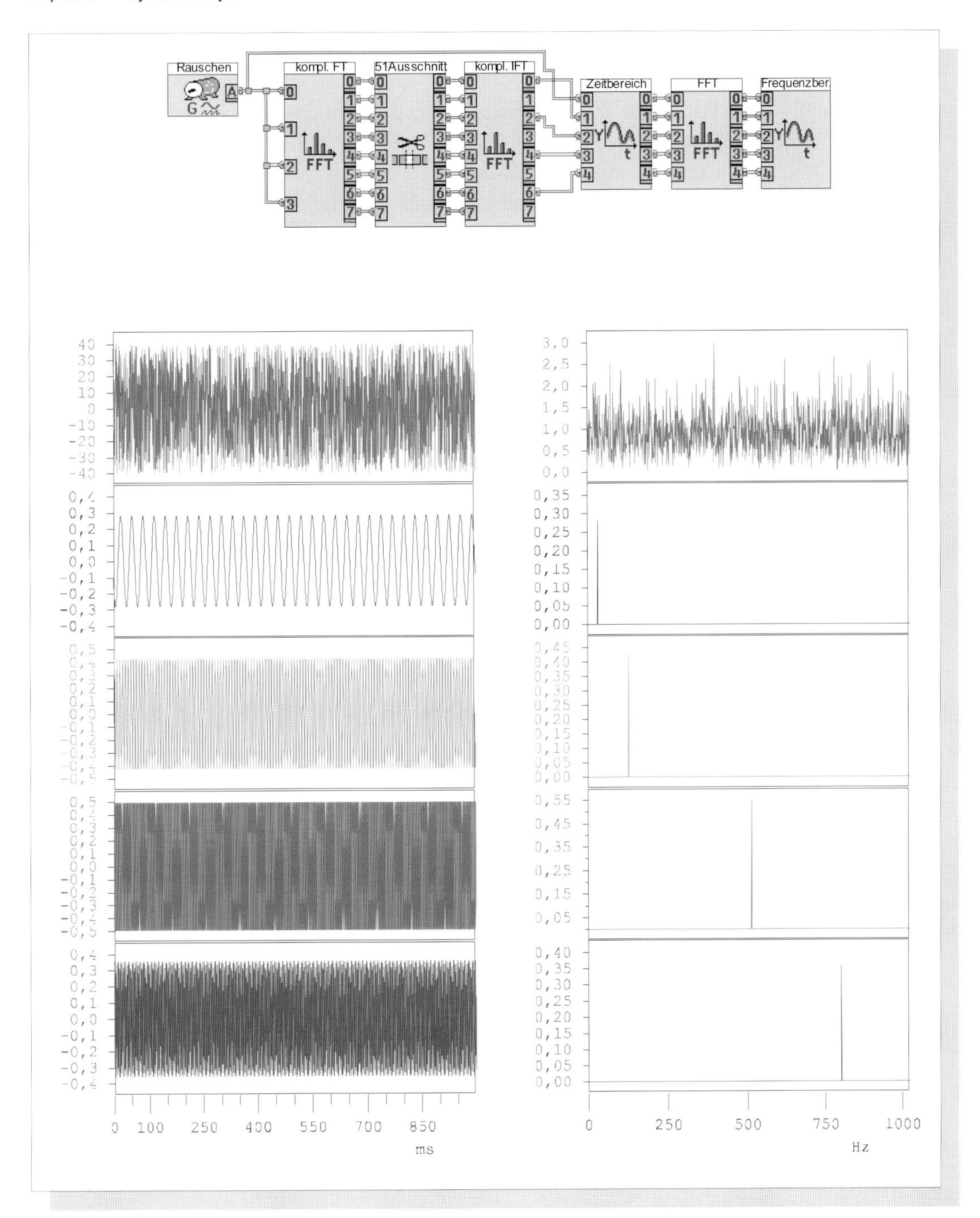

Abbildung 94 ***Sind im Rauschen wirklich alle Frequenzen enthalten?***

Dies lässt sich mit unserer „Superschaltung“ bestens überprüfen. Hier werden im Frequenzbereich vier beliebige Frequenzen heraus gefiltert, auf dem Bild von oben nach unten 32, 128, 512 und 800 Hz.
Das klingt so einfach, ist aber überaus erstaunlich. Denn wo gibt es schon Filter - Bandpässe -, deren Bandbreite nur eine einzige Frequenz durchlässt bzw. deren Flankensteilheit gegen unendlich geht. Unsere Filterbank wird nur durch das ***UP*** *begrenzt: Bei einer Signaldauer von ca. 1 s muss die Bandbreite bzw. die frequenzmäßige Unschärfe mindestens 1 Hz sein!*
Ihnen wird aufgefallen sein, dass die ausgefilterten Frequenzen bzw. Sinusschwingungen verschiedene Amplituden besitzen. Falls Sie selbst die Schaltung aufbauen und laufen lassen, werden Sie feststellen, dass Amplitude und Phasenlage (Lupe!) von Mal zu mal schwanken. Eine Gesetzmäßigkeit kann nicht feststellbar sein, weil es sich ja beim Rauschen um ein stochastisches Signal handelt. Überlegen Sie einmal, wann diese Schwankung größer sein wird, bei einem kurzen oder bei einem sehr, sehr langen Rauschsignal?

Wenn wir die *Information als ein verabredetes, sinngebendes Muster* definiert haben (siehe Seite24), so scheint stochastisches Rauschen das einzige „Signal“ zu sein,welches laut Definition keinerlei Information besitzt. Ein Muster im Signal verleiht diesem nämlich eine *Erhaltungstendenz*. Dies bedeutet: Da die Übertragung eines Musters eine bestimmte Zeit in Anspruch nimmt, muss bei zwei direkt aufeinander folgenden Zeitabschnitten A und B etwas im Zeitabschnitt B an den Zeitabschnitt A erinnern! Anders ausgedrückt: Zwischen beiden Zeitabschnitten A und B muss eine bestimmte *Ähnlichkeit* oder *Verwandtschaft* feststellbar sein.

Ähnlichkeit oder Verwandtschaft sind aber recht komplexe Begriffe. Sie können sich bei Signalen auf drei Bereiche beziehen:

Signale - Muster - können sich im Zeit- oder/und Frequenzbereich ähneln, die Verwandtschaft/Ähnlichkeit kann sich aber auch auf *statistische* Angaben beziehen.

Hierzu ein Beispiel: Radioaktiver Zerfall geschieht rein zufällig. Starker radioaktiver Zerfall - über einen Detektor hörbar oder sichtbar gemacht - macht sich als Rauschen bemerkbar. Die zeitlichen Abstände zwischen zwei aufeinander folgenden Zerfalls-prozessen bzw. zwischen zwei „Klicks“ gehorchen statistisch betrachtet einer „Exponential-Verteilung“: Kurze Abstände zwischen zwei „Klicks“ kommen hiernach sehr häufig, lange Abstände dagegen kaum vor. Demnach können zwei durch radioaktive Zerfallsprozesse entstandene Signale also doch auch eine gewisse (statistische) Verwandtschaft aufweisen.

Zwangsläufig gleiten wir bei solchen Betrachtungen langsam in die *Informationstheorie* hinüber. Gerade bei Testsignalen können wir aber den informationstheoretischen Aspekt nicht ausklammern: Während das Rausch-Testsignal u_{in} noch keinerlei Information über die Systemeigenschaften enthält, soll die Reaktion bzw. Antwort (englisch „Response“) des Systems auf das Eingangssignal, nämlich u_{out}, alle Informationen über das System enthalten und liefern. Die bisher besprochenen Testsignale besitzen eine bestimmte Erhaltungstendenz, also eine bestimmte Gesetzmäßigkeit im Zeit- und Frequenzbereich. Dies ist beim Rauschsignal - statistische Merkmale ausgenommen - nicht der Fall.

Alle Informationen, welche die Rauschantwort u_{out} enthält, entstammen also originär dem System, alle Informationen sind also Aussagen über das System. Leider sind diese System-Information weder im Zeit- noch Frequenzbereich <u>*direkt*</u> *erkennbar, weil die Rauschantwort noch immer eine zufällige Komponente besitzt.*

Um die Systemeigenschaften „pur“ aus der Rauschantwort zu erhalten, müssen wir also doch die Statistik bemühen. Beispielsweise ließen sich verschiedene Rauschantworten addieren und mitteln. Die **FT** dieser gemittelten Rauschantwort bringt eine deutliche Verbesserung.

Der Mittelwert spielt in der Statistik eine entscheidende Rolle, u.a. weil der Mittelwert einer stochastischen Messwertreihe bzw. eines stochastischen Signals gleich Null sein muss. Wäre dieser Mittelwert nicht Null, würden ja bestimmte Größen häufiger vorkommen als andere. Die Messwerte bzw. das Signal wären/wäre dann nicht rein zufällig!

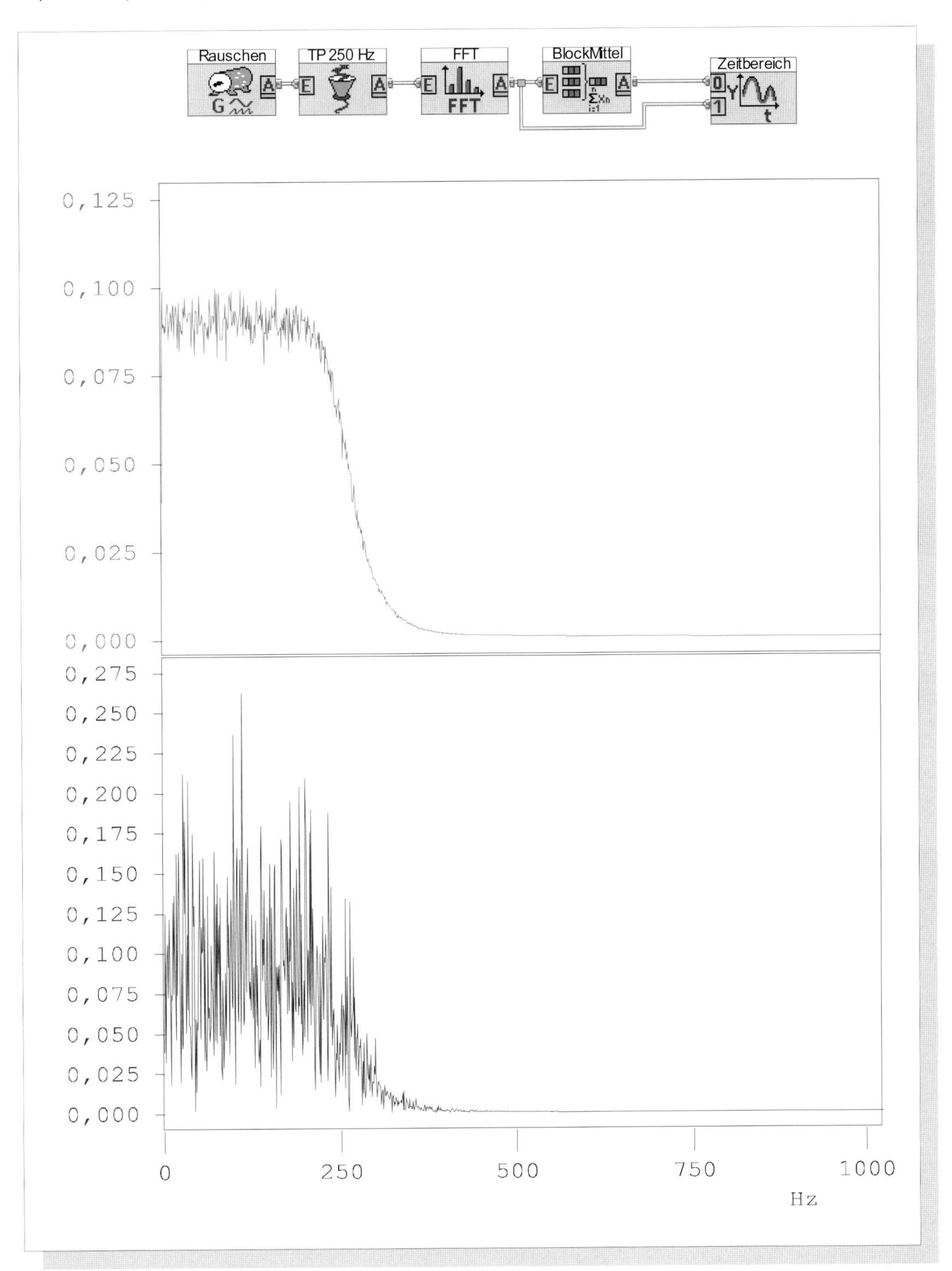

Abbildung 95 ***Rauschen als Testsignal***

Je länger ein Rauschsignal andauert, desto weniger regiert der Zufall im Hinblick auf die Amplituden der im Rauschen enthaltenen Frequenzen. Dies beweist dieses Messverfahren.

Statt eines sehr langen Rauschsignals werden die Ergebnisse vieler Rauschsignale von 1 s Länge im Bild oben gemittelt. Unten sehen Sie dagegen das Spektrum eines tiefpassgefilterten Rauschsignals von 1 s Dauer.

Das Rauschen wird hier durch einen Algorithmus (Rechenverfahren) erzeugt und entspricht genau genommen nicht dem Idealfall. Dies zeigt sich hier, weil auch nach extrem langer Blockmittelung die Filterkurve nicht „glatt" wird. An einigen Stellen bleiben die Peaks (Spitzen) bestehen.

Einschwingvorgänge in Systemen

Bei einigen Testsignalen - wie δ-Impuls oder Sprungfunktion - setzen wir eine Schaltung oder ein System einer abrupten Änderung aus und beobachten die Reaktion hierauf (u_{out}). Impulsantwort h(t) und Sprungantwort geben diese Reaktion wieder. Frequenzselektive Schaltungen zeigen wegen des **UP** immer eine bestimmte zeitliche Trägheit. Dies zeigt Abb. 85 für alle Filtertypen.

Aus der Dauer Δt dieses Einschwingvorgangs lässt sich die Bandbreite Δf des Systems wegen $\Delta f * \Delta t \geq 1$ bereits abschätzen (siehe Abb. 85).

> *Der Einschwingvorgang gibt die Reaktion des Systems auf eine plötzliche Änderung des ursprünglichen Zustandes wieder. Er dauert solange, bis sich das System auf die Änderung eingestellt bzw. seinen sogenannten stationären Zustand erreicht hat.*

Jede von außen erzwungene Änderung eines (linearen) schwingungsfähigen Systems - das ist immer ein frequenzselektives System - geht nicht abrupt bzw. sprunghaft vor sich, sondern bedarf einer Übergangsphase. Diese Übergangsphase wird als *Einschwingvorgang* bezeichnet. Ihm folgt der sogenannte eingeschwungene Zustand, meist als *stationärer* Zustand bezeichnet.

Die Impulsantwort h(t) beschreibt einen ganz typischen Einschwingvorgang. Da die **FT** von h(t) die Übertragungsfunktion **H(f)** ergibt, wird gerade an diesem Beispiel - siehe Abb. 85 - deutlich:

> Der Einschwingvorgang eines Systems verrät dessen schwingungsphysikalische Eigenschaften im Zeit- und damit auch im Frequenzbereich. Aus diesem Grunde kann dieser zur Systemanalyse herangezogen werden.
>
> Während des Einschwingvorgangs liefert das System Information über sich selbst und verdeckt dann weitgehend die über den Eingang zum Ausgang zu transportierende Information des eigentlichen Signals. Der eigentliche Signaltransport beschränkt sich also im wesentlichen auf den Bereich des stationären (eingeschwungenen) Zustandes!
>
> Um eine großen Informationsfluss über das System zu ermöglichen, muss deshalb die Einschwingzeit Δt möglichst klein gehalten werden. Nach dem **UP** muss dann die Bandbreite Δf des Systems möglichst groß sein.

In einem speziellen Experiment soll nun in Abb. 96 und gezeigt werden, was eigentlich während des Einschwingvorgangs in einem frequenzselektiven System passiert.

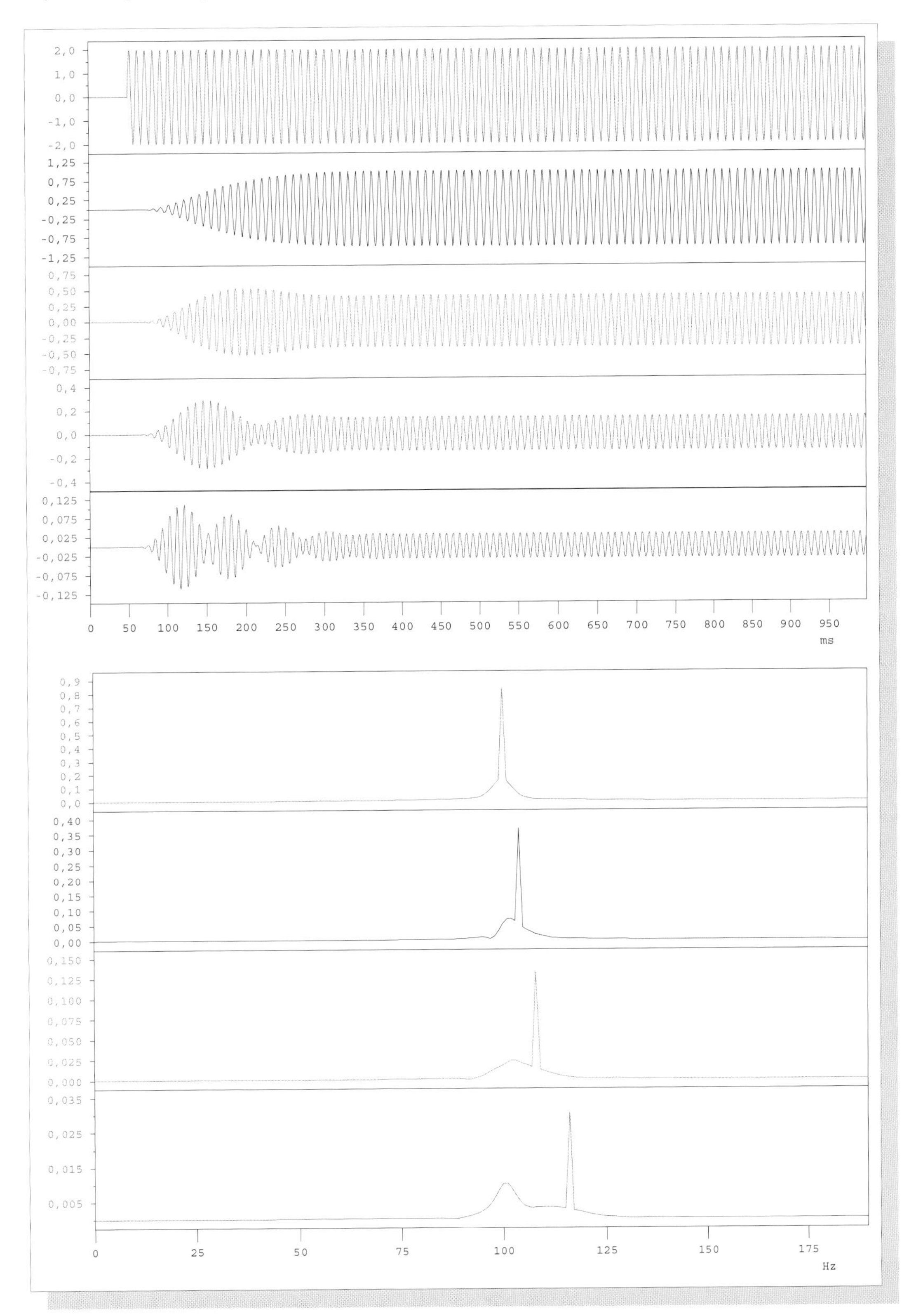

Abbildung 96 ***Einschwingvorgang: Das System erzählt etwas über sich selbst!***

Dieses Experiment zeigt Ergebnisse, die für die Nachrichtentechnik eine äußerst große Bedeutung besitzen. Geklärt und vor allem erklärt wird die Frage, warum ein schmalbandiges System nur wenige Informationen pro Zeiteinheit übertragen kann. Die ausführliche Interpretation finden Sie im Haupttext.

Wir wählen dafür einen *extrem schmalbandigen* Bandpass - einen Schwingkreis - , *weil dann die Einschwingzeit Δt groß genug ist, um die internen Vorgänge besser erkennen und deuten zu können.* Die Durchlassfrequenz (Eigenfrequenz, Resonanzfrequenz) betrage 100 Hz.

Definitionen:

Unter der *Eigenfrequenz* f_E wird diejenige Frequenz verstanden, mit der ein Schwingkreis schwingt, nachdem er einmal - z.B. durch einen δ-Impuls - angestoßen und dann sich selbst überlassen wurde.

Die *Resonanzfrequenz* f_R gibt denjenigen Frequenzwert an, bei der ein durch einen Sinus angeregter, *erzwungen* schwingende Schwingkreis seine *maximale* Reaktion zeigt.

Eigenfrequenz und Resonanzfrequenz stimmen wertemäßig bei Schwingkreisen hoher Güte überein. Bei hoher Schwingkreisdämpfung ist die Resonanzfrequenz etwas größer als die Eigenfrequenz. Es gilt also $f_R \geq f_E$

Als „Testsignal" werde ein Burst-Impuls gewählt, von dem in Abb. 96 nur der Anfang, aber nicht das Ende zu sehen ist. Nun wird nach und nach die Mittenfrequenz f_M des Burst leicht variiert. Erst liegt sie bei 100 Hz, dann bei 104, 108 und schließlich 116 Hz. Die vier unteren Reihen in Abb. 96 zeigen den Einschwingvorgang - d.h. das Ausgangssignal - in der genannten Reihenfolge.

Zunächst fällt die Zeit auf die vergeht, bis nach dem Einschaltvorgang (obere Reihe) am Ausgang des Bandpasses/Schwingkreises die Reaktion erscheint. Sie beträgt hier 20 ms. Danach setzt der Einschwingvorgang ein, der bei etwa t = 370 ms beendet ist. Danach beginnt der stationäre Zustand.

Aufgrund der vier verschiedenen „Mittenfrequenzen" des Burst sind die Einschwingvorgänge jeweils verschieden. Beachten Sie auch die verschiedenen Skalierungen an den senkrechten Achsen. So beträgt die Spannungshöhe des untersten Einschwingvorgangs (bei 116 Hz) nur ca. 1/10 des oberen Einschwingvorgangs bei 100 Hz.

Ein Fachmann erkennt sofort das *schwebungsartige* Aussehen der drei unteren Einschwingvorgänge. Was ist hierunter zu verstehen?

Eine *Schwebung* entsteht durch Überlagerung (Addition) zweier Sinusschwingung annähernd gleicher Frequenz (siehe Abb. 97). Sie äußert sich in einer periodischen Verstärkung und Abschwächung mit der *Schwebungsfrequenz* $f_S = |f_1 - f_2|/2$. Bei der Schwebung handelt es sich um eine typische *Interferenzerscheinung*, bei der die maximale Verstärkung bzw. Abschwächung durch gleiche bzw. um π verschobene Phasenlage der beiden Sinusschwingungen entsteht.

Es müssen also zwei Frequenzen im Spiel sein, obwohl wir das System nur mit einer (Mitten-) Frequenz angeregt haben. Woher kommt dann die zweite?

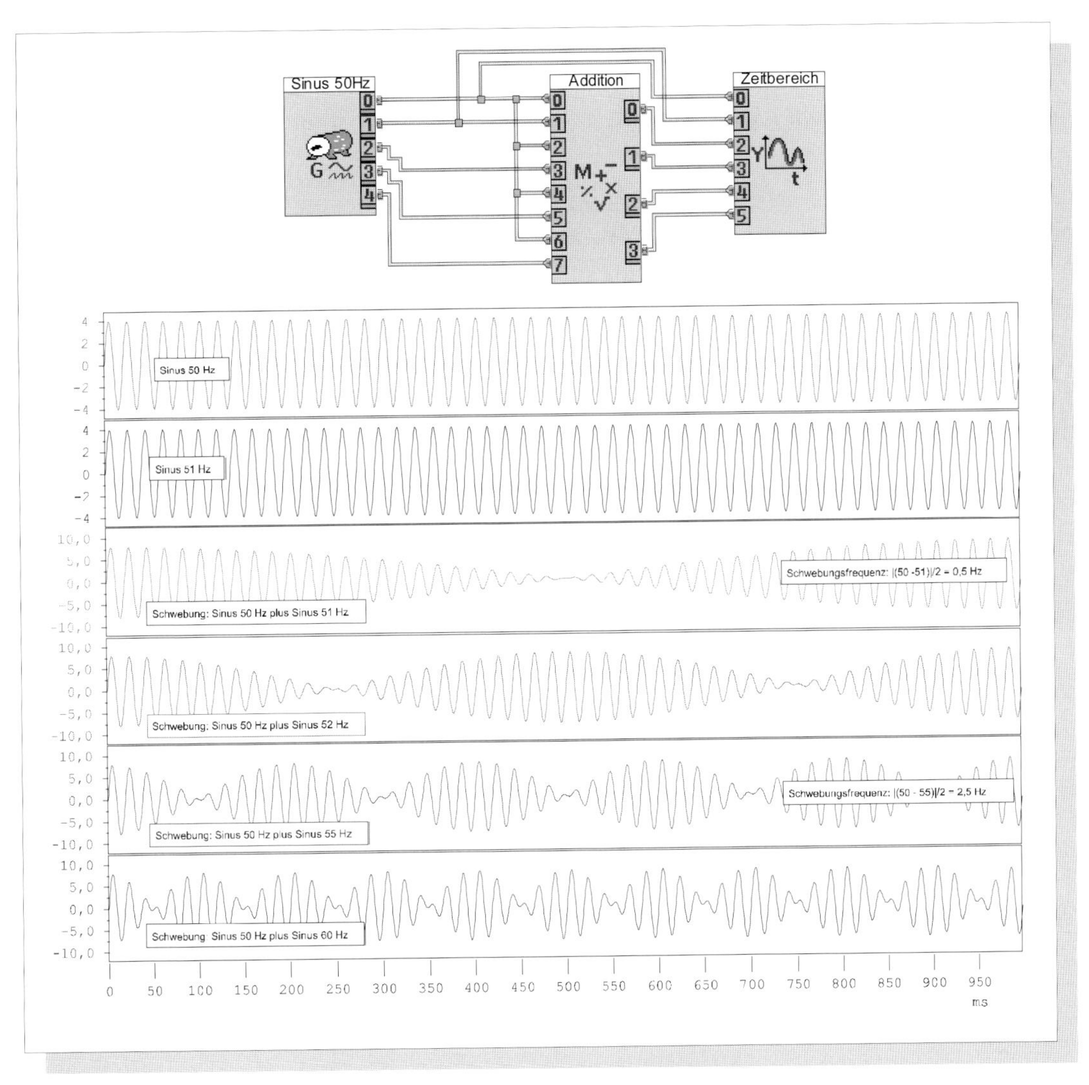

Abbildung 97 ***Schwebungseffekt und Schwebungsfrequenz***

Eine Schwebung entsteht durch die Überlagerung zweier Sinusschwingungen fast gleicher Frequenz. Die geringe Frequenzdifferenz wirkt sich zeitweise wie eine Phasenverschiebung aus.
In den beiden oberen beiden Reihen sehen sie zwei Sinusschwingungen, in der dritten ihre Überlagerung (Summe). Während links und rechts die beiden Sinusschwingungen phasengleich erscheinen, ist genau in der Mitte die „Phasenverschiebung" quasi 180 Grad bzw. π rad. Links und rechts verstärken sie sich zur doppelten Amplitude, in der Mitte löschen sie sich dagegen aus.
Akustisch zeichnet sich eine Schwebung durch ein Ab- und Anschwellen der Lautstärke aus. Der Rhythmus, in dem dies geschieht, nennt man Schwebungsfrequenz. Sie ist optisch an der Einhüllenden der Schwebung erkennbar und berechnet sich nach der Formel $f_S = |(f_1 - f_2)|/2$.

Unser Bandpass ist - physikalisch betrachtet - ein einfacher Schwingkreis, der praktisch nur mit einer Frequenz schwingen kann. So wie eine Schaukel. Einmal angestoßen, schwingt sie mit nur einer Frequenz, ihrer *Eigenfrequenz*. Wird sie nun regelmäßig - periodisch - angestoßen, so wird sie nur dann maximal ausschlagen, wenn dies genau im Rhythmus ihrer Eigenfrequenz geschieht. Diesen Fall zeigt in Abb. 96 die zweite Reihe.

Ist der Rhythmus der Energiezufuhr etwas größer oder kleiner, so werden Ursache und Wirkung in bestimmten Momenten *in Phase* sein, dann weniger und weniger, bis sie schließlich *gegenphasig* liegen. Die Schaukel würde in diesem Fall dann angestoßen, wenn sie dem Anstoßenden entgegen kommt und hier gebremst werden. In Phase entspricht dem Fall, bei dem die Schaukel in Bewegungsrichtung angestoßen wird. Da ist die Auslenkung dann momentan am größten.

In den drei unteren Fällen in Abb. 96 wird die „Schaukel" Bandpass abschnittsweise im richtigen bzw. annähernd richtigem Rhythmus, danach dagegen im falschen Rhythmus angestoßen. Die Auslenkung nimmt also in einem bestimmten Rhythmus zu und ab. Der Fachmann spricht von der Schwebungsfrequenz f_S. Diese wird von der Einhüllenden wiedergegeben.

Als Ergebnis ist festzuhalten: Selbst beim Einschalten einer sinusförmigen Spannung verrät die Reaktion des Schwingkreises, was physikalisch in ihm passiert! Er versucht, mit der ihm eigenen Frequenz - *Eigenfrequenz* - zu schwingen. Wie eine Schaukel schwingt er *anfänglich* auch dann etwas mit der ihm eigenen Frequenz, falls die erregende Frequenz leicht abweicht. Und: Je mehr die erregende Frequenz von der Eigenfrequenz abweicht, desto schwächer schwingt der Schwingkreis schließlich im stationären Zustand.

Dies zeigt sehr deutlich der untere Teil der Abb. 96. Hier werden die vier Einschwingvorgänge im Frequenzbereich dargestellt. Der spitze Peak im Spektrum stellt jeweils das den Bandpass erregende Eingangssignal dar (100 , 104 , 108 , 116 Hz). Das Restspektrum rührt vom Bandpass/Schwingkreis her und spielt sich hauptsächlich immer bei 100 Hz (Eigenfrequenz) ab.

Aufgaben zu Kapitel 6

Aufgabe 1

(a) Suchen Sie sich aus der Bibliothek der DASY*Lab*-Schaltungen einen Wobbelgenerator aus und versuchen Sie, Start-, Stoppfrequenz sowie Wobbelgeschwindigkeit gezielt zu verändern.

(b) Mit welchem „Trick" gelingt hier die zeit*lineare* Zunahme der Wobbelfrequenz?

Aufgabe 2

Diskutieren Sie den Begriff „Momentanfrequenz". Warum steckt in diesem Wort ein Widerspruch?

Aufgabe 3

Um den „Frequenzgang" zu messen, beabsichtigen Sie das System „durchzuwobbeln". Worauf haben Sie zu achten, damit Sie nicht Unsinn messen?

Aufgabe 4 Moderne Testsignale

(a) Weshalb erscheint aus theoretischer Sicht der δ -Impuls als ideales Testsignal, aus praktischer Sicht dagegen nicht?

(b) Sie wollen die (komplette) Übertragungsfunktion eines Filters nach Betrag und Phase messen. Worauf ist dabei zu achten?

(c) Beschreiben Sie ein Verfahren, die *normierte* Übertragungsfunktion nach Betrag und Phase zu messen. Suchen Sie die entsprechende Schaltung in der Bibliothek der DASY*Lab*-Schaltungen und analysieren Sie das Verfahren.

(d) Ergänzen Sie letzteres Verfahren und stellen Sie die Übertragungsfunktion als Ortskurve in der GAUSSschen Zahlenebene dar.

(e) Sie sollen einen Testsignal-Generator hardwaremäßig aufbauen. Bei welchem Testsignal ist das am einfachsten?

(f) Welche Probleme gibt es mit der Sprungfunktion als Testsignal und wie lassen Sie sich vermeiden?

(g) Wie lassen sich Testsignale erzeugen, die in einem beliebigen, genau definierten Frequenzbereich konstanten Amplitudenverlauf besitzen?

(h) Welche Vorteile/Nachteile besitzen letztere Testsignale?

(i) Welchen möglichen Einsatzgebiete besitzen Burst-Signale als Testsignale?

(j) Was macht das Rauschsignal so interessant als Testsignal, was macht es so schwierig?

(k) Messen Sie den Korrelationsfaktor zwischen zwei verschiedenen Rauschsignalen und ein-und-demselben Rauschsignal. Welche Korrelationsfaktoren erwarten Sie, welche messen sie? Wie hängt der Korrelationsfaktor von der Länge des Rauschsignals ab? Was gibt der Korrelationsfaktor *inhaltlich* wieder?

Aufgabe 5

Wo können GAUSS-Impulse bzw. GAUSS-Schwingungsimpulse sinnvoll in der Messtechnik eingesetzt werden? Welche physikalisch interessanten Eigenschaften besitzen Sie?

Aufgabe 6

(a) Was verraten uns Einschwingvorgänge über die Systemeigenschaften?

(b) Ein System - z.B. ein Filter - braucht länger um sich einzuschwingen. Was können Sie direkt daraus schließen?

(c) Beschreibt die Impulsantwort h(t) den Einschwingvorgang?

(d) Beschreibt die Sprungantwort g(t) den Einschwingvorgang?

(e) Unter welchen Voraussetzungen beschreibt die „Burst-Antwort" b(t) den Einschwingvorgang?

(f) Erklären Sie die Begriffe Eigenfrequenz und Resonanzfrequenz im Zusammenhang mit Einschwingvorgängen.

Machen Sie entsprechende Versuche mit DASY*Lab*, um die Fragen sicher zu beantworten.

Kapitel 7

Lineare und nichtlineare Prozesse

Theoretisch gibt es - wie bereits erwähnt - in der Nachrichtentechnik unendlich viele signaltechnische Prozesse. Auch hieran lässt sich deutlich der Unterschied zwischen Theorie und Praxis aufzeigen: Praktisch nutzbar und wichtig sind hiervon vielleicht zwei oder drei Dutzend. Das entspricht etwa der Anzahl der Buchstaben unseres Alphabets. Da wir Lesen und Schreiben gelernt haben, indem wir sinnvoll bzw. sinngebend Buchstaben und Worte zusammenfügen und zusammenhängend interpretieren, sollte uns das gleiche auch mit den wichtigen Prozessen der Signalverarbeitung gelingen.

Systemanalyse und Systemsynthese

Heute befinden sich bereits auf manchen Chips ganze Systeme, im Detail aus Millionen von Transistoren und anderen Bauelementen bestehend. Unmöglich also, sich mit jedem einzelnen Transistor zu beschäftigen. Die Chip-Hersteller beschreiben deshalb die signaltechnischen bzw. systemtechnischen Eigenschaften mit Hilfe von Blockschaltbildern. Wir *verstehen* diese Systeme, indem wir Schritt für Schritt die im Blockschaltbild enthaltenen Bausteine (Prozesse!) analysieren. Und umgekehrt *entwerfen* wir solche Systeme, indem wir geeignete Prozesse (Bausteine!) sinnvoll miteinander zu einem Blockschaltbild verknüpfen. Dieses Verfahren nennt man Synthese.

Es verbessert auf jeden Fall die Übersicht, falls sich die verschiedenen wichtigen signaltechnischen Prozesse/Bausteine unter gemeinsamen Merkmalen zusammenfassen lassen. Das geht, und zwar - zunächst - in zwei Gruppen. Die eine Gruppe sind die *linearen*, die andere Gruppe die *nichtlinearen* Prozesse/Bausteine.

Alle theoretisch möglichen, d.h. auch die praktisch nutzbaren signaltechnischen Prozesse lassen sich durch ihre *linearen* bzw. *nichtlinearen* Eigenschaften unterscheiden.

Die Messung entscheidet ob linear oder nichtlinear

Hier soll nun direkt die Katze aus dem Sack gelassen werden und *das* Unterscheidungskriterium für diese beiden Gruppen genannt werden: Wie lässt sich messtechnisch feststellen, ob es sich um einen linearen oder um einen nichtlinearen Prozess handelt?

Wird auf den Eingang (oder die Eingänge) eines Bausteins ein sinusförmiges Signal beliebiger Frequenz gegeben und erscheint am Ausgang lediglich ein sinusförmiges Signal genau dieser Frequenz, so ist der Prozess linear, anderenfalls nichtlinear!

Hinweis: Die Sinus-Schwingung des Ausgangssignals darf sich jedoch in Amplitude und Phase ändern. Die Amplitude kann also größer werden (Verstärkung!) oder z.B. auch viel kleiner (extreme Dämpfung!). Die Phasenverschiebung ist ja nichts anderes als die *zeitliche Verschiebung* der Ausgangs-Sinus-Schwingung gegenüber der Eingangs-Sinus-Schwingung. Jeder Prozess benötigt schließlich eine gewisse Zeit zur Durchführung!

Die Leitung und der freie Raum

Eines der wichtigsten Beispiele für ein *lineares* nachrichtentechnisches Systeme ist ... die *Leitung*. Am Leitungsausgang wird immer eine Sinus-Schwingung der gleichen Frequenz wie die Eingangsspannung erscheinen, egal ob die Leitung nur wenige Meter oder -zig Kilometer lang ist. Durch die Leitung wird das Signal mit zunehmender Länge gedämpft, d.h. die Amplitude wird mit zunehmender Länge kleiner. Außerdem nimmt die „Übertragungszeit" - die Übertragungsgeschwindigkeit auf Leitungen liegt ungefähr zwischen 100.000 und 200.000 km/s! - mit zunehmender Leitungslänge zu. Dies macht sich als Phasenverschiebung auf dem Oszilloskop bemerkbar.

Es wäre auch schrecklich, falls die Leitung *nichtlineare* Eigenschaften hätte! Telefonieren über Leitungen wäre dann z.B. kaum möglich, weil das Sprachband am Leitungsausgang in einem ganz anderen, eventuell unhörbaren Frequenzbereich liegen könnte, und das noch abhängig von der Leitungslänge.

Das wichtigste „lineare System" ist der *freie Raum* selbst. Auch hier käme sonst ja ein Radiosender auf einer anderen Frequenz oder auf mehreren Frequenzen beim Empfänger an als durch den Sender vorgegeben. Und wie bei der Leitung wiederum in Abhängigkeit vom Abstand zwischen Sender und Empfänger. Dies macht die Bedeutung linearer Prozesse wohl deutlicher als alle anderen Beispiele. Wir werden noch später einen Blick hinter die Kulisse werfen, warum Leitung und der freie Raum lineares Verhalten zeigen bzw. welche physikalischen Ursachen das hat.

Zur fächerübergreifenden Bedeutung

Die Begriffe Linearität und Nichtlinearität spielen in der Mathematik, Physik, Technik und überhaupt in der Wissenschaft eine überragende Rolle. Lineare Gleichungen z.B. lassen sich recht leicht in der Mathematik lösen, nichtlineare dagegen sind selten, meist aber überhaupt nicht lösbar. Die quadratische Gleichung ist ein Beispiel für eine nichtlineare Gleichung, mit der die meisten Schüler gepiesackt werden bzw. worden sind. Kaum zu glauben: Die Mathematik versagt (derzeit) weitgehend bei nichtlinearen Problemen! Weil die theoretische Physik in der Mathematik ihr wichtigstes Hilfsmittel besitzt, ist die *nichtlineare Physik* recht unterentwickelt und steckt gewissermaßen noch in den Kinderschuhen.

Das Verhalten linearer Systeme lässt sich durchweg leichter verstehen als das nichtlinearer Systeme. Letztere können sogar zu *chaotischem*, d.h. prinzipiell nicht vorhersagbarem Verhalten führen oder aber sogenannte fraktale Strukturen erzeugen, die - grafisch dargestellt - von ästhetischer Schönheit sein können. Darüber hinaus besitzen sie eine immer bedeutsamer erscheinende „universelle" Eigenschaft: die der *Selbstähnlichkeit*. Bei genauem Hinsehen enthalten sie nämlich bei jeder Vergrößerung oder Verkleinerung des Maßstabs die gleichen Strukturen.

Interessanterweise können diese hochkomplexen Gebilde durch sehr einfache nichtlineare Prozesse erzeugt werden. *Es ist damit offensichtlich falsch zu behaupten, hochkomplexe Systeme hätten zwangsläufig auch sehr komplizierte Ursachen.* Manche dieser mathematisch erzeugten Bild-Objekte sehen z.B. bestimmten Pflanzen so ähnlich, dass ähnlich einfache Gesetzmäßigkeiten auch bei biologischen Prozessen vermutet werden. Man weiß deshalb inzwischen, dass für die Vielfalt der Natur nichtlineare Prozesse verantwortlich sein müssen und entsprechend emsig wird derzeit auf diesem Gebiet geforscht.

Der Computer hat sich inzwischen als *das* Mittel herauskristallisiert, nichtlineare Strukturen zu erzeugen, abzubilden und zu untersuchen. Dies hat der modernen Mathematik viele neue Impulse gegeben. Selbst auf unserem Niveau ist es in vielen Fällen möglich, nichtlineare Zusammenhänge und Eigenschaften bildlich zu veranschaulichen. Solche sehr einfachen nichtlinearen Prozesse werden wir uns auch noch näher - mit Computerhilfe - ansehen und untersuchen.

Spiegelung und Projektion

Genug nun der geheimnisvollen Ankündigungen. Die Begriffe Linearität und Nichtlinearität bei signaltechnischen Prozessen sollen nun zunächst ganz einfach und ohne jegliche Mathematik erklärt werden. Dazu reichen zunächst einmal ebene und verbogene Spiegel aus!

Mindestens jeden Morgen sehen wir unser Ebenbild im (ebenen) Spiegel des Badezimmers. Wir sehen im Spiegel ein *naturgetreues* Abbild des Gesichts usw. (bis auf die Tatsache, dass das ganze Bild seitenverkehrt ist). Wir erwarten von dem Spiegelbild eine Abbildung, die in den Proportionen vollkommen mit dem Original übereinstimmt. Dies ist ein Beispiel für eine lineare Abbildung, hervorgerufen durch eine *lineare Spiegelung*. Ein anderes Beispiel ist ein Foto. Das abgebildete Objekt ist meist wesentlich kleiner, aber die Proportionen stimmen überein. Die Vergrößerung sowie die Verkleinerung - mathematisch gesprochen die *Multiplikation mit einer Konstanten* - ist demnach eine *lineare* Operation.

Vielleicht waren Sie schon einmal auf einer Kirmes in einem Spiegelkabinett voller „Zerrspiegel". Die Oberflächen dieser Spiegel sind *nicht linear* bzw. *nicht eben*, sondern verbogen und gebeult. Dies sind Beispiele für nichtlineare bzw. nichtebene Spiegel. Wie sieht nun das zugehörige Spiegelbild aus? Der eigene Körper erscheint unförmig verzerrt, einmal sitzt auf einem gewaltigen Bauch ein winziger Kopf und unten kleben kurze Stummelbeinchen. Ein anderer Zerrspiegel vergrößert den Kopf und verzerrt den Restkörper zu einer krummen Wurst.

Unser Körper wurde hier nichtlinear verzerrt. Das Abbild weist keinerlei *Formtreue* mehr auf, bedingt durch *verzerrte* Proportionen.

Die Veränderung eines Signals durch einen signaltechnischen Prozess lässt sich auf ähnliche Weise darstellen. Eine Kennlinie - sie entspricht dem jeweiligen Spiegel - beschreibt den Zusammenhang zwischen dem Eingangssignal u_{in} und dem Ausgangssignal u_{out} des Bausteines bzw. Prozesses.

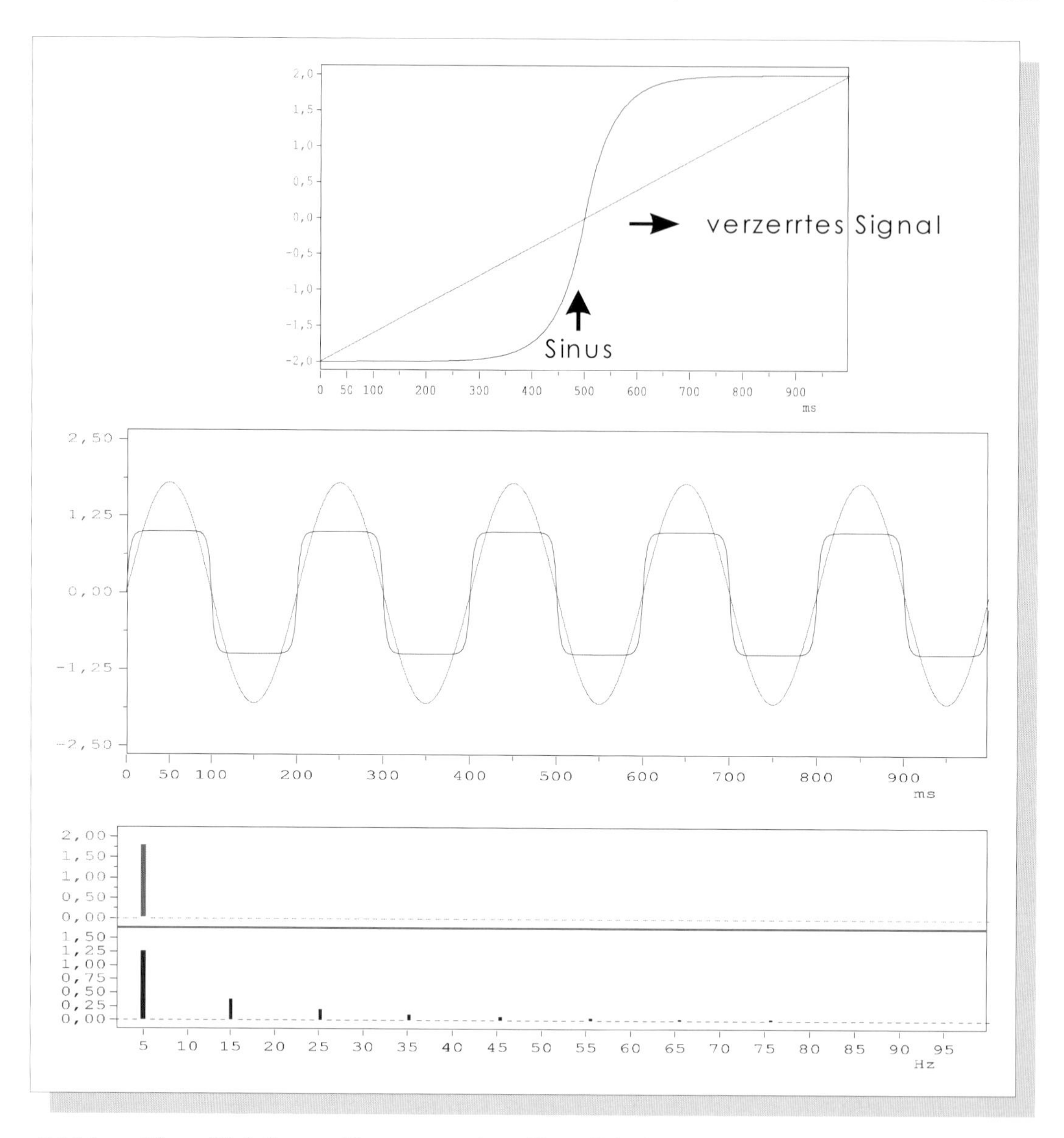

Abbildung 98 ***Nichtlineare Verzerrung einer Sinus-Schwingung***: *Durch Projektion einer Sinus-Schwingung an einer nichtlinearen Kennlinie entsteht ein neues Signal. Während die Sinus-Schwingung lediglich eine Frequenz enthält, enthält das neue Signal im Spektrum mehrere Frequenzen (unteres Spektrum).*

Wie die Abb. 98 zeigt, wird der Signalverlauf von u_{in} senkrecht nach oben auf die Kennlinie projiziert und von dort aus waagerecht nach rechts. Die *Projektion* entspricht nun dem Vorgang der Spiegelung, nur ist hier der Einfallswinkel jedes Strahles nicht gleich dessen Ausfallwinkel. Ist die Kennlinie linear, so bleiben die Proportionen bei der Projektion erhalten. Ist die nichtlinear, so stimmen die Proportionen nicht mehr. In Abb. 98 unten wird so aus einer Sinus-Schwingung ein „stumpfer" Rechteckverlauf.

Während der Sinus genau nur eine Frequenz enthält, ergibt die Analyse des „stumpfen" Rechtecks mehrere Frequenzen. Demnach erzeugen nichtlineare Kennlinien Verformungen, die im Frequenzbereich auch *zusätzliche Frequenzen, also nichtlineare Verzerrungen* hervorrufen.

Ein kompliziertes Bauelement: Der Transistor

Das wichtigste Bauelement der Mikroelektronik ist zweifellos der Transistor. Leider besitzen Transistoren aus physikalischen Gründen generell nichtlineare Kennlinien. Schaltungen mit Transistoren zu entwickeln, die sehr präzise arbeiten, ist deshalb ziemlich schwierig, auch wenn im Unterricht oder in der Vorlesung ein anderer Eindruck erweckt wird. Einen linearen Transistorverstärker zu bauen, der „formtreu" verstärkt, ist deshalb eine Sache für Spezialisten. Nur mit Hilfe zahlreicher schaltungstechnischer Tricks - der beste Trick heißt *Gegenkopplung* - lässt sich ein solcher Verstärker in gewissen Grenzen linear hintrimmen. Kein Verstärker ist aber aus diesem Grund vollkommen linear. Der sogenannte Klirrfaktor ist ein Maß für dessen Nichtlinearität.

Zwischenbilanz

Aus den vorstehenden Bildern und Erklärungen lässt sich bereits erkennen, wann grundsätzlich lineare und nichtlineare Prozesse zur Anwendung kommen:

Soll bzw. darf der Frequenzbereich eines Signals verändert - z.B. in einen anderen Bereich verschoben - werden, so gelingt dies nur durch *nichtlineare* Prozesse.

Sollen die in einem Signal enthaltenen Frequenzen auf keinen Fall verändert oder keinesfalls neue hinzugefügt werden, so gelingt dies nur durch *lineare* Prozesse.

Linearität bzw. Nichtlinearität hat also etwas damit zu tun, ob bei einem Prozess neue Frequenzen entstehen oder nicht. Anders ausgedrückt: ob neue Sinus-Schwingungen entstehen oder nicht.

Im Gegensatz zur Mathematik bezieht sich die Linearität bzw. Nichtlinearität in der Nachrichtentechnik nur auf Sinus-Schwingungen! Dies ist verständlich, weil sich ja nach dem grundlegenden FOURIER-Prinzip alle Signale so auffassen lassen, als seinen sie aus lauter Sinus-Schwingungen zusammengesetzt.

Nahezu jeder signaltechnische Prozess bewirkt eine Veränderung im Zeit- *und* Frequenzbereich. Das Verbindungsglied zwischen diesen beiden Veränderungen ist (natürlich) die FOURIER-Transformation, die einzige Möglichkeit vom Zeit- in den Frequenzbereich (oder umgekehrt) zu gelangen. Alle Ergebnisse der nachfolgend beschriebenen signaltechnischen Prozesse werden deshalb sowohl im Zeit- als auch im Frequenzbereich beschrieben.

Lineare Prozesse gibt es nur wenige

Hier herrschen klare Verhältnisse. Es gibt insgesamt nur fünf oder sechs von ihnen und die meisten erscheinen zunächst lächerlich einfach. Trotzdem sind sie ungeheuer wichtig und erscheinen bei den vielfältigsten Anwendungen. Ganz im Gegensatz zu der unendlichen Vielfalt und Komplexität der nichtlinearen Prozesse ist praktisch alles über sie bekannt und man ist ziemlich sicher vor Überraschungen, selbst falls mehrere von miteinander kombiniert werden und so ein lineares System bilden.

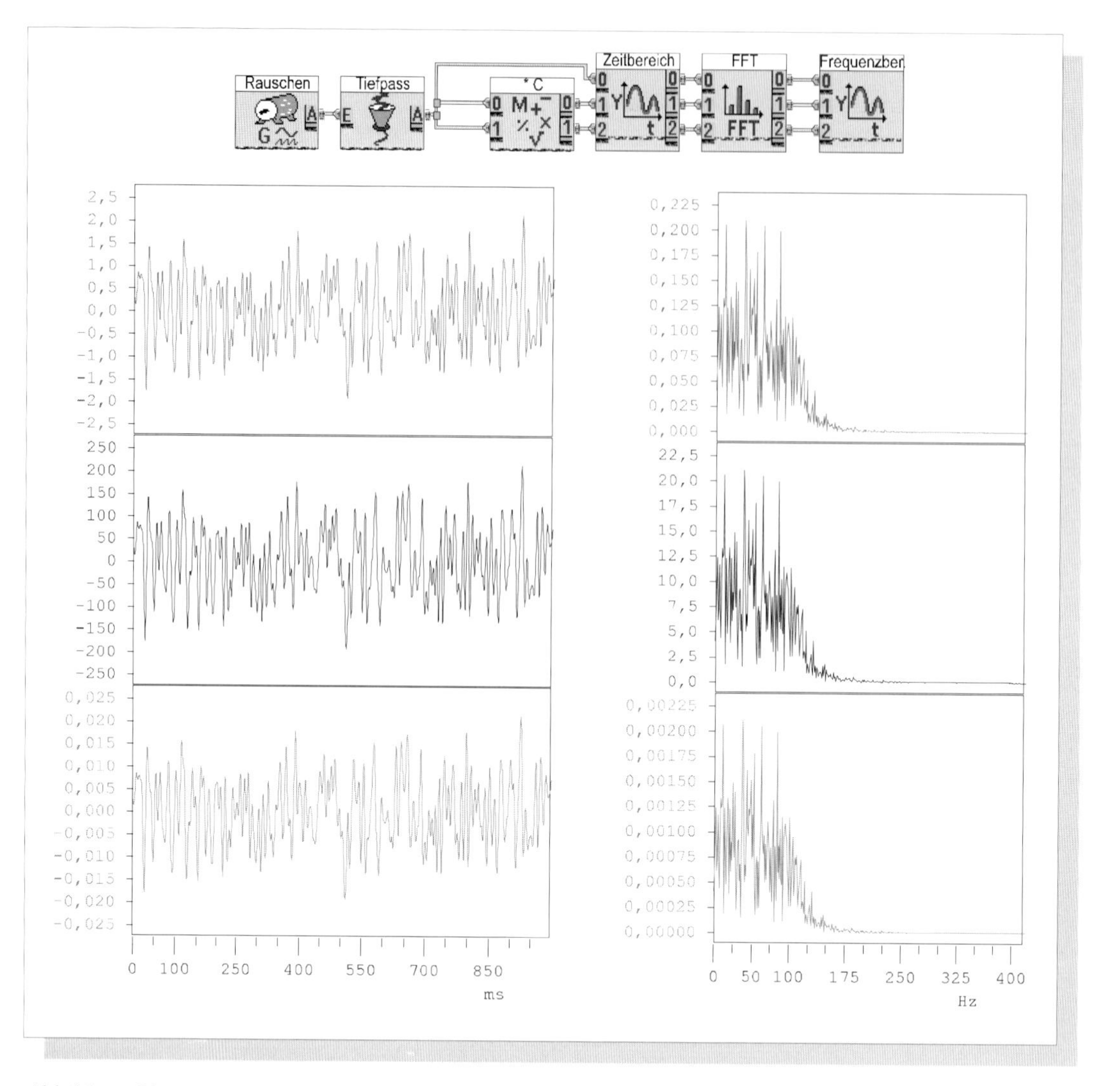

Abbildung 99 ***Multiplikation mit einer Konstanten: Verstärkung oder Dämpfung***

In der oberen Reihe sehen Sie das Originalsignal - gefiltertes Rauschen - im Zeit- und Frequenzbereich. In der Mitte das Signal nach hundertfacher Verstärkung und schließlich unten nach hundertfacher Dämpfung (Multiplikation mit 0,01).

Verstärkung und Dämpfung werden eigentlich in dB (Dezibel), einer logarithmischen Skalierung, angegeben. Der Faktor Hundert entspricht hier 40 dB.

Es mag erstaunen, dass es sich hierbei um z.T. einfachste *mathematische* Operationen handelt, die auf den ersten Blick wenig mit Nachrichtentechnik zu tun haben. Eigentlich sollte ja gerade die Mathematik draußen vor gelassen werden.

Multiplikation eines Signals mit einer Konstanten

Das klingt sehr einfach und ist es auch. Nur verbergen sich dahinter so wichtige Begriffe wie Verstärkung und Dämpfung. Eine hundertfache Verstärkung bedeutet also die *Multiplikation aller Momentanwerte* mit dem Faktor 100, dsgl. im Frequenzbereich eine Streckung des Amplitudenverlaufs auf das Hundertfache.

Die Addition zweier oder mehrerer Signale

Genau genommen lässt sich ja das **FP** nur über die *Addition* (z.T. unendlich) vieler Sinusschwingungen verschiedener Frequenz, Amplitude und Phase verstehen: *Alle Signale lassen sich so auffassen, als seinen sie aus lauter Sinusschwingungen zusammengesetzt (Addition.).*

Warum ist nun die Addition linear? Werden zwei Sinus-Schwingungen von z.B. 50 Hz und 100 Hz addiert, so enthält das Ausgangssignal genau diese beiden Frequenzen. Es sind keine neuen hinzugekommen, und damit ist der Prozess linear!

Nun ist diese Addition von Sinus-Schwingungen nicht unbedingt mit der einfachen Zahlenaddition gleichzusetzen. Wie die entsprechenden Ausschnitte aus Abb. 97 zeigen, kann z.B. die Addition zweier Sinus-Schwingungen der gleichen Amplitude und Frequenz *Null* ergeben, falls sie nämlich um π phasenverschoben sind. Sind sie nicht phasenverschoben, ergibt sich eine Sinus-Schwingung der doppelten Amplitude.

Sinus-Schwingungen werden demnach nur richtig addiert, falls man die jeweiligen *Momentanwerte* addiert! Anders ausgedrückt: Bei der Addition von Sinus-Schwingungen wird auch die Phasenlage der einzelnen Sinus-Schwingungen zueinander automatisch berücksichtigt. Richtig addieren lassen sich Sinus-Schwingungen also nur, falls - aus der Sicht des Frequenzbereichs - Amplituden- *und* Phasenspektrum bekannt sind.

Abb. 23 und 24 zeigen, dass *abschnittsweise* auch die Summe von (unendlich vielen) Sinus-Schwingungen verschiedener Frequenz Null sein kann. Im Falle des δ-Impulses gar ist die Summe der „unendlich vielen" Sinus-Schwingungen im Zeitbereich überall gleich Null, bis auf die *punktförmige Stelle*, an der der δ-Impuls erscheint. In der Mathematik nennt man eine so einzigartige Stelle eine *Singularität.*

Abschließend zur Addition betrachten wir (noch einmal) einen besonders interessanten und wichtigen Spezialfall: Zwei aufeinanderfolgende δ-Impulse (Abb. 65). Jeder der beiden δ-Impulse enthält zunächst *alle* Frequenzen mit *gleicher* Amplitude. Das Amplitudenspektrum ist demnach eine konstante Funktion. Demnach müßten *zwei* Impulse doch eigentlich erst recht alle Frequenzen, und zwar in *doppelter* Stärke enthalten!? Mitnichten! Der eine δ-Impuls ist nämlich zeitlich verschoben gegenüber dem anderen und besitzt damit ein anderes Phasenspektrum! Wie die Abb. 65 und 66 zeigen, verläuft das Spektrum ja „sinusförmig". An den Nullstellen des Spektrums addieren sich die jeweils gleichfrequenten und gleich großen Sinusschwingungen *gegenphasig*, d.h. sie subtrahieren sich zu Null.

Indem wir auf viele Beispiele zurückgegriffen haben wird erkennbar, wie wichtig ein so einfacher Prozess wie die Addition für die Signalanalyse, -synthese und -verarbeitung ist.

Die Verzögerung

Wird auf ein längeres Kabel ein Sinus gegeben und werden Eingangs- und Ausgangssignal auf dem Bildschirm eines zweikanaligen Oszilloskops verglichen, so erscheint das Ausgangssignal phasenverschoben, d.h. zeitlich verzögert gegenüber dem Eingangssignal.

Eine zeitliche Verzögerung bedeutet eine Veränderung des Phasenspektrums im Frequenzbereich

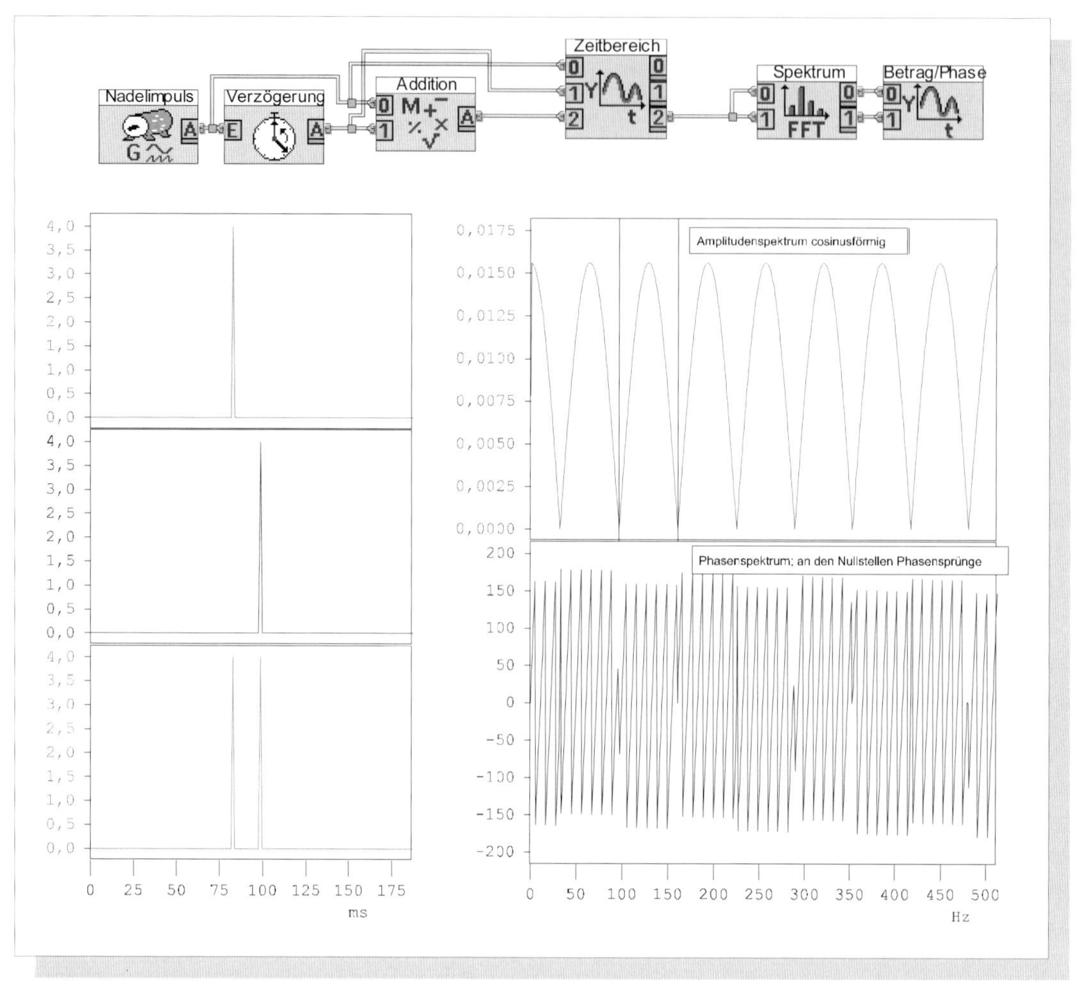

Abbildung 100 ***Verzögerung plus Addition = Digitales Kammfilter***

Hier wird auf eine simple Art und Weise aus einem δ-Impuls ein doppelter gemacht: Der Eingangsimpuls wird (hier um 1/64 s) verzögert und zusammen mit dem Eingangsimpuls auf einen Addierer gegeben. Auf der rechten Seite sehen Sie - in Anlehnung an die Abb. 64 und 65 - das Spektrum der beiden unteren δ-Impulse nach Betrag und Phase. Das Amplitudenspektrum verläuft cosinusförmig mit einem Nullstellenabstand von 64 Hz. Die erste Nullstelle liegt bei 32 Hz (übrigens liegt die erste Nullstelle im negativen Frequenzbereich bei –32 Hz).

Alle digitalisierten Signale bestehen nun aus Zahlenketten, die bildlich als „gewichteten" δ-Impulse dargestellt werden können (siehe Abb. 25 und 69 unten). Die Einhüllende gibt das ursprüngliche analoge Signal wieder. Würde nun jedem der δ-Impulse - hier nach 1/64 s - ein gleich großer hinzugefügt werden, so würde im Spektrum alle ungeradzahligen Vielfachen von 32 Hz, also 32 Hz, 96 Hz, 160 Hz usw. fehlen.

Ein Filter, welches - wie ein Kamm - im gleichen Abstand Lücken aufweist, wird Kammfilter genannt. Bei diesem Digitalen Kammfilter hätten die Lücken den Abstand 64 Hz. Hätten Sie gedacht, dass Filterentwurf so einfach sein kann?

Während es in der Analogtechnik kaum möglich ist, beliebige Signale präzise um einen gewünschten Wert zu verzögern, gelingt dies mit der Digitalen Signalverarbeitung **DSP** perfekt.

Zusammen mit der *Addition* sowie der *Multiplikation mit einer Konstanten* bildet die *Verzögerung* eine Dreiergruppe elementarer Signalprozesse. Viele sehr komplexe (lineare) Prozesse bestehen bei genauem Hinsehen lediglich aus einer Kombination dieser drei Grundprozesse. Ein Paradebeispiel hierfür sind die Digitalen Filter. Ihre Wirkungsweise und ihr Entwurf wird im Kapitel 10 genau erläutert.

Differentiation

Mit der Differential- und Integralrechnung beginnt nach allgemeiner Meinung der Einstieg in die „Höhere Mathematik". Beide Rechnungsarten sind allein schon deshalb so wichtig, weil nur hierüber die wichtigsten Naturgesetze bzw. technischen Zusammenhänge eindeutig modellierbar sind.

Aber machen Sie sich keine Sorge, bei uns bleibt die formale Mathematik draußen vor. Dies zwingt, die eigentliche inhaltliche Substanz eines Problems zu schildern, statt schlampig-lässig auf die „triviale" Mathematik hinzuweisen.

Sie sollen deshalb nun einfach anhand von Abb. 101 erkennen, was Differenzieren (oder „Differenziation") als signaltechnischer Prozess im Zeitbereich eigentlich bedeutet. Versuchen Sie, folgende Fragen zu beantworten:

→ Zu welchen Zeitpunkten von u_{in} finden sich beim differenzierten Signal u_{out} lokale Maxima und Minima??

→ Welche Eigenschaft besitzt das Eingangssignal u_{in} zu diesen Zeitpunkten?

→ Zu welchen Zeitpunkten von u_{in} ist das differenzierte Signal u_{out} gleich Null?

→ Welche Eigenschaft besitzt das Eingangssignal u_{in} zu diesen Zeitpunkten?

→ Wodurch unterscheidet sich u_{in} an den Stellen, an denen u_{out} ein positives lokales Maximum und ein „negatives lokales Maximum" (gleich lokales Minimum) besitzt?

Sie sollten zu folgendem Ergebnis kommen:

> *Das differenzierte Signal u_{out} gibt an, wie schnell sich das Eingangssignal u_{in} ändert!*

Es seinen beispielhaft nur zwei der wichtigsten Gesetzmäßigkeiten der Elektrotechnik in diesem Zusammenhang genannt:

Induktionsgesetz:

Je schneller sich der Strom in einer Spule *ändert*, desto größer ist die induzierte Spannung.

Kapazitätsgesetz:

Je schneller sich die Spannung am Kondensator *ändert*, desto größer ist der Strom, der rein- oder rausfließt (Lade- bzw. Entladestrom eines Kondensators).

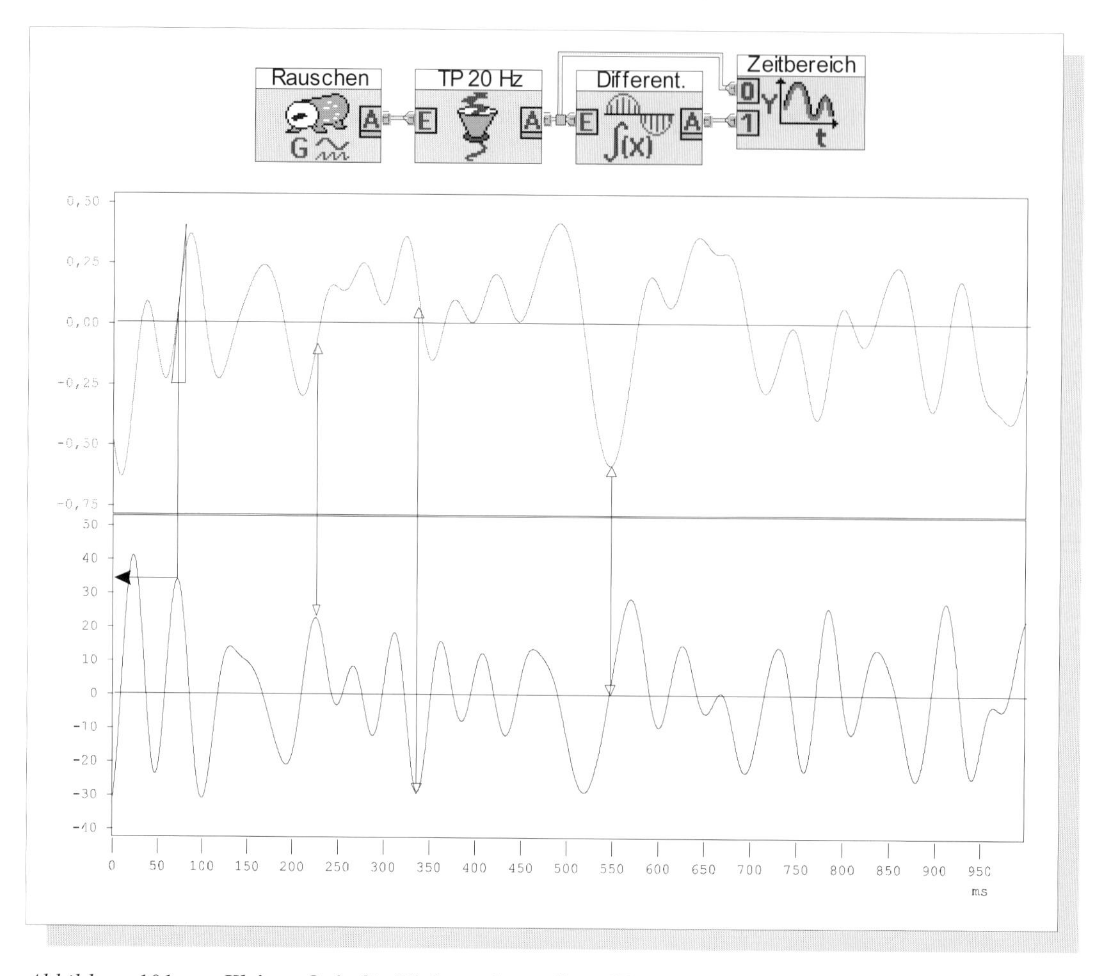

Abbildung 101 ***Kleiner Quiz für Nichtmathematiker: Was geschieht beim Differenzieren?***

Um allgemeingültige Aussagen machen zu können, wird ein zufälliger Signalverlauf gewählt. Hier handelt es sich um tiefpassgefiltertes Rauschen. Vergleichen Sie nun sorgfältig das Eingangssignal u_{in} (oben) mit dem differenzierten Ausgangssignal u_{out} (unten).

Einige Hilfen sind als Linien eingezeichnet. Welches Verhalten zeigt das Eingangssignal u_{in} an den Stellen der markierten lokalen Maxima beim differenzierten Signal u_{out}? Welches Verhalten beim markierten lokalen Minimum? Wie schnell ändert sich momentan das Eingangssignal u_{in}, falls das differenzierte Signal gleich Null ist?

Links oben sehen Sie ein „Steigungsdreieck" eingezeichnet. Dazu wird zunächst die Tangente an den interessierenden Punkt des Kurvenverlaufs, anschließend die Horizontal- und Vertikalkomponente gezeichnet. Das Vertikalstück (Gegenkathete) dividiert durch das Horizontalstück (Ankathete) müsste genau den Wert von ca. 34 der differenzierten Funktion darunter ergeben.

Hinweis: Unter einem lokalen Maximum versteht man den innerhalb einer (beliebig kleinen) Umgebung höchsten Punkt. Unmittelbar links und rechts von diesem lokalen Maximum sind also kleinere Werte zu finden. Entsprechendes gilt für das lokale Minimum.

Bei der Differentiation wird hier also die „Änderungsgeschwindigkeit" gemessen. Aus mathematischer Sicht entspricht sie generell der *momentanen Steigung des Signalverlaufs*. Die Differentialrechnung ist untrennbar mit den Begriffen *Steigung* und *Gefälle* verbunden. Beispielsweise beschleunigt ein Kugel mit zunehmenden Gefälle immer mehr bzw. bremst ab bei einer Steigung.

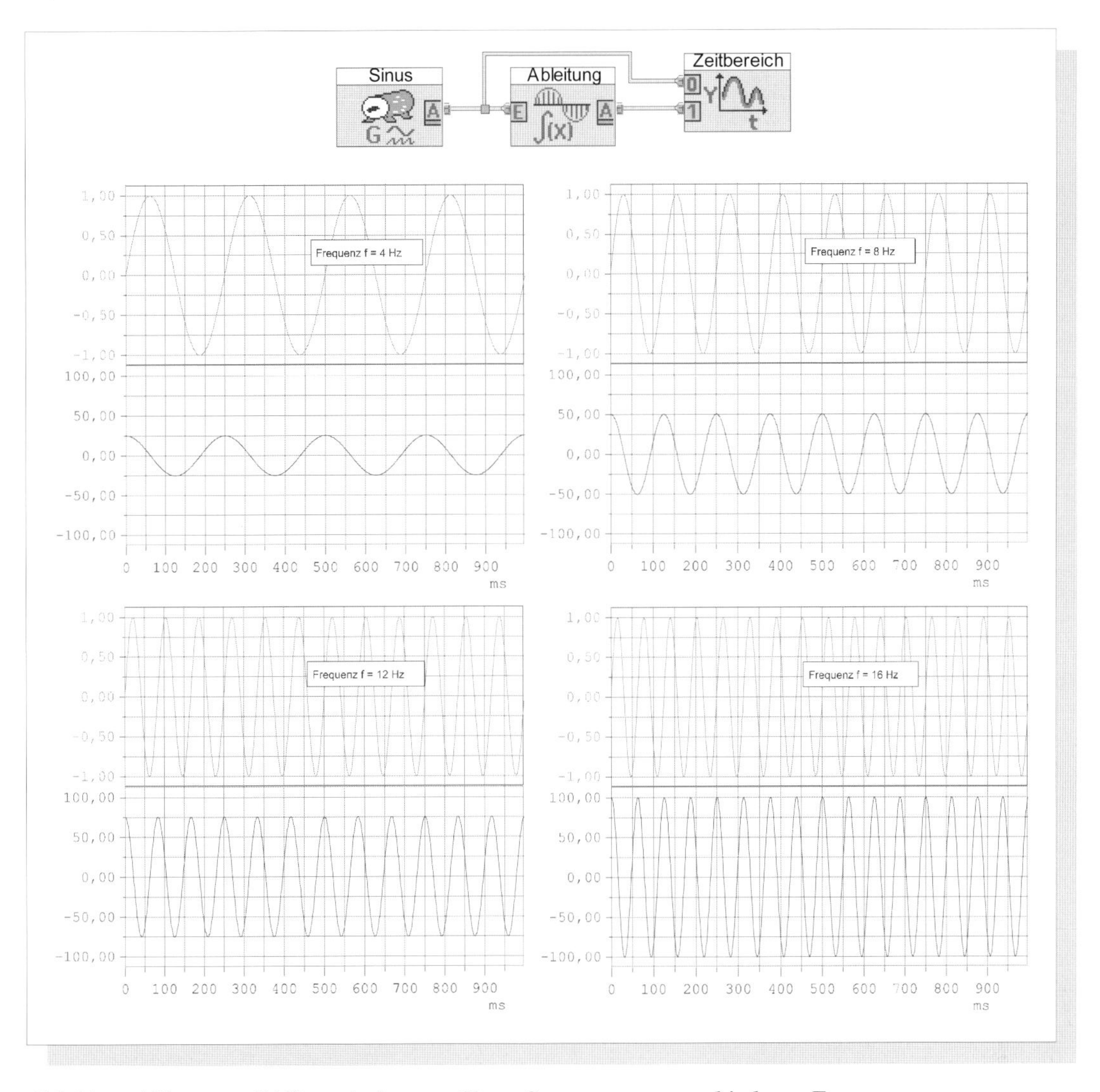

Abbildung 102 ***Differentiation von Sinus-Spannungen verschiedener Frequenz***

Zunächst soll das etwas verwirrende Modulbild für die Differentiation erklärt werden. Zu sehen ist eigentlich das Integralzeichen, welches besser zur nächsten linearen Operation - der Integration - passen würde. Die Differentiation und Integration sind aber miteinander verknüpft, was bei der Integration noch experimentell ermittelt werden soll. Der Name „Ableitung" ist ein in der Mathematik verwendeter alternativer Ausdruck für Differentiation.

Das Raster wurde eingeblendet, damit Sie die strenge Proportionalität zwischen der Frequenz des Eingangssignals und der Amplitude des (differenzierten) Ausgangssignals erkennen können. Sie eröffnet uns äußerst präzise messtechnische Anwendungen!

Der signaltechnische Prozess *Differentiation* kann also als „Meldeeinrichtung" benutzt werden, ob sich etwas zu schnell oder zu langsam ändert bzw. als Messeinrichtung, *wie schnell* sich etwas ändert!

Besondere Beachtung sollte natürlich finden, wie der Differentiations-Prozess mit *Sinusschwingungen verschiedener Frequenz* umgeht. Abb. 102 zeigt dies für verschiedene Frequenzen.

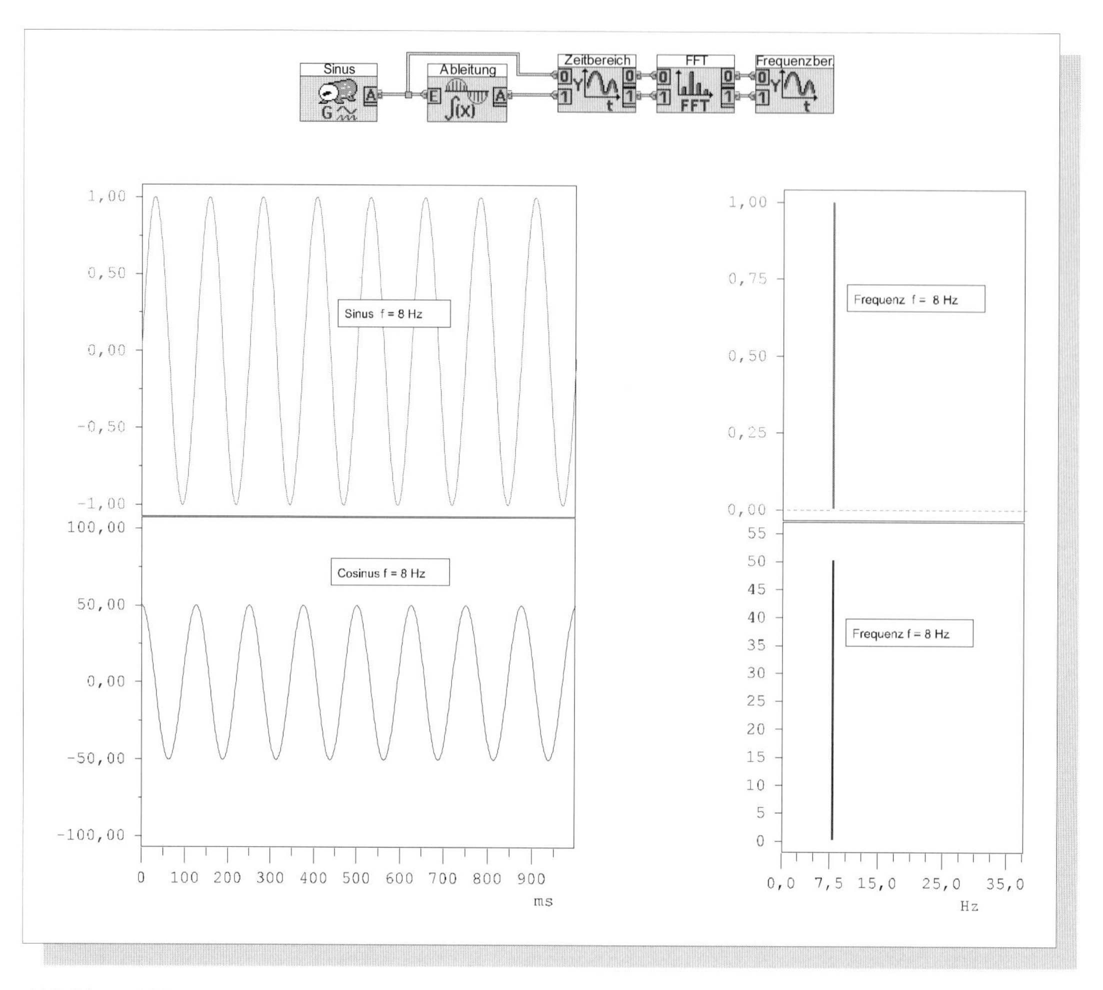

Abbildung 103 ***Experimenteller Beweis: Differentiation eines Sinus ergibt einen Cosinus***

Das differenzierte Signal eines Sinus sieht auf den ersten Blick aus wie ein Cosinus bzw. wie eine Sinusschwingung, aber ist es auch wirklich hochgenau ein Cosinus? Wäre dies nicht der Fall, wäre schließlich die Differentiation nicht linear!

Mit dem Frequenzbereich besitzen wir ein untrügliches Mittel, dies zu beweisen. Da das differenzierte Signal im Frequenzbereich lediglich - wie der Sinus am Eingang - eine einzige Frequenz von 4 Hz aufweist, kann es sich nur um einen linearen Prozess handeln. Er bewirkt eine Phasenverschiebung von π/2 rad (Cosinus!). Seine Amplitude ist streng proportional der Frequenz ... und der Amplitude des Eingangssignals (warum auch Letzteres?).

Die Ergebnisse sind eigentlich nicht überraschend und ergeben sich direkt aus der in Abb. 101 ersichtlichen allgemeinen Eigenschaft der Differentiation:

→ Ein Sinus ergibt differenziert einen Cosinus, d.h. verschiebt die Phase um π/2 rad. Das kann ja gar nicht anders sein, weil die Steigung beim Nulldurchgang am größten ist; folglich ist dort das differenzierte Signal ebenfalls am größten. Dass es sich nun wirklich ausgerechnet um einen Cosinus handelt, beweist uns der Frequenzbereich (Abb. 103): Nach wie vor ist dort eine Linie der gleichen Frequenz vorhanden.

→ Je höher die Frequenz, desto schneller ändert sich die Sinusschwingung (auch beim Nulldurchgang). Die Amplitude der differenzierten Spannung ist also streng proportional der Frequenz!

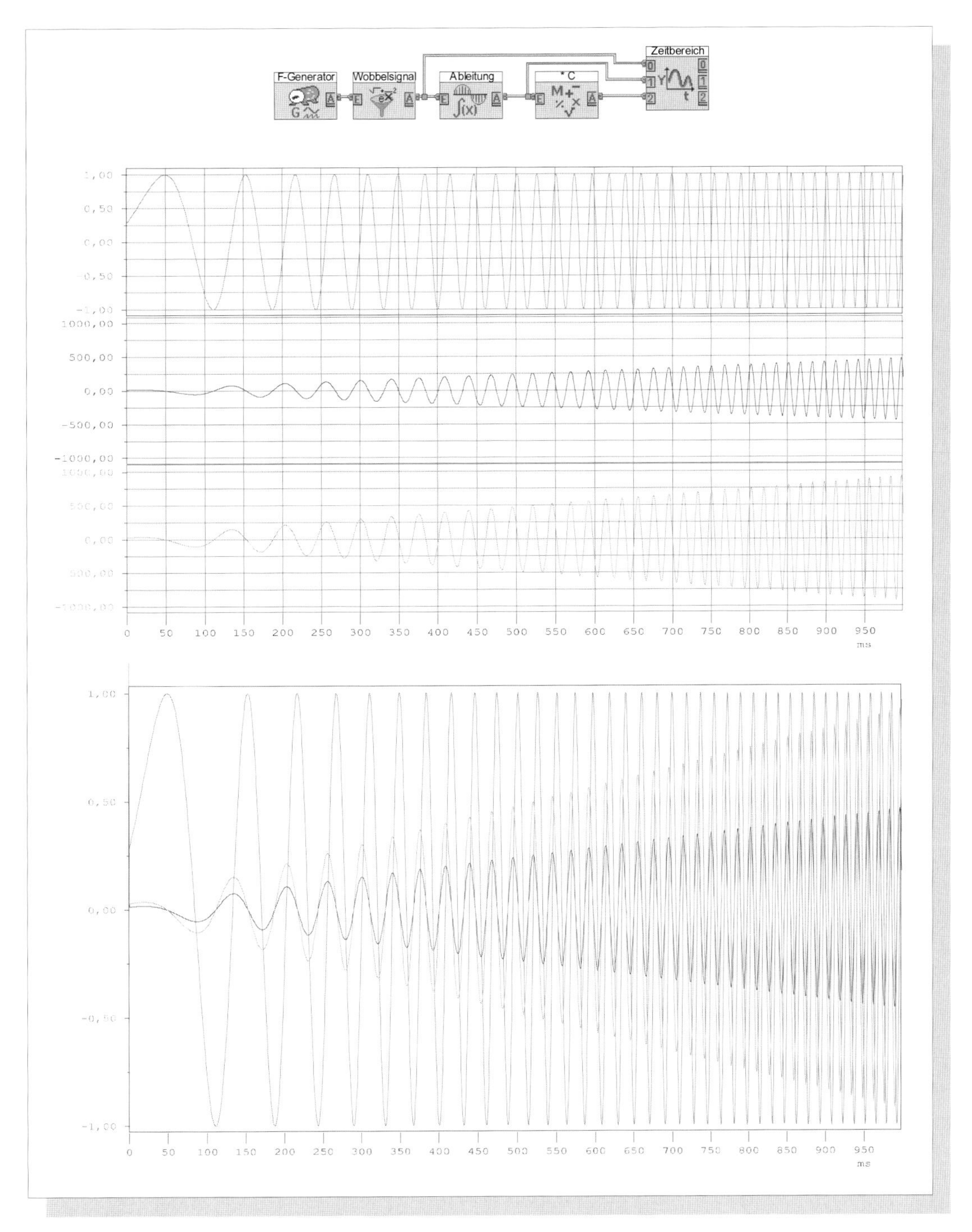

Abbildung 104 ***Differentiation eines Wobbelsignals***

Das Wobbelsignal wurde so eingestellt, dass sich die „Momentanfrequenz" vollkommen linear mit der Zeit ändert. Beweisen lässt sich dies durch die nachfolgende Differentiation. Die Amplitude nimmt (vollkommen) linear mit der Zeit zu, d.h. die Einhüllende liefert eine Gerade, wie Sie sich leicht mit einem Lineal überzeugen können.

Mit Hilfe eines nachgeschalteten „Verstärkers" - Multiplikation mit einer Konstanten - lässt sich die Steigung der Einhüllenden, und damit die „Empfindlichkeit" der Schaltung gegenüber Frequenzänderungen fast beliebig einstellen.

Hieraus ergeben sich wichtige praktische Anwendungen, welche die Linearität der Übertragungsmedien Leitung oder freier Raum ausnutzen.

Sehr schön lassen sich die Verhältnisse mit einem Wobbelsignal (Abb. 104) zeigen, dessen Frequenz sich *linear mit der Zeit* ändert. Demzufolge zeigt das differenzierte Signal eine *lineare Zunahme der Amplitude.*

Das eröffnet eine sensationelle technische Anwendung: Mit Hilfe eines Differenzierers lässt sich ein Frequenz-Spannungswandler mit vollkommen linearer Kennlinie erstellen (Abb. 104). Über einen nachgeschalteten Verstärker - Multiplikation mit einer Konstanten! - lässt sich die Steilheit der Kennlinie fast beliebig einstellen. Dies entspricht der „Empfindlichkeit" des f-U-Wandlers gegenüber Frequenzänderungen.

In der *Telemetrie* ("Fernmessung") gilt es, Messwerte möglichst präzise über Leitungen oder drahtlos zu übertragen. Bei dieser Übertragung kann aber alles verfälscht werden: die ganze Signalform oder selbst bei einem Sinus Amplitude und Phase. Eines kann sich jedoch nicht ändern, weil beide Medien - Leitungen und der freie Raum - *linear* sind: die *Frequenz* !!!

Um in diesem Fall auf Nummer sicher zu gehen, sollten die Messwerte möglichst *frequenzkodiert* sein: Am Empfangsort genügt praktisch ein Frequenzmesser, um den Messwert hochgenau zu empfangen. Am Sendeort wird allerdings ein hochgenauer Spannungs-Frequenz-Wandler (VCO: Voltage Controlled Oscillator) benötigt. Dies ist in Abb. 105 dargestellt. Wir verfügen nunmehr also im Prinzip über ein hochgenaues telemetrisches System, welches die Linearität des Übertragungsmediums ausnutzt. Spannungs-Frequenz-Wandler (VCOs) hoher Genauigkeit sind auf dem Markt. Mit der Differentiation besitzen wir einen geradezu idealen Prozess, jede Frequenz vollkommen linear in eine Spannung entsprechender Höhe zu verwandeln.

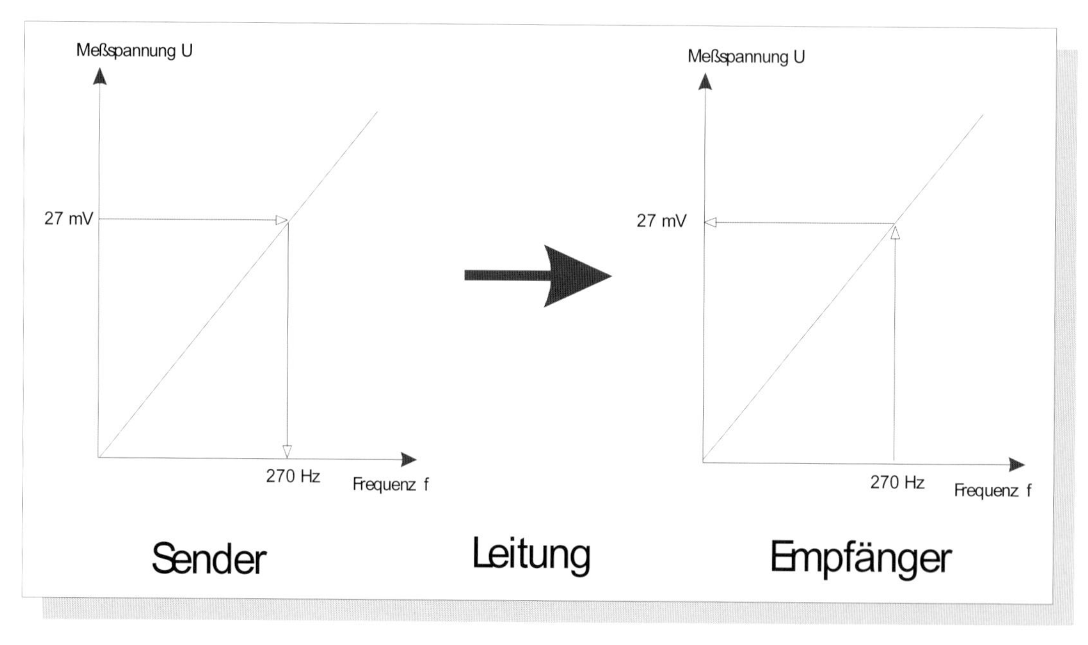

Abbildung 105 ***Prinzip eines Telemetrie-Systems (mit Frequenzkodierung und –dekodierung)***

In der Praxis liefern viele Sensoren oft nur winzige Messspannungen, die kaum störungsfrei übertragen werden können. Mit dem hier vorgestellten Telemetrieverfahren ist es im Prinzip möglich, weitgehend störungsfrei und hochpräzise auch solche (winzigen) Messwerte zu übertragen.

Hinweis: Die neue Schulversion von DASYLab verwendet für die Ein- und Ausgabe analoger Signale die Soundkarte. Diese ist durch ein Eingangsfilter nicht in der Lage, sich sehr langsam ändernde Signale zu registrieren. Durch die Verwendung eines VCOs wäre dies jedoch ohne weiteres möglich.

Hiermit haben wir bereits den ersten Schritt in Richtung *Frequenzmodulation* und –demodulation (FM) vollzogen, ein besonders störungsunempfindliches Übertragungsverfahren, welches im UKW-Bereich und auch beim Fernsehen (Fernsehton) verwendet wird. Einzelheiten hierzu im nächsten Kapitel.

Nun sollen noch die Auswirkungen der Differentiation im *Frequenzbereich* zusammengefasst werden:

Die Differentiation eines Wobbelsignals zeigt sehr deutlich die lineare Zunahme der Amplituden mit der Frequenz. Die Differentiation besitzt also Hochpass-Eigenschaften, d.h. je höher die Frequenz, desto besser die „Durchlässigkeit“.

Abb. 102 erlaubt eine präzise Bestimmung des mathematischen Zusammenhangs (Bestimmung der Proportionalitätskonstanten bzw. Steigungskonstanten). Die Amplitude aller Eingangssignale u_{in} beträgt 1 V.

f (Hz)	$\hat{U}_{out}$
4	25
8	50
12	75
16	100

Die Amplitude nimmt also linear mit der Frequenz zu. Der Proportionalitätsfaktor bzw. die Steigungskonstante ist

$$25\ \text{V}/4\ \text{Hz} = 50\ \text{V}/8\ \text{Hz} = 75\ \text{V}/12\ \text{Hz} = 100\ \text{V}/16\ \text{Hz} = 6{,}28\ ... = 2\pi\ /\text{Hz}$$

Damit folgt:

$$\hat{U}_{out} = 2\pi\ f\ \hat{U}_{in} = \omega\ \hat{U}_{in}$$

Eine Differentiation im Zeitbereich entspricht also einer Multiplikation mit $\omega = 2\pi f$ im Frequenzbereich!

Wie es sich gehört, ermitteln wir zum Schluss noch den Frequenzgang bzw. die Übertragungsfunktion des Differenzierers. Als Testsignal wird ein δ-Impuls an der Stelle t = 0 s gewählt.

Überraschenderweise verläuft das Spektrum zwar zunächst linear steigend, verliert dann aber immer mehr an Steilheit. Stimmt unsere obige Formel nicht? Was nicht stimmt ist unser Nadelimpuls. Hierbei handelt es sich nicht um einen idealen δ-Impuls, sondern um einen Impuls endlicher Breite (hier 1/1024 s). Das Spektrum des Nadelimpulses in Abb. 106 (oben) verläuft noch konstant bzw. alle Frequenzen besitzen die gleiche Stärke. Das Spektrum des differenzierten Nadelimpulses dagegen bringt es an den Tag: Einen idealen δ-Impuls kann es nicht geben!

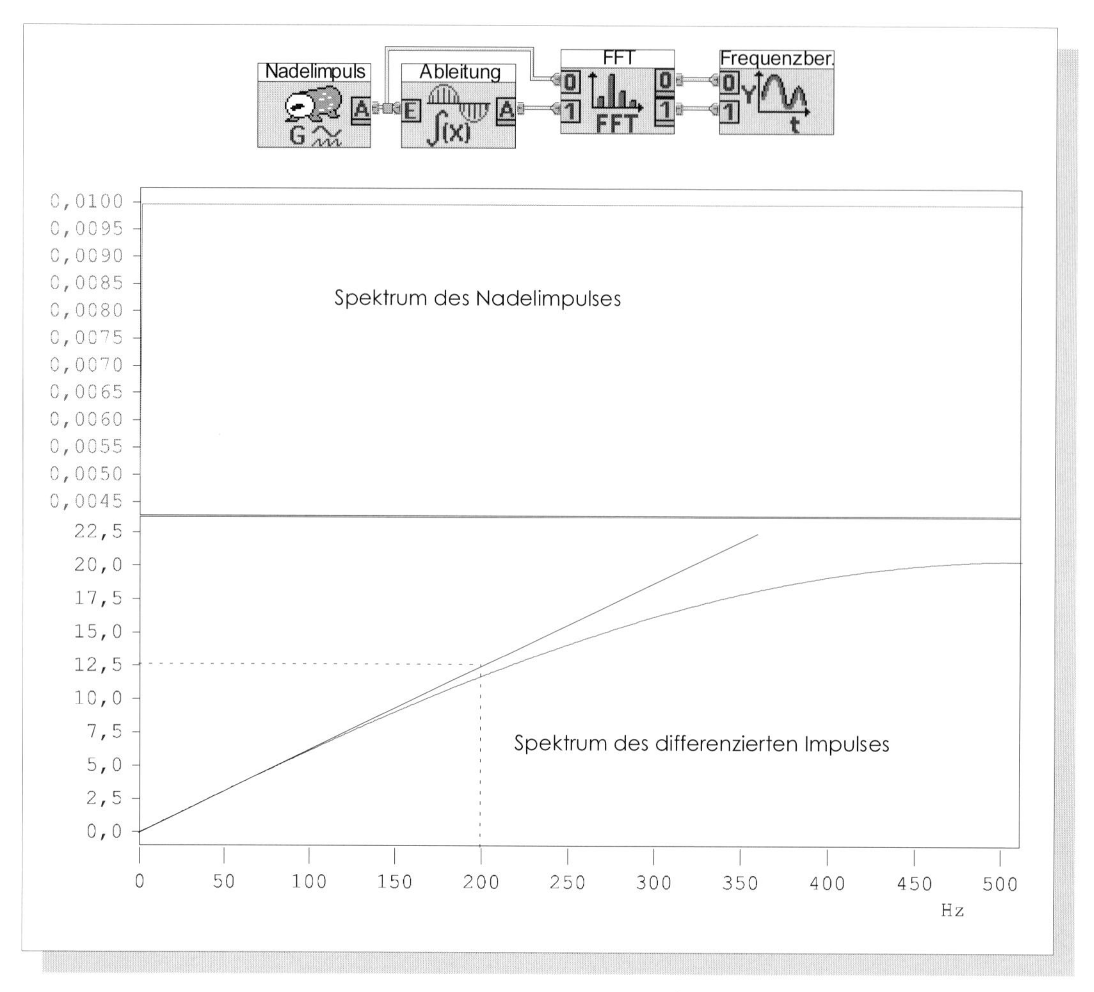

Abbildung 106 ***Übertragungsfunktion des Differenzierers***

In Übereinstimmung mit den geschilderten Erkenntnissen müsste die Übertragungsfunktion des Moduls „Ableitung" eigentlich einen vollkommen linearen Anstieg besitzen. Die Messung (unten) zeigt dies nur für den unteren Frequenzbereich; danach nimmt der Anstieg kontinuierlich ab.

Dies ist ein Beispiel für die Grenzen der eigentlich präzisen computergestützten Messtechnik und Signalverarbeitung. Gedanklich wird mit einem idealen δ-Impuls gearbeitet, den es praktisch gar nicht geben kann! Unser Nadelimpuls muss eine endliche Dauer (Breite) besitzen, die sich aus der Blocklänge und Abtastrate ergibt. Dies offenbart sich nirgends so wie bei der Differentiation.

Eingezeichnet als Tangente an den Nullpunkt ist der erwartete lineare Anstieg. Der Proportionalitätsfaktor beträgt auch hier (zunächst) $2\pi f = \omega$. Beachten Sie hierzu in der Abbildung oben, dass die Amplitude für alle Frequenzen nur 0,01 V beträgt.

Integration

Auch die Eigenschaften des Integrationsprozesses sollen experimentell ermittelt werden. Integration sollte in einer bestimmten Beziehung zur Differentiation stehen, ansonsten wären nicht beide Prozesse in einem DASY*Lab*-Modul untergebracht. Wählen wir zunächst wieder einen zufälligen Signalverlauf - hier tiefpassgefiltertes Rauschen - und führen eine Integration durch (Abb. 107).

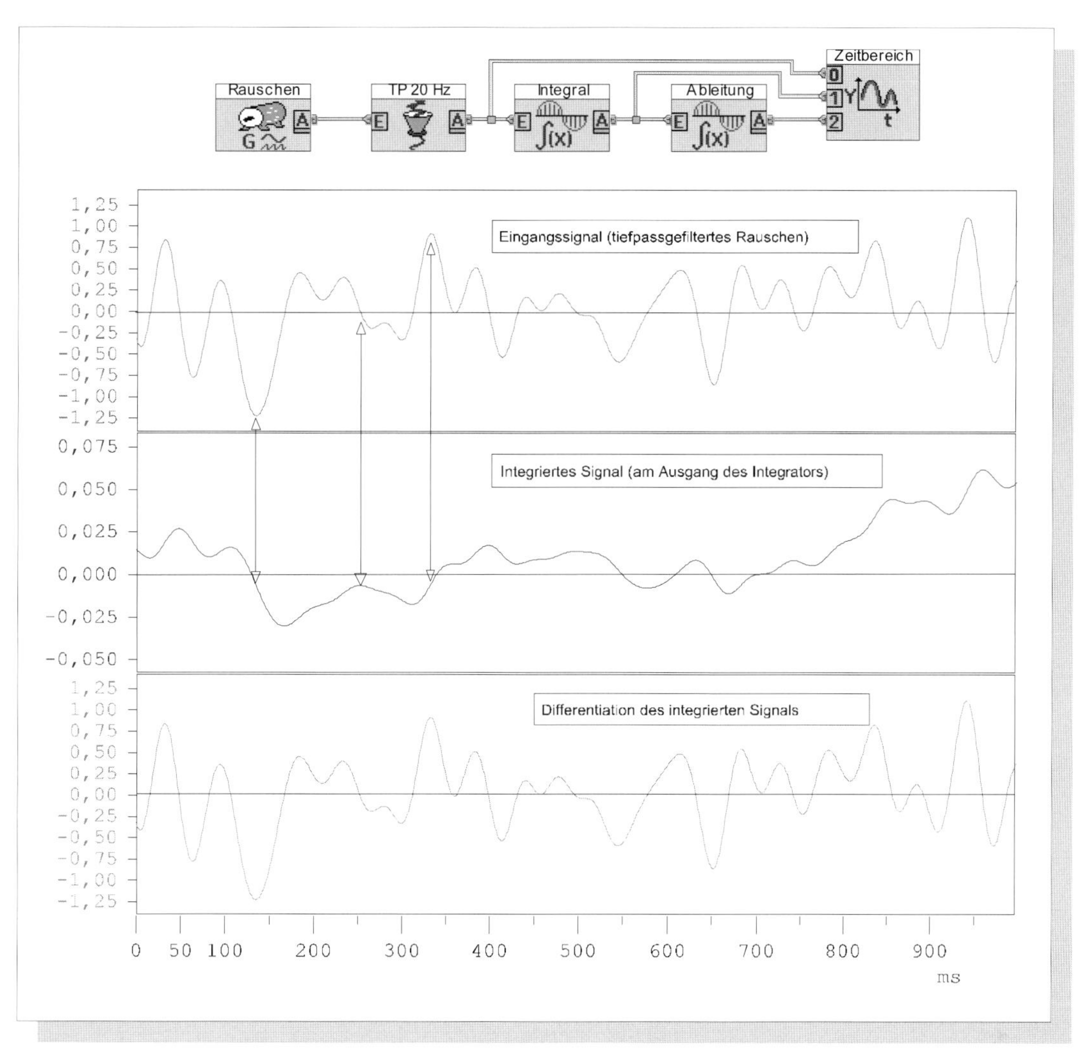

Abbildung 107 ***Visualisierung des Zusammenhangs zwischen Integration und Differentiation***

Eine genaue Betrachtung führt zu der Vermutung, dass das mittlere Signal differenziert das obere ergibt. Der entsprechende Versuch zeigt die Übereinstimmung: Die Differentiation des integrierten Signals ergibt wieder das ursprüngliche Signal.

Weil der Blick noch für die Differentiation geschärft ist, sollte einem aufmerksamen Beobachter auffallen, dass das mittlere (integrierte) Signal differenziert eigentlich wieder das Eingangssignal ergeben sollte. An den steilsten Stellen des integrierten Signals befinden sich nämlich die lokalen Maxima und Minima des Eingangssignals.

Die Probe aufs Exempel bestätigt die Vermutung. Damit erscheint die Differentiation quasi als Umkehrung der Integration. Ist nun auch die Integration die Umkehrung der Differentiation? Ein in Abb. 107 dargestellter Versuch bestätigt auch dies. Weil in beiden Fällen zufällige Signale gewählt wurden, ist die Allgemeingültigkeit praktisch gesichert.

Die Differentiation kann als Umkehrung (im Sinne von rückgängig machen) der Integration, die Integration als Umkehrung der Differentiation betrachtet werden.

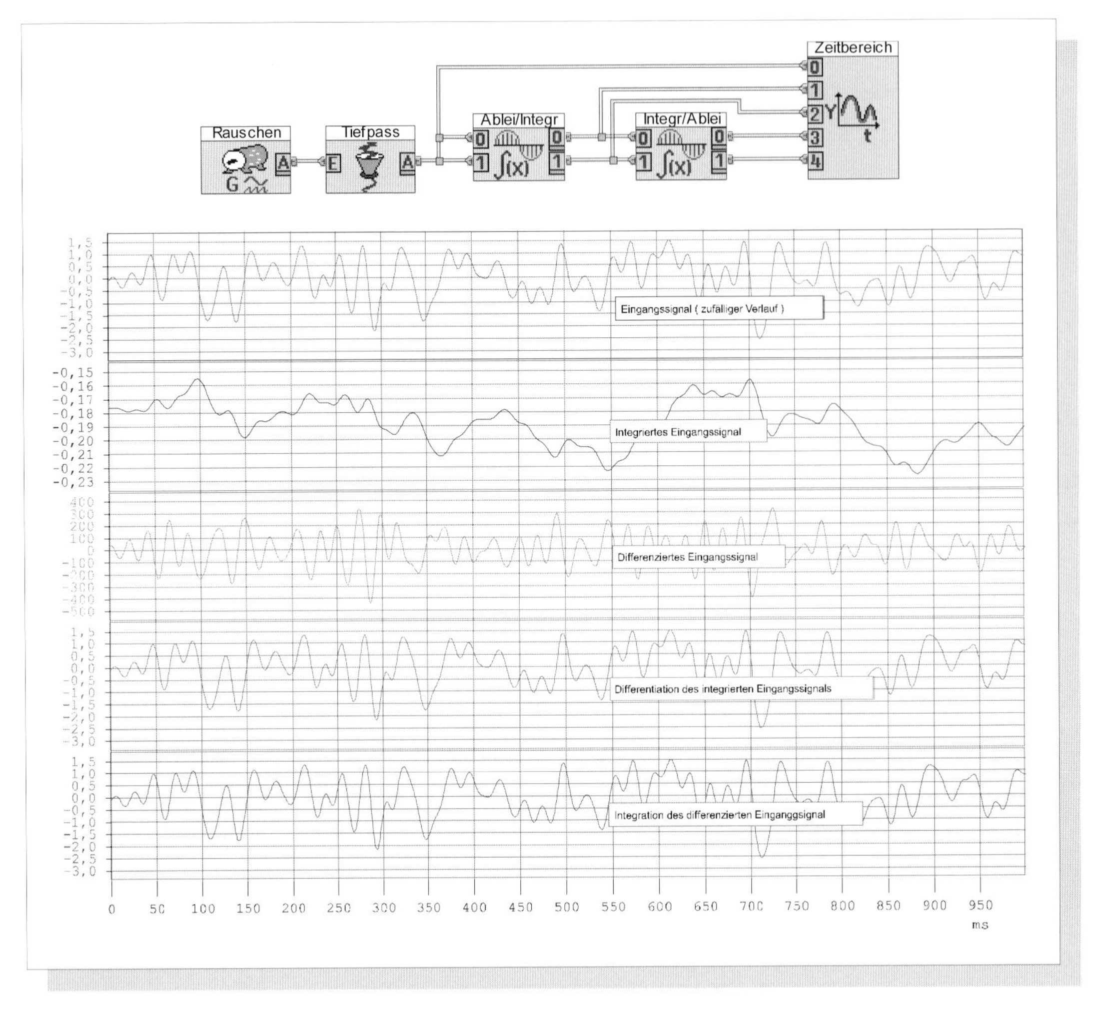

Abbildung 108 ***Vertauschung der Reihenfolge ist möglich***

Wie hier experimentell bewiesen wird, kann die Reihenfolge der Prozesse Differentiation (Ableitung) und Integration vertauscht werden. „Erst die Differentiation, dann die Integration" führt genau so zum ursprünglichen Signal zurück wie „erst die Integration und dann die Differentiation".

Bereits im Zeitbereich treten bei genauer Betrachtung der Signale zwei weitere Vermutungen auf:

→ Das integrierte Signal besitzt deutlich geringere Flankensteilheiten als das Eingangssignal! Das wiederum würde für den Frequenzbereich die Unterdrückung höherer Frequenzen bedeuten, also Tiefpass-Charakteristik.

→ Der Verlauf des integrierten Signals sieht so aus, als würde sukzessive der *Mittelwert* aus dem Eingangssignal gebildet. Der Kurvenverlauf nimmt nämlich ab, sobald das Eingangssignal negativ und zu, sobald das Eingangssignal positiv ist.

Um die erste Vermutung zu testen, soll ein periodischer Rechteck gewählt werden. Er besitzt die größte denkbare Flankensteilheit an den Sprungstellen. Das integrierte Signal dürfte dann keine „senkrechten" Flanken mehr aufweisen. Das Spektrum des integrierten Signals müsste einen wesentlich kleineren Anteil höherer Frequenzen aufweisen. Gleichzeitig zeigt der Rechteck einen - bis auf die Sprungstellen - konstanten Verlauf. Das erlaubt gleichzeitig auch die Antwort auf die die Frage, was ein Integrator aus einer konstanten Funktion macht.

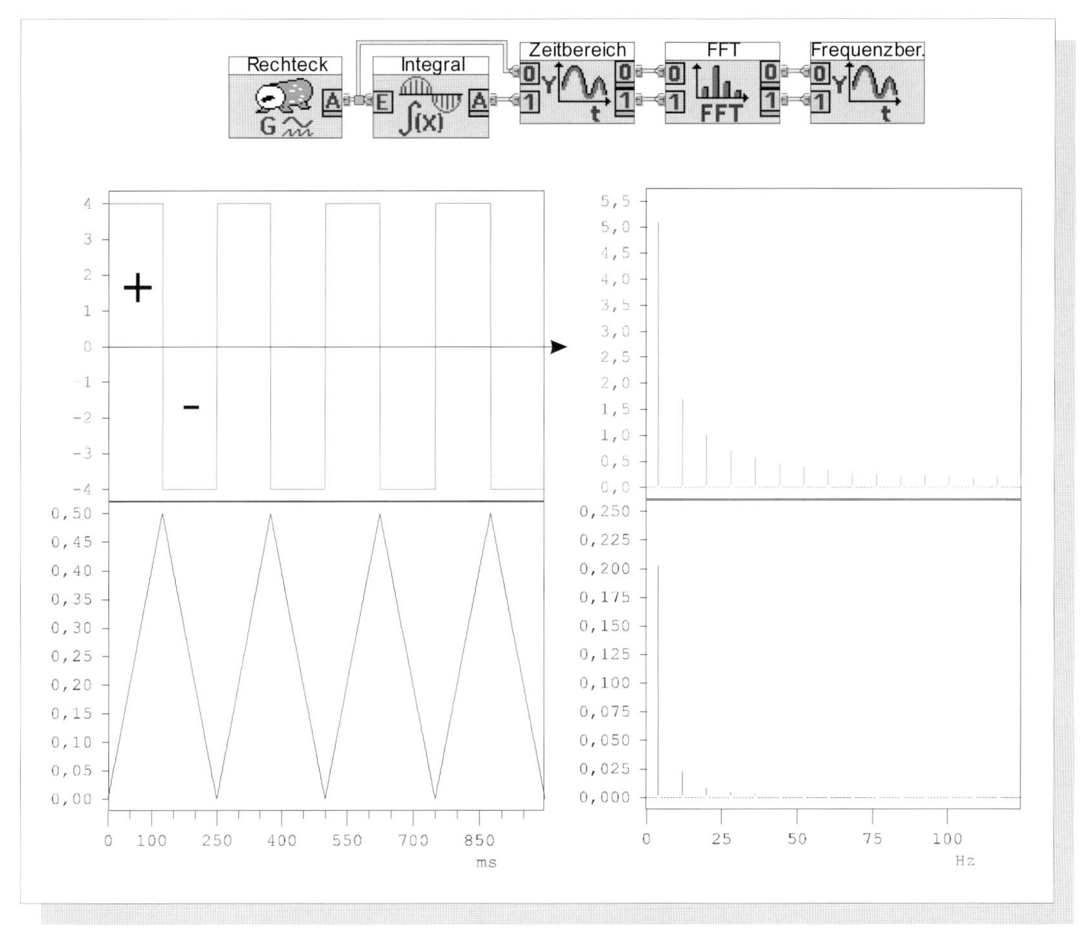

Abbildung 109 ***Integration eines periodischen Rechtecksignals***

Mit dem periodischen Rechteck wird ein sehr einfacher Signalverlauf gewählt. Dadurch kommen die Eigenschaft der Integration besonders einfach zum Vorschein.

*Konstante positive Bereiche führen zu einer ansteigenden, konstante negative Bereiche zu einer abfallenden Gerade! Offensichtlich misst das Integral aus geometrischer Sicht sukzessive die Fläche zwischen dem Signalverlauf und der horizontalen Zeitachse. Die „Fläche" des ersten Rechtecks ist nämlich 4 V * 125 ms = 0,5 Vs, und genau diesen Wert zeigt der Integrationsverlauf nach 125 ms an! Weiterhin muss zwischen positiven und negativen „Flächen" unterschieden werden, denn die nächste - betragsmäßig gleich große - Fläche wird abgezogen, so dass sich nach 250 ms wieder der Wert Null ergibt.*

Eindeutige qualitative und quantitative Hinweise liefert der Frequenzbereich (rechts). Zunächst besitzt die Integration eindeutig Tiefpass-Charakter. Beide Signale - Rechteck und Dreieck - enthalten lediglich die ungeradzahligen Vielfachen der Grundfrequenz (siehe Kapitel 2). Die Gesetzmäßigkeit für die Abnahme der Amplituden ist denkbar einfach und kann mit dem Cursor nachgemessen werden. Für den Sägezahn gilt $\hat{U}_n = \hat{U}_1/n$ *(z.B.* $\hat{U}_3 = \hat{U}_1/3$ *usw.). Für den Dreiecksverlauf gilt beim Spektrum* $\hat{U}_n = \hat{U}_1/n^2$ *(z.B.* $\hat{U}_3 = \hat{U}_1/9$*). Werden nun die gleichen Frequenzen der Spektren miteinander verglichen, so kommt heraus* $\hat{U}_{Dreieck} = \hat{U}_{Sägezahn} / 2\pi f = \hat{U}_{Sägezahn} / \omega$*. Hier wird also die Integration als Umkehrung der Differentiation auch im Frequenzbereich voll bestätigt!*

Die erste Vermutung wird durch die in Abb. 109 dargestellte Messung voll bestätigt:

> *Die Integration zeigt Tiefpass-Verhalten. Genau genommen wird der Frequenzbereich des Eingangssignals bei der Integration durch* $2\pi f = \omega$ *dividiert. Die Amplituden der höheren Frequenzen werden also überproportional verkleinert.*

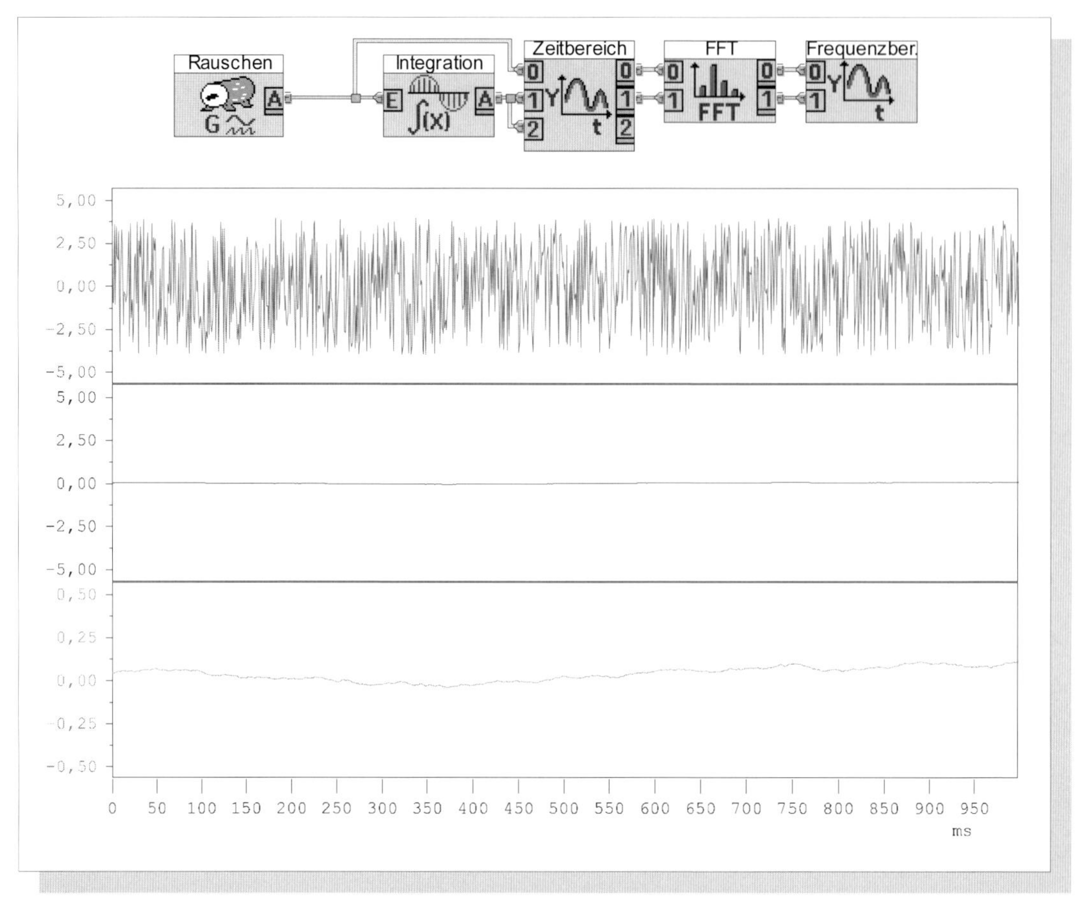

Abbildung 110 ***Mittelwertbildung durch Integration***

Hier wird ein Rauschsignal integriert. Das Ergebnis ist praktisch Null mit kleinen Schwankungen (unten höhere Auflösung). Der Integrationsvorgang summiert die positiven und negativen „Flächen" auf. Weil bei einem Rauschsignal alles zufällig ist, muss eine Gleichverteilung von positiven und negativen „Flächen" vorliegen. Im Mittel müssen alle Null sein!

Demnach kann die Integration zur Mittelwertbildung herangezogen werden, ein äußerst wichtiger Fall für die Messtechnik. Mehr noch: Die Mittelwertbildung eliminiert offensichtlich besser das Rauschen, als ein normales Filter dies könnte!

Es fällt auf, wie schnell der Mittelwert Null beim Rauschen erreicht wird. Da Rauschen aber aus einer „stochastischen Folge von Einzelimpulsen", d.h. praktisch aus einer Aneinanderreihung gewichteter δ-Impulse besteht, ist dies nachvollziehbar. Ins Gewicht fallende positive und negative „Flächen" entstehen erst, wenn ein Zustand über „nennenswerte Zeiträume" aufrecht erhalten wird.

Bei der Untersuchung des Integrationsprozesses als Mittelwertbildner ergibt Abb. 110 folgendes Ergebnis:

→ Rauschen besitzt aufgrund seiner Entstehungsgeschichte den Mittelwert Null. Die Integration eines Rauschsignals liefert praktisch diesen Wert, d.h. über die Integration kann der Mittelwert bestimmt werden.

→ Über die Integration lassen sich offensichtlich Rauschanteile aus einem Signal entfernen, und zwar besser, als dies mit normalen Filtern möglich ist.

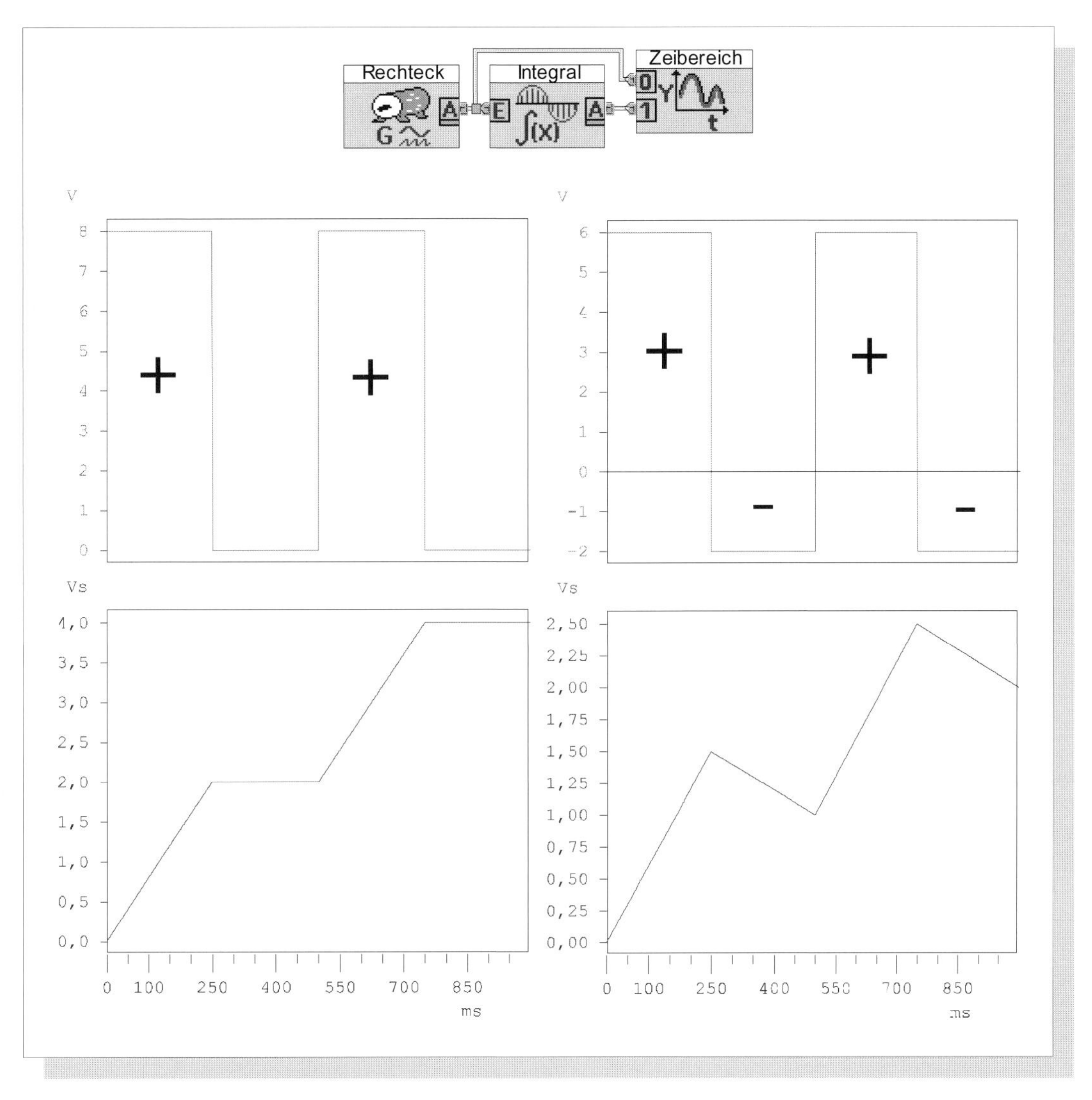

Abbildung 111 ***Genauere Untersuchung der „Flächenmessung" und der Mittelwertbildung***

Links wird ein Rechteck-Signal integriert, welches nur im positiven Bereich liegt. In Übereinstimmung mit Abb. 108 nimmt von 0 bis 250 ms die Fläche linear zu. Danach bleibt sie bis 500 ms konstant, weil der Rechteckverlauf dort Null ist. Rechts dagegen nimmt die Fläche linear ab, weil ab 250 ms der Signalverlauf im negativen Bereich liegt.

Würden nun die Integration des periodischen Rechtecks immer weiter durchgeführt, so würde der Verlauf des integrierten Signals in beiden Fällen immer mehr zunehmen und gegen Unendlich gehen. Wo liegt nun hier der Mittelwert?

Der Mittelwert des Eingangssignals oben links liegt - wie sich ohne Schwierigkeiten erkennen lässt - bei 4, der des Eingangssignals rechts oben bei 2. Genau diese Werte zeigt jeweils der Integrationsverlauf genau nach 1 s an!

Die Ergebnisse der Abb. 111 zeigen:

Liegt der Signalverlauf überwiegend im positiven (bzw. im negativen) Bereich, so steigt das integrierte Signal immer mehr an (bzw. fällt immer mehr ab). Bei Signalen dieser Art wird bei der reinen Integration der Mittelwert korrekt nur genau nach 1 s angezeigt!

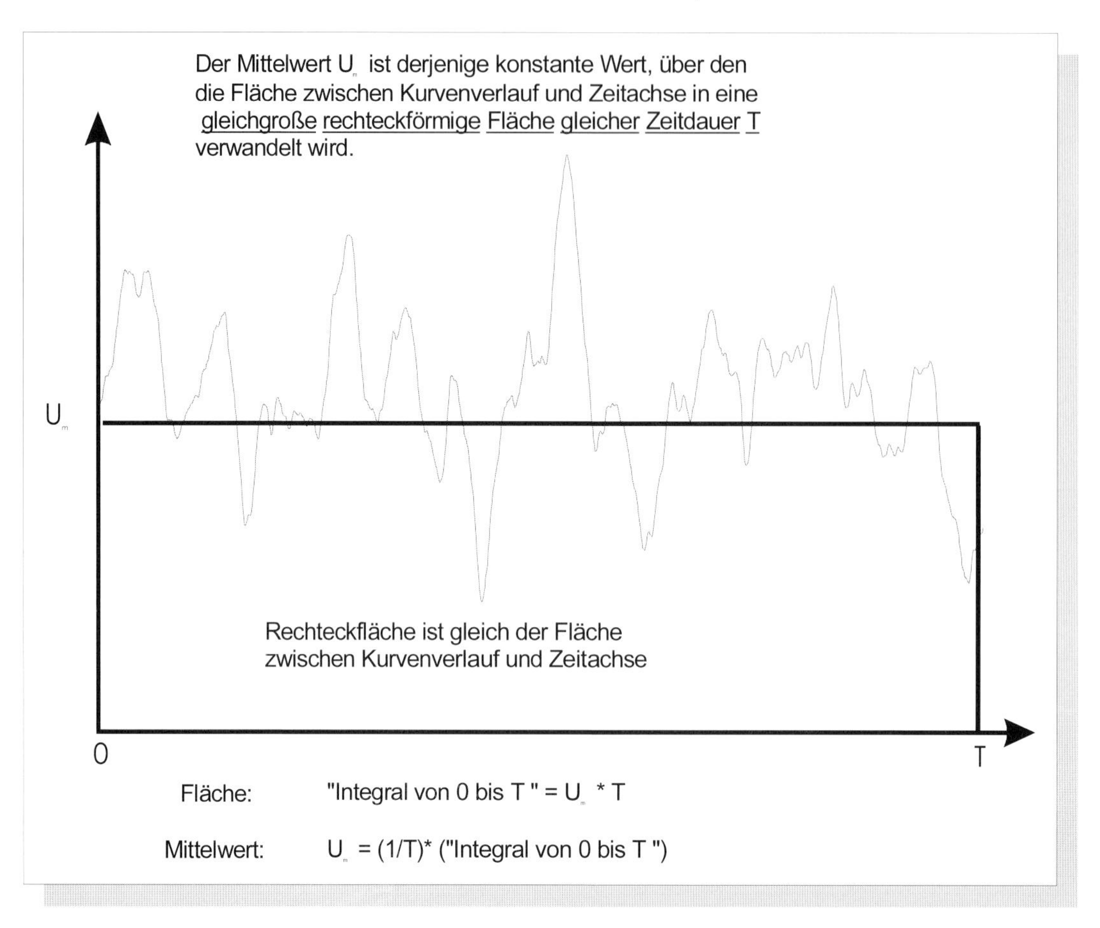

Abbildung 112 ***Exakte Definition des (arithmetischen) Mittelwertes***

Wie aus der obigen Abb. sowie den dort enthaltenen Hinweisen und Definitionen zu entnehmen ist, lautet die exakte Verfahrensweise zur Ermittlung des (arithmetischen) Mittelwertes so: Ermittle durch Integration die Fläche von 0 bis T zwischen Kurvenverlauf und Zeitachse. Wandle diese Fläche in eine gleich große, rechteckförmige Fläche gleicher Zeitdauer T um. Die Höhe dieses Rechtecks repräsentiert den (arithmetischen) Mittelwert U_m.

Das Thema "Mittelwert" besitzt eine besondere Bedeutung in der Messtechnik. Deshalb wird hier auch nicht auf alle möglichen Formen des Mittelwertes eingegangen. Der *arithmetische* Mittelwert ist nichts anderes als der Mittelwert aus einer Zahlenreihe. Lautet die Zahlenreihe z.B. (21; 4; 7; -12), so beträgt der arithmetische Mittelwert U_m = (21 + 4 + 7 + (-12))/ 4 = 5. Hier wird er lediglich als mögliches Ergebnis einer Integration dargestellt und seine Bedeutung als signaltechnischer Prozess beschrieben.

Aus den Abb. 110 und 111 ist nun ersichtlich:

→ Der Mittelwert U_m wird bei der Integration direkt lediglich genau nach 1 s angezeigt. Hier gilt T = 1 s.

→ Der Mittelwert U_m für jede andere Zeitdauer T lässt sich ermitteln, indem der Integralwert von 0 bis T durch die Zeitdauer T dividiert wird.

→ Signaltechnisch beschreibt die Mittelwertbildung einen *Trägheitsprozess*, der nicht in der Lage ist, schnelle Veränderungen wahrzunehmen (siehe Abb. 110!), sondern lediglich einen „gemittelten" Wert. Dies ähnelt dem Verhalten eines Tiefpasses. Dieser ermittelt eine Art „gleitender Mittelwert", bei dem - ähnlich Abb. 37 und 45 - der Mittelwert sich überlappender „Zeitfenster" kontinuierlich dargestellt wird.

Hinweis: Unsere Augen machen dies z.B. beim Fernsehen. Statt 50 (Halb-) Bilder pro Sekunde sehen wir einen kontinuierlichen „gemittelten" Bildverlauf.

Durch die Integration wird ein Signalverlauf nach einer ganz bestimmten, mathematisch sehr bedeutsamen Art verändert. Aus der einfachsten aller Funktionen, der konstanten Funktion u(t) = K wird durch Integration - wie Abb. 111 zeigt - eine *lineare* Funktion u(t) = K * t. Gibt es nun eine Gesetzmäßigkeit, was bei wiederholter Integration passiert und wie dies durch die Differentiation rückgängig gemacht werden kann? Abb. 113 zeigt die Zusammenhänge:

→ Durch Integration wird aus einer konstanten Funktion des Typs

$$\mathbf{u(t) = K}$$

eine lineare Funktion des Typs

$$\mathbf{u(t) = K * t}$$

Aus dieser durch Integration eine „quadratische" Funktion des Typs

$$\mathbf{u(t) = K_1 * t^2} \qquad \text{(mit } K_1 = K/2\text{)}$$

Aus dieser durch Integration eine „kubische" Funktion des Typs

$$\mathbf{u(t) = K_2 * t^3} \qquad \text{(mit } K_2 = K_1/3\text{)}$$

usw. usw. Genau stimmt dies nur für die hier (blockweise) durchgeführte Integration mit Signalverläufen ("bestimmtes Integral").

→ Durch (mehrfache) Differentiation lässt sich diese (mehrfache) Integration - wie in Abb. 108 dargestellt - wieder rückgängig machen.

Die Integration ist eine in der Praxis so bedeutsame Operation - über die jeder Bescheid wissen sollte - , dass wir fast die wichtigste Frage vergessen haben: Was passiert bei der Integration mit einer Sinusschwingung?

Dies zeigt Abb. 114. Sie zeigt das erwartete Verhalten, falls wir *Integration als Umkehrung der Differentiation* begreifen, d.h. die Differentiation des integrierten Signals muss wieder das ursprüngliche Signal ergeben.

Bösartige Funktionen bzw. Signalverläufe

Nicht nur der Vollständigkeit halber soll hier über spezielle Funktionen bzw. Signalverläufe berichtet berichtet werden, die zwar integrabel, jedoch nicht differenzierbar sind.

Da wäre z.B. das „chaotisches" Rauschsignal. Falls Sie dieses Signal differenzieren, werden Sie zwar ein Ergebnis erhalten. Aber Rauschen besitzt eine Eigenschaft, die normale Signale nicht aufweisen: Die aufeinander folgenden Zufallswerte ändern sich jeweils sprunghaft! Der Computer berechnet nun stur die Steigung aus der Differenz zweier benachbarter Zufallswerte und dem (kontanten) zeitlichen Abstand. Das Ergebnis ist ein anderes Rauschsignal! Hieran ist übrigens erkennbar, dass „unser" computergestützt erzeugtes Rauschen ein *vereinfachtes Abbild natürlicher Rauschprozesse* darstellt. Natürliches Rauschen erzeugt nämlich keine „Klicks" in konstantem zeitlichem Abstand!

Um Sie nicht auf die Folter zu spannen, ein weiterer Tipp. Versuchen Sie einmal, einen (periodischen) Rechteck oder Sägezahn zu differenzieren. An welchen Stellen gibt es Probleme bzw. extreme Werte?

Die Sprungstellen sind es! Deshalb haben die Mathematiker einen auch anschaulichen Begriff geschaffen, der Voraussetzung für die Differenzierbarkeit ist: Die *Stetigkeit* der Funktion. Anschaulich lässt sie sich so definieren:

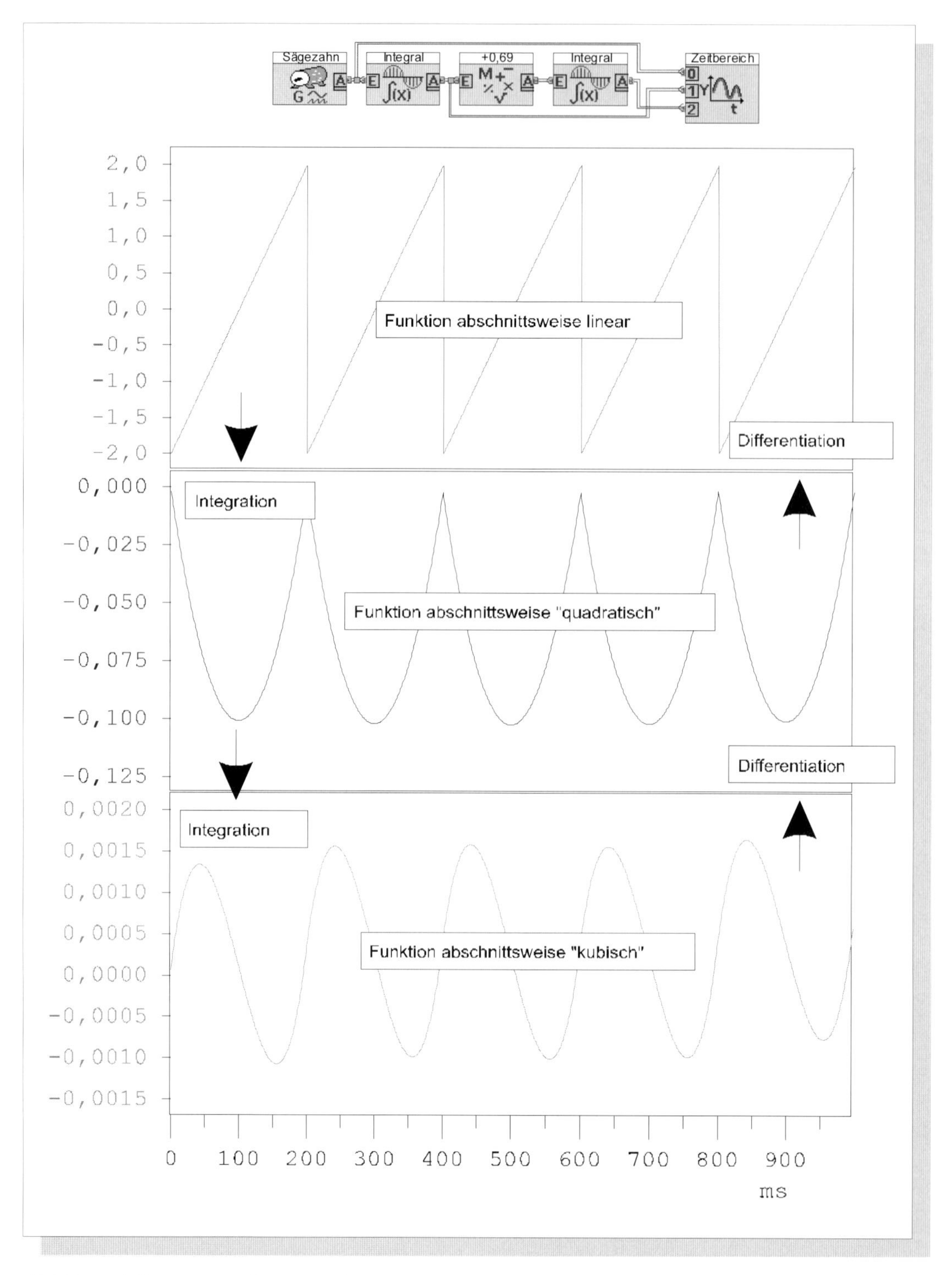

Abbildung 113 ***Integration: Von der konstanten zur linearen, quadratischen, kubischen Funktion und zurück durch Differentiation***

Ganz ohne Grundkenntnisse der Funktionslehre kommen wir nicht aus. Jedoch wird hier alles visualisiert, mit einfachen Worten beschrieben und ohne mathematische Strenge behandelt. Es ist wichtig, dies anhand obiger Schaltung experimentell nachzuvollziehen. Was beobachten Sie nach einiger Zeit? Wie sieht der Signalverlauf aus, falls Sie nicht die Konstante dazu addieren?

Beachten Sie auch, dass die untere Funktion nicht sinusförmig verläuft, sondern abschnittsweise „kubisch", d.h. proportional t^3!

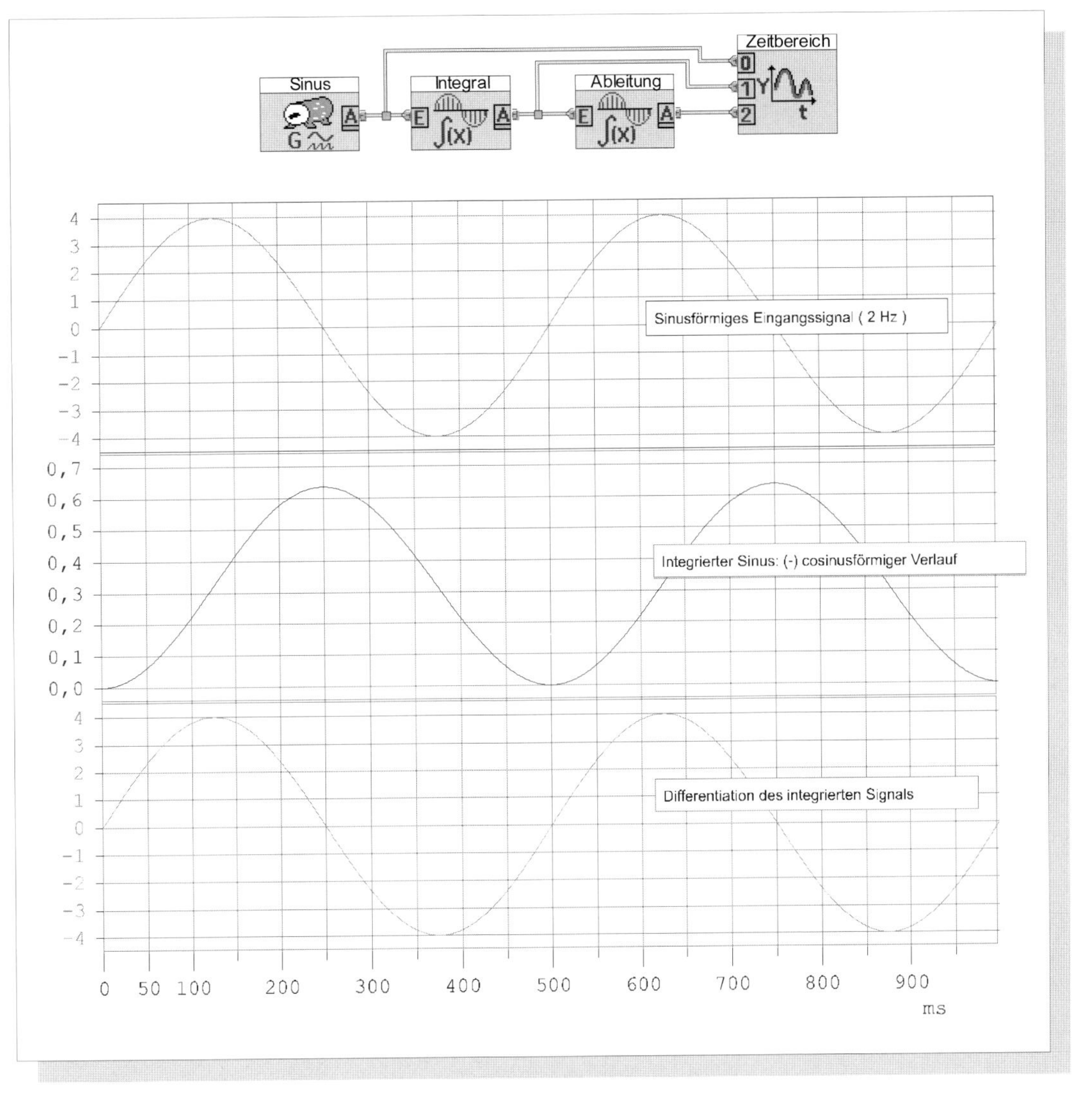

Abbildung 114 ***Zur Integration des Sinus***

Der Sinus (oben) integriert, ergibt einen (-)cosinusförmigen Verlauf (Mitte). Dies lässt sich nachvollziehen über die Differentiation des integrierten Signals, d.h. die Umkehrung der Integration. Der „Steigungsverlauf" des integrierten Signals entspricht dem ursprünglichen Sinus (siehe oben und unten).

Eine Funktion ist stetig, falls sich die Funktion mathematisch korrekt zeichnen lässt, ohne den „Bleistift" abzusetzen. Nur stetige Funktionen lassen sich differenzieren, weil sie keine Sprungstellen besitzen.

Filter

Bei der Aufzählung linearer Prozesse werden oft die Filter vergessen, obwohl sie aus der Nachrichtentechnik bzw. aus der Signalverarbeitung nicht wegzudenken sind. Die bislang genannten linearen Prozesse bezogen sich von der Namensgebung her auf den *Zeitbereich*. So meint der Prozess „Differentiation" eines Signals, dass die Differentiation im Zeitbereich durchgeführt wird. Dies entspricht, wie bereits erläutert, einer Multiplikation im Frequenzbereich (Amplitudenspektrum) mit $\omega = 2\pi f$, ferner einer Verschiebung des Phasenspektrums um $\pi/2$ (die Differentiation eines Sinus ergibt einen Cosinus; dies entspricht dieser Phasenverschiebung!).

Das Filterverhalten dagegen beschreibt einen Prozess im Frequenzbereich. So lässt ein „Tiefpass" die tiefen Frequenzen passieren, die hohen werden weitgehend gesperrt usw. Der Typ des Filters gibt durchweg an, welcher Bereich „herausgefiltert" wird.

> Hinweis:
> Das Wort „Filter" ist in der Signalverarbeitung für den Frequenzbereich reserviert. Der entsprechende Prozess im Zeitbereich wäre das *Fenster* bzw. „*Window*".

Rundfunk und Fernsehen sind (derzeit noch) Techniken, die untrennbar mit der Filterung verbunden sind. Jeder Sender wird innerhalb eines ganz bestimmten Frequenzbandes betrieben. Ober- und unterhalb dieses Frequenzbandes sind weitere Sender. Die Antenne empfängt alle Sender, die Aufgabe des „Tuners" ist es in erster Linie, genau nur diesen Sender herauszufiltern. Demnach arbeitet ein Tuner im Prinzip wie ein durchstimmbares Filter.

Die Geschichte der (analogen) Filtertechnik ist ein Beispiel für den im Grunde untauglichen Versuch, mit Hilfe analoger Bauelemente - Spulen, Kondensatoren usw.- Filter zu entwickeln, die dem rechteckigen Filterideal möglichst nahe kommen. Im Kapitel 3 - „Das Unschärfe-Prinzip" - wurde gezeigt, dass rechteckige Filter grundsätzlich unmöglich zu realisieren sind, weil sie Naturgesetzen widersprechen würden.

Ein Quantensprung in der Filtertechnik stellen die *Digitalen Filter* dar. Sie kommen dem rechteckigen Idealfall beliebig nahe, ohne ihn aber auch jemals erreichen zu können. Wie in Kapitel 10 gezeigt werden wird - siehe auch Abb. 100 - , lassen sie sich ausnahmslos mit Hilfe dreier extrem einfacher linearer Prozesse realisieren: der *Verzögerung*, der *Addition* sowie der *Multiplikation* des Signals *mit einer Konstanten*. Dies alles im Zeitbereich.

Zunächst sollen jedoch einige herkömmliche, in der Analogtechnik eingesetzte Filtertypen kurz beschrieben und messtechnisch mit DASY*Lab* untersucht werden. Wir beschränken uns auf drei Typen, die jeweils als Tiefpass, Hochpass, Bandpass oder Bandsperre realisierbar sind. Bandpass und Bandsperre lassen sich im Prinzip aus Tief- und Hochpässen zusammensetzen.

Diese drei Typen werden nach den Wissenschaftlern benannt, welche die mathematischen Hilfsmittel zur Berechnung der Schaltungen geschaffen haben:

→ Bessel - Filter

→ Butterworth - Filter

→ Tschebycheff - Filter

Diese Filtertypen besitzen nur im Rahmen der analogen Filtertechnik eigentliche Bedeutung. Sie lassen sich aber auch digitaltechnisch realisieren. Jedoch stehen in der Digitalen Signalverarbeitung wesentlich bessere Filter zur Verfügung.

In den Abb. 115 und 116 werden diese drei Filtertypen am Beispiel des Tiefpasses gegenübergestellt. Aus dem dort dargestellten übertragungstechnischen Verhalten sind ihre jeweiligen Vor- und Nachteile sowie ihr mögliches Einsatzgebiet ersichtlich.

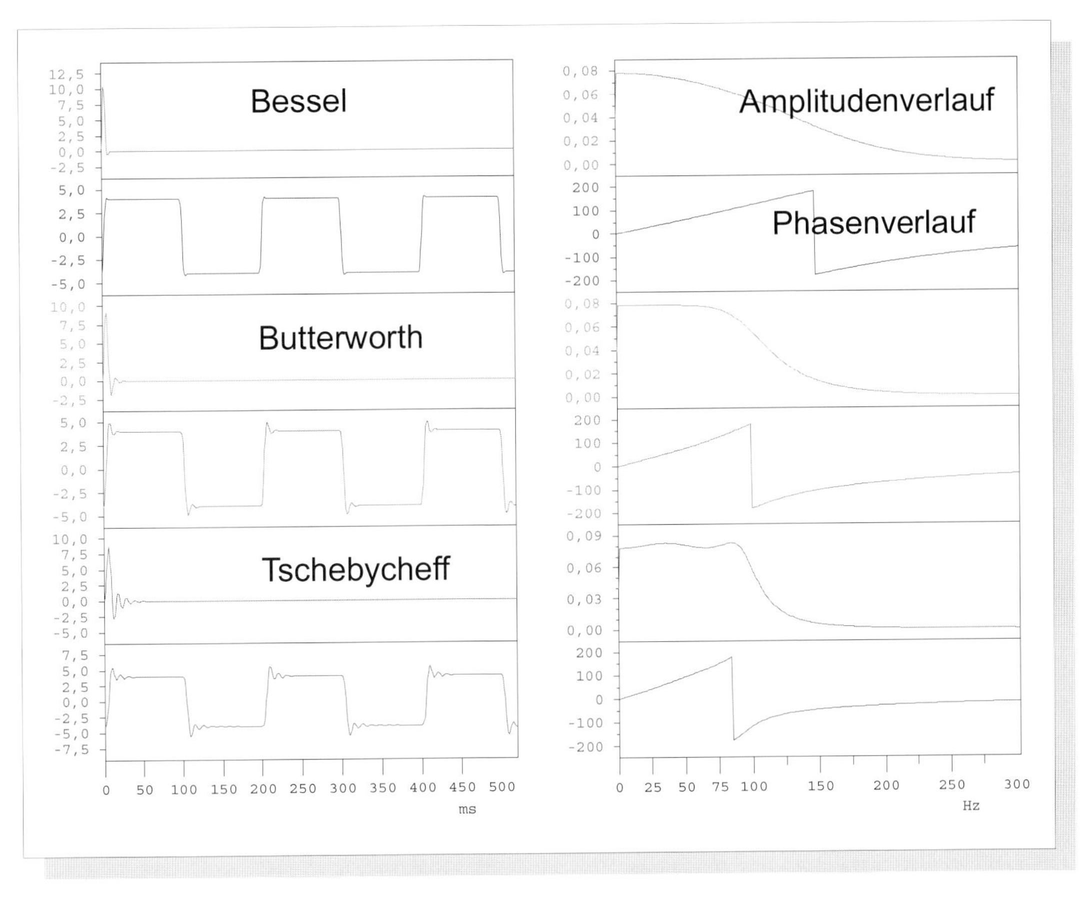

Abbildung 115 ***Herkömmliche Analog-Filtertypen***

In der Analogtechnik - speziell im NF-Bereich - werden je nach Anwendungszweck diese drei Filtertypen eingesetzt. Sie sehen in jeder Reihe jeweils links oben die Impulsantwort h(t) des jeweiligen Filtertyps, darunter die lineare Verzerrung einer periodischen Rechteck-Impulsfolge am Ausgang dieses Filters. Rechts oben dann der Amplitudenverlauf, darunter der Phasenverlauf.

Wie wichtig ein linearer Phasenverlauf im Durchlassbereich sein kann, sehen Sie beim Bessel-Filter anhand der periodischen Rechteck-Impulsfolge. Nur dann bleibt die Symmetrie des Signals und damit auch die „Formtreue" am besten erhalten. Nur hierbei werden nämlich alle im Signal enthaltenen Frequenzen (Sinusschwingungen) um etwa den gleichen Betrag zeitlich verzögert.

Beim Tschebycheff-Filter führt der nichtlineare Phasenverlauf - Achtung: Filterung ist ein linearer Prozess! - zu einem „Kippen" der Impulsform. Dafür ist die Flankensteilheit sehr gut. Die Welligkeit von h(t) bzw. der periodischen Rechteck-Impulsfolge entspricht der Grenzfrequenz des Durchlassbereiches. Das Butterworth-Filter ist ein viel verwendeter Kompromiss zwischen den beiden anderen.

All diese Filtertypen gibt es in verschiedener Güte (Ordnung). Filter höherer Ordnung verlangen in der Regel einen höheren Schaltungsaufwand und/oder Bauteile mit sehr kleinen Toleranzen. Die hier dargestellten Filtertypen sind von 4. Ordnung.

Beim *Bessel*-Filter wird größter Wert auf einen linearen Phasengang gelegt, dafür ist die Filtersteilheit zwischen Durchlass- und Sperrbereich schlecht, dsgl. der Amplitudenverlauf im Durchlassbereich.

Beim *Tschebycheff*-Filter wird größter Wert auf große Flankensteilheit gelegt. Dafür ist der Phasengang recht nichtlinear und der Amplitudenverlauf im Durchlassbereich extrem wellig.

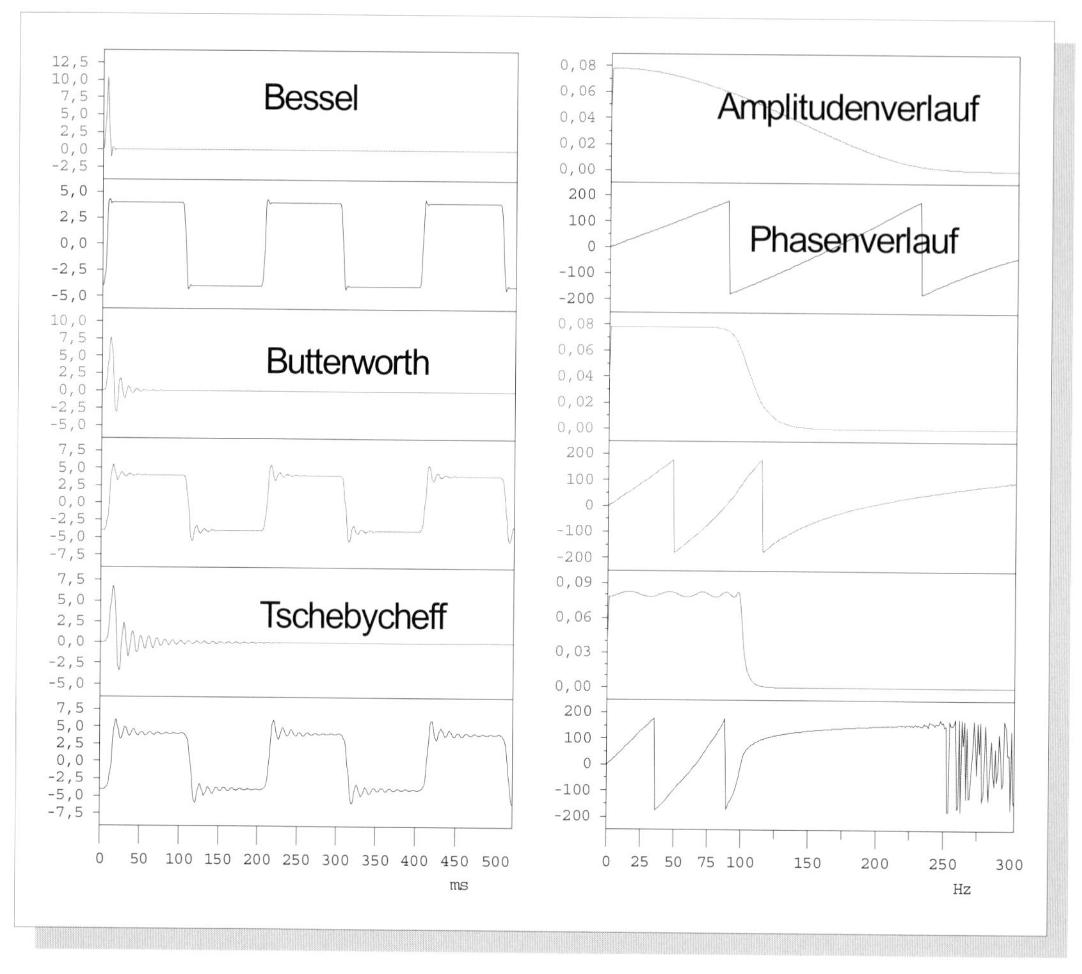

Abbildung 116 ***Herkömmliche Analog-Tiefpass-Filter 10. Ordnung***

Die Anordnung der Signale bzw. deren Amplituden- und Phasenverlauf entspricht genau der Abb. 115. Jedoch sind hier alle Tiefpassfilter 10. Ordnung, etwa das Maximum dessen, was analog mit vertretbarem Aufwand hergestellt werden kann.

An den Rechteckverformungen sehen Sie die Schwächen bzw. Vorzüge des jeweiligen Filtertyps. Beachten sie auch wieder, dass die Impulsantwort h(t) desto länger dauert, je steiler die Filterflanke ist: Der Fachmann kann aus dem Verlauf von h(t) schon recht präzise Angaben über den Verlauf der Übertragungsfunktion H(f) machen!

Die Sprünge im Phasenverlauf sollten Sie nicht verwirren. Sie gehen immer von π nach -π bzw. von 180 Grad nach –180 Grad. Beide Winkel sind aber identisch. Aus diesem Grunde ist es üblich, den Phasenverlauf immer nur zwischen diesen beiden Grenzwerten aufzutragen. Ein Winkel von 210 Grad wird also mit –180 + 30 = -150 Grad aufgetragen.

Rechts unten sehen Sie einen „sprunghaften" Phasenverlauf. Er resultiert aus der numerischen Berechnung und hat nichts mit realen Verlauf zu tun. Genau genommen besitzt hier der Rechner Schwierigkeiten bei der Division von Werten, die „fast Null" sind.

Einen wichtigen Kompromiss zwischen diesen beiden Richtungen stellt das *Butterworth*-Filter dar. Es besitzt einen einigermaßen linearen Amplitudenverlauf im Durchlassbereich sowie eine noch vertretbare Flankensteilheit beim Übergang vom Durchlass- in den Sperrbereich.

Bei den herkömmlichen Analogfiltern gibt es also nur die Möglichkeiten, allenfalls auf Kosten anderer Filterwerte *eine* tolerierbare Filtereigenschaft zu erhalten. Dies hat zwei einfache Gründe:

→ Um höherwertige Analogfilter zu bauen, müssten *hochpräzise* - z.B. bis auf 10 Stellen hinter dem Komma genaue - analoge Bauelemente (Spulen, Kondensatoren und Widerstände) vorhanden sein. Die kann es aber nicht geben, weil Fertigungstoleranzen und temperaturbedingte Schwankungen dies bei weitem nicht zulassen.

→ Alle hochwertigen Digitalfilter basieren - wie noch gezeigt wird - auf dem Prozess der präzisen zeitlichen Verzögerung. Diese präzise zeitliche Verzögerung ist aber analog nicht möglich.

Die Güte des jeweiligen Filtertyps lässt sich durch schaltungstechnischen Aufwand steigern, z.B. indem zwei Filter des gleichen Typs (entkoppelt) hintereinander geschaltet werden. Die „Ordnung" ist ein mathematisch-physikalisches Maß für diese Güte. Analoge Filter der beschriebenen Typen lassen sich allenfalls bis zur 10. Ordnung mit mit vertretbarem Aufwand realisieren.

> Hinweis:
> Analoge Filter hoher Güte lassen sich sehr aufwendig unter Ausnutzung anderer physikalischer Prinzipien aufbauen. Hier sind vor allem Quarzfilter und Oberflächenwellenfilter zu nennen. Sie finden überwiegend im Hochfrequenzbereich Verwendung. Auf sie wird hier nicht eingegangen.

Einen speziellen und extrem leicht verständlichen Typ eines *Digitalen Filters* haben Sie schon mehrfach kennen gelernt. Sehen Sie sich dazu die Abb. 72, 93 sowie 100 noch einmal in Ruhe an. Dieser Typ ist quasi ideal, da sein Phasengang linear, seine Flankensteilheit lediglich durch das Unschärfeprinzip begrenzt und der Amplitudenverlauf im Durchlassbereich weitgehend konstant ist.

Wie das realisiert wird? Ganz einfach (computergestützt)! Zunächst wird der Signalausschnitt (Blocklänge!) einer FOURIER-Transformation (FFT) unterzogen. Damit liegt dieser Signalausschnitt im Frequenzbereich vor. Mit einer „Schneideeinrichtung" (Modul „Ausschnitt") wird der Frequenzbereich festgelegt, der durchgelassen werden soll. Danach erfolgt eine Inverse FOURIER-Transformation (IFT), wodurch der „Rest" des Signals wieder in den Zeitbereich „gebeamt" wird. Sie sehen innerhalb des Frequenzbereichs *zwei* Signalpfade, die identisch eingestellt werden müssen. Gewissermaßen müssen nämlich das Amplituden- *und* Phasenspektrum für den gleichen Bereich gesperrt werden.

In der Abbildung 94 ist ein praktisch idealer Bandpass hiermit realisiert, der eine Bandbreite von lediglich 1 Hz besitzt. Leider arbeitet dieses Filter nicht in Echtzeit, d.h. es kann kein kontinuierliches Signal längerer Dauer ohne Informationsverlust filtern, sondern lediglich ein zeitlich begrenztes Signal, z.B. einen Signalblock von 1024 Messwerten bei einer eingestellten Abtastrate von 1024 Werten pro Sekunde.

Generell lässt sich für analoge und digitale Filter festhalten:

> *Je mehr sich die Übertragungsfunktion eines Filters dem rechteckigen Ideal nähert, desto größer ist bei analogen Filtern der Schaltungsaufwand, bei digitalen Filtern der Rechenaufwand.*
>
> *Aus physikalischer Sicht gilt: Da ein δ-Impuls am Filterausgang zeitlich „verschmiert" erscheint, muss das Filter eine Kette gekoppelter Energiespeicher enthalten. Je besser das Filter, desto aufwendiger dieses „Verzögerungssystem".*

Nichtlineare Prozesse

Die bislang behandelten vier linearen Operationen

Multiplikation mit einer Konstanten;
Addition bzw. Subtraktion,
Differentiation und
Integration

stellen die vier „klassischen“ linearen mathematischen Operationen dar, wie sie aus der „Theorie der linearen Differentialgleichungen“ bekannt sind. Sie wurden hier überwiegend aus signaltechnischer Perspektive behandelt.

Sie besitzen eine ungeheure Bedeutung, weil die mathematische Beschreibung der wichtigsten Naturgesetze - Elektromagnetismus und Quantenphysik - hiermit auskommen. *Deshalb zeigen der freie Raum und Leitungen bezüglich der Ausbreitung von Signalen lineares Verhalten!*

In der fachwissenschaftlichen Literatur zur Theorie der Signale - Prozesse - Systeme werden *nicht*lineare Prozesse bzw. Systeme deutlich weniger erwähnt. Dies erweckt den Eindruck, nichtlineare Prozesse/Systeme seien bis ein oder zwei lediglich „exotische“ Prozesse ohne große praktisch Bedeutung. Dies ist grundlegend falsch.

Erinnern Sie sich an Kapitel 1: Dort wurde unter der „Theorie der Signale - Prozesse-Systeme“ die *mathematische Modellierung* signaltechnischer Prozesse auf der Basis physikalischer Phänomene verstanden. Zwar gelingt bei nichtlinearen Prozessen und Systemen diese mathematische Modellierung in vielen Fällen in Form von Gleichungen, jedoch sind diese Gleichungen bis auf wenige Ausnahmen nicht lösbar.

Die Mathematik versagt weitgehend bei der Lösung nichtlinearer Gleichungen!

Aus diesem Grunde werden in diesen Theoriebüchern die nichtlinearen Prozesse kaum erwähnt. Erst mit Hilfe von Computern lassen sich solche nichtlinearen Prozesse untersuchen und ihre Ergebnisse zumindest visualisieren. Dies erscheint aus mehreren Gründen in zunehmenden Maße für die Forschung wichtig:

→ Während es gerade ein halbes Dutzend verschiedener linearer Prozesse gibt, ist die Menge der verschiedenen nichtlinearen Prozesse unendlich groß!

→ Immer mehr kristallisiert sich die Bedeutung nichtlinearer Prozesse für alle wirklich interessanten „Systeme“ heraus. Dies scheint vor allem für biologischen Prozesse zu gelten. Endlich sollte verstanden werden, nach welchen Gesetzmäßigkeiten beispielsweise das Wachstum von Pflanzen und Lebewesen vor sich geht. Aber auch in der unbelebten Natur regiert die Nichtlinearität. Jede Turbulenz in der Luft ist ein Beispiel hierfür, ja jeder Wassertropfen und jede Wasserwelle.
Der populäre Name für die Erforschung des Nichtlinearen lautet „Chaos-Theorie“. Hierzu gibt es regelrecht spannende populärwissenschaftliche Literatur, die den Blick auf ein Hauptfeld wissenschaftlicher Forschung in den nächsten Jahrzehnten lenkt.

Bei dieser unendlichen Vielfalt nichtlinearer Prozesse müssen wir eine Auswahl treffen. An dieser Stelle werden wir uns lediglich mit einigen grundlegenden dieser Prozesse beschäftigen. Bei Bedarf - z.B. in der Messtechnik - können noch einige hinzukommen. Wichtig erscheint die Klärung, welche gemeinsamen Merkmale nichtlineare Prozesse im Frequenzbereich aufweisen.

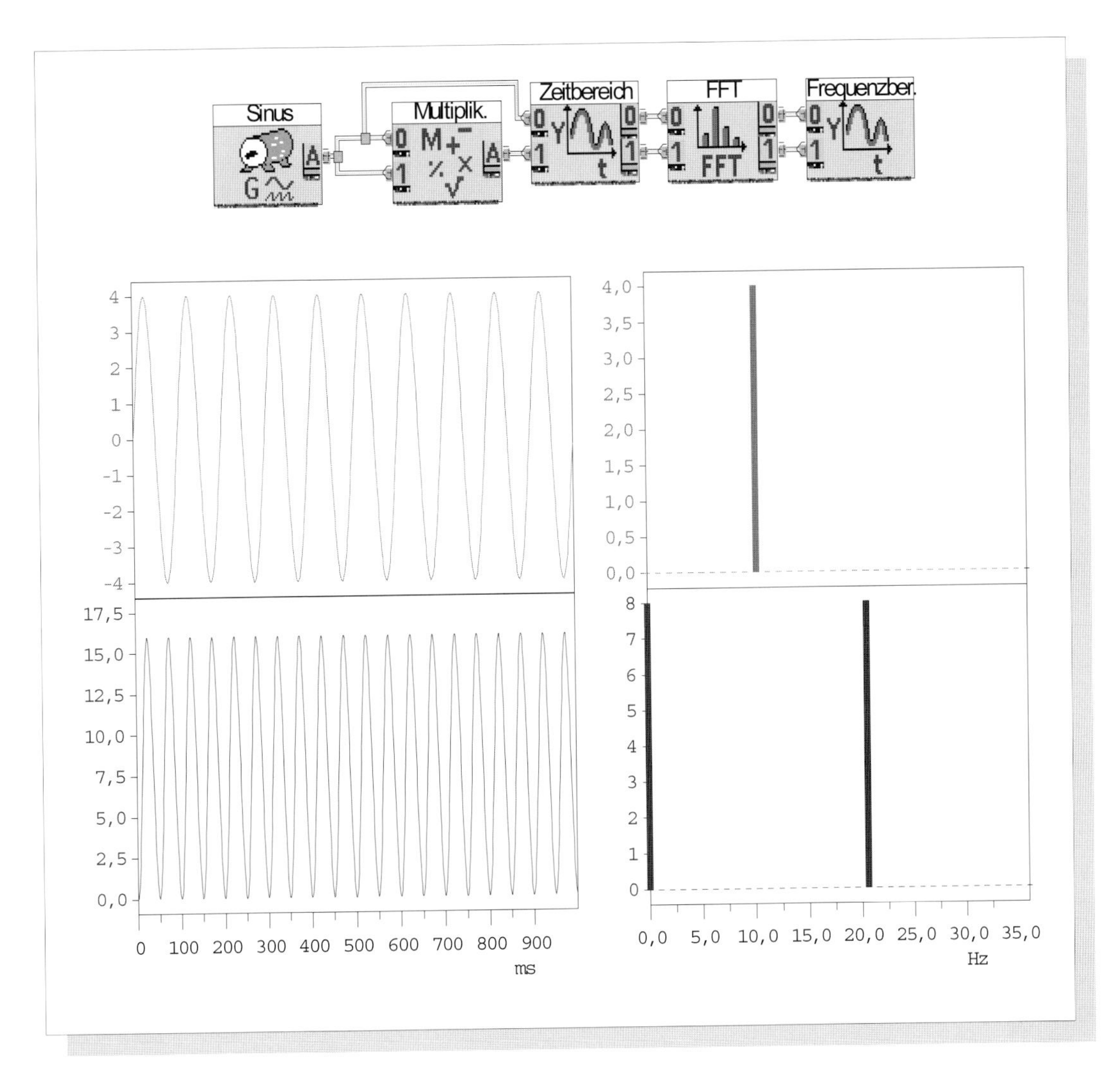

Abbildung 117 ***Multiplikation identischer Sinusschwingungen***

Die Multiplikation einer Sinusschwingung mit sich selbst kann technisch zur Frequenzverdopplung verwendet werden. Das Ausgangssignal enthält also eine andere Frequenz als das bzw. die Eingangssignal(e). Damit handelt es sich bei der Signal-Multiplikation um einen nichtlinearen Prozess!

Multiplikation zweier Signale

Was passiert, falls zwei Signale miteinander multipliziert werden? Gehen wir systematisch vor. Stellvertretend für alle Signale wählen wir aufgrund des **FP** zwei Sinusschwingungen, zunächst der gleichen Frequenz, Amplitude und Phasenlage.

Abb. 117 zeigt nun das erstaunliche Ergebnis im Zeit- und Frequenzbereich. Im Zeitbereich sehen wir eine Sinusschwingung der *doppelten* Frequenz, die aber von einer Gleichspannung überlagert ist. Weitere Versuche zeigen: die Höhe der Gleichspannung hängt von der Phasenverschiebung der beiden Sinusschwingungen zueinander ab. Im Frequenzbereich sehen wir jeweils eine Linie bei der doppelten Frequenz: es handelt sich also tatsächlich um eine Sinusschwingung.

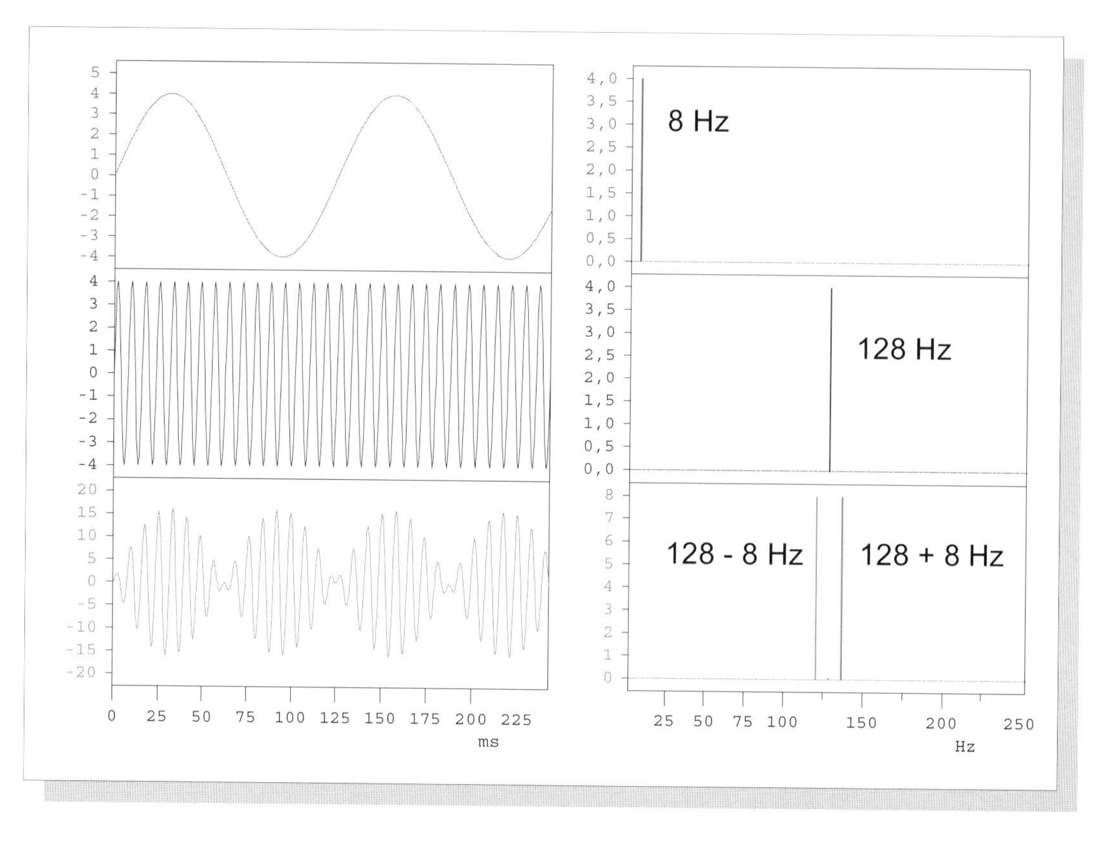

Abbildung 118 ***Multiplikation zweier Sinusschwingungen deutlich verschiedener Frequenz***

In dieser Abb. wird zum ersten Mal das Prinzip deutlich, nach dem das Frequenzspektrum bei den meisten nichtlinearen Prozessen - nichtlineare Verknüpfung zweier Signale - geprägt wird. In der Literatur wird von den Summen- und Differenzfrequenzen gesprochen, d.h. alle in diesem Spektrum enthaltenen Frequenzen ergeben sich aus der Summe und Differenz jeweils aller in den beiden Spektren der Eingangssignale enthaltenen Frequenzen.
In der Sprachweise der symmetrischen Spektren - siehe Kapitel 5 - , wonach immer das spiegelbildliche Spektrum im negativen Frequenzbereich existiert, bilden sich bei diesen nichtlinearen Prozessen nur die Summen aller negativen und positiven Frequenzen!

Die Multiplikation einer Sinusschwingung mit sich selbst kann technisch zur Frequenzverdopplung genutzt werden.

Die Multiplikation zweier Sinusschwingungen ist offensichtlich ein nichtlinearer Prozeß, da das Ausgangssignal andere Frequenzen als die Eingangssignale enthält.

Nun wählen wir zwei Sinusschwingungen deutlich verschiedener Frequenz wie in Abb. 118 dargestellt. Im Zeitbereich ergibt sich ein Signal, welches einer Schwebung (siehe auch Abb. 97) entspricht. Dies zeigt auch der Frequenzbereich. Hier sind zwei benachbarte Frequenzen enthalten.

Entsprechende Versuche mit DASY*Lab* ergeben generell

$$f_1 \pm f_2$$

Genau genommen sind hierbei f_1 und f_2 die - jeweils symmetrisch positiven und negativen - Frequenzen einer Sinusschwingung (siehe Kapitel 5). Weiterhin gilt:

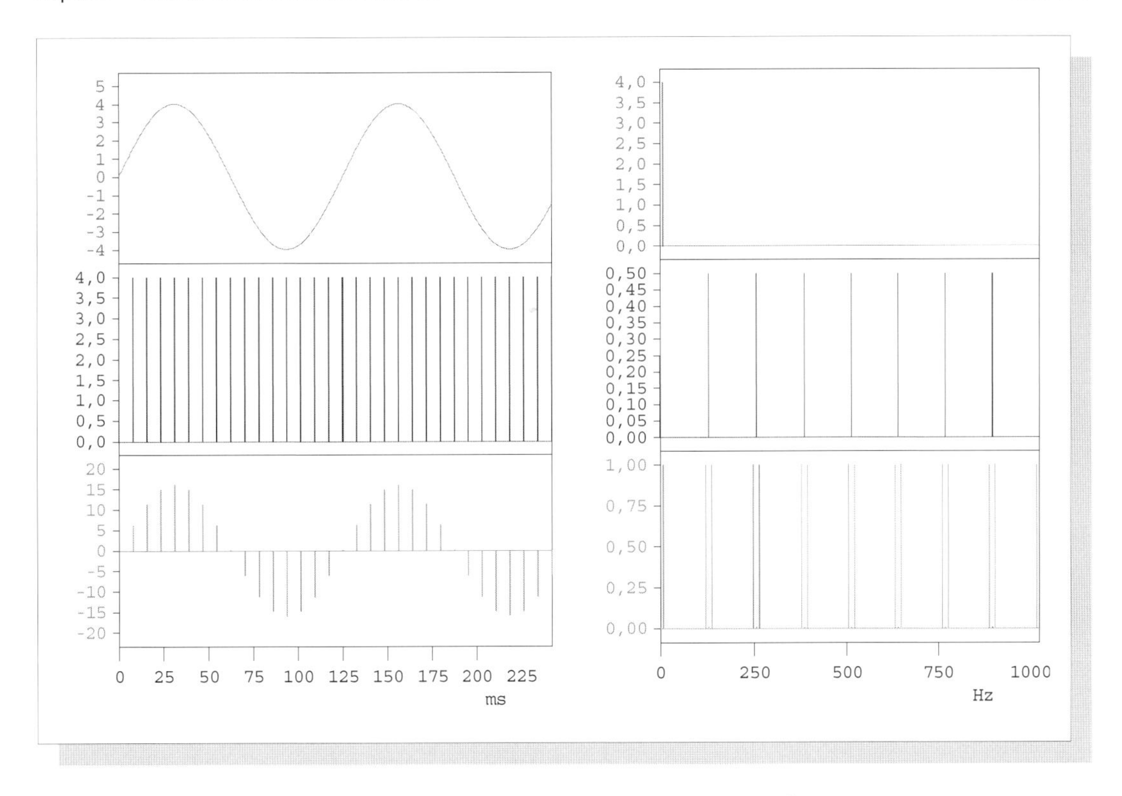

Abbildung 119 ***Abtastung als Multiplikation eines Signals mit einer δ-Impulsfolge***

Am Beispiel einer Sinusschwingung wird hier die Multiplikation mit einer (höherfrequenten) δ-Impulsfolge mit einem Signal dargestellt. Die δ-Impulsfolge besitzt (unendlich) viele Sinusschwingungen gleicher Amplitude, jeweils im gleichen Abstand von hier 128 Hz.
Auch hier finden Sie im unteren Spektrum lediglich die „Summen- und Differenzfrequenzen" jeweils zweier beliebiger Frequenzen der beiden oberen Spektren.

Je kleiner eine der beiden Frequenzen ist, desto näher liegen die Summen- und Differenzfrequenz beieinander.

Eine Schwebung lässt sich also auch durch Multiplikation einer Sinusschwingung niedriger Frequenz mit einer Sinusschwingung höherer Frequenz erzeugen. Die Schwebungsfrequenzen liegen spiegelsymmetrisch zur höheren Frequenz

Beachten sie auch, dass die „Einhüllende" der Schwebung dem sinusförmigen Verlauf der halben Differenzfrequenz entspricht.

Welche Multiplikation könnte technisch noch bedeutsam sein? Intuitiv erscheint es sinnvoll, das zweitwichtigste Signal - den δ-Impuls - in die Multiplikation miteinzubeziehen.

Die bedeutsamste praktisch Anwendung ist die Multiplikation eines (bandbegrenzten) Signals mit einer periodischen δ-Impulsfolge. Wie aus bereits aus den Abb. 25 und 69 (unten) ersichtlich, entspricht dies einem *Abtastvorgang*, bei dem in regelmäßigen Abständen „Proben" des Signals genommen werden. Normalerweise ist hierbei die Frequenz der δ-Impulsfolge deutlich größer als die (höchste) Signalfrequenz. Diese Abtastung ist immer der erste Schritte bei der Umwandlung eines analogen Signals in ein digitales Signal.

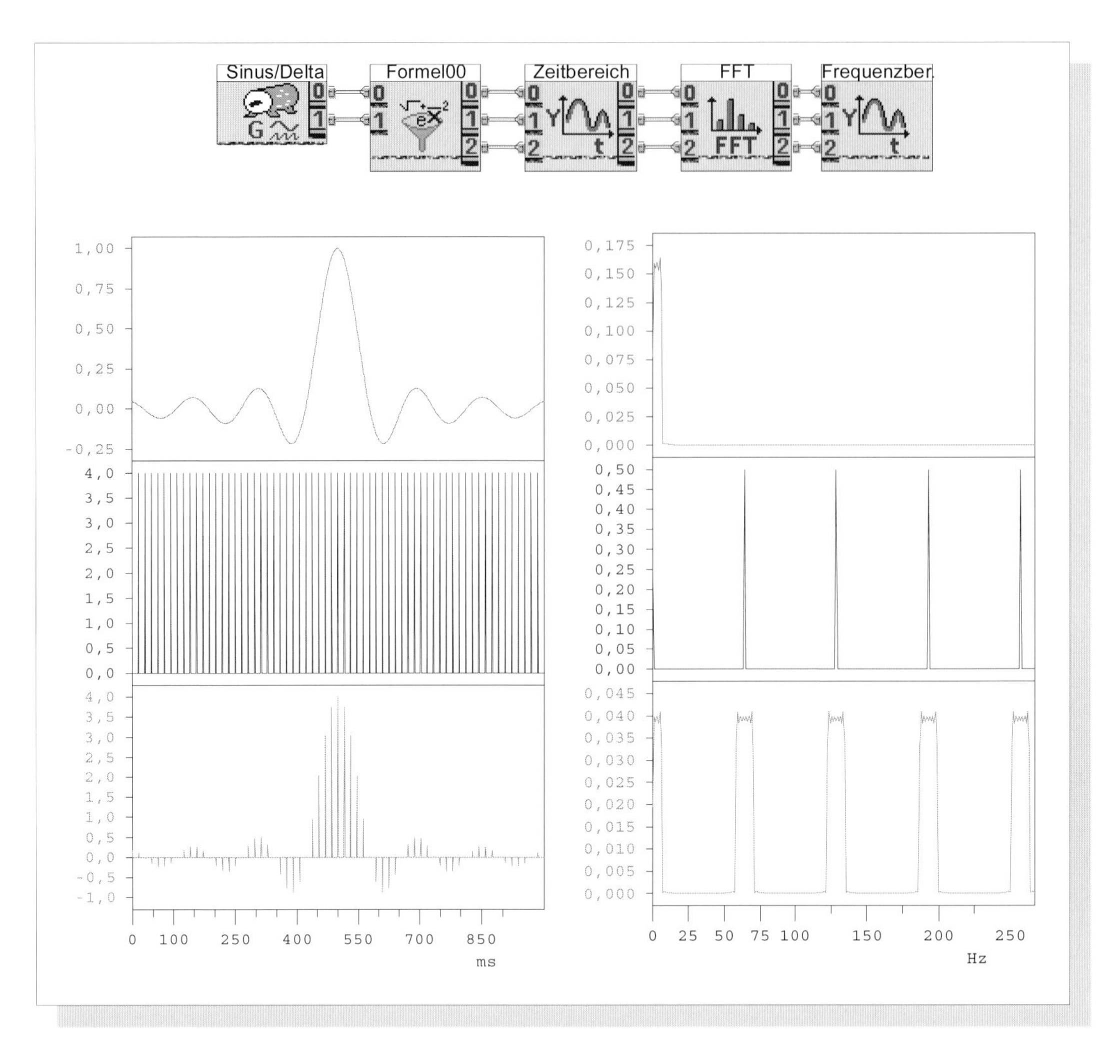

Abbildung 120 ***Die Faltung im Frequenzbereich als Ergebnis einer Multiplikation im Zeitbereich***

Für das seltsame Verhalten des Frequenzbereichs bei einer Multiplikation zweier Signale im Zeitbereich wurde bereits am Ende des Kapitels 5 (Das Symmetrie-Prinzip) eine einfache Erklärung gefunden: Periodische Signale im Zeitbereich besitzen Linienspektren äquidistanter Frequenzen. Damit müssen aus Symmetriegründen äquidistante Linien im Zeitbereich periodische Spektren ergeben! Die symmetrische Spiegelung des NF-Spektrums an jeder Frequenz des δ –Impulses wird "Faltung" genannt.

Der erste Schritt bei der Umwandlung eines analogen in ein digitales Signal ist immer die Multiplikation des Signals mit einer periodischen δ-Impulsfolge, also ein *nichtlinearer* Prozess. Damit besitzt ein digitales Signal vor allem im Frequenzbereich Eigenschaften, die das ursprüngliche analoge Signal nicht hatte. Hieraus resultieren die meisten Probleme bei der späteren Rückgewinnung der ursprünglichen Information des analogen Signals.

Diese frequenzmäßigen Zusammenhänge sollen am Beispiel zweier Signalformen messtechnisch dargestellt werden. Als erstes wird als einfachste Signalform ein Sinus genommen, danach als fast ideal bandbegrenztes Signal ein Si-förmiger Verlauf (siehe auch Abb. 93).

Als Ergebnis der Untersuchungen ergeben sich (Abb. 119 und 120):

→ Deutlich sichtbar zeigen sich beim Versuch mit einem Sinus „spiegelsymmetrisch“ zu jeder Frequenz der periodischen δ-Impulsfolge zwei Linien, jeweils im Abstand der Frequenz des Sinus. Zu jeder Frequenz f_n der δ-Impulsfolge gibt es also eine Summen- und Differenzfrequenz der Form $f_n \pm f_{Sinus}$.

→ Da wir aus Symmetriegründen (Kapitel 5) einem Sinus eine positive und negative Frequenz zuordnen müssen, spiegeln sich diese beiden Frequenzen gewissermaßen an jeder Frequenz f_n der periodischen δ-Impulsfolge. Wir müssen uns auch das ganze Spektrum gespiegelt noch einmal im negativen Frequenzbereich vorstellen.

Noch deutlicher und vor allem Praxis relevanter werden die Verhältnisse bei der Abtastung einer Si-Funktion dargestellt:

→ Wie in Kapitel 5 „Symmetrie-Prinzip“ dargestellt, spiegelt sich an jeder Frequenz f_n der periodischen δ-Impulsfolge die *volle* Bandbreite der Si-Funktion, also der ursprünglich positive *und* negative Frequenzbereich.

→ Die (frequenzmäßige) Information über das ursprüngliche Signal ist demnach (theoretisch) unendlich mal in dem Spektrum des abgetasteten Signals enthalten.

Die beschriebene Spiegelsymmetrie finden wir in der Natur z.B. bei einem Falter (Schmetterling). Aus diesem Grunde wird der Prozess, der sich aufgrund der Multiplikation im Zeitbereich daraufhin im Frequenzbereich abspielt, *Faltung* genannt.

Eine Multiplikation im Zeitbereich ergibt eine Faltung im Frequenzbereich.

Aus Symmetriegründen muss gelten: Eine Faltung im Zeitbereich ergibt eine Multiplikation im Frequenzbereich.

Die Betragsbildung

Die Betragsbildung ist ein besonders einfacher nichtlinearer Prozess. Die Vorschrift lautet:

Bei der Betragsbildung wird bei allen negativen Werten das Minuszeichen gestrichen und durch ein Pluszeichen ersetzt, die ursprünglich positiven Werte bleiben unverändert.

Gewissermaßen werden alle Vorzeichen „gleichgerichtet“. Die (Vollweg-) Gleichrichtung von Strömen oder Signalen in der Elektrotechnik ist damit auch das bekannteste Beispiel für die abstrakte Bezeichnung „Betragsbildung“.

An den Beispielen in Abb. 121 ist bereits im Zeitbereich erkennbar, welche Auswirkung die Betragsbildung im Frequenzbereich haben dürfte: Die Periodizität der Grundschwingung kann sich gegenüber der Periodizität des Eingangssignals *verdoppeln.*

Dies gilt für die ersten beiden Signale - Sinus und Dreieck - in Abb. 121. Als Folge der Betragsbildung halbiert sich die Periodendauer, d.h. die Grundfrequenz verdoppelt sich. Den ersten drei Signale - Sinus, Dreieck und Sägezahn - ist die symmetrische Lage zur Nullinie gemeinsam. Deshalb sollte man meinen, auch der Betrag des Sägezahns würde in seiner Grundfrequenz verdoppelt. Das ist jedoch nicht der Fall, aus ihm wird eine periodische Dreieckschwingung der gleichen Frequenz.

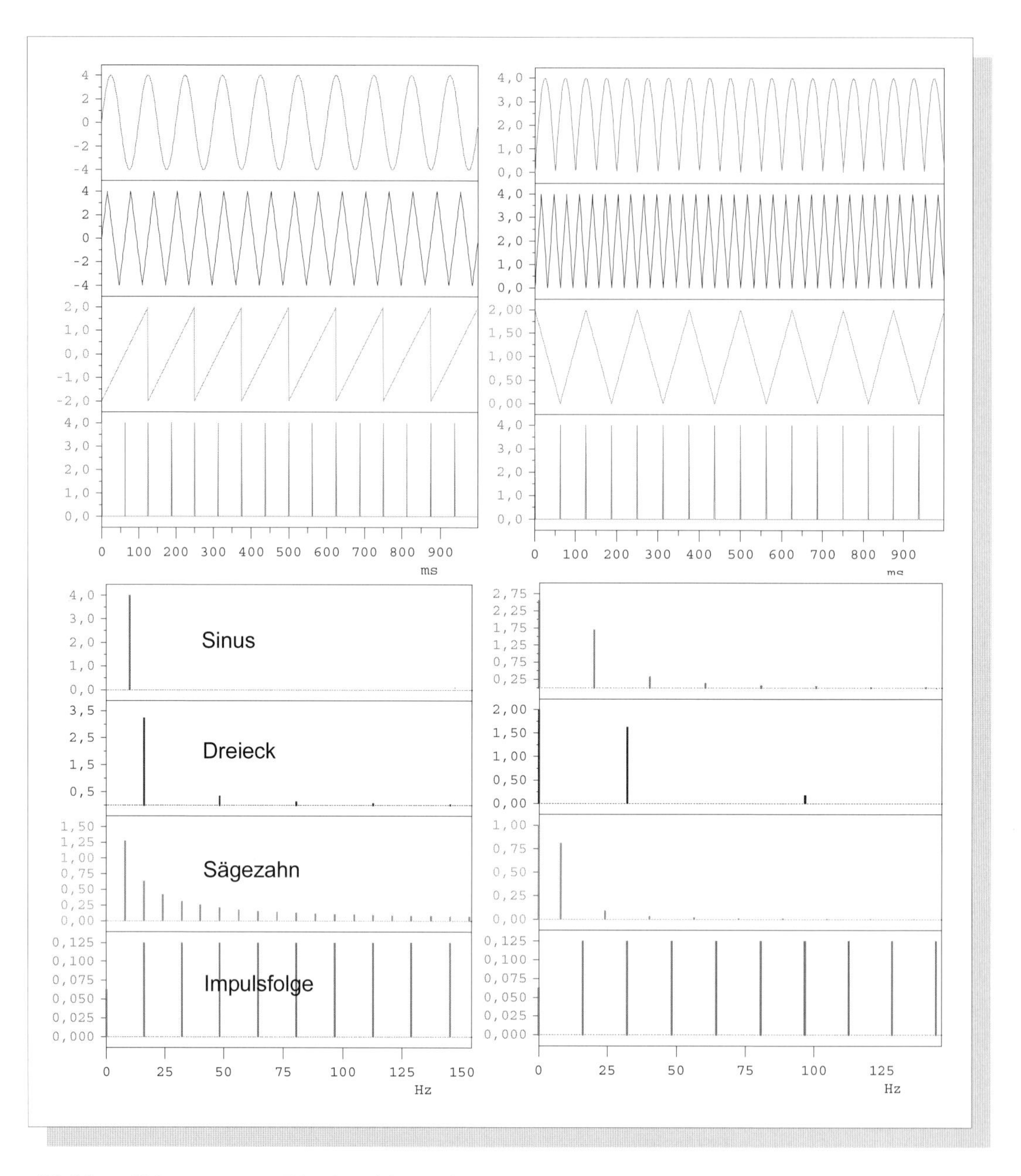

Abbildung 121 ***Die Auswirkung der Betragsbildung auf verschiedene Signale***

Links oben sehen Sie die Eingangssignale im Zeitbereich, darunter deren Frequenzspektren; rechts oben dann die „Betragssignale" im Zeitbereich, darunter deren Frequenzspektren.
Bei den beiden oberen Signalen - Sinus und Dreieck - scheint mit der Frequenzverdopplung schon ein allgemein gültiges Prinzip für die Betragsbildung entdeckt worden zu sein, leider gilt das nicht für den ebenfalls symmetrisch zur Nullinie liegende periodische Sägezahn, aus dem ein periodischer Dreieck der gleichen Grundfrequenz wird. Aber hier sind Frequenzen - die geradzahligen Vielfachen - verschwunden?!
Schließlich bleibt die δ-Impulsfolge unverändert, weil sie nur im positiven Bereich bzw. auf der Nullinie verläuft. Ein linearer Prozess?

Ist nun der Sägezahn nichtlinear verzerrt worden bzw. sind hier neue Frequenzen hinzugekommen? Gewissermaßen wohl ja, denn es fehlen ja nunmehr die geradzahligen Vielfachen der Grundfrequenz. Sie müssten also durch die neu hinzugekommenen

Frequenzen ausgelöscht worden sein. Diese hätten dann wiederum eine um π verschobenen Phasenlage gegenüber den bereits vorhandenen Frequenzen besitzen müssen. Oder handelt es sich hier doch um einen linearen Prozess?

Schließlich liegt die untere periodische δ-Impulsfolge ausschließlich bei Null bzw. im positiven Bereich. Die Betragsbildung führt hier also zu einem identischen Signal. Das entspräche einem linearen Prozess.

Dieser einfache Prozess „Betragsbildung“ führt uns also vor Augen, wie abhängig die Ergebnisse vom jeweiligen Eingangssignal sind.

Bestimmte signaltechnische Prozesse können offensichtlich in Abhängigkeit von der Signalform nichtlineares Verhalten, bei anderen Signalformen jedoch lineares Verhalten zeigen. Jeder (praktisch) lineare Verstärker zeigt z.B. nichtlineares Verhalten, falls er übersteuert wird.

Quantisierung

Abschließend soll mit der Quantisierung noch ein äußerst wichtiger nichtlinearer Prozess behandelt werden, der bei der Umwandlung analoger in digitale Signale zwangsläufig auftritt.

Ein analoges Signal ist *zeit- und wertkontinuierlich*, d.h. es besitzt einmal zu jedem Zeitpunkt einen bestimmten Wert, ferner durchläuft es zwischen zwei verschiedenen Momentanwerten alle (unendlich vielen) Zwischenwerte.

Ein digitales Signal dagegen ist *zeit- und wertdiskret*. Einmal wird vor der Quantisierung das Signal nur regelmäßig zu ganz bestimmten *diskreten* Zeitpunkten abgetastet. Danach wird dieser Messwert in eine (binäre) Zahl umgewandelt. Allerdings ist der Zahlenvorrat begrenzt und nicht unendlich groß. Ein dreistelliges Messgerät kann z.B. allenfalls 999 verschiedene Messwertbeträge anzeigen. Abb. 122 zeigt die Unterschiede zwischen den genannten Signalformen. Hierbei ist das analoge Signal zeit- und wert*kontinuierlich*, das abgetastete Signal zeitdiskret und wertkontinuierlich sowie schließlich das quantisierte Signal - die Differenz zwischen zwei benachbarten Werten ist hier 0,25 - zeit- und wert*diskret*. Rechts sehen Sie das quantisierte Signal als Zahlenkette.

Eine sehr wichtige, bei A/D-Wandlern meist eingesetzte Methode der Abtastung ist das *Sampling* (to sample: eine Probe nehmen). Hierbei wird der abgetastete Wert so lange beibehalten, bis die nächste Probe genommen wird . Der Sampling-Verlauf wird damit zunächst zu einer Treppenkurve mit verschieden hohen Stufen. Bei der nachfolgenden Quantisierung (Abb. 123) wird dann die Stufenhöhe vereinheitlicht. Jede Stufe entspricht einem zugelassenen diskreten Wert.

Zwischen dem ursprünglichen Signal und dem quantisierten Signal besteht demnach eine Differenz. Es liegt also letztlich eine Signalverfälschung vor. Diese Differenz ist in der Mitte exakt dargestellt. Wie das Spektrum der Differenz zeigt, handelt es sich um eine Art Rauschen. Man spricht hier vom *Quantisierungsrauschen.*

Um - z.B. in der HiFi-Technik - diese Differenz so klein zu machen, dass dieses Quantisierungsrauschen nicht mehr hörbar ist, muss die Treppenkurve so verkleinert werden, bis keine sichtbare und hörbare (!) Differenz zwischen beiden Signalen vorhanden ist.

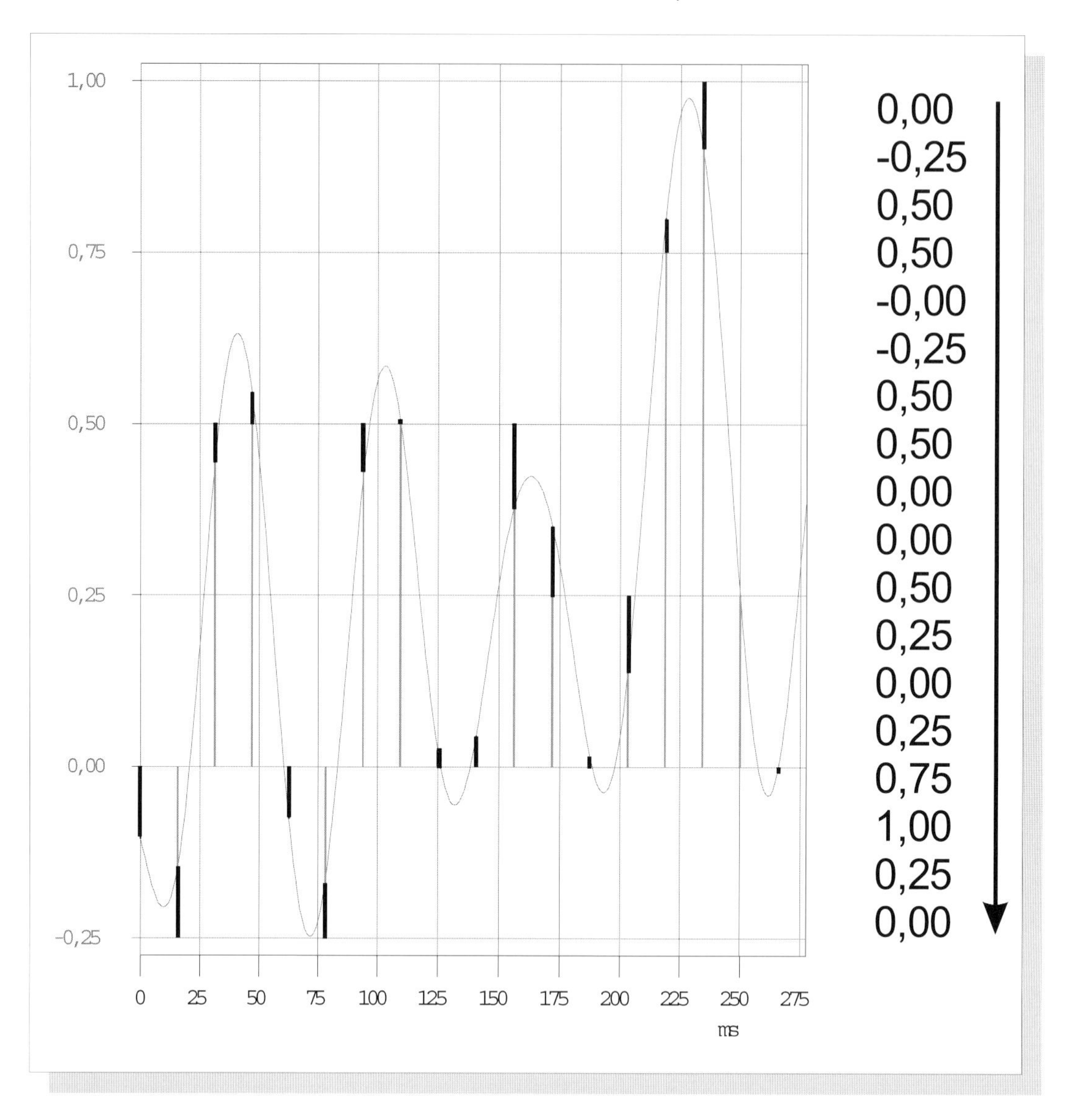

Abbildung 122 ***Veranschaulichung des Quantisierungsvorgangs***

Um die Verhältnisse präziser darzustellen, sind hier die drei Signale übereinander gezeichnet. Da ist zunächst der Ausschnitt aus dem zeit- und wertkontinuiertlichen Analogsignal. Ferner ist das abgetastete Signal erkennbar. Es ist ein zeitdiskretes, aber noch wertkontinuierliches Signal, welches von der Nullinie bis genau zum Analogsignal reicht. Hier handelt es sich also um exakte Proben des Analogsignals.
Durch die dicken Balken wird die Differenz zwischen dem Abtastsignal und quantisierten Signal dargestellt. Diese dicken Balken stellen also den Fehlerbereich dar, welches dem digitalen Signal innewohnt.
Die quantisierten Signalproben beginnen auf der Nullinie und enden auf den - hier durch die horizontale Schraffur dargestellten - zugelassenen Werten. Das quantisierte Signal ist rechts als Zahlenkette dargestellt.
Beide Darstellungen sind so grob quantisiert, dass sie technisch-akustisch nicht akzeptierbar wären.

In der HiFi-Technik werden mindestens 16 Bit A/D-Wandler verwendet. Sie erlauben $2^{16} = 65536$ verschiedene diskrete Zahlen innerhalb des Wertebereichs. Die Technik der A/D-Wandler wird in einem späteren Kapitel behandelt. Aufgrund der Eigenschaften unserer Ohren sinkt das Quantisierungsrauschen dann unter den wahrnehmbaren Pegel.

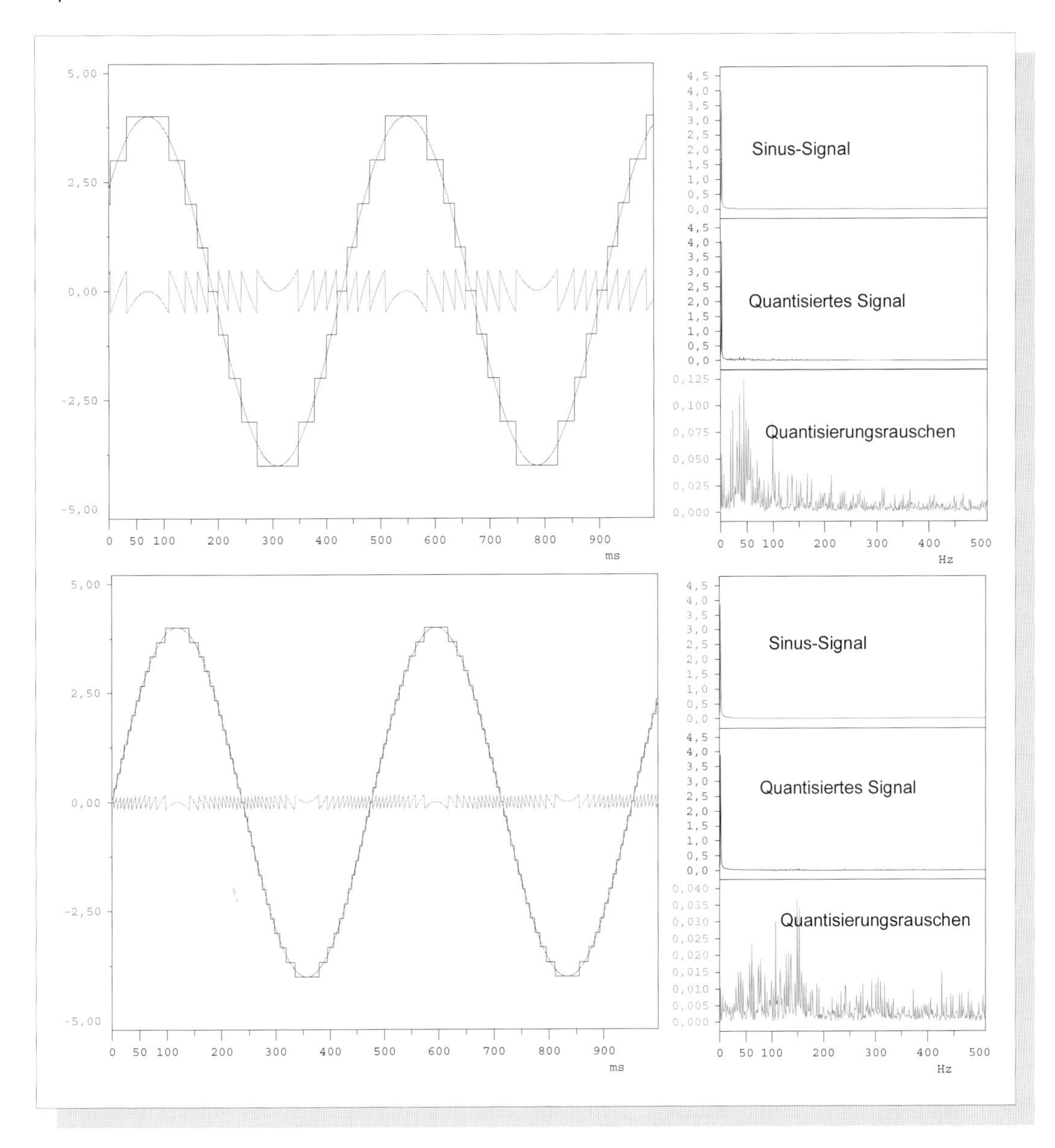

Abbildung 123 ***Quantisierung eines gesampelten Signals***

Im Zeitbereich sind jeweils drei Signalverläufe erkennbar: Das zeit- und wertkontinuierliche, sinusförmige Analogsignal, das zeit- und wertdiskrete quantisierte Sample-Signal (Treppenkurve) sowie das zeit- und wertkontinuierliche Differenzsignal jeweils in der Bildmitte.
Oben ist ein extrem ungenau quantisiertes Signal zu sehen. Versuchen Sie, die Anzahl der zugelassenen quantisierten Werte innerhalb des Messbereiches von –5V bis +5 V zu ermitteln. Rechts sind die Spektren der drei Signale aufgezeichnet. Der Spektrum des Sinus weist eine einzige Linie ganz links an der vertikalen Achse auf. Darunter ist das Spektrum des quantisierten Signals. Deutlich sind zusätzliche, unregelmäßige kleine Linien innerhalb des Frequenzbereichs zu erkennen. Das Differenzsignal verkörpert das Quantisierungsrauschen. Hier reichen die Amplituden oben bis 0,125 V.
Durch Erhöhung der Anzahl der möglichen Quantisierungsstufen (wie viele sind es hier?) erscheint die Treppenkurve des quantisierten Signals besser an das Analogsignal angenähert: die Differenzspannung fällt entsprechend kleiner aus. Das Quantisierungsrauschen liegt unterhalb 0,04V.
Beide Darstellungen sind so grob quantisiert, dass sie technisch-akustisch nicht akzeptabel wären.

Abtastung und Quantisierung *sind stets die beiden ersten Schritte bei der Umwandlung analoger Signale in digitale Signale. Beide Vorgänge sind grundsätzlich nichtlinear.*

Bei der ***Abtastung*** *entstehen durch Faltung periodische Spektren. Die Information ist in ihnen (theoretisch) unendlich oft enthalten, die Bandbreite des Abtastspektrums also unendlich groß.*

Folge der ***Quantisierung*** *ist ein Quantisierungsrauschen, welches in der HiFi-Technik unter den hörbaren Pegel gebracht werden muss. Dies geschieht durch eine entsprechende Erhöhung der Quantisierungsstufen.*

Ein digitalisiertes Signal unterscheidet sich also im Zeitbereich (und Frequenzbereich!) von dem ursprünglichen Analogsignal. Daraus ergibt sich die Forderung, diese Differenz so klein zu machen, dass sie nicht oder kaum wahrnehmbar ist.

Windowing

Längere, nichtperiodische Signale - z.B. Audio-Signale - müssen abschnittsweise verarbeitet werden, sobald der Frequenzbereich ins Spiel kommt. Wie bereits im Kapitel 3 (siehe Abb. 36 bis 39) und Kapitel 4 (siehe auch Abb. 45) ausführlich erläutert, wird das Quellensignal mit geeigneten „Zeitfenstern“ (“Windows“) multipliziert, die sich jedoch überlappen sollten, damit kein Informationsverlust gegenüber dem Quellensignal auftritt.

Abb. 36 zeigt die Folgen, falls hierbei mit einem Rechteckfenster „ausgeschnitten“ wird. Diese Ausschnitte enthalten Frequenzen, die im Quellensignal gar nicht enthalten waren. „Windowing“ stellt damit grundsätzlich einen nichtlinearen Prozess dar. Die sogenannten „Optimalfenster“ - wie z.B. das GAUSS-Fenster - versuchen stets, diese zusätzlichen Frequenzen zu minimieren. Aufgrund der nichtlinearen Funktionen dieser Fenster wird jedoch selbst das ursprüngliche Spektrum des Quellensignals verfälscht. Im Zeitbereich wird ja der mittlere Abschnitt des gefensterten Signals stärker gewichtet als die beiden Ränder, die ja sanft beginnen und enden.

Zwischenbilanz:

Bei der Umwandlung analoger Signale in digitale Signale wird stets abgetastet, quantisiert (und kodiert). All diese Prozesse sind nichtlinear und verfälschen deshalb das Quellensignal. Es gilt diese Fehler so zu minimieren, dass sie unterhalb der Wahrnehmung liegen.

Das digitalisierte Signal unterscheidet sich grundsätzlich vom analogen Quellensignal, vor allem im Frequenzbereich. Digitale Signale besitzen durch die Abtastung immer ein periodisches Spektrum

Aufgaben zu Kapitel 7

Aufgabe 1

Entwerfen Sie mit DASY*Lab* eine möglichst einfache Testschaltung, mit deren Hilfe Sie die Linearität oder Nichtlinearität eines Systems oder Prozesses nachweisen bzw. messen können.

Aufgabe 2

Was wären mögliche Konsequenzen eines nichtlinearen Verhaltens der Übertragungsmedien „freier Raum" und Leitung?

Aufgabe 3

Wird eine Rechteckimpulsfolge auf den Eingang einer langen Leitung gegeben, so erscheint am entfernten Ende der Leitung ein verzerrtes Signal (eine Art „zerflossener" Rechteck).

→ Welche Ursachen haben diese Verzerrungen?

→ Sind da nichtlineare Verzerrungen im Spiel oder handelt es sich um lineare Verzerrungen?

Hinweis: Eine Leitung können Sie mit DASY*Lab* durch eine Kette von einfachen Tiefpässen simulieren (siehe Abb. 90)

Aufgabe 4

Wie verändert sich die Summe zweier Sinusschwingungen gleicher Frequenz und Amplitude in Abhängigkeit von der gegenseitigen Phasenverschiebung? Entwerfen Sie einen kleinen Messplatz mit DASY*Lab*.

Aufgabe 5

Erklären Sie das Zustandekommen des Amplitudenspektrums zweier aufeinander folgender δ-Impulse in Abb. 100. Wie hängen die Nullstellen des Amplitudenspektrums vom zeitlichen Abstand beider δ-Impulse ab?

Aufgabe 6

Entwerfen Sie mit Hilfe von DASY*Lab* einen Spannungs-Frequenz-Wandler VCO laut Abb. 105, der bei einer Eingangsspannung von 27 mV ein sinusförmiges Ausgangssignal von von 270 Hz liefert. Die Kennlinie soll linear sein.

Sie benötigen hierfür eine spezielle Einstellung des Moduls „Generator" sowie eine Eingangsschaltung, die diesen Generator steuert.

Aufgabe 7

Welche Vorteile besitzt die Frequenzkodierung von Messwerten mittels VCO in der Telemetrie (Fernmessung)?

Aufgabe 8

Überprüfen Sie mit DASY*Lab* folgende These: Die Reihenfolge der linearen Prozesse in einem linearen System lässt sich vertauschen, ohne das System zu verändern!

Aufgabe 9

Erklären Sie anschaulich, warum ein Differenzierer Hochpassverhalten, ein Integrierer Tiefpassverhalten zeigt.

Aufgabe 10

Wie ließe sich das abgebildete System vereinfachen - z.B. durch Einsparen von Modulen -, ohne die Systemeigenschaften zu ändern. Überprüfen Sie mit DASY*Lab* die Richtigkeit Ihrer Lösung.

Hinweis: Die Filter müssen absolut identisch sein (Filtertyp, Grenzfrequenz, Ordnung)!

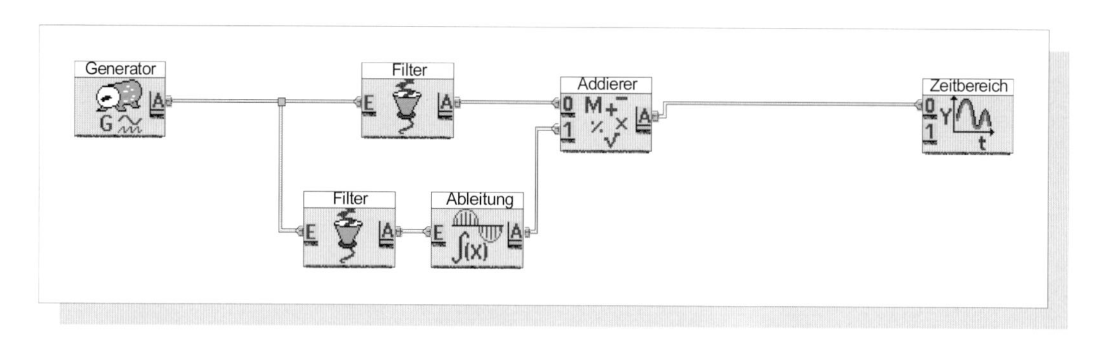

Aufgabe 11

Entwickeln Sie mit Hilfe des Moduls „Formelinterpreter“ einen Prozess, bei dem eine sinusförmige Eingangsspannung mit der Amplitude 1 V beliebiger Frequenz f stets eine sinusförmige Ausgangsspannung der vierfachen Frequenz 4*f liefert. Auch die Ausgangsspannung soll eine Amplitude von 1 V und keinen Offset besitzen.

Aufgabe 12

Welche Rolle spielen Abtastung und Quantisierung in der modernen Signalverarbeitung?

Aufgabe 13

Erklären Sie den Begriff der Faltung! Über welche Operation könnte eine Faltung im Zeitbereich hervorgerufen werden? Tipp: Symmetrieprinzip!

Aufgabe 14

Entwickeln Sie eine einfache Schaltung für reines Sampling (zeitdiskret und wertkontinuierlich!) mit Hilfe des Moduls „Haltefunktion“.

Aufgabe 15

Entwickeln Sie mit Hilfe des Moduls „Formelinterpreter“ eine Schaltung zur Quantisierung eines Eingangssignals nach Abb. 123. Die Quantisierung soll beliebig fein oder grob einstellbar sein.

Kapitel 8

Klassische Modulationsverfahren

Unter dem Begriff *Modulation* werden alle Verfahren zusammengefasst, die das Quellensignal für den Übertragungsweg aufbereiten.

Signale werden moduliert, um

→ Die physikalischen Eigenschaften des Mediums optimal auszunutzen (z.B. Wahl des Frequenzbereichs),

→ eine weitgehend störungsfreie Übertragung zu gewährleisten,

→ die Sicherheit der Übertragung zu optimieren bzw.

→ das Fernmeldegeheimnis zu wahren,

→ Übertragungskanäle mehrfach auszunutzen (Frequenz- und Zeitmultiplex) sowie

→ Signale von redundanter Information zu befreien.

Hinweis:
Neben dem Begriff der Modulation wird - gerade bei den modernen digitalen Übertragungsverfahren - häufig der Begriff der *Kodierung* verwendet. Genau lassen sich beide Begriffe wohl nicht trennen. Siehe hierzu Kapitel 11 - 13.
Unterschieden wird dann wiederum zwischen der *Quellenkodierung* und der *Kanalkodierung*, die aus informationstheoretischen Gründen stets getrennt ausgeführt werden sollten. Die Quellenkodierung dient der Informationsverdichtung oder Datenkompression, d.h. das Signal wird von unnützer Redundanz befreit. Die Aufgabe des Kanalkodierers ist es, trotz der auf dem Übertragungsweg auftretenden signalverfälschenden Störungen eine einigermaßen zuverlässige Signalübertragung sicherzustellen. Dies geschieht mit Hilfe von fehlererkennenden und fehlerkorrigierenden Kodierungsverfahren. Hierzu werden dem Signal Kontrollanteile hinzugefügt, wodurch die Kompression durch Quellenkodierung z.T. wieder gemindert wird.

Übertragungsmedien

Unterschieden wird zwischen der

→ „drahtlosen" Übertragung (z.B. Satellitenfunk) sowie der

→ „drahtgebundenen" Übertragung (z.B. über Doppeladern oder Koaxialkabel).

Als wichtiges Medium ist inzwischen der *Lichtwellenleiter LWL*, die Glasfaser, hinzugekommen.

Modulation mit sinusförmigem Träger

Die klassischen Modulationsverfahren der analogen Technik arbeiten mit der kontinuierlichen Änderung eines sinusförmigen Trägers. Noch heute sind diese Verfahren Standard bei der Rundfunk- und Fernsehtechnik. Die modernen digitalen Modulationsverfahren dringen z.Z. hier vor und werden die klassischen Modulationsverfahren in Zukunft immer weiter verdrängen.

Bei einem Sinus lassen sich genau drei Größen variieren: Amplitude, Frequenz und Phase. Demnach lässt sich einem sinusförmigen „Träger“ Information jeweils durch eine Amplituden-, Frequenz- oder Phasenänderung oder durch eine Kombination aus diesen aufprägen.

Hinweis:
Aus physikalischer Sicht - siehe Unschärfe-Prinzip - bedingt eine Amplituden-, Frequenz- oder Phasenänderung stets auch eine frequenzmäßige Unschärfe im Frequenzbereich; also auch das plötzliche Umschalten der Frequenz eines Sinus im Zeitbereich bedeutet in Wahrheit eine frequenzmäßige Unschärfe im Frequenzbereich, die sich in einem Frequenzband äußert.
Ein moduliertes Signal mit sinusförmigem Träger besitzt demnach allenfalls im Zeitbereich so etwas wie einen „momentanen Sinus“ bzw. eine „Momentanfrequenz“, im Spektrum werden wir stets ein Bündel von Frequenzen wahrnehmen. Dieses Frequenzbündel ist desto breiter, je kürzer diese „Momentanfrequenz“ im Zeitbereich existiert ($\Delta f = 1/\Delta t$).

Bei den klassischen Modulationsverfahren wird jeweils nur eine der drei Größen Amplitude, Frequenz oder Phase kontinuierlich „im Rhythmus“ des Quellensignals variiert.

Klassische Modulationsverfahren sind demnach die

Amplitudenmodulation	AM
Frequenzmodulation	FM
Phasenmodulation	PM

In der herkömmlichen Übertragungstechnik - z.B. Rundfunk- und Fernsehtechnik - werden hauptsächlich AM und FM eingesetzt.

AM, FM und PM werden verwendet, um das Quellensignal in den gewünschten Frequenzbereich zu verschieben bzw. umzusetzen.

Alle Modulationsverfahren stellen nichtlineare Prozesse dar, weil die modulierten Signale einen anderen Frequenzbereich einnehmen als das Quellensignal.

Modulation und Demodulation nach alter Sitte

Jedes modulierte Signal muss im Empfänger wieder *demoduliert*, d.h. möglichst genau in die ursprüngliche Form des Quellensignals gebracht werden.
Bei einem Rundfunksender wird im Sender das Signal einmal moduliert, d.h. es ist nur ein einziger Modulator erforderlich. Jedoch muss in jedem der vielen tausend Empfänger dieses Rundfunksenders ein Demodulator vorhanden sein. In den Anfängen der Rundfunktechnik kam deshalb nur ein Modulationsverfahren in Frage, welches im Empfänger einen extrem einfachen und billigen Demodulator benötigte.

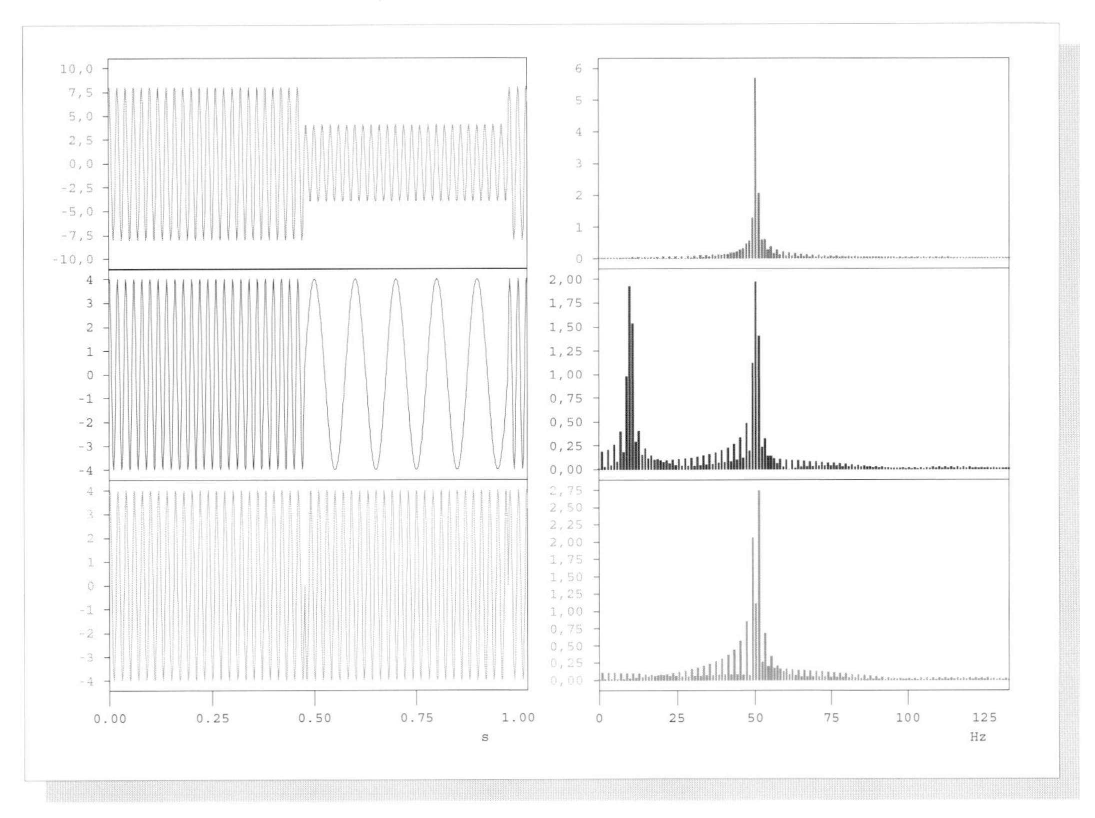

Abbildung 124 ***Gibt es eine "Momentanfrequenz"?***

In der oberen Reihe wird spontan die Amplitude, in der mittleren Reihe die Frequenz und in der unteren Reihe die Phase einer sinusförmigen Trägerschwingung geändert. Gerade bei Modulationsarten mit sinusförmigem Träger wird gerne im Zeitbereich der Begriff der „Momentanfrequenz" verwendet.
Die genaue Analyse im Frequenzbereich zeigt, dass es diese - aufgrund des Unschärfe-Prinzips - nicht geben kann. Jede Sinusschwingung dauert schließlich (theoretisch) unendlich lang! In der mittleren Reihe dürften sonst jeweils nur zwei Linien (bei 20 und 50 Hz) vorhanden sein. Wir sehen aber ein ganzes Frequenzbündel, sozusagen ein ganzes Frequenzband. Jede Veränderung einer Größe der Sinusschwingung führt - wie hier zu sehen ist - zu einer frequenzmäßigen Unschärfe. Dabei wurde in der unteren Reihe lediglich kurzfristig die Phase um π verschoben!

Amplitudenmodulation und –demodulation AM

Die Geschichte der frühen Rundfunktechnik ist gleichzeitig auch eine Geschichte der AM. Mit aus heutiger Sicht ungeeigneten Mitteln und mit großem schaltungstechnischen Aufwand wurde umständlich versucht, einfachste signaltechnische Prozesse - z.B. die Multiplikation zweier Signale - durchzuführen. Die Mängel resultierten aus den „miserablen" Eigenschaften analoger Bauelemente (siehe Kapitel 1,Seite 24). Hier werden diese Versuche und der Gang der Entwicklung nicht nachgezeichnet.

Wie aus Abb. 125 ersichtlich, liegt - aus der Sicht des Zeitbereichs - die Information des Quellensignals in der *Einhüllenden* des AM-Signals. Welcher signaltechnische Prozeß erzeugt nun das AM-Signal?

Wer sich aufmerksam noch einmal die Abb. 118 ansieht, findet die niederfrequente Sinusschwingung (links oben) in der Einhüllenden des multiplizierten Signals (links unten) wieder. Allerdings mit einem Unterschied: Diese Einhüllende wechselt ständig vom positiven in den negativen Bereich (und umgekehrt)! Die Multiplikation erscheint aber trotzdem als Kandidat für die Rolle der AM-Modulation. Es muss lediglich noch eine kleine Veränderung des Quellensignals vorgenommen werden.

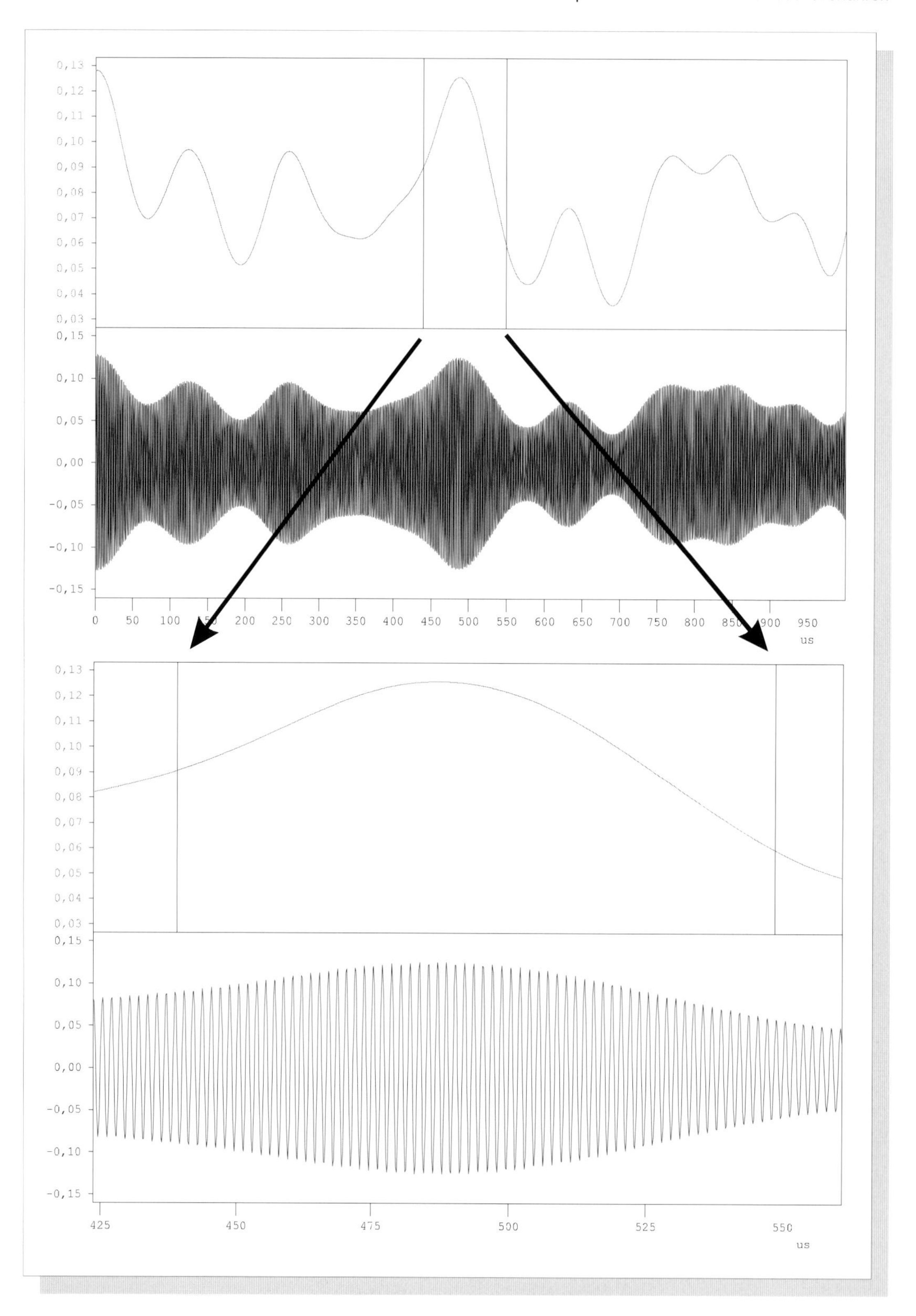

Abbildung 125 **Realistische Darstellung eines AM-Signals**

Nur mit sehr schnellen Speicheroszilloskopen ist es mögliches, ein reales AM-Signal qualitativ in ähnlicher Weise wie hier darzustellen. Hier wurde es mit DASY*Lab simuliert.*
Oben sehen Sie ein sprachähnliches NF-Signal - erzeugt durch gefiltertes Rauschen -, darunter das AM-Signal. In ihm ist das NF-Signal als „Hüllkurve" enthalten. Darunter ein kleiner Ausschnitt aus dem obigen Signal, in dem erst der sinusförmige Träger deutlich erkennbar wird. Siehe hierzu auch Abb. 126.

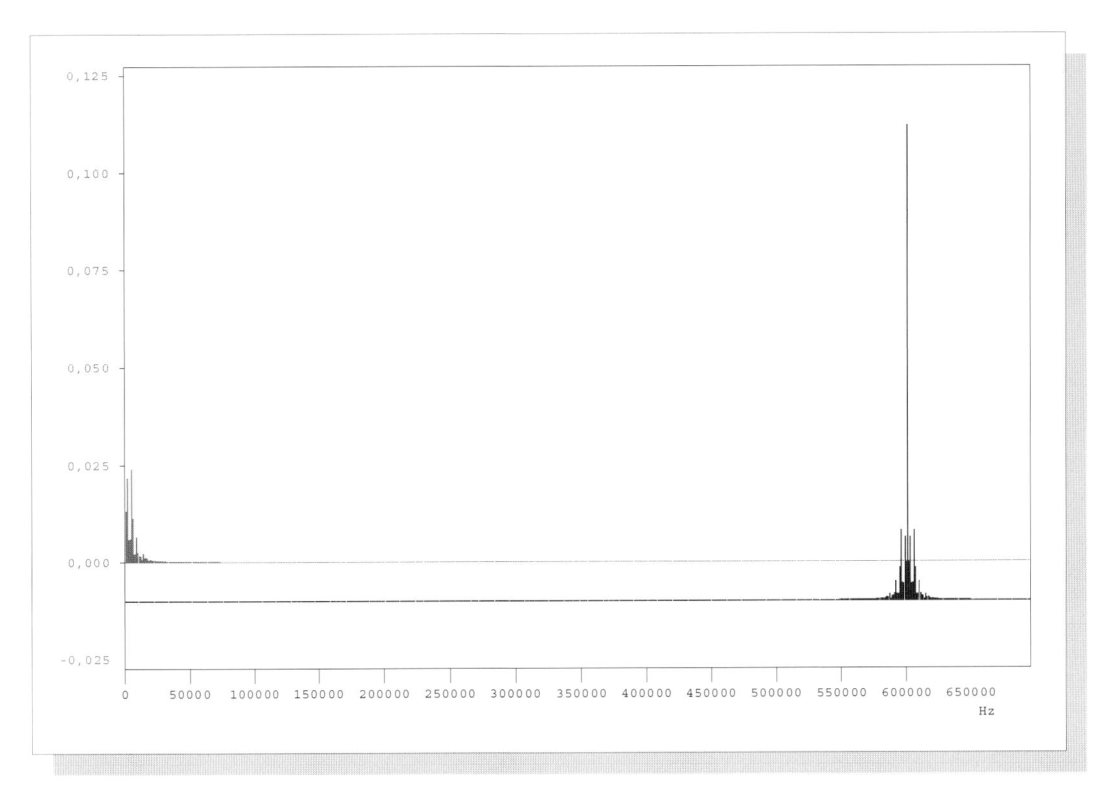

Abbildung 126 ***Frequenzbereich eines AM-Signals***

Auf der oberen horizontalen Linie sehen Sie links den Frequenzbereich des NF-Signals aus Abb. 124, auf der unteren Linie bei 600 kHz den des AM-Signals. Auffallend zunächst ist, dass das NF-Signal an der Trägerfrequenz doppelt erscheint, und zwar zusätzlich symmetrisch gespiegelt. Man sagt: Das NF-Spektrum wird an der Trägerfrequenz „gefaltet". Diese Faltung ist letztlich das Ergebnis jeder Multiplikation im Zeitbereich. Traditionell wird das rechte Seitenband „Regellage", das linke „Kehrlage" genannt. Aus unser Kenntnis des Symmetrieprinzips ist diese Bezeichnung irreführend, denn in Wahrheit ist ja bereits das NF-Signal symmetrisch zur Frequenz 0 Hz. Bestandteil des NF-Frequenzbereichs ist ja auch die spiegelbildliche Hälfte des negativen Frequenzbereichs. Siehe hierzu Abb. 67 und 68. Die Multiplikation eines Signals im Zeitbereich mit einem sinusförmigen Träger bzw. die AM ist also die einfachste Methode, den Frequenzbereich eines Signals an eine beliebige Stelle zu verschieben.

Diese zeigen die Abb. 126 und 127. Hier wird das Quellensignals jeweils mit einer (variablen) Gleichspannung - einem „Offset" - überlagert, bis das Quellensignal ganz im positiven Bereich verläuft. Wird dieses Signal nun mit einem sinusförmigen Träger multipliziert, so erhalten wir die Form eines AM-Signals nach Abb. 125. Die Einhüllende liegt dadurch ausschließlich im positiven Bereich bzw. invertiert im negativen Bereich vor.

Aus Abb. 127 ergibt sich eine Faustformel für den Offset. Die Gleichspannung U muss größer, mindestens aber gleich groß sein wie die Amplitude des niederfrequenten Sinus bzw. der (negative) Maximalwert des Quellensignals (siehe Abb. 127).

Wird das Quellensignal durch Addition einer Gleichspannung U vollständig in den positiven (oder negativen) Bereich verschoben, so stellt nach der Multiplikation mit dem sinusförmigen Träger die Einhüllende des AM-Signals das ursprüngliche Quellensignal dar. Dann ist der sogenannte *Modulationsgrad* kleiner als 1 bzw. kleiner als 100%.

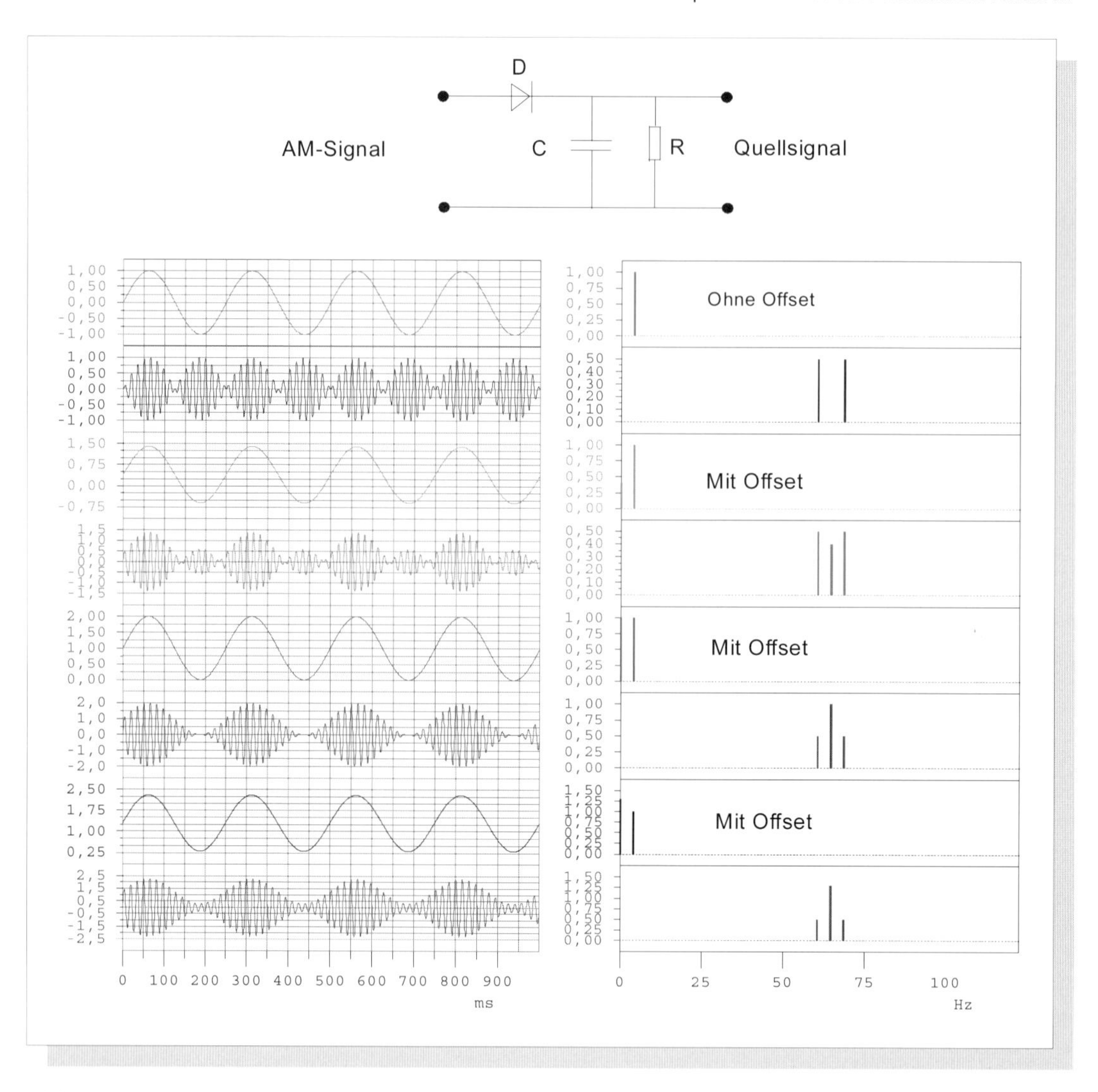

Abbildung 127 ***AM-Erzeugung: Multiplikation des Quellensignals mit einem sinusförmigen Träger***

Als einfachste Form des Quellensignals wird hier ein niederfrequenter Sinus gewählt. Dieser wird - von oben nach unten - mit einer immer größeren Gleichspannung ("Offset") überlagert, bis der Sinus ganz im positiven Bereich verläuft. Ist dies der Fall, so liegt das ursprüngliche Quellensignal nach der Multiplikation mit dem sinusförmigen Träger in der Einhüllenden des AM-Signals.
In dieser Form ist das AM-Signal mit der obigen Schaltung aus Diode D, Widerstand R und Kondensator das AM-Signal demodulierbar, d.h. mit dieser Schaltung lässt sich das ursprüngliche Quellensignal wieder zurückgewinnen. Diese Form der Amplitudenmodulation ist jedoch mit Nachteilen verbunden.

Hinweis:
Bei der analogen oder rechnerischen (digitalen) Multiplikation macht der oft erwähnte *Modulationsgrad m* wenig Sinn. In der Theorie wird das mathematische Modell eines AM-Signals üblicherweise durch die Formel

$$u_{AM}(t) = (1 + m \sin(\omega_{NF}t) * \hat{U}_{Träger} \sin(\omega_{Träger}t)$$

beschrieben. Die erste Klammer stellt dabei die mit einer Gleichspannung ("1") überlagerte sinusförmige Quellensignal-Spannung dar. Der letzte Term ("Ausdruck") beschreibt die sinusförmige Trägerspannung.

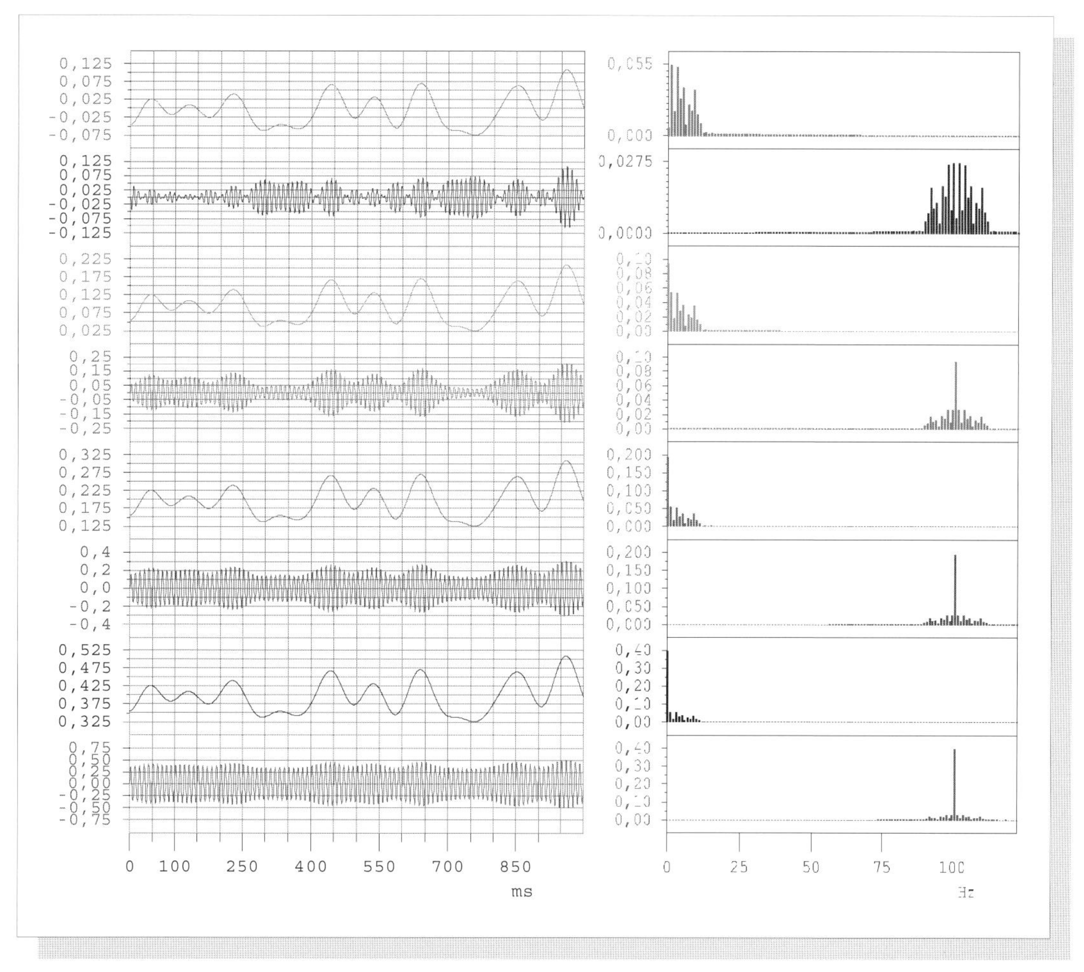

Abbildung 128 ***AM eines niederfrequenten Signalverlaufs***

Im Prinzip wird hier das gleiche dargestellt wie in Abb. 127, lediglich mit einem typischen niederfrequenten Signalabschnitt als Quellensignal. Auch hier wird das Quellensignal mit einer Gleichspannung überlagert, die von oben nach unten zunimmt.
Im Frequenzbereich entspricht dieser Offset dem sinusförmigen Träger, der - von oben nach unten - immer dominanter wird. Der Hauptteil der Energie des AM-Signals entfällt nämlich dadurch auf den Träger und nicht auf den informationstragenden Teil des AM-Signals.
Im Frequenzbereich sind deutlich die sogenannten Regel- und Kehrlage des ursprünglichen Quellensignals rechts und links vom Träger zu erkennen, d.h. die Information ist doppelt vorhanden. Deshalb spricht man bei dieser Art von AM von einer „Zweiseitenband-AM".

Werden nun zwei Spannungen miteinander multipliziert, so ergibt sich eigentlich die Einheit [V*V], also [V^2]. Dies ist physikalisch unkorrekt, denn am Ausgang eines Multiplizierers erscheint auch eine Spannung mit der Einheit [V].
Man greift deshalb zu einem kleinen Trick, indem der Ausdruck in der Klammer als reine Zahl ohne Einheit definiert wird. Dabei wird m als Modulationsgrad bezeichnet und definiert als $m = \hat{U}_{NF} / \hat{U}_{Träger}$. Jetzt kürzt sich sich [V] heraus und für $u_{AM}(t)$ ergibt sich insgesamt die Einheit [V].
Der Ausdruck $(1 + m \sin(\omega_{NF} t) * \hat{U}_{Träger}$ kann nun sinnvoll interpretiert werden als *„zeitabhängige Amplitude", die sich im Rhythmus des NF-Signals ändert.* Ist diese zeitabhängige Amplitude stets positiv - dann muss der Klammerausdruck größer als 0, also positiv sein - , so verläuft die zeitabhängige Amplitude (Einhüllende!) ausschließlich im positiven bzw. invertiert im negativen Bereich.

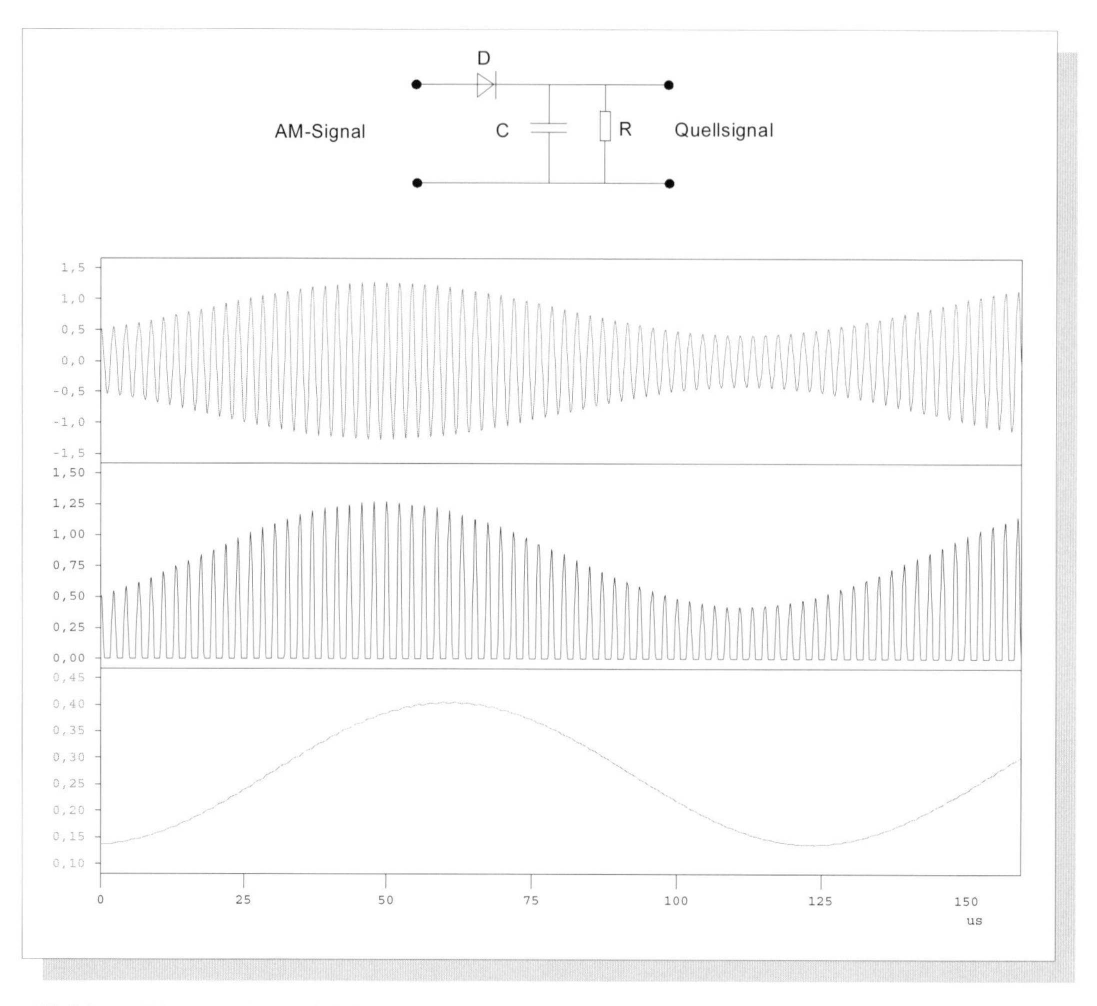

Abbildung 129 ***Demodulation eines AM-Signals nach altem Rezept***

Oben sehen Sie das AM-Signal, dessen Einhüllende das ursprüngliche Quellensignal darstellt. Dieses Signal wird durch die Diode gleichgerichtet, d.h. der negative Teil des AM-Signals wird abgeschnitten. Das R-C-Glied wirkt wie ein Tiefpass, d.h. er ist zeitlich so träge, dass er „kurzfristige" Veränderungen nicht wahrnimmt. Er wirkt wie ein „gleitender Mittelwertbildner".

Wenn Sie genau hinsehen, bemerken sie in dem zurückgewonnen Quellensignal unten noch eine leichte Stufung, die von dieser (unvollkommenen) gleitenden Mittelwertbildung herrührt.

Deshalb gilt auch für diese (althergebrachte) Form der AM die Forderung $m \leq 1$.

Ferner: Da ein reales Signal bestimmt nicht sinusförmig verläuft, kann der Modulationsgrad m gar nicht sinnvoll als das Verhältnis zweier Amplituden verschiedener sinusförmiger Spannungen beschrieben werden. Unsere obige Festlegung des Offsets ist da einfach sinnvoller.

Wenn in der Einhüllenden das ursprüngliche Quellensignal eindeutig erkennbar ist, kann es nicht so schwer sein, es durch *Demodulation* wiederzugewinnen.

Seit dem Beginn der Rundfunktechnik geschieht die Demodulation bei der AM durch eine extrem einfache Schaltung, bestehend aus einer Diode D, einem Widerstand R und einem Kondensator C wie in Abb. 127 bzw. 129 dargestellt. Das AM-Signal wird hierbei zunächst durch die Diode gleichgerichtet, d.h. der negative Bereich abgeschnitten.

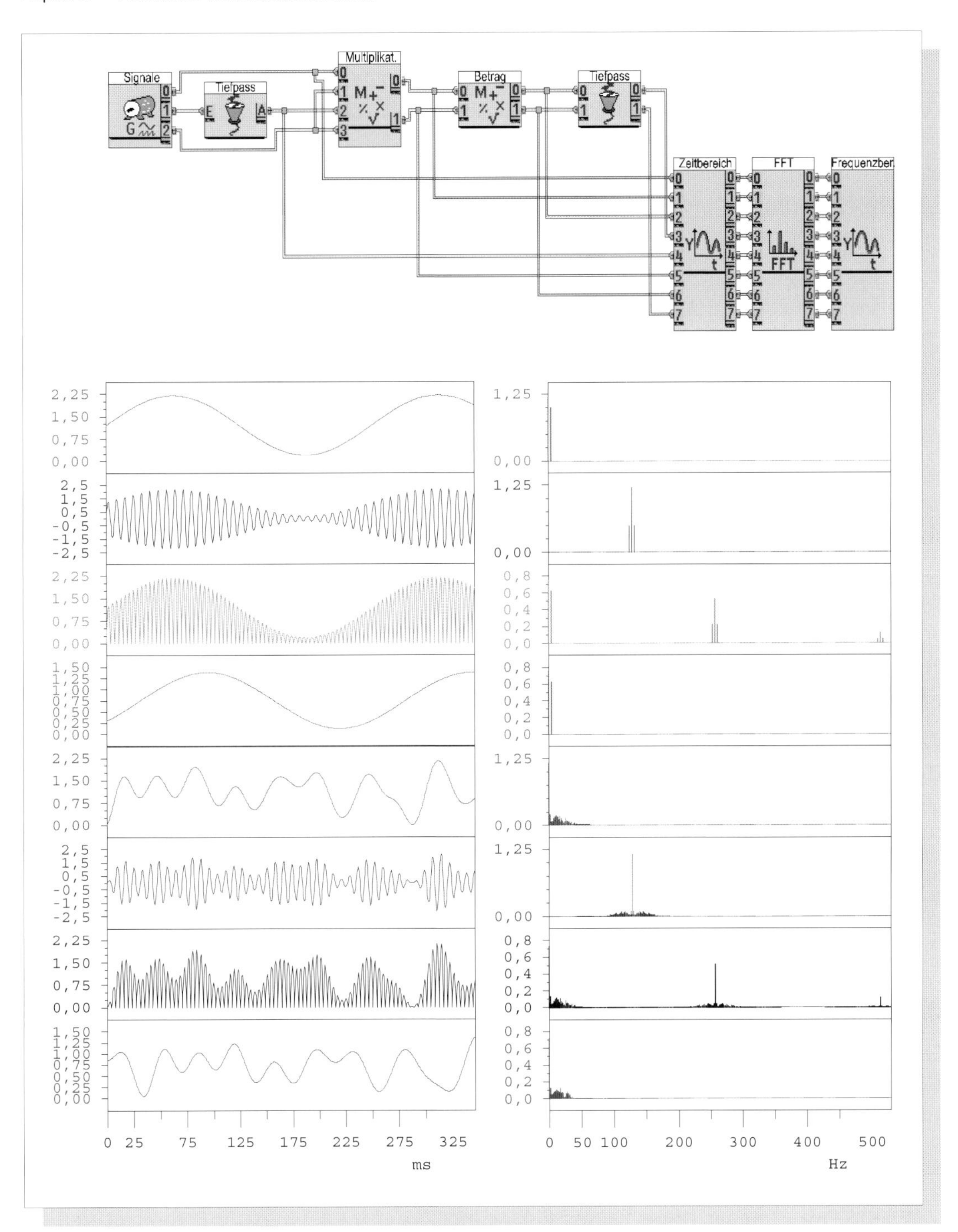

Abbildung 130 ***Demodulation zweier AM-Signale auf herkömmliche Art***

Als Beispiele für Quellensignale werden hier (oben) ein Sinus (4 Hz) und (unten) ein realistischer Signalverlauf mit einer oberen Grenzfrequenz von 32 Hz gewählt. Der Träger liegt bei 128 Hz. Damit auf diese herkömmliche Art demoduliert werden kann, müssen beide Quellensignale ganz im positiven Bereich liegen. Dadurch stellt die Einhüllende der AM-Signale jeweils das Quellensignal dar. Durch die Betragsbildung (Gleichrichtung!) und die nachfolgende Tiefpass-Filterung (R-C-Glied) werden die beiden Quellensignale zurückgewonnen. Diese sind gegenüber dem Original leicht zeitverschoben, weil halt jede Signalverarbeitung ihre Zeit braucht.

Wie im Text näher erläutert, entspricht die Betragsbildung einer schlechten Multiplikation des AM-Signals mit einem gleich großen Träger (hier 32 Hz). Weil es früher keine präzisen analogen Multiplizierer gab, mussten sich die erfindungsreichen Wissenschaftler so etwas einfallen lassen.

Die nachfolgende R-C-Schaltung ist so etwas wie ein Tiefpass. In der Sprache des Zeitbereiches ist die Schaltung zeitlich so träge ("lahm"), dass sie die schnellen Änderungen des gleichgerichteten Sinus nicht nachvollziehen kann. Am Ausgang erscheint bei richtiger zeitlicher Dimensionierung der R-C-Schaltung ($\tau = R*C$) so etwas wie ein *gleitender Mittelwert* des gleichgerichteten Signals. Dieser gleitende Mittelwert ist aber nichts anderes als das Quellensignal.

> Hinweis:
> Ein entsprechendes Beispiel liefert der Fernseher. Er liefert 50 Halbbilder bzw. 25 Vollbilder pro Sekunde. Aufgrund der zeitlichen *Trägheit* unseres Auges sowie der nachfolgenden Signalverarbeitung im Gehirn nehmen wir nicht 25 Einzelbilder pro Sekunde, sondern ein sich kontinuierlich änderndes Bild wahr. Sozusagen den *gleitenden Mittelwert* dieser Bilderfolge!

In Abb. 130 wurde nun statt einer Diode das Modul „Betrag" gewählt. Der Betrag entspricht hier einer sogenannten Doppelweg-Gleichrichtung - der negative Bereich des Sinus wird zusätzlich positiv dargestellt - und stellt ja einen *nichtlinearen* Prozess dar, den wir uns an dieser Stelle noch einmal näher anschauen sollten.

Nach Abb. 121 entsteht durch die Betragsbildung eines Sinus eine Art Frequenzverdopplung im Frequenzbereich, *genau wie bei Multiplikation eines Sinus mit sich selbst* in Abb. 117. Da es früher noch keine analogen Multiplizierer gab, wurde die Gleichrichtung als eine Art *Ersatz-Multiplikation des AM-Signals mit einer gleichfrequenten Trägerschwingung* verwendet!

Genau wie in Abb. 117 erhalten wir durch diese im Zeitbereich durchgeführte Betragsbildung ein AM-Signal mit der doppelten Trägerfrequenz und eines mit der „Trägerfrequenz" 0 Hz im Frequenzbereich, d.h. das ursprüngliche Quellensignal. Dies ist im Zeitbereich nicht erkennbar!

Nun muss nur noch das AM-Signal mit der doppelten Trägerfrequenz durch einen Tiefpass herausgefiltert werden und die Demodulation ist perfekt (siehe Abb. 130).

Energieverschwendung: Zweiseitenband-AM mit Träger

Das geschilderte klassische Verfahren besitzt gravierende Nachteile, die bei der Betrachtung des AM-Spektrums offenkundig werden. Aus den Abb. 127 und 128 ergibt sich bei näherer Betrachtung:

→ Der weitaus größte Anteil der Energie des AM-Signals entfällt auf den Träger, der ja eigentlich keinerlei Information enthält. Beachten Sie bitte, dass die elektrische Energie proportional dem Quadrat der Amplitude, also $\sim \hat{U}^2$ verläuft.

→ Die Information des Quellensignals scheint quasi doppelt vorhanden, einmal in der Regel-, einmal in der Kehrlage. Dadurch ist der Frequenzbereich unnötig groß.

Zunächst soll deshalb versucht werden, ein Zweiseitenband-AM-Signal ohne Träger zu erzeugen und zu demodulieren. Dies zeigt Abb. 131. Die Demodulation wird nun in Anlehnung an die vorstehenden Ausführungen über die Multiplikation mit einem sinusförmigen Träger der gleichen Frequenz durchgeführt. Wie in Abb. 118 erwarten wir zwei Bänder im Bereich der Summen- und und Differenzfrequenz, also bei der doppelten Trägerfrequenz und bei 0 Hz. Dieses Signal in der dritten Reihe ist quasi die Summe aus dem Quellensignal (links bei 0 Hz im Frequenzbereich zu erkennen) und

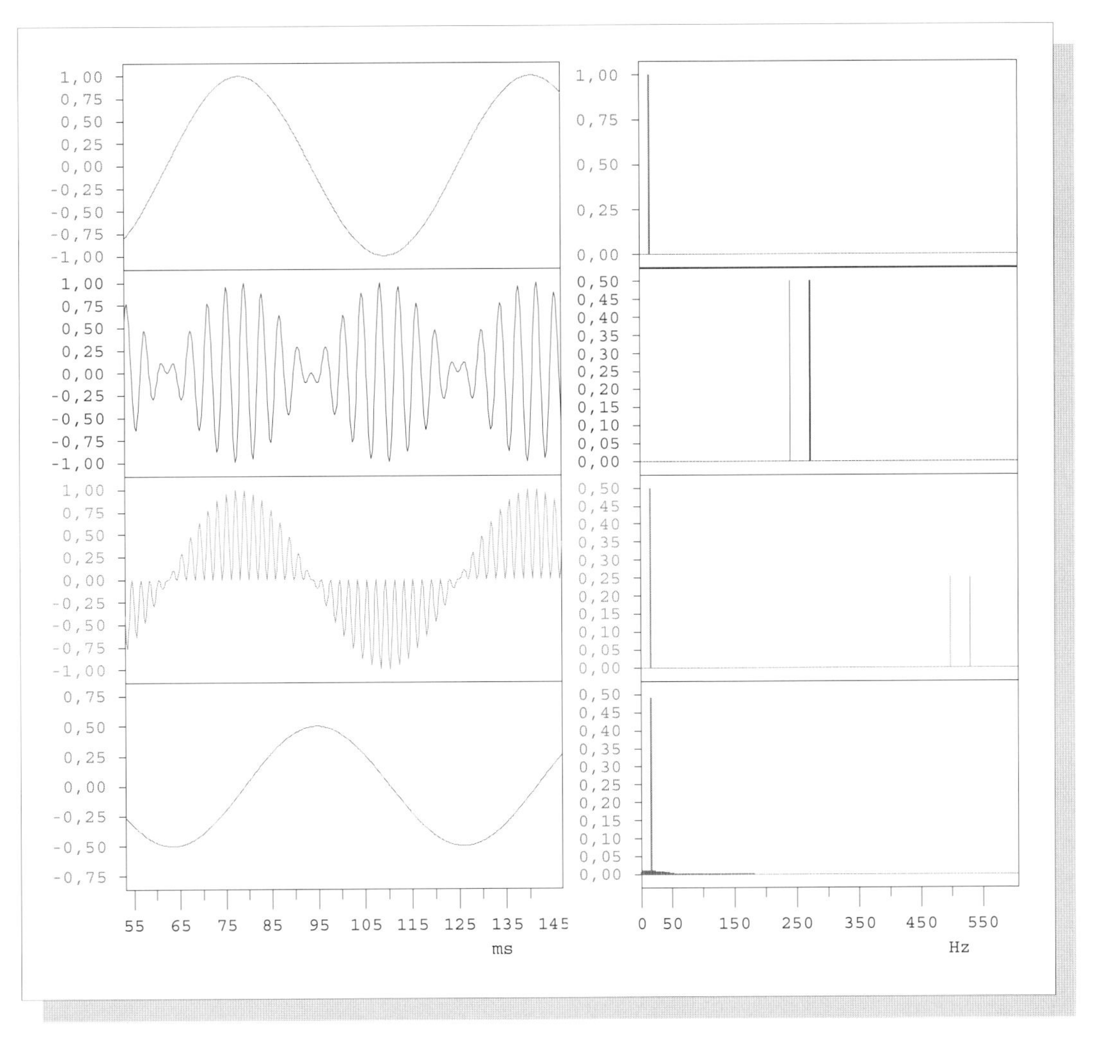

Abbildung 131 ***Einfaches Zweiseitenband-AM-Signal ohne Träger***

Als Quellensignal dient ein Sinus von 16 Hz (erste Reihe). Dieses Quellensignal besitzt hier keinen Offset und liegt symmetrisch zur Nullachse. Die Multiplikation dieses Sinus mit der Trägerfrequenz 256 Hz ergibt das Zweiseitenband-AM-Signal ohne Träger in der zweiten Reihe.
Die Demodulation geschieht hier (beim Empfänger) nun durch Multiplikation dieses trägerlosen AM-Signals mit einem Sinus von 256 Hz. Infolge der Multiplikation erhalten wird die Summenfrequenzen sowie die Differenzfrequenzen. Die Summenfrequenzen von 256 + 256 –16 Hz und 256 + 256 + 16 Hz (rechts) werden durch den Tiefpass herausgefiltert, die Differenzfrequenzen von 256 -(256+16) und 256 -(256-16) bilden das rückgewonnene Quellensignal.

dem AM-Signal, welches nun symmetrisch zur doppelten Trägerfrequenz von 512 Hz liegt. Wird dieses AM-Signal durch einen Tiefpass herausgefiltert, so erhalten wir in der unteren Reihe das rückgewonnene, zeitverschobene Quellensignal.

Einseitenbandmodulation EM ohne Träger

Das öffentliche Leitungsnetz der Telekom dürfte einen Wert von über 500 Milliarden DM haben. Leitungen zu verlegen ist fast unvorstellbar teuer, müssen hierzu doch Straßen aufgerissen, Kabelschächte usw. eingerichtet werden. Es würde bedeuten, Geld zum Fenster herauszuwerfen, würde nicht versucht, möglichst viel Information pro Zeiteinheit über diese Leitungen zu transportieren.

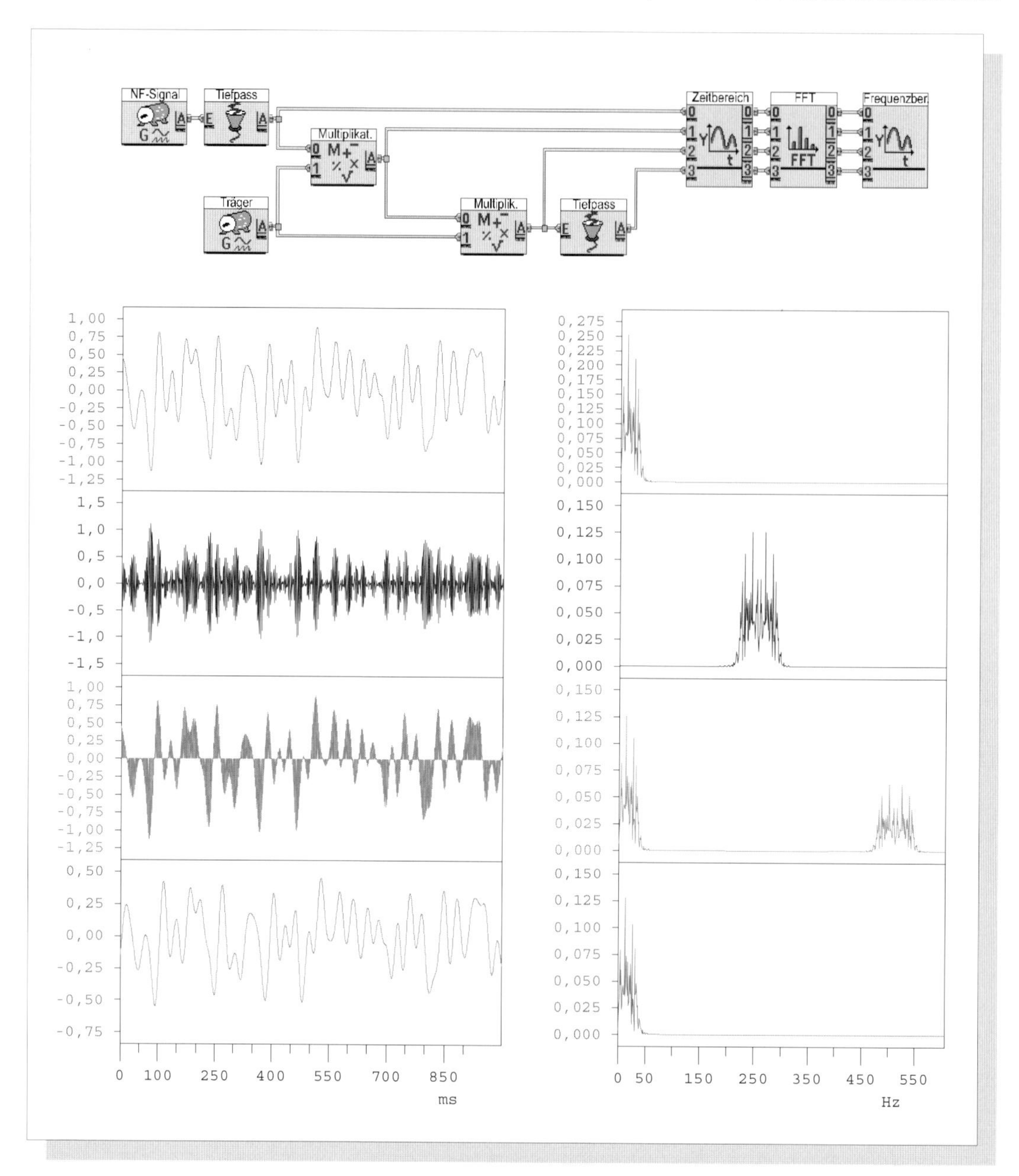

Abbildung 132 ***AM-Signal ohne Träger: Modulation und Demodulation mit DASYLab***

Ausgangspunkt ist hier ein Quellensignal, welches durch Tiefpass-gefiltertes Rauschen erzeugt wurde (es enthält alle Informationen über den Tiefpass!). In der zweiten Reihe sehen Sie das entsprechende Zweiseitenband-AM-Signal ohne Träger.

Der erste Schritt der Demodulation besteht in der Multiplikation des letzteren Signals mit der „Mittenfrequenz" bzw. dem Träger von 256 Hz. In der dritten Reihe ist im Frequenzbereich links das Quellensignal und rechts das AM-Signal mit doppelter Mitten-bzw. Trägerfrequenz zu sehen. Schließlich erhalten wir nach der Tiefpass-Filterung das ursprünglich Quellensignal zurück (untere Reihe).

Deshalb muss - wie auch im drahtlosen Bereich - größter Wert darauf gelegt werden, Frequenzbänder so effektiv wie möglich auszunutzen.

Zweiseitenband-AM-Modulation ist damit unwirtschaftlich, weil die vollständige Information in jedem der beiden Seitenbänder enthalten ist. Schon lange ist es technisch

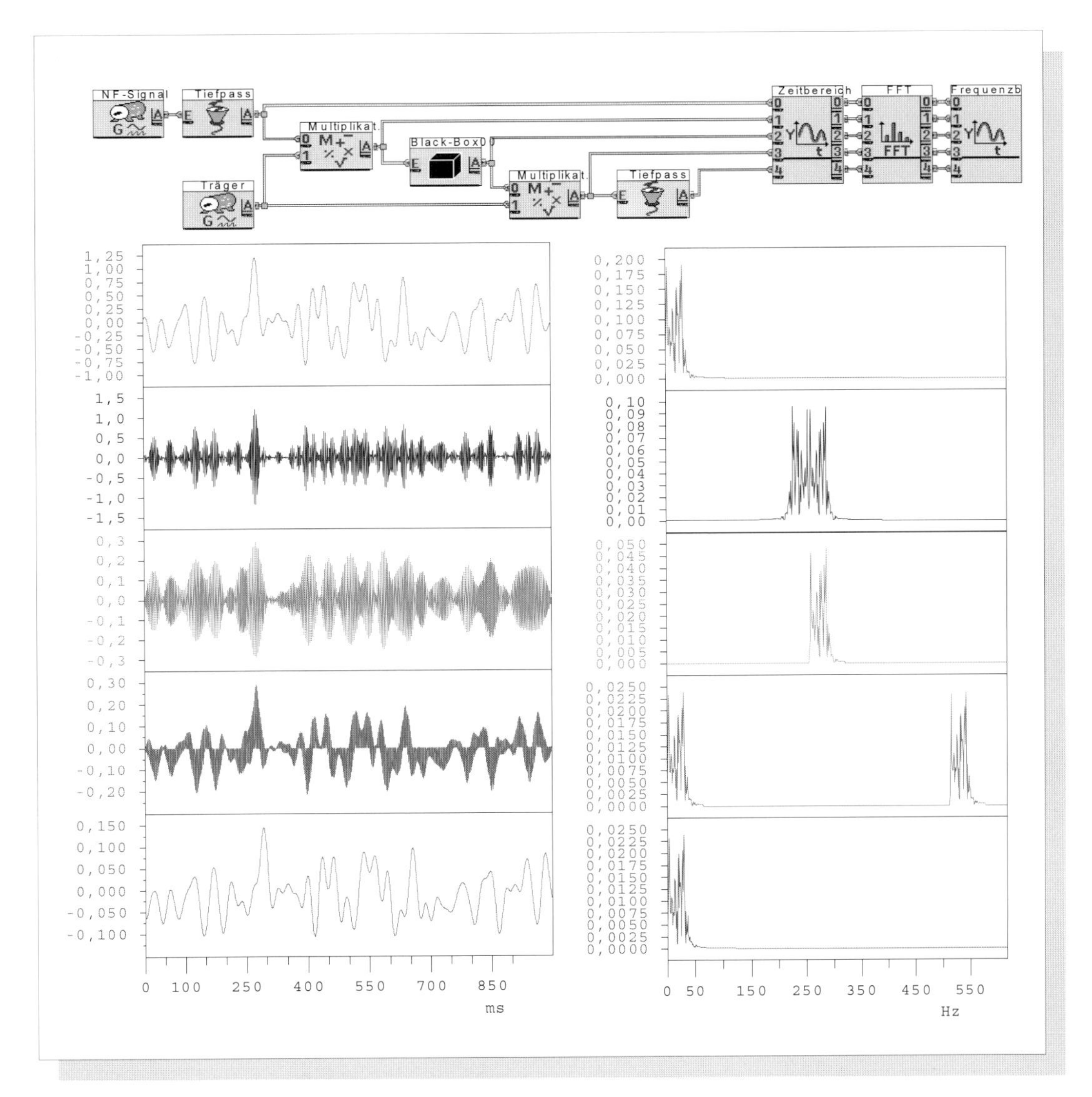

Abbildung 133 ***Modulation und Demodulation bei Einseitenband-AM (EM)***

Zunächst wird das Quellensignal (1. Reihe) durch einfache Multiplikation mit dem Träger amplitudenmoduliert. Weil das Quellensignal keinen Offset besitzt, ergibt sich ein Zweiseitenband-AM-Signal ohne Träger. Mittels eines höchst genauen Bandpasses in der „Blackbox" (Schaltung siehe Abb. 72) wird nun das obere Seitenband - die Regellage - herausgefiltert (3. Reihe). Damit erhalten wir ein EM-Signal.
Zur Demodulation wir dieses mit einem Träger von 256 Hz multipliziert. Wie gehabt erhalten wir eine Summe aus zwei Signalen (siehe Frequenzbereich 4. Reihe), dem Quellensignal sowie einem EM-Signal bei der doppelten Träger- bzw. Mittenfrequenz. Beachten Sie, dass beide Bänder die gleiche Amplitudenhöhe besitzen. Wird das obere Band mit einem tiefpassgefiltert, so erhalten wir in der unteren Reihe das rückgewonnene Quellensignal.

möglich, z.B. tausende von Telefon-Einseitenband-Sprachkanälen dicht bei dicht auf einem Koaxialleiter zu packen, um sie besser auszunutzen.

Dieses Verfahren werden wir jetzt mit DASY*Lab* überprüfen und genau analysieren. Nachdem nun in Abb. 133 ein Zweiseitenband-AM-Signal ohne Träger erstellt wurde, wird mit Hilfe eines höchst präzisen Bandpasses nur das obere Seitenband (Regellage) herausgefiltert. Damit erhalten wir in der dritten Reihe ein Einseitenband-Signal (EM).

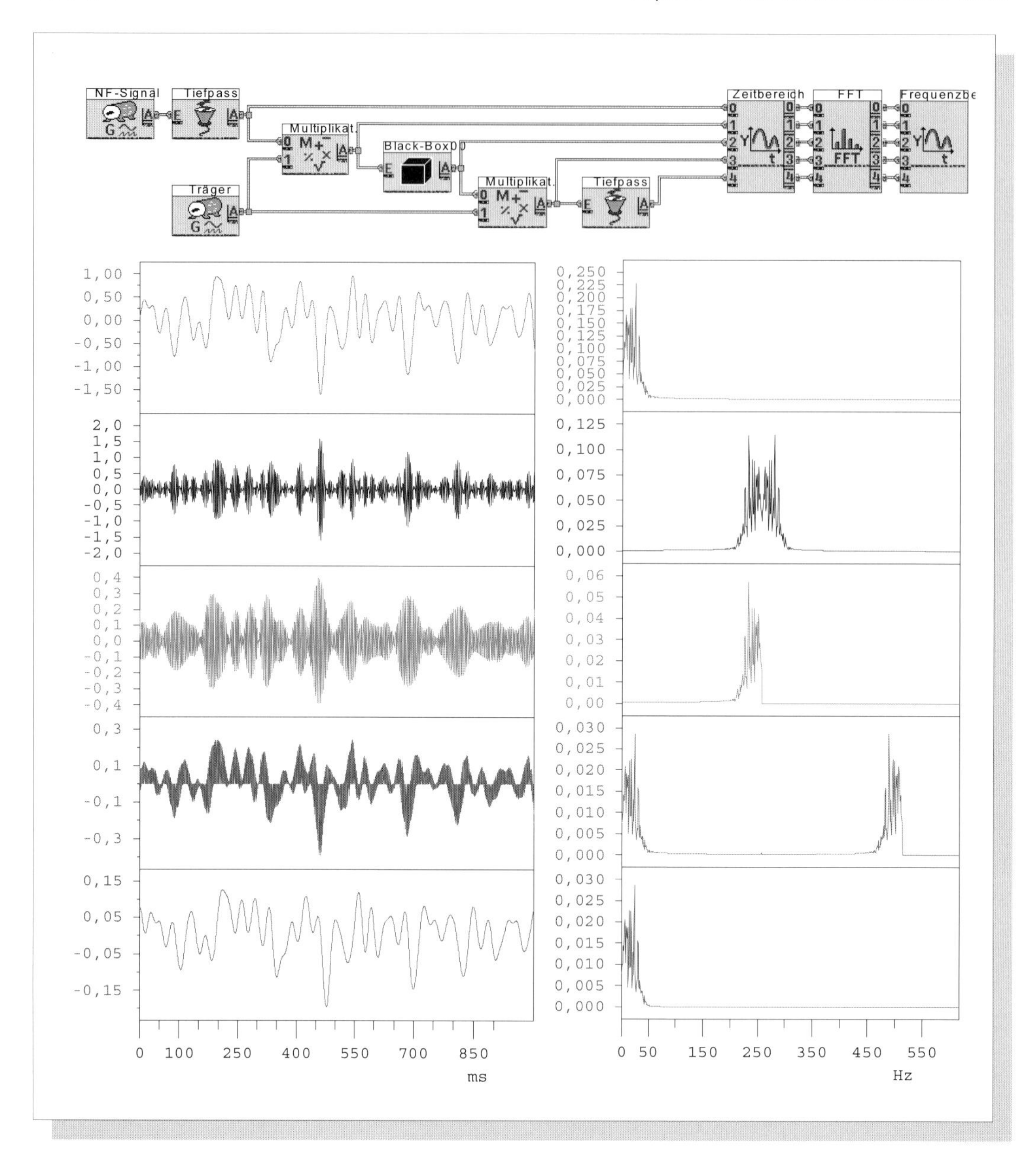

Abbildung 134 ***EM: Einseitenband in Kehrlage***

Im Gegensatz zur Abb. 132 wird hier aus dem Zweiseitenband-AM-Signal das untere Seitenband - die Kehrlage - ausgefiltert. Der nachfolgende Prozess ist vollkommen identisch und, obwohl wir ein ganz anderes Signal verarbeitet haben als in Abb. 132, erhalten wir auf diesem Wege wieder das Quellensignal.

Die Einseitenband-Modulation EM ist das einzige (analoge) Modulationsverfahren, bei dem die Bandbreite nicht größer ist als die des Quellensignals. Die EM ist also damit das wirtschaftlichste analoge Übertragungsverfahren, falls es gelingt, den Störpegel auf dem Übertragungsweg klein genug zu halten.

Die Demodulation beginnt mit der Multiplikation dieses EM-Signals mit einem sinusförmigen Träger (256 Hz), mit dem ursprünglich auch das AM-Signal erzeugt wurde.

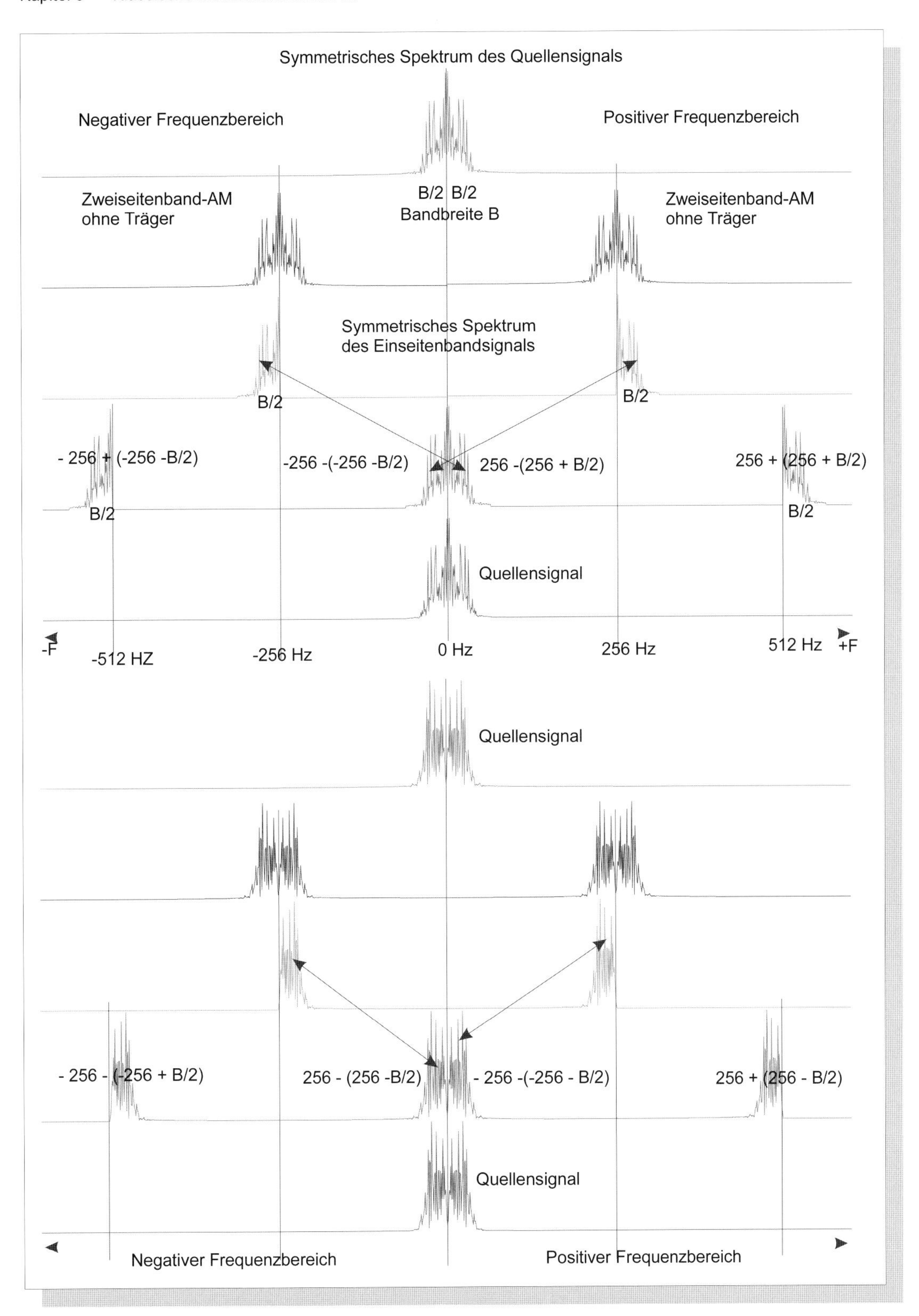

Abbildung 135 ***Einseitenband-Modulation EM: EM-Bildung und Demodulation***

Nur über die Kenntnis des Symmetrie-Prinzips lässt sich das gleiche Ergebnis - Rückgewinnung des gleichen Quellensignals - bei der Verwendung von Regel- und Kehrlage bei sonst gleichen Bedingungen verstehen. Bei der Demodulation bzw. Rückumsetzung des unteren Seitenbandes (untere Bildhälfte) wird in Wahrheit ein Seitenband des negativen Frequenzbereichs in den positiven Frequenzbereich verschoben und umgekehrt.

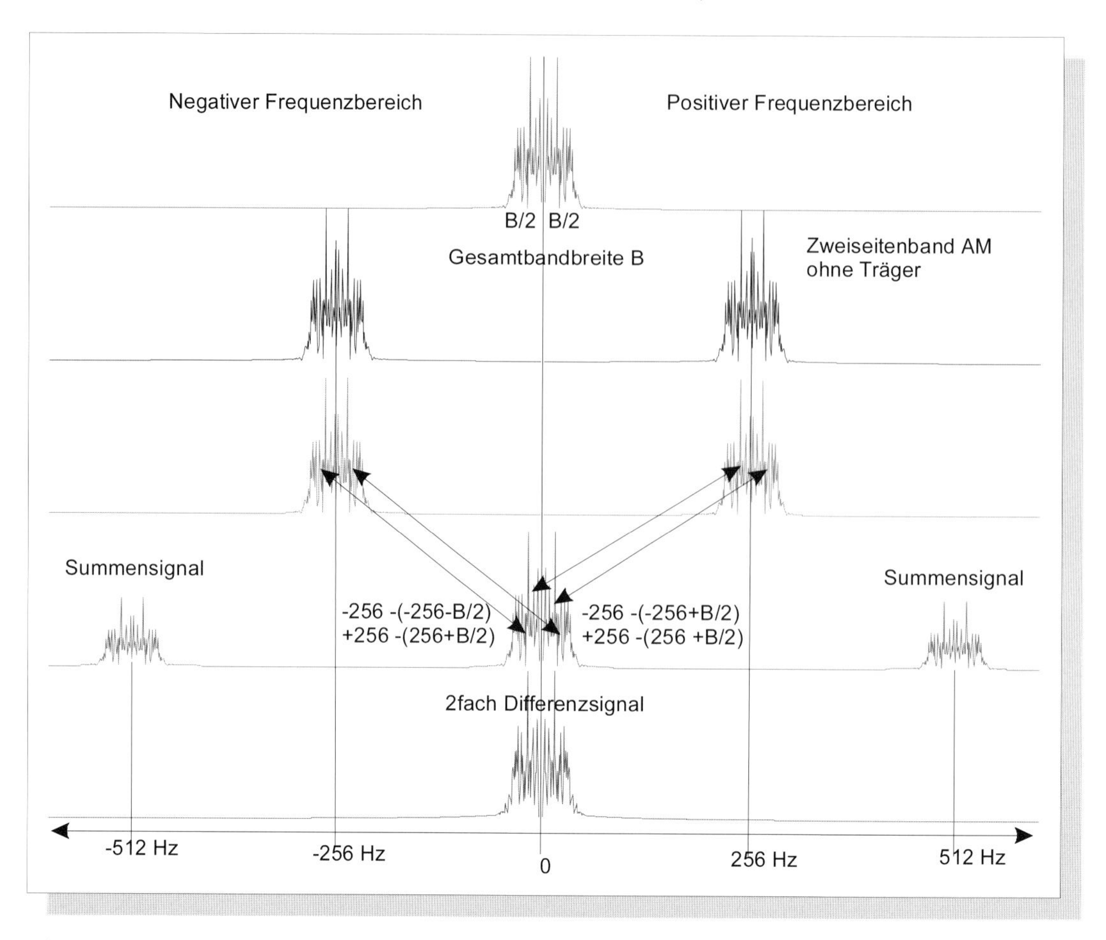

Abbildung 136 ***Zweiseitenband–AM: Modulation und Rückgewinnung des Quellensignals***

In Abb. 134 besaß das Quellensignal-Spektrum jeweils die gleiche Höhe wie jedes Summensignal. Hier dagegen besitzt das rückgewonnene Quellensignal doppelte Höhe. Das jedoch ist gar nicht verwunderlich, weil ja beide EM-Varianten aus Abb. 134 sich hier eigentlich lediglich überlagern (addieren). Jeweils liefern der positive und negative Frequenzbereich einen Beitrag zu jedem Seitenband des rückgewonnenen Quellensignals (unten).

Das Spektrum in der vierten Reihe ergibt sich aus der Summen- *und* Differenzbildung dieser Trägerfrequenz und dem EM-Frequenzband. Das EM-Summenband liegt doppelt so hoch wie ursprünglich, das Differenzband ist das Frequenzband des Quellensignals!

Diese Prozedur wird in Abb. 134 noch einmal durchgeführt, allerdings wird hierbei das untere Seitenband, die Kehrlage herausgefiltert. Seltsamer Weise erhalten wir im Endergebnis bei gleicher Vorgehensweise - Multiplikation mit einem Träger von 256 Hz - als Differenzsignal auch wieder das Quellensignal, obwohl die Differenz eigentlich im *negativen* Frequenzbereich liegen sollte.

Um ein weiteren Hinweis zu erhalten, betrachten wir noch einmal die Abb. 132, in der ein Zweiseitenband-AM-Signal (ohne Träger) demoduliert wurde. Hier erhalten wir im Gegensatz zu den beiden letzten Fällen das Spektrum des Quellensignal in *doppelter* Stärke bzw. auch doppelt so hoch wie das Spektrum des Summensignals. Wie kommt dies zustande?

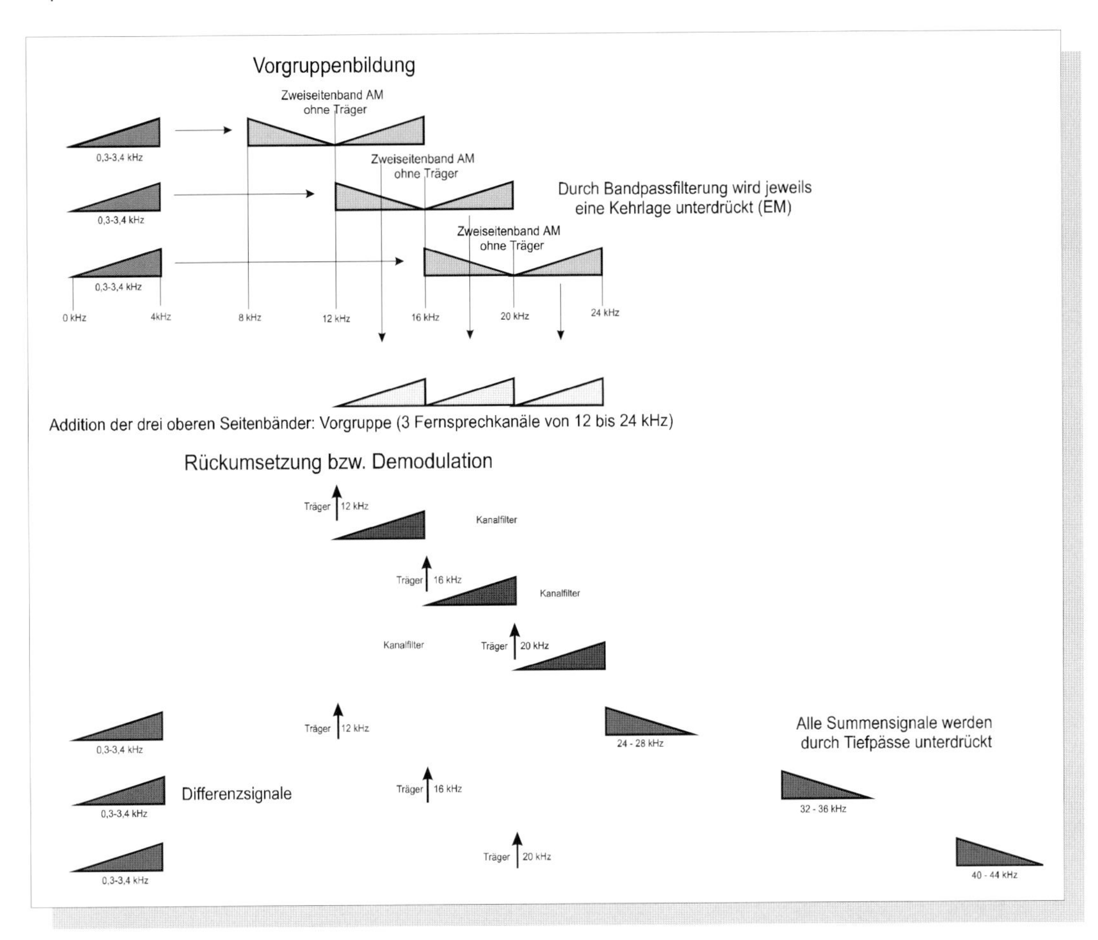

Abbildung 137 ***Frequenzmultiplex am Beispiel der Vorgruppenbildung bei Fernsprechkanälen***

Bis über 10.000 Fernsprechkanäle lassen sich mittels EM über einen Koaxialleiter gleichzeitig übertragen. Dazu werden durch frequenzmäßige Staffelung erst kleine Gruppen, aus mehreren kleinen Gruppen größere usw. gebildet.

Die kleinste Gruppe war die sogenannte Vorgruppe. Drei Fernsprechkanäle werden zu einer Vorgruppe zusammengestellt, die immer den Bereich 12 bis 24 kHz einnimmt. An diesem Beispiel wird hier die frequenzmäßige Umsetzung, Verarbeitung und Staffelung der Kanäle verdeutlicht.

Der spiegelbildliche negative Frequenzbereich, der zusammen mit dem positiven Frequenzbereich ein symmetrisches Spektrum bildet, ist hier nicht dargestellt.

Aufklärung erhalten wir durch das *Symmetrie-Prinzip*. In Wahrheit besitzen ja Frequenzspektren generell einen positiven und einen negativen Bereich, die vollkommen spiegelsymmetrisch sind. Nur wenn dieser Sachverhalt berücksichtigt wird, lässt sich genau feststellen, wie die Summen- und Differenzbildung im Frequenzbereich als Folge einer Multiplikation im Zeitbereich funktioniert. Dies ist in Abb. 135 nun genau dargestellt. Während sich in Abb. 133 die Entstehung des Quellensignal-Frequenzbandes noch einfach berechnen lässt, ergibt sich für die Abb. 134 , dass das *Spektrum des Quellensignals aus dem negativen Frequenzbereich hervorgegangen* ist!

In Abb. 135 sind die Verhältnisse zahlenmäßig aufgeführt. Als Bandbreite B des Quellensignals wird hier die Breite des *symmetrischen* Spektrums des Quellensignals verwendet. Die Pfeile kennzeichnen, wie die Summen- und Differenzfrequenzen zustande kommen.

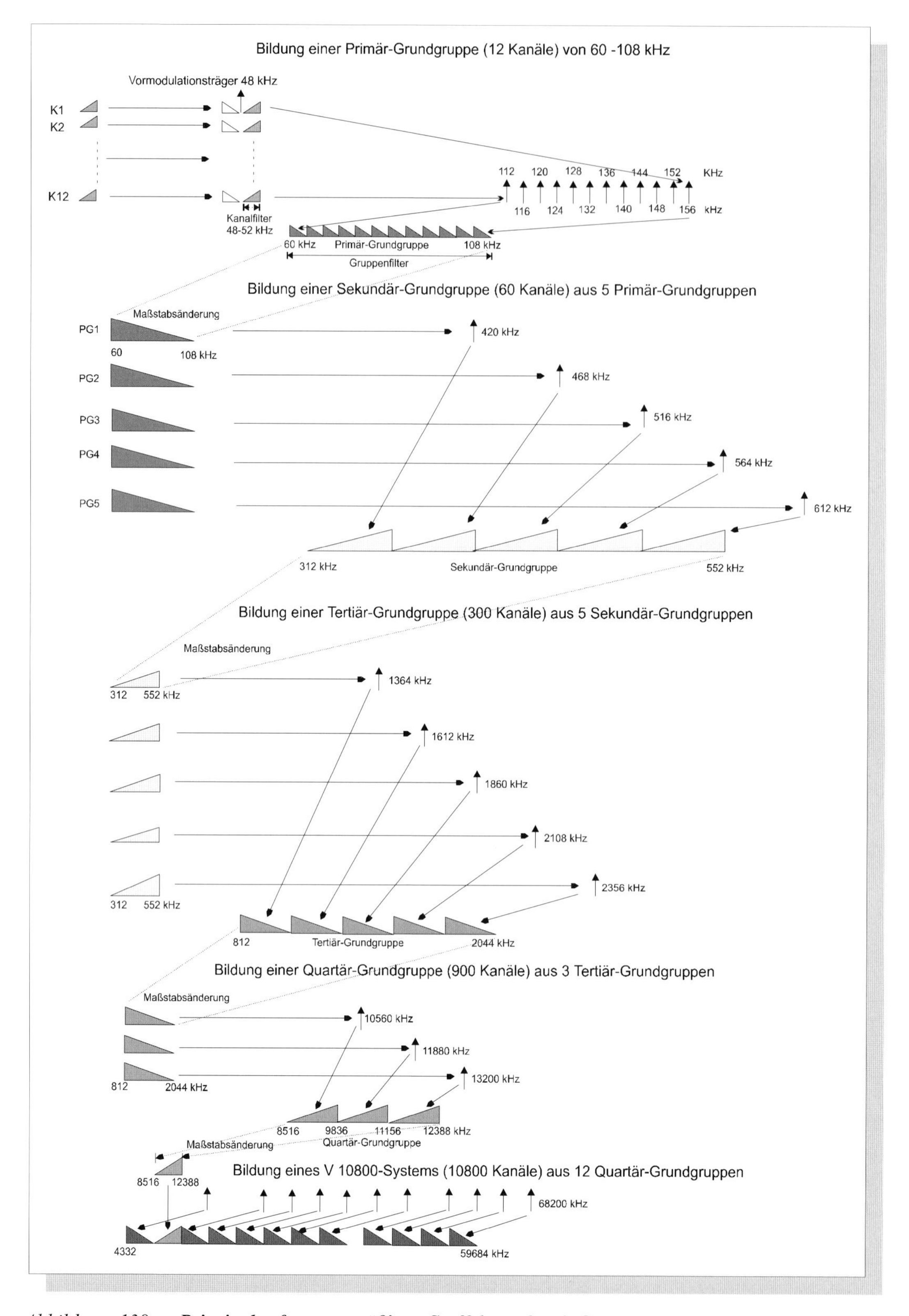

Abbildung 138 ***Prinzip der frequenzmäßigen Staffelung durch Gruppenbildung bei TF-Systemen***

Diese Darstellung zeigt den Aufbau eines V 10800 Systems. Es ermöglicht 10800 Fernsprechkanäle gleichzeitig über einen Koaxialleiter zu übertragen und stellt gleichzeitig den Höhepunkt und Abschluss der analogen Übertragungstechnik dar. Künftige Übertragungssysteme werden ausschließlich in Digitaltechnik aufgebaut werden. Sie werden die phantastischen Möglichkeiten der Digitalen Signalverarbeitung DSP nutzen, auf die noch in den nächsten Kapiteln eingegangen werden wird.

Sowohl bei der AM als auch bei der EM ist die *Multiplikation* der zentrale signaltechnische Prozess. Durch sie lassen sich Frequenzbänder beliebig im Spektrum hin- und herschieben.

Dabei ist zu beachten, dass bei der Multiplikation stets eine Summen- und Differenzbildung stattfindet, also generell (mindestens) zwei Frequenzbänder entstehen, die mit einer „Informationsverdoppelung" einher gehen.

Die Interpretation der entstehenden Frequenzbänder ist nur dann korrekt, falls grundsätzlich von einem *symmetrischen Spektrum mit positiven und negativen Frequenzbereich* ausgegangen wird und deshalb bei der Differenzbildung Frequenzbänder auch den Bereich wechseln können!

Das eigentlich Problem bei der Einseitenband-Modulation EM sind die hochpräzisen Filter (Bandpässe), die benötigt werden, um eines der unmittelbar aneinander angrenzenden Seitenbänder herausfiltern zu können. In der Analogtechnik war und ist dies mit normalen Filtertechniken (R-L-C-Filter) kaum möglich. Hier wurden und werden u.a. Filter mit mechanischen Resonanzkreisen oder Quarzfilter eingesetzt. Im Hochfrequenzbereich bieten *Oberflächenwellen-Filter* hervorragende Lösungen. Alle diese Filtertypen nutzen die akustisch-mechanische physikalische Effekte aus sowie die Tatsache, dass mechanische Schwingungen über den piezoelektrischen Effekt leicht in elektrische Schwingungen umgesetzt werden können und umgekehrt.

Frequenzmultiplex

Über eine Antenne oder ein Kabel gelangen gleichzeitig viele Rundfunk- und Fernsehsender in unser Empfangsgerät. Rundfunk und Fernsehen arbeiten bislang im Frequenzmultiplex, d.h. alle Sender sind frequenzmäßig gestaffelt bzw. liegen dicht bei dicht im Frequenzband. Beispielsweise sind im Mittelwellen-Bereich des Rundfunks alle Sender Zweiseitenband-moduliert (AM mit Träger), im UKW-Bereich frequenzmoduliert (FM).

Bei Frequenzmultiplex-Systemen werden alle Kanäle *frequenzmäßig gestaffelt* und *gleichzeitig* übertragen.

Die Aufgabe des Empfangsgerätes (*Tuner*) ist es nun, aus dem Frequenzband jeweils genau den gewünschten Sender herauszufiltern und anschließend das gefilterte Signal zu demodulieren. Da das Antennensignal sehr schwach ist, muss es natürlich zusätzlich durch Verstärkung „hochgepäppelt" werden.

Im Fernsprechverkehr der Telekom werden die Fernsprechkanäle durch das Frequenzmultiplex-Verfahren besonders rationell frequenzmäßig gestaffelt. Hierbei wird die EM eingesetzt, deren Bandbreite ja genauso groß ist wie die Bandbreite des Quellensignals. Über einen einzigen Koaxialleiter - wie er auch als Verbindung zwischen Antenne und Tuner verwendet wird - lassen sich ohne Probleme 10.800 (Fern-) Gespräche gleichzeitig übertragen (V-10800 –System)!

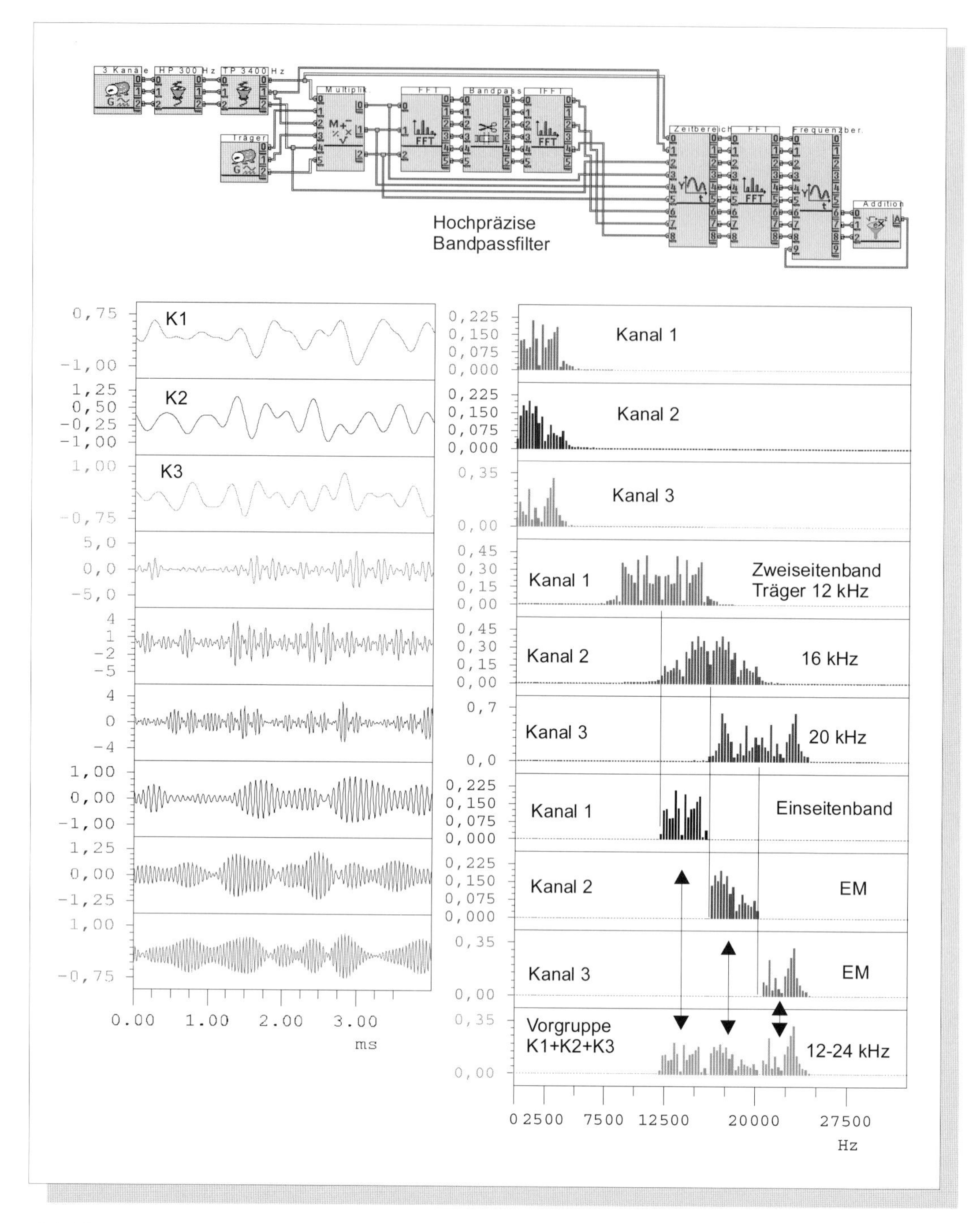

Abbildung 139 ***Frequenzmultiplex am Beispiel der Vorgruppenbildung mit drei Fernsprechkanälen***

Hier wird wohl erstmalig im Zeit- und Frequenzbereich die Vorgruppenbildung dreier Fernsprechkanäle im Bereich 12 bis 24 kHz realistisch dargestellt. Das Frequenzmultiplex-Prinzip ist natürlich im Frequenzbereich am leichtesten nachzuvollziehen, interessant ist jedoch auch, sich die entsprechenden Signale im Zeitbereich näher anzusehen. Gut erkennbar in der mittleren und unteren Dreiergruppe ist die Trägerfrequenz. Sie ist jeweils verschieden und prägt natürlich den Signalverlauf im Zeitbereich, obwohl hier Zweiseitenbandbetrieb ohne Träger vorliegt. Unten rechts sehen Sie die komplette Vorgruppe im Frequenzbereich.

Oben sehen Sie den Schaltungsaufbau mit DASY*Lab. Versuchen Sie, das System selbst aufzubauen, indem Sie es Stück für Stück zusammensetzen und sich jeweils die Signalverläufe im Zeit- und Frequenzbereich betrachten. Ein kleiner Tipp: Um beim IFFT-Modul wieder vom Frequenz- in den Zeitbereich zu gelangen, müssen Sie dort die Einstellung „FOURIER-Synthese" wählen. Schließlich wollen Sie ein Signale ja aus lauter Sinusschwingungen im Zeitbereich zusammensetzen.*

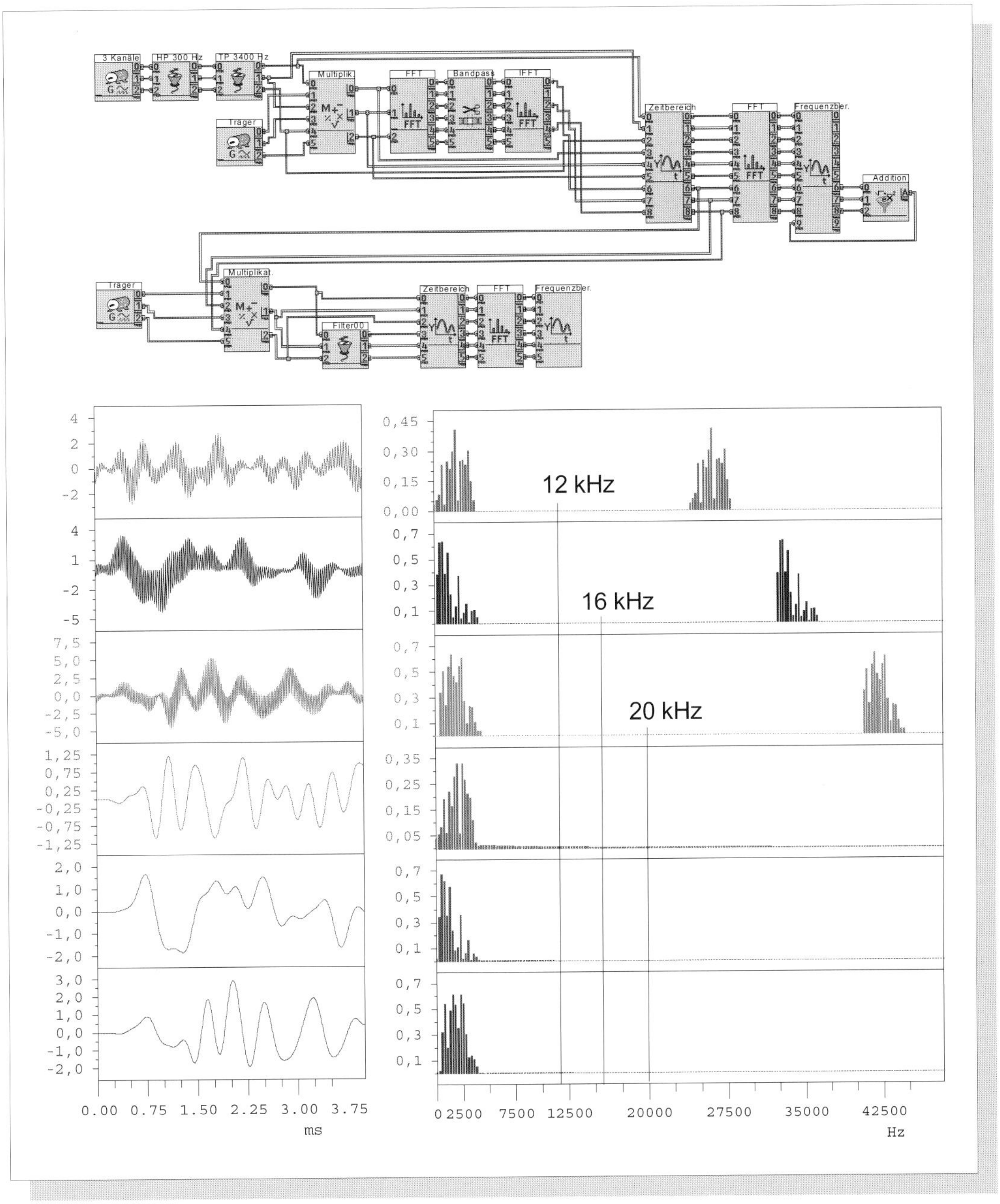

Abbildung 140 ***Simulation der Rückumsetzung einer Vorgruppe in drei Fernsprechkanäle***

Diese realistische Simulation mit DASYLab zeigt die Signalverarbeitung in der unteren Reihe des Blockschaltbildes. Neben der Bestätigung der Darstellung in Abb. 137 sieht man im Zeitbereich in den beiden oberen Dreiergruppen in etwa bereits den Verlauf des Quellensignals unten.

Diese *Trägerfrequenztechnik* (TF-Technik) arbeitet nach folgenden Prinzip:

→ 12 Fernsprechkanäle mit jeweils 300 - 3400 Hz Bandbreite werden zu einer Primär-Grundgruppe, 5 Primär-Grundgruppen zu einer Sekundär-Grundgruppe mit 60 Kanälen zusammengefasst. Dies veranschaulicht Abb. 138 .

→ Nach diesem Prinzip werden dann weiter mehrere Sekundärgruppen zu einer Tertiär-Grundgruppe, mehrere Tertiär-Gruppen zu einer Quartär-Grundgruppe zusammengefasst, bis insgesamt 10800 Kanäle zu einem Bündel zusammengefasst worden sind. Dies zeigt zeigt ebenfalls Abb. 138.

→ Früher wurden - aus filtertechnischen Gründen - zunächst Vorgruppen mit jeweils drei Kanälen gebildet, danach jeweils vier dieser Vorgruppen zu einer Primär-Grundgruppe zusammengefasst.

Um das Frequenzmultiplex-Prinzip für die Modulation und Demodulation bei EM genau zu analysieren und zu erklären, wird die in Abb. 137 dargestellte Vorgruppenbildung über eine DASY*Lab*-Simulation zunächst eine Vorgruppe über die EM gebildet und danach wieder in drei Kanäle „demoduliert" bzw. umgesetzt (Abb. 139 und 140).

Hinweis:
Bei dieser Simulation werden hochpräzise Bandpass-Filter in Form rein digitaler (rechnerischer) Filter verwendet. Das Signal wird über eine FT in den Frequenzbereich transformiert, wo alle unerwünschten Frequenzdaten auf Null gesetzt werden, danach findet ein Rücktransformation IFT in den Zeitbereich statt.

Mischung

Wie bei der Vorgruppen- bzw. Grund-Primärgruppenbildung erkennbar ist, werden bei der EM also höchste Anforderungen an die Filtertechnik gestellt. Dies war in der Geschichte der Rundfunktechnik auch immer ein Problem, nämlich genau einen Sender aus dem Frequenzband der dicht bei dicht liegenden Sender präzise herauszufiltern.

Eigentlich wären hierfür *durchstimmbare Filter* nötig. Diese lassen sich jedoch - auch aus theoretischen Gründen - nicht mit konstanter Bandbreite und Güte realisieren. Dies gelingt allenfalls in bestimmten Frequenzbereichen mit Filtern (Bandpässen) bei *konstantem* Durchlassbereich.

In der herkömmlichen Rundfunk- und Fernsehtechnik - mit der *Digitalen* Rundfunk- und Fernsehtechnik wird *alles* anders - wird deshalb ein Trick angewendet, welches *indirekt* zu einem durchstimmbaren Filter führt. Dieser arbeitet im Prinzip so:

→ Durch eine Multiplikation (des gesamten Frequenzbandes mit allen Sendern) mit einer einstellbaren Oszillatorfrequenz (Träger) kann das Frequenzband (*Differenz*-bildung!) in einen beliebigen niedrigeren Bereich (Zwischenfrequenzbereich) umgesetzt werden.

→ Gleichzeitig entsteht natürlich zusätzlich durch *Summen*bildung ein zweites komplettes Frequenzband „ganz weit oben", welches nicht weiter beachtet wird.

→ In diesem Zwischenfrequenzband (ZF-Bereich) ist ein relativ hochwertiger Bandpass installiert. Hierbei handelt es sich durchweg um ein ein Quarz- oder Keramik-Filter. Bei einer bestimmten Feinabstimmung des gesamtem Zwischenfrequenzbandes liegt der gewünschte Sender genau im Durchlassbereich dies ZF-Filters und wird so selektiert. Anschließende wird er demoduliert und verstärkt.

→ Dieses steuerbare frequenzmäßige Umsetzen in einen Zwischenfrequenzbereich wird als *Mischung* bezeichnet. Bei der Mischung handelt es sich natürlich auch um eine Multiplikation mit einem (einstellbaren) Träger. Die Mischung ist ein reiner Umsetzungsprozess eines modulierten Signals in einen anderen Frequenzbereich (ZF-Bereich) und hat deshalb eine eigene Bezeichnung in der Rundfunk- und Fernsehtechnik bekommen.

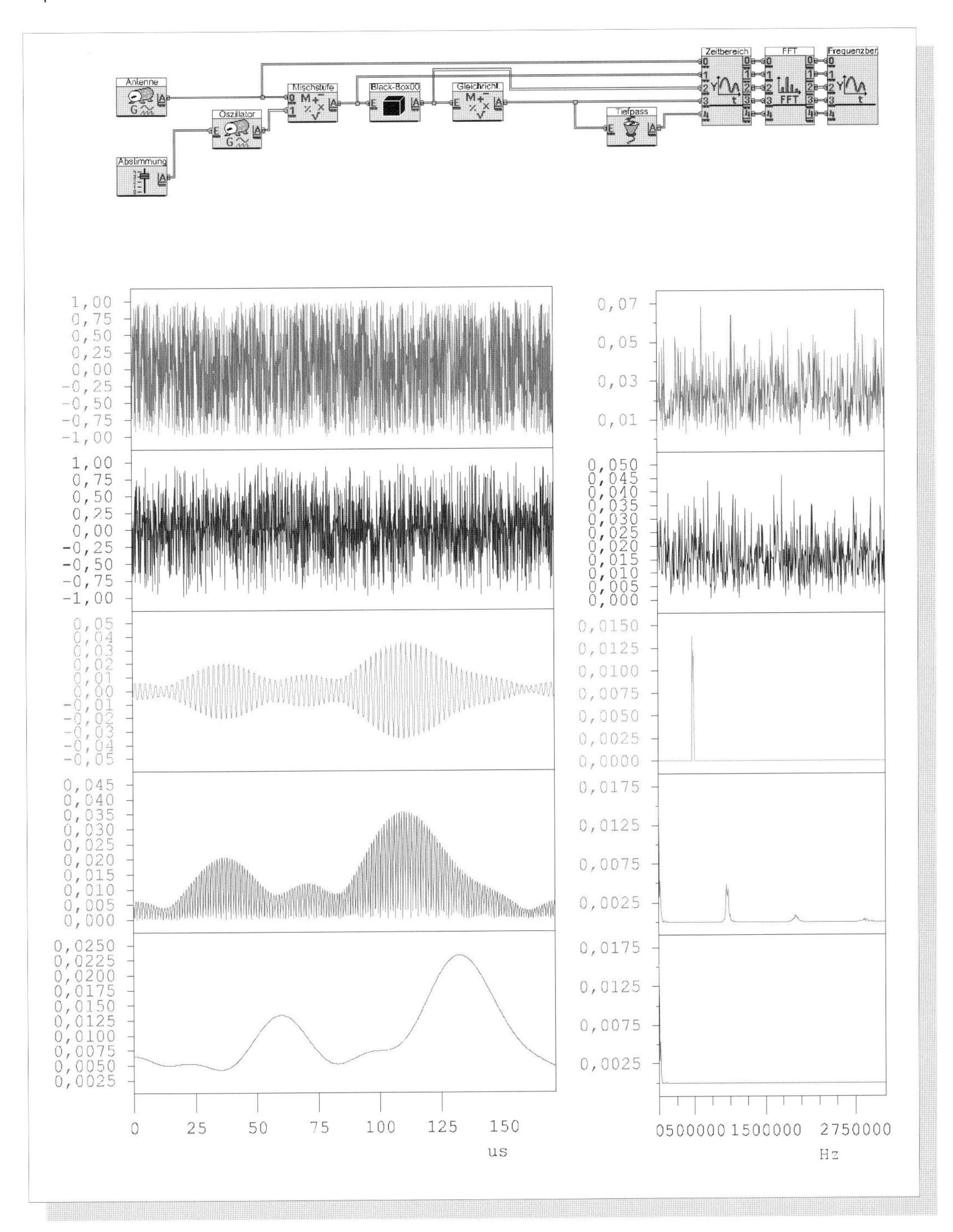

Abbildung 141 ***Simulation eines AM-Tuners für den Mittelwellenbereich***

Als Antennensignal wird der Einfachheit halber ein Rauschsignal verwendet, welches ja alle Frequenzen, also auch den Mittelwellen-Bereich von 300 bis 3000 kHz (nach CCIR) enthält. Über einen Handregler lässt sich die Oszillatorfrequenz so wählen, dass „der gewünschte Sender" genau im Durchlassbereich des ZF-Filter (Blackbox) liegt . Dieses ZF-Filter ist hier wieder der trickreiche Bandpass aus Abb. 139. Das ZF-Filter liegt bei 465 kHz und wurde etwas breiter gewählt, um die Verhältnisse besser darstellen zu können. Auch der Tiefpass übersteigt die tatsächliche NF-Bandbreite eines MW-Empfängers. Erstaunlicher Weise lässt sich also auch der Hochfrequenzbereich mit DASYLab simulieren. Die Achsen sind vollkommen korrekt skaliert. In diesem Bereich können nur mit Hilfe sehr teurer A/D- und D/A-Karten mit DASYLab reale Signale eingelesen und ausgegeben werden. Ein Echtzeitbetrieb - wie beim normalen Rundfunkempfänger - lässt sich hiermit z.Z. kaum verwirklichen.

Abb. 141 zeigt die Simulation eines kompletten AM-Tuners, wie er im Mittelwellenbereich eingesetzt wird. Als Antennensignal wird hier vereinfachend ein Rauschsignal verwendet, indem ja alle Frequenzbereiche enthalten sind!

Frequenzmodulation FM

Neben der Amplitude bieten noch Frequenz und Phase die Möglichkeit, ihnen Information „aufzuprägen". Dies bedeutet, Frequenz bzw. Phase „im Rhythmus" des Quellensignals zu verändern.

Frequenzmodulation FM und Phasenmodulation PM unterscheiden sich allerdings auf den ersten Blick kaum, weil bei jeder (kontinuierlichen) Phasenverschiebung gleichzeitig auch die „Momentanfrequenz" verändert wird. Verschiebt sich nämlich der Nulldurchgang des sinusförmigen Trägers, so ändert sich auch die Periodendauer T* der Momentanfrequenz.

Bei der FM haben wir zunächst leichtes Spiel, denn bereits im Kapitel 7 „Lineare und nichtlineare Prozesse" wurde im Zusammenhang mit der Telemetrie der *Spannungs-Frequenz-Wandler* VCO (Voltage Controller Oscillator) behandelt. Dieser VCO ist nicht anderes als ein FM-Modulator.

Wie fast generell in der Mikroelektronik gibt es auch hier analoge und digitale VCOs, und auch innerhalb dieser beiden Kategorien wiederum verschiedene Vertreter. Deshalb ein kurzer Überblick:

Analoge VCOs für den Bereich 0 bis 20 MHz
Hierbei handelt es sich um ICs mit interner spannungsgesteuerter Stromquelle. Ein (externer) Kondensator wird über eine einstellbare *Konstantstromquelle* linear auf- und anschließend wieder linear entladen, wobei insgesamt eine (fast)periodische Dreieckspannung entsteht. Je höher dieser eingestellte Strom ist, desto schneller lädt und entlädt sich der Kondensator. Die Frequenz dieser Dreieckspannung ist also proportional dem Strom der Konstantstromquelle. Diese Dreieckspannung wird durch eine Transistor- bzw. Diodenschaltung so nichtlinear verzerrt, dass eine sinusähnliche Spannung entsteht. Bei entsprechenden Funktionsgeneratoren lässt sich dies am Ausgangssignal erkennen: Der „Sinus" enthält einen kleinen „Knick" im oberen und unteren Bereich. Letzten Endes ist der lineare Verlauf der Dreieckspannung durch nichtlineare Verzerrung abgerundet worden.

Analoge VCOs für den Bereich 300 kHz bis 200 MHz
Kapazitätsdioden besitzen die Eigenschaft, ihre Kapazität in Abhängigkeit von der angelegten Spannung geringfügig zu verändern. Diese Eigenschaft wird bei hochfrequenten analogen VCOs ausgenutzt. Eine parallel zu einem LC-Schwingkreis liegende Kapazitätsdiode wird mit einer Wechselspannung angesteuert, wodurch sich die Dioden-Kapazität im Rhythmus des Quellensignals ändert. Dadurch ändert sich geringfügig auch die Resonanzfrequenz/Eigenfrequenz des Schwingkreises. Im Klartext: Damit liegt ein FM-Signal vor.

Digitale VCOs bzw. FM-Modulatoren mit DASYLab

DASY*Lab* besitzt zwei Module, mit denen sich auf direktem Wege FM-Signale erzeugen lassen. Über den D/A-Wandler einer Multifunktionskarte können diese Signale ausgegeben werden. Mit den herkömmlichen Karten lassen sich lediglich im NF-Bereich FM-Signale real erzeugen. Wir benutzen hier diese Module lediglich zur Simulation, um die wesentlichen Eigenschaften von FM-Signalen herauszufinden.

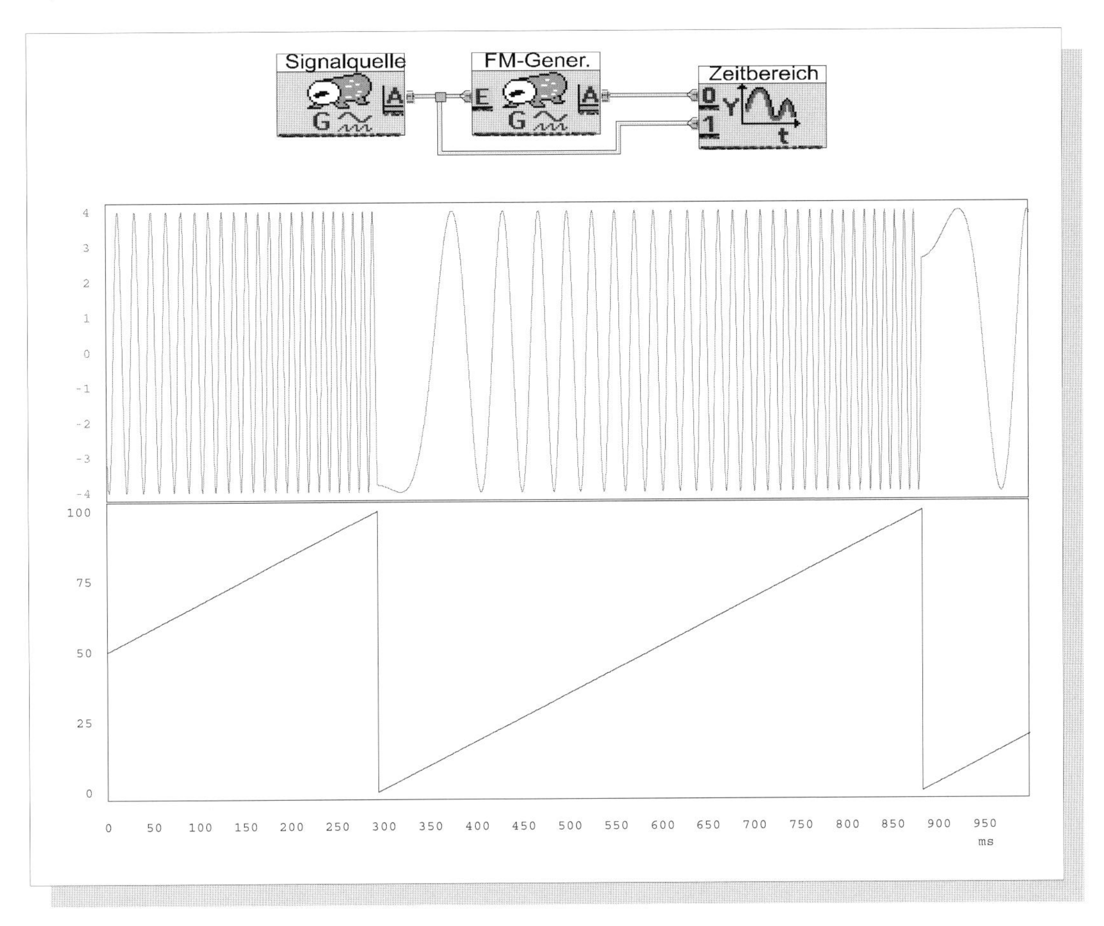

Abbildung 142 ***DASYLab-VCO als Frequenzmodulator***

Am Beispiel einer periodischen Sägezahnschwingung als Quellensignal wird hier die Funktion des Generator-Moduls als VCO bzw. FM-Generator dargestellt. Bei dem diesem Bild entsprechenden Versuch lässt sich mit dem Cursor die „Momentanfrequenz" nachmessen. Es ergibt sich: Die Höhe der Momentanfrequenz entspricht genau dem momentanen Wert des Sägezahns. Demnach beträgt links bei t = 0 ms die Momentanfrequenz 50 Hz, beim Höchstwert des Sägezahns 100 Hz usw.
Wie dieses Beispiel zeigt, lässt sich so auf einfachste Weise der gewünschte Frequenzbereich einstellen. Die Quellensignalwerte - hier von 0 bis 100 - entsprechen physikalisch ja nicht einer Spannung in V, vielmehr handelt es sich hier um digitale Signale, also Zahlenketten, die erst bei ihrer Übergabe an das D/A-Modul - Ausgabe über eine Multifunktionskarte - einen realistischen Wertebereich haben sollten.

Das *Generator-Modul* besitzt bereits die Möglichkeit, ein FM-Signal, ein AM-Signal oder ein Mischsignal aus beiden zu erzeugen. Eine weitere Möglichkeit der FM-Signalerzeugung gelingt mit dem *Modul „Formelinterpreter"*, allerdings sind hierfür mathematische Vorkenntnisse (mathematisches Modell eines FM-Signals) erforderlich.

Programmierbare Funktionsgeneratoren: Digitaler VCO für den Bereich 0 bis 50 MHz
Über eine über ein Menü ausgewählte Signalfunktion wird in einem Digitalen Funktionsgenerator eine „Zahlenkette" - also ein digitales Signal - erzeugt, welches einem FM-Signal entspricht. Ein nachfolgender D/A-Umsetzer erzeugt hieraus ein analoges FM-Signal. Letzten Endes erzeugt also ein Programm über den Signal-Prozessor eine FM-Zahlenkette.
Die höchste FM-Frequenz ist in erster Linie bestimmt durch die maximale Taktfrequenz des D/A-Wandlers. Hierbei ist zu bedenken, dass mindestens 20 „Stützstellen" (Zahlenwerte) pro Periode benötigt werden, um ein FM-Signal mit sinusähnlichem

Träger zu erzeugen. Bei einer höchsten Trägerfrequenz von 50 MHz müsste die Taktfrequenz des D/A-Wandlers bereits 1 GHz betragen! Dieser Wert ist derzeit nur mit 8-Bit-D/A-Wandlern zu realisieren.
Die beschriebene FM-Funktion ist bei *Digitalen Funktionsgeneratoren* nur eine von vielen. Digitale Funktionsgeneratoren können - programmgesteuert - durchweg *jede* Signalform erzeugen.

In Abb. 142 wird am Beispiel einer periodischen Sägezahnschwingung der einfache Zusammenhang beim DASY*Lab*-Generator-Modul zwischen dem Momentan*wert* des Quellensignals und der Momentan*frequenz* des FM-Signals dargestellt. Ab Abb. 143 werden ausschließlich sinusförmige Quellensignale verwendet, um zu klar interpretierbaren Ergebnissen zu kommen. Schließlich wird in Abb. 148 ein bandbegrenztes, „zufälliges" Quellensignal gewählt, um den Verlauf eines realistischen FM-Spektrums zu zeigen.

Bei sinusförmigem Quellensignal entsteht ein zu einer Mittenfrequenz vollkommen symmetrisches FM-Spektrum. Diese Mittenfrequenz wird beim DASY*Lab* durch eine dem Quellensignal überlagerte Gleichspannung (Offset) genau eingestellt (siehe unten).

Eine Gesetzmäßigkeit für den Amplitudenverlauf des Spektrums ist nicht zu erkennen. Wir sehen hier mit der FM ein Beispiel für einen typischen nichtlinearen Prozess, bei denen meist Vorhersagen über das Frequenzspektrum nur sehr begrenzt möglich sind. Bei der FM allerdings kennt man die Mathematik (BESSEL-Funktionen), mit deren Hilfe sich das Spektrum für eine sinusförmige Quellenspannung - und damit für alle bandbegrenzten Signale (FOURIER-Prinzip!) - berechnen bzw. abschätzen lässt.

Reale Versuche mit FM-Signalen im UKW-Bereich sowie die Auswertung der Abb. 142 bis 148 ergeben trotzdem interessante Hinweise:

→ Reale FM-Signale mit einer hochfrequenten *Mittenfrequenz* sehen im Gegensatz zu niederfrequenten VCO-Signalen (wie in Abb. 142) im Zeitbereich auf den ersten Blick alle fast gleich aus, nämlich (anscheinend) rein sinusförmig. Siehe hierzu auch Abb. 143.
Hinweis:
Bei einem FM-Rundfunk-Signal im UKW-Bereich um 100 MHz ändert sich Frequenz lediglich in der Größenordnung 0,1 %, d.h. 1 Promille!

→ In Abb. 142 fällt auf: Das FM- bzw. VCO-Signal ändert seine *Momentanfrequenz* im Rhythmus des Momentanwertes des Quellensignals. Üblicherweise gilt: Je höher der Momentanwert des Quellensignals, desto höher die Momentanfrequenz des FM-Signals. Bei DASY*Lab* entspricht der Momentanwert des Steuersignals, mit dem der FM-Generator angesteuert wird zahlenmäßig *genau* der „Momentanfrequenz" des FM- bzw. VCO-Signals.

→ Um nun ein typisches FM-Signal zu erzeugen wird das eigentliche Quellensignal mit einem *Offset* überlagert (z.B. 1000), dessen Wert dann genau der Mittenfrequenz (1000 Hz) entspricht. Siehe hierzu die Blockschaltbilder in den Abb. 144 bis 147.

→ Die Information über die Frequenz des sinusförmigen Quellensignals ergibt sich aus dem Abstand der symmetrischen Linien des FM-Spektrums. Die FM ist ein nichtlinearer Prozess. Wie in Kapitel 7 beschrieben, treten typischerweise bei nichtlinearen Prozessen die *ganzzahlig Vielfachen der Frequenz* des Quellensignals auf. So auch hier!

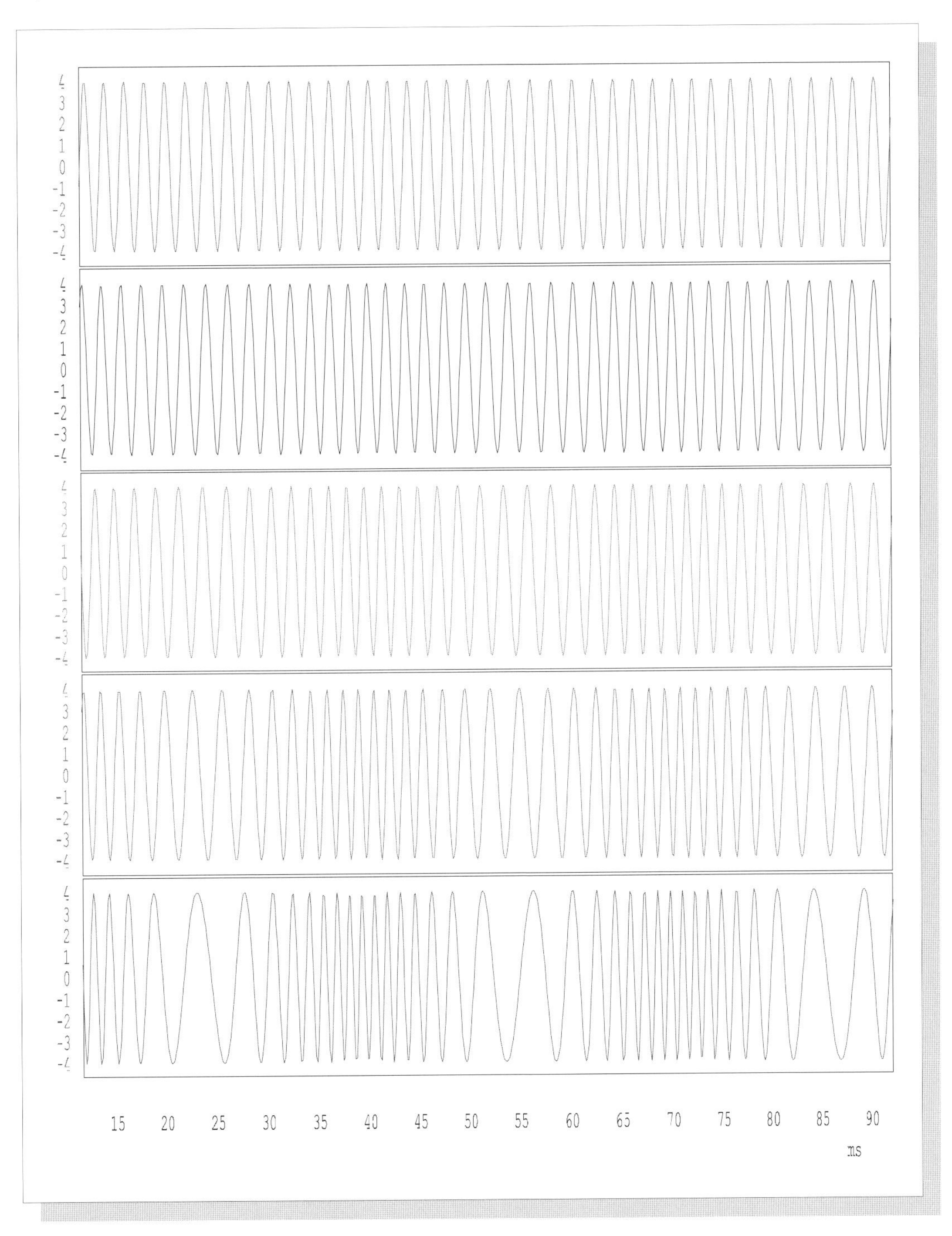

Abbildung 143 **FM-Signale mit verschiedenem Frequenzhub**

In der oberen Reihe besitzt das FM-Signal einen kaum erkennbaren, in der untersten Reihe schließlich einen sehr großen Frequenzhub. Der Frequenzhub entspricht der größten Abweichung der Momentanfrequenz des FM-Signals von der Mittenfrequenz (hier 500 Hz). Der zweifache Frequenzhub gibt jedoch nicht die exakte Bandbreite des FM-Signals an, weil die Momentanfrequenz ein unscharfer Begriff ist. Je größer jedoch der Frequenzhub, desto größer die Bandbreite des FM-Signals.
Das Quellensignal ist hier in allen Fällen sinusförmig und entspricht genau den Quellensignalen der Abb. 144!

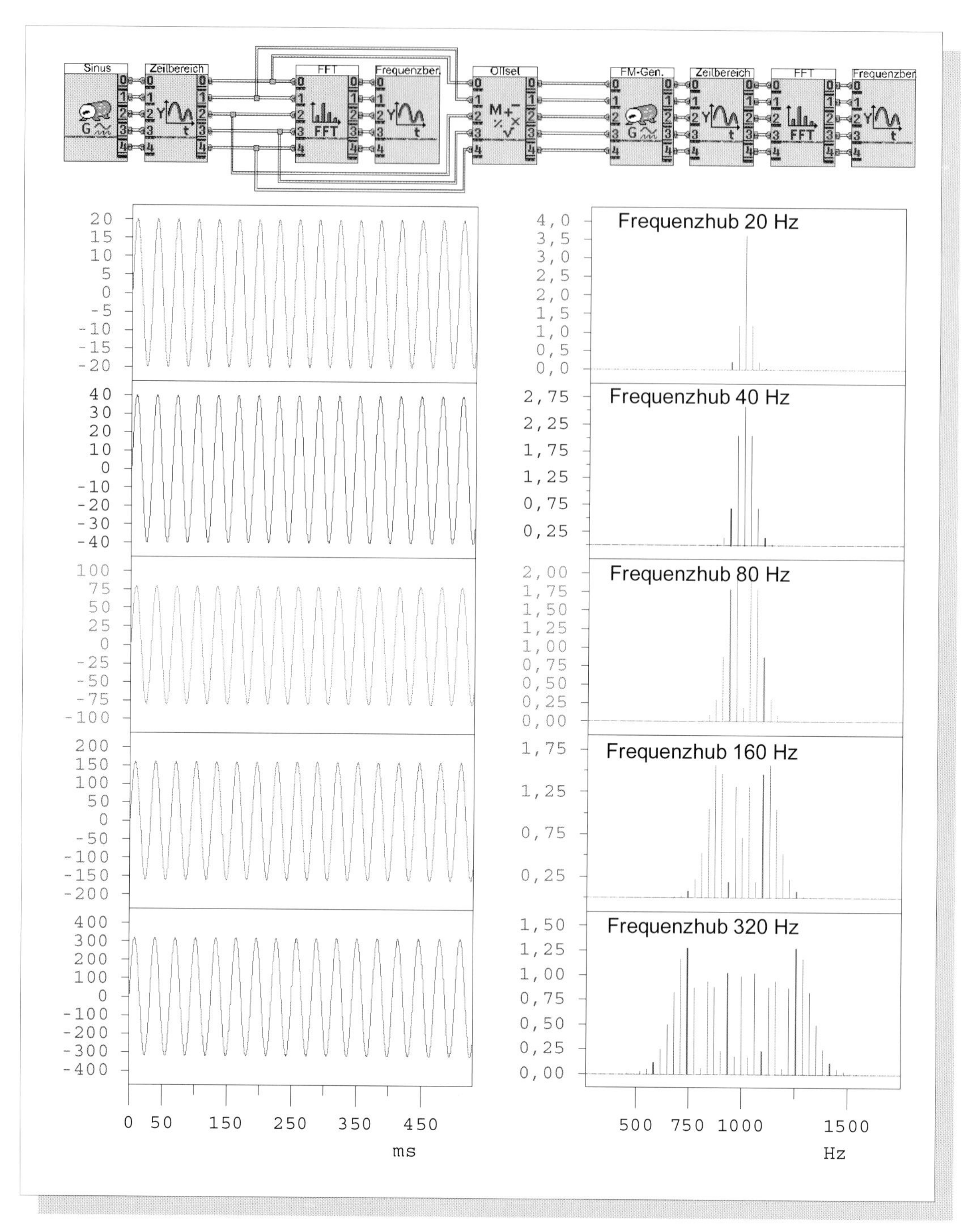

Abbildung 144 ***Einfluss des Frequenzhub auf das FM-Spektrum***

Bei dem DASYLab-Modul „Generator"(Option Frequenzmodulation) gibt es einen denkbar einfachen Zusammenhang zwischen den Zeitbereichen des Quellen- und des FM-Signals. Oben im Blockschaltbild sehen sie das Modul „Offset", welches zu dem Quellensignal eine Konstante - hier 1000 - dazu addiert bzw. überlagert. Damit ist die Mittenfrequenz auf 1000 Hz eingestellt. Um diese Mittenfrequenz schwankt nun die Momentanfrequenz des FM-Signals, und zwar maximal um die Amplitude des hier sinusförmigen Quellensignals.

Diese maximale Änderung wird Frequenzhub genannt. Bei einer Amplitude von 20 V (oberer Reihe) ist damit der Frequenzhub 20 Hz, unten dagegen beträgt der Frequenzhub bei einer Amplitude von 320 V 320 Hz. Die Bandbreite der FM-Signale ist immer größer als der doppelte Frequenzhub.

Die Form der Einhüllenden des FM-Spektrums gehorcht komplizierten Gesetzmäßigkeiten (BESSEL-Funktionen).

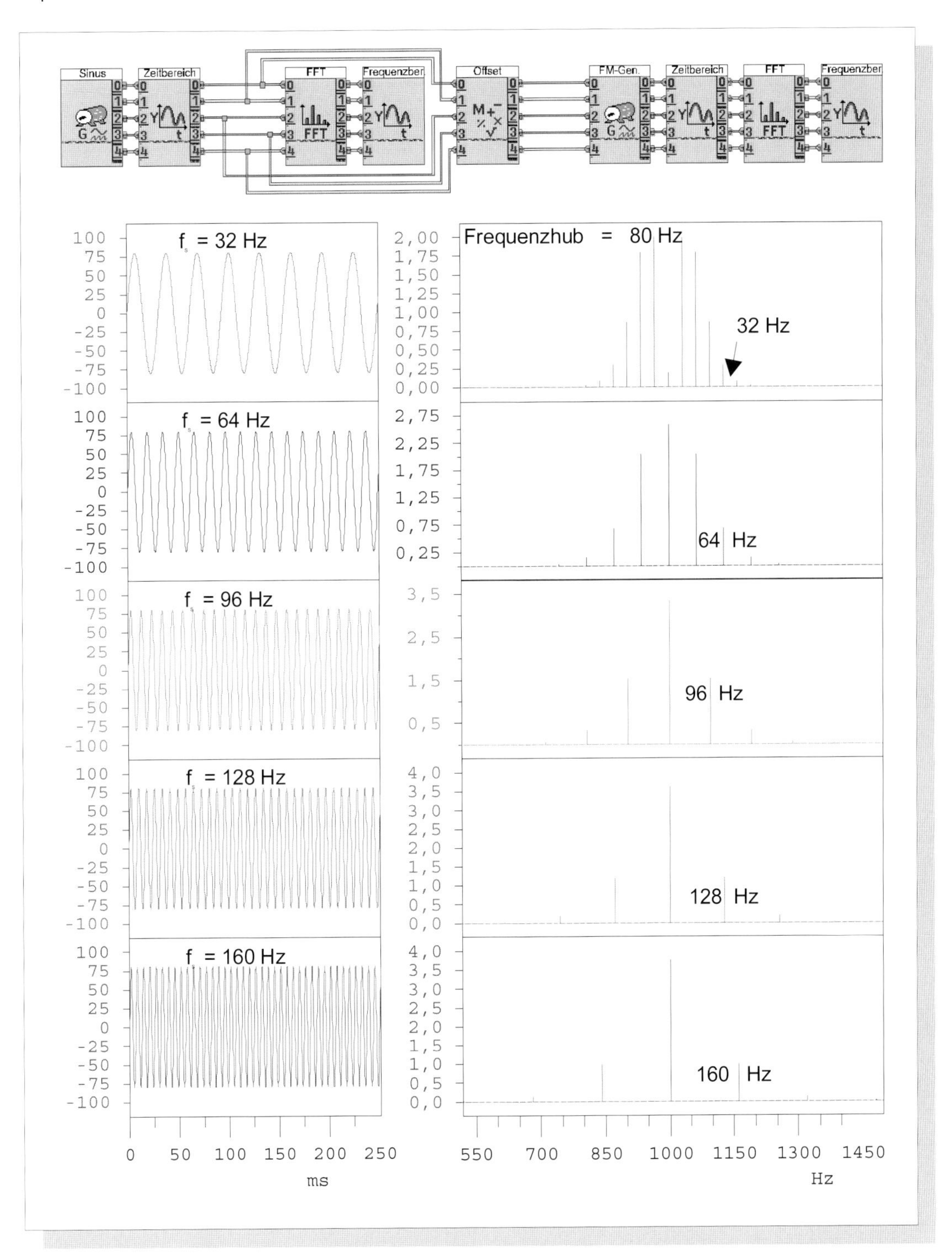

Abbildung 145 ***Einfluss der Frequenz des Quellensignals auf die Bandbreite des FM-Spektrums***

Neben dem Frequenzhub Δf_T besitzt auch die Frequenz des Quellensignals f_S einen Einfluss auf den Verlauf und die Breite des FM-Spektrums. Dies wird hier bei konstantem Frequenzhub Δf_T = 80 Hz für verschiedene Frequenzen des sinusförmigen Quellensignals demonstriert.
Nun ist lediglich noch zu untersuchen, ob die Wahl der Mittenfrequenz ebenfalls Verlauf und Bandbreite des FM-Spektrums beeinflusst (Abb. 146).

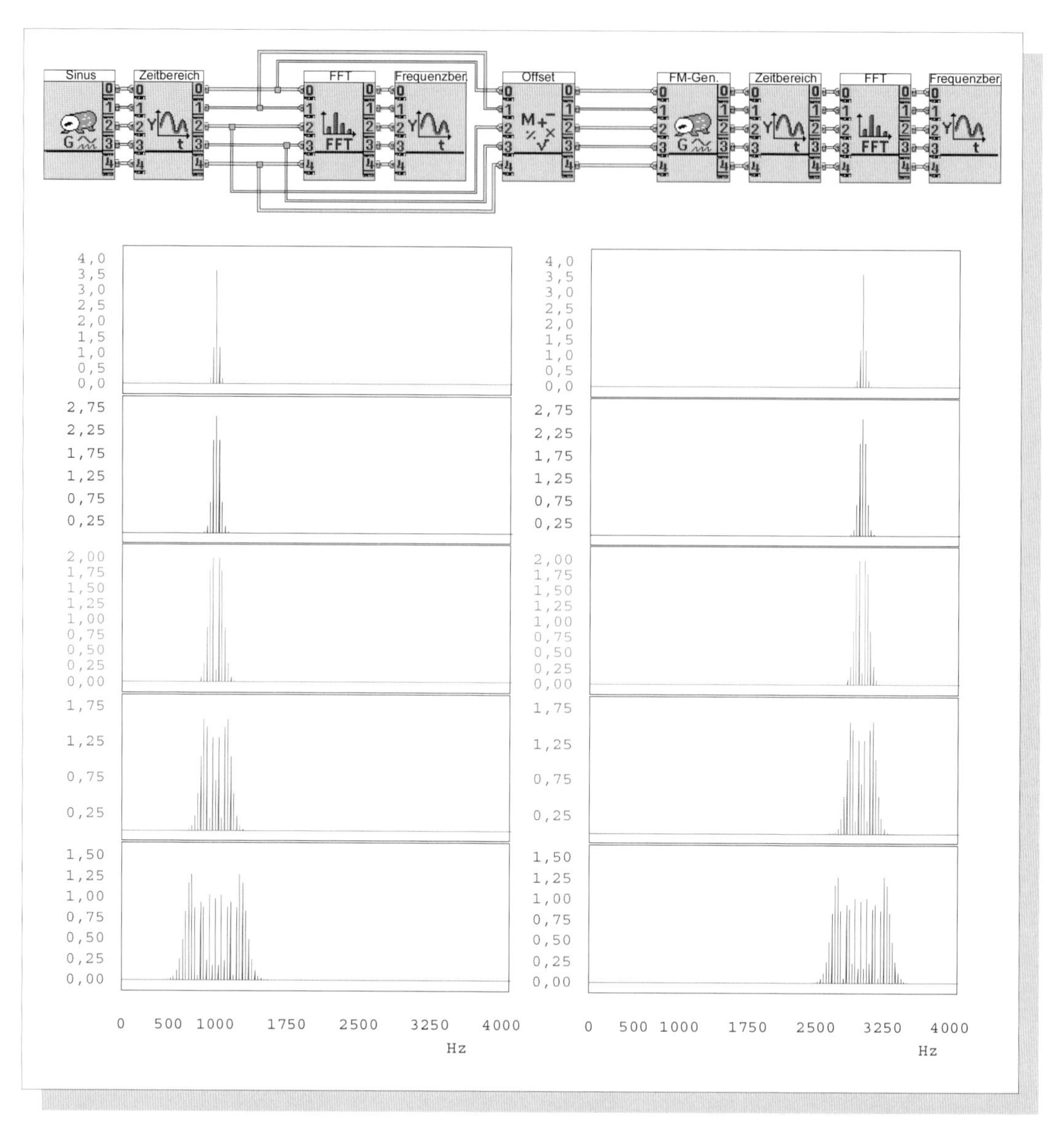

Abbildung 146 ***Besitzt die Mittenfrequenz einen Einfluss auf Verlauf und Breite des FM-Spektrums?***

Wir sehen hier die gleiche Versuchsanordnung und auf der linken Seite das gleiche FM-Spektrum mit der Mittenfrequenz 1000 Hz wie in Abb. 143. Auf der rechten Seite wurde die Mittenfrequenz einfach auf 3000 Hz eingestellt, indem der Offset jeweils auf 3000 eingestellt wurde. Alle anderen Größen wie Frequenzhub und Signalfrequenz blieben unverändert.

Ergebnis: Es ist keinerlei Einfluss der Mittenfrequenz auf Verlauf und Breite des FM-Spektrums festzustellen. Damit hängen Verlauf und Breite des FM-Spektrums ausschließlich von dem Frequenzhub Δf_T sowie der Quellensignal-Frequenz f_S ab. Nun sollte es uns gelingen, eine einfache Formel zu finden, welche die Bandbreite des FM-Signals mit Hilfe dieser beiden Größen beschreibt. Dies zeigt Abb. 147.

→ Je besser im Zeitbereich ein Änderung der Momentanfrequenz zu erkennen ist, desto breiter ist das Gesamtspektrum des FM-Signals (siehe Abb. 143 und 144).

→ Eine Gesetzmäßigkeit für den Amplitudenverlauf des FM-Spektrums ist nicht ohne weiteres zu erkennen.

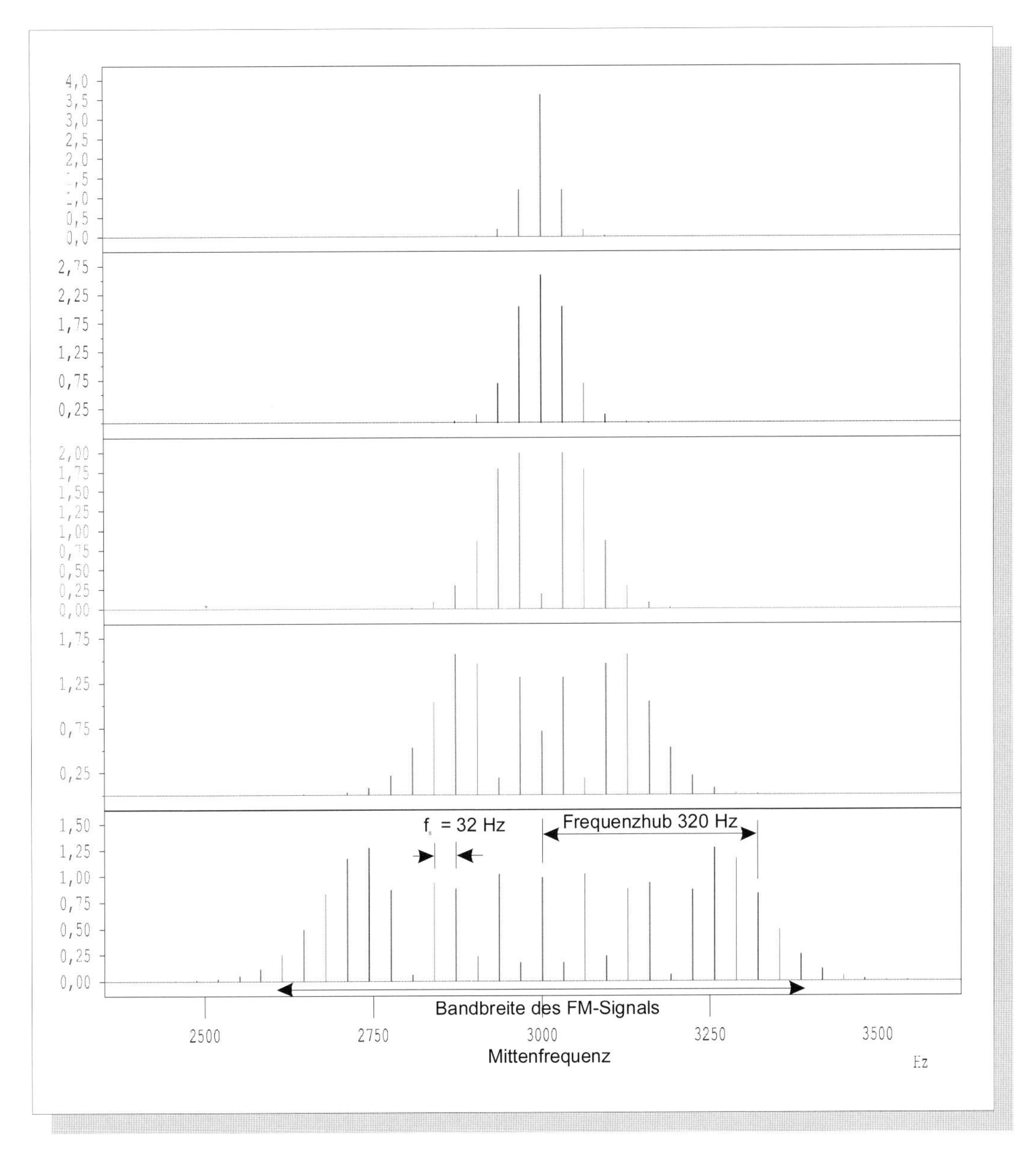

Abbildung 147 ***Formel zur Abschätzung der Bandbreite eines FM-Signals***

*Hier sind noch einmal die Spektren der Abb. 143 und 145 zu sehen. Der Abstand der Linien entspricht der Frequenz des sinusförmigen Quellensignals (hier 32 Hz). In der untersten Darstellung sind die Größen eingezeichnet, um die „wesentliche FM-Bandbreite" ermitteln zu können. Bei einem Frequenzhub von 320 - siehe Abb. 143 unten links - ergibt sich eine Hälfte des Spektrums zu (320 + 2*32)Hz. Die Gesamtbandbreite ergibt sich demnach zu 2(320 + 2*32) Hz. Für jeden anderen Fall ergibt sich ganz allgemein* $B_{FM} = 2(\Delta f_T + 2f_S)$.

→ Die Untersuchung des Einflusses von Frequenzhub Δf_T, Signalfrequenz f_S und Mittenfrequenz f_T auf die Bandbreite B des FM-Signals in den Abb. 144 - 146 liefert ein eindeutiges Ergebnis. Lediglich Frequenzhub Δf_T und Signalfrequenz f_T bestimmen die Bandbreite B_{FM} des FM-Signals.

→ Abb. 147 führt schließlich zur Formel für die Bandbreite eines FM-Signals:

$$\mathbf{B_{FM} = 2(\Delta f_T + 2f_S)}$$

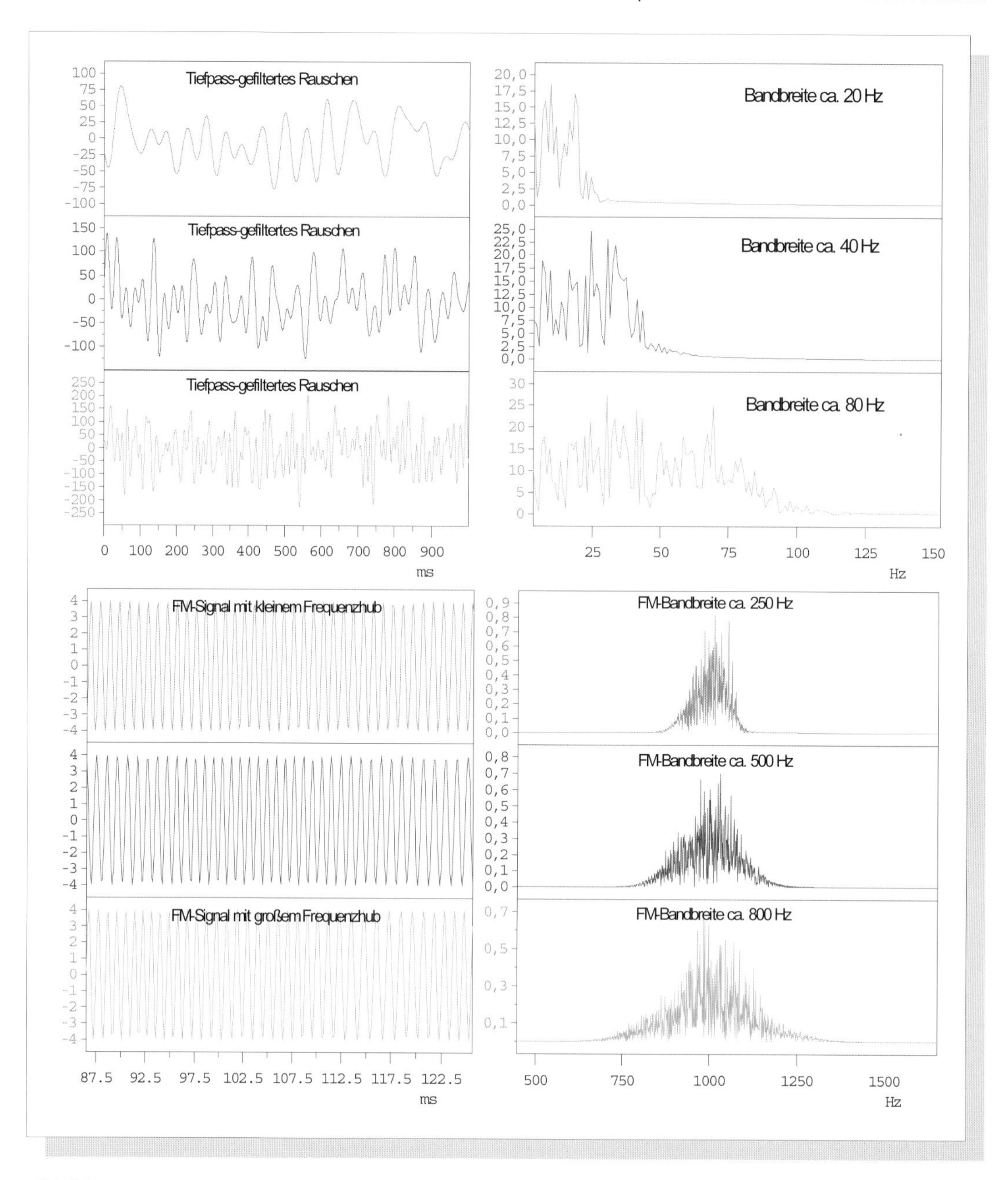

Abbildung 148 ***FM-Spektrum eines realistischen Signals***

Bislang wurde weitgehend ein sinusförmiges Quellensignal verwendet, um einfache, auswertbare Verhältnisse vorzufinden. Ein realistisches Signal besitzt jedoch eine stochastische Komponente, d.h. der zukünftige Verlauf ist nicht genau vorhersagbar. Dadurch bekommt das Spektrum eine bestimmte Unregelmäßigkeit, die an ein Rauschsignal erinnert. Im Zeitbereich links ist dies nicht zu erkennen.

Hier wurde gefiltertes Rauschen verschiedener Bandbreite - siehe oben - frequenzmoduliert. Es ist gut zu sehen, dass die Bandbreite des FM-Signals von der Bandbreite des Quellensignals abhängt. Obwohl das gleiche Rauschsignal jeweils tiefpassgefiltert wurde, hängt der reale Frequenzhub von der Bandbreite des Quellensignals ab. Den Grund sehen Sie oben links im Zeitbereich: Die Maximal-Momentanwerte wachsen mit der Bandbreite des Quellensignals, weil auch die Energie mit der Bandbreite zunimmt. Je größer aber diese Werte, desto größer der Frequenzhub.

Im Gegensatz zur AM und EM ist hier die FM-Bandbreite mindestens das Zwanzigfache der Bandbreite des Quellensignals. Die FM geht also geradezu verschwenderisch mit dem Frequenzband um. Wenn trotzdem z.B. im UKW-Bereich mit FM gearbeitet wird, so muss dieses Modulationsverfahren große Vorteile gegenüber der AM und EM besitzen.

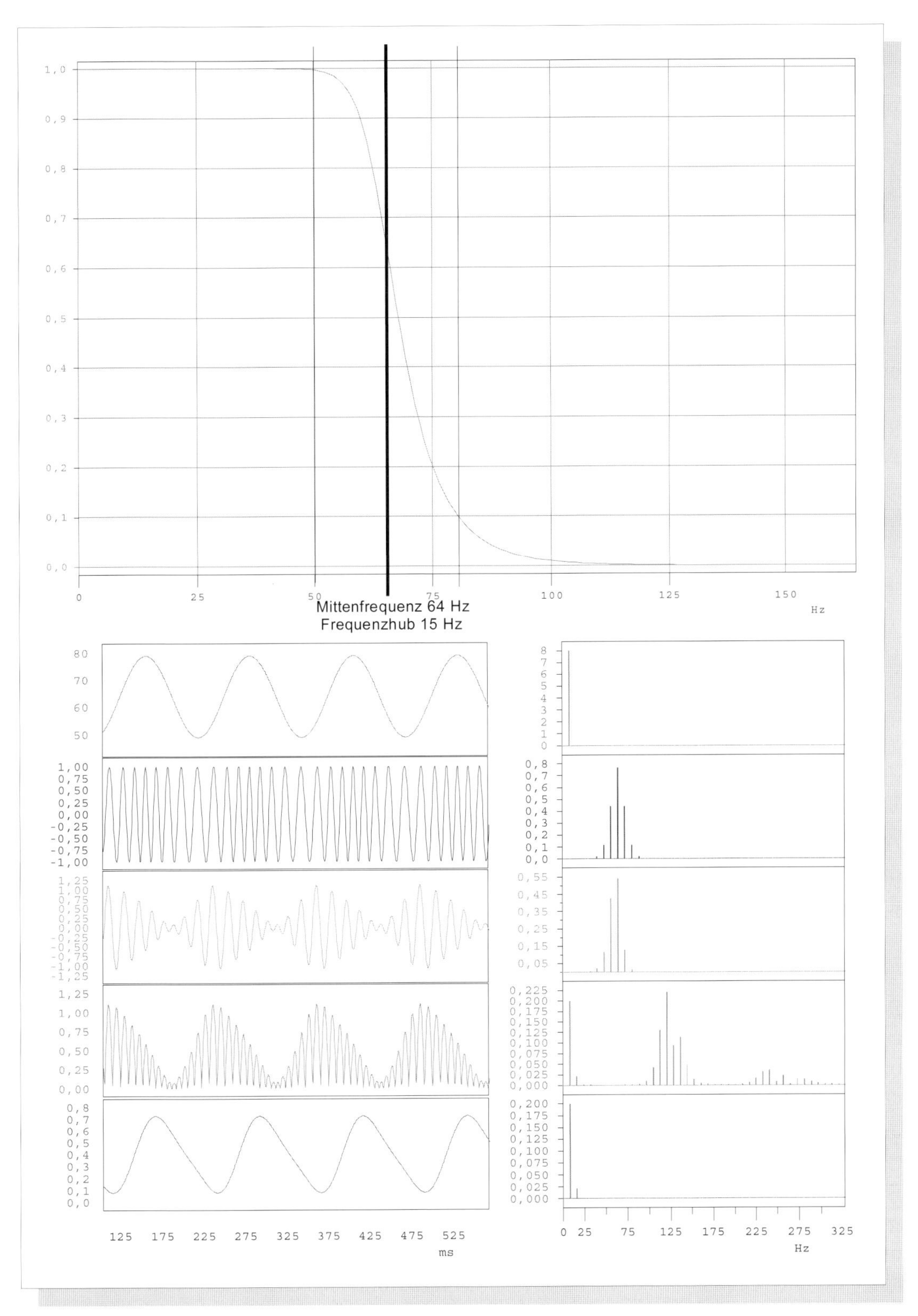

Abbildung 149 ***Demodulation eines FM-Signals an einer Filterflanke***

Hier wird der Übergang eines Tiefpasses vom Durchlass- in den Sperrbereich als empfindlicher Frequenz-Spannungs-Wandler (f/U-Wandler) zur Demodulation des FM-Signals verwendet. Wegen der nichtlinearen Filterkennlinie ist das rückgewonnene Signal stark verzerrt (Frequenzhub zu groß!).

Demodulation von FM-Signalen

Die Information des Quellensignals ist bei FM gewissermaßen „frequenzverschlüsselt". Wie kommen wir im Empfänger wieder an diese Informationen wieder heran?

Im UKW-Bereich - d.h. im Bereich um 100 MHz - beträgt der Frequenzhub weniger als 0,1 % (1 Promille). Das Signal sieht auf dem Bildschirm eines schnellen Oszilloskop aus wie eine reine sinusförmige Träger-Schwingung. Erst das Spektrum verrät das FM-Signal. Benötigt wird also ein *hochsensibler* Frequenz-Spannungs-Wandler (f-U-Wandler, siehe Beispiel *Telemetrie* Abb. 105), der jede noch so kleine Frequenz-*änderung* als „Spannungsausschlag" registriert.

Hier scheint wieder die Physik gefragt. Ein erster Tipp dürften Filter sein. Filter besitzen eine Flanke an der Grenze zwischen Durchlass- und Sperrbereich. Nehmen wir an, diese Flanke sei ziemlich steil. Dies würde bedeuten: Läge die Bandbreite des FM-Signals vollständig in diesem Grenzbereich, so würde doch eine kleine Frequenzänderung schon entscheiden, ob das Signal durchgelassen - also am Ausgang eine größere Amplitude besitzt - oder weitgehend gesperrt wird - also am Ausgang des Filters eine sehr kleine Amplitude besitzt.

Die Filterflanke ist also ein Bereich, der sehr sensibel auf Frequenzänderungen reagiert.

Abb. 149 stellt diese Verhältnisse grafisch dar und sagt damit mehr als tausend Worte. Nun stellt aber jede Filterflanke prinzipiell eine *nichtlineare* Kennlinie dar. Damit treten an Filterflanken sehr leicht unerwünschte nichtlineare Verzerrungen auf, die das ursprüngliche Quellensignal nach der Demodulation verzerrt wiedergeben. Seit dem Beginn des UKW-Rundfunks in den fünfziger Jahren hatte man jedoch jahrzehntelang nichts Besseres. Die Entwicklung bestand lange darin, ein prinzipiell ungeeignetes Verfahren immer etwas mehr zu verbessern. So wurde hauptsächlich versucht, durch schaltungstechnische Tricks die Filterflanke zu linearisieren.

Für dieses Problem wurde ein neuer Denkansatz benötigt. Mit diesem Ansatz betreten wir ein hochaktuelles Gebiet der nichtlinearen Signalverarbeitung: Die Rückkopplung eines Teils des Ausgangssignals auf den Eingang des Systems. Mit anderen Worten: *Rückgekoppelte Systeme* bzw. die *Regelungstechnik*.

Rückgekoppelte Systeme sind eine Erfindung der Natur. Wir finden sie überall, erkennen sie aber selten als solche. Weil wir uns noch in einem späteren Kapitel noch mehrfach mit dem *Rückkopplungsprinzip* beschäftigen werden, soll hier nur soviel erwähnt werden, wie wir für die Demodulation von FM-Signalen brauchen.

Der Phase-Locked-Loop PLL

Eines der Hauptprobleme der Signal-Übertragungstechnik ist die (zeitliche) *Synchronisation von Sender und Empfänger*. Läuft beispielsweise in einem defekten Fernseher das Bild durch, so dass zeitweise auf dem Bildschirm die Beine einer Person hilflos von oben herunterbaumeln und der Kopf unten am Boden erscheint, so liegt ein solcher Synchronisationsfehler vor. Wenn Sie dann am richtigen Knöpfchen drehen, „rastet" plötzlich das Bild wieder ein: Sender und Empfänger sind wieder synchronisiert.

Für den Fernsehempfänger stellt sich also die Aufgabe, aus dem Empfangssignal den richtigen Takt „herauszufischen", damit die Bildwiedergabe synchron zum Sender erfolgt. Niemand kann das besser als der PLL, der *phasenstarre Regelkreis*!

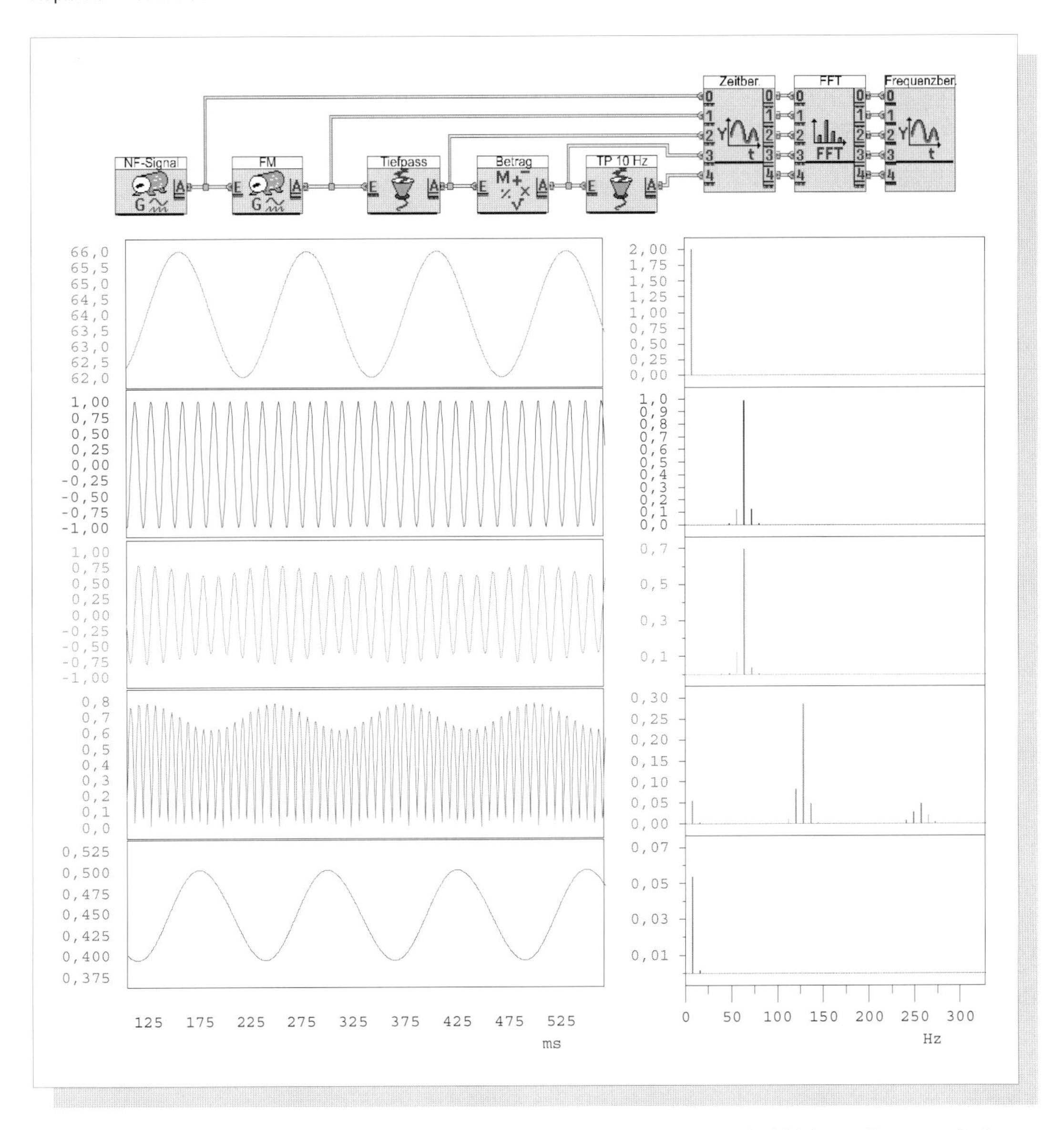

Abbildung 150 ***Demodulation eines FM-Signals an einer Filterflanke bei kleinem Frequenzhub***

Am FM-Signal (obere Reihe), dem an der Filterflanke (gespiegelten) FM-Signal sowie am gleichgerichteten Signal ist beim genauen Vergleich mit Abb. 149 der kleinere Frequenzhub zu erkennen. Dadurch wird das FM-Signal ausschließlich am lineareren Teil der Filterflanke gespiegelt. Das wiedergewonnene Quellensignal besitzt zwar eine deutlich kleinere Amplitude (ca. 0,05 V), ist aber nur wenig nichtlinear verzerrt. Man sieht lediglich eine sehr kleine 2. Harmonische rechts unten im Spektrum.

Der PLL ist aus Bausteinen zusammengesetzt, die uns bereits alle bekannt sind: Multiplizierer, Tiefpass und VCO (spannungsgesteuerter Oszillator). Trotzdem wären Sie wahrscheinlich überfordert, müssten Sie aus dem Stand heraus die Funktion des PLLs nach Abb. 151 beschreiben. Das hat zwei Gründe: Erstens wird hier der Multiplizierer für einen „Spezialzweck" eingesetzt, zweitens liegt eine Rückkopplung vor. Es ist generell schwierig, das Verhalten rückgekoppelter Systeme vorherzusagen, weil alle rückgekoppelten Systeme nichtlinear sind!

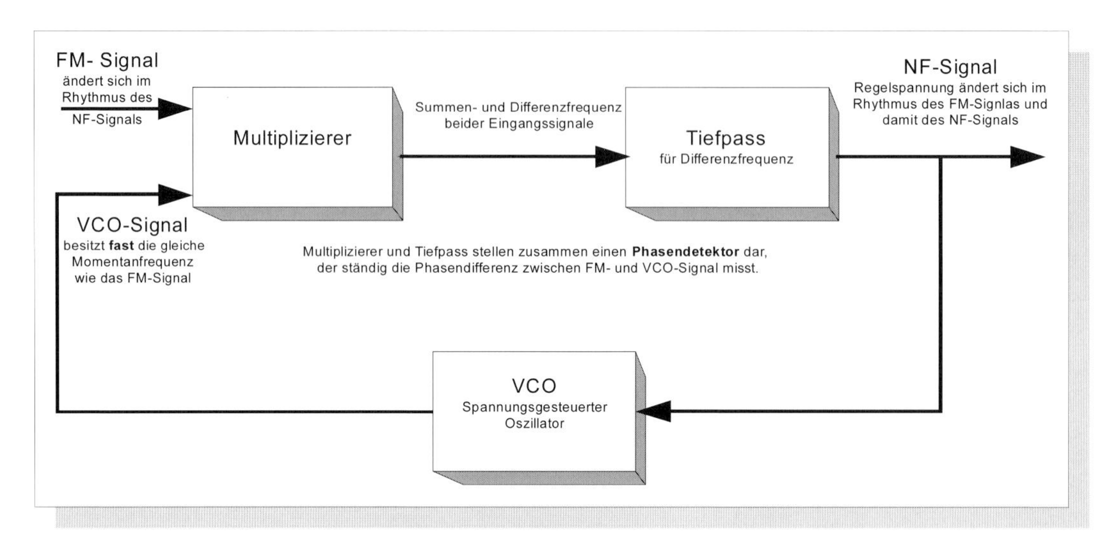

Abbildung 151 ***Vereinfachtes Blockschaltbild eines analogen PLL***

Gehen wir einmal davon aus, das VCO-Signal besäße momentan fast die gleiche Frequenz wie das empfangene FM-Signal. Als Ergebnis der Multiplikation erscheint am Ausgang die Summen und Differenzfrequenz $f_{FM} + f_{VCO}$ und $f_{FM} - f_{VCO}$. Der Tiefpass filtert die Summenfrequenz heraus.
Welche Frequenz hat nun das Differenzsignal, wo doch beide Frequenzen f_{FM} und f_{VCO} fast gleich groß sind? Am Ausgang des Tiefpasses erscheint demnach ein „schwankende Gleichspannung", die genau die Höhe haben sollte, um den VCO genau auf die Momentanfrequenz des FM-Signals nachzuregeln.
Da nun aber das FM-Signal sich im Rhythmus des NF-Signals ändert, muss sich auch die Regelspannung am Ausgang des Tiefpasses in diesem Rhythmus ändern, um den VCO immer neu auf die Momentanfrequenz des FM-Signals nachregeln zu können: Das Regelsignal ist also das NF-Signal!
Noch nicht ganz verstanden? Ein Bild sagt mehr als tausend Worte (Abb. 152 und 153)

In Abb. 151 sollen Multiplizierer und Tiefpass zusammen einen „Phasendetektor" bilden. Ein Phasendetektor vergleicht zwei (gleichfrequente) Signale, ob sie in Phase liegen, also vollkommen synchron sind. Dies kann z.B. durch einen Vergleich der Nulldurchgänge beider Signale geschehen. Wichtig ist hierbei folgende Erkenntnis: Verschieben sich die Nulldurchgänge kontinuierlich immer mehr zueinander, so besitzen die beiden Signale nur noch *fast* die gleiche Frequenz! Hierzu Abb. 152.

Fangen wir also sehr einfach an und lassen einfach einmal die Rückkopplung weg. In Abb. 152 soll der VCO fest auf eine Frequenz eingestellt sein, die der Mittenfrequenz des FM-Signals annähernd entsprechen soll. Das FM-Signal variiert dagegen seine Frequenz im Rhythmus des oberen (sinusförmigen) NF-Signals. Im Bild werden die Nulldurchgänge verglichen. Am Ausgang des Multiplizierers erscheinen Summen- und Differenzfrequenz. Der Tiefpass filtert die Summenfrequenz heraus und die „Restspannung", die den VCO eigentlich steuern soll, entspricht mehr oder weniger dem NF-Signal (siehe Abb. 152). Diese Spannung ist dort am größten, wo die Phasendifferenz der Nulldurchgänge am größten ist, falls man die Zeitverzögerung durch den Tiefpass einbezieht.

Ein klein wenig wurde hierbei geschummelt. Dies zeigt Abb. 153, wo die Regelspannung bzw. das wiedergewonnene NF-Signal doch erheblich anders aussieht als das Original! Im Frequenzbereich ist auch dargestellt, was eigentlich passiert. Die Multiplikation beider Signal im Zeitbereich ergibt eine Faltung im Frequenzbereich (Summen- und Differenz*band*!). Nach der Tiefpassfilterung bleibt halt nicht das ursprüngliche NF-Signal übrig, sondern ein auf der „Mittenfrequenz" $f_M = 0$ liegendes FM-Signal!

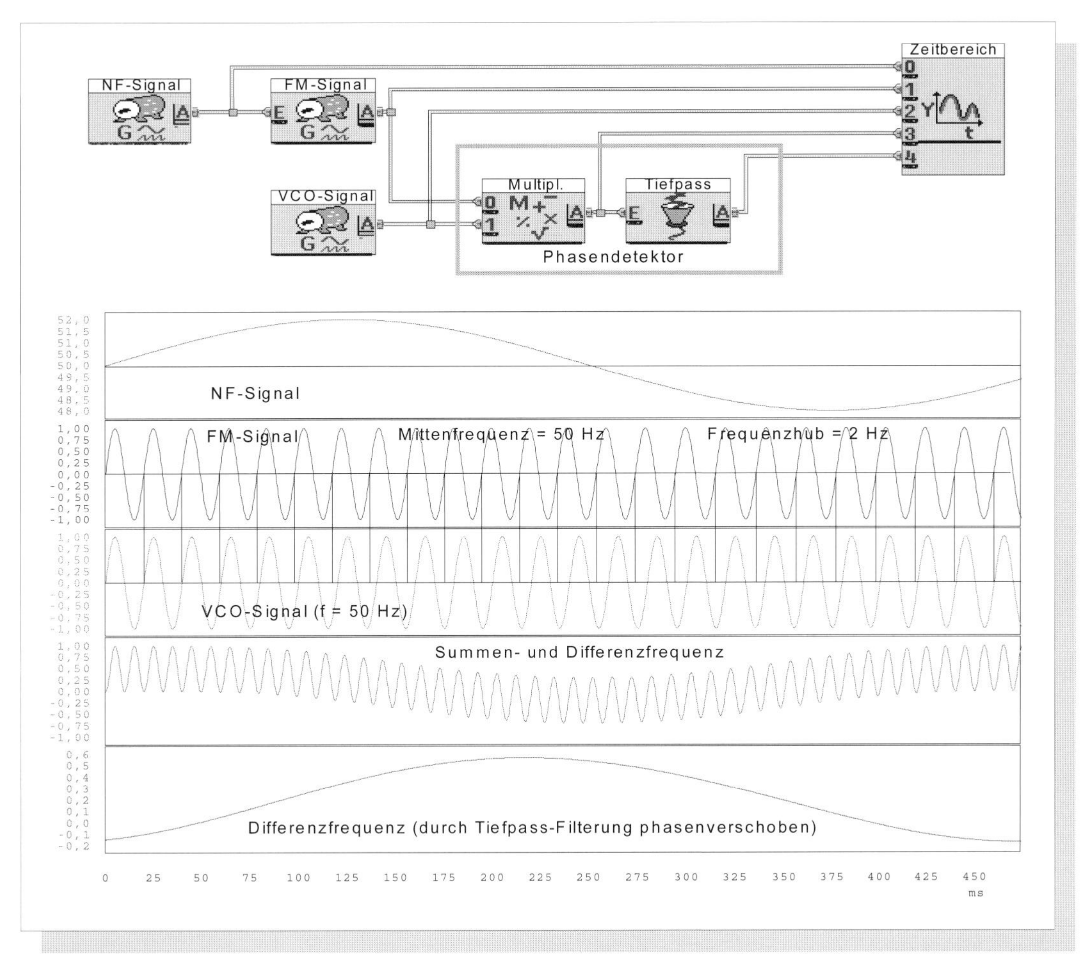

Abbildung 152 ***Grundsätzliche Wirkungsweise des Phasendetektors***

In zweiten und dritten Reihe ist die Phasenverschiebung zwischen dem FM- und dem hier auf eine konstante Frequenz eingestellten VCO-Signal als Differenz zwischen den Nulldurchgängen zu sehen. Diese Phasendifferenz enthält die Differenzfrequenz, die zusammen mit der Summenfrequenz am Ausgang des Multiplizierers erscheint. Der Tiefpass filtert die Summenfrequenz weg.
Die Ausgangsspannung am Tiefpass ist die Regelspannung für den VCO und ändert sich im Rhythmus des NF-Signals (oben), weil sich die Momentanfrequenz des FM-Signals in diesem Rhythmus ändert.

Diese Regelspannung entspricht deshalb nicht dem ursprünglichen NF-Signal, weil der VCO hier auf einer festen Frequenz eingestellt ist und nicht permanent nachgeregelt wird. Ist dieser Regelkreis perfekt abgestimmt, so erscheint am Ausgang des Tiefpasses eine Regelspannung, die dem ursprünglichen NF-Signal entspricht.

Der PLL versucht also hier permanent, Sender (FM-Signal) und Empfänger (VCO-Signal) zu synchronisieren. Da das FM-Signal sich aber im Rhythmus des NF-Signals (Quellensignals) ändert, muss sich die Regelspannung für den VCO auch genau in diesem Rhythmus ändern.

Die Sensibilität dieses rückgekoppelten Systems äußert sich in einer äußerst empfindlichen Abstimmung der Regelspannung. Dies zeigt Abb. 154. Die Ausgangsspannung des Tiefpasses wird auf den richtigen Pegel verstärkt und mit dem richtigen Offset versehen. Schon eine winzige Veränderung dieser Größen macht den Regelkreis instabil.

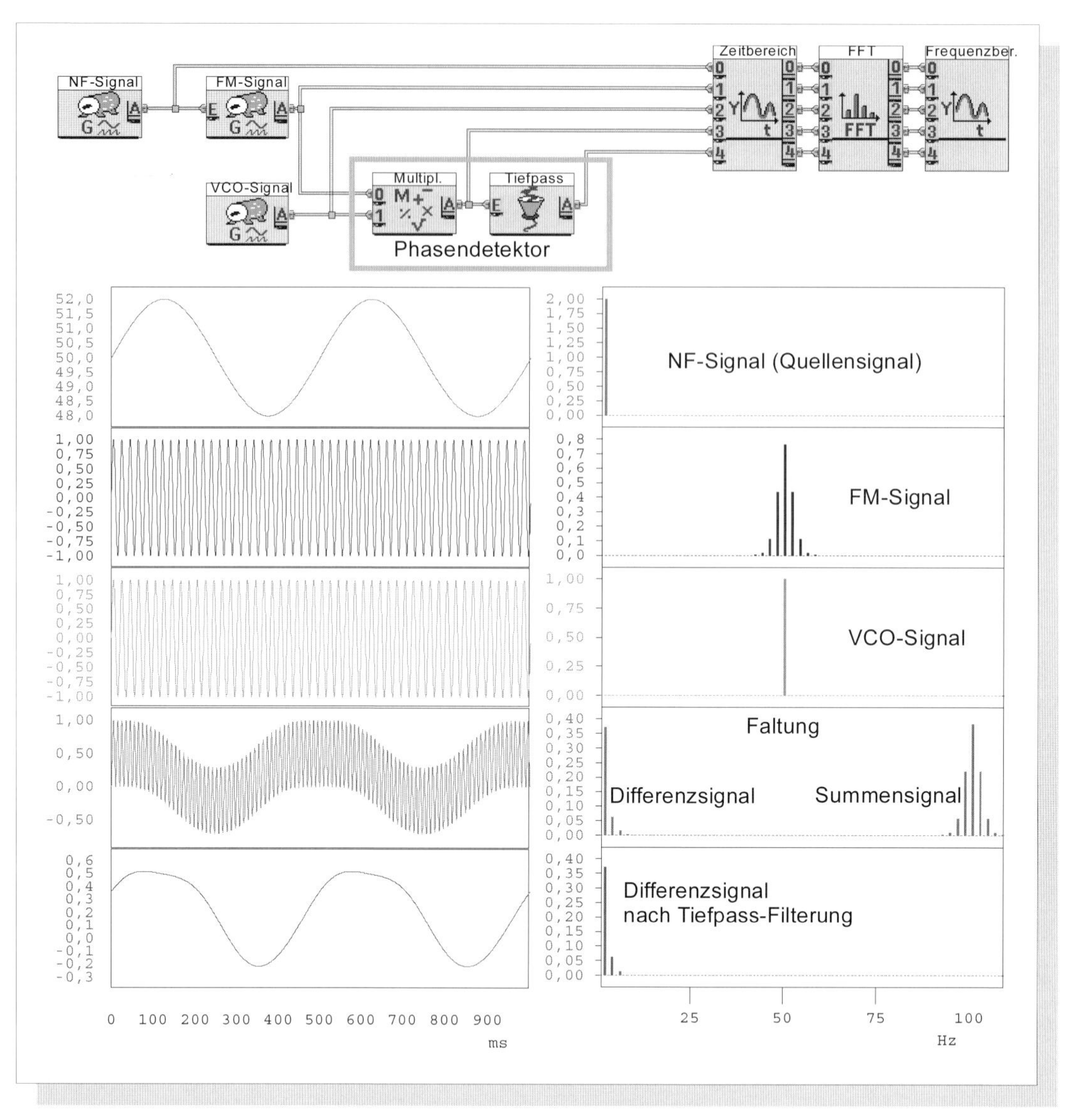

Abbildung 153 ***Defekter PLL ohne geregelten VCO***

Was passiert, falls beim PLL der eigentliche Regelkreis unterbrochen und der VCO mit einer konstanten „Trägerfrequenz" betrieben wird. Diese Analyse ist recht einfach. Denn dann haben wir es mit einer einfachen Multiplikation im Zeitbereich zu tun. Im Frequenzbereich dagegen bildet sich das Summen- und Differenzsignal. Wird das Summensignal durch den Tiefpass herausgefiltert, so bleibt nicht das ursprüngliche Quellensignal übrig; vielmehr zeigt sich im Frequenzbereich ein Seitenband des FM-Signals bei der „Mittenfrequenz" f = 0 Hz?

Erst der Regelkreis bringt also das Quellensignal wieder an den Tag, weil ja dadurch der VCO gezwungen wird, sich auf die Momentanfrequenz des FM-Signals zu synchronisieren! Da sich aber diese FM-Momentanfrequenz im Rhythmus des Quellensignals ändert, muss das auch für die Regelspannung (die Differenzspannung am Ausgang des Tiefpasses) gelten!

Mit dem Offset wird die Mittenfrequenz und mit dem Verstärker der Frequenzhub des VCO eingestellt. Das Modul „Verzögerung" ist bei DASY*Lab* für rückgekoppelte Kreise vorgeschrieben. Erst nach einer bestimmten Zeit rastet der PLL ein. Schon eine Änderung von jeweils der zweiten Stelle nach dem Komma der Konstanten C in den beiden Modulen lässt den PLL überhaupt nicht einrasten. Wir sehen, wie sensibel der Regelkreis auf die kleinsten Änderungen des VCO-Signals reagiert.

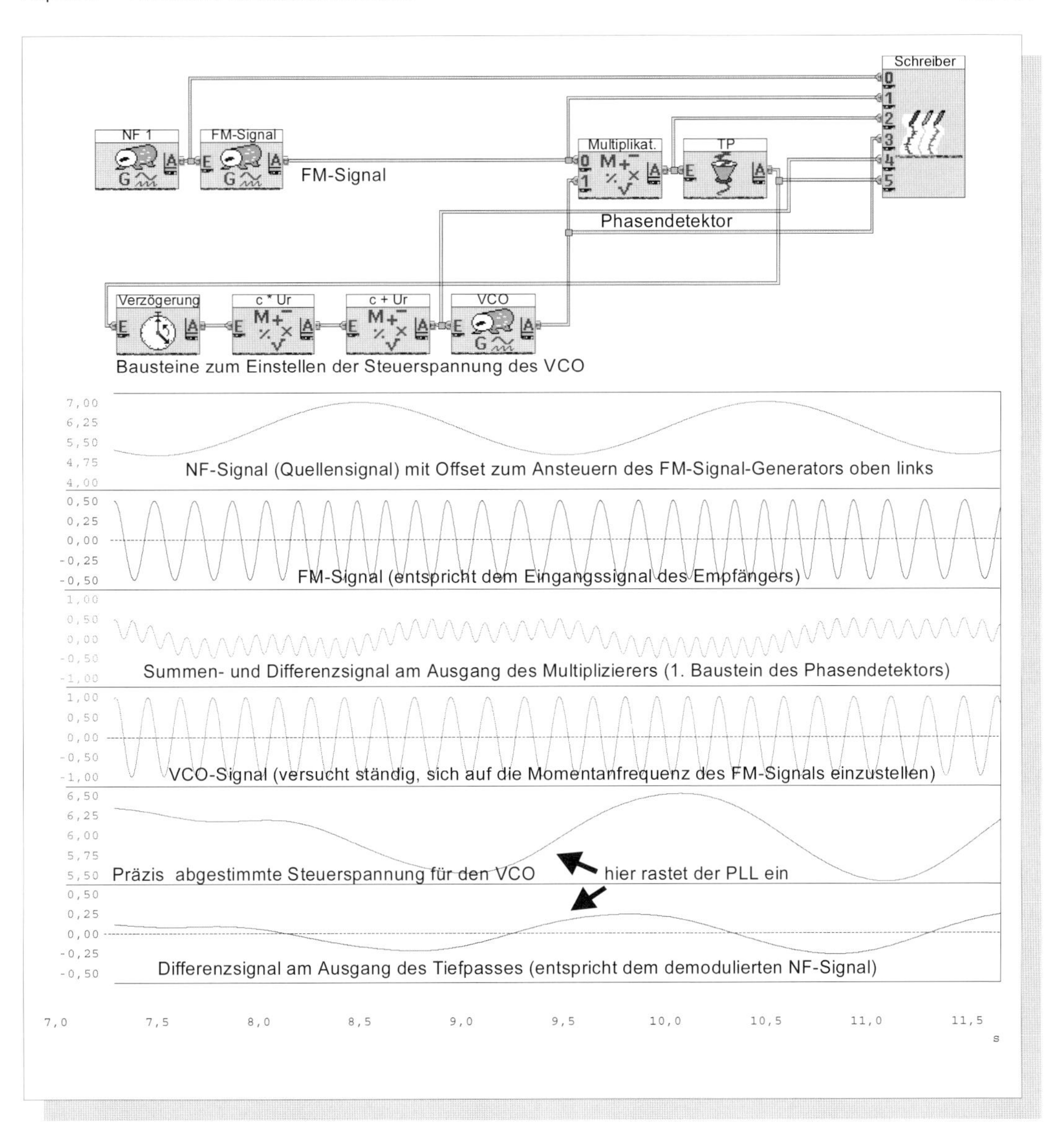

Abbildung 154 ***Der PLL als Demodulator für FM-Signale***

In dem oberen Blockschaltbild finden Sie einige Bausteine mehr als im Prinzip-Blockschaltbild von Abb. 150. Links oben wird das FM-Signal erzeugt, welches demoduliert werden soll. Der Phasendetektor - aus dem Multiplizierer und dem Tiefpass bestehend - zeigt den jeweiligen Phasenunterschied zwischen FM- und VCO-Signal an. Dieses Ausgangssignal wird zur Nachregelung des VCO aufbereitet (Einstellung der Mittenfrequenz des VCO durch Offset (C + U_R) und des Frequenzhubs (CU_R). Natürlich arbeitet der Regelkreis mit einer bestimmten Verzögerung. Dies sehen Sie auch beim Vergleich von FM- und VCO-Signal. Mit DASYLab ist jedoch Rückkopplung überhaupt erst möglich unter Verwendung des Moduls Verzögerung.*

Würde andererseits das FM-Signal zeitweise einen höheren Frequenzhub aufweisen, so könnte der PLL ebenfalls aus dem Tritt geraten. Sender-Frequenzabstand und Frequenzhub sind deshalb im UKW-Bereich festgelegt. Der Mittenfrequenzabstand beträgt 300 kHz, der maximale Frequenzhub 75 kHz, die höchste NF-Frequenz ca. 15 kHz (“HiFi“). Aufgrund unserer Bandbreitenformel ergibt sich damit eine Senderbandbreite von ca.

$$B_{UKW} = 2\,(75\text{ kHz} + 2 * 15\text{ kHz}) = 210\text{ kHz}$$

Der PLL besitzt eine Bedeutung, die weit über die eines FM-Demodulators hinausgeht. Er wird generell dort eingesetzt, wo es gilt, Sender und Empfänger zu synchronisieren, denn er kann gewissermaßen den Grundtakt („clock") aus dem Empfangssignal „herausfischen".

Phasenmodulation

Zwischen der *Frequenz* und der *Phase* einer Sinusschwingung besteht ein eindeutiger Zusammenhang, der hier noch einmal kurz dargelegt werden soll. Stellen Sie sich einmal zwei Sinusschwingungen vor, eine mit 10 Hz, die andere mit 100 Hz.

$Sinus_{10Hz}$ besitzt eine Periodendauer von

$$T_{10Hz} = 1/f = 1/10 = 0{,}1 \text{ s} \quad ,$$

$Sinus_{100Hz}$ eine Periodendauer

$$T_{100Hz} = 1/f = 1/100 = 0{,}01 \text{ s} \quad .$$

Stellen wir uns nun jeweils den rotierenden Zeiger nach Abb. 12 vor, so dreht sich dieser Zeiger bei 100 Hz 10 mal schneller als bei 10 Hz. Das heißt aber auch, der Vollwinkel (die Phase) von 2π (360^0) bei 100 Hz wird 10 mal so schnell durchlaufen wie bei 10 Hz. Demnach gilt:

Je schneller sich (momentan) die Phase *ändert*, desto höher ist die (momentane) Frequenz einer Sinusschwingung.

Bei der *Differentiation* als signaltechnischer Prozess haben wir diese Art der Formulierung immer benötigt:

Je schneller sich (momentan) das Eingangssignal ändert, desto größer ist (momentan) das differenzierte Signal.

Andererseits ist uns von Abb. 12 und Seite 39 der Zusammenhang zwischen Winkelgeschwindigkeit, Phase und Frequenz bekannt:

$$\omega = \varphi/t = 2\pi/T = 2\pi f$$

Dieser Zusammenhang ist jedoch nur ganz korrekt, falls sich die Frequenz nicht ändert bzw. der Zeiger mit konstanter Winkelgeschwindigkeit ω rotiert. Bei der FM und PM gilt dies jedoch nicht. Deshalb gilt genau genommen

$$\omega = d\varphi/dt$$

was nichts anderes - siehe oben - ausdrückt als: Je schneller sich momentan die Phase ändert, desto höher ist die momentane Frequenz einer Sinusschwingung. Oder in mathematisch korrekter Form: Die Differentiation des Winkels nach der Zeit ergibt die Winkelgeschwindigkeit.

Für die Frequenz gilt damit $2\pi f = d\varphi/dt$ bzw.

$$f = 1/2\pi\ (d\varphi/dt\ ) = \ 0{,}16\ (d\varphi/dt$$

Die technische Verwirklichung einer Phasenmodulation ist nicht ganz einfach. Jedoch bietet die obige Erkenntnis einen einfachen Weg hierfür, auch falls lediglich ein Modul für die Frequenzmodulation vorhanden ist:

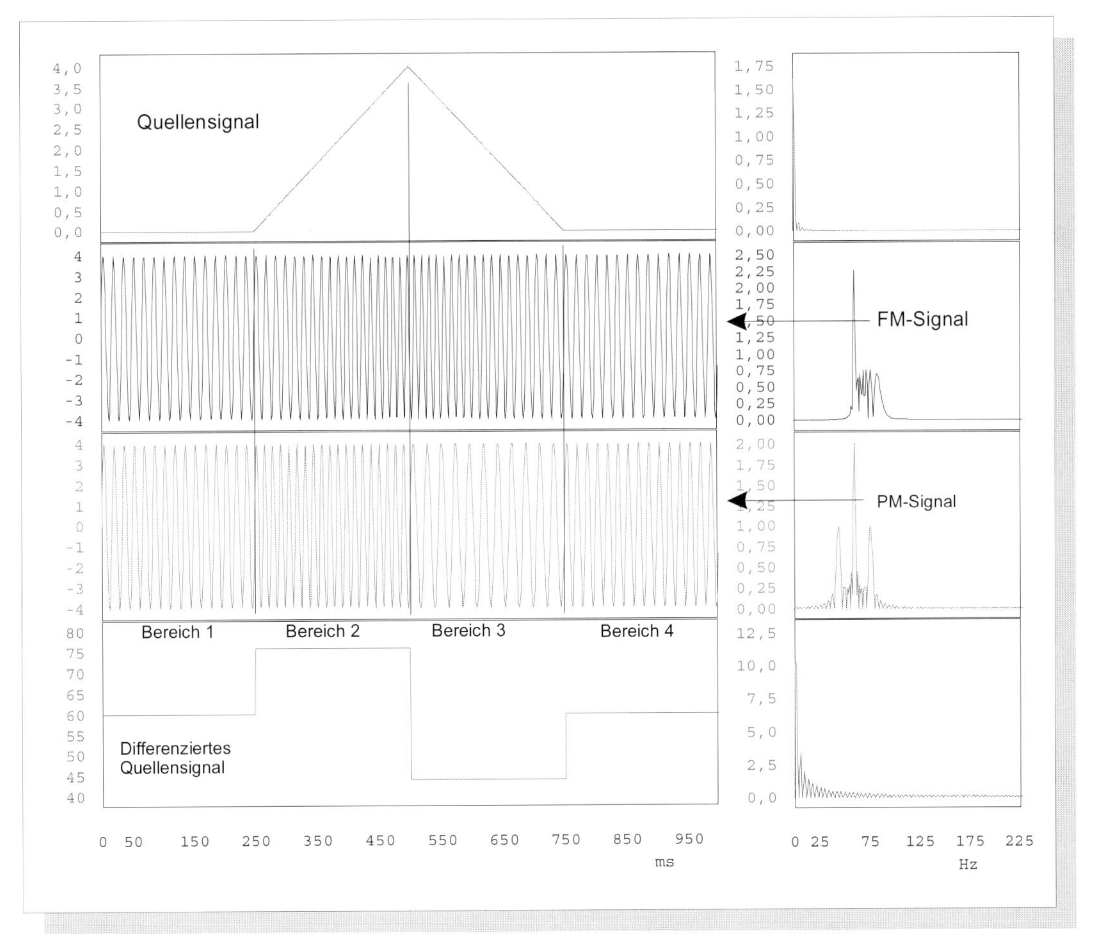

Abbildung 155 ***Vergleich zwischen PM und FM***

Als Quellensignal wird ein Signal gewählt, welches 4 Bereiche aufweist: Im Bereich 1 ändert es sicht gar nicht, in Bereich 2 steigt es linear an, in Bereich 3 fällt es wieder in sonst gleicher Weise linear ab und ändert sich schließlich wieder im Bereich 4 nicht (obere Reihe). Jeder Zeitbereich ist 250 ms lang.
In der zweiten Reihe sehen sie das entsprechende FM-Signal. So nimmt z.B. im Bereich 2 die Frequenz linear zu usw.
In der dritten Reihe sehen Sie das PM-Signal. Dazu wurde - Begründung siehe Text - das Quellensignal differenziert (untere Reihe) und auf das Modul „FM-Generator" gegeben.
Bei dem PM-Signal springt also insgesamt dreimal an den Bereichsgrenzen die Momentanfrequenz um einen Betrag, der von der Steigung bzw. dem Gefälle des Quellensignals abhängt.
Die PM reagiert also wesentlich kritischer auf Änderungen des Quellensignals, was sich eigentlich bereits aus unserer ersten Erkenntnis ergibt: Je schneller sich momentan die Phase ändert, desto höher ist die momentane Frequenz einer Sinusschwingung.
Dies zeigt auch der Frequenzbereich rechts. Das Spektrum des PM-Signals ist breiter als das des FM-Signals. Es ist so, als sei ein Quellensignal mit einem breiteren Frequenzband - das differenzierte Quellensignal unten - frequenzmoduliert worden, ohne gleichzeitig den Informationsdurchsatz zu steigern.

→ Da es um Phasenmodulation handeln soll, muss sich der Phasenwinkel $\varphi(t)$ im Rhythmus des Quellensignals ändern.

→ Wird nun $\varphi(t)$ differenziert, anschließend mit 0,16 multipliziert und dann auf das Modul „Frequenzmodulation" gegeben, so erhalten wir also ein phasenmoduliertes Signal $u_{PM}(t)$.

Dies zeigt die Abb. 155. Gegenüber der FM konnte sich die PM sich nicht bei der analogen Übertragungstechnik durchsetzen. Einer der Gründe ist die schwierigere Modulationstechnik. Erst mit den modernen *Digitalen Modulationsverfahren* hat sie eine wirkliche Bedeutung erhalten.

Störfestigkeit von Modulationsverfahren

Die sichere Übertragung von Informationen ist *das* Optimierungskriterium in der Nachrichten- bzw. Übertragungstechnik. Auch in - durch Rauschen oder andere Störsignale - beeinträchtigten Übertragungssystemen (Leitungen, Richtfunk, Mobilfunk, Satellitenfunk usw.) muss die sichere Übertragung unter definierten Bedingungen - z.B. in einem fahrenden PKW - gewährleistet sein. Der anschauliche Begriff der Störfestigkeit geht auf die Definition von Lange zurück (F.-H- Lange: Störfestigkeit in der Nachrichten- und Messtechnik, VEB-Verlag Technik, Berlin 1983)

> Hinweis:
> Generell unterschieden wird zwischen *additiven* und *multiplikativen* Störungen. Additive Störungen lassen sich dann relativ leicht „behandeln", wenn sie auf lineare Systeme einwirken. Es entstehen dann innerhalb der Systemkomponenten keine neuen Störfrequenzen.
> Anders ist dies bei einer nichtlinearen Umsetzung (z.B. Modulation). Hierbei treten - z.B. durch die Multiplikation - Mischprodukte, d.h. multiplikative Störungen in den verschiedensten Frequenzbereichen auf. Gerade in Frequenzmultiplex-Systemen (siehe z.B. das V-10800-System in Abb. 138) können fehlerhafte nichtlineare Komponenten zu äußerst komplexen Störungen führen, die nur sehr schwer messtechnisch eingrenzbar sind.

Am Beispiel des AM-Rundfunks im MW-Bereich sowie des FM-Rundfunks im UKW-Bereich lässt sich der Unterschied an Störfestigkeit erklären.

Eigentlich scheint es eine Patentlösung zu geben: Die Signalleistung sollte möglichst groß sein gegenüber der Störleistung. Das Verhältnis von Signalleistung P_{Signal} zu Störleistung $P_{Störung}$ mausert sich damit zur Grundforderung für Störfestigkeit. Damit scheint bei jeder Modulationsart ein störungsfreier Empfang möglich!

Doch so einfach liegen die Dinge nicht. So lässt sich z.B. beim Mobilfunk die Sendeleistung eines Handys nicht einfach steigern. Außerdem wurde bei der Zweiseitenband-AM mit Träger bereits auf die verschwendete Senderenergie hingewiesen: Auch wenn überhaupt kein Signal anliegt, wird praktisch die gesamte Senderleistung benötigt, nur ein kleiner Bruchteil der Senderenergie ist für die eigentliche Information vorgesehen (siehe Abb. 127 unten rechts).

Bereits 1936 bewies Armstrong, der Erfinder des Rundfunkempfangs mit Mischstufe (siehe Abb. 140) die gegenüber der AM erhöhte Störfestigkeit der FM, allerdings auf Kosten eines wesentlich höheren Bandbreitenaufwandes. Dieser Nachteil verhinderte zunächst eine Anwendung der FM im Mittelwellenbereich (535 - 1645 kHz), da innerhalb dieses relativ schmalen, ca. 1,1 MHz breiten Frequenzbandes die Anzahl der Rundfunkkanäle ohnehin recht gering war. Bei einem 9 kHz - Senderabstand (!) ergaben sich für Europa 119 verschiedene Rundfunkkanäle.

Jedoch entfiel diese Schwierigkeit mit der technischen Erschließung des Höchstfrequenzbereichs nach 1945. Im UKW-Bereich wurde direkt ein Sender-Mittenfrequenzabstand von 300 kHz vorgesehen, ausreichend für FM. Zusätzlich zu der größeren Störfestigkeit der FM sind im Höchstfrequenzbereich geringere äußere Störungen vorhanden. Dank der Horizontbegrenzung der Reichweite - infolge der geradlinigen, quasi-optischen Ausbreitung der elektromagnetischen Wellen UKW-Bereich - stören entfernte Sender nur unter extremen Bedingungen.

Theoretische Untersuchungen zeigten danach mit der Forderung nach möglichst großen *Erhöhung des Nutzphasenhubs* bei der PM eine richtige Strategie zur Erhöhung der Störfestigkeit. Nun musste geklärt werden, welcher Mehraufwand an Bandbreite bei der PM hierfür erforderlich war, ferner die Frage, welche Verhältnisse bei der FM sich hieraus ergeben würden.

Der Unterschied zwischen den beiden Modulationsarten FM und PM ist aus Abb. 155 ersichtlich. Bei der FM ist die NF-Amplitude bzw. der Momentanwert des Quellensignals bzw. die momentane Lautstärke *proportional* zum Trägerfrequenzhub. Dagegen ist bei der PM die NF-Amplitude bzw. die Lautstärke proportional zum Phasenhub, jedoch ist der Phasenhub unabhängig von der momentanen NF-Frequenz. Bei der FM ist jedoch gilt letzteres nicht. Bei gleicher Lautstärke wird bei der FM die dem Phasenhub proportionale Störfestigkeit um so schlechter, je höher die momentane Niederfrequenz des Quellensignals ist. Dies bedeutet: Bei der FM ist die Störfestigkeit reziprok zur modulierenden Niederfrequenz. Sie ist bei den niedrigsten Modulationsfrequenzen am größten.

Diesem Mangel kann aber dadurch abgeholfen werden, dass die hohen Modulationsfrequenzen in der Amplitude durch eine Frequenzgangkorrektur mittels eines Hochpass-Filters angehoben werden. Dies wird *Preemphasis* genannt. Auf der Empfängerseite wird diese Maßnahme durch ein Tiefpass-Filter rückgängig gemacht. Dies wird als *Deemphasis* bezeichnet.

Die Störfestigkeit der FM beschränkt sich auf Schmalbandsignale, insbesondere von Fremdsendern. Aber es werden auch impulsähnliche industrielle Störungen gut unterdrückt. Sobald jedoch die Nutzfeldstärke in der Größenordnung der Störfeldstärke liegt, sinkt die Übertragungsqualität stark ab. Beim UKW-Rundfunk machen sich in den dicht bebauten Städten vor allem Interferenzstörungen des Sendersignals bemerkbar. Mehrere, an Häuserwänden reflektierte Sendersignale überlagern sich am Ort der Autoantenne so ungünstig, dass die Nutzfeldstärke gegen Null geht. An einer Ampel hilft oft bereits ein Versetzen des Wagens um einen halben Meter, um wieder bessere Empfangsqualität zu erhalten.

Bei der FM, ebenso wie bei der PM, liegt die ganze Information in den Nulldurchgängen der Trägerschwingung. Solange diese bei einer Störung erhalten bleiben, lässt sich eine vollständige Störbefreiung durchführen. Sobald aber eine Störung merklich die Nulldurchgangsverteilung der modulierten Schwingung verändert, wird der Nutzinformationsfluss zerstört. Siehe hierzu Abb. 156.

Hinweis:
Die moderne Mikroelektronik schafft mit der Digitalen Signalverarbeitung wesentlich bessere Lösungsmöglichkeiten. Mit der neuen Digitalen Rundfunktechnik (DAB Digital Audio Broadcasting) wird dank der neuartigen Modulationsverfahren - neben vielen neuen technischen Möglichkeiten - ein praktisch störungsfreier Empfang ohne Interferenzstörungen in HIFI-Qualität möglich sein.

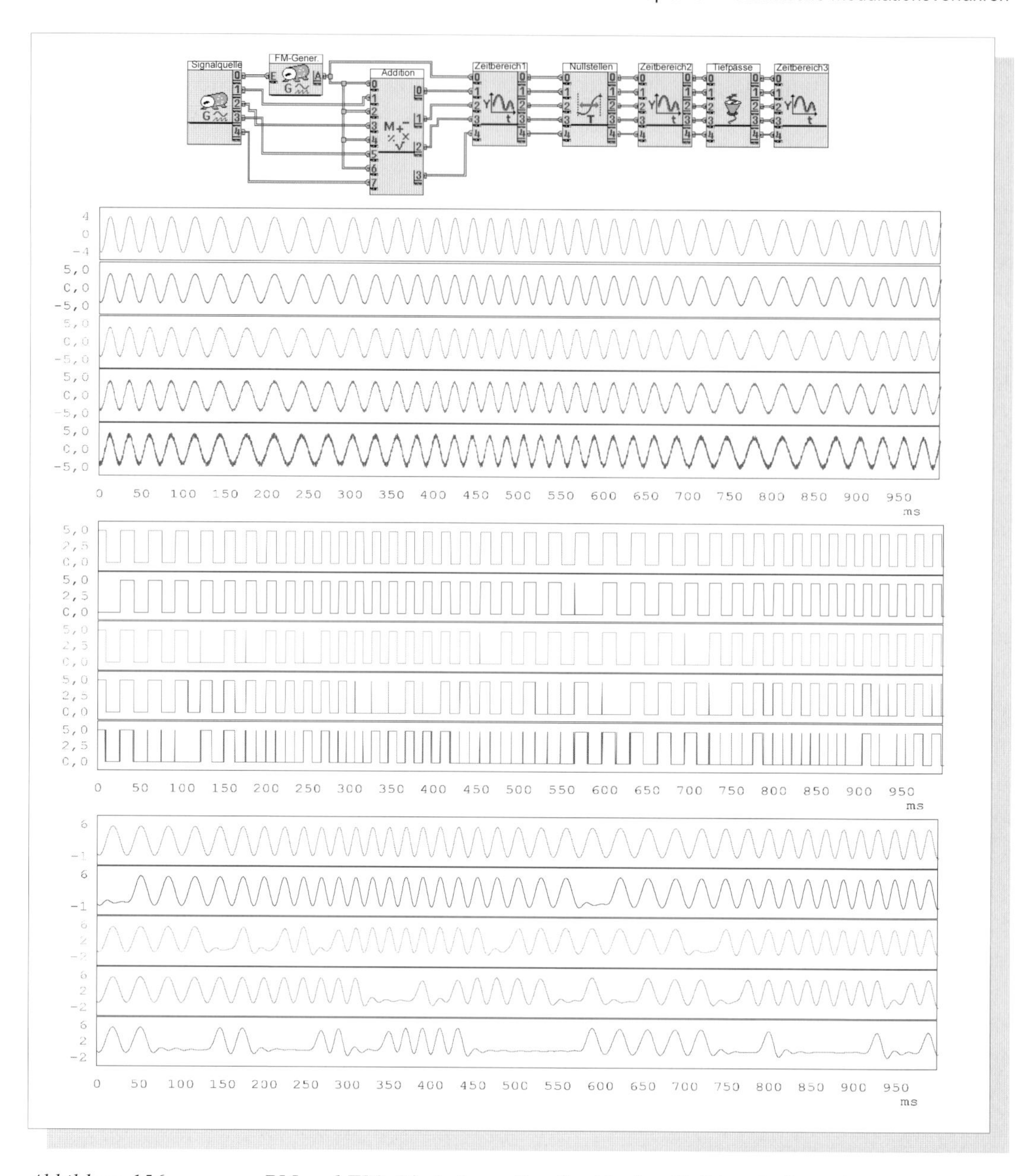

Abbildung 156 ***PM und FM: Die Information liegt in den Nulldurchgängen!***

Diese These lädt direkt zu einem entsprechenden Experiment ein. Es soll bewiesen werden: Die gesamte Information liegt in den Nulldurchgängen. Ferner: Nehmen die Störungen (hier Rauschen) zu, geht immer mehr Information verloren.

Wie das Blockschaltbild sowie er obere Signalblock (Zeitbereich 1) zeigen, wird zunächst ein reines PM- bzw. FM-Signal erzeugt (um welches Signal es sich wirklich handelt, wäre erst entscheidbar, falls das Quellensignal vorläge). Zu diesem Signal wird nun auf vier weiteren Kanälen ein immer größeres Rauschen addiert.

Das Modul „Nullstellen" triggert nun auf die Nullstellen dieser fünf Signale, und zwar abwechselnd auf die ansteigende und abfallende Flanke. Damit zeigt der gesamte mittlere Signalblock nur noch die in den Nullstellen enthaltenen Informationen an! Die durch Störungen hervorgerufenen Informationsverfälschungen sind klar erkennbar.

Diese Nullstellensignale werden nun einfach Tiefpass-gefiltert. Im dritten Signalblock (Zeitbereich 3) ist das Ergebnis zu sehen. In der oberen Reihe wurde das ungestörte Signal (zeitverschoben) vollständig zurückgewonnen. Damit ist die These bewiesen! Bei den nächsten vier Signalen nehmen die Störungen sichtbar - wie das Störrauschen - von oben nach unten zu.

Mit intelligenteren Methoden ließen sich auch noch diese Störungen weitgehend beseitigen!

Praktische Informationstheorie

Zusammenfassend ist festzustellen, dass die FM und PM ein gutes Beispiel für die Aussage der Informationstheorie ist, prinzipiell die Störfestigkeit über die Vergrößerung der Bandbreite des Sendersignals erhöhen zu können.

Gerade die Umsetzung der theoretischen Ergebnisse in die Praxis mit den Mitteln der Digitalen Signalverarbeitung hat in den letzten Jahren den Weg frei gemacht zum Mobilfunk, zum Satellitenfunk, zur Digitalen Rundfunktechnik DAB und digitalen Fernsehtechnik DVB (Digital Video Broadcasting).

Die o.a. grundlegende Aussage der Informationstheorie ergibt sich aus sehr komplizierten mathematischen Berechnungen, die auf der Statistik und Wahrscheinlichkeitsrechnung beruhen. Letzten Endes ist aber das Ergebnis von vornherein klar, falls wir das *Symmetrie-Prinzip* **SP** (Kapitel 5) bzw. die Gleichwertigkeit von Zeit- und Frequenzbereich betrachten.

Die Störfestigkeit einer Übertragung lässt sich erhöhen, indem wir die Übertragungszeit erhöhen. Z.B. ließe sich die gleiche Information mehrfach hintereinander übertragen bzw. wiederholen. Da die Störungen durchweg stochastischer Natur sind, ließe sich durch eine Mittelwertbildung das Quellensignal recht gut regenerieren, denn der Mittelwert von (weißem) Rauschen ist Null.

> *Vergrößerung der Übertragungsdauer durch mehrfache Wiederholung der Information im Zeitbereich („Zeitmultiplex") bei gleicher Übertragungsbandbreite erhöht die Störfestigkeit.*

Aufgrund des Symmetrie-Prinzips muss nun auch die Umkehrung gelten. Wir brauchen lediglich das Wort „Zeit" durch das Wort „Frequenz" zu ersetzen, dsgl. das Wort „Übertragungsdauer" durch „Übertragungsbandbreite" und umgekehrt.

> *Vergrößerung der Übertragungsbandbreite durch mehrfache Wiederholung der Information im Frequenzbereich ("Frequenzmultiplex") bei gleicher Übertragungsdauer erhöht die Störfestigkeit.*

Das hier gewählte Erklärungsmodell mit Zeit- und Frequenzmultiplex, also der zeitlichen und frequenzmäßigen Staffelung von Kanälen, ist dabei bedeutungslos. Die Störfestigkeit erhöht sich generell bei einer zeit- und frequenzmäßigen „Streckung", einmal

→ weil die „Erhaltungstendenz" des informationstragenden Signals zwischen zwei benachbarten Zeit- bzw. Frequenzabschnitten hierdurch vergrößert wird (siehe „Rauschen und Information" S. 48 und Abb. 28), ferner

→ weil die im Zeitbereich stochastisch wirkende Störung natürlich auch im Frequenzbereich stochastischer Natur ist.

Aufgaben zu Kapitel 8

Aufgabe 1 Amplitudenmodulation AM

(a) Entwickeln Sie die zu Abb. 124 gehörende Schaltung mit Hilfe des Moduls „Ausschnitt“.

(b) Untersuchen Sie mit DASY*Lab* experimentell das Frequenzspektrum gemäß Abb. 124. Stellen Sie dabei alle Werte so ein, dass die „Momentanfrequenz“ bei t = 0 s beginnt und die andere bei t = 1 s endet. Wählen Sie deshalb f = 2, 4, 8 bzw. alle Momentanfrequenzen als Zweierpotenz. Blocklänge und Abtastrate wie gehabt mit der Standardeinstellung 1024.

(c) Erstellen Sie die Schaltung zu Abb. 125 und 126. Nehmen Sie als Quellensignal Tiefpass-gefiltertes Rauschen.

(d) Entwickeln Sie einen AM-Generator, mit dem sich über Handregler die Trägerfrequenz f_{TF}, die Signalamplitude $\hat{U}_{NF}$ sowie der Offset einstellen lassen.

(e) Entwickeln Sie mit Hilfe des Moduls „Formelinterpreter“ einen AM-Generator, der die auf Seite 222 angegebene AM-Formel umsetzt und bei dem sich Modulationsgrad m, f_{NF} und f_{TF} einstellen lassen. Wählen Sie $\hat{U}_{NF} = 1$ V.

Aufgabe 2 Demodulation eines AM-Signals

(a) Entwickeln sie die zu Abb. 127 gehörende Demodulationsschaltung. Die Gleichrichtung soll durch die Betragsbildung (Modul „Arithmetik“) das RC-Glied durch Tiefpass-Filterung dargestellt werden. Siehe auch Abb. 128.

(b) Variieren Sie den Offset und untersuchen Sie die Spektren der modulierten Signale gemäß Abb. 128.

(c) Weshalb ist Zweiseitenband-AM mit Träger ein sehr ungünstiges Verfahren?

Aufgabe 3 Einseitenband-Modulation EM

(a) Entwerfen Sie selbst die Schaltung für die EM nach Abb. 133.

(b) Stellen Sie die Parameter entsprechend Abb. 133 ein. Wählen Sie wie immer Abtastrate und Blocklänge zu 1024. Der gleiche Träger wird hier zur Modulation und Rückumsetzung bzw. Demodulation verwendet.

(c) Weshalb ist das demodulierte Quellensignal zeitverschoben?

(d) Entwerfen Sie die Schaltung für die Regel- und Kehrlage nach Abb. 133 und 134.

Aufgabe 4 Frequenzmultiplex-Verfahren

(a) Entwerfen Sie die Schaltung zur Vorgruppenbildung und Rückumsetzung nach Abb. 139 und 140. Die Bandbreite des Quellensignals - gefiltertes Rauschen - entsprechend präzise der Bandbreite eines Fernsprechsignals von 300 - 3400 Hz.

(b) Machen Sie Ihre DASY*Lab*-Meisterprüfung und entwerfen Sie eine entsprechende Schaltung zur Primär-Grundgruppenbildung nach Abb. 138.

(c) Wo liegen die programmtechnischen Grenzen von DASY*Lab* zur Simulation in Bezug auf die Erstellung von Sekundär-, Tertiär, Quartär-Grundgruppen usw.?

Aufgabe 5 Mischung

(a) Entwerfen und simulieren Sie einen AM-Tuner gemäß Abb. 141. Hier müssen Sie die Abtastrate auf ca. 2 MHz einstellen! Blocklänge mindestens 1024 .

(b) Erstellen Sie danach ein realistisches AM-Signal im Mittelwellenbereich von 525 bis 1645 kHz, welches Sie dem Rauschen überlagern. Versuchen Sie, das entsprechende AM-Signal zurückzugewinnen und zu demodulieren. Tipp: Achten Sie auf ein günstiges Verhältnis von Signal- zu Rauschpegel!

Aufgabe 6 Frequenzmodulation FM

(a) Machen Sie sich vertraut mit der Funktion des FM-Generators nach Abb. 142.

(b) Wie können Sie im Modul „Quellensignal“ (d.h. ohne Handregler) FM-Mittenfrequenz und Frequenzhub einstellen? Wählen Sie bei diesen Versuchen ein sinusförmiges Quellensignal.

(c) Variieren Sie Frequenzhub und Mittenfrequenz gemäß Abb. 142 über Handregler. Erweitern Sie dazu die Schaltung.

(d) Betrachten Sie im Frequenzbereich den Zusammenhang bzw. den Einfluss von Frequenzhub, Frequenz des Quellensignals und FM-Mittenfrequenz auf die Breite des FM-Spektrums.

Aufgabe 7 Demodulation von FM-Signalen

(a) Versuchen Sie, ein FM-Signal an einer Tiefpass-Flanke zu demodulieren.

(b) Versuchen Sie ein FM-Signal an einer Hochpass-Flanke mit der gleichen Grenzfrequenz von (a) zu demodulieren. Wodurch unterscheiden sich die Ergebnisse?

(c) Wiederholen Sie (a) und (b) mit einem realistischen Quellensignal (gefiltertes Rauschen).

(d) Entwerfen Sie einen Phasendetektor nach Abb. 152.

(e) Versuchen Sie den in Abb. 153 durchgeführten Versuch nachzugestalten

(f) Entwerfen Sie selbständig einen PLL wie in Abb. 154 und versuchen Sie, die Steuerspannung für den VCO so einzustellen, dass der PLL funktioniert.

Aufgabe 8 Unterschied zwischen PM und FM

(a) Entwickeln Sie die zu Abb. 155 gehörende Schaltung und führen Sie den Vergleich zwischen PM und FM selbst durch.

(b) Begründen Sie die Unterschiede bezüglich der Störfestigkeit von PM und FM.

(c) Weshalb wird die *Preemphasis* und *Deemphasis* bei FM eingesetzt?

Aufgabe 9 FM und PM: Nulldurchgänge als Informationsträger

Prüfen Sie gemäß Abb. 156 die These experimentell, wonach die vollständige Information des PM- und FM-Signals in deren Nulldurchgängen liegt.

Aufgabe 10 Störfestigkeit

Begründen Sie, warum ein Verbreiterung des Frequenzbandes bei gleicher Übertragungsdauer die Störsicherheit generell erhöhen kann.

Kapitel 9

Digitalisierung

Aha, werden Sie denken, jetzt folgt so etwas wie eine *„Einführung in die Digitaltechnik"*. Bereits in der Unterstufe aller Ausbildungsberufe des Berufsfeldes Elektrotechnik ist dieser Themenkreis ein unverzichtbarer Bestandteil der Ausbildung.

Er ist deshalb so „dankbar", weil er ohne besondere Vorkenntnisse in Angriff genommen werden kann. Hierzu gibt es zahllose unterrichtsbegleitende Fachliteratur, Experimentalbaukästen sowie Simulationsprogramme für den PC.

Digitaltechnik ist nicht gleich Digitaltechnik

Es macht schon aus diesem Grunde wenig Sinn, sich auf diesen ausgetretenen Pfaden zu bewegen. Jedoch liegt viel gewichtigerer Grund vor, die Grenzen dieser Art Digitaltechnik zu überschreiten. Sie ist zwar für steuerungstechnische Probleme aller Art sehr wichtig, aber im Grunde genommen macht sie nur eins: Lampen oder „Relais" *ein- oder auszuschalten* oder allenfalls einen Schrittmotor anzusteuern!

Nehmen wir als Beispiel eine Ampelanlage, eine zweifellos wichtige Anwendung. Sie begnügt sich aber - wie alle im Rahmen der bisherigen schulischen Digitaltechnik behandelten Beispiele - auf Ein- und Ausschaltvorgänge, kennt also nur zwei Zustände: Ein oder Aus!

> *Ob unter Verwendung digitaler Standardbausteine (z.B. TTL-Reihe), frei programmierbarer Digitalschaltungen wie GALs bzw. FPGAs (Free Programmable Gate Arrays) oder gar von Mikrocontroller-Schaltungen: Die herkömmliche (schulische) Digitaltechnik beschränkte sich bislang auf Ein- und Ausschaltvorgänge!*

Im Kapitel 1 wurde ausführlich erläutert, warum unser Konzept eine ganz andere Zielrichtung besitzt:

> *In diesem Buch und in der aktuellen Praxis geht es um die computergestützte Verarbeitung realer Signale mit Hilfe „virtueller Systeme" (d.h. Programme), die möglichst - wie bei* DASY*Lab - durch grafische Programmierung in Form von Blockschaltbildern erzeugt werden sollten.*

Digitale Verarbeitung analoger Signale

Reale Signale der Mess-, Steuer-, Regelungs-, Audio- oder gar Videotechnik sind zunächst immer *analoge* Signale. Der Trend geht nun vollkommen eindeutig weg von der Verarbeitung analoger Signale durch *analoge Systeme*. Wie bereits mehrfach erwähnt, besitzt die Analogtechnik bereits jetzt nur noch dort wirkliche Bedeutung, wo sie sich gar nicht vermeiden lässt.

> *Analoge Schaltungstechnik ist immer mehr nur noch dort zu finden, wo sie sich nicht vermeiden lässt: An der (analogen) Informationsquelle und –senke sowie beim Übergang zum physikalischen Medium des Übertragungsweges.*

Das beste Beispiel für diesen Trend ist das *Internet*, der weltweite Verbund zahlloser Computernetze. Wo finden wir dort noch Analogtechnik? Informationsquelle und –senke für reale, analoge Signale ist hier meist die Soundkarte. Sie enthält genau das Minimum an Analogtechnik. Ansonsten finden wir hier nur noch Analogtechnik beim Übergang zum bzw. vom Übertragungsmedium Cu-Kabel, Lichtwellenleiter, terrestrischer Richtfunk und Satelliten–Richtfunk.

Dabei lässt sich jede Art von (analoger) Kommunikation sehr wohl über das Internet abwickeln. Voll im Trend liegt zur Zeit *Video-Webphoning*, also die weltweite Bildtelefonie, und zwar zum Ortstarif!

Mit der digitalen Signalverarbeitung realer, analoger Signale betreten wir Neuland im schulischen Bereich. Derzeit gibt es außerhalb des Hochschulbereichs noch keine Richtlinie bzw. Ausbildungspläne, die auch nur andeutungsweise das wichtigste Thema der modernen Nachrichtentechnik erwähnen würde: DSP (Digital Signal Processing), zu deutsch *die Digitale Signalverarbeitung analoger Signale.*

Die schulische Digitaltechnik endet derzeit am A/D- bzw. am D/A-Wandler, also dort wo analoge Signale in digitale Signale und umgekehrt gewandelt werden. Das sollte sich umgehend ändern!

Mit DSP sind vollkommen neuartige, geradezu phantastische signalverarbeitende Systeme möglich geworden. Ein Paradebeispiel hierzu kommt aus der medizinischen Diagnostik mit der Computer-Tomographie, speziell der NMR-Tomographie (Nuclear Magnetic Resonance: Kernspinresonanz). Der lebendige Mensch wird hier scheibchenweise messtechnisch erfasst und bildmäßig dargestellt. Durch die rechnerische Verknüpfung der Daten jeder „Scheibe" ist es bei entsprechender Rechenleistung sogar möglich, durch den Körper des (lebendigen) Menschen hindurch zu navigieren, Knochen- und Gewebepartien isoliert darzustellen sowie bestimmte Karzinome (Krebsgeschwülste) bildmäßig genau zu erkennen und einzugrenzen.

Es wäre absolut unmöglich, diese Bravourleistung mit Hilfe der analogen Schaltungstechnik bzw. Analogrechnertechnik zu erzielen. Ein weiteres Beispiel ist das von uns verwendete DASY*Lab*. Fast spielerisch lassen sich sehr komplexe signalverarbeitende Systeme grafisch programmieren und ebenso die Fülle von Signalen visualisieren, d.h. bildlich darstellen.

Die *digitale Signalverarbeitung analoger Signale* (DSP) ermöglicht neue Anwendungen der Informationstechnologie IT, die bislang auf analogem Wege nicht realisierbar waren. Auf *rechnerischem* Wege lassen sich signalverarbeitende Prozesse „in Reinkultur" mit nahezu beliebiger, bis an die durch die Physik bestimmten Grenzen der Natur gehender Präzision durchführen.

Weiterhin führt DSP zu einer *Standardisierung* signaltechnischer Prozesse. DAB und DVB (Digital Audio Broadcasting bzw. Digital Video Broadcasting), also die neue Digitale Rundfunk- und Digitale Fernsehtechnik benutzen z.B. signaltechnische Prozesse, die auch in den anderen modernen Techniken - z.B. Mobilfunk - immer eingesetzt werden. Die moderne Nachrichtentechnik wird hierdurch letztlich einfacher und überschaubarer werden.

Nicht nur Standard-Chips werden die Hardware, sondern auch Standard-Prozesse die Software signalverarbeitender Systeme prägen.

Das Tor zur digitalen Welt: A/D-Wandler

Wenn nun DSP auch noch so eindrucksvolle Perspektiven liefert, müssen wir dieses Terrain erst einmal betreten. Es gilt, aus analogen Signalen erst einmal entsprechende digitale Signale - *Zahlenketten* - zu machen. Eingebürgert haben sich hierfür die Begriffe A/D-*Wandlung* oder A/D–*Umsetzung*.

Für diesen Wandlungs- oder Umsetzungsprozess gibt es zahlreiche verschiedene Verfahren und Varianten. An dieser Stelle geht es zunächst lediglich darum, das *Prinzip* des A/D-Wandlers zu verstehen.

A/D- (und auch D/A-) Wandler sind immer Hardware - Komponenten, auf denen eine Folge analoger und digitaler signaltechnischer Prozesse abläuft. Im Gegensatz zu praktisch allen anderen signaltechnischen Prozessen in DSP-Systemen kann A/D- (und auch D/A-) Wandlung demnach nicht rein rechnerisch durch ein virtuelles System - also ein Programm - durchgeführt werden.
Am Eingang des A/D-Wandlers liegt das (reale) analoge Signal, am Ausgang erscheint das digitale Signal als Zahlenkette. Die Zahlen werden im Dualen Zahlensystem ausgegeben und weiterverarbeitet.
Der Wandlungs- bzw. Umsetzungsprozess geschieht in drei Stufen: Abtastung, Quantisierung und Kodierung.

Das Prinzip eines A/D-Wandlers soll nun mit DASY*Lab* simuliert werden. Das hierbei gewählte Verfahren arbeitet nach dem „Zählkodier-Prinzip“ (siehe Abb. 157).

In der oberen Reihe ist ein kleiner Ausschnitt eines NF-Signals (z.B. Sprachsignal) zu sehen, darunter der Zeittakt, mit dem die „Messproben“ genommen werden. Diese und zwei weitere Signale werden durch den Baustein bzw. das Modul „Funktionsgenerator“ geliefert. Die beiden oberen Signale werden auf das Modul „*Sample&Hold*“ gegeben. Die Eigenschaften dieses Prozesses können Sie in der dritten Reihe erkennen: Der „Messwert“ zum Zeitpunkt eines Nadelimpulses (siehe Zeittakt in der zweiten Reihe) wird ermittelt und gespeichert bzw. „festgehalten“, bis der nächste „Messwert“ „gesampelt“ wird. „Sample&Hold“ lässt sich also mit „Signalprobe nehmen (“abtasten“) und Zwischenspeicherung“ übersetzen. Der Vorgang der *Abtastung* wird hier also durch Sample&Hold beschrieben.

Jeder dieser „Messwerte“ muss nun in der Zeitspanne zwischen zwei Messwerten in eine diskrete Zahl umgewandelt werden! In der vierten Reihe ist ein periodischer Sägezahnverlauf zu sehen, der synchron zum Zeittakt (Abtastfrequenz) verläuft. In dem nachfolgenden Komparator (“Vergleicher“) wird nun das treppenartige Sample&Hold-Signal mit diesem periodischen Sägezahn verglichen. Am Ausgang des Komparators liegt immer so lange eine Signal der Höhe 1 (“high“) an, wie diese Sägezahnspannung *kleiner* als der momentane Sample&Hold-Wert ist. Überschreitet die Sägezahnspannung den momentanen Sample&Hold-Wert, geht sprungartig das Ausgangssignal des Komparators auf 0 (“low“).

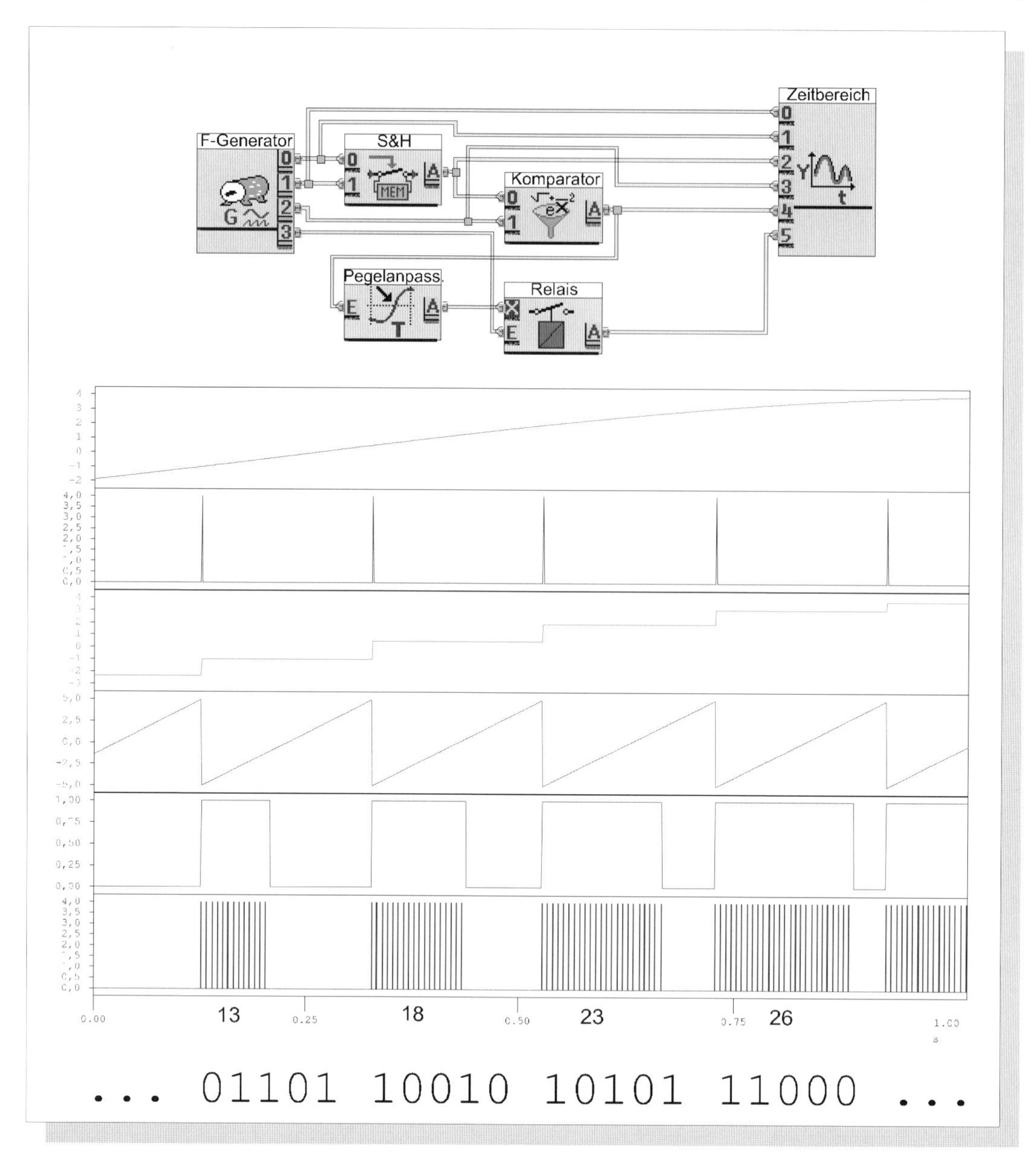

Abbildung 157 ***Prinzip eines A/D-Umsetzers***

Hier werden die Prozesse Abtastung und Quantisierung im Detail dargestellt. Die Kodierung als Kette dualer Zahlen finden Sie ganz unten. Bei der dargestellten seriellen Form des digitalen Signals beträgt dessen Taktfrequenz das Fünffache der Abtastfrequenz, weil jeder „Messwert" durch 5 Bit kodiert wird.

In der oberen Reihe sehen Sie einen kleinen Ausschnitt aus dem analogen Eingangssignal. Die weiteren Einzelheiten finden Sie im Text. Beachten Sie, dass es sich hier um eine reine Simulation handelt.

Damit liegt nunmehr die Information über die Größe des momentanen Messwertes in der *Impulsdauer* am Ausgang des Komparators. Deutlich ist zu sehen, wie mit zunehmender Höhe der „Treppenkurve" die Impulsdauer entsprechend (linear) zunimmt. Diese Form der Informationsspeicherung wird als Pulsdauermodulation (PDM) bezeichnet. Bitte beachten Sie, dass es sich beim PDM-Signal zwar um ein wertdiskretes, jedoch *zeitkontinuierliches* Signal handelt. Die Information liegt hier noch in *analoger* Form vor!

Das PDM-Signal am Ausgang des Komparators wird jetzt pegelmäßig so angepasst, dass es ein „Relais“ ansteuern kann (bei DASY*Lab* wie in der TTL-Technik 5 V). Solange der Pegel auf „high“ liegt, ist das Relais durchgeschaltet, ansonsten unterbrochen. Am Eingang des „Relais“ liegt nun (hier) eine periodische Nadelimpulsfolge mit der 32-fachen Frequenz des obigen Abtastvorgangs. Je nach Impulsdauer passieren nun mehr oder weniger Impulse das „Relais“, und zwar genau genommen zwischen (minimal) 0 und (maximal) 32. Die Anzahl der Impulse ist immer *diskret*, also z.B. 16 *oder* 17, aber niemals 16,23... . Damit liegt nunmehr die Information über den momentanen Messwert nicht mehr in analog-kontinuierlicher, sondern in *diskreter* Form vor. Dies ist der Vorgang der *Quantisierung*, wie er bereits in den Abb. 122 und 123 dargestellt wurde!

Im vorliegende Fall können also maximal 32 *verschiedene* Messwerte festgestellt und ausgegeben werden. Die Impulsgruppen der unteren Reihe werden nun - hier nicht dargestellt - auf einen *Binärzähler* gegeben, der die Anzahl der Impulse als duale Zahl anzeigt. Z.B. entsprechen 13 Impulse dann der Dualzahl 01101. Dies ist der Vorgang der *Kodierung*!

Hinweise:

→ In der Praxis ist das hier beschriebene „Relais“ nichts anderes als ein UND-Gatter, welches ausgangsseitig auf „high“ liegt, wenn (momentan) an beiden Eingängen auch „high“ anliegt.

→ Bei dieser Simulation handelt es sich um einen 5-Bit-A/D-Wandler ($2^5 = 32$), denn 32 verschiedene Zahlen können durch entsprechende 5-Bit-Kombinationen kodiert werden.

→ Das hier beschriebene Verfahren des „Zählkodierers“ ist zwar sehr einfach, wird jedoch noch kaum in der Praxis verwendet. Bei einem 16-Bit-A/D-Wandler, wie er in der Audio-Technik verwendet wird, müsste nämlich die Impulsfrequenz $2^{16} = 65536$ mal so hoch sein wie die Abtastfrequenz!

→ Es gibt beim A/D zwei Möglichkeiten, die „Dualzahlenketten“ auszugeben:
Parallele Ausgabe: Hierbei steht für jedes Bit eine Leitung zur Verfügung. Bei einer 5-Bit-Kombination wären dies also 5 Leitungen am Ausgang.
Die parallele Ausgabe wird vorwiegend chip- oder systemintern verwendet, z.B. zwischen dem A/D-Wandler und dem Signalprozessor.
Serielle Ausgabe: Über ein Schieberegister wird die Bit-Kombination auf eine einzige Leitung gegeben. Hierdurch erhöht sich die Taktfrequenz im obigen Beispiel auf das Fünffache der Abtastfrequenz!
Für die Übertragungstechnik wird fast ausschließlich die serielle Ausgabe eingesetzt.

→ Auf einer Audio-CD liegt das digitale Signal in serieller Form vor, d.h. die ganze Musik besteht aus einer mehr oder weniger zufällig erscheinenden Folge von 0 und 1 (“low“ und „high“)!

Prinzip des D/A-Wandlers

Bei einem D/A-Wandler liegt jeweils am Eingang eine Dualzahl an, die intern in einen diskreten, *analogen* Wert umgewandelt wird. Das Ausgangssignal des D/A-Wandlers ist also genau genommen ein treppenähnliches Signal. Bei einem 5-Bit-D/A-Wandler wären also 32 verschiedene Treppenstufen möglich.

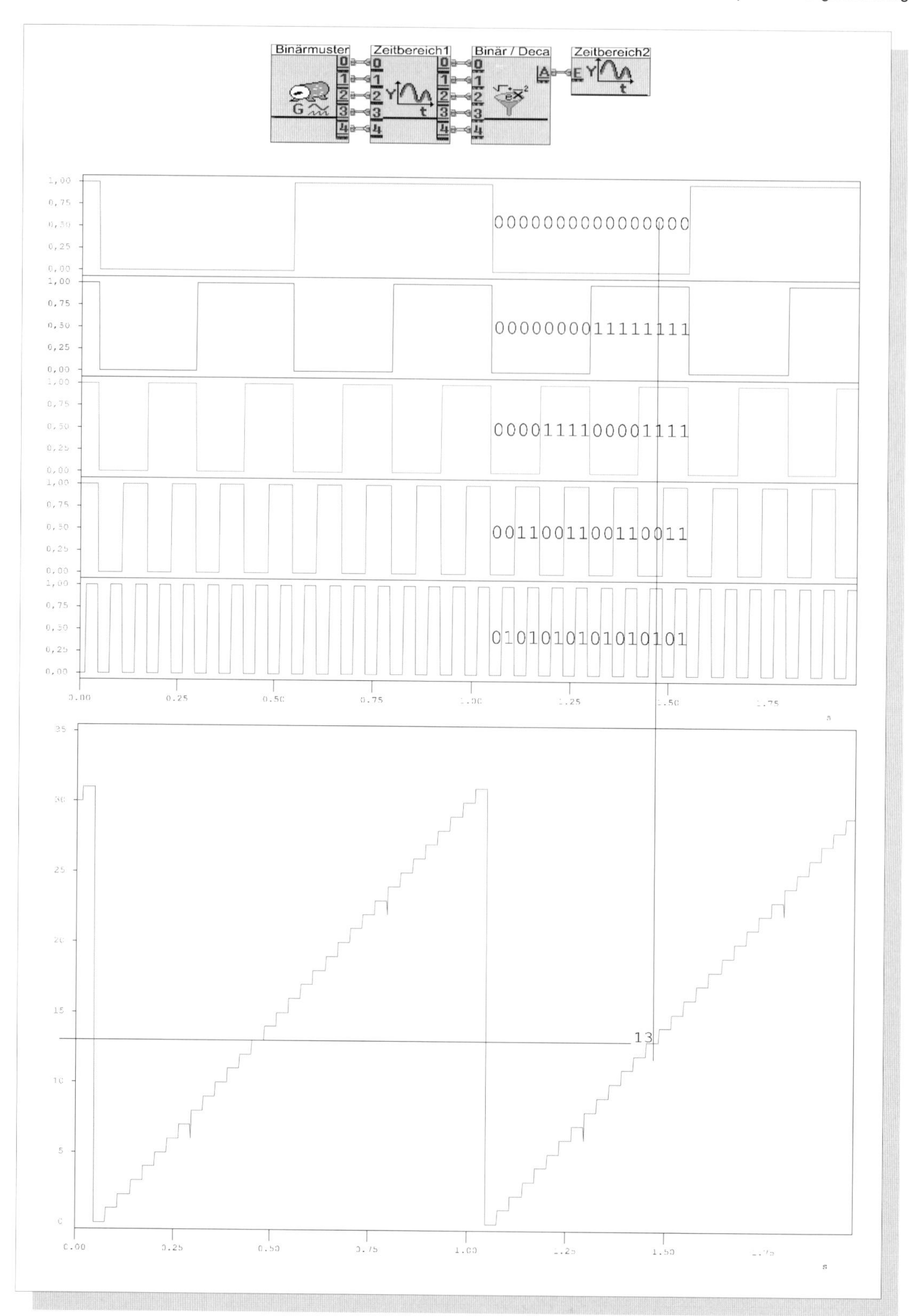

Abbildung 158 ***Prinzip eines D/A-Wandlers (DASYLab-Simulation)***

Fünf Rechtecksignale bilden bei dieser Simulation einen Binärmustergenerator, der von 00000 bis 11111 bzw. von 0 bis 31 hochzählt. Dabei wird von oben nach unten die Frequenz jeweils verdoppelt. Dies ergibt eine linear ansteigende Treppenkurve bzw. einen periodischen Sägezahn. Wie in der Praxis sind auch einige Stör-Impulsspitzen zu sehen. Der D/A-Wandler ist hier rein formelmäßig gestaltet, indem jedes Bit entsprechend seiner Wertigkeit jeweils mit 1,2,4,8, bzw. 16 multipliziert wird.

Zur Erinnerung: Stellenwert-Zahlensysteme

Die Babylonier hatten ein Zahlensystem mit 60 (!) verschiedenen Zahlen. Es hat sich bis heute bei der Zeitmessung erhalten: 1 h = 60 min und 1 min = 60 s

Unser **Zehner-Zahlensystem** arbeitet mit 10 verschiedenen Zahlen von 0 bis 9. Die Zahl 4096 stellt vereinbarungsgemäß eine verkürzte Schreibweise dar für

$$4 * 1000 + 0 * 100 + 9 * 10 + 6 * 1 = 4 * 10^3 + 0 * 10^2 + 9 * 10^1 + 6 * 10^0$$

Die Zahl 10 stellt also hier die **Basis** unseres Zahlensystems dar. Die Stelle, an der die Zahl steht, gibt auch ihren "Wert" an, deshalb "Stellenwertsystem"!

In der Digitaltechnik (Hardware) wird im **Dualen Zahlensystem** gerechnet. Dies hat drei Gründe:

(1) Elektronische Bauelemente und Schaltungen mit zwei Schaltzuständen ("low" und "high") lassen sich am einfachsten realisieren.

(2) Signale mit zwei Zuständen sind am störunanfälligsten, weil nur zwischen "ein" und "aus" unterschieden werden muß.

(3) Die Mathematik hierfür ist am einfachsten. Das gesamte "Einmaleins" für duale Zahlen lautet z.B.: 0 * 0 = 0 ; 1 * 0 = 0 ; 1 * 1 = 1. Wieviel Schuljahre wurden benötigt, um "unser" Einmaleins zu lernen?

Die Basis dieses Zahlensystems ist also die **2**. Die duale Zahl 101101 bedeutet ausgeschrieben also

$$1 * 2^5 + 0 * 2^4 + 1 * 2^3 + 1 * 2^2 + 0 * 2^1 + 1 * 2^0 =$$

$$1 * 32 + 0 * 16 + 1 * 8 + 1 * 4 + 0 * 2 + 1 * 1$$

Es gilt demnach : $101101_2 = 45_{10}$

In Worten: "101101 zur Basis 2 entspricht 45 zur Basis 10"

Ein kleiner Test: Wie lautet die Zahl 45_{10} im Dreier-Zahlensystem, also zur Basis 3 ?

Abbildung 159 ***Stellenwert-Zahlensysteme***

Alles, was hier in diesem Manuskript gefordert wird, sind im Prinzip die vier Grundrechnungsarten. Die sollten allerdings auch im Dualen Zahlensystem beherrscht werden!

Die „Sprunghöhe" an den Treppenkanten ist immer ein ganzzahlig Vielfaches der durch die Quantisierungsgenauigkeit festgelegten Mindestgröße (siehe hierzu auch die Abb. 122 und 123).

In Abb. 157 wird eine periodische, bei 0 beginnende und bei 31 endende duale Zahlenfolge auf einen - rein rechnerischen - D/A-Wandler gegeben. Dementsprechend ergibt sich am Ausgang des „D/A-Wandlers" ein periodischer, sägezahnförmiger und treppenartiger Signalverlauf. Für den momentanen Wert 01101_2 am Eingang ergibt sich am Ausgang der Wert 13_{10}. Siehe hierzu die Abb. 159 (Stellenwert-Zahlensysteme).

Bei dem hier simulierten D/A-Wandler handelt es sich um ein Modul, in das mathematische Formeln eingegeben werden können. Die in diesem Beispiel eingegebene Formel lautet

$$IN(0) * 16 + IN(1) * 8 + IN(2) * 4 + IN(3) * 2 + IN(4) * 1$$

anders geschrieben

$$IN(0) * 2^4 + IN(1) * 2^3 + IN(2) * 2^2 + IN(3) * 2^1 + IN(4) * 2^0$$

Damit liegt an Eingang IN(0) das höchstwertigste Bit und an IN(4) das niederwertigste Bit an. Bitte beachten Sie, dass es sich auch hier um eine reine Simulation handelt, um das eigentliche Prinzip darzustellen.

Analoge Pulsmodulationsverfahren

Die beim A/D-Umsetzer bzw. in Abb. 160 dargestellte Pulsdauermodulation PDM besitzt eine große Bedeutung in der mikroelektronischen Mess-, Steuer- und Regelungstechnik (MSR-Technik). Neben diesem analogen Pulsmodulationsverfahren - wegen der kontinuierlich veränderbaren Pulsdauer liegt die Information in *analoger* Form vor - gibt es noch weitere, im Rahmen der MSR-Technik wichtige analoge Pulsmodulationsverfahren. Insgesamt sind hier aufzuführen:

→ Pulsamplitudenmodulation PAM

→ Pulsdauermodulation PDM

→ Pulsfrequenzmodulation PFM

→ Pulsphasenmodulation PPM

Diese Pulsmodulationsverfahren besitzen praktisch keine Bedeutung in der Übertragungstechnik. Sie dienen meist als Zwischenprozesse bei der Umwandlung analoger „Messwerte“ in digitale Signale.

Die PAM beschreibt nichts anderes als die *Abtastung* eines analogen Signals wie in Abb. 157 dargestellt. Der Sample&Hold-Prozess ist lediglich eine Variante der PAM.

Kennzeichen der drei übrigen analogen Pulsmodulationsverfahren ist die Umwandlung eines analogen Messwertes in eine analoge *Zeitdauer*. Weil in der Mikroelektronik durch die Quarztechnik sehr genaue und sehr, sehr kleine Zeiteinheiten zur Verfügung stehen, lässt sich der Vergleich von Zeiten extrem genau mit den Mitteln der Mikroelektronik durchführen.

In Abb. 160 sind die verschiedenen analogen Pulsmodulationsverfahren dargestellt. Dazu wurde die A/D-Umsetzung nach Abb. 157 verändert und ergänzt:

→ Das PPM-Signal wurde gewonnen, indem auf die negative Flanke des PDM-Signals getriggert wurde. Die Pulsbreite des PPM-Signals wurde im Menü des Triggermoduls eingestellt.

→ Das PFM-Signal wurde durch ein Frequenzmodulator gewonnen. Zu diesen Zweck wurden Offset und Amplitude des NF-Signals - Ausgang 5 des Funktionsgenerator-moduls - entsprechend verändert.

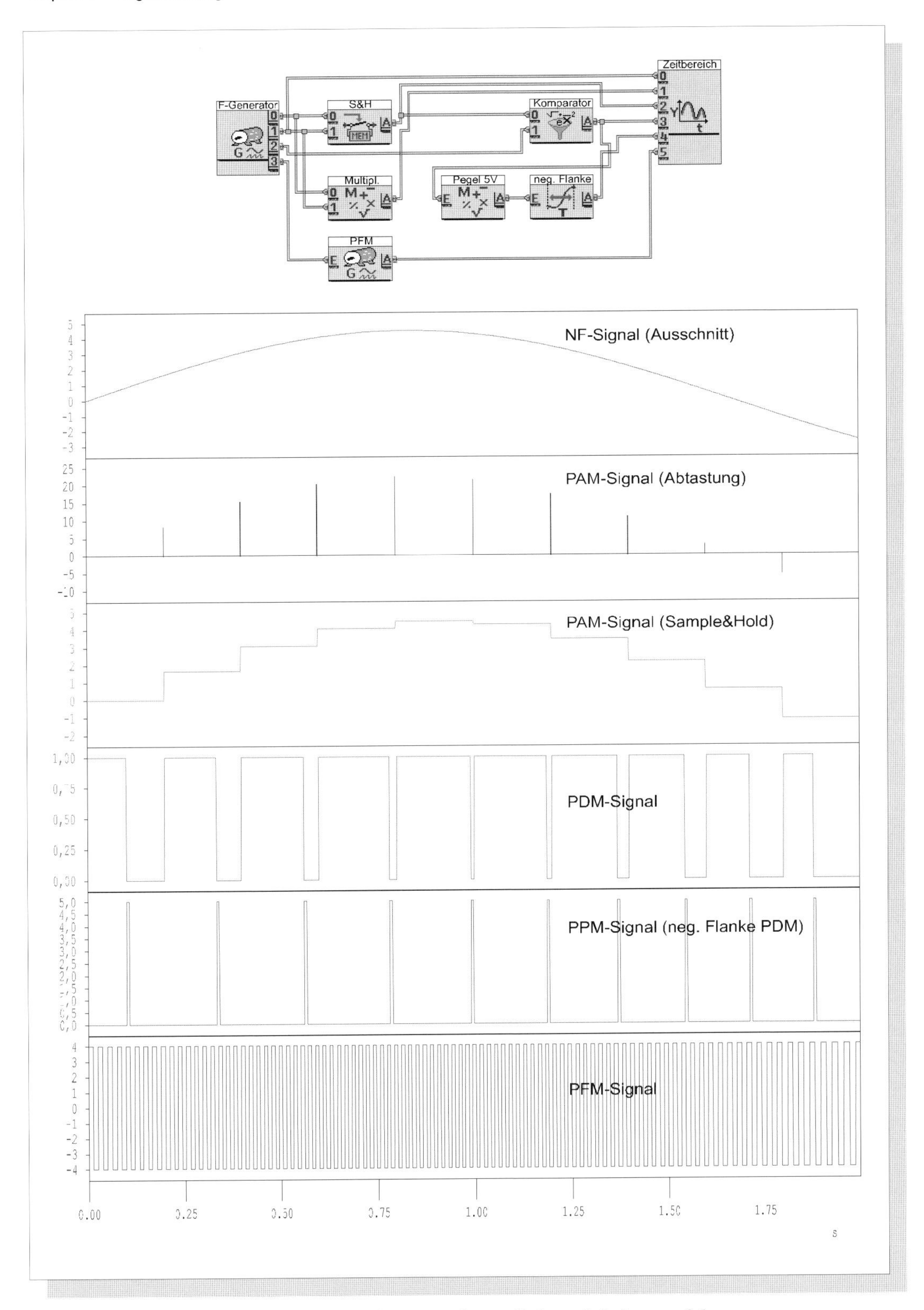

Abbildung 160 ***Die verschiedenen analogen Pulsmodulationsverfahren***

Um die dargestellten Signale zu gewinnen, wurde die Schaltung zur Simulation der A/D-Wandlung abgeändert und ergänzt.

DASYLab und die Digitale Signalverarbeitung

Vom ersten Kapitel an wurde mit DASY*Lab* gearbeitet, also letztlich *computergestützte Signalverarbeitung* durchgeführt. In den Grundlagenkapiteln wurde dies nicht besonders erwähnt. Vielmehr sollte aus pädagogischen Gründen zunächst der Eindruck vermittelt werden, bei den Signalen handele es sich um *analoge* Signale. Fast alle Bilder scheinen dementsprechend analoge Signale darzustellen.

Nun aber schlägt gewissermaßen die Stunde der Wahrheit. Computergestützte Signalverarbeitung ist immer *Digitale Signalverarbeitung*, bedeutet immer **DSP** (Digital Signal Processing). Erinnern wir uns kurz noch einmal, worum es sich hierbei handelt.

Abb. 161 zeigt noch einmal beispielhaft die Situation. Ein digitalisiertes Audio-Signal werde von einer Diskette gelesen und auf einem Bildschirm dargestellt. Optisch scheint es sich wieder um ein kontinuierliches Analogsignal zu handeln. Wenn jedoch mittels der Lupenfunktion ein winziger Ausschnitt herausgezoomt wird, sind einzelne Messpunkte zu erkennen, die durch Geraden verbunden sind. Diese Geraden werden vom Programm erzeugt, um den Signalverlauf (des ursprünglich analogen Signals) besser erkennen zu können. Sie stehen signaltechnisch nicht zur Verfügung.

Diese Messpunkte lassen sich aber auf Wunsch deutlicher hervorheben. So kann jeder Messpunkt (zusätzlich) durch ein kleines Kreuz oder ein kleines Dreieck dargestellt werden. Am anschaulichsten ist wohl die Darstellung der Messpunkte als senkrechte Balken. Die Höhe des Balkens entspricht dem jeweiligen Messwert. Noch einmal sei betont:

Ein digitales Signal besteht *bildlich* im Zeitbereich aus einer *diskreten*, äquidistanten *Folge von Messwerten*, welche den Verlauf des (ursprünglichen) kontinuierlichen analogen Signals mehr oder weniger gut wiedergibt.

Digitale Signale sind *zeitdiskret* im Gegensatz zu den *zeitkontinuierlichen* analogen Signalen.

Weniger anschaulich-bildlich, jedoch viel exakter, stellt Abb. 162 dieses digitale Signal dar. Dazu wird das Modul „Liste“ verwendet. Hier ist deutlich zu erkennen

→ in welchem zeitlichen Abstand Messwerte (“Proben“) des analogen Signals genommen wurden und

→ mit welcher Genauigkeit die Messwerte festgehalten wurden (Quantisierung, siehe Abb. 123)

Durch die *Quantisierung* sind die Messwerte *wertdiskret*, d.h. es können nur endlich viele verschiedene, „gestufte“ Messwerte auftreten (siehe auch Abb. 122).

Digitale Signale sind <u>zeit- und wertdiskret</u> im Gegensatz zu den zeit- und wertkontinuierlichen analogen Signalen. Hieraus ergeben sich besondere Forderungen, die bei der Verarbeitung digitaler Signale beachtet werden müssen. Ohne das entsprechende Hintergrundwissen sind Fehler unvermeidlich.

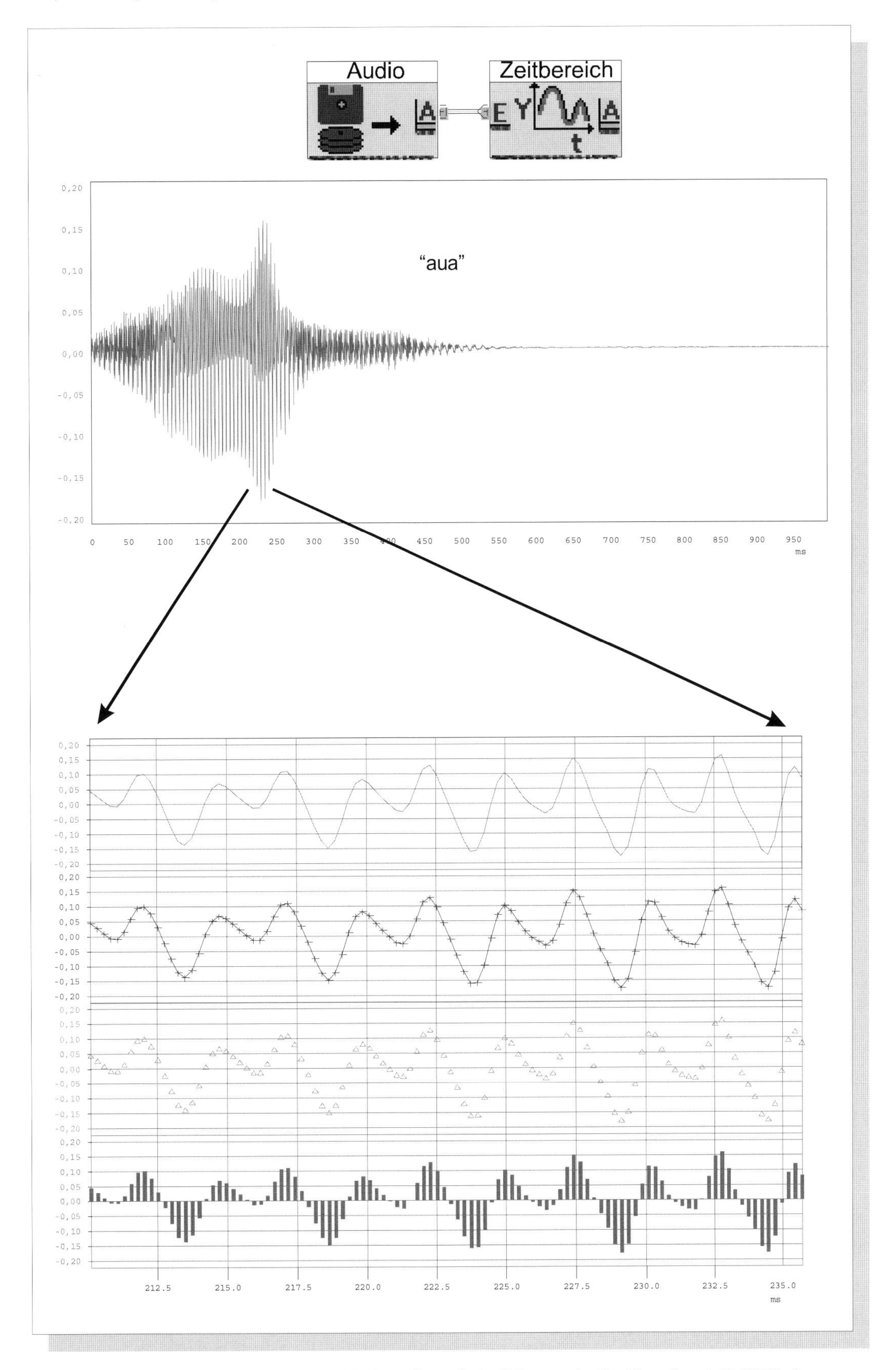

Abbildung 161 ***Darstellungsmöglichkeiten eines digitalisierten Audio-Signals mit DASYLab***

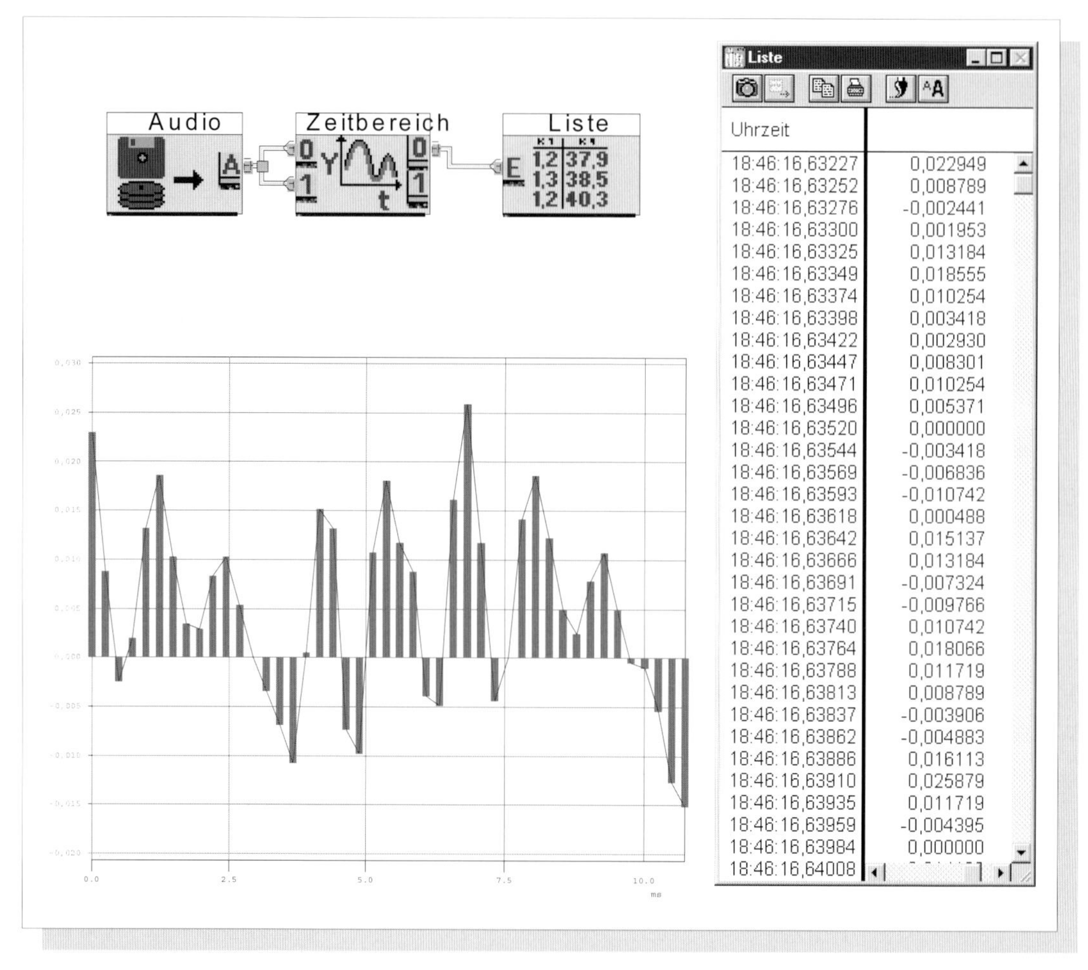

Abbildung 162 ***Digitales Signal als Zahlenkette***

So wichtig für das (physikalische) Verständnis der Signalverarbeitung die bildliche Darstellung auch sein mag, Digitale Signalverarbeitung DSP im Zeit- und Frequenzbereich ist nichts anderes als die rechnerische Verarbeitung von Zahlenketten. Glücklicherweise präsentiert uns der Computer alle Ergebnisse seiner Berechnungen in perfekter grafischer Darstellung. Und da der Mensch in Bildern denkt, lassen sich die Vorgänge auch ohne Mathematik verstehen und analysieren!

Gut zu sehen ist jedoch hier auch wieder auch die Präzision der Zahlenketten-Darstellung. Die zeitlichen Angaben sind bis auf vier Stellen hinter dem Komma präzise, die fünfte Stelle ist aufgerundet. Ungefähr alle 250 µs wurde eine „Probe" des analogen Audiosignals genommen. Die Messwerte selbst sind allenfalls auf vier Stellen hinter dem Komma genau, weil es sich bei der Aufnahme um einen 12-Bit-A/D-Wandler handelte, der überhaupt nur $2^{12} = 4096$ verschiedenen Messwerte zulässt. Man sollte also nicht alles glauben, was die Anzeige mit sechs Stellen hinter dem Komma anzeigt.

Digitale Signale im Zeit- und Frequenzbereich

Ein digitales Signal besteht also nur aus Proben ("Samples") des analogen Signals, die in regelmäßigen, meist sehr kurzen Zeitabständen genommen werden.

Die wichtigste Frage dürfte wohl lauten: Woher soll der Computer den Signalverlauf *zwischen* diesen Messpunkten wissen, besitzt doch - theoretisch - ein analoges Signal selbst zwischen zwei beliebig kleinen Zeitabschnitten doch unendlich viele Werte?

Erste Hinweise auf eine genauere Antwort liefern entsprechende Vergleiche:

→ Jedes Foto oder auch jedes gedruckte Bild besteht letztlich nur aus endlich vielen Punkten. Die Korngröße des Films bestimmt die Auflösung des Fotos und letztlich auch dessen Informationsgehalt.

→ Ein Fernsehbild oder auch jeder Film vermittelt eine kontinuierliche „analoge" Veränderung des Bewegungsablaufs, obwohl beim Fernsehen lediglich 50 einzelne (Halb-) Bilder pro Sekunde übertragen werden.

Wir fahren gut damit, zunächst - wie in Kapitel 2 - wieder mit *periodischen* digitalen Signalen zu beginnen. Schritt für Schritt sollen nun grundlegende Eigenschaften digitaler Signale sowie Fehlerquellen bei der computergestützten, d.h. rechnerischen Verarbeitung digitaler Signale anhand geeigneter Experimente erkannt werden.

Die Periodendauer Digitaler Signale

Wie kann der Prozessor bzw. der Computer wissen, ob das Signal tatsächlich periodisch oder nichtperiodisch ist, wo er doch nur Daten bzw. Messwerte einer bestimmten „Blocklänge" zwischenspeichert? Kann er ahnen, wie das Signal vorher aussah und wie es später ausgesehen hätte? Natürlich nicht! Deshalb soll zunächst ohne große Vorüberlegungen experimentell untersucht werden, wie der PC bzw. DASYLab mit diesem Problem fertig wird.

Hinweise:

→ Die Blocklänge n gibt keine Zeit, sondern lediglich die Anzahl der zwischengespeicherten Messwerte an.

→ Erst die Hinzuziehung der Abtastfrequenz f_A ergibt so etwas wie die „Signaldauer" Δt. Ist T_A der Zeitraum zwischen zwei Abtastwerten, so gilt $f_A = 1/T_A$. Damit folgt:

$$\text{Signaldauer } \Delta t = n * T_A = n / f_A$$

Für die Abb. 163 gilt z.B. Signaldauer $\Delta t = n * T_A = n / f_A = 32 / 32 = 1$ s

→ Blocklänge und Abtastrate/Abtastfrequenz werden bei DASYLab immer im Menüpunkt A/D eingestellt.

→ Die Signaldauer Δt wird immer 1 s betragen, falls im Menüpunkt A/D Abtastfrequenz und Blocklänge gleich groß gewählt werden.

→ Es fällt auf, dass im Menüpunkt A/D die Blocklänge n immer eine Potenz von 2 darstellt,
z.B. $n = 2^4, 2^5, \ldots, 2^{10}, \ldots, 2^{13}$ bzw. n = 16, 32, ... , 1024, ... , 8192. Das hat handfeste Gründe. Genau dann lässt sich das Frequenzspektrum über den FFT-Algorithmus sehr schnell berechnen (FFT: Fast FOURIER Transformation).

In Abb. 163 sind Blocklänge n und Abtastfrequenz f_A beide auf den Wert 32 eingestellt. Als Signal wurde ein (periodischer) Sägezahn von 1 Hz gewählt, weil dessen Spektrum aus Kapitel 2 bestens bekannt ist. Oben ist das Signal im Zeitbereich, unten im Frequenzbereich zu sehen. Die Signaldauer Δt ist also gleich der Periodendauer.

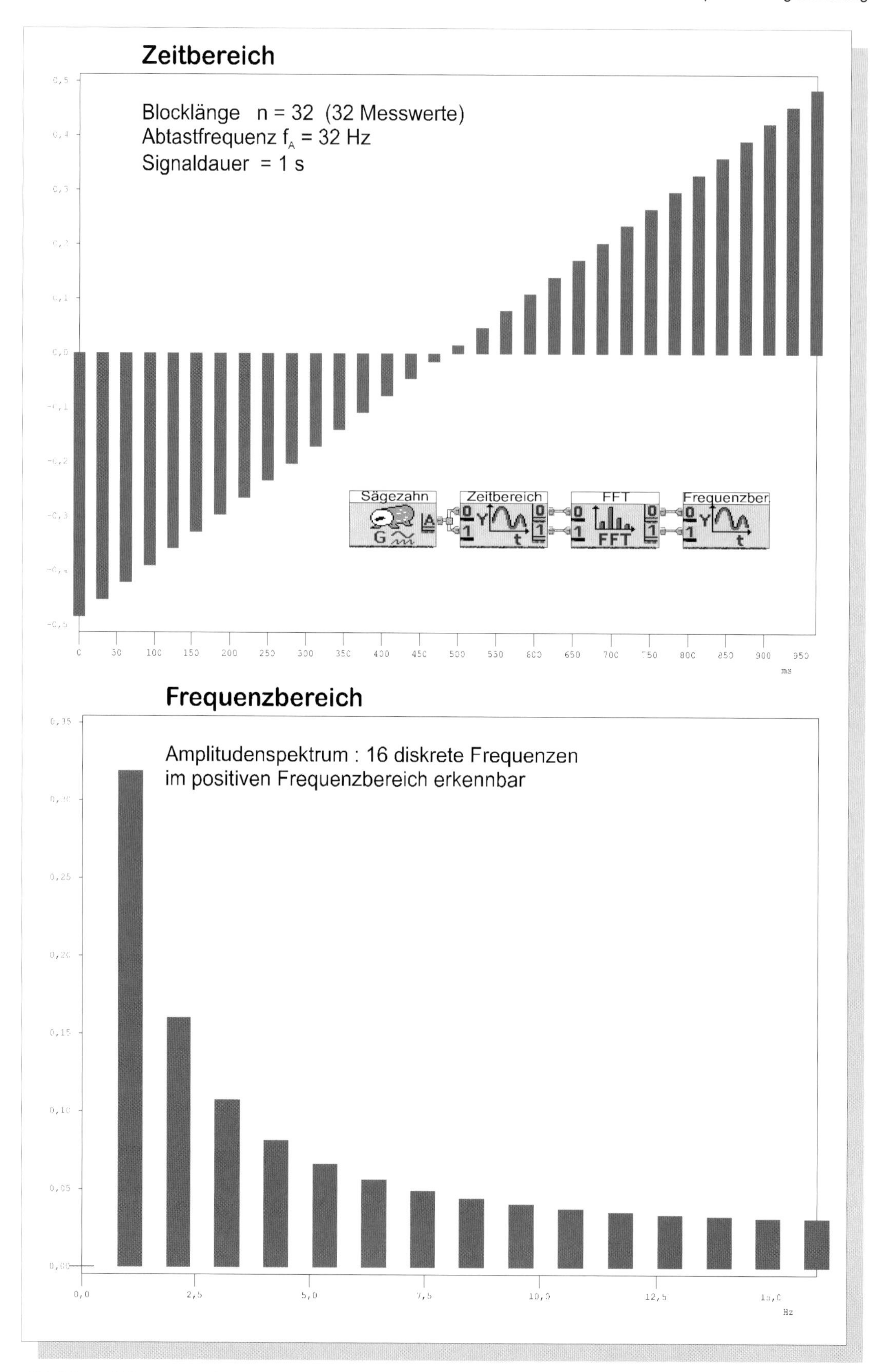

Abbildung 163 ***Digitales Signal im Zeit- und Frequenzbereich (Sägezahn 1 Hz)***

Hier wurde extra eine kleine Blocklänge (n = 32) gewählt. Damit sind einmal die einzelnen Messwerte als „Säulen“ darstellbar und damit der *zeitdiskrete* Charakter digitaler Signale besser erkennbar, zum anderen sind alle Veränderungen bzw. mögliche Fehler gegenüber der analogen Signalverarbeitung besser zu erkennen. Die Messlatte für diese Untersuchung bilden wieder die drei (einzigen) grundlegenden Phänomene, die wir bisher kennen gelernt haben: FOURIER-Prinzip FP, Unschärfe-Prinzip UP sowie Symmetrie-Prinzip SP.

Im Zeitbereich sind zwei verschiedene Zeiten erkennbar:

→ die Signaldauer Δt (= 1 s),

→ der zeitliche Abstand zwischen zwei Messwerten T_A (= 1/32 s)

Aufgrund des Unschärfe-Prinzips UP müssen diese beiden Zeiten auch das Frequenzspektrum prägen:

→ Die Signaldauer von Δt = 1 s ergibt aufgrund des UP eine frequenzmäßige Unschärfe von (mindestens) 1 Hz. Dies erklärt bereits, warum die Linien bzw. Frequenzen des Amplitudenspektrums in Abb. 163 einen Abstand von 1 Hz haben. Der Computer weiß ja gar nicht, dass das Signal wirklich periodisch ist!
Hinweis:
DASYLab veranschaulicht diese frequenzmäßige Unschärfe sehr schön über die Dicke der Säule. Im vorliegende Fall ist das Linienspektrum mehr ein „Säulenspektrum“.

→ Der zeitliche Abstand zwischen zwei Messwerten - hier 1/32 s - gibt quasi die *kürzeste* Zeitspanne an, in der sich das Signal ändern kann.. Im Amplitudenspektrum ist die höchste angezeigte Frequenz 16 Hz. Ein Sinus von 16 Hz ändert sich jedoch pro Periode zweimal. In der ersten Periodenhälfte ist er positiv, in der zweiten negativ. Wie Abb. 164 sehr deutlich zeigt, ist damit ein Sinus von 16 Hz in der Lage, 32 mal je Sekunde vom positiven in den negativen Bereich zu wechseln. Dies ist eine erste Erklärung dafür, warum lediglich die ersten 16 Frequenzen des Sägezahns angezeigt werden.

Es ist wichtig für Sie, all diese Zahlenangaben in den vorliegenden Abbildungen (oder mit Hilfe der interaktiven Experimente auf der CD) nachzuprüfen. Deshalb wurden die Bilder extra großzügig gestaltet und „abzählbare“ Verhältnisse geschaffen.

Die wichtigsten Fragen - siehe auch oben - sind bislang nur andeutungsweise beantwortet. Auf den nächsten Seiten werden die Ergebnisse gezielter Experimente dargestellt, die volle Klarheit darüber bringen werden, was der Computer bzw. das Programm bzw. die Digitale Signalverarbeitung DSP überhaupt von dem realen analogen Signal wahrnimmt. Die Bilder sind zusammen mit den Bildtexten eigentlich selbst erklärend. Aber dazu müssen Sie genau hinsehen! An Zusatztext erfolgen hier nur noch die Zusammenfassungen bzw. Zwischenbilanzen. Die erste wichtige Aussage in diesem Zusammenhang soll hier noch einmal erwähnt werden:

Im Zeitbereich unterscheidet sich das (zeit- und wertdiskrete) digitale Signal von dem (zeit- und wertkontinuierlichen) realen analogen Signal dadurch, dass es lediglich in regelmäßigen Abständen genommene „Proben“ des realen Signals enthält.

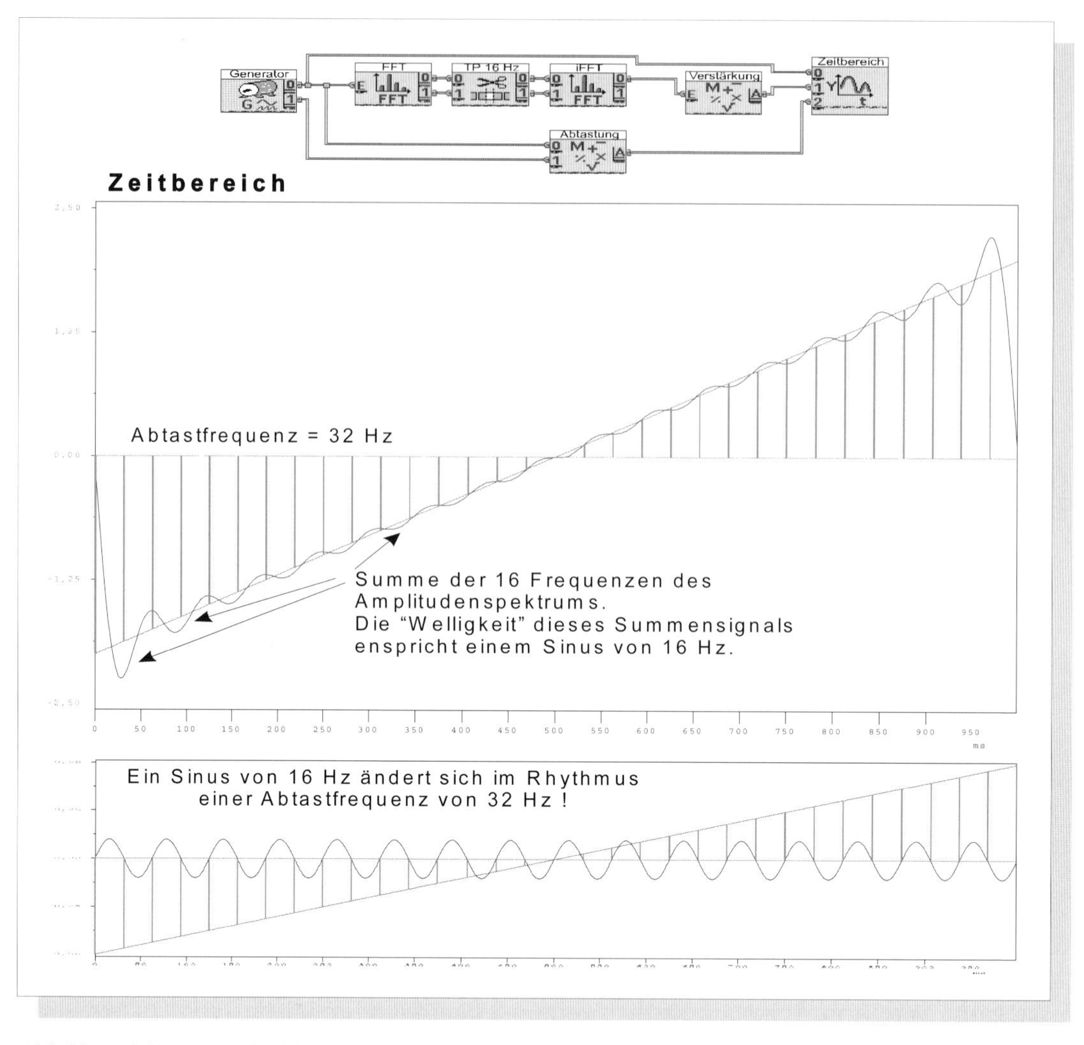

Abbildung 164 ***Blocklänge, Abtastfrequenz und Bandbreite des angezeigten Spektrums***

Mit einer etwas trickreichen Schaltung soll angedeutet werden, warum in Abb. 163 bei einer Abtastfrequenz von 32 Hz die höchste Frequenz des angezeigten Spektrums 16 Hz beträgt. Zu diesem Zweck wird oben im Schaltungsbild der Sägezahn auf einen fast idealen Tiefpass von 16 Hz gegeben. Am Ausgang dieses Tiefpasses ist also - wie im Spektrum - die höchste Frequenz 16 Hz. Die Summe der ersten 16 Frequenzen wird nun in einem Bild überlagert mit dem Eingangssignal (Sägezahn 1 Hz) sowie den 32 Abtastwerten dieses Sägezahns.
Deutlich ist erkennen, dass die Sinusschwingung von 16 Hz sehr wohl die kürzeste zeitliche Änderung des abgetasteten Signals von 1/32 s modellieren kann. Anders ausgedrückt: Weil ein Sinus sich pro Periode zweimal ändert, ändert ein Sinus von 16 Hz 32 mal pro Sekunde seine Polarität.

Da drängen sich doch wohl Fragen auf:

→ Lässt sich aus dem Stückwerk des digitalen Signals im Nachhinein wieder das ursprüngliche reale Signal rekonstruieren?

→ Ist es exakt oder nur teilweise informationsmäßig in dem digitalen Signal enthalten?

Als Erweiterung zur Abb. 163 wird in Abb. 165 die Abtastrate verdoppelt (n = 64), in Abb. 166 bei n = 64 die Sägezahnfrequenz auf 2 Hz verändert. Aus allen drei Abbildungen lässt sich folgende Zwischenbilanz ziehen:

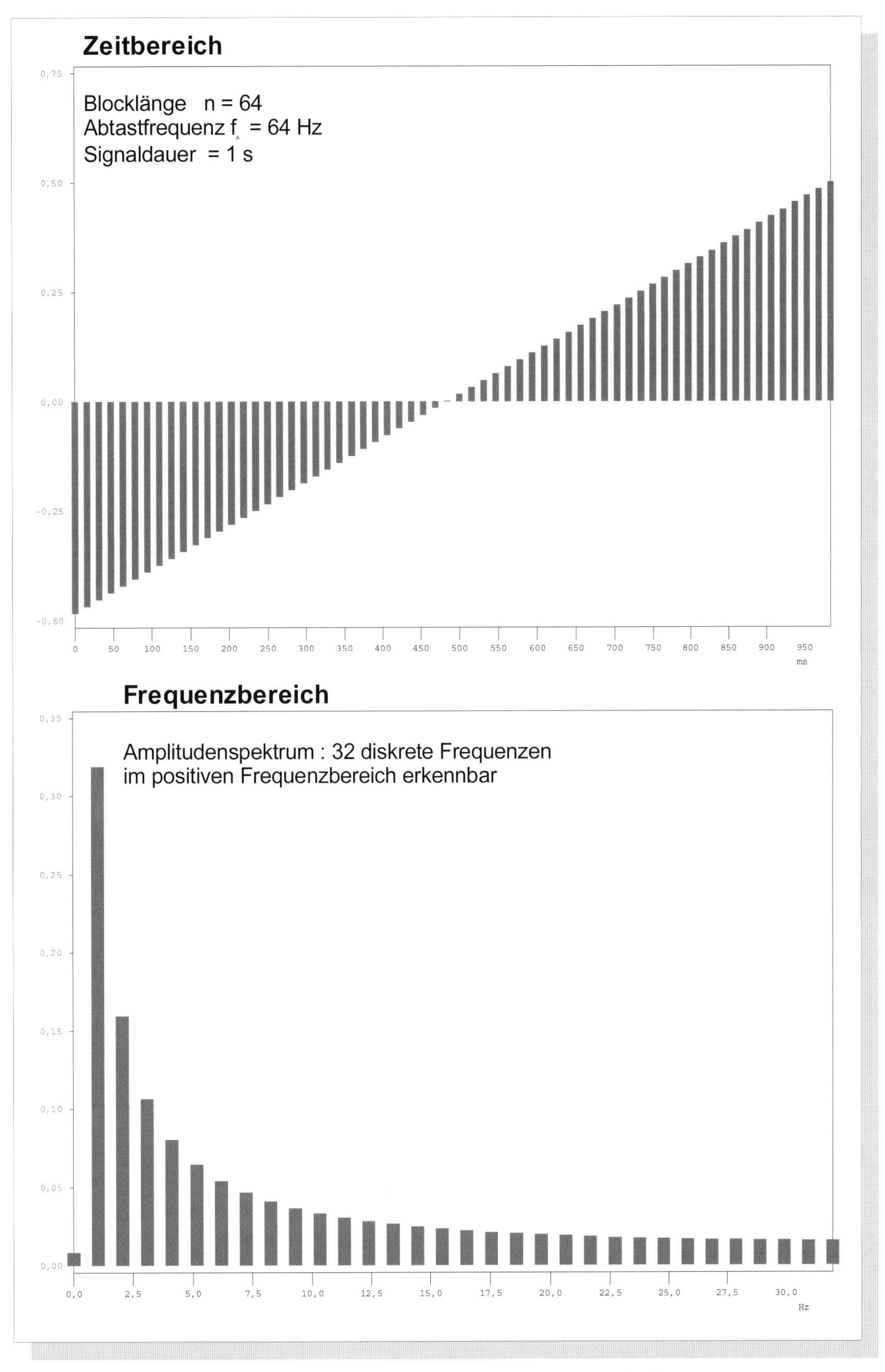

Abbildung 165 ***Blocklänge und Anzahl der Frequenzen des Spektrums***

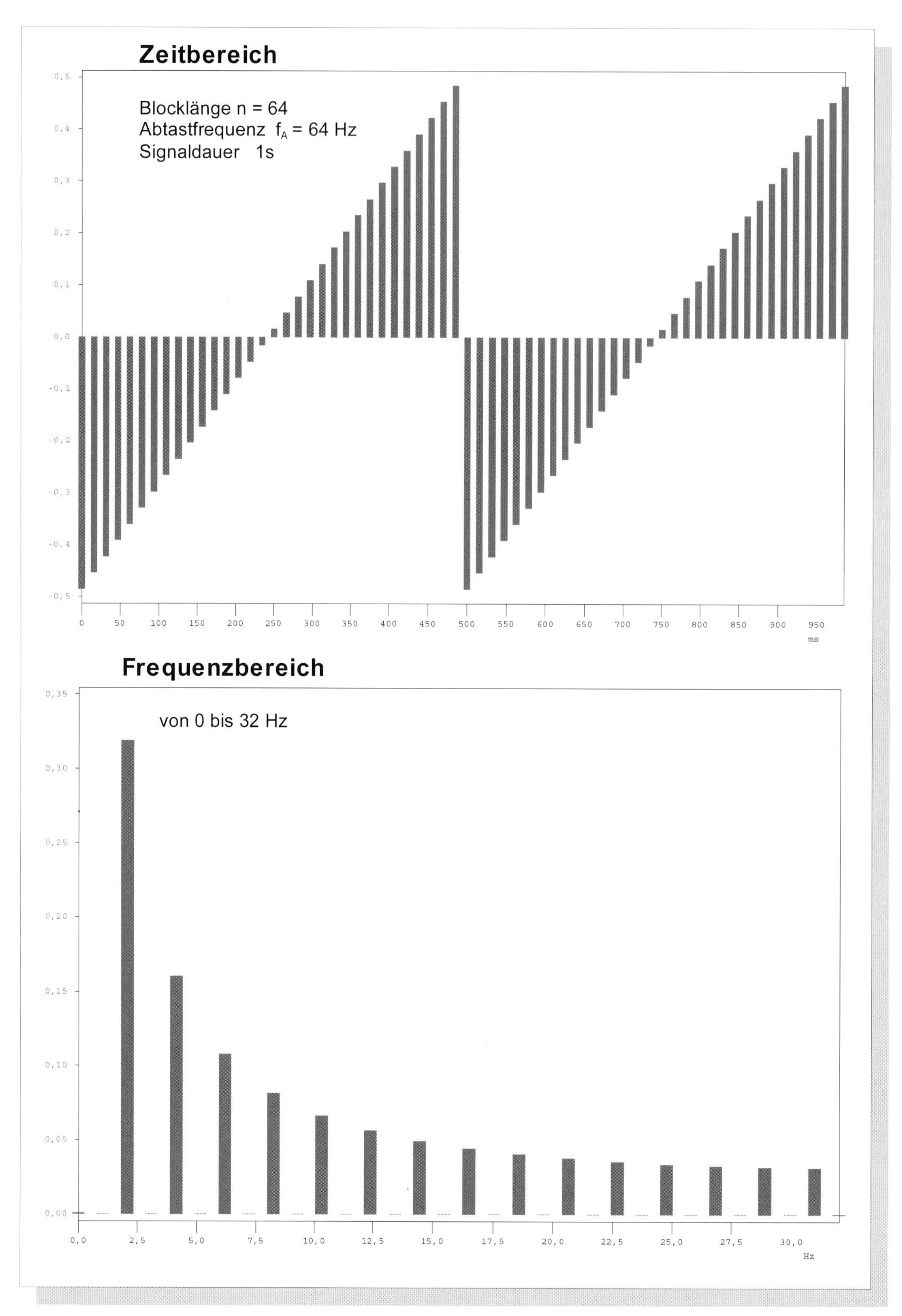

Abbildung 166 ***Zeit- und Frequenzbereich eines über genau 1 s abgetasteten Sägezahns von 2 Hz***

Wie in Abb. 165 umfasst das Spektrum in dieser Darstellung bei n = 64 wieder 32 Frequenzen. Wegen der Sägezahnfrequenz von 2 Hz enthält das Spektrum lediglich die ganzzahlig Vielfachen von 2, also 2, 4, 6, 8, ...Hz. Die „Säulen" sind hier nur noch halb so dick wie in Abb. 163, weil sich die Auflösung verdoppelt hat.

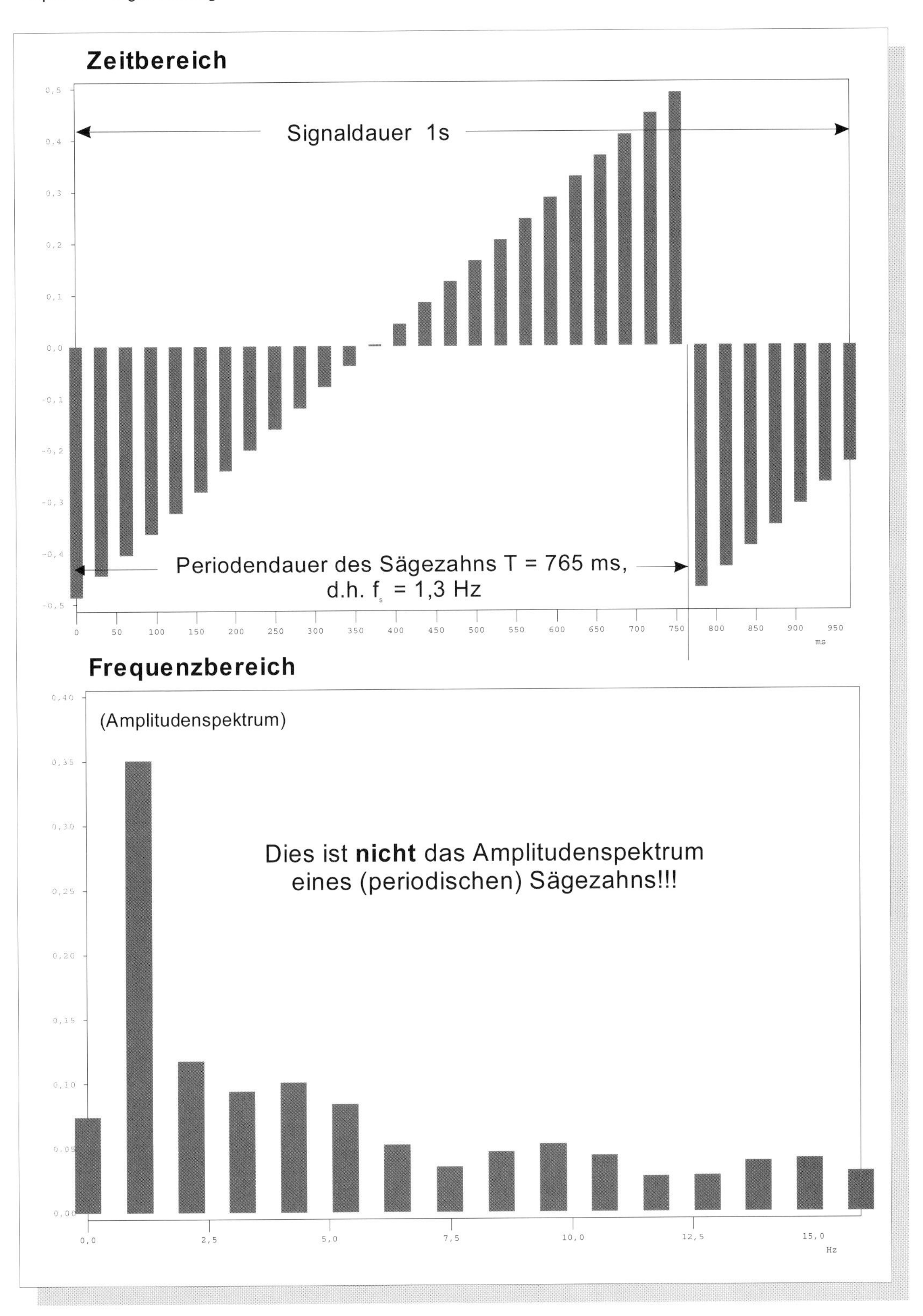

Abbildung 167 ***Digitale Nichtperiodizität***

Auch hier beträgt die Signaldauer 1 s und die Abtastfrequenz 32 Hz bei einer Blocklänge n = 32. Jedoch beträgt die Frequenz des Sägezahns hier 1,3 Hz, und damit passt sie nicht in das Zeitraster des Signalausschnittes. Das Amplitudenspektrum zeigt einen vollkommen unregelmäßigen Verlauf und ist nicht mit dem eines periodischen Sägezahn identisch. Andererseits handelt es sich um ein diskretes Linienspektrum und muss demnach zu einem periodischen Signal gehören.

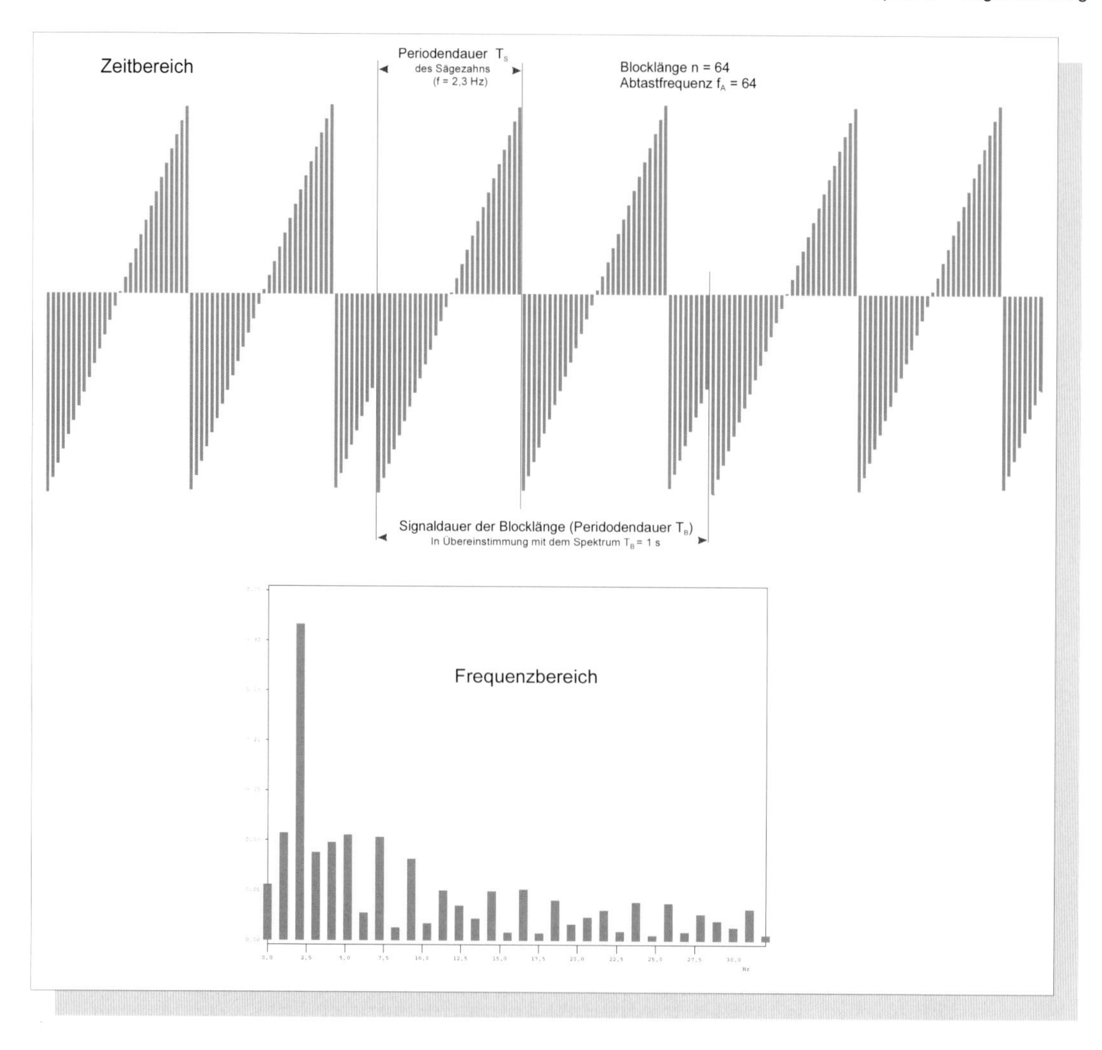

Abbildung 168 **Die digitale Periodendauer**

Die obige Abbildung verrät, wie es zu dem „Durcheinander" im Frequenzbereich in Abb. 167 kommt. In der Digitalen Signalverarbeitung wird der zu analysierende Signalausschnitt immer als periodisch betrachtet! Die Dauer des Signalausschnitts entspricht dabei immer der Periodendauer.

Genau aus diesem Grunde ist das Spektrum digitaler Signale auch immer ein Linienspektrum, und wenn Sie genau hinschauen, ist der Abstand der Frequenzen genau der Kehrwert dieser Periodendauer. Damit gilt: $\Delta f = 1/T_D$. In den Abb. 163 bis 167 war die Signaldauer stets 1 s und damit der Abstand der Frequenzlinien bzw. „Frequenzsäulen" genau 1 Hz.

Die Anzahl der im Spektrum sichtbaren (positiven) Frequenzen beträgt immer genau die Hälfte der Abtastrate n. Bedenken Sie, dass damit auch weitere n/2 Informationen vorhanden sind: Die der negativen Frequenzen bzw. die Phasenlage der Frequenzen (Phasenspektrum).

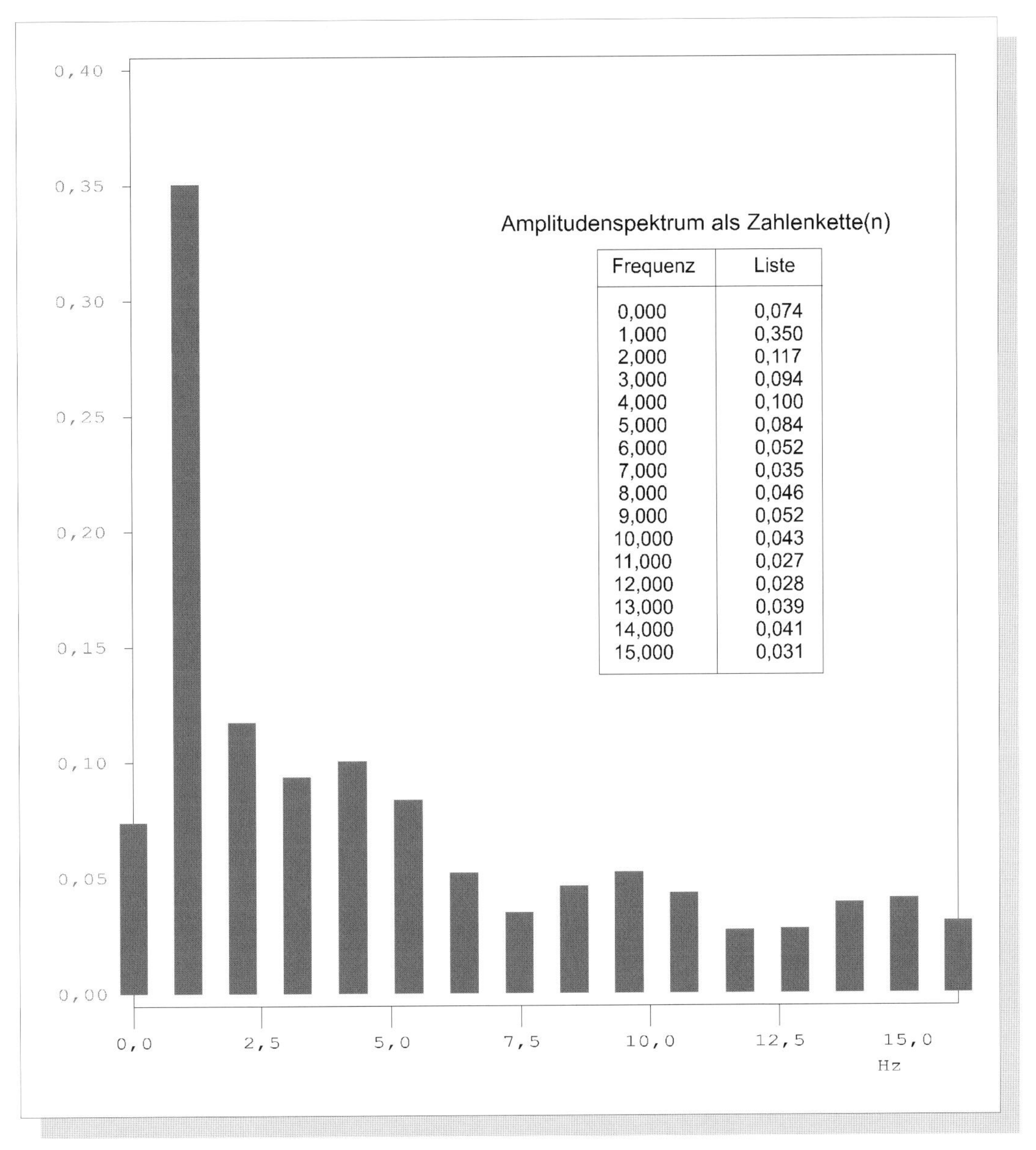

Frequenz	Liste
0,000	0,074
1,000	0,350
2,000	0,117
3,000	0,094
4,000	0,100
5,000	0,084
6,000	0,052
7,000	0,035
8,000	0,046
9,000	0,052
10,000	0,043
11,000	0,027
12,000	0,028
13,000	0,039
14,000	0,041
15,000	0,031

Abbildung 169 ***Das Frequenzspektrum digitaler Signale als Zahlenkette***

Hier wird noch einmal das Spektrum aus Abb. 168 zusammen mit der bzw. den zugehörigen Zahlenkette(n) gezeigt, die das Modul „Liste" auf Wunsch liefert (siehe auch Abb. 162). Genau genommen wird das Frequenzspektrum durch zwei Zahlenketten beschrieben, der Liste der Frequenzen sowie der Liste der Amplituden (der beteiligten Sinusschwingungen).

Die Periodendauer digitaler Signale entspricht immer der Dauer des gesamten Signalausschnittes, der analysiert bzw. verarbeitet wird! Dieser ergibt sich aus Blocklänge dividiert durch Abtastfrequenz (Abtastrate):

$$\text{Signaldauer } \Delta t = n * T_D = n/f_A$$

Damit ist auch geklärt, warum digitale Signale diskrete Linienspektren besitzen. Der Abstand der Frequenzen ist

$$\Delta f = 1/T_D$$

Die eigentliche Begründung ist jedoch viel einfacher:

Die vom Prozessor zu verarbeitenden digitale Signale müssen generell als periodisch im Zeitbereich betrachtet werden, weil der Datensatz des Frequenzbereich - eine Zahlenkette - aus einer begrenzten Anzahl diskreter Zahlen besteht. Aufgrund dieser Eigenschaft muss das Spektrum digitaler Signale zwangsläufig als Linienspektrum aufgefasst werden und dadurch ist der Abstand der Linien dieses Spektrums auch direkt von der Blocklänge und Abtastfrequenz abhängig.

Für die nachfolgenden Experimente sind folgende Überlegungen wichtig:

→ Sind Blocklänge n und Abtastfrequenz f_A gleich groß, so beträgt die Signaldauer 1 s.

→ Bei n = 32 = f_A reicht das angezeigte Spektrum von 0 bis 16 Hz,
bei n = 64 = f_A reicht das angezeigte Spektrum von 0 bis 32 Hz,
bei n = 256 = f_A reicht das angezeigte Spektrum von 0 bis 128 Hz usw.

Das periodische Spektrum digitaler Signale

Hier wird nun auf ein wichtiges Phänomen eingegangen, welches bereits in Abb. 69 mit Hilfe des Symmetrie-Prinzips SP erläutert wurde:

Nicht nur im Zeitbereich muss jedes digitalisierte Signal als periodisch aufgefasst werden - die Periodendauer T_D ist nichts anderes als die Dauer des zwischengespeicherten Signalabschnittes - , vielmehr ist das Signal auch im Frequenzbereich periodisch! Die Begründung hierfür sei noch einmal aufgeführt:

Reale periodische Signale besitzen immer ein Linienspektrum. Der Abstand der Linien ist dabei konstant.
Aufgrund des Symmetrie-Prinzips SP muss aber auch die Umkehrung gelten: Linien (gleichen Abstandes) im Zeitbereich muss auch eine Periodizität im Frequenzbereich zur Folge haben! Da aber alle digitalen Signale durch die Abtastung aus solchen „Linien" bestehen, müssen sie auch periodische Spektren besitzen! Diese periodischen Spektren bestehen wiederum aus Linien bzw. diskreten Werten (Zahlenkette), was schließlich wieder die Periodizität im Zeitbereich begründet.

Also: Linien (gleichen Abstandes) in dem einen Bereich bringt Periodizität für den anderen Bereich. Bestehen beide Bereiche aus Linien (gleichen Abstandes), so müssen folgerichtig aus der Sicht des Computers auch beide Bereiche als periodisch betrachtet werden.

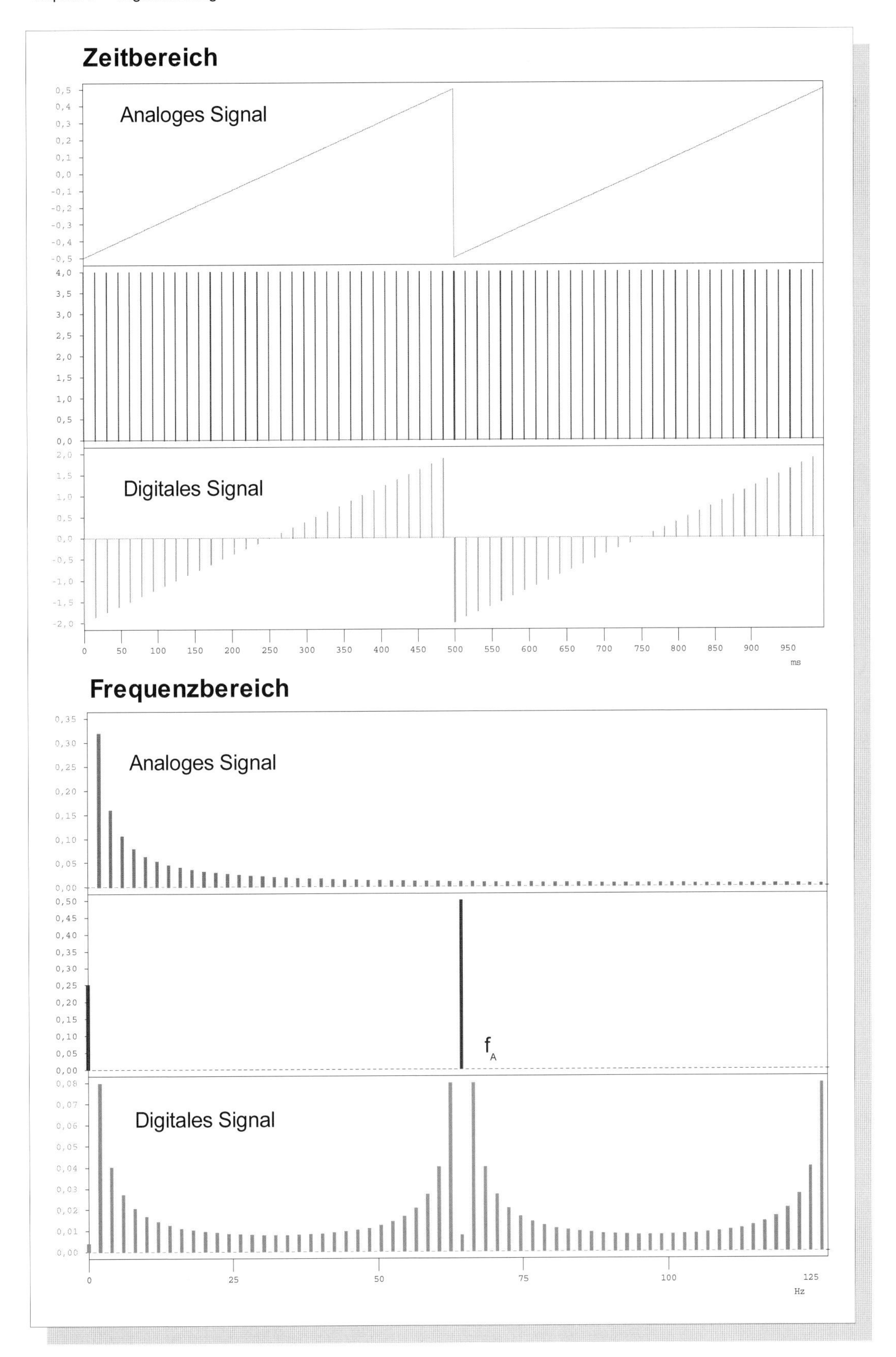

Abbildung 170 ***Visualisierung der periodischen Spektren digitaler Signale***

Durch einen Trick - siehe Text - wird hier der Bereich oberhalb des Spektrums von Abb. 166 dargestellt.

Auf den ersten Blick erscheint dies als eine verrückte Sache, ist aber lediglich die zwangsläufige Folge einer einzigen Eigenschaft digitaler Signale: Sie sind in beiden Bereichen wertdiskret!

Das Abtast-Prinzip

Wir sind noch nicht am Ende des Tunnels, denn durch die Periodizität digitaler Signale im Frequenzbereich taucht ein neues Problem auf. Wo waren in den vorangegangenen Abbildungen dieses Kapitels diese periodischen Spektren zu sehen? Durch gezielte, trickreiche Experimente soll herausgefunden werden, wie sich dieses Problem in den Griff bekommen lässt. Und damit wären wir auch am Ende des Tunnels angelangt!

Abb. 170 zeigt in der oberen Reihe einen analogen periodischen Sägezahn von 2 Hz, darunter das Abtastsignal (eine periodische δ–Impulsfolge) sowie unten jeweils das digitale Signal, oben jeweils im Zeit-, unten im Frequenzbereich.

Falls Sie genau hinsehen, werden Sie einen Frequenzbereich von 0 bis 128 Hz feststellen, im Gegensatz zu Abb. 166, wo dieser sich lediglich von 0 bis 32 Hz erstreckte.

Trotzdem stimmen die digitalen Signale aus den Abb. 166 und 170 *im Zeitbereich* überein (bis auf die Höhe der Messwerte). Vollkommen anders dagegen sehen die Spektren der digitalen Signale aus. Das Spektrum aus Abb. 166 erscheint als das erste Viertel des Spektrums aus Abb. 170 von 0 bis 32 Hz.

Nun zu dem angewandten Trick! Bei dem Versuch von Abb. 170 wurde oben im Menüpunkt A/D eine Blocklänge von n = 256 und eine Abtastfrequenz von 256 Hz gewählt. Damit ergibt sich, wie weiter oben bereits aufgeführt, ein Frequenzbereich von 0 bis 128 Hz. In der dort dargestellten Simulationsschaltung wurde aber durch die periodische δ-Impulsfolge von 32 Hz „künstlich“ eine Blocklänge von n´= 32 eingestellt. Mit diesem Wert wurden jedoch bislang lediglich der Frequenzbereich von 0 bis 16 Hz dargestellt.

Durch diesen Trick können wir nun sehen, was *oberhalb* (aber infolge des Symmetrie-Prinzips indirekt auch unterhalb) des Frequenzbandes von Abb. 166, d.h. oberhalb von 32 Hz vorliegt: Das Spektrum aus Abbildung 166 wiederholt sich ständig, einmal in „Kehrlage“, einmal in Regellage, immer an den Frequenzen der periodischen δ-Impulsfolge gefaltet bzw. gespiegelt. Sehen Sie hierzu auch Abb. 120. Insgesamt ist das Spektrum aus Abb. 166 in Abb. 170 (unten) viermal enthalten (4 * 32 Hz = 128 Hz).

Die Sache hat aber einen Haken. Wie das Spektrum des analogen Signals zeigt, besitzt der Sägezahn ein extrem breites Spektrum. Wie aus Kapitel 2 bereits bekannt ist, geht diese Bandbreite gegen unendlich. Aus diesem Grunde überlappen (addieren) sich die Frequenzbänder alle gegenseitig, wobei der Einfluss der unmittelbar benachbarten Frequenzbänder am größten ist. Dies bedeutet jedoch, dass die Spektren in den Abb. 163 - 171 auf jeden Fall fehlerbehaftet sind. Dies bedeutet aber auch:

Wenn ein Signal im Frequenzbereich verfälscht wird, geschieht dies auch im Zeitbereich, weil ja beide Bereiche untrennbar miteinander verbunden sind.

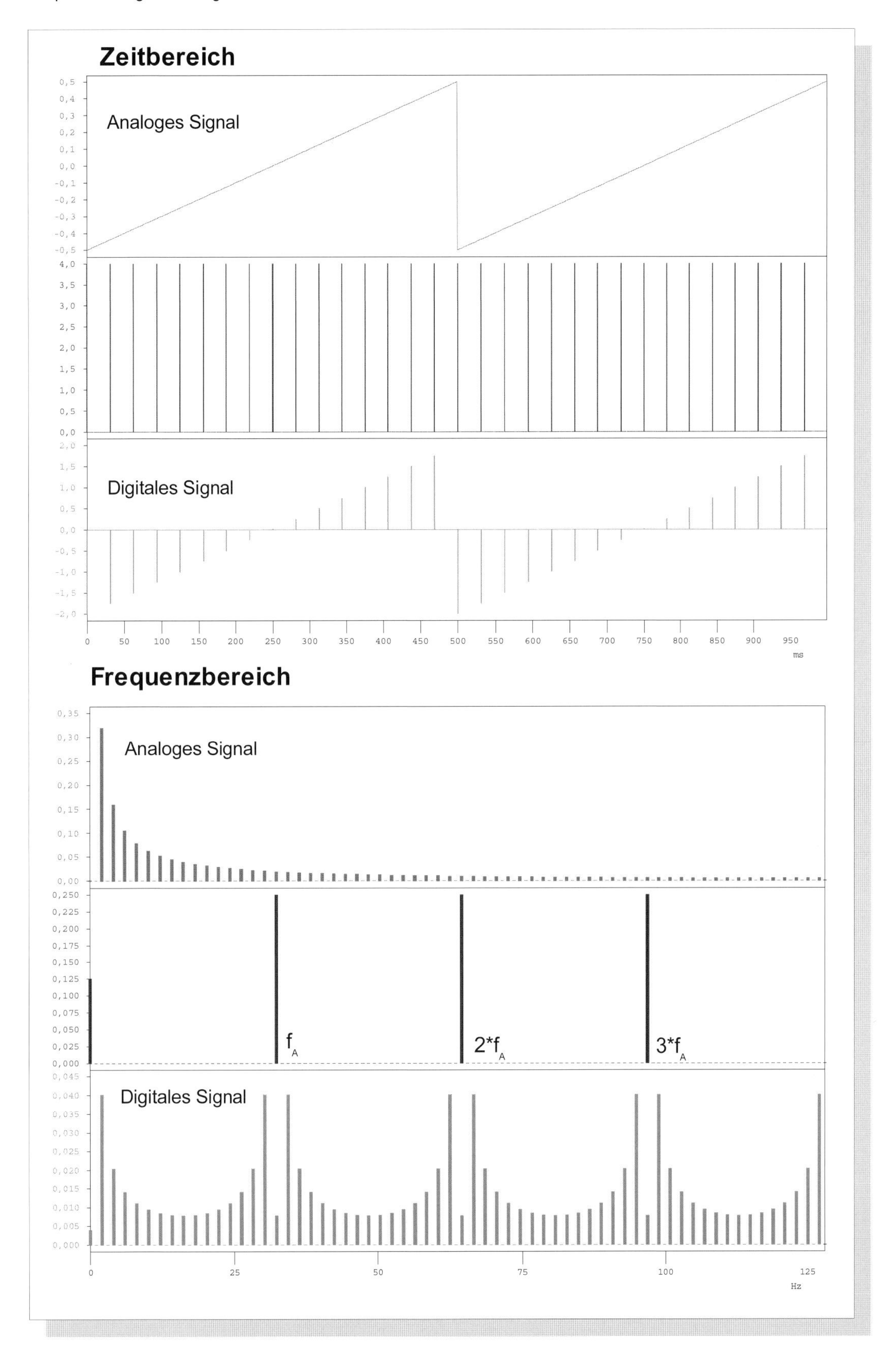

Abbildung 171 ***Überschneidung der Frequenzbänder periodischer Spektren***

Gegenüber Abb. 170 wurde die „künstliche" Abtastrate halbiert. Die Interpretation finden Sie im Text.

Dies ist in Abb. 170 genau zu erkennen, falls Sie das Amplitudenspektrum des Analogsignals mit den ersten 16 Frequenzen des digitalen Signals vergleichen. Unten sind die Linien bzw. Amplituden relativ zur ersten Frequenz höher ausgeprägt, vor allem in der Mitte zwischen zwei Frequenzbändern. Wie Abb. 171 zeigt, wird der Fehler um so deutlicher, je kleiner die Abtastfrequenz f_A' ist (hier die Frequenz der periodischen δ–Impulsfolge). Der Vergleich der Abb. 170 und 171 zeigt: Wird die Abtastfrequenz verdoppelt, rücken die Frequenzbänder auf doppelten Abstand. Aber nach wie vor findet eine - wenn auch geringfügigere - Überlappung statt.

Eine gute Medizin gegen solche Fehler ist also die Erhöhung der Abtastfrequenz, und zwar bei gleichzeitiger Erhöhung der Blocklänge (nur dann verändert sich die Signaldauer nicht). Jetzt kommt ein wirklich interessanter Aspekt zutage. Wie weit würden diese Frequenzbänder auseinander liegen, falls die Abtastfrequenz und auch die Blocklänge nach und nach gegen Unendlich gehen würde? Richtig: Dann lägen sie „unendlich weit“ auseinander. Dann hätten wir aber nichts anderes als ein *analoges Signal* mit kontinuierlichem Verlauf, bei dem alle Abtastwerte „dicht bei dicht“ lägen. Und damit sähe das Spektrum auch genauso aus wie in beiden Abbildungen in der oberen Reihe!

Analoge Signale stellen aus theoretischer Sicht den Grenzfall eines digitalen Signals dar, bei dem Abtastfrequenz und Blocklänge gegen Unendlich gehen.

Welche Möglichkeit könnte es nun geben, bei der digitalen Signalverarbeitung die Verfälschung durch die Überlappung der Frequenzbänder zu umgehen? Die Lösung zeigt Abb. 172. Dort wird die (frequenzbandbegrenzte) Si-Funktion als Analogsignal verwendet. Die Bandbreite dieses dort abgebildeten Signals beträgt ca. 10 Hz (im positiven Bereich!) und die Abtastfrequenz beträgt 32 Hz. Zwischen den Frequenzbändern ist nun eine respektable Lücke festzustellen und es findet praktisch keine Überlappung statt. Jedes Frequenzband enthält damit die vollständige, unverfälschte Information über das ursprüngliche Analogsignal von 1 s Dauer. Damit lautet das nächste Zwischenergebnis:

Damit ein analoges Signal unverfälscht auf digitalem Wege verarbeitet werden kann, muss sein Spektrum bandbegrenzt sein.
Anders ausgedrückt: Bevor ein analoges Signal digitalisiert wird, muss es über ein ***Analogfilter*** *bandbegrenzt werden. Dies geschieht durch ein sogenanntes „Antialiasing-Filter“, in der Regel eine analoge Tiefpass-Schaltung.*

Ein praxisnahes Beispiel für ein solches Antialiasing-Filter ist ein Mikrofon. Die Grenzfrequenz preiswerter Mikrofone liegt praktisch immer unterhalb 20 kHz. Dadurch ist das hiermit erzeugte bzw. umgewandelte elektrische Signal direkt bandbegrenzt. Gerade für Experimente ist deshalb ein Mikrofon eine sehr günstige Signalquelle. Spezielle Antialiasing-Filter sind nämlich sehr teuer.

Das Antialiasing-Filter (die Schreibweise Anti-Aliasing wäre besser) dient dazu, die Überlappung benachbarter Frequenzbänder digitaler Signale zu verhindern.

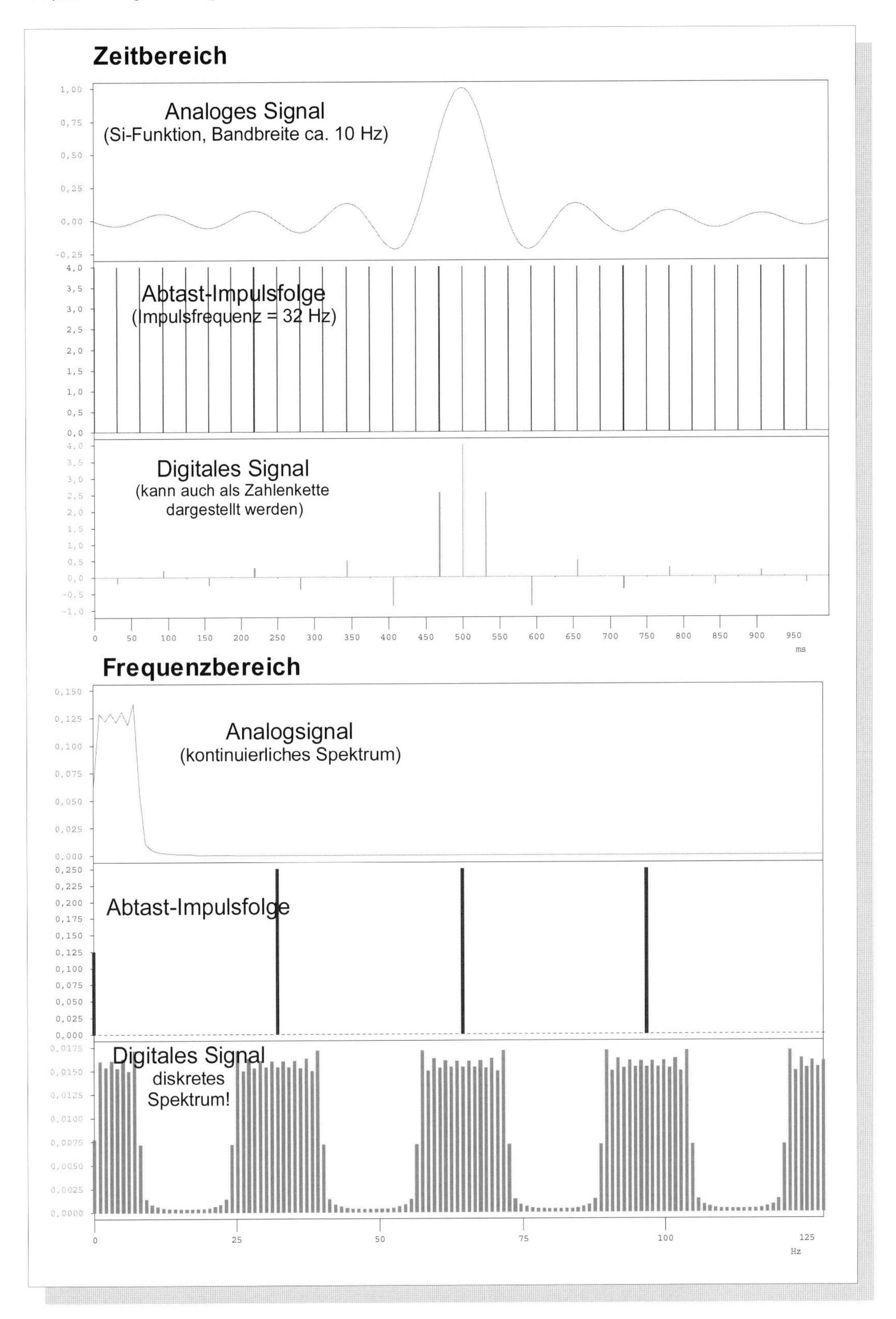

Abbildung 172 ***Periodisches Spektrum frequenzbandbegrenzter Signale***

Oben sehen Sie ein auf etwa 10 Hz frequenzbandbegrenztes Analogsignal (Si-Funktion). Bei einer Abtastrate von 32 Hz findet hier praktisch keine Überlappung benachbarter Frequenzbänder statt.

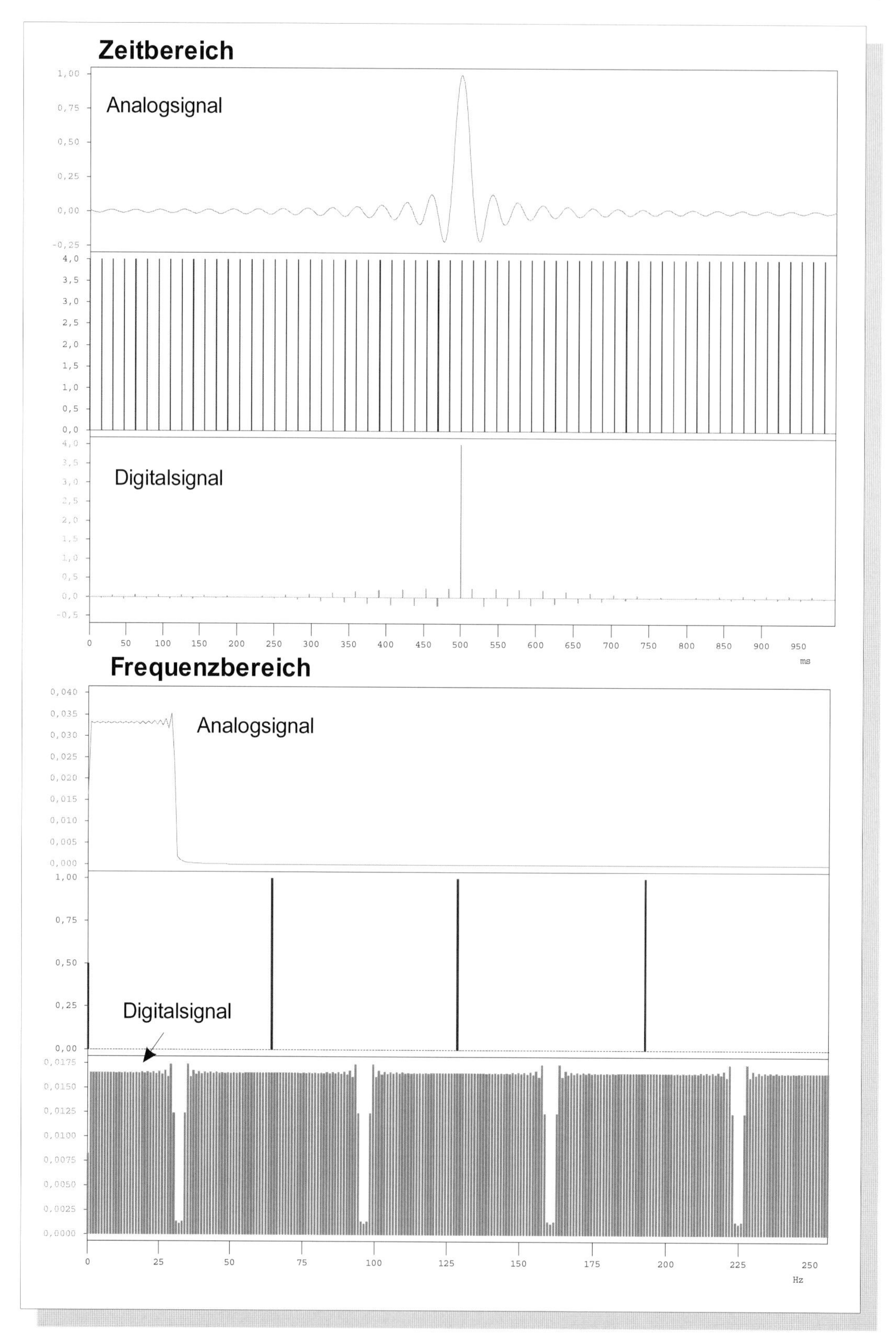

Abbildung 173 ***Abtast-Prinzip: An der Grenze der Überlappung benachbarter Frequenzbänder***

Hier beträgt die Bandbreite des Analogsignals ca. 30 Hz, die Abtastfrequenz 64 Hz. Deutlich zu sehen ist, dass der Grenzfall der „Nichtüberlappung" periodischer Spektren hier praktisch gegeben ist.

Abb. 173 lässt nun gewissermaßen die Katze aus dem Sack. Hier wird verdeutlicht, welche Beziehung zwischen der Abtastfrequenz f_A und der höchsten Frequenz des Analogsignals bzw. der Grenzfrequenz des Antialiasing-Filters bestehen muss, damit sich die Frequenzbänder des digitalen Signals gerade nicht überlappen. Diese Beziehung ist grundlegend für die gesamte Digitale Signalverarbeitung DSP und stellt damit das vierte Prinzip dieses Manuskripts dar.

Abtast-Prinzip AP *(in der Literatur Abtast-Theorem genannt): Die Abtastfrequenz f_A muss mindestens doppelt so groß sein, wie die höchste im Analogsignal vorkommende Frequenz f_{max}. Damit gilt*

$$f_A \geq 2 * f_{max}$$

Die Begründung hierfür ist in den Abb. 171 - 173 klar zu erkennen. Da an jeder Frequenzlinie des Abtastsignals das Spektrum des Analogsignals in Kehr- und Regellage gefaltet wird, müssen die Frequenzlinien des Abtastsignals mindestens doppelt so weit auseinander liegen wie das Spektrum des Analogsignals breit ist!

In Abb. 173 liegt die höchste Frequenz des Analogsignals etwa bei 30 Hz. Die Abtastfrequenz ist 64 Hz. Die benachbarten Frequenzbänder überlappen sich gerade noch nicht bzw. kaum. Nur so lange sie sich nicht gegenseitig überlappen, kann das Analogsignal aus dem digitalen Signal wiedergewonnen werden.

Um das Abtast-Prinzip einmal zu überprüfen, sollte einmal als abschreckendes Beispiel für die Abtastfrequenz f_A der *gleiche* Wert gewählt wie für die höchste im Analogsignal vorkommende Frequenz f_{max}. Alle Seitenbänder - bestehend aus Kehr- und Regellage - sind dann durch Überlagerung nur halb so breit wie sie sein müssten.

Rückgewinnung des Analogsignals

Wie das ursprüngliche Analogsignal am Ausgang des D/A-Wandlers wieder aus dem digitalen Signal zurückgewonnen werden kann - falls das Abtastprinzip AP eingehalten wurde! - zeigt nun für den Fall der nicht frequenzbandbegrenzten periodische Sägezahnspannung die Abb. 174. Dies geschieht auf denkbar einfache Weise. Es müssen alle Frequenzbänder außer dem untersten Frequenzband durch ein (dem Antialiasing-Filter vollkommen entsprechenden) Tiefpass ausgefiltert werden. Dann bleibt lediglich das Spektrum des analogen Signals übrig und damit auch das analoge Signal im Zeitbereich.

Die Rückgewinnung des analogen Signals aus dem zugehörigen digitalen Signal erfolgt durch die Tiefpassfilterung, weil hierdurch das Spektrum des analogen Signals und damit auch das Signal im Zeitbereich zurückgewonnen werden kann. Genau genommen erzeugen D/A-Wandler eine treppenförmige Kurve (siehe Abb. 157), die den Verlauf des analogen Signals schon weitgehend wiedergibt. Die „Feinarbeit“ macht dann der erwähnte Tiefpass.

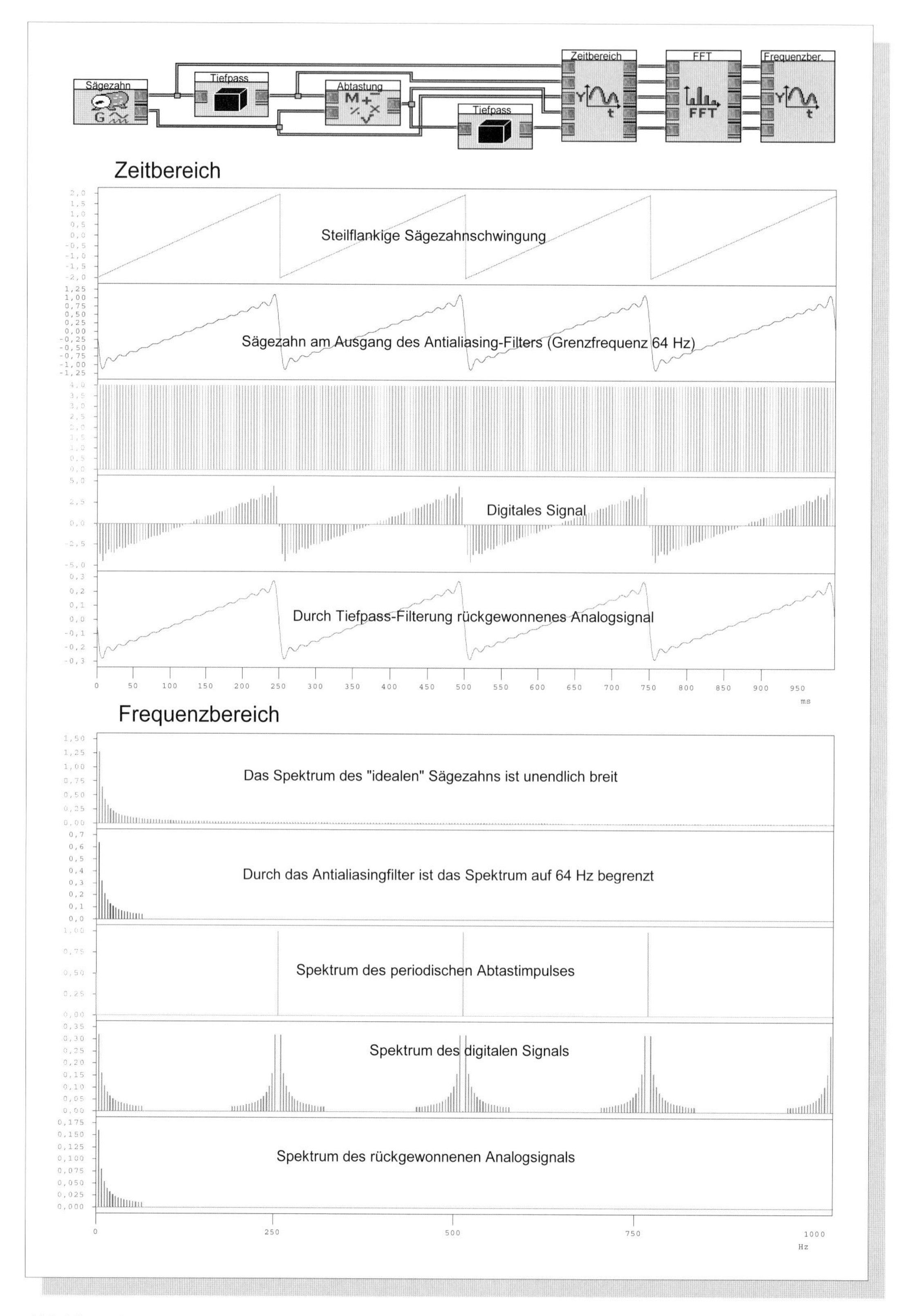

Abbildung 174 ***Prinzip der Digitalen Signalverarbeitung mit analogen Antialiasing-Filtern***

Bei diesem Beispiel ist nun alles im Lot. Der nicht frequenzbandbegrenzte Sägezahn wurde mit einem Antialiasing-Filter auf 64 Hz begrenzt. Die (virtuelle) Abtastrate bzw. die Abtastfrequenz f_A liegt bei 256 Hz. In dieser Größenordnung sollten beide Werte in der Praxis zueinander liegen. Statt der analogen (!) Antialiasing-Filter wurden hier digitale Filter mit DASYLab erstellt.

Nichtsynchronität

Es gibt noch weitere z.T. recht verdeckte Fallen, die zu fehlerhaften Ergebnissen führen können. Sie entstehen z.B. durch falsche Wahl der Parameter Blocklänge n und Abtastfrequenz f_A. Abb. 175 zeigt einen solchen Fall. Zunächst scheint alles in Ordnung zu sein: Das analoge Signal ist auf ca. 30 Hz bandbegrenzt, die Abtastfrequenz ist genau wie die Blocklänge auf 512 eingestellt, d.h. das Signal dauert genau 1 s. Dieses abgespeicherte Signal werde nun durch Multiplikation mit einer entsprechenden Impulsfolge mit einer (kleineren) Abtastfrequenz f_A' von 96 Hz abtastet, was ja nach dem Abtast-Prinzip ausreichen müsste.

Aber bereits das Spektrum der periodischen δ–Impulsfolge bzw. der (virtuellen) Abtastfrequenz f_A' weist auf Ungereimtheiten. Eigentlich sollte es lediglich die Frequenz 96 Hz und deren ganzzahlig Vielfachen enthalten. Es sind jedoch, wenn auch mit wesentlich kleineren Amplituden - die Frequenzen 32 Hz, 64 Hz usw. also alle ganzzahlig Vielfachen von 32 Hz enthalten. An jeder dieser Frequenzen wird das Spektrum des Analogsignals gefaltet bzw. gespiegelt, wobei die Amplitude dieser Frequenzen angibt, wie stark die (unerwünschten) Seitenbänder links und rechts auftreten.

Als Folge wird praktisch das Abtast-Prinzip Lügen gestraft, weil sich trotzdem hier wieder Seitenbänder überlappen. In Abb. 176 ist die Überlappung dieser kleinen Seitenbänder mit den großen gut zu sehen. Auf jeden Fall treten kaum nachvollziehbare Fehlmessungen auf, weil es sich hier um *nichtlineare* Effekte handelt.

> Hinweis:
> Es ist zunächst die Frage zu klären, woher in Abb. 175 die „Zwischenfrequenzen“ 32 Hz, 64 Hz usw. kommen. Dies ist eine Folge der *Nichtsynchronität* zwischen der Blocklänge n (hier n = 512) und der Abtastfrequenz f_A' von 96 Hz. Eine Impulsfrequenz von 96 Hz „passt“ hier nicht in das durch die Blocklänge vorgegebene Raster von 512. Sie ist *nichtperiodisch* innerhalb dieses Rasters, weil 512 / 96 = 5 Rest 32 ergibt. Diese Nichtsynchronität oder auch Nichtperiodizität verursacht Kombinationsfrequenzen mit den eigentlich zu erwartenden Frequenzen von 96 Hz, 192 Hz usw. Es ergeben sich Summen- und Differenzfrequenzen der Form 0 ± 32 Hz, 96 ± 32 Hz usw., aber auch der Form ($n * 96 \pm m * 32$ Hz) mit n, m = 0, 1, 2, 3 ... .

Wie nun ließe sich verhindern, dass ein Rest bei der Division übrig bleibt? Welche Werte sollten in diesem Fall für die Abtastfrequenz f_A' gewählt werden. Die Blocklänge sollte immer ein ganzzahlig Vielfaches von der Abtastfrequenz f_A' sein! Da die Blocklänge aber vorherbestimmt und immer eine Potenz von 2 ist, also 32, ..., 512 , 1024 usw., kommen für die Abtastfrequenz auch nur Potenzwerte von 2 in Frage.

> Beispiel: Bei einer Blocklänge von 1024 sollten nur folgende Abtastraten gewählt werden: ... 32 ($= 2^5$), 64, 128, 256, 512, 1024 ($=2^{10}$)

Die Abtastrate/Abtastfrequenz f_A und die Blocklänge n sollten immer in einem ganzzahligen Verhältnis zueinander stehen.

Der übersichtlichste Fall ist der, falls beide Größen gleich groß gewählt werden.

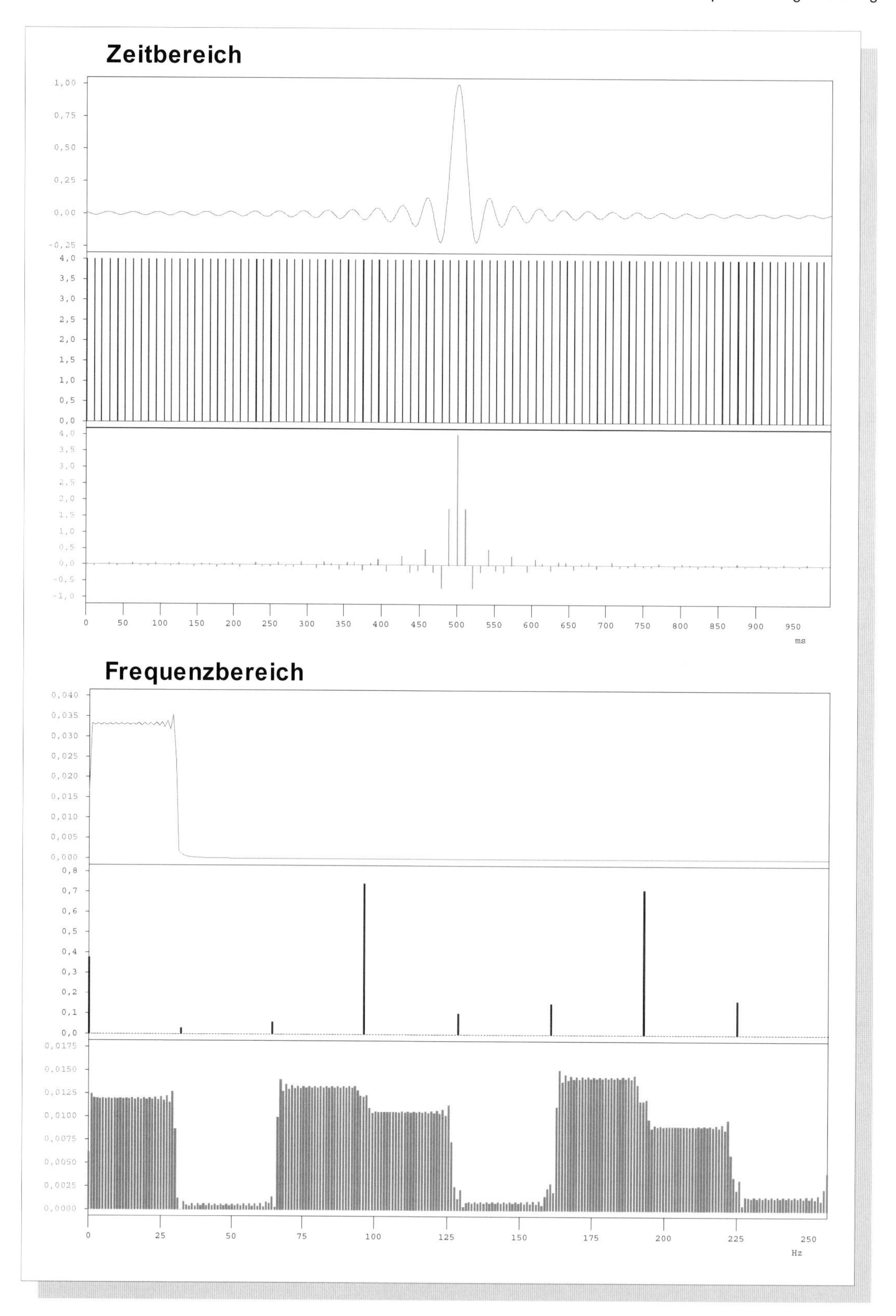

Abbildung 175 ***Nichtsynchronität***

Nichtsynchronität entsteht, falls die Blocklänge kein ganzzahlig Vielfaches der Abtastfrequenz ist.

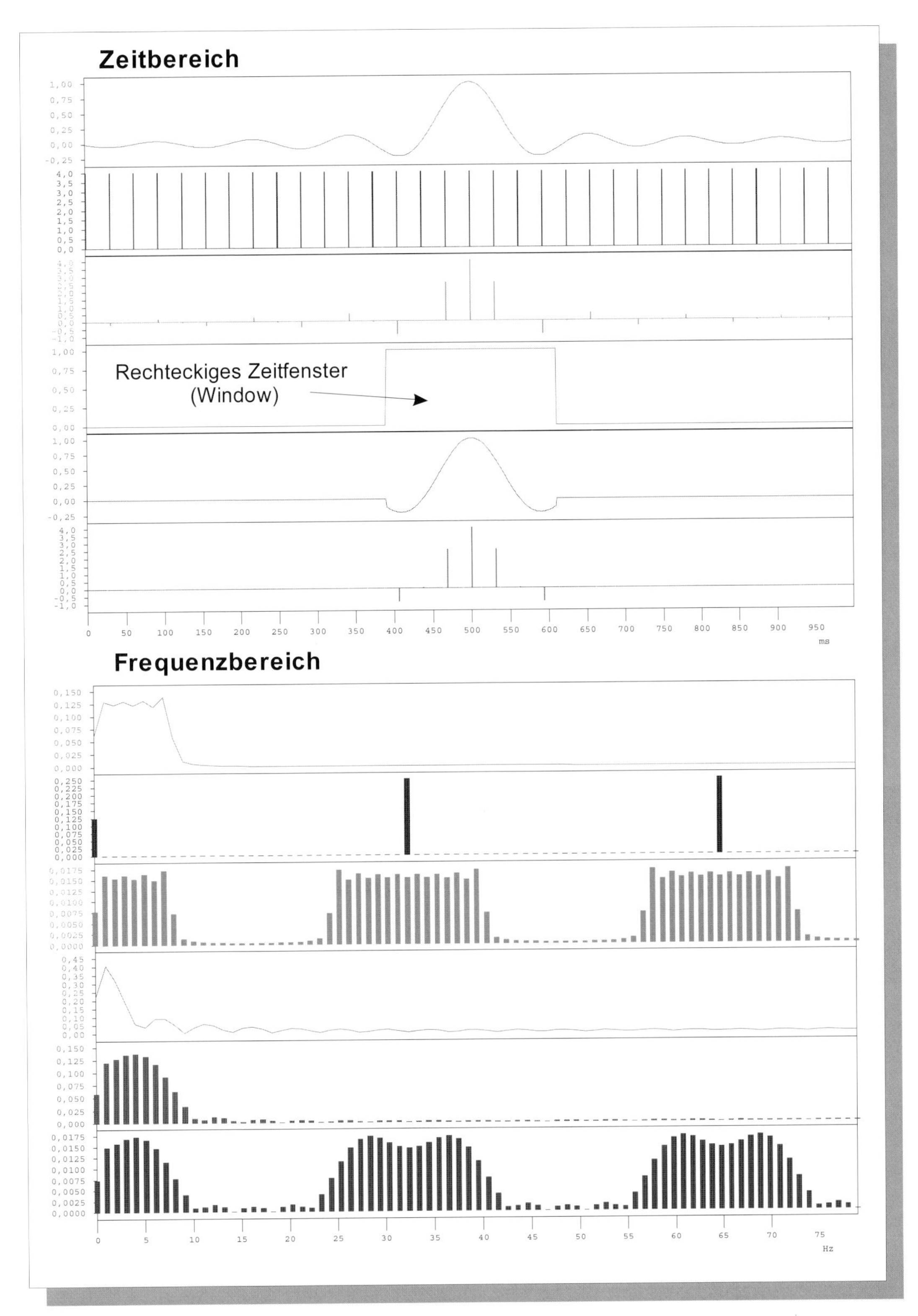

Abbildung 176 ***Signalverfälschung durch Signalfensterung (Windowing)***

Bei längeren Signalen muss das Signal abschnittsweise verarbeitet werden. Dadurch entstehen Fehler, wie sie bereits in der Abb. 36 dargestellt wurden. Am Beispiel des Rechteckfensters wird hier noch einmal gezeigt, wie das Spektrum verändert bzw. verfälscht werden kann. Typisch für Rechteckfenster ist die „Welligkeit" des Spektrums (unten) gegenüber dem korrekten Spektrum in der dritten Reihe unten.

Signalverfälschung durch Signalfensterung

Abschließend soll an dieser Stelle noch einmal auf die digitale Signalverarbeitung lang andauernder analoger Signale - z.B. eines Audio-Signals - eingegangen werden.

Die digitale Signalverarbeitung lang andauernder realer Analogsignale bedeutet immer - ähnlich dem Hörvorgang - die signalmäßige Verarbeitung gleichlanger, sich überlappender Signalabschnitte!

In Anlehnung an die Schilderungen in Kapitel 3 (siehe Abb. 36 - 39) und in Kapitel 4 (siehe Abb. 45 - 50) hier eine kurze Zusammenfassung:

→ Lang andauernde Signale müssen abschnittsweise in Blöcken analysiert bzw. verarbeitet werden. Diese Blocklänge muss immer als Zweierpotenz darstellbar sein (z.B. $1024 = 2^{10}$), weil nur für diese Blocklängen die FFT optimiert ist.

→ Blocklänge und Abtastrate - in Übereinstimmung mit dem Abtast-Prinzip AP - sollten möglichst zueinander „synchronisiert" sein, um nicht in den Konflikt mit der Periodendauer T_D des digitalen Signals zu kommen. Dies gilt immer dann, falls die Signalverarbeitung den Frequenzbereich miteinbezieht. Bedenken Sie, dass nur ganzzahlige Vielfache der Grundfrequenz $f_G = 1 / T_D$ im Spektrum dargestellt werden können. Wählen Sie deshalb möglichst auch die Abtastrate f_A als Zweierpotenz!

→ Die Windows müssen sich stark überlappen, weil sonst Information verloren gehen kann, die in den nun getrennten zeitlichen Teilabschnitten enthalten war. Die Informationen sind schließlich im Gesamtsignal enthalten.

→ Das Problem lässt sich wieder über unsere fundamentalen Grundlagen in den Griff bekommen: Wie Sie wissen, können die informationstragenden Signale nach dem FOURIER-Prinzip FP so aufgefasst werden, als seien sie aus lauter Sinusschwingungen einer bestimmten Bandbreite zusammengesetzt. Wird also die Übertragung dieser Sinusschwingungen sichergestellt, gilt dies auch für die Information!

→ Für lang andauernde Signale kommt nur eine Fensterfunktion in Frage, bei der das gefensterte Signal sanft beginnt und sanft endet. Rechteckfenster erzeugen hier Signalsprünge, die mit dem ursprünglichen Verlauf nichts zu tun haben (siehe Abb. 176). Ein geeignetes Beispiel hierfür sind GAUSS-Fenster.

→ Die erforderliche Überlappung kann über eine Frequenz-Zeit-Landschaft visualisiert bzw. abgeschätzt werden. So ist aus Abb. 50 ersichtlich, dass eine noch kürzere Überlappung der Windows nicht mehr Informationen über die „Frequenz-Zeit-Landschaft bringen würde. In Abb. 49 dagegen besteht doch noch Informationsbedarf. Hier liegt die Überlappung der Windows wohl etwas zu weit auseinander.

→ Präziser kann jedoch die erforderlich Überlappung über das Unschärfe-Prinzip UP abgeschätzt werden:

- Ein Fenster der Dauer Δt ergibt zwangsläufig eine frequenzmäßige Unschärfe $\Delta f \approx 1/\Delta t$. Durch die Wahl der „Fensterdauer" ist also die frequenzmäßige Auflösung - unabhängig von der Bandbreite B des Signals - bestimmt!

- Durch die Festlegung der Bandbreite B ist die höchste Frequenz f_{max} festgelegt, die informationsmäßig erfasst werden soll. Über sie ist wiederum die *schnellste zeitliche Änderung* festgelegt, die in dem Signal enthalten sein kann. Die schnellste zeitliche Änderung liegt aufgrund des UP damit im Bereich $\tau \approx 1 / B$, da B von 0 bis f_{max} reicht. Die Überlappung der Windows muss daher im Abstand τ erfolgen!

  Beispiel:
  Ein Fenster habe die Dauer $\Delta t = 100$ ms. Dann beträgt die frequenzmäßige Unschärfe Δf mindestens 10 Hz. Beträgt die Bandbreite des Signals 20 kHz, sollten die Überlappungen im zeitlichen Abstand $\tau = 1/20000$ s $= 50$ µs durchgeführt werden.

- Überlappungen in noch kürzeren Abständen würden keine zusätzliche Information bedeuten, weil die Signaldauer (des Windows) wegen des UP einfach nicht mehr hergibt. Längere Abstände würden (bei der angenommen Bandbreite B des Signals) Informationsverlust bedeuten.

Nur die Bandbreite B des Signals bestimmt den Abstand τ, mit dem sich die Fenster überlappen sollten. Die gewünschte frequenzmäßige Auflösung Δf bestimmt allein die Signaldauer Δt des Windows.

Checkliste

Vielleicht haben Sie angesichts der vielen Fehlermöglichkeiten bei der digitalen Signalverarbeitung von realen, also analogen Signalen etwas den Überblick verloren. Abschließend deshalb so etwas wie eine übersichtliche Checkliste. Diese sollten Sie bei praktischen Anwendungen durchgehen.

→ Versuchen Sie zunächst die *Bandbreite B* des Ihnen vorliegenden analogen Signals festzustellen. Dies gelingt auf verschiedenen Wegen:

- Bereits über die Physik der Signalerzeugung lassen sich Rückschlüsse auf die Bandbreite ziehen. Das setzt jedoch viel Erfahrung und physikalisches Verständnis voraus.
- Vielleicht ist Ihnen die Bandbreite B des Signals durch die Signalquelle - z.B. Mikrofon - bekannt.
- Über die schnellste *momentane* zeitliche Änderung des Signals lässt sich die höchste Frequenz f_{max} abschätzen.
- Stellen Sie im DASY*Lab*-Menü die höchstmögliche Abtastrate Ihrer Multifunktionskarte ein - um das Abtast-Prinzip AP auf jeden Fall zu erfüllen - und stellen Sie dann den Frequenzbereich mit Hilfe einer FFT dar.
- Wenn dies alles keine absolute Sicherheit bringt, schalten Sie zwischen Signalquelle und Multifunktionskarte ein (analoges) Antialiasing-Filter, d.h. praktisch immer einen analogen Tiefpass.

  - Dessen Grenzfrequenz sollte so niedrig wie möglich, jedoch so hoch wie nötig (um Informationsverluste zu vermeiden) eingestellt werden.
  - Vielleicht finden Sie in dieser Hinsicht in der Literatur (z.B. Fachaufsätzen) Erfahrungswerte zu Ihrem speziellen Problem.
  - Die Übertragungsfunktion des Antialiasing-Filters beeinflusst bzw. verändert auf jeden Fall Ihr Signal. Je hochwertiger - d.h. „rechteckiger“ - dieses Filter ist, desto geringer wird die Beeinflussung sein.

→ Wählen Sie die Abtastrate möglichst so hoch, dass das Abtast-Prinzip übererfüllt wird.

- Dadurch liegen die Seitenbänder wie in Abb. 174 im Spektrum weit auseinander.
- Sie benötigen in diesem Fall nun nicht ein Antialiasing-Filter höchster Güte mit nahezu rechteckigen Flanken (teuer!), sondern können ggf. ein minderwertiges Filter - z.B. ein RC-Glied - verwenden. Die abfallende Flanke des Filters liegt bei entsprechender Wahl der Grenzfrequenz dann nämlich außerhalb der Bandbreite des (analogen) Signals.

→ Liegen langandauernde Signale vor, die Sie abschnittsweise verarbeiten müssen, so gelten folgende Regeln:

- Mit der „Fensterdauer“ Δt legen Sie die frequenzmäßige Auflösung (“Unschärfe“) eindeutig fest. Es gilt $\Delta f \approx 1 / \Delta t$
- Die Bandbreite B des analogen Signals bzw. des Antialiasing-Filters legt den zeitlichen Abstand τ fest, mit dem sich die Windows überlappen müssen. Es gilt $\tau = 1 / B$

Hinweis:

Bei einer Soundkarte mit je zwei Analogeingängen und Analogausgängen ist die Abtastfrequenz nicht frei wählbar. Die höchste Abtastfrequenz für die Soundkarte ist 44100 Hz, es folgen 22050, 11025, 8000, 4000, 2000 Hz ... usw. Wird eine falsche Abtastfrequenz gewählt, erscheint die Meldung über eine automatische Korrektur

Da selbst bei hochwertigen Mikrofonen der Frequenzbereich lediglich bis 20 kHz reicht, ist das Abtastprinzip mit 44100 Hz auf jeden Fall gesichert.

Mit einem Mikrofon und einer Soundkarte steht also ein qualitativ hochwertiges, dabei äußerst preiswertes System zur Aufnahme, Verarbeitung und Wiedergabe analoger, realer Signale für den Audio-Bereich zur Verfügung.

Aufgaben zu Kapitel 9

Aufgabe 1

(a) Warum kann es keine softwaremäßige - d.h. rechnerische Umwandlung realer, analoger Signale in digitale Signale geben?

(b) Was beinhaltet die Datei eines solchen digitalen Signals und wie lässt sich deren Information bildlich darstellen?

Aufgabe 2

(a) Wandeln Sie die Schaltungssimulation eines A/D-Umsetzers in Abb. 157 mit Hilfe von DASYLab so um, dass die Genauigkeit statt 5 Bit ($2^5 = 32$) 4 Bit bzw. 6 Bit beträgt.

(b) Verwenden Sie statt des Moduls „Relais“ ein UND-Gatter.

(c) Wie ließe sich die Zahlenkette im Dualen Zahlensystem mit Hilfe von DASYLab darstellen? Was müsste der Schaltung in Abb. 157 hinzugefügt werden?

Aufgabe 3

(a) Erklären Sie das Prinzip eines D/A-Umsetzers in Abb. 158, d.h. den Term bzw. die Formel im Mathematik-Modul (“Binär/Deca“)

(b) Erklären Sie anhand der Abb. 159 die Umwandlung von Zahlen des Zehnersystems in die Zahlern eines anderen Systems mit der Basis 2, 3 und 4.

Aufgabe 4

(a) Wo werden analoge Pulsmodulationsverfahren in der Praxis eingesetzt?

(b) Weshalb besitzen diese Verfahren in der Messtechnik eine größere Bedeutung?

(c) Vergleichen Sie die Pulsmodulationssignale der Abb. 160 bezüglich ihrer Bandbreite.

Aufgabe 5

(a) Erklären Sie den generellen Unterschied zwischen einem analogen und digitalen Signal für den Zeitbereich.

(b) Welche anschaulichen Möglichkeiten bietet DASYLab für digitale Signale (siehe Abb. 161 und 162)?

(c) Digitale Signale können generell nur abschnittsweise analysiert werden. Welche Probleme ergeben sich hieraus ?

(d) Erklären Sie den Einfluss der beiden Größen Blocklänge n und Abtastrate/ Abtastfrequenz f_A auf die Darstellung eines digitalen Signals im Zeitbereich. Wie sollten diese Größen gewählt werden, damit das digitale Signal auf dem Bildschirm dem analogen Eingangssignal möglichst ähnlich sieht?

(e) Erklären Sie den Begriff der digitalen Periodendauer T_D.

(f) Wann wird das Spektrum eines periodischen, analogen Signals über eine digitale Signalverarbeitung mittels FFT korrekt wiedergegeben?

Aufgabe 6

(a) Weshalb ist es generell nicht möglich, Signale mit Sprungstellen - z.B. einen Sägezahn - digital korrekt zu verarbeiten bzw.:

(b) Weshalb müssen analoge Signale *vor* ihrer digitalen Signalverarbeitung bandbegrenzt werden?

(c) Wie wirkt sich die Bandbreite eines analogen Signals auf die erforderliche Abtastfrequenz aus?

(d) Formulieren Sie das Abtast-Prinzip für bandbegrenzte analoge Signale, die digital weiterverarbeitet werden sollen.

Aufgabe 7

(a) Begründen Sie, weshalb ein digitales Signal ein periodisches Spektrum besitzen *muss*?

(b) Weshalb muss jedes - über eine Blocklänge n abgespeichertes - digitale Signal so aufgefasst werden, als sei es auch im Zeitbereich über die Blocklänge n periodisch?

(c) Analoge Signale lassen sich als Grenzfall eines digitalen Signals deuten. Wie sieht dieser Grenzfall aus?

(d) Durch welchen Trick mit DASYLab wurde in den Abb. 170 - 176 der Frequenzbereich gegenüber den Abb. 163 - 169 so ausgeweitet, dass die Periodizität der Spektren erkennbar wird?

Aufgabe 8

(a) Welche Fehlerquellen können sich bemerkbar machen, falls Blocklänge und Abtastfrequenz nicht in einem ganzzahligen Verhältnis zueinander stehen?

(b) Schneiden Sie aus einem längeren Sprachsignal einen kurzen Ausschnitt von z.B. 0,07s Dauer aus und begrenzen Sie wegen des Abtastprinzips die Bandbreite dieses Ausschnitts. Analysieren Sie den Frequenzbereich dieses Signals mit verschiedenen Abtastraten und Blocklängen. Diskutieren Sie Unterschiede in den spektralen Darstellungen. Welche von diesen weisen offensichtlich Fehler auf? Was steckt dahinter?

Aufgabe 9

Sie wollen ein langandauerndes (bandbegrenztes) Audio-Signal ohne irgendeinen Informationsverlust über eine Zeit-Frequenz-Landschaft spektral analysieren.

(a) Wodurch legen Sie die frequenzmäßige Auflösung dieser Zeit-Frequenz-Landschaft fest?

(b) Wodurch wird die Bandbreite des Signals in dieser Darstellung garantiert?

(c) Begründen Sie die Wahl der von Ihnen bevorzugten Fensterfunktion (Window).

Kapitel 10

Digitale Filter

Filter besitzen in der Signalverarbeitung eine überragende Bedeutung. Die gesamte Nachrichtentechnik wäre ohne sie nicht möglich. Im Kapitel 7 wurden - als Beispiel für lineare Prozesse - bereits Filter behandelt. Im Vordergrund standen zwar analoge Filter, jedoch wurde auch bereits grundsätzlich auf digitale Filter eingegangen. Gerade am Beispiel *digitaler* Filter lassen sich die Vorteile der digitalen gegenüber der analogen Signalverarbeitung demonstrieren.

Filter - gleich ob analoge oder digitale - gelten aus theoretischer Sicht als sehr kompliziert. Praktiker greifen lieber gleich zu Tabellenbüchern, um für ihr gewünschtes Analogfilter die Schaltung und die Dimensionierung der dort verwendeten Bauteile (z.B. Widerstände und Kondensatoren) samt der zulässigen Toleranzen herauszusuchen. Bei digitalen Filtern ist dies auf den ersten Blick ähnlich: Hier werden - je nach Filtertyp - die geeigneten „Filterkoeffizienten" benötigt.

Ziel dieses Kapitels ist es, für Sie diese Schwierigkeiten speziell für digitale Filter aus dem Weg zu räumen, deren Wirkungsweise anschaulich darzustellen und Ihnen die rechnerische Verarbeitung zu verdeutlichen. Denn wie für jeden anderen Prozess der Digitalen Signalverarbeitung gilt auch für digitale Filter: Das Signal - in Gestalt einer Zahlenkette - wird *rechnerisch* verarbeitet! Sie sollen in der Lage sein, digitale Filter höchster Güte mit DASY*Lab* zu entwerfen und einzusetzen.

Hardware versus Software

Sowohl vom Ansatz als auch von der Gestalt unterscheiden sich Analogfilter von digitalen Filtern völlig, obwohl sie doch das gleiche sollen: Einen bestimmten Frequenzbereich „herausfiltern" und alle anderen möglichst wirkungsvoll unterdrücken.

Ein Unterschied fällt direkt ins Auge:

> *Ein analoges Filter ist eine - meist mit Operationsverstärkern sowie diskreten Bauelementen wie Widerständen, Kondensatoren - aufgebaute Schaltung („Hardware"). Demgegenüber ist ein digitales Filter durchweg virtueller Natur, nämlich ein Programm („Software"), welches aus der dem Eingangssignal entsprechenden Zahlenkette eine anderen Zahlenkette berechnet, die dem gefilterten Signal entspricht.*

Hinweis: Spezielle Filtertypen wie Oberflächenwellenfilter, Quarz- und Keramikfilter sowie Filter mit mechanischen Resonatoren (wie sie in der Trägerfrequenztechnik verwendet werden) sollen hier nicht betrachtet werden.

Wie analoge Filter arbeiten

Die Funktion analoger Filter beruht auf dem frequenzabhängigen Verhalten der verwendeten Bauelemente Kondensator C und Induktivität L (Spule). Aus mathematischer Sicht wird der Zusammenhang zwischen der Spannung u und dem hindurch fließenden Strom i an diesen beiden Bauelementen durch eine Differentiation bzw. eine Integration beschrieben. Einfach und verständlich lässt sich besser das physikalische Verhalten so beschreiben:

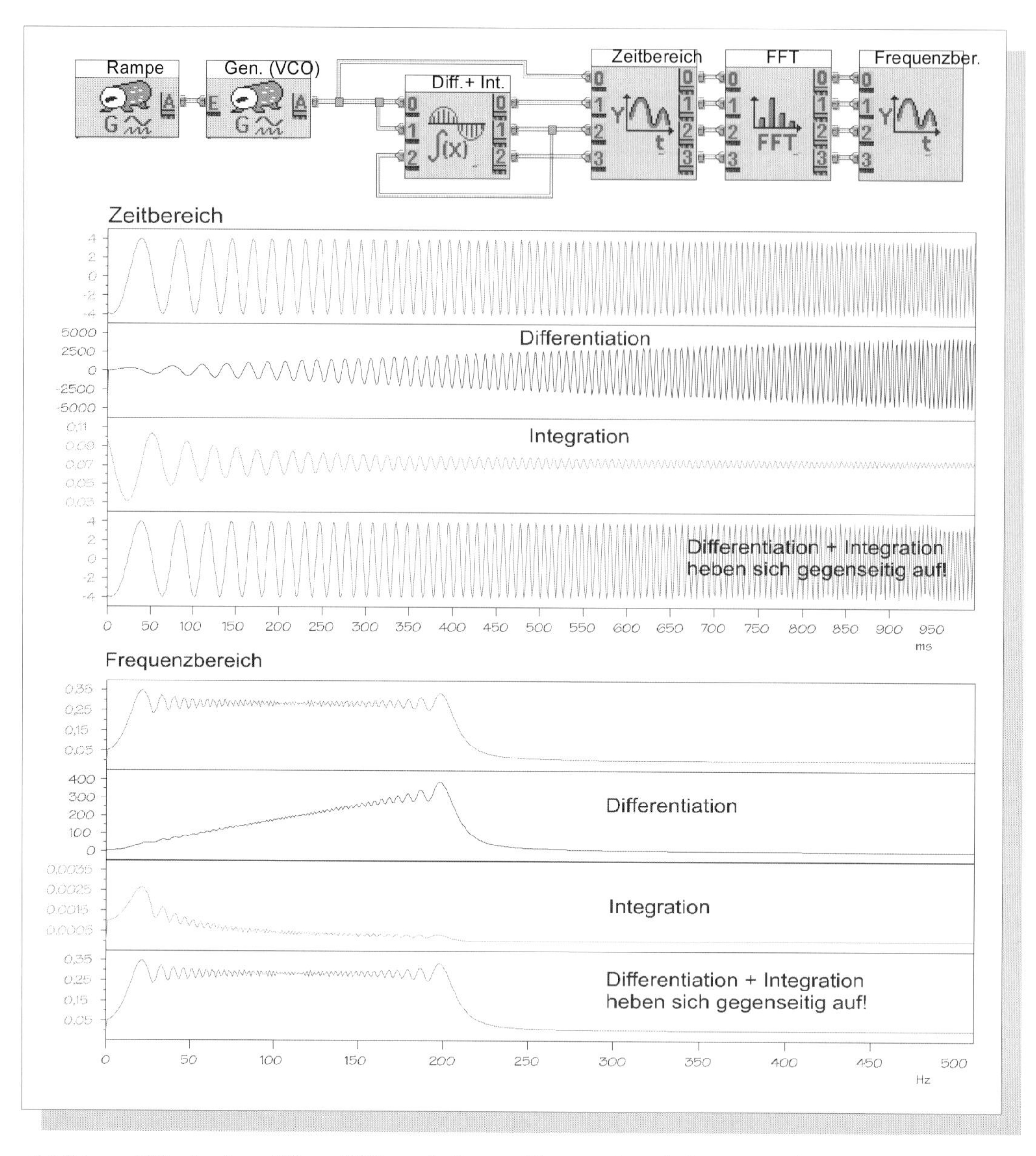

Abbildung 177 ***Analoge Filter: Differentiation und Integration als frequenzabhängige Prozesse***

Bei Differentiation eines Wobbelsignals nimmt die Amplitude linear (proportional) mit der Frequenz zu, bei der Integration ist verläuft sie umgekehrt proportional mit der Frequenz. Dies ist sowohl im Zeitbereich als auch im Frequenzbereich in der Abbildung zu sehen. Beachten Sie aber den Effekt des Unschärfe-Prinzips im Frequenzbereich (siehe hierzu auch Abb. 81)

Bei einem aus Spule und Kondensator bestehenden analogen Schwingkreis bzw. analogen Bandpass sind Spannung u und Strom i durch diese beiden Prozesse Differentiation und Integration verknüpft. Nur so lässt sich die Schwingkreiswirkung erzielen.

→ Je schneller sich der Strom i in einer Spule *ändert*, desto größer ist die momentan induzierte Spannung u (Induktionsgesetz).

→ Je schneller sich die Spannung u an einem Kondensator *ändert*, desto größer ist der Strom, der den Kondensator entlädt oder lädt (Kapazitätsgesetz).

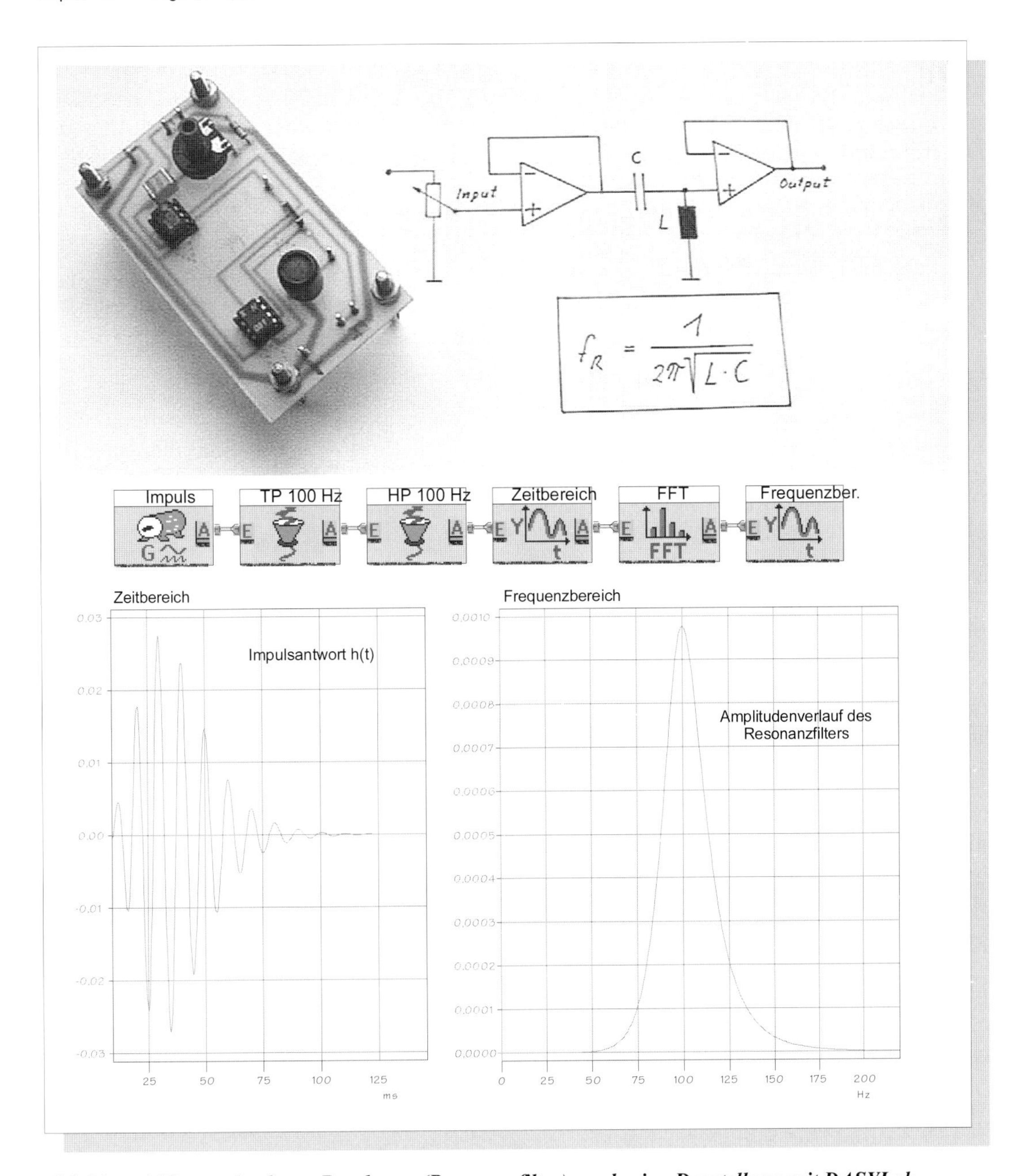

Abbildung 178 ***Analoger Bandpass (Resonanzfilter) und seine Darstellung mit DASYLab***

Oben sehen Sie eine analoge Bandpass-Schaltung (Resonanzfilter), bei dem ein L-C-Reihenschwingkreis zusammen mit zwei Operationsverstärkern das Filter bilden. Die Operationsverstärker sind als „Impedanzwandler" geschaltet. Hierbei geht jeweils der Eingangswiderstand gegen Unendlich (dadurch „merkt" die Spule nicht, dass ihr Signal „abgezapft" wird) und der Ausgangswiderstand gegen Null (dadurch wird praktisch kein Widerstand zusätzlich in Reihe geschaltet). Bei der Resonanzfrequenz f_R ist der Widerstand (bzw. die „Impedanz") am kleinsten, dadurch der Strom am größten und der Spannungsabfall erreicht sowohl an der Spule als auch am Kondensator seinen Maximalwert, der viel größer sein kann als die Eingangsspannung. Diese wird über den Eingangsspannungsteiler so klein gewählt, dass der Operationsverstärker nicht übersteuert wird.

Alles Probleme, die es mit DASYLab bzw. bei der digitalen Signalverarbeitung nicht gibt! Unten sehen Sie eine dem analogen Resonanz-Filter gleichwertige DASYLab-Schaltung. Das Resonanzfilter wird hier durch eine Reihenschaltung von Tiefpass und Hochpass mit der Grenzfrequenz 100 Hz dargestellt. Die Impulsantwort h(t) ist eine „kurze Sinusschwingung" von 100 Hz, welche aufgrund des Unschärfe-Prinzips mit der „spektralen Unschärfe" um 100 Hz der Filterkurve einhergeht.

Wie in Kapitel 7 bereits ausführlich behandelt (siehe Abb. 104), erscheint bei sinusförmigem Eingangssignal am Ausgang eines Differenzierers ein Sinus, dessen *Amplitude proportional zur Frequenz* ist. Bei der Integration - als Umkehrung der Differentiation - ist die *Amplitude umgekehrt proportional zur Frequenz.*

Besonders frequenzselektiv (d.h. „empfindlich" gegenüber einer Frequenzänderung) ist ein einfacher Schwingkreis. Hierbei handelt es sich um eine Reihen- oder Parallelschaltung von Spule und Kondensator bzw. Induktivität L und Kapazität C. In Abb. 178 ist ein brauchbares analoges Resonanzfilter (Bandpass) in Verbindung mit zwei Operationsverstärkern dargestellt.

Und damit kommen wir zum eigentlichen Problem: Es gibt keine guten Analogfilter! Allenfalls sind sie in *einer* Hinsicht gut genug bzw. stellen einen generellen Kompromiss dar zwischen Flankensteilheit, Welligkeit im Durchlassbereich und (nicht-) linearem Phasenverlauf im Durchlassbereich dar. Die Gründe hierfür wurden bereits ausführlich in Kapitel 1 („Zielaufklärung", und dort unter *Analoge Bauelemente*) erläutert, u.a. gilt:

→ Reale Widerstände, Kondensatoren und insbesondere Spulen besitzen ein Mischverhalten. So besteht eine Spule rein physikalisch aus einer Reihenschaltung von Induktivität L und dem OHMschen Widerstand R des Spulendrahtes. Bei sehr hohen Frequenzen macht sich sogar noch eine Kapazität C zwischen den parallelen Spulenwindungen bemerkbar.

→ Analoge Bauelemente lassen sich nur mit begrenzter Genauigkeit herstellen, zudem sind sie temperaturabhängig usw.

Zusammenfassend machen *analoge* Filter nicht das, was theoretisch möglich sein sollte, weil „Dreckeffekte" dies verhindern. So hängt z.B. das Resonanzverhalten des Bandpasses in Abb. 178 überwiegend von der „Güte" der Spule ab. Je kleiner der Spulenwiderstand, desto schärfer die Frequenzselektion.

Für analoge Filter haben sich drei Typen durchgesetzt, deren spezielle Vor- und Nachteile bereits im Kapitel 7, speziell in Abb. 115 und 116 beschrieben wurden. Sie werden zukünftig auch nur noch dort eingesetzt werden, wo sie unvermeidbar sind:

→ Auf immer und ewig werden Analogfilter verwendet werden, um das analoge Signal vor der digitalen Signalverarbeitung frequenzmäßig zu begrenzen.
Achtung: Diese Frequenzbegrenzung kann jedoch auch durch einen „natürlichen" Tiefpass, zum Beispiel durch ein Mikrofon geschehen. Schon die menschliche Stimme ist eindeutig frequenzmäßig begrenzt.

→ Hoch- und höchstfrequente Signale können aufgrund der begrenzten Geschwindigkeit von A/D-Wandlern derzeit nicht digital gefiltert werden.

FFT-Filter

Den ersten Typ eines rein digitalen - d.h. rechnerischen - Filters haben wir bereits des öfteren unter DASY*Lab* eingesetzt (Abb. 13, 14, 15; 93, 94; 133, 134, 139, 140, 141; 164, 174).

Das vom Verständnis her sehr einfache, aber rechnerisch aufwendige Prinzip wird in Abb. 179 noch einmal dargestellt: Das Signal bzw. ein Datenblock wird über eine FFT

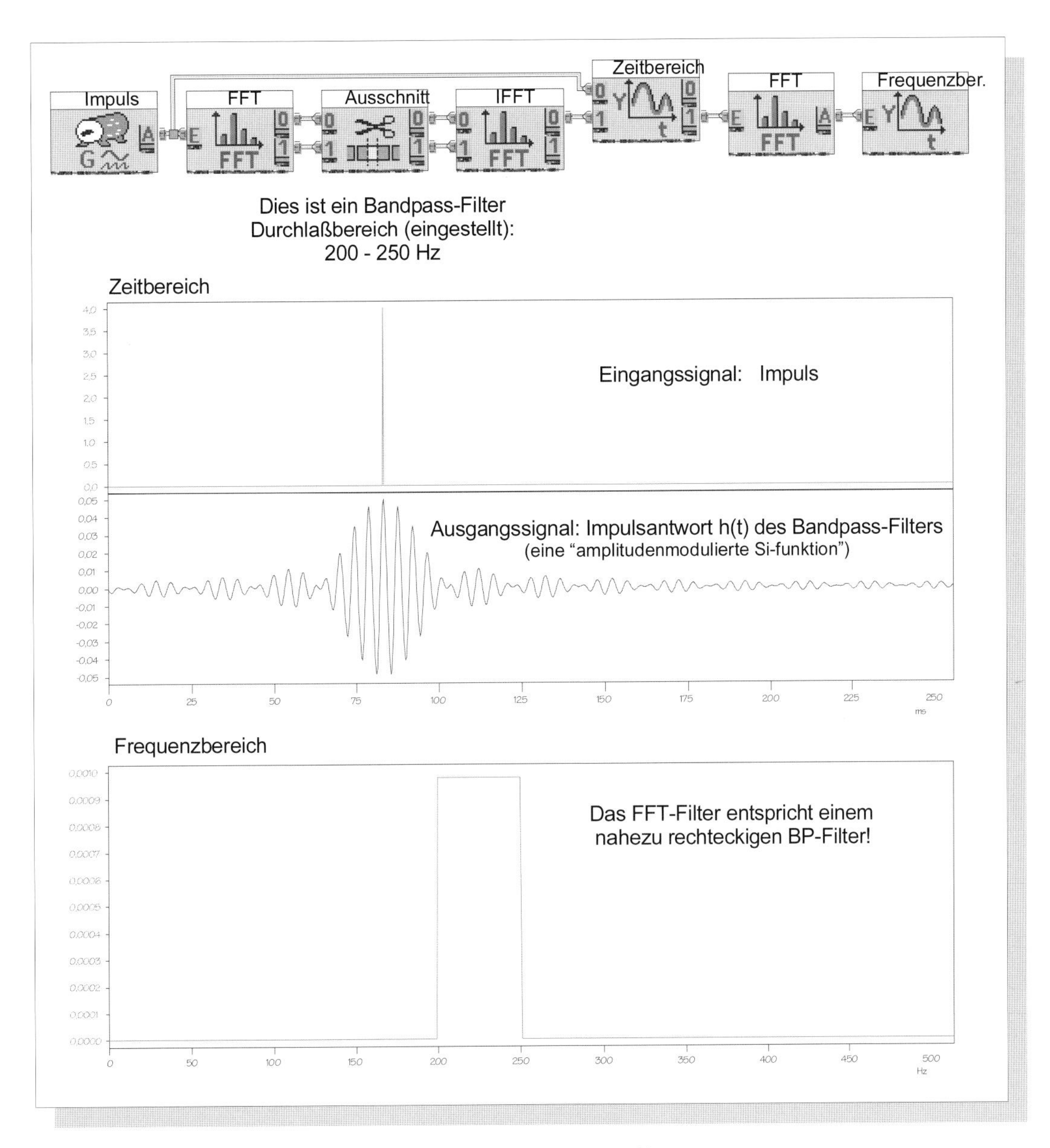

Abbildung 179 ***Bandpass als FFT-Filter***

Wie hochwertig FFT-Filter sein können, sehen sie hier am Beispiel eines Bandpass-Filters. Bereits im Zeitbereich lässt sich das Kriterium für ein sehr gutes - d.h. nahezu rechteckiges Filter erkennen: Die Impulsantwort sieht in etwa aus wie eine - beim Bandpass mit der Mittenfrequenz des Filters multiplizierte - Si-Funktion!

Die Flankensteilheit wird nur noch durch das Unschärfe-Prinzip begrenzt, d.h. durch die Dauer des Eingangssignals (Zahlenkette bzw. Datenblock) im Zeitbereich. Sie betrug hier 1 s (das obige Bild zeigt nur einen zeitlichen Ausschnitt von 250 ms).

in den Frequenzbereich transformiert. Hierbei ist über die Menüwahl die *Komplexe FFT eines reellen Signals* auszuwählen. Der FFT-Baustein besitzt nun einen Eingang, aber *zwei* Ausgänge. Die beiden Ausgänge liefern den Real- und den Imaginärteil des Spektrums (siehe Kapitel 5 unter „Inverse FOURIER-Transformation IFT und GAUSSsche Zahlenebene"). Physikalisch bedeutet dies, dass zu jeder Frequenz bzw. zu jeder Sinusschwingung *zwei* Angaben gehören: Amplitude und Phase!

Anschließend werden die Frequenzen über das Ausschnitt-Modul „ausgeschnitten" (d.h. werden auf Null gesetzt), die nicht passieren sollen. Hierbei müssen auf beiden Kanälen (Real- und Imaginärteil) die gleichen Werte eingestellt werden!

Hinweis: Im Ausschnitt-Modul finden Sie unter „Daten von Sample" die Werte von 0 bis 8192 voreingestellt. Hierbei gibt 8192 die größtmögliche Datenblocklänge an.
Wie lässt sich nun der gewünschte Frequenzbereich einstellen?
Überzeugen Sie sich z.B. in Abb. 93: Falls Sie die Abtastfrequenz gleich der Blocklänge wählen (z.B. 1024), gibt der jeweils eingestellte Zahlenbereich - z.B. von 0 bis 40 - den Durchlassbereich des Filters in Hz an. In diesem Fall beträgt die Zeitdauer des Datenblocks genau eine Sekunde und dadurch sind die Verhältnisse am einfachsten. Andernfalls müssen Sie höllisch aufpassen.
Wählen Sie z.B. eine Frequenz oberhalb des durch das *Abtast-Prinzip* erlaubten Bereiches (beim vorliegenden Beispiel wäre das oberhalb von 512 Hz!), so finden Sie womöglich die Lage des Filters ganz woanders im Frequenzbereich. Machen Sie einmal mit der Schaltung in Abb. 179 einen entsprechenden Versuch!

Anschließend geht es über eine IFFT (Inverse FFT) zurück in den Zeitbereich. Hierbei ist über die Menüauswahl die „*Komplexe FFT eines komplexen Signals*" auszuwählen. Zusätzlich müssen Sie noch angeben, dass Sie in den Zeitbereich zurück wollen. Schließlich soll ja aus den durchgelassenen Frequenzen (Sinusschwingungen) das Signal zusammengesetzt, also eine *FOURIER-Synthese* durchgeführt werden. Klicken Sie deshalb zusätzlich auf „FOURIER-Synthese". Nur jeweils am oberen Ausgang liegt das gefilterte Signal in seiner richtigen Form vor.

Vorteile von FFT-Filtern:

→ Wie gut ein solches FFT-Filter arbeitet, erkennen Sie auch an Abb. 94: Hier werden aus einem Rauschsignal einzelne Frequenzen herausgefiltert, die Bandbreite ist also bei einer Zeitdauer des Datenblocks von 1 Sekunde 1 Hz, stellt also die absolute, durch das Unschärfe-Prinzip UP gegebene physikalische Grenze dar! Die Flankensteilheit des Filters hängt also lediglich von der Zeitdauer des Signals bzw. Datenblocks ab!

→ Ein weiterer Vorteil ist die absolute Phasenlinearität, d.h. die Form bzw. Symmetrie der Signale im Zeitbereich wird nicht verändert. Vergleichen Sie hierzu die Eigenschaften analoger Filter in Abb. 116 mit denen der FFT-Filter in Abb. 179.

Nachteile von FFT-Filtern:

→ Hoher Rechenaufwand für die FFT und IFFT.
FFT bedeutet zwar „Fast FOURIER-Transformation". Der entsprechende Algorithmus wurde 1965 veröffentlicht und ist bereits wesentlich schneller als die normale DFT (Digital FOURIER-Transformation), indem das Symmetrie-Prinzip ausgenutzt wurde. FFT und - zusätzlich - IFFT sind trotzdem noch rechenintensiv im Vergleich zu anderen signaltechnischen Prozessen.

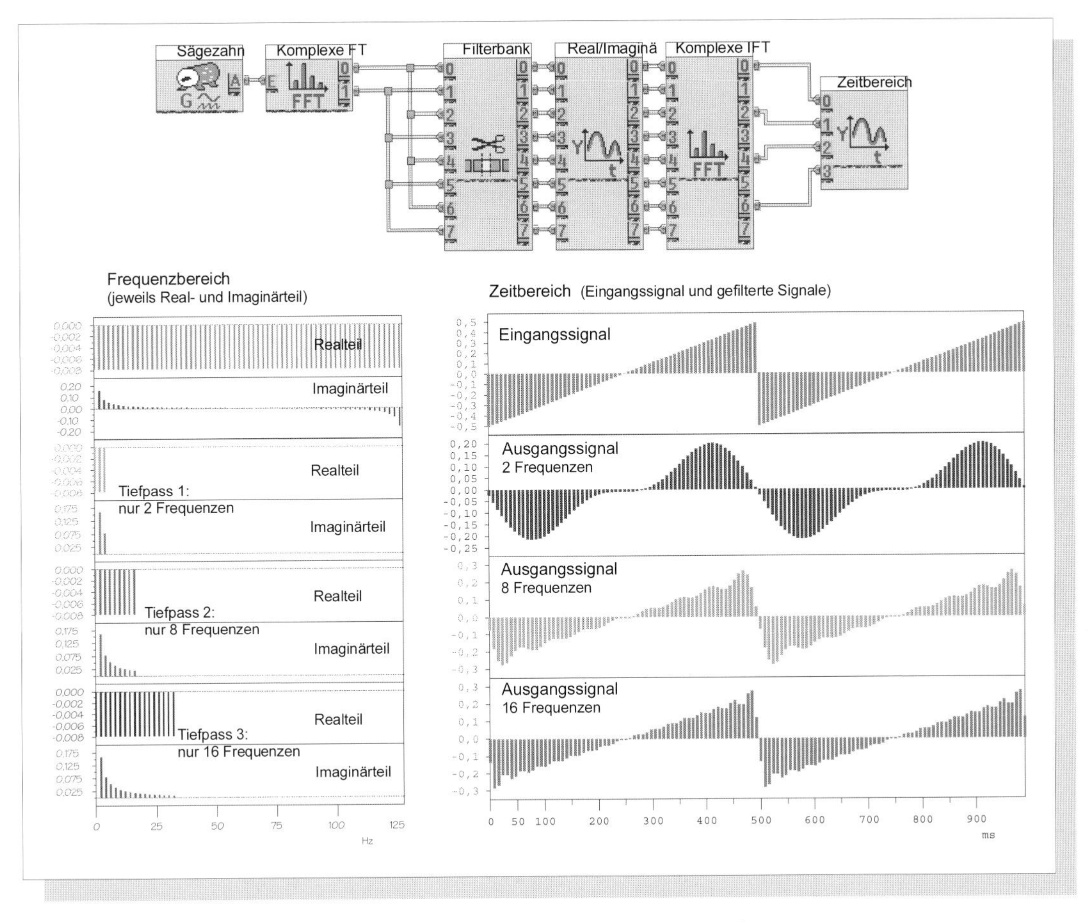

Abbildung 180 ***FFT-Filterung eines Sägezahns***

Hier wird anschaulich gezeigt, wie simpel FFT-Filter im Prinzip arbeiten: Mit dem „Ausschnitt"-Modul wird der interessierende Frequenzbereich förmlich ausgeschnitten. Nach der Rücktransformation in den Zeitbereich mittels einer IFFT zeigt sich das gefilterte Signal.

→ Ungeeignet für lang andauernde Signale.
Wie im Kapitel 3 unter „Frequenzmessungen bei nichtperiodischen Signalen" und im Kapitel 4 „Sprache als Informationsträger" beschrieben, müssten diese ja abschnittsweise mit einem geeigneten „Window" zerlegt und außerdem überlappend aufbereitet und dann gefiltert werden. Dies wäre für eine reine Filterung viel zu fehlerträchtig und rechenaufwendig.

Auf eine (scheinbare) Ungereimtheit beim FFT-Filter sollte noch eingegangen werden. In Abb. 179 erscheint das Filter aufgrund der Darstellung als „nicht kausal": Das Ausgangssignal ist auf dem Bildschirm bereits vorhanden, bevor das Eingangssignal überhaupt an den Eingang gelangt! Der Grund hierfür ist im Kapitel 9 unter „Das periodische Spektrum digitaler Signale" beschrieben. Ein digitales Signal besteht im Zeit- und Frequenzbereich aus „Linien", ist also zeit- *und* frequenzdiskret. Aufgrund des Symmetrie-Prinzips wird das momentan verarbeitete Signal deshalb als periodisch im Zeit- *und* Frequenzbereich betrachtet und dargestellt. Genau genommen wird also etwas anderes gefiltert, als der analoge Signalausschnitt am Eingang des Messsystems, nämlich ein periodisches, also in die Vergangenheit hineinragendes Signal. Unter diesem Aspekt ist das Filter kausal.

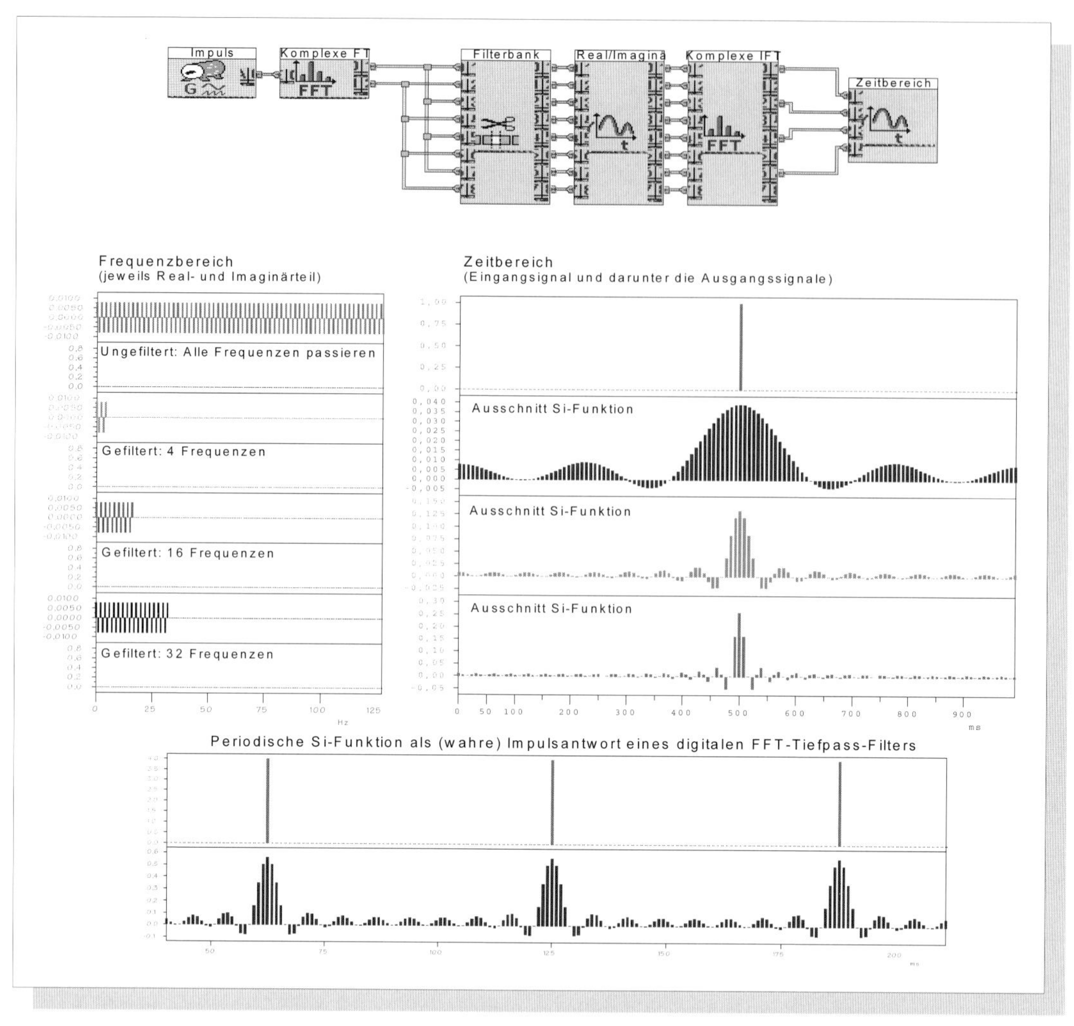

Abbildung 181 ***Impulsantwort h(t) von FFT-Tiefpass-Filtern***

Deutlich zu sehen ist hier wiederum, wie sich bei „rechteckähnlichen" Filtern eine der Si-Funktion ähnliche Impulsantwort h(t) ergibt. Die „Welligkeit" der Si-Funktion entspricht der höchsten Frequenz, welches das Filter durchlässt!

Da wir es hier mit digitalen Signalen zu tun haben, die ja immer im Zeit- und Frequenzbereich diskret sind und damit auch periodisch (siehe Kapitel 9), handelt es sich beim „Ausschnitt" aus einer Si-Funktion in Wahrheit um den Ausschnitt aus einer periodischen Si-Funktion. Sie sehen also als Impulsantwort genau genommen eine Periodendauer der vollständigen Impulsantwort!

Hinweis: In der Version 5.0 von DASY*Lab* gibt es ein sogenanntes FFT-Filter, welches (derzeit) nicht dem hier dargestellten Verfahren entspricht. Mit ihm wird lediglich das „Ausschneiden" *im Frequenzbereich* vereinfacht.

Digitale Filterung im Zeitbereich

Vielleicht und hoffentlich haben Sie das Staunen noch nicht verlernt. Sie werden nämlich jetzt digitale Filter kennen lernen, die

→ mit geringem Rechenaufwand auskommen,

→ den Weg über den Frequenzbereich (FFT - IFFT) vermeiden,

→ im Prinzip bzw. in der Praxis keine festgelegte Blockdauer/Signaldauer kennen,

→ deshalb beliebig lange Signale direkt filtern können,

→ vollkommen phasenlinear sind,

→ beliebig steilflankig gestaltet werden können (physikalische Grenze ist lediglich das Unschärfe-Prinzip) und

→ mit den drei elementarsten (linearen) signaltechnischen Prozessen auskommen: *Addition, Multiplikation mit einer Konstanten* sowie die *Verzögerung*.

Vielleicht ahnen Sie bereits, wie das möglich sein könnte: Das Eingangssignal müsste bei einer Tiefpass-Charakteristik lediglich im Zeitbereich so „verformt" werden, dass es eine „Welligkeit" besitzt, die z.B. bei einem Tiefpass-Filter der höchsten (Grenz-) Frequenz dieses Tiefpasses entspricht (siehe hierzu z.B. Abb. 34 und 174). Alle Voraussetzungen hierfür sind natürlich bereits behandelt worden. Diese sollen hier kurz noch einmal zusammengefasst werden:

→ Alle digitalen Signale stellen eine diskrete Folge von (gewichteten) δ-Impulsen dar (siehe z.B. Abb. 161 und 162).

→ Die Impulsantwort eines nahezu idealen, d.h. rechteckförmigen Tiefpass-Filters muss in etwa immer wie die Si-Funktion aussehen (siehe z.B. Abb. 33 und 34).

→ Die Impulsantwort eines nahezu idealen, d.h. rechteckigen Bandpass-Filters ist immer in etwa eine amplitudenmodulierte Si-Funktion (siehe hierzu Abb. 93 und 179). Die Mittenfrequenz dieses Bandpasses entspricht hierbei der Trägerfrequenz aus Kapitel 8, hier unter „Amplitudenmodulation".

→ Eine abgetastete Si-Funktion kann als Impulsantwort eines digitalen Tiefpasses (mit periodischen, nahezu „rechteckigen" Spektren!) aufgefasst werden (siehe Abb. 173 und 190). Damit sich diese Spektren nicht überlappen, muss das Abtast-Prinzip eingehalten werden.

Als Folgerung hieraus ergibt sich:

Da ein digitales Signal aus lauter gewichteten δ-Impulsen besteht, wird ein signaltechnischer Prozess benötigt, der aus <u>*jedem*</u> *dieser δ-Impulse eine der Si-Funktion möglichst ähnliche, diskrete, jedoch* <u>*zeitbegrenzte*</u> *δ-Impulsfolge erzeugt!*

Das zeigt in besonders einfacher Weise Abb. 182. Hier sind vier zeitlich verschobene, gewichtete δ-Impulse verschiedener Amplitude und - jeweils darunter - die diskreten Si-förmigen Impulsantworten zu sehen. Erstere sollen drei „Messwerte" des momentanen Signals am Eingang eines digitalen Tiefpasses mit ihren diskreten Impulsantworten am Ausgang darstellen. Unten sehen Sie die Summe (als Überlagerung) dieser drei Impulsantworten. Sie ergibt den gefilterten momentanen Kurvenverlauf des Eingangssignals. Aus dessen „Welligkeit" lässt sich auf die Grenzfrequenz des Tiefpasses schließen.

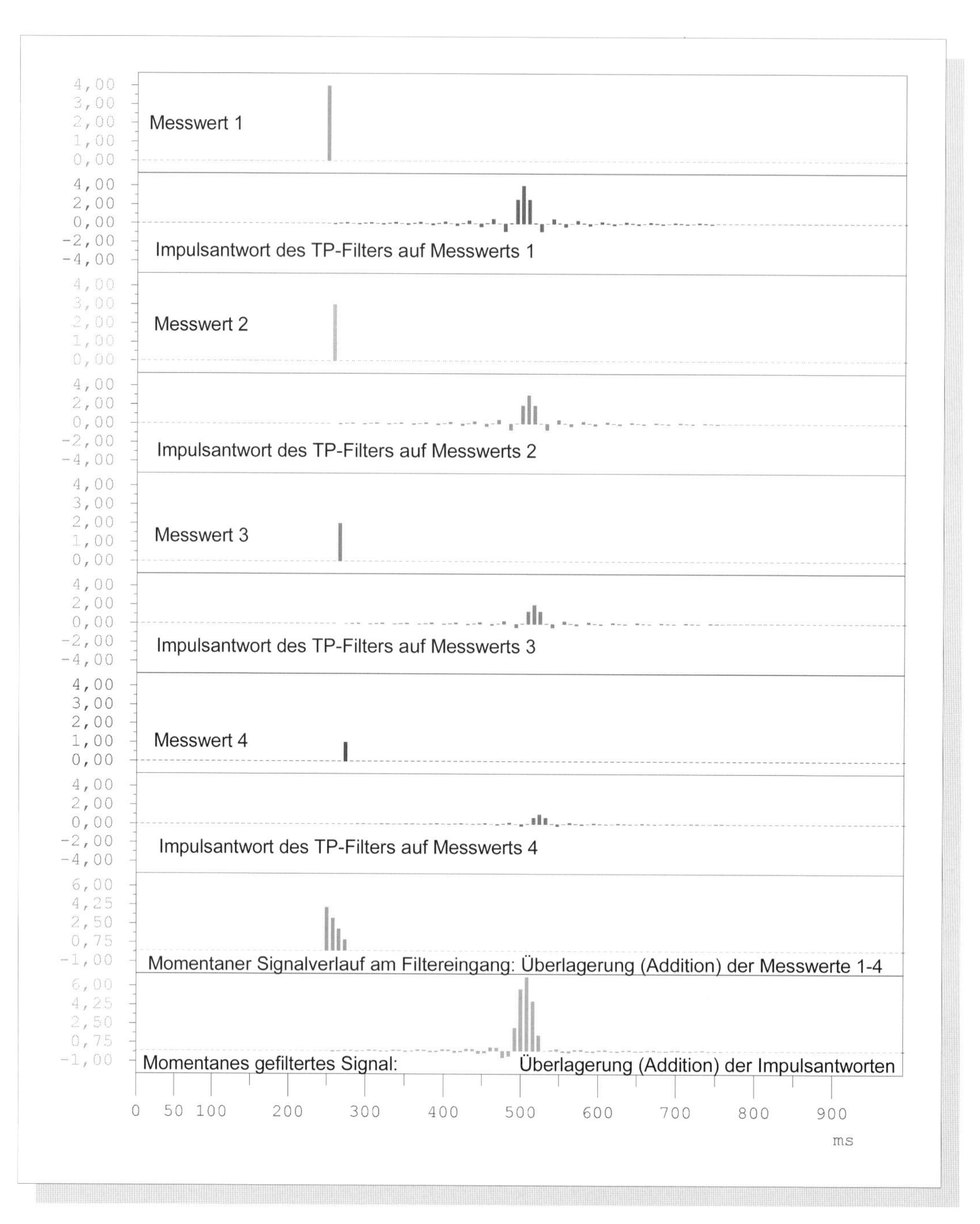

Abbildung 182 **Digitale Filterung im Zeitbereich durch Überlagerung der Impulsantworten**

Das digitale Signal bzw. die Zahlenkette besteht aus diskreten „Messwerten“, die den momentanen Verlauf des Signals wiedergeben. Jeder Messwert ist ein gewichteter δ-Impuls, dessen Impulsantwort bei einem rechteckähnlichen Filterverlauf einen Si-förmigen Verlauf besitzt. Weil die Überlagerung (Addition) der diskreten Messwerte dem momentanen Signalverlauf entspricht, muss die Überlagerung deren Impulsantworten den momentanen Verlauf des gefilterten Signals ergeben!

Die Überlagerung (Addition bzw. Summe) der - zeitlich zueinander verschobenen - Si-förmigen Impulsantworten des jeweiligen Filtertyps ergibt das gefilterte Ausgangssignal!

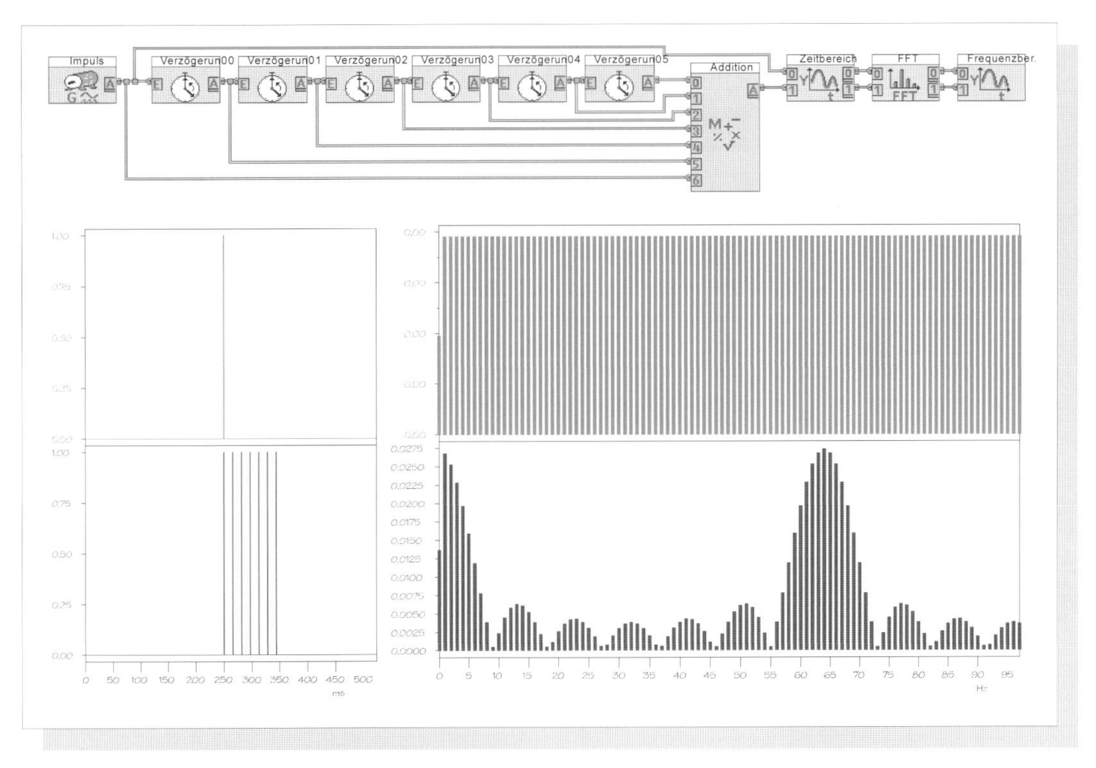

Abbildung 183 ***Erzeugung einer länger andauernden Impulsantwort***

Mit Hilfe einer extrem einfachen Schaltung mit den beiden elementaren Signalprozessen Verzögerung und Addition lässt sich ein beliebig langes digitales Signal aus einem einzelnen δ-Impuls erzeugen. Der letzte Impuls hat alle 6 Verzögerungsprozesse durchlaufen usw. Die Addition der 7 zeitversetzten Impulse ergibt das untere Signal.

Bei einem rechteckförmigen Ausgangssignal im Zeitbereich verwundert der (periodische!) Si-förmige Verlauf im Frequenzbereich nicht. Aber eigentlich wollten wir es ja umgekehrt: einen rechteckähnlichen Verlauf im Frequenzbereich (Filter!). Wie muss aus Symmetriegründen dann die Impulsantwort aussehen und wie müssten wir die Schaltung ergänzen?

Übrigens: Ein digitales Filter spezieller Art („Kammfilter“) haben Sie bereits mit den Abb. 100, dsgl. auch 65 sowie 66 kennen gelernt. Dort sehen Sie auch, welche Rolle der *Verzögerungsprozess* bei digitalen Filtern spielen könnte. Statt des konstanten Amplitudenspektrums eines einzelnen δ-Impulses ist das Spektrum bei zwei δ-Impulsen cosinus-förmig. Die Erklärung dafür finden Sie im Text von Abb. 66. Bestimmte Frequenzen in regelmäßigem Abstand („kammartige“ Struktur) werden gar nicht durchgelassen.

Auch digitale Filter gehorchen dem Unschärfe-Prinzip: Je *kleiner* die Bandbreite des Filters, desto *länger* dauert die Impulsantwort und umgekehrt. Bei einem Filter ist die Impulsantwort zwangsläufig immer länger als das Signal am Eingang. Dies muss schaltungstechnisch sichergestellt werden. Zunächst soll eine ganz einfache Schaltung entwickelt werden, die aus einem δ-Impuls *mehrere* δ-Impulse gleicher Höhe, d.h. aus einem einzelnen Impuls eine *längere* Impulsantwort macht und deshalb wie ein Filter wirken muss. Diese zeigt Abb. 183.

Ihnen wird der Verlauf des Amplitudenspektrums bekannt vorkommen. Es verläuft nach dem Betrag einer Si-Funktion wie bei zahlreichen Beispielen in Kapitel 2 (z.B. Abb. 23), ist hier aber periodisch weil diskret im Zeitbereich.

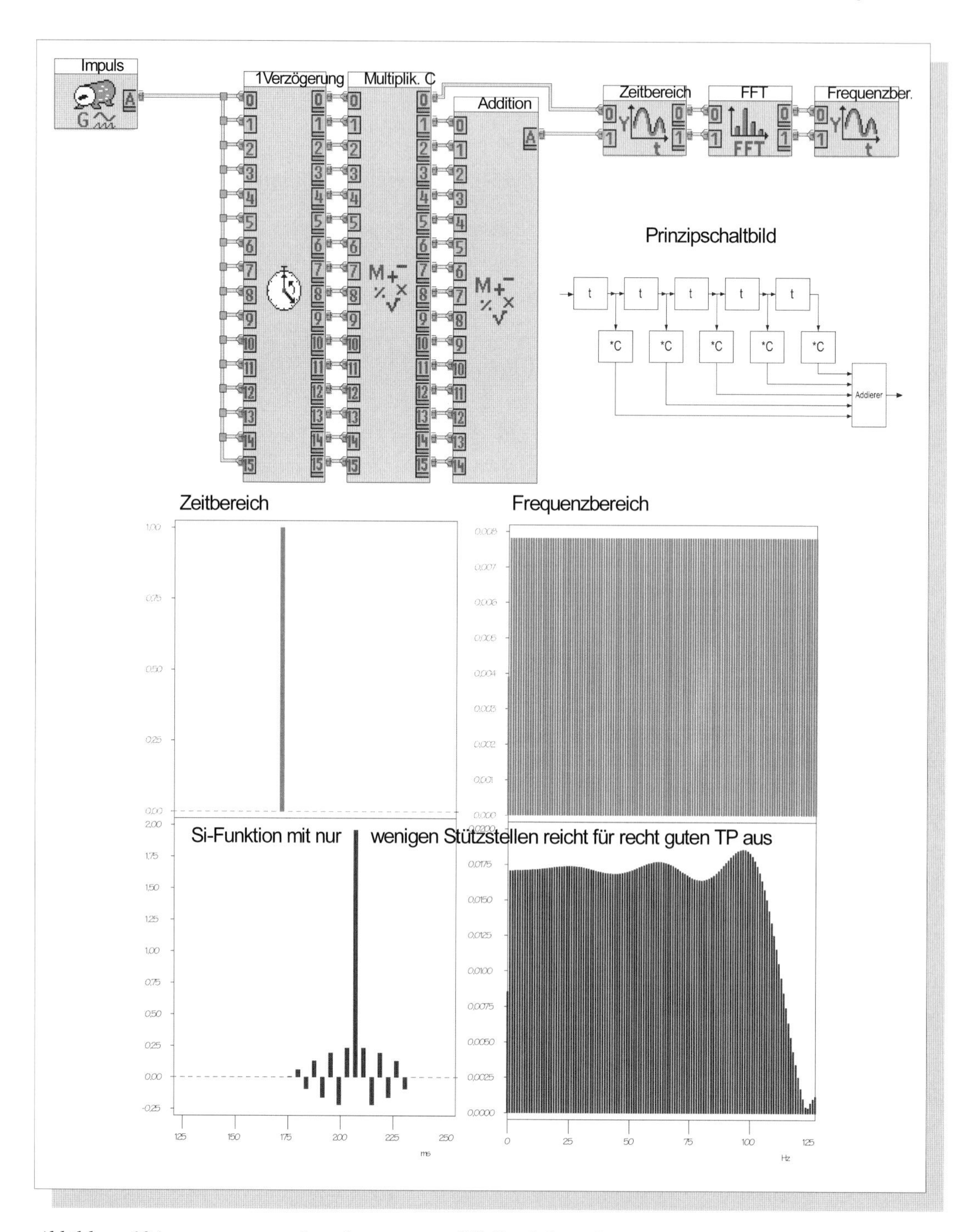

Abbildung 184 ***Impulsantwort auf Si-Funktion trimmen***

Oben sehen Sie die Schaltung, welche aus einem δ-Impuls so etwas wie eine (diskrete) Si-Funktion macht, einmal als DASYLab-Schaltung und einmal als Prinzipschaltbild rechts daneben. Darunter sehen Sie die „Si-Funktion“ im Zeitbereich und daneben ihr Spektrum, welches schon ganz passable Tiefpass-Eigenschaften andeutet.

Mit anderen Worten: Die Prinzip-Schaltung oben rechts stellt die schaltungstechnische Struktur eines digitalen Filters dar und kommt mit den drei elementaren (linearen) Prozessen Addition, Multiplikation mit einer Konstanten sowie Addition aus. Welcher Filtertyp, welche Filtergüte und welcher Durchlass-bereich dabei herauskommt hängt nur von der Anzahl der Verzögerungen und Multiplikationen ab (hier n=5) sowie von den Filterkoeffizienten, welche den Werten der Konstanten C entsprechen.

Das Symmetrie-Prinzip sagt uns nun: Eine Impulsantwort, die fast wie eine Si-Funktion aussieht, müsste nun einen rechteckartigen Filterverlauf ergeben! Aber wie lässt sich mit einer im Vergleich zu Abb. 183 abgewandelten Schaltung eine Si-förmige Impulsantwort erzielen? Dies zeigt im Prinzip Abb. 184. Durch die *Multiplikation* der einzelnen δ-Impulse *mit bestimmten Konstanten* („Filterkoeffizienten") wird die Impulsantwort möglichst gut auf Si-Form getrimmt.

Diese Schaltung ist von der Struktur her sehr einfach und kommt mit drei elementaren (linearen) Signalprozessen aus: *Addition*, *Multiplikation mit einer Konstanten* und die *Verzögerung*.

Wie gelangen wir aber an die richtigen Koeffizienten? Eine prinzipielle, aber umständliche Möglichkeit wäre - wie in den Abb. 172 und 173 dargestellt - eine Si-Funktion mit einer periodischen δ-Impulsfolge abzutasten und sich diese Werte als Liste ausgeben zu lassen. Danach könnten recht mühsam für jedes Modul die richtige Konstante eingegeben werden.

Bitte beachten Sie hierbei in den Abb. 183 und 184, dass am Ausgang des Addierers (Summierers) der gewichtete δ-Impuls am untersten Eingang als erster am Ausgang erscheint und der oberste, welcher alle Verzögerungen durchläuft, zuletzt.

Die Faltung

5 oder 15 gewichtete δ-Impulse nach Abb. 183 bzw. 184 reichen kaum aus, so etwas wie einen Si-förmigen Verlauf zu erzielen. 256 δ-Impulse wären da z.B. schon besser. Dann wiederum wäre die Schaltung so umfangreich, dass sie nicht auf den Bildschirm passen würde. Und 256 Koeffizienten mit der Hand einzustellen wäre Sklavenarbeit.

Das ist aber auch gar nicht nötig, denn die Prinzipschaltung nach Abb. 184 verkörpert einen wichtigen signaltechnischen Prozess - die *Faltung* - welcher bei DASY*Lab* als Sondermodul - auch in der Schulversion - verfügbar ist.

Die Faltung als signaltechnischer Prozess wurde bereits im Kapitel 7 im Abschnitt „Multiplikation zweier Signale als nichtlinearer Prozess" erwähnt. Siehe hierzu vor allem Abb. 120 sowie den dortigen Text. Hierbei drehte es sich jedoch um eine Faltung im Frequenzbereich als Folge einer Multiplikation im Zeitbereich. Hier handelt es sich um eine Multiplikation im Frequenzbereich („rechteckiges Filter") und - aufgrund des Symmetrieprinzips - dann um eine Faltung im Zeitbereich:

Als Ergebnis ist festzuhalten:

> *Eine Multiplikation im Zeitbereich ergibt eine Faltung im Frequenzbereich*
> Wichtiges Beispiel: Die Abtastung eines analogen Signals mit einer periodischen δ-Impulsfolge wie in Abb. 120! Hier wird besonders anschaulich das Spektrum des Analogsignals an jeder Frequenz der δ-Impulsfolge „gefaltet" (Analogie: Flügel eines Falters)
>
> Aus Symmetriegründen muss gelten:
>
> *Eine Multiplikation im Frequenzbereich (wie beim Filter!) ergibt eine Faltung im Zeitbereich*

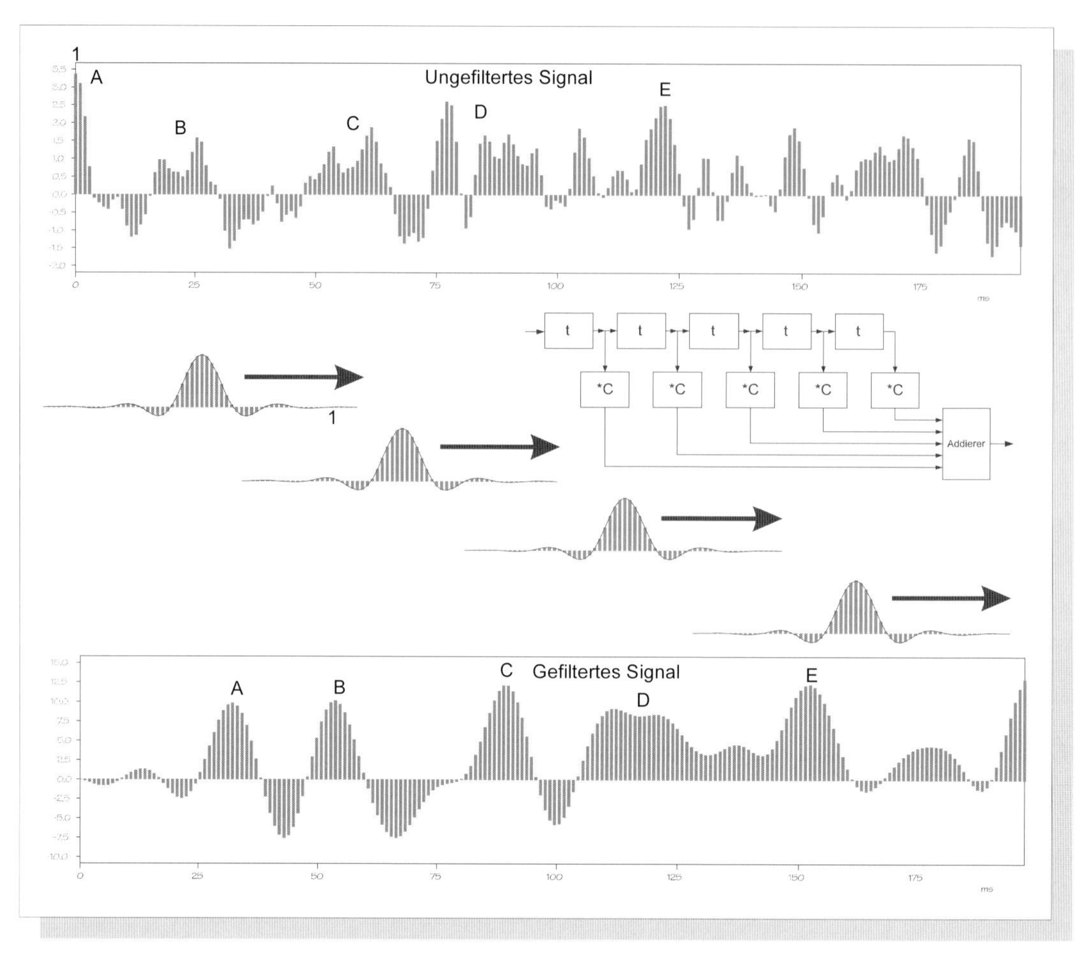

Abbildung 185 ***Veranschaulichung des Faltungsvorgangs im Zeitbereich***

Das Blockschaltbild zeigt zwar den Ablauf des Faltungsprozesses, jedoch lässt dieser sich nur schwer bildlich „verinnerlichen". Stellen Sie sie deshalb die (diskrete) angenäherte Si-Funktion als eine Schablone vor, die von ganz links bis ganz rechts am oberen Signal vorbeigleitet, jedoch kurz auf jedem Schritt von Messwert zu Messwert Halt macht. Bei jeder Stellung der Schablone wird dann die durch das Blockschaltbild dargestellte Faltungsoperation durchgeführt.

Zunächst überlappen sich lediglich die ersten beiden Werte von Signal und „Schablone", in der Darstellung mit jeweils „1" gekennzeichnet. Dann beim jeweils nächsten Schritt 2,3 ... bis maximal 64 Werte (Länge der Schablone hier n = 64). Bei jedem Schritt wird - im Zeitbereich - so etwas wie eine „gewichtete Mittelwertbildung" durchgeführt, d.h. - im Frequenzbereich - eine Tiefpassfilterung. Maximal werden also hier jeweils 64 verschiedene „Messwerte" zur Mittelwertbildung herangezogen, d.h. 64 verschiedene „Messwerte" befinden sich gleichzeitig innerhalb des Blockschaltbildes!

Beachten Sie den Si-förmigen Anfang des gefilterten Signals. Er kommt durch den impulsartigen Anfang des ungefilterten Signals zustande. Die Buchstaben kennzeichnen die vergleichbaren Abschnitte beider Signale.

Wichtiges Beispiel: Ein gutes Filter zu erstellen bedeutet aus mathematischer Sicht die Multiplikation des Frequenzspektrums mit einer *rechteckähnlichen* Funktion. Dies bedeutet jedoch, dass im Zeitbereich mit einer *angenäherten* (in erster Linie zeitlich begrenzten) Si-Funktion gefaltet werden muss, weil Rechteck und Si-Funktion über eine FOURIER-Transformation untrennbar miteinander verbunden sind (siehe z.B. Abb. 68).

Während die Multiplikation eine uns vertraute Rechenoperation ist, gilt dies nicht für die Faltung. Deshalb ist es wichtig, sie durch durch geeignete Verfahren der Visualisierung zu „veranschaulichen". Ausgangspunkt hierbei ist die Kombination der drei grundlegenden linearen Prozesse *Verzögerung*, *Addition* sowie die *Multiplikation mit einer Konstanten*. Der Signalfluss bei der Faltung führt zu einem sehr einfach strukturierten Blockschaltbild, wie ihn die Abb. 185 noch einmal hervorhebt.

Beachten Sie die Verzögerung zwischen Eingangs- und gefiltertem Ausgangsssignal (siehe Kennzeichnung A,B, ... , E). Erkennbar ist weiterhin, wie alle schnellen Änderungen des Eingangssignals vom Filter „verschluckt" werden bzw. über die gewichtete Mittelwertbildung verschwinden.

Im Gegensatz zum FFT-Filter ist das Ausgangssignal hier streng *kausal*, d.h. Am Ausgang erscheint erst etwas, *nachdem* am Eingang ein Signal angelegt wurde. Insgesamt ergeben sich gegenüber dem FFT-Filter folgende Vorteile:

→ Der Filterprozess geschieht im Zeitbereich und ist aufgrund der elementaren Prozesse nicht sehr rechenintensiv. Dadurch ist eine Echtzeit-Filterung im Audio-Bereich inzwischen ohne weiteres möglich. Der Rechenaufwand wächst „linear" mit der Blocklänge der Si-Funktion bzw. mit der Präzision oder Güte des Filters.

→ Es kann *kontinuierlich* - also nicht blockweise - gefiltert werden. Dadurch entfallen alle Probleme, die sich mit der „überlappenden Fensterung" (siehe Kapitel 4: „Zeit- Frequenz-Landschaften") von Signalabschnitten auftraten.

→ Das Filter arbeitet *kausal* wie ein analoges Filter.

Hinweis: Der hier beschriebene Filtertyp wird in der Literatur FIR-Filter („Finite Impulse Response") genannt. Dieser Filtertyp erzeugt also eine Impulsantwort endlicher Länge (z.B. bei einer Blocklänge von $n = 64$ oder $n = 256$).
Weiterhin eingesetzt werden auch sogenannte IIR-Filter („Infinite Impulse Response"). Hierbei werden die gleichen elementaren Prozesse verwendet, jedoch sind durch *Rückkopplungswege* insgesamt weniger Prozesse - d.h. auch weniger Rechenaufwand - für den Filterentwurf erforderlich. Allerdings ist damit der Phasenverlauf nicht mehr linear. IIR-Filter werden hier nicht behandelt.

Fallstudie: Entwurf und Einsatz digitaler Filter

Mit dem Faltungs-Modul scheint das richtige Instrumentarium vorhanden zu sein, leistungsfähige digitale Filter einzusetzen: Da die Filterung einer Multiplikation im Frequenzbereich entspricht, stellt die entsprechende Operation im Zeitbereich die Faltung dar. Beide Verfahren sind hinsichtlich der Wirkung vollkommen gleichwertig, falls die Faltungsfunktion die IFFT der Filterfunktion ist.

Der Vielfalt der Gestaltungsmöglichkeiten bei DASYLab lassen den Wunsch wach werden, ein komfortables Entwicklungswerkzeug für Digitale Filter zu entwerfen, bei dem der Filterbereich am Bildschirm eingestellt werden kann und auf Knopfdruck die Filterkoeffizienten der Si-förmigen Impulsantwort erscheinen.

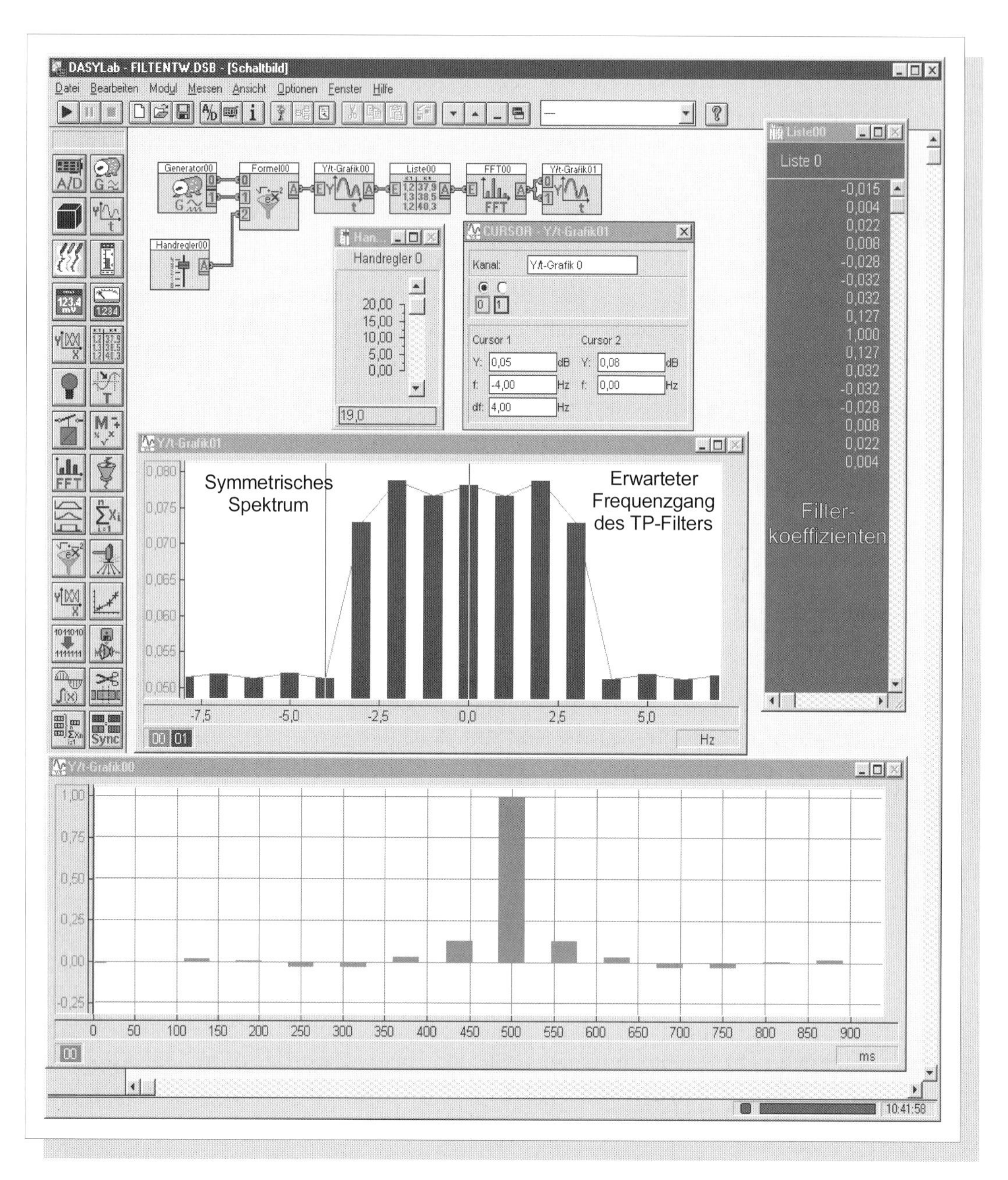

Abbildung 186 ***Ein "Filter-Entwicklungsplatz"***

Die maximale Anzahl der Filterkoeffizienten beträgt n = 1024. Die gewünschte Anzahl muss oben im Menü unter A/D eingestellt werden. Hier wurde lediglich n = 16 gewählt, um die Liste nicht zu lang werden zu lassen und um zu zeigen, dass auch bei dieser geringen Anzahl sich das Ergebnis (bei einem relativ breitbandigen TP- Filter!) sehen lassen kann. Die hier 16 Filterkoeffizienten sehen Sie unten im Bild als eine nur vage angedeutete Si-Funktion. Die FFT zeigt im mittleren Bildteil die Eigenschaften dieses Tiefpasses im Frequenzbereich.

Empfohlen werden Werte ab n = 64 für einen guten Tiefpass bzw. ab 256 für einen Bandpass. Je schmaler der Frequenzbereich des Filters, desto länger muss nach dem Unschärfeprinzip die Si-förmige Impulsantwort dauern, desto mehr Koeffizienten werden normalerweise benötigt.

Besonders wichtig sich die beiden folgenden Punkte:
Wählen Sie nie die Bandbreite des Filters höher als die Hälfte der endgültigen Abtastfrequenz (siehe Text), sonst verletzen sie das Abtast-Prinzip!
Je weiter die Bänder des periodischen Gesamtspektrums voneinander entfernt sein sollen, desto höher muss die Abtastfrequenz gewählt werden!

Lösung:

- → Mit Hilfe des Mathematik-Moduls wird ein Si-Funktionsgenerator erzeugt, bei dem über Handregler an den Eingängen des Moduls die Si-Funktion „beliebig" gewählt werden kann.
- → Für die Bandpass-Filterkoeffizienten ist die Möglichkeit vorzusehen, die Si-Funktion mit der Mittenfrequenz des Bandpasses zu multiplizieren. Am Ausgang des Mathematik-Moduls wird das Modul „Liste" angeschlossen. Es zeigt die eingestellten Filterkoeffizienten an. Diese lassen sich aus der Liste heraus in die Zwischenablage kopieren.
- → Da es schwierig ist, jeder Si-Funktion den zugehörigen Frequenzbereich zuzuordnen, wird am Ausgang der Liste eine FFT mit nachfolgender Anzeige des Frequenzbereichs vorgenommen. Nun ist im Frequenzbereich genau erkennbar, wie sich eine per Handregler eingestellte Änderung der Si-Funktion bemerkbar macht (siehe Abb. 186)!

Für das Faltungsmodul muss die Zahlenkette der Filterkoeffizienten in einer bestimmten Form als „Vektor-Datei" dargestellt werden. Hierzu wird ein *Editor* verwendet, wie unter *Zubehör* unter *Programme* im *Start-Menü* zu finden ist.

1. Schritt: Die Liste wird über das Menü (mit der rechten Maustaste ins Listenfeld klicken) *Bearbeiten* und *Liste in Zwischenablage* in die Zwischenablage gebracht.

2. Schritt: Den Editor - unter Zubehör in der Windows-Programmübersicht - starten.

3. Schritt: Rufen Sie das Menü des Faltungs-Moduls und dann die *Hilfe* auf. Dort wird die Gestaltung der Vektor-Datei beschrieben. Betrachten Sie das *Beispiel* und merken Sie sich die Struktur der Vektor-Datei.

4. Schritt: Schreiben Sie den Kopf der Datei (siehe Abb. 187), laden Sie aus der Zwischenablage die Filterkoeffizienten, löschen Sie alles bis auf die „Zahlenkette" und fügen Sie am Schluss *EOF* (End Of File) hinzu.

5. Speichern Sie die Vektor-Datei zunächst als *.txt-Datei in einem Filterordner ab. Ändern Sie danach im Explorer die Datei- Endung „txt" in „vec" um.

6. Nun laden Sie diese vec-Datei noch ins Faltungs-Modul und fertig ist das digitale Filter.

Von grundlegender Bedeutung beim Filterentwurf sind nun folgende Sachverhalte, die sich aus dem Unschärfe-Prinzip sowie dem Abtast-Prinzip ergeben:

- → Wählen Sie beispielsweise eine Blocklänge und Abtastrate von n = 128 für die Impulsantwort des geplanten Filters (n = 128 Filterkoeffizienten), so dürfen und können Sie zunächst (!) lediglich wegen des Abtast-Prinzips seine maximale Filterbandbreite von 64 Hz (genauer von –64 bis +64 Hz) wählen. Da Blocklänge und Abtastrate beim „Filterentwurfsplatz" immer gleich groß gewählt werden sollten, dauert dann die Impulsantwort genau 1 Sekunde.

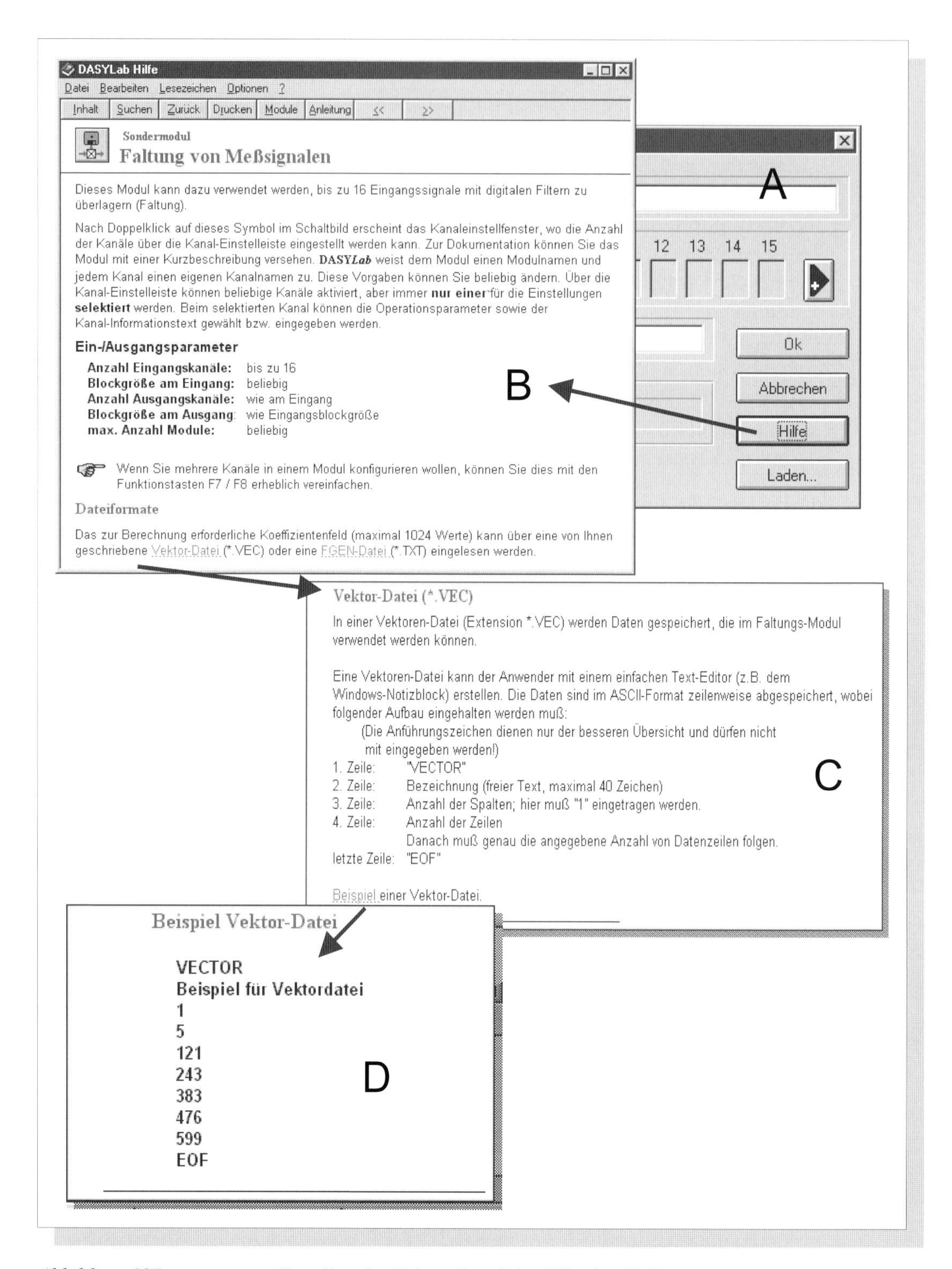

Abbildung 187 ***Erstellen der Vektor-Datei der Filterkoeffizienten***

*Wie bei jedem DASYLab-Modul liefert die Hilfe-Funktion auch hier die Beschreibung der Vorgehensweise zum Erstellen der Filter - „Vektordatei". Machen Sie sich mit Funktionsweise des Editors vertraut und wie sich im Explorer die Datei von *.txt in *.vec umbenennen lässt.*

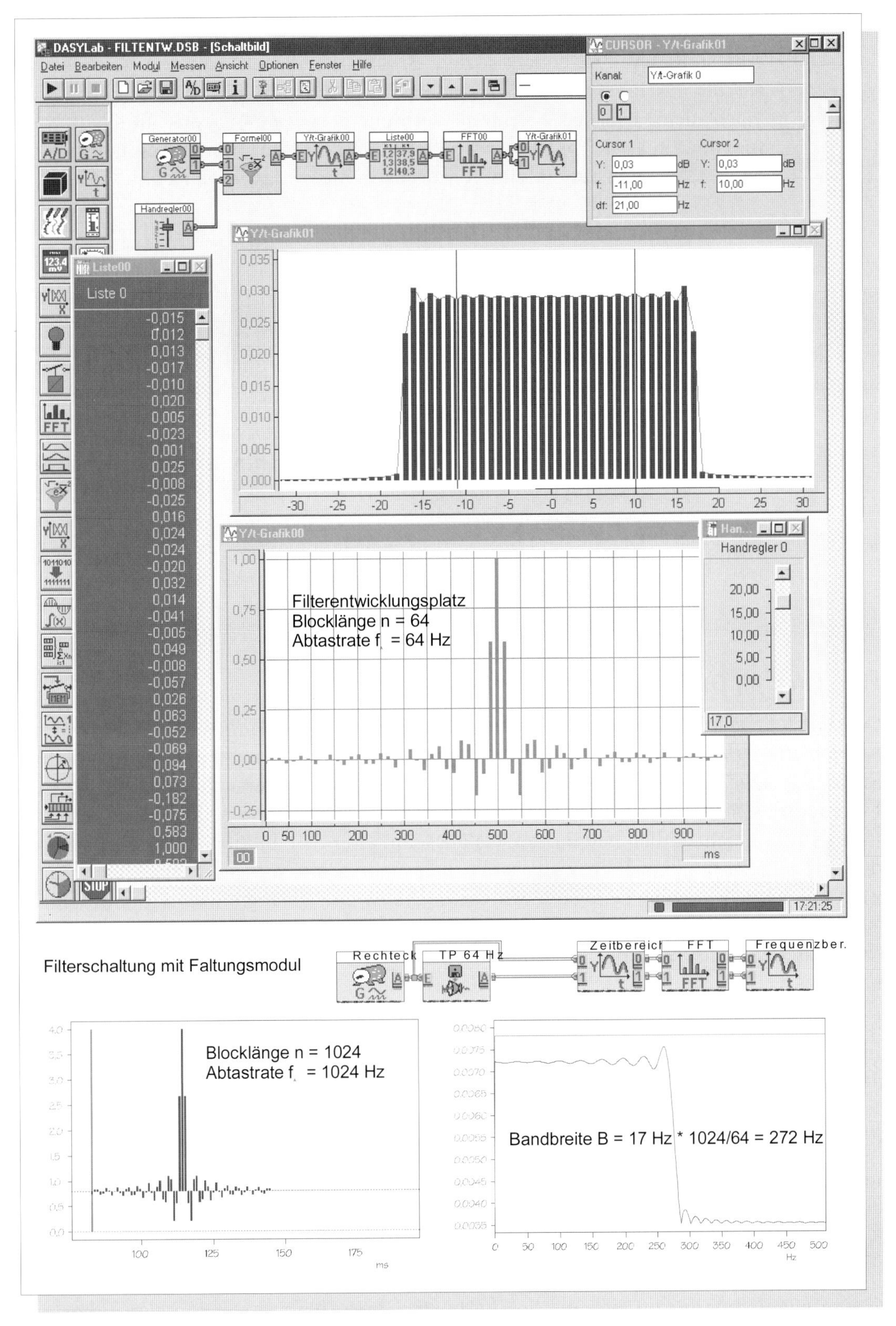

Abbildung 188 ***Bandbreite eines Digitalen Filters***

Beim „Filter-Entwicklungsplatz" entsprechen Blocklänge und Abtastfrequenz der Anzahl der Filterkoeffizienten. Dagegen liegt die Abtastfrequenz des Faltungs-Moduls in der Praxis wesentlich höher. Die reale Bandbreite des Filters ergibt sich aus dem Verhältnis beider Frequenzen, hier 1024/64.

→ Wird nun das System, in dem sich das Faltungs-Modul befindet, mit einer Abtastrate (Abtastfrequenz) von z.B. 8192 abgespielt, verkürzt sich die Zeit für die für die Faltung verwendete Impulsantwort um 128/8192= 1/64 s. Nach dem Unschärfe-Prinzip verbreitert sich damit das Frequenzband maximal auf 64 * 32 Hz = 2048 Hz! Die Filterbandbreite digitaler Filter hängt (also) von der endgültigen Abtastfrequenz des Systems ab!

→ Diese Vektor-Datei wird dem Faltungs-Modul über dessen Menü zugeordnet.

Die Anzahl der Filterkoeffizienten liegt sinnvoll zwischen 16 und 1024. Je höher die Anzahl, desto größer die Filtergüte und/oder der Abstand zwischen den Bändern des periodischen Spektrums, aber auch desto größer der Rechenaufwand. Wählen Sie hierbei zunächst beim Entwurf Abtastrate und Blocklänge immer gleich groß.

Beim Entwurf digitaler Filter muss zunächst bekannt sein, wie groß die endgültige Abtastfrequenz des Systems sein wird! Falls die Abtastrate des Systems, in dem das digitale Filter eingesetzt werden soll, n mal größer ist als die Abtastrate bei der Bestimmung der Filter-Koeffizienten, wird die durch die Filter-Koeffizienten dargestellte Si-Funktion auch n-mal schneller abgespielt. Damit erweitert sich die Bandbreite B des Filters um den Faktor n.

Welligkeit im Durchlassbereich vermeiden

Die vorstehenden Abbildungen zeigen recht deutlich eine *Welligkeit im Durchlassbereich der Filter.* Dieser Effekt ist z.B. bereits in Abb. 34 recht deutlich zu sehen. Seine Ursache ist unschwer zu erraten. Zwar wird versucht mit Hilfe der Filterkoeffizienten die Si-Funktion möglichst genau nachzubilden, jedoch gelingt dies ja lediglich für einen zeitlich begrenzten Teilausschnitt der Si-Funktion. Theoretisch reicht die Si-Funktion ja „unendlich weit" nach links und rechts bzw. in Vergangenheit und Zukunft. Durch diesen Teilausschnitt wird die wahre Si-Funktion wie mit einem Rechteckfenster (siehe auch Abb. 36) ausgeschnitten, und dadurch entstehen kleine Sprungstellen. Unsere spezielle Si-Funktion müsste sanft bei Null beginnen und am Ende des Teilausschnittes auch dort enden.

Kein Problem dies zu erreichen! Hierzu wird in Abb. 189 zusätzlich in den „Filter-Entwicklungsplatz" ein Zeitfenster eingebaut, welches genau diesen Null-Anfang und dieses Null–Ende ermöglicht. Der Erfolg gibt der Maßnahme recht. Nun lässt sich ein sehr glatter Verlauf im Durchlassbereich erzielen. Allerdings erscheinen die Filterflanken jetzt ein klein weniger steil.

Insgesamt besteht die Möglichkeit, mit Hilfe dieses „Filter-Entwicklungsplatzes" digitale Tiefpässe und Bandpässe beliebiger Güte (durch entsprechend große Koeffizientenzahl und entsprechendem Rechenaufwand!) zu entwickeln. Der Einsatz dieser digitalen Filter ist mit Hilfe des Faltungs-Moduls in DASY*Lab* direkt möglich.

Genau genommen lassen sich diese Filterkoeffizienten bzw. diese digitalen Filter auf jedem Rechnersystem verwenden. Dazu muss das Prinzip-Schaltbild des digitalen Filters bzw. Faltungs-Moduls lediglich in ein kleines Programm in der jeweiligen Programmiersprache umgesetzt werden.

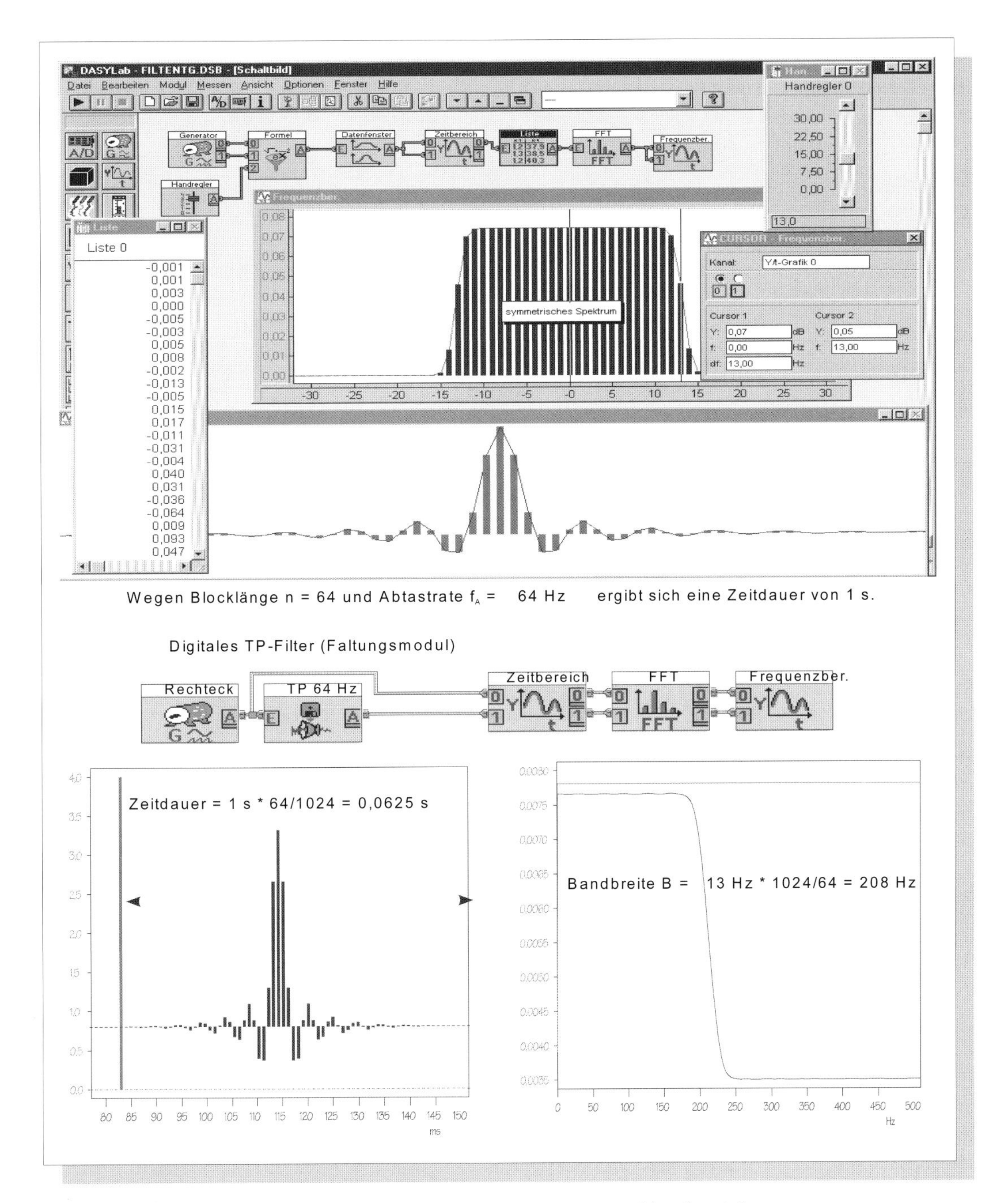

Abbildung 189 ***Digitaler Tiefpass mit „glattem" Durchlassbereich***

Durch Hinzufügen eines geeigneten Fensters (z.B. Hamming-Fenster) beginnt die Si-Funktion „sanft" und endet auch so, besitzt also keinerlei Sprungstelle am Anfang und Ende des Zeitabschnittes von (hier) 1 s. Insgesamt ändert sich hierdurch aber auch der Verlauf der Si-Funktion, da der gesamte Signalabschnitt mit ihr „gewichtet" wird. Als Effekt wird der Verlauf im Durchlassbereich geradliniger, allerdings nimmt die Flankensteilheit etwas ab.

*Während oben die Bandbreite des Tiefpasses 13 Hz beträgt, liegt sie bei der Schaltung in der Mitte bei 208 Hz, obwohl die gleichen Filterkoeffizienten verwendet wurden. Der Grund ist die wesentlich höhere Abtastrate von 1024 gegenüber 64 (oben). Die Impulsantwort des Filters (Si-Funktion) wird dadurch 16 mal schneller abgespielt, sie dauert also nur 1/16 der ursprünglichen Zeit. Nach dem Unschärfe-Prinzip muss dann die Bandbreite 16 mal so groß sein: 16 * 13 = 208 Hz.*

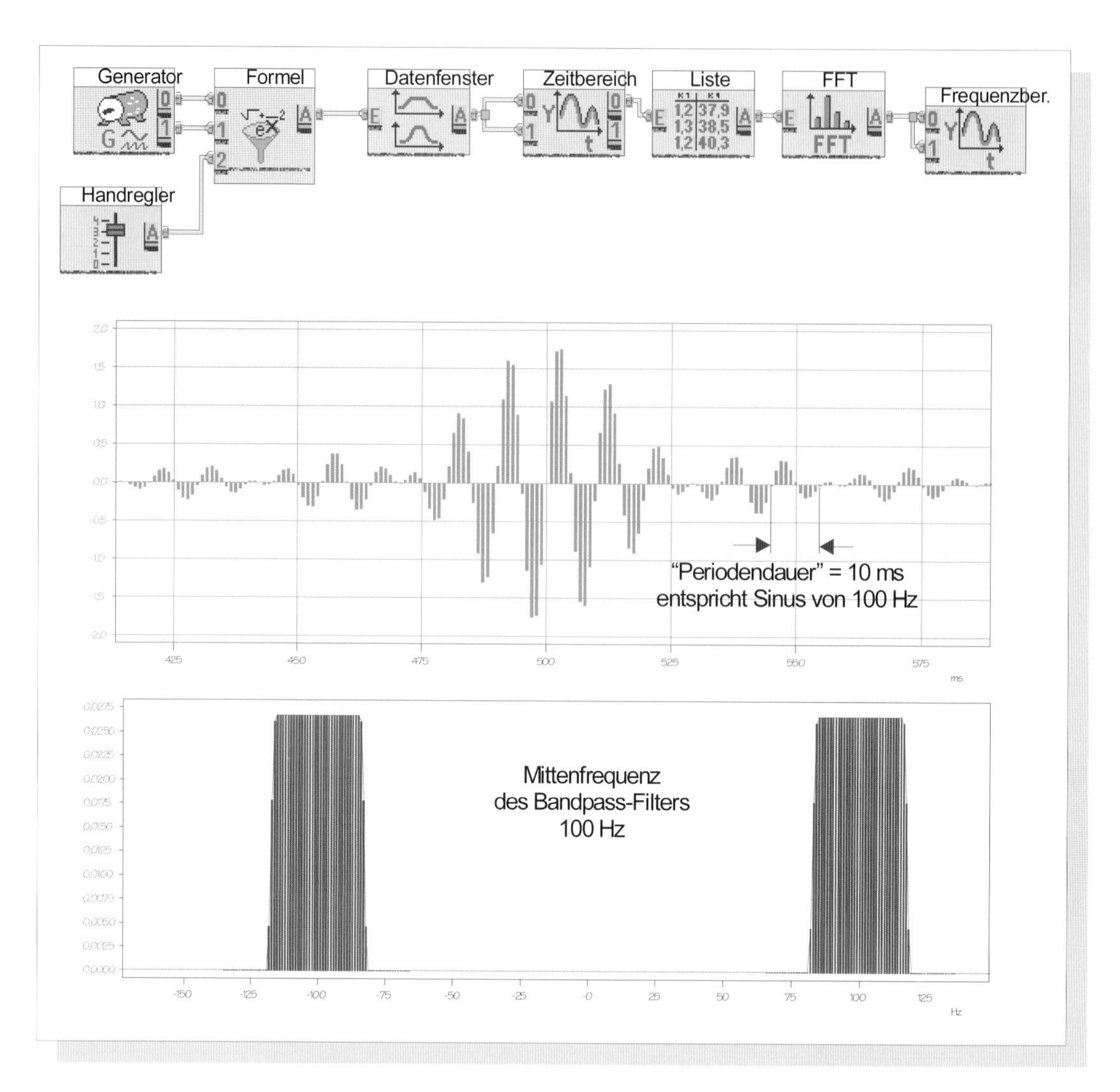

Abbildung 190 ***Entwicklung eines digitalen Bandpass-Filters***

Hier ist dargestellt, wie sich die Impulsantwort eines Bandpasses von der eines Tiefpasses unterscheidet. Es handelt sich letzten Endes um die Impulsantwort eines (symmetrischen) Tiefpasses, die mit der Mittenfrequenz des Bandpasses multipliziert wird.

Zunächst erstellen Sie also die Impulsantwort für einen Tiefpass, der die gleiche Bandbreite wie der Bandpass besitzen sollte. Die Bandbreite geht im obigen Fall von ca. -20 Hz bis +20 Hz!. Hier zeigt sich, wie wichtig beim „Filterentwicklungsplatz" die symmetrische Darstellung des Frequenzbereichs ist.

Danach wählen Sie auf Kanal 1 des Generators statt eines Offsets von 1 ein sinusförmiges Signal mit der Mittenfrequenz des Bandpasses (hier 100 Hz) und der Amplitude 1. Dann sehen Sie die Verhältnisse wie oben dargestellt. Abb. 192 zeigt diese Gemeinsamkeiten noch näher.

Voraussetzung für die erfolgreiche Entwicklung digitaler Filter sind die richtigen „Rahmenbedingungen":

→ Stellen Sie zunächst fest, wie hoch die Abtastfrequenz in dem geplanten DSP-System gewählt werden kann. Je höher, desto besser! Sie haben dann die Chance, die Abstände zwischen den *periodischen* Filterspektren des digitalen Filters möglichst groß zu machen.

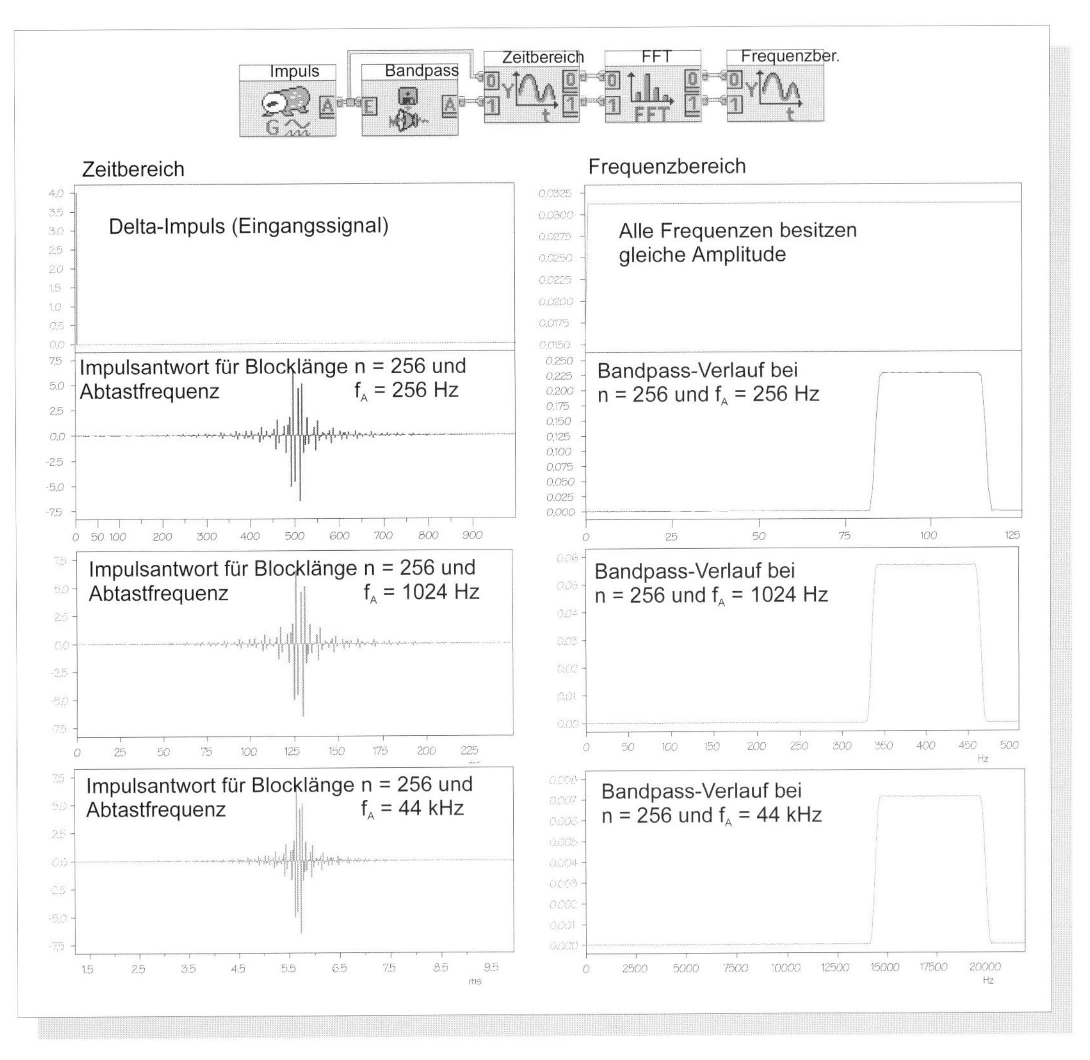

Abbildung 191 ***Bedeutung der Abtastrate für den Filterverlauf***

Am Beispiel eines Bandpasses werden hier die Zusammenhänge noch einmal verdeutlicht. In der obigen Schaltung wurde im Faltungs-Modul bzw. digitalen Filter immer die gleichen Koeffizientendatei für einen Bandpass verwendet. Die obere Impulsantwort bzw. der obere Filterverlauf entspricht den Verhältnissen im „Filter-Entwicklungssystem". Bei einem Bandpass sollte mindestens eine Blocklänge von 256 gewählt werden.

Wird nun in der obigen Schaltung die Abtastrate auf 1024 (gegenüber 256) erhöht, so vergrößern sich Bandbreite und Mittenfrequenz um den Faktor 4. Die „Filterform" ändert sich dagegen nicht, weil sie einzig und allein durch die Filterkoeffizienten festgelegt ist.

Unten sind die entsprechenden Verhältnisse für eine Abtastfrequenz von 44 kHz - wie etwa bei einer CD - dargestellt.

→ Die Anzahl der Filterkoeffizienten ist ein Maß für die Güte des Filters. Bei DASY*Lab* sind maximal 1024 Filterkoeffizienten im Faltungsmodul möglich. Mit höherer Anzahl wird jedoch der Rechenaufwand auch größer. Dadurch kann es ggf. zu Schwierigkeit bei der Echtzeit-Verarbeitung kommen.

→ Auch bei digitalen Bandpässen muss die Abtastfrequenz *mindestens* doppelt so groß sein, wie die höchste Grenzfrequenz des Bandpasses. Das Abtast-Prinzip gilt natürlich auch hier. Entscheidend ist also nicht die Bandbreite, sondern die höchste Signalfrequenz, die den Bandpass passiert.

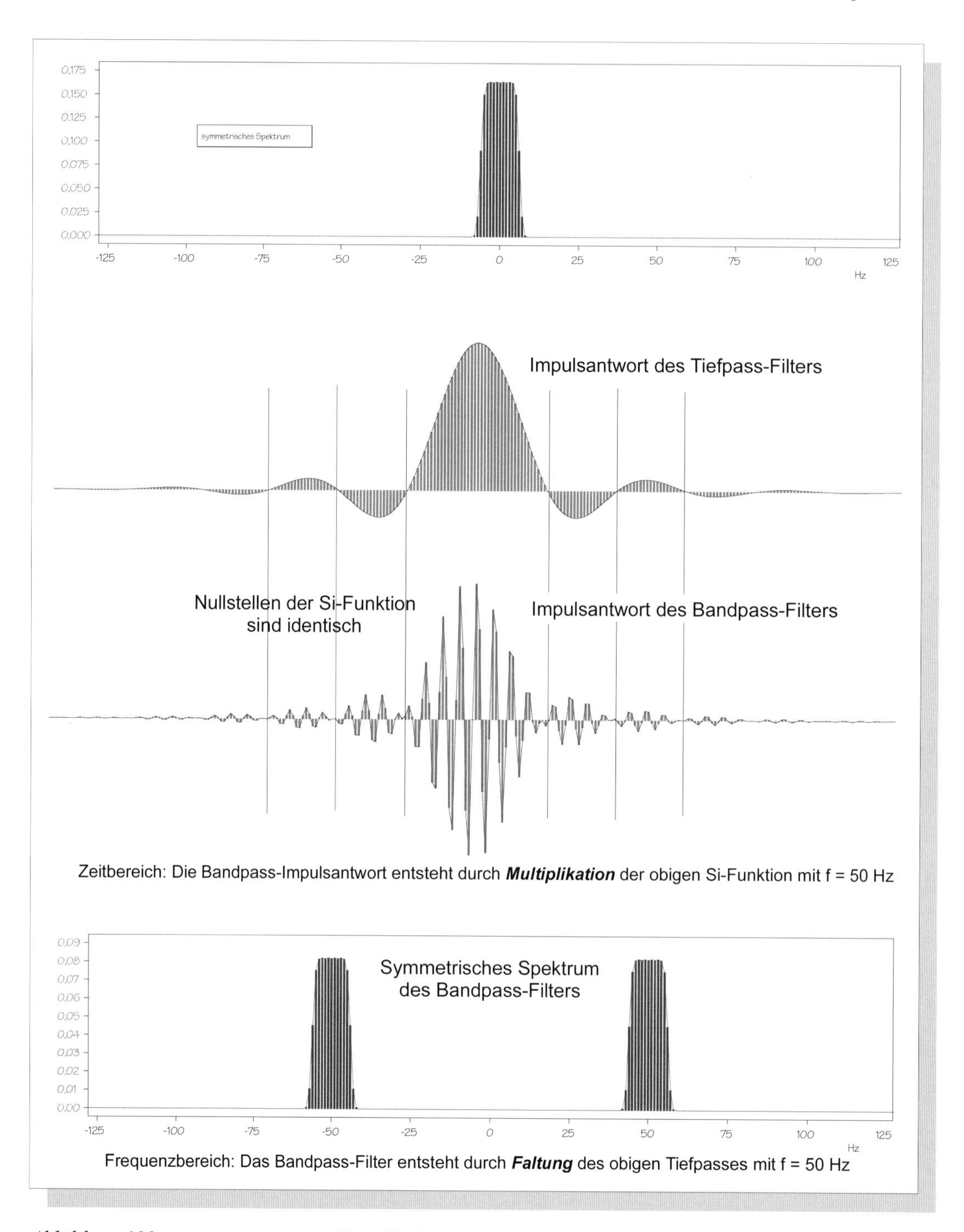

Abbildung 192 ***Vom Tiefpass zum Bandpass***

Aus dem obigen Tiefpass wurde ein entsprechender Bandpass - d.h. von gleicher „Filterform" - realisiert, indem die Impulsantwort des Tiefpasses mit der Mittenfrequenz des Bandpasses multipliziert wurde. An der Impulsantwort des Bandpasses ist dieser Zusammenhang zu erkennen. Die Einhüllende dieser Impulsantwort ist die obige Si-Funktion.

Die Mittenfrequenz des Bandpasses stellen Sie auf Kanal 1 des Generators ein. Wählen Sie dort statt der Konstanten c = 1 eine sinusförmige Spannung entsprechender Mittenfrequenz. Empfohlen wird hierbei eine Amplitude von 1, damit der Bandpass das gefilterte Signal nicht verstärkt.

Aufgaben zu Kapitel 10

Aufgabe 1

Welcher Unterschied zwischen einem Analogfilter und einem digitalen Filter fällt direkt auf?

Aufgabe 2

a) Welche Bauelemente bestimmen bei einem Analogfilter das frequenzabhängige Verhalten und wie lässt sich dies jeweils beschreiben?

b) Warum gibt es keine hochwertigen Analogfilter?

c) Wo werden mit Sicherheit auch in Zukunft noch Analogfilter verwendet werden?

Aufgabe 3

a) Beschreiben Sie Aufbau und Wirkungsweise des aus drei Bausteinen (Modulen) bestehenden FFT-Filters.

b) Worauf ist beim FFT-Filter zu achten, damit der gewünschte Durchlassbereich des Filters richtig eingestellt ist?

c) Warum geht die „Trennschärfe" bzw. Flankensteilheit des FFT-Filters bis an die durch das Unschärfe-Prinzip vorgegebene physikalische Grenze?

d) Welche Vorteile besitzen FFT-Filter, welche Nachteile?

Aufgabe 4

Experimentieren Sie mit der Bandpass-Schaltung nach Abb. 179 und stellen Sie fest, wie sich bei der Impulsantwort die „Einhüllende" (Si-Funktion) und die Mittenfrequenz ändert. Wie lassen sich die Filtereigenschaften des Bandpasses präzise direkt aus der Impulsantwort im Zeitbereich erkennen?

Aufgabe 5

Auf den ersten Blick scheinen FFT-Filter nicht „kausal" zu sein, denn das Ausgangssignal - die Impulsantwort - scheint schon *vor* dem Eingangssignal - dem δ-Impuls - am Ausgang zu erscheinen. Weshalb kann der Computer nicht anders?

Aufgabe 6

a) Welche Idee führt zum digitalen Filter, welches direkt im Zeitbereich filtert und somit die Hin- und Zurücktransformation in den Frequenzbereich mittels FFT vermeidet?

b) Erklären Sie das Prinzip digitaler Filter aufgrund der „Überlagerung" der Si-förmigen Impulsantworten aller diskreten Messwerte (siehe Abb. 182).

c) Ein Filter engt die Bandbreite ein, deshalb ergibt sich auch beim digitalen Filter eine entsprechend lang andauernde *diskrete* Impulsantwort. Welche signaltechnischen Prozesse werden benötigt, um „künstlich" aus einem δ-Impuls eine länger andauernde diskrete Impulsantwort zu erzeugen?

Aufgabe 7

a) Zeichnen Sie das Prinzipschaltbild eines digitalen Filters (FIR).

b) Wie lässt sich mit Hilfe der Prinzipschaltung (a) eine Si-förmige Impulsantwort „hintrimmen"?

c) Welche Rolle spielen die Filterkoeffizienten eines digitalen Filters (FIR)?

Aufgabe 8

a) Weshalb ist die Faltung ein so wichtiger signaltechnischer Prozess? Warum wird durch ihn eine Filterung im Zeitbereich möglich?

b) Wie lässt sich die digitale Filterung eines länger andauernden Signals durch Faltung anschaulich beschreiben (siehe Abb. 185)?

Aufgabe 9

a) Schildern Sie die Konzeption eines „Entwicklungsplatzes" für digitale Filter.

b) Wie wird bei DASY*Lab* mit Hilfe des Faltungs-Moduls ein hochwertiges digitales Filter erstellt?

c) Die Filterkoeffizienten sagen noch nichts über die reale Bandbreite des digitalen Filters aus. Welche Angabe ist hierfür entscheidend?

Aufgabe 10

a) Wie kommt die Welligkeit im Durchlassbereich des digitalen Filters zustande und wie lässt sie sich vermeiden?

b) Wie lassen sich digitale Bandpässe mit Hilfe des „Entwicklungsplatzes" für digitale Filter realisieren?

c) Warum lassen sich ohne weiteres keine digitalen Hochpässe mit DASY*Lab* realisieren?

Aufgabe 11

Schildern Sie, welche generellen Rahmenbedingungen bei der Entwicklung digitaler Filter gelten?

Kapitel 11

Digitale Übertragungstechnik I: Quellenkodierung

Die moderne Mikroelektronik liefert uns mit der Digitalen Signalverarbeitung DSP (*Digital Signal Processing*) Anwendungen, die vor einigen Jahren noch nicht für möglich gehalten wurden. Das Handy bzw. der Mobilfunk ist nur ein Beispiel, das globale Internet ein anderes. Die faszinierenden Anwendungen der Medizintechnik liegen nicht so im Blickfeld der Öffentlichkeit, ähnlich wie die Rundfunk- und Fernsehtechnik der Zukunft: DAB (*Digital Audio Broadcasting*) und DVB (*Digital Video Broadcasting*).

Eine einzige derartige Neuentwicklung kann den gesamten Markt umkrempeln, Konzerne auslöschen oder nach oben katapultieren. Nehmen wir als Beispiel ADSL.

ADSL (*Asymmetric Digital Subscriber Line*) ist eine solche Neuentwicklung, die aus jeder alten „Kupferdoppelader" eines Erdkabels eine Datenautobahn macht. ADSL transportiert über jede herkömmliche Telefonleitung bis zum 125-fachen eines ISDN-Kanals, nämlich bis zu 8 MBit/s vom Netz zum Teilnehmer und ca. 700 kBit/s vom Teilnehmer in Richtung Netz. Der ursprüngliche ISDN-Kanal auf dieser Leitung bleibt erhalten und kann zusätzlich genutzt werden. Das reicht z.B. für 4 digitale Fernsehkanäle, die in Echtzeit zum Teilnehmer gleichzeitig gelangen können.

Dabei hatte man die die gute, alte Telefonleitung schon lange totgesagt. Investitionen der Telekom in der Größenordnung von 500 Milliarden Mark waren absehbar, um die Glasfaser als Übertragungsmedium in jeden Haushalt zu bringen. ADSL macht diese gewaltige Investitionssumme auf absehbare Zeit überflüssig, und die Konkurrenz der Telekom wird sich aus diesem Grunde warm anziehen müssen. Die „letzte Meile" zum Teilnehmer, die Telefonleitung, ist nämlich in ihrem Besitz.

Abb. 193 zeigt den Heißhunger multimedialer Anwendungen auf Übertragungskapazität, bei denen neben Text auch Bilder, Animationen, Sprache, Musik und Videos zum Einsatz kommen. Den größten Hunger haben hierbei Video-Anwendungen. Ein sogenanntes CCIR-601-Video-Signal benötigt für den reinen Video-Datenstrom bereits 250 Mbit/s. Die hierfür erforderliche Bandbreite überfordert sogar Hochgeschwindigkeitsnetze. Die zur Zeit überwiegend eingesetzte ATM-Technologie - hierbei werden die Daten der Sender in kleine Datenpakete von je 53 Byte zerlegt und in der Reihenfolge ihres Eintreffens auf einen Übertragungskanal gegeben (Asynchron Transfer Modus) - bietet normalerweise lediglich 155 Mbit/s.

Als rettender Engel erscheint DSP (Digital Signal Processing), die digitale Signalverarbeitung. Die (mathematische) Signaltheorie hat Verfahren geschaffen, welche die wirksame Komprimierung bzw. Kompression von Daten erlaubt. Ferner liefert sie Lösungen dafür, wie sich Daten gegen Störungen wie Rauschen recht effizient schützen lassen. Beide Verfahren - Komprimierungs- und Fehlerschutzkodierung - lassen sich computergestützt auf reale Signale anwenden. Sie haben beispielsweise die Übertragung gestochen scharfer Video-Bilder von den entferntesten Gestirnen unseres Sonnensystems über viele Millionen Kilometer möglich gemacht. Der Sender der Weltraumsonde leistete dabei ganze 6 W!

Speicherbedarf verschiedener Medien

(bei einer Auflösung von 640 * 480 Pixel)

Text : Ein Zeichen entspricht einem 8*8 Pixelmuster
(kodiert über die ASCII-Tabelle sind das 2 Bytes)

Speicher je Bildschirmseite = 2 Byte * 640 * 480 / (8*8) = <u>9,4 kByte</u>

Pixelbild : Ein Bild wird z.B. mit 256 Farben dargestellt, d.h. 1 Byte pro Pixel

Speicherbedarf pro Bild: 640 * 480 * 1 Byte = <u>300 kByte</u>

Sprache : Sprache in Telefonqualität wird mit 8 kHz abgetastet und mit 8 Bit quantisiert. Dies ergibt einen Datenstrom von 64 kBit/s. Das ergibt einen

Speicherplatz pro Sekunde von <u>8 kByte</u>

Stereo-Audio-Signal : Ein Stereo-Audio-Signal wird mit <u>44,1 kHz</u> abgetastet und mit 16 Bit quantisiert.

Es ergibt sich eine Datenrate von 2 * 44100 * 16 Bit /8 = <u>176,4 kByte</u>
*(1kByte sind 1024 Byte).

Daraus folgt ein Speicherbedarf pro Sekunde von <u>172 kByte</u>

Videosequenz : Ein Videofilm betsteht aus 25 Vollbildern pro Sekunde. Die Luminanz und Chrominanz (Helligkeits- und Farbinformation) jedes Pixels seinen zusammen in 24 Bit bzw. 3 Bytes kodiert. Die Luminanz wird mit 13,5 MHz und die Chrominanz mit 6,75 MHz abgetastet.

Eine 8 Bit Kodierung ergibt: (13,5MHz + 6,75 MHz) * 8 Bit = <u>216 MBit/s</u>

Datenrate: 640 * 480 * 25 * 3 Byte = <u>23,04 MByte</u>

Damit ergibt sich ein Speicherbedarf pro Sekunde zu:

23,04 MByte*/1,024 = <u>22,5 MByte</u>

Quelle: http://www-is.informatik.uni-oldenburg.de/

Abbildung 193 ***Übertragungsraten wichtiger Multimedia-Anwendungen***

Sprache, Musik und Video entpuppen sich als äußerst speicher- und bandbreitenhungrig. Wie sollen sich aber reale Signale komprimieren lassen? Wie könnte es gelingen, die Redundanz (Weitschweifigkeit) realer Signale festzustellen und zu beseitigen, die wichtigen Informationen jedoch zu erhalten? Die Antwort hierauf ist vielschichtig und die nachfolgenden Ausführungen beschäftigen sich mit den „Strategien“ bzw. einem Teil der Verfahren, die heute in der modernen Übertragungstechnik zum Einsatz kommen.

Kodierung und Dekodierung digitaler Signale bzw. Daten

Der allgemeine Ausdruck für die zahlenmäßige Darstellung von Symbolen (z.B. Buchstaben oder auch Messwerten) sowie für die gezielte Veränderung *digitaler* Signale bzw. Daten ist *Kodierung*. Abb. 194 zeigt ein wichtiges Beispiel für Kodierung. Bei dieser „ASCII-Kodierung" wird allen im Schriftverkehr wichtigen Zeichen („Symbolen") eine Zahl zwischen 0 und 127 zugeordnet. 128 ($= 2^7$) verschiedene Zeichen lassen sich nur damit kodieren. Dazu reicht ein 7- Bit-Code aus. Diese Art der Kodierung ist seit 1963 ein weltweiter Standard für Computer.

> Hinweis: Mehr als diese 128 verschiedenen Zeichen lassen sich im Prinzip bis heute nicht über das Internet und alle anderen Computernetze schicken. Beispielsweise sind unsere Umlaute „ä", „ü", „ö" und auch das „ß" nicht hierin enthalten. Hätte man seinerzeit nur 1 Bit mehr genommen (8 Bit = 1 Byte), so wäre die mögliche Zeichenzahl doppelt so groß gewesen. Und mit einem 2 Byte (16 Bit) breiten Code (65536 Zeichen) wäre wohl ein wirklich universaler Code für die elektronische Vernetzung der ganzen Welt gelungen. Was sich seinen Weg durch die Netze sucht, ist jedoch noch wie vor das gute alte 7-Bit-ASCII.

Das kodierte (digitale) Signal kann im Empfänger ganz oder teilweise wieder in seine ursprüngliche Form zurückverwandelt werden. Diese beiden Prozesse werden oft als *Enkodierung* und *Dekodierung* (englisch: encoding and decoding) bezeichnet. Durchgesetzt hat sich auch im Deutschen das englische Wort *Code* für den „Schlüssel" bzw. das eigentliche Kodierungsverfahren.

In der Digitalen Übertragungstechnik wird der Begriff der Kodierung vor allem im Zusammenhang mit folgenden Prozessen verwendet:

→ A/D und D/A- Wandler (also eigentlich A/D- Kodierer),

→ Komprimierung,

→ Fehlerschutzkodierung sowie

→ Verschlüsselung digitaler Daten.

Komprimierung

Die Komprimierung bzw. Kompression digitaler Signale ist der generelle Ausdruck für Verfahren (Algorithmen) bzw. Programme, ein einfaches Datenformat in ein auf Kompaktheit optimiertes Datenformat umzuwandeln. Letzten Endes sollen aus vielen Bits und Bytes möglichst wenige gemacht werden. Dekomprimierung macht diesen Vorgang rückgängig.

In diesem Sinne ist die ASCII-Kodierung - siehe Abb. 194 - schlecht kodiert. Jedes der vielen Symbole besitzt die gleiche Länge von 7 Bit, egal ob es sehr oft oder ganz, ganz selten vorkommt. So kommt bei Text weitaus am häufigsten der Zwischenraum („space") als Trennung zwischen zwei Wörtern vor. Kleine Buchstaben sind häufiger als große. Der Buchstabe „e" sicherlich öfter als „x".

ASCII - Code

0	null	32	space	64	@	95	`
1	start heading	33	!	65	A	97	a
2	start of text	34	"	66	B	98	b
3	end of texte	35	#	67	C	99	c
4	end of xmit	36	$	68	D	100	d
5	enquiry	37	%	69	E	101	e
6	acknowledge	38	&	70	F	102	f
7	bell, beep	39	´	71	G	103	g
8	backspace	40	(	72	H	104	h
9	horz. table	41	)	73	I	105	i
10	line feed	42	*	74	J	106	j
11	vert. tab, home	43	+	75	K	107	k
12	form feed,cls	44	,	76	L	108	l
13	carriage return	45	-	77	M	109	m
14	shift out	46	.	78	N	110	n
15	shift in	47	/	79	O	111	o
16	data line esc	48	0	80	P	112	p
17	device control 1	49	1	81	Q	113	q
18	device control 2	50	2	82	R	114	r
19	device control 3	51	3	83	S	115	t
20	device control 4	52	4	84	T	116	t
21	negative ack	53	5	85	U	117	u
22	synck idle	54	6	86	V	118	v
23	end xmit block	55	7	87	W	119	w
24	cancel	56	8	88	X	120	x
25	end of medium	57	9	89	Y	121	y
26	substitute	58	:	90	Z	122	z
27	escape	59	;	91	[	123	{
28	file separator	60	<	92	\	124		
29	group separator	61	=	93	]	125	}
30	record separator	62	>	94	^	126	–
31	unit separator	63	?	95	_	127	del

Abbildung 194 ***ASCII-Kodierung***

Hierbei handelt es sich um einen lang etablierten Standard, Sonderzeichen, Buchstaben und Zahlen in einer digitalen Form (als Zahl bzw. Bitmuster) darzustellen. Jedem druckbaren Symbol ist eine Zahl zwischen 32 und 127 zugeordnet, während die Zahlen von 0 bis 31 Steuerzeichen für eine veraltete Kommunikationstechnik darstellen und praktisch nicht mehr benötigt werden.
Gewöhnlich werden inzwischen alle ASCII-Zeichen mit jeweils 1 Byte (8 Bit) abgespeichert. Die nicht standardisierten Werte von 128 bis 255 werden oft für griechische Buchstaben, mathematische Symbole und verschiedenen geometrische Muster verwendet.

Ein gutes Komprimierungsprogramm für *Text* sollte zunächst die Häufigkeit der vorkommenden Symbole feststellen und diese nach der „Wahrscheinlichkeit" ihres Auftretens sortieren. In dieser Reihenfolge sollten den am häufigsten vorkommenden Symbolen die kürzesten Bitmuster (d.h. die kürzesten Zahlen) zugeordnet werden, den Seltenen die längsten. Ohne jeden Informationsverlust würde die Gesamtdatei wesentlich kleiner ausfallen.

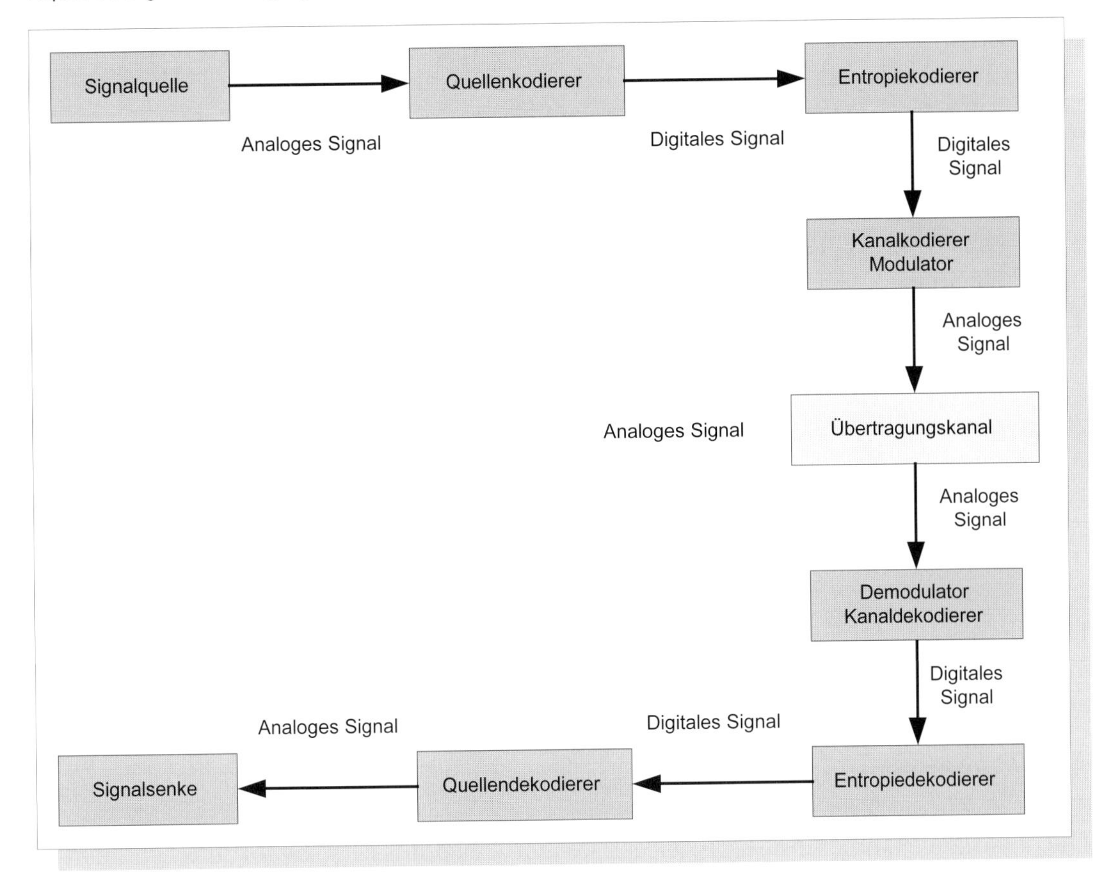

Abbildung 195 ***Der Übertragungsweg aus Sicht der Kodierung***

Das Blockschaltbild zeigt drei verschiedene Kodierer und Dekodierer. Der Quellenkodierer könnte ein A/D-Wandler sein, dessen Ausgangscode auch schon „besonders effizient" ist (siehe Delta- und Sigma-Delta-Wandler (-kodierer). Der Entropiekodierer (siehe Huffman-Kodierung) versucht den diesen Code in puncto Kompaktheit verlustfrei zu optimieren. Durch den Kanalkodierer wird diese Kompaktheit wieder (etwas) verringert, indem Redundanz in Form zusätzlicher Bits hinzugefügt wird. Ziel ist es, einen Fehlerschutz für das Signal zu erhalten. Der Empfänger soll ein falsches Zeichen erkennen und ggf. selbständig korrigieren können.

Verlustfreie und verlustbehaftete Komprimierung

Angesichts der großen Zahl von Komprimierungsverfahren, die derzeit eingesetzt werden, verwundert es nicht, dass es kein universell-optimales Komprimierungsverfahren geben kann. Das jeweils günstigste Verfahren hängt von der Signal- bzw. Datenart ab!

Bestimmte Signale bzw. Daten müssen auch absolut verlustfrei komprimiert werden, d.h. das beim Empfänger wiedergewonnene Signal muss absolut identisch mit dem Original sein. Nicht ein Bit darf sich verändert haben. Das gilt z.B. für Programm- und Textdateien.

Andererseits kann z.B. bei Audio- und Video-Signalen ein gewisser Qualitäts- und damit auch Informationsverlust hingenommen werden. Hierbei wird auch von Datenreduktion gesprochen. So sind z.B. im Audio-Signal auch Informationen enthalten, die wir gar nicht wahrnehmen können. Sie sind *irrelevant* (belanglos, unerheblich). In diesem Zusammenhang wird deshalb von *Irrelevanzreduktion* gesprochen. Und auch an „schlechte" Fernsehbilder haben wir uns geradezu gewöhnt. Hier kommen *verlustbehaftete* Komprimierungsverfahren zum Einsatz.

Die Unterscheidung zwischen diesen beiden Arten von Komprimierung ist also wichtig. Verlustbehaftete Verfahren komprimieren natürlich wesentlich effizienter als verlustfreie. Aus signaltechnischer und –theoretischer Sicht macht sich eine höhere verlustbehaftete Komprimierung durch einen größeren Rauschanteil bemerkbar. Das Rauschen verkörpert hierbei die „Desinformation", d.h. den in Kauf genommenen Verlust an Information.

Auch die A/D-Wandlung mit ihren Teilprozessen *Abtastung*, *Quantisierung* und *Kodierung* kann als verlustbehaftete Komprimierungsmethode aufgefasst werden (siehe Abb. 122, 123 und 157). Die Wahl der Abtastrate, die Anzahl der Quantisierungsstufen sowie die Kodierungsart haben einen großen Einfluss auf Qualität und Kompaktheit des digitalisierten Signals.

Um zu wissen, für welche Signal- bzw. Datenart ein bestimmtes Komprimierungsverfahren von Vorteil ist, sollen anhand von Beispielen einige *Komprimierungsstrategien* erläutert werden.

RLE-Komprimierung

Die Lauflängenkodierung RLE (Run Lenght Encoding) ist wohl das einfachste, manchmal aber auch das optimale Komprimierungsverfahren.

Prinzip: Mehr als drei identische aufeinanderfolgende Bytes werden über ihre Anzahl kodiert.

Beispiel: „A-Byte" A; AAAAAA wird als MA6 kodiert. M ist ein Markierungsbyte und kennzeichnet eine solche „Verkürzung". In diesem Beispiel ergibt sich eine Reduktion von 50%. Das Markierungsbyte darf nicht im Quelltext als Zeichen vorhanden sein, weil es sonst ja eine „doppelte" Bedeutung hätte.

Anwendung: RLE eignet sich besonders für Dateien mit langen Folgen gleicher Zeichen, z.B. Schwarz-Weiss-Grafiken. Deshalb wird sie häufig auch für FAX-Formate verwendet, in denen sehr große weiße Flächen nur gelegentlich von schwarzen Buchstaben unterbrochen werden.

Hinweis: Dateien mit häufig wechselnden Bytes sind für dieses Verfahren denkbar ungeeignet.

Huffman-Komprimierung

Prinzip: Ihr liegt das Morse-Alphabet-Prinzip zugrunde. Den am häufigsten vorkommenden Symbolen (z.B. Buchstaben) werden die kürzesten Codes zugeordnet, den seltensten die längsten Codes. Kodiert werden also nicht die zu übertragenden Daten, sondern die Symbole der Quelle. Man spricht hier von Entropie-Kodierung. Sie arbeiten verlustfrei.

Vorgehensweise: Zunächst muss festgestellt werden, welche Symbole (z.B. im Text) es überhaupt gibt; danach, mit welcher Häufigkeit (genauer *Wahrscheinlichkeit)* sie vorkommen. Der Huffman-Algorithmus erzeugt einen „Code-Baum". Er ergibt sich aus der Wahrscheinlichkeit der einzelnen Symbole. Mit Hilfe des Code-Baums werden die Codewörter für die einzelnen Symbole ermittelt. In Abb. 196 wird das Verfahren genau beschrieben.

Dekodierung: Damit der Empfänger die Originaldaten aus der Byte-Folge erkennen kann, muss zusätzlich der Huffman-Baum übertragen werden. Beim „Abstieg von oben" landet man immer bei einem der in Abb. 196 gewählten 7 verschiedenen Symbole. Dann muss sofort wieder nach oben gesprungen und wieder links-rechts verzweigt werden bis zum Erreichen des nächsten Symbols.

Hinweis: Je länger z.B. der Text ist, desto weniger fällt die zusätzliche Übertragung des Huffman-Baums ins Gewicht.

LZW-Kodierung

Dieses Verfahren ist nach seinen Entwicklern Lempel, Ziv und (später) Welch benannt. Es stellt wohl das gängigste Verfahren für eine „Allzweck-Komprimierung" dar. So wird es sowohl bei der ZIP-Komprimierung von (beliebigen) Dateien als auch von vielen Grafikformaten (z.B. GIF) verwendet. Komprimierungsfaktoren von 5:1 sind durchaus üblich.

Abb. 197 zeigt links oben jeweils den Inhalt der Zeichenkette (String) vor und nach jedem Schritt der Kodierung. Im ersten Schritt wird das längste gefundene Muster zwangsläufig nur ein einziger Buchstabe sein, welcher im Standardwörterbuch enthalten ist. Dies ist in unserem Beispiel „L". Im gleichen Schritt wird noch das nächste Zeichen „Z" betrachtet und an das L angehängt. Die so erzeugte Zeichenkette ist auch garantiert noch nicht im Wörterbuch enthalten und wird unter dem Index (256) neu eingetragen. Danach wird die im letzten Schritt gefundene „längste" Zeichenkette - also das „L" - entfernt und gleichzeitig ausgegeben (siehe „Erkanntes Muster"). Damit wird „Z" zum ersten Zeichen des nächsten Strings.

Hier beginnt das gleiche Spiel von vorne. „Z" ist nun das längste bekannte Muster. „ZW" wird unter dem Index (257) im Wörterbuch abgespeichert. „Z" wird von der Eingabe entfernt, ausgegeben und eine neuer Durchlauf begonnen. „W" ist nun längste bislang im Wörterbuch eingetragene Zeichenkette, „WL" wird mit der Indexnummer (258) neu aufgenommen, das „W" aus der Eingabe gestrichen und ausgegeben.

Erst jetzt passiert etwas Interessantes im Hinblick auf die angestrebte Komprimierung. Das längste bekannte Muster ist nun eine Zeichenfolge, die vorher *neu* ins Wörterbuch eingetragen wurde („LZ" mit der Indexnummer (256)). Jetzt werden im nachfolgenden Schritt nicht zwei Einzelzeichen ausgegeben, sondern der Index des Musters aus dem Wörterbuch.

Da das Wörterbuch insgesamt 4096 (= 2^{12}) Wörter umfassen kann, werden bei einem sehr langen, geeigneten Eingabe-String (das ist die Datei, welche komprimiert werden soll) die Einträge ins Wörterbuch immer länger. Zu den höheren Indizes gehören also immer öfter längere Zeichenfolgen, für die dann kurze Indizes übertragen werden. Erst dann wird die Komprimierung wirklich effizient!

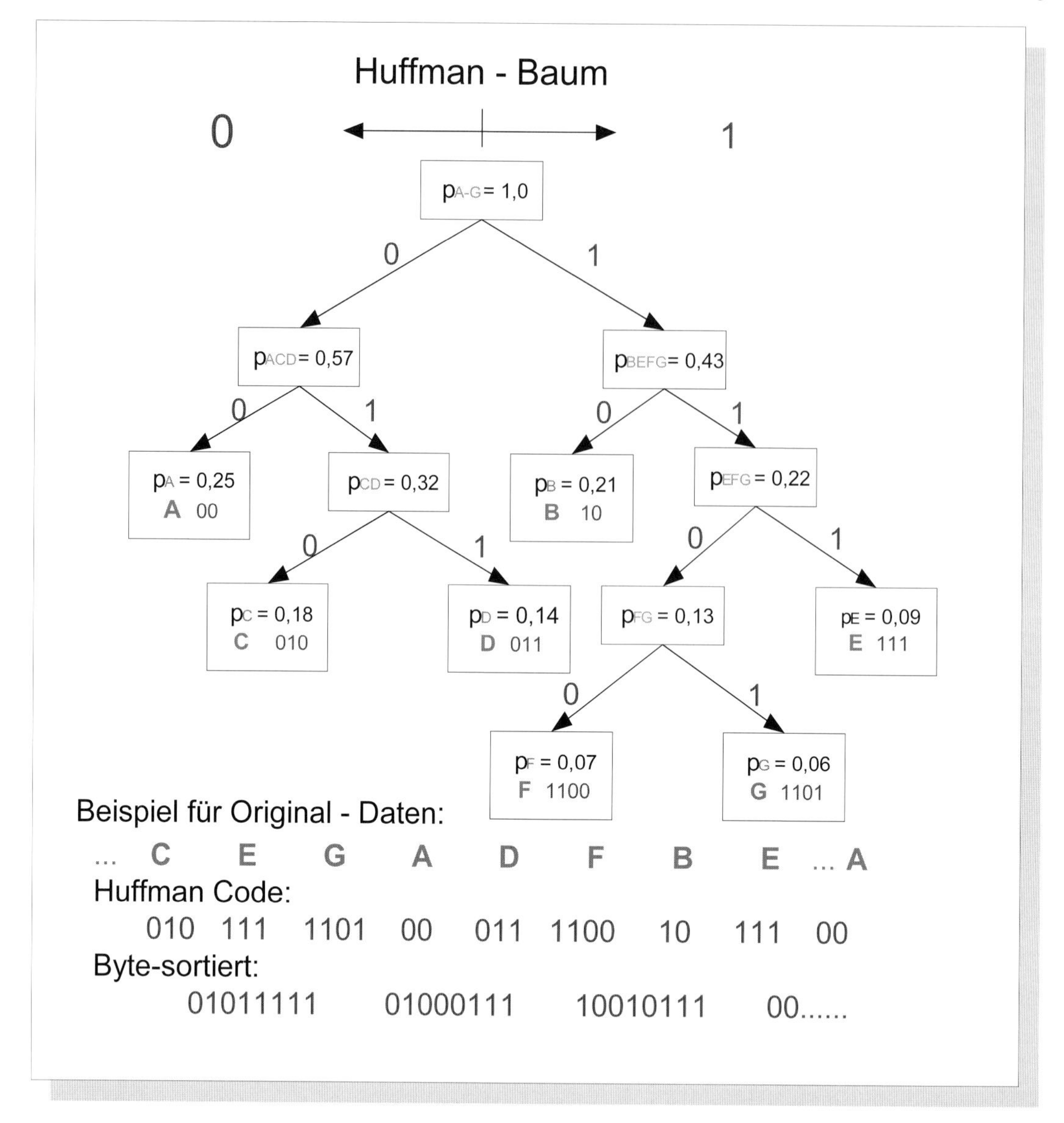

Abbildung 196 ***Huffman-Kodierung***

In einer Datei sollen 7 verschiedene Symbole, hier mit den Buchstaben A bis G bezeichnet vorkommen. Dabei trete nun A mit einer Wahrscheinlichkeit von 25% bzw. 0,25 am häufigsten auf. Es folgen B mit 0,21, C mit 0,18, D mit 0,14, E mit 0,09, F mit 0,07 und G mit 0,06. Die Idee ist nun, A den kürzesten und schließlich G den relativ längsten Code zuzuordnen. Da A und B nahezu gleich wahrscheinlich sind macht es Sinn, gleiche Codelänge vorzusehen.

Der Huffman-Algorithmus erzeugt nun den Huffman-Baum. In den „Blättern" des Huffman-Baumes ist hier jeweils die Wahrscheinlichkeit p für das betreffend Symbol eingetragen. An den Verzweigungsknoten sehen Sie die Summe der Wahrscheinlichkeiten eingetragen. Ganz oben ist die Wahrscheinlichkeit p = 1 bzw. 100%, weil ja immer eins der 7 Symbole gezogen werden muss!

Wird - von oben nach unten - nach links verzweigt, ergibt sich eine 0, nach rechts jeweils eine 1. Durch die Sortierung der Symbole nach der Wahrscheinlichkeit ihres Auftretens weiß der Algorithmus, in welcher Reihenfolge die Verzweigungen zu den Symbolen A bis G führen.

Nach Bytes sortiert gelangt das komprimierte Signal zum Empfänger. Dort erfolgt die Dekodierung, jeweils von oben beginnend. Nach 00 wird A erreicht. Der Zeiger springt direkt wieder nach oben , nach 111 wird E erreicht usw. Voraussetzung ist die Übertragung des Huffman-Baums zusätzlich zur komprimierten Datei.

Standardwörterbuch

0
1
.
.
254
255

LZW-Kodierung

Das Standardwörterbuch enthält die 256 verschiedenen Byte-Muster. Jedes hier in der Eingabe vorkommende Symbol entspricht einem ganz bestimmten dieser Byte-Muster!

Eingabe	Erkanntes Muster	Neuer Wörterbucheintrag	
LZWLZ78LZ77LZCLZMWLZAP	L	LZ	(=256)
ZWLZ78LZ77LZCLZMWLZAP	Z	ZW	(=257)
WLZ78LZ77LZCLZMWLZAP	W	WL	(=258)
LZ78LZ77LZCLZMWLZAP	LZ	LZ7	(=259)
78LZ77LZCLZMWLZAP	7	78	(=260)
8LZ77LZCLZMWLZAP	8	8L	(=261)
LZ77LZCLZMWLZAP	LZ7	LZ77	(=262)
7LZCLZMWLZAP	7	7L	(=263)
LZCLZMWLZAP	LZ	LZC	(=264)
CLZMWLZAP	C	CL	(=265)
LZMWLZAP	LZ	LZM	(=266)
MWLZAP	M	MW	(=267)
WLZAP	WL	WLZ	(=268)
ZAP	Z	ZA	(=269)
AP	A	AP	(=270)
P	P		

Ausgabe: LZW(256)78(259)7(256)C(256)M(258)ZAP

LZW-Dekodierung

Eingabezeichen	C	Neuer Wörterbucheintrag		P
L				L
Z	Z	LZ	(=256)	Z
W	W	ZW	(=257)	W
(256)	L	WL	(=258)	LZ
7	7	LZ7	(=259)	7
8	8	78	(=260)	8
(259)	L	8L	(=261)	LZ7
7	7	LZ77	(=262)	7
(256)	L	7L	(=263)	LZ
C	C	LZC	(=264)	C
(256)	L	CL	(=265)	LZ
M	M	LZM	(=266)	M
(258)	W	MW	(=267)	WL
Z	Z	WLZ	(=268)	Z
A	A	ZA	(=269)	A
P	P	AP	(=270)	P

Abbildung 197 ***LZW-Kodierung***

Die LZW-Kodierung und ihre Spielarten haben für die Komprimierung digitaler Signale bzw. Daten eine so große Bedeutung erlangt, dass sie hier in bildhafter Weise näher erläutert werden sollen. Ohne überhaupt die Nachricht zu kennen, die komprimiert werden soll, wird die Komprimierung sehr effizient verlustfrei durchgeführt. Der Dekomprimierungs-Algorithmus erkennt automatisch den Code, erstellt ein neues, identisches „Wörterbuch" und rekonstruiert damit das Quellensignal. Wer sich lange genug die Abbildung ansieht, versteht oft intuitiv den Vorgang .

Die *Dekodierung* startet ebenfalls mit dem beschriebenen Standardwörterbuch. In ihm sind wieder die Einträge von 0 bis 255 enthalten. In unserem Beispiel ist „L“ wieder die längste bekannte „Zeichenkette“. Sie wird deshalb auch ausgegeben und in der Variablen P (wie „Präfix“, d.h. Vorsilbe) festgehalten. Die nächste Eingabe ist ebenfalls ein bekanntes Zeichen („Z“). Dieses wird zunächst als Variable C gespeichert. Jetzt wird der Inhalt von P und C „geklammert“ und das Ergebnis „LZ“ ins Wörterbuch unter der Indexnummer (256) aufgenommen. So geht es weiter und so entsteht durch den Dekodier-Algorithmus das Wörterbuch und die ursprüngliche Eingabe-Zeichenkette aufs neue (siehe unter C).

Versuchen Sie nach diesem Prinzip selbst einmal eine andere Eingabe-Zeichenkette nach dem LZW-Prinzip zu kodieren und anschließend zu dekodieren. Dann erst werden Sie merken, dass die Eingabe-Zeichenfolge schon eine „besondere Form“ haben muss, damit schnell eine effiziente Komprimierung erfolgt („the rain in Spain falls mainly on the plain“).

Quellenkodierung von Audio-Signalen

Die A/D- und D/A-Umsetzung wurde bereits im Kapitel 7 (Abschnitt „Quantisierung“), vor allem aber im Kapitel 9 behandelt. Abb. 157 zeigt das Prinzip eines A/D-Wandlers (-Kodierers), welcher die „Messwerte“ seriell als Folge von 5 Bit-Zahlenketten ausgibt. Technisch üblich sind derzeit 8 Bit- bis 24 Bit- A/D und -D/A-Wandler. Dieses Verfahren wird allgemein als *PCM (Pulse Code Modulation)* bezeichnet. Jedem Messwert wird - ähnlich wie bei der ASCII-Kodierung - unabhängig von der Häufigkeit des Auftretens ein Code gleicher Länge zugeordnet. Laut Abb. 193 ergibt sich dann für ein Audio-Stereo-Signal eine Übertragungsrate von 172 kByte/s (ca. 620 MByte pro Stunde!).

Die bisher beschriebenen Komprimierungsstrategien müßten sich eigentlich auch auf Audio-Signale anwenden lassen, schließlich liegen diese als Folge von Bitmustern vor. Meist werden bereits bei der A/D-Umsetzung Verfahren eingesetzt, die selbst schon einen „Komprimierungseffekt“ aufweisen. Zusätzlich nimmt bei diesen Verfahren der „analoge Schaltungsanteil“ ab und wird durch DSP (Digital Signal Processing) ersetzt.

Delta-Kodierung bzw. Delta-Modulation

Sogenannte *Screencam-Videos* sind sehr beliebt, um z.B. die Installation oder Handhabung eines Programms in Form eines Bildschirm-Videos festzuhalten. Auch auf der zu diesem Manuskript zugehörigen CD wird hiervon reger Gebrauch gemacht. Die meiste Zeit bewegt sich hierbei lediglich der Cursor auf dem Bildschirm, mit dem bestimmte Menüpunkte angeklickt werden.

Es wäre nun sehr unsinnig, in diesem Fall 25 mal pro Sekunde den gesamten Bildschirminhalt abzuspeichern. Hier ist Delta- Kodierung angesagt.

> Hinweis: In der Mathematik sowie im technisch-wissenschaftlichen Bereich wird der große griechische Buchstabe Delta (Δ) verwendet, um eine *Differenz* oder *Änderung* zu beschreiben. So ist z. B. Δt die Zeitdifferenz zwischen zwei Zeitpunkte t_1 und t_2

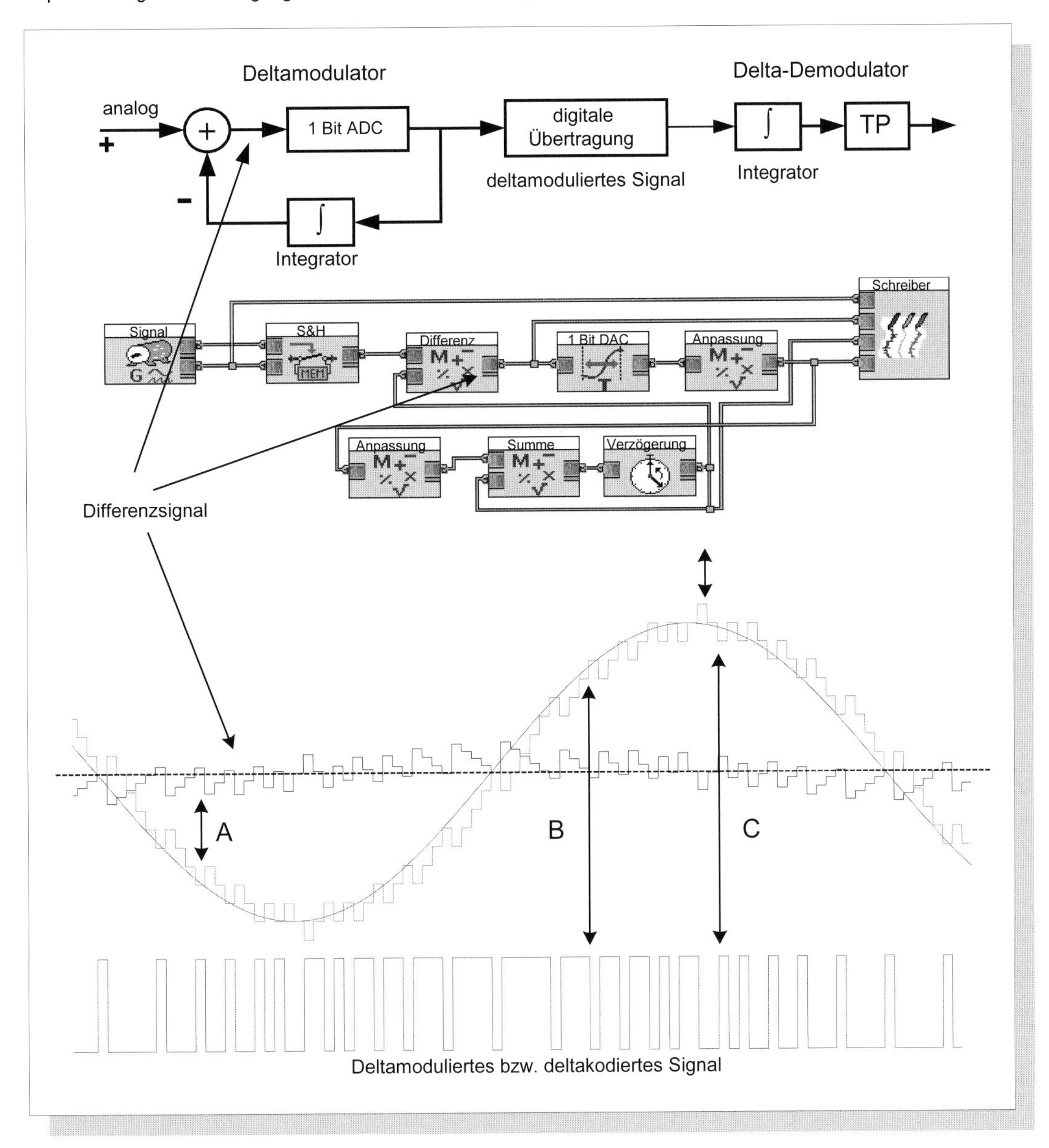

Abbildung 198 ***Prinzip-Blockschaltbild, DASYLab-Schaltung und Signale bei der Δ-Kodierung***

Bei dieser Form der Kodierung bzw. Modulation wird vom Audio-Signal lediglich dessen Änderung übertragen. In gewisser Weise wird das Originalsignal digital differenziert, d.h. es wird die Steigung gemessen. Die Wirkungsweise der Schaltung wird im Text detailliert erklärt.

Die (digitale) Differentiation muss im Empfänger wieder durch eine (digitale) Integration rückgängig gemacht werden. Sie erinnern sich: Integration macht die Differentiation rückgängig und umgekehrt (siehe Abb. 107 und 108).

Bei Screencam-Video genügt es deshalb, lediglich die *Änderung* des Bildes - d.h. die Cursorbewegung und Bildwechsel - festzuhalten. Hierfür reicht ein Bruchteil des Speicherbedarfs im Vergleich zum Festhalten aller einzelnen Bilder aus.

Generell lässt sich die Δ–Kodierung effizient anwenden, falls sich das Signal zwischen zwei Messwerten bzw. innerhalb des Zeitabschnittes $\Delta t = T_A = 1/f_A$ (f_A ist die Abtastfrequenz) nur geringfügig ändert. Genau dann besitzt das deltakodierte Signal eine *kleinere* Amplitude als das Originalsignal. Mit anderen Worten: Die Wahrscheinlichkeit steigt damit für *um Null herumliegende* Messwerte an. Viel weniger Messwerte werden weit von Null weg liegen.

Das wiederum sind günstige Voraussetzungen für die bereits beschriebene Huffman-Kodierung. Falls sich z.B. das Originalsignal nicht ändert oder linear ansteigt, besitzt das deltakodierte Signal eine Folge von gleichen Bitmustern. Sie treten also am häufigsten auf. Typisches Vorgehensweise ist es deshalb, nach einer (verlustbehafteten) Δ-Kodierung die Huffman- oder RLE-Kodierung als verlustfreie Entropie-Kodierung einzusetzen.

In Abb. 198 wird oben das Prinzip-Blockschaltbild des Δ-Kodierers (oft auch Δ-Modulator genannt), der Übertragungsweg sowie der Δ-Dekodierer dargestellt. Der Δ-Kodierer besteht aus einem Regelkreis. Der 1-Bit-ADC (Analog-Digital-Converter („-Umsetzer")) kennt nur zwei Zustände: + und - . Ist das am Eingang des 1 Bit ADCs liegende Differenzsignal größer Null, so steht am Ausgang z.B. eine +1, sonst eine –1 (entsprechend „low" und „high). Letzten Endes ist der 1-Bit-ADC nichts anderes als ein spezieller Vergleicher (Komparator).

In der Abb. 198 ist die gestrichelte „Null-Entscheidungslinie" sichtbar, um die das Differenzsignal schwankt. Deutlich ist zu erkennen (Siehe Pfeile A, B und C): Sobald das Differenzsignal oberhalb der Nullinie liegt, ist das Δ-kodierte Signal „high", sonst „low".

Womit wird nun das - hier sinusförmige - Eingangssignal verglichen? Dazu sollten Sie rekapitulieren, was ein *Integrator* macht (siehe Abb. 109 und 111). Ist am Eingang des Integrators - hier rechts - ein positiver Signalabschnitt, so läuft der Integrator hoch, andernfalls nach unten. Dies ist auch gut in den Abb. 198 und 199 zu erkennen: Wo das Δ-kodierte Signal den Wert +1 besitzt, geht eine Treppe nach oben, bei –1 nach unten!

In der Mitte von Abb. 198 ist die Realisierung des Prinzip-Blockschaltbildes mit DASY*Lab* zu sehen. Der „digitale Integrator" ist ein *rückgekoppelter Summierer*. Damit wird zum letzten Ausgangswert eine +1 addiert oder –1 abgezogen. Dies ergibt den treppenförmigen Verlauf. Bei DASY*Lab* und ähnlichen Programmen gehört zu jeder Regelkreisschaltung eine Verzögerung. Sie sorgt für die Einhaltung des Kausalprinzips: Die Reaktion eines Prozesses am Ausgang kann nur verzögert auf dessen Eingang gegengekoppelt werden („erst die Ursache, dann die Wirkung"!).

Vor dem Summierer wird durch eine multiplikative und eine additive Konstante sichergestellt, dass Eingangssignal und Differenzsignal immer in etwa im gleichen Bereich verlaufen. Der eigentliche 1-Bit-ADC ist der Trigger bzw. Komparator, der nachfolgende Baustein dient der korrekten Signaleinstellung des Δ-Kodierers.

Da das Ausgangssignal nur zwei Zustände einnehmen kann, erfolgt eine Art Pulsdauermodulation. Der hierbei auftretende Quantisierungsfehler lässt sich durch Überabtastung nahezu beliebig verkleinern. Je kleiner nämlich der Abstand zwischen zwei Abtastwerten ist, desto kleiner ist auch die Differenz.

Ein Kennzeichen von Δ-Modulation bzw. Δ-Kodierung ist die Überabtastung. Es wird der Faktor n angegeben, um den die Abtastfrequenz über der durch das *Abtast-Prinzip* gegebenen Grenze liegt. Da heute z.T. bei diesen Δ-Verfahren Abtastfrequenzen von 1 MHz und darüber verwendet werden, kann n Werte um 25 annehmen. Durch die Überabtastung verteilt sich das Rauschen auf einen größeren Frequenzbereich (Abb. 203).

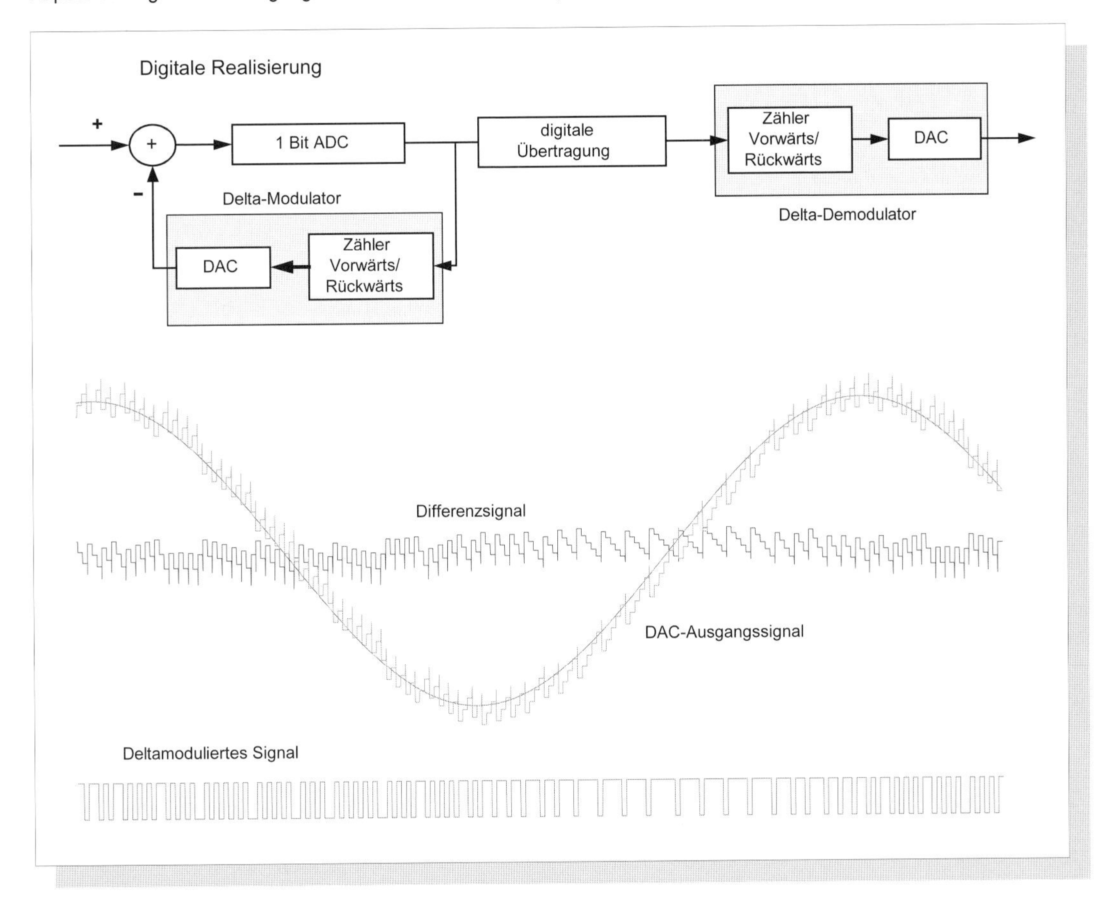

Abbildung 199 ***Digitale Realisierung des Δ-Kodierers und Signalverlauf bei höherer Abtastfrequenz***

In dieser Darstellung des digitalen Prinzip-Blockschaltbildes ist deutlich zu erkennen, wo überhaupt noch Analogtechnik vorhanden ist: Am Sender-Eingang, Empfänger-Ausgang und - dies gilt immer - auf der Übertragungsstrecke. Der zeit- und wertdiskrete digitale Integrator wird durch einen Vorwärts/Rückwärts-Zähler mit einem nachfolgenden DAC (Digital-Analog-Converter (-Umsetzer)) realisiert. Beachten Sie bitte für die nachfolgende Abbildung die schaltungstechnische Übereinstimmung von Gegenkopplungszweig und Empfängerschaltung: Beides sind Δ-Kodierer bzw. -Modulatoren. Die dem Differenzbildner zugeführte Vergleichssignal entspricht also vollkommen dem im Empfänger wiedergewonnen zeit- und wertdiskreten (hier sinusförmigen) Eingangssignal. Die Differenz zwischen beiden, d.h. das Differenzsignal entspricht dem „Quantisierungsrauschen".

Bei dem unten dargestellten Signalverlauf wurde eine höhere Abtastrate gewählt. Besonders deutlich ist hierbei die Δ–Kodierung zu erkennen: Die Maximal- und Minimalwerte des deltamodulierten Signals liegen dort, wo die Steigung bzw. das Gefälle am größten sind. Die „gleitende Mittelwertbildung" würde den Steigungsverlauf des Originalsignals wiedergeben, also das differenzierte Eingangssignal!

Das Δ-kodierte Signal unten entspricht in etwa einem pulsdauermodulierten Signal (PDM-Signal siehe Abb. 160) Im Gegensatz zu dem dortigen zeitkontinuierlichen PDM-Signal liegt hier eine Art zeitdiskretes PDM-Signal vor.

Sigma-Delta-Modulation bzw. -Kodierung (Σ-Δ-M)

Ein Nachteil des Δ-Modulators ist, dass die bei der Übertragung auftretenden Bit-Fehler im Empfänger zu einem „Offset", d.h. zu einer störenden additiven Größe im Empfangssignal führen. Abhilfe schafft hier die sogenannte Sigma-Delta-Modulation (Σ-Δ-Modulation), bei der durch eine geschickte Vertauschung von Bausteinen bedeutende Verbesserungen erzielbar sind.

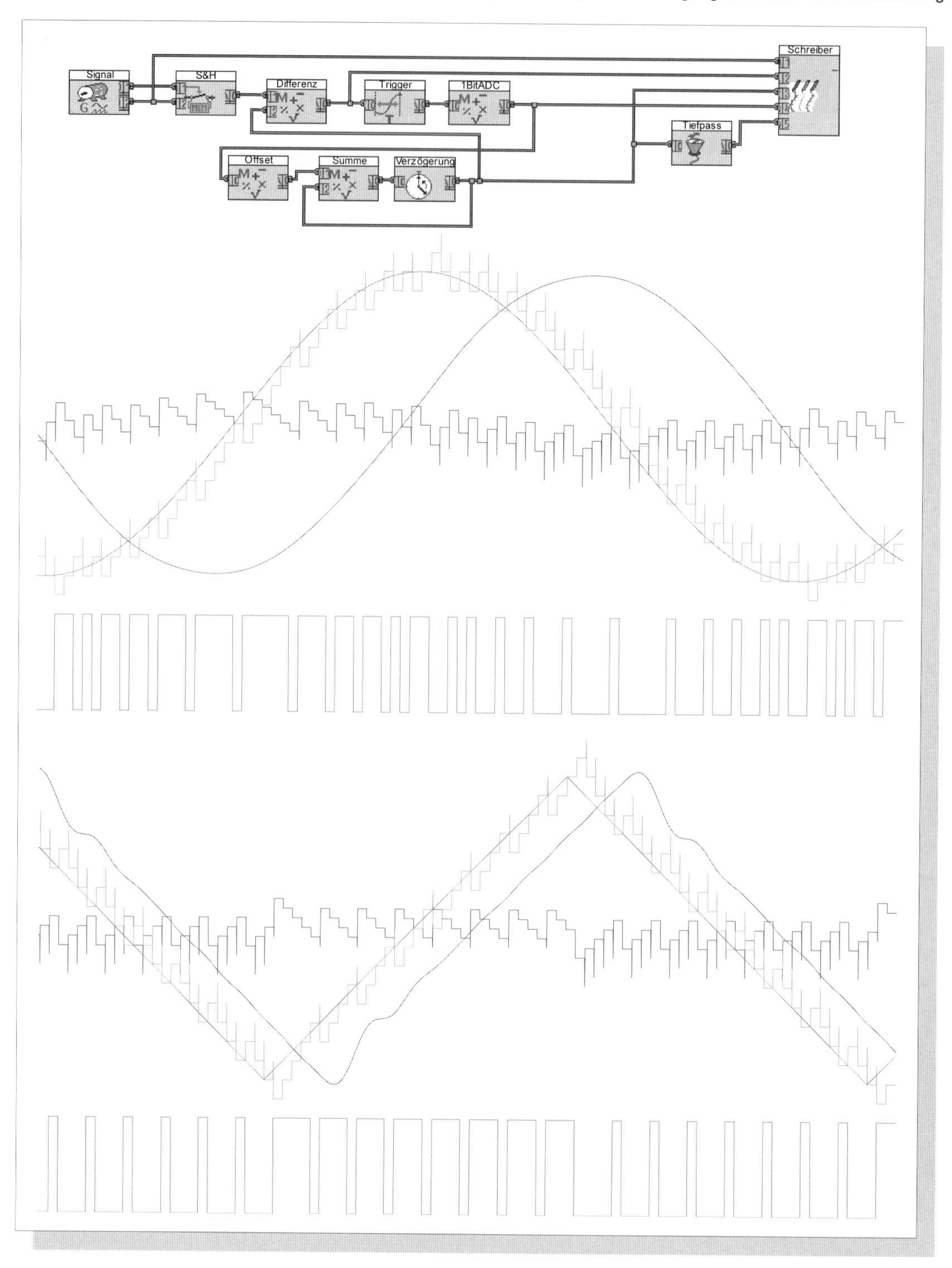

Abbildung 200 ***Δ-Demodulation bzw. -Dekodierung***

Hier sehen Sie zusätzlich zu den im Δ-Modulator vorhandenen Signalen auch das endgültige, im Empfänger rückgewonnene Analogsignal. Wie im Text der Abb. 199 beschrieben, müssen das Ausgangssignal des digitalen Integrators und das im Empfänger rückgewonnene zeit- und wertdiskrete Signal übereinstimmen. Deshalb ist im DASYLab-Schaltbild kein Empfänger zu sehen. Letzteres Signal muss nur noch einem analogen Tiefpass zugeführt werden.

Beachten Sie: Das dreieckförmige Eingangssignal müsste eigentlich so aussehen wie das wiedergewonnene (gefilterte) Signal. Es hätte nämlich auch bandbegrenzt sein müssen (Abtast-Prinzip)!

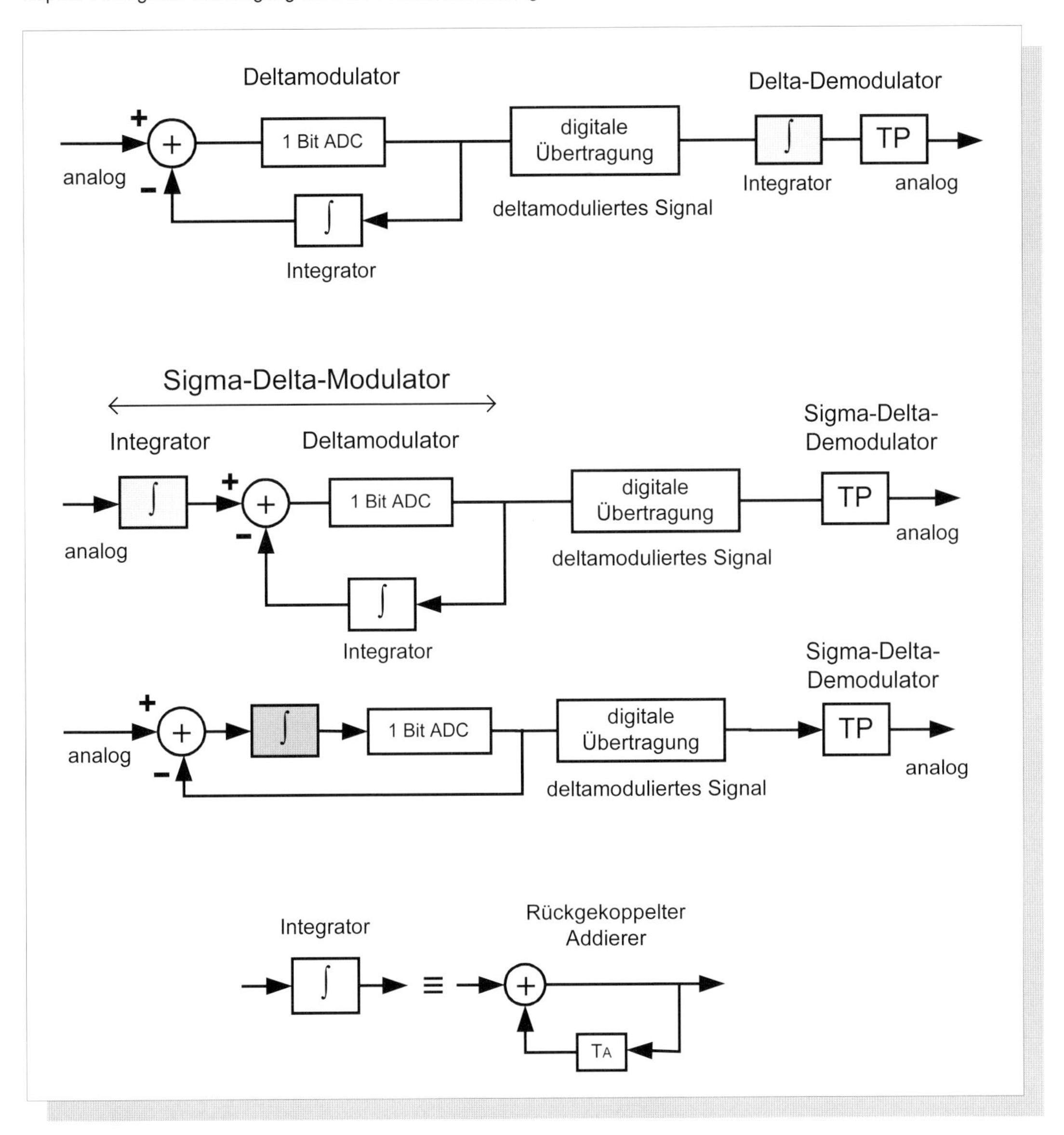

Abbildung 201 ***Vom Delta-Modulator zum Sigma-Delta-Modulator***

Oben ist das Blockschaltbild der Übertragungskette eines Delta-Modulators und –Demodulators dargestellt. Darunter wurde lediglich der Integrator vom Demodulator an den Anfang der Übertragungskette gesetzt. Das kann kaum Auswirkung auf das Ausgangssignal haben, da lineare Prozesse - wie die Integration - in ihrer Reihenfolge vertauscht werden können (siehe hierzu Kapitel 7 ab Abb. 107).

Da jedoch Störungen auf dem Übertragungsweg hinzukommen können, ergeben sich hierdurch Vorteile, die im Text näher erläutert werden.

Die beiden Integratoren können nun durch einen einzigen Integrator hinter dem Differenzbildner ersetzt werden (siehe Aufgabe 10 des Kapitels 7). Damit ist der sogenannte Σ–Δ–Modulator/-Kodierer komplett. Der Demodulator besteht jetzt lediglich aus dem analogen Tiefpass. Dieser arbeitet wie ein „gleitender Mittelwertbildner" und gewinnt aus dem digitalen sigma-delta-modulierten Signal das analoge Eingangssignal zurück.

Unten wird der Integrator durch einen rückgekoppelten Addierer realisiert, d.h. der momentane Ausgangswert wird zum darauf folgenden Eingangswert (verzögert) dazu addiert. Diese Schaltungs-variante wird auch in der DASYLab-Simulation in Abb. 202 verwendet.

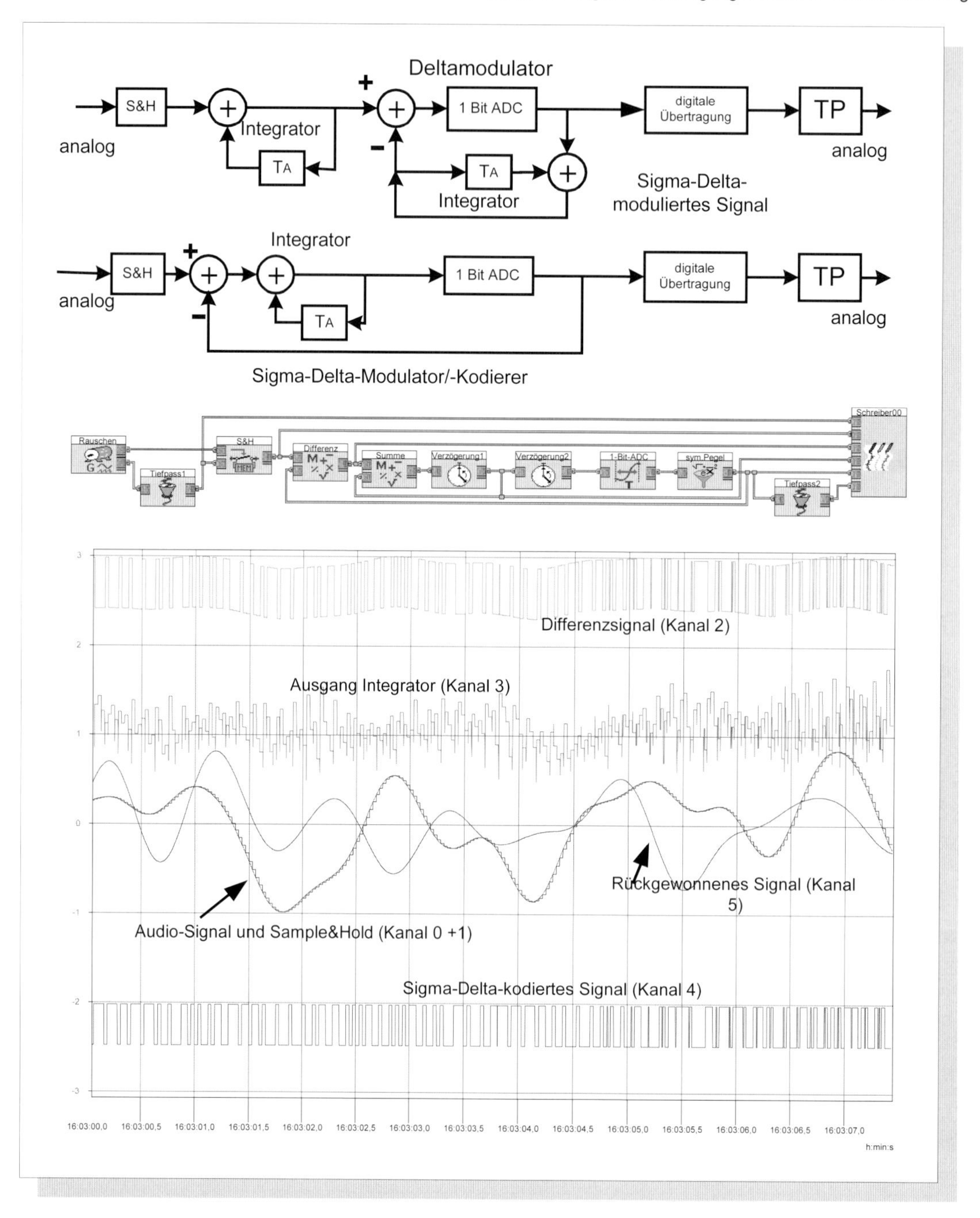

Abbildung 202 ***Vom Delta-Modulator zum Sigma-Delta-Modulator***

Aus dem DASYLab-Schaltbild in Abb. 200 sowie aus Abb. 201 ergibt sich die hier verwendete Form des Integrators: Ein Summierer, der jeweils den letzten Ausgangswert des 1-Bit-ADCs zum nächsten Eingangswert addiert. Wird nun noch vor dem Delta-Modulator zusätzlich ein solcher Integrator geschaltet, so kann dieser im Empfänger eingespart werden! Gleichwertig ist dann die darunter befindliche Schaltung, in der die beiden Integratoren (eigentlich also „Summierer", hierfür wird das griechische Σ–Zeichen („Sigma") verwendet) durch einen einzigen Integrator vor dem 1-Bit-ADC ersetzt werden. Diese Schaltung wird deshalb als Σ–Δ–Modulator/ -Kodierer bezeichnet.

Durch diesen Vertauschungsvorgang vom Empfänger zum Sender werden jedoch zahlreiche zusätzliche Vorteile erzielt, die näher im Text beschrieben werden. Durch diese ist der Σ–Δ–Modulator/ -Kodierer inzwischen zu einer Art Standard-ADC für hochwertige A/D-Wandlung geworden (Audio, Messtechnik).

Das Prinzipschaltbild des Δ–Kodierers und -Dekodierers mit den beiden Integratoren lässt sich vereinfachen. Am Ausgangssignal beim Empfänger wird sich (fast) nichts ändern, falls der Integrator am Ende der Übertragungskette an deren Anfang noch vor den Δ–Kodierer geschaltet wird. Lineare Prozesse lassen sich ja, wie in Kapitel 7 beschrieben, in ihrer Reihenfolge vertauschen.

Warum nun diese Maßnahme? Hierdurch können zunächst die beiden Integratoren im Δ Δ–Kodierer durch einen einzigen Integrator direkt vor dem 1-Bit-ADC ersetzt werden (siehe Aufgabe 10 im 7. Kapitel). Nun haben wir den sogenannten Sigma-Delta-Modulator/ -Kodierer mit Demodulator/Dekodierer wie in Abb. 201 dargestellt. Dort wird der Integrator auch als rückgekoppelter Addierer bzw. Summierer dargestellt. Das grosse griechische Sigma (Σ) ist im technisch-wissenschaftlichen Bereich das Symbol für „Summe". Die Schaltungsvariante wird deshalb als Σ–Δ–Modulator/-Kodierer bezeichnet.

Der Demodulator besteht nun nur noch aus einem analogen TP. Dieser gewinnt aus digitalen Σ–Δ–modulierten Signal das analoge Eingangssignal zurück. Er arbeitet wie ein „gleitender Mittelwertbildner".

„Noise-Shaping" und „Dezimationsfilter"

Je höher die Überabtastung, desto kleiner ist auch der Quantisierungsfehler. Dies zeigt sowohl Abb. 199 als auch Abb. 203. Durch die n-fache Überabtastung verteilt sich das Quantisierungsrauschen auf einen n-fach höheren Frequenzbereich, wie der horizontale Balken in Abb. 203 zeigt.

Mit dem Σ–Δ–Modulator gelingt noch eine weitere Verminderung dieses Störpegels. Diese als „Noise Shaping" bezeichnete Formgebungseffekt entsteht durch die veränderte Gruppierung des Integrators am Anfang des 1-Bit-A/D-Wandlers. Hierdurch werden die langsamen Änderungen des Signals bevorzugt, denn schließlich ist der Integrator eine Art Mittelwertbildner. Der *Quantisierungsfehler* nimmt nun in etwa linear mit der Frequenz zu, besitzt also Hochpass-Filter-Charakteristik. Hierdurch kommt nach der Rückgewinnung des Signals im Demodulator nur noch der Störpegel zum Tragen kommt, welcher der (pinkfarbenen) Dreiecksfläche entspricht.

Die Abtastfrequenz f_A des Audio-Signals sollte bei diesen Verfahren also möglichst hoch gewählt werden, andererseits ist die Übertragungsrate meist fest vorgegeben und kann wesentlich niedriger liegen als die Abtastfrequenz. Diese „Anpassung" leisten sogenannte „Dezimationsfilter" (siehe Abb. 203). Sie unterteilen die Bitfolge des 1-Bit-A/D-Wandlers in Blöcke mit ungeradzahliger Bitzahl (z.B. n = 7). Jetzt wird festgestellt, ob innerhalb des Blockes mehr „0"- oder „1"-Symbole vorkommen. Das häufiger vorkommende Symbol wird dann am Ausgang des Dezimationsfilters ausgegeben. Natürlich handelt es sich auch hier um eine Art Mittelwertbildung mit Tiefpass-Charakteristik.

Ausnutzung psychoakustischer Effekte (MPEG)

Der Frequenzbereich scheint bislang keine Rolle zu spielen bei der Kodierung bzw. Komprimierung von Audio-Signalen. Nun hören wir jedoch ausschließlich im Frequenzbereich, d.h. eigentlich nur Sinusschwingungen verschiedener Frequenz. Eine wirklich „intelligente" Komprimierungsmethode sollte deshalb den Frequenzbereich mit einbeziehen!

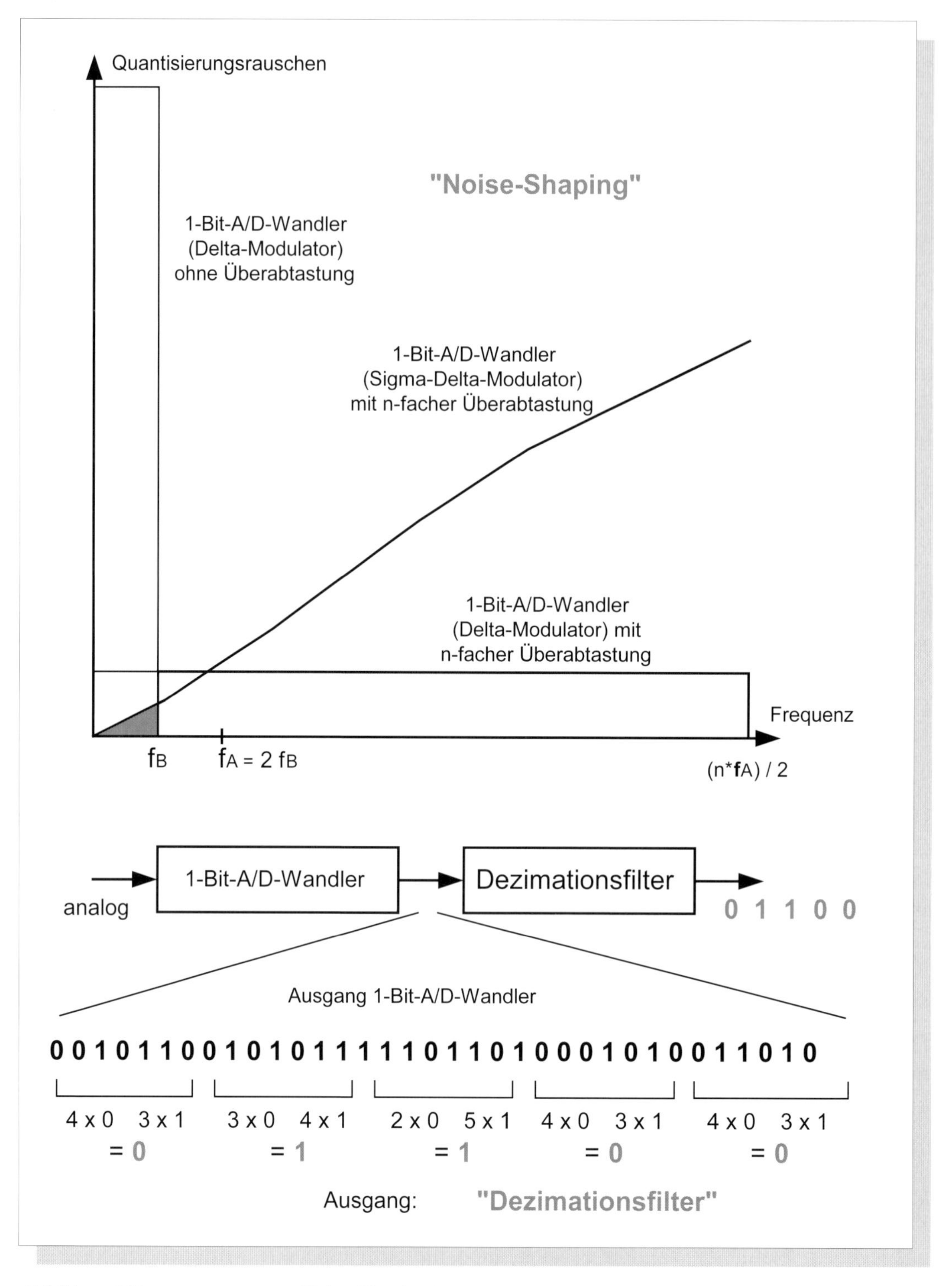

Abbildung 203 ***„Noise-Shaping" und „Dezimationsfilter"***

In der oberen Bildhälfte wird für verschiedene Fälle die Verteilung des Quantisierungsrauschen über den Frequenzbereich dargestellt. Die Frequenz f_B kennzeichnet die Bandbreite des ursprünglichen und rückgewonnenen Signals, f_A die Mindestabtastfrequenz des Quellensignals. Bei der Σ–Δ–Modulation wird lediglich das durch das Dreieck gekennzeichnete Quantisierungsrauschen wirksam.

Das Dezimationsfilter „dezimiert" die Anzahl der Bit/s am Ausgang des 1-Bit-A/D-Wandlers um einen ungeradzahligen Faktor. Innerhalb eines Blockes wird dabei lediglich festgestellt, welches der beiden Symbole 0 oder 1 häufiger vorkommt, dieses erscheint dann am Ausgang. „Gewinnt" die 1, so steigt innerhalb des Blocks das Signal momentan „im Mittel" insgesamt an, bei der 0 fällt es.

Audio-Signale wie Sprache und Musik enthalten auch keine typisch redundanten Eigenschaften wie zum Beispiel Text, in dem der Buchstabe „e" deutlich häufiger vorkommt als das „y". Dadurch ist es kaum möglich, einem Laut oder Klang einen kürzeren Code zuzuordnen als einem anderen.

Jedoch lassen sich sehr gut akustisch-physikalische Phänomene ausnutzen, die etwas mit der „Unschärfe" unseres Gehörorgans samt Gehirn zu tun haben:

> Bei Audio-Signalen können im Kodierer zumindest diejenigen Signalanteile weggelassen werden, die das menschliche Gehör aufgrund seines begrenzten Auflösungsvermögens im Zusammenspiel von Zeit- und Frequenzbereich sowie Lautstärke (Amplitude) nicht wahrnehmen kann. Man spricht hier von einer *Irrelevanzreduktion* von Signalen bzw. Daten, d.h. *überflüssige* Informationen können ohne Qualitätsverlust weggelassen werden.

Ein Komprimierungsverfahren, welches dies leistet, muss demnach die psychoakustischen Eigenschaften unseres Gehörorgans bei der Wahrnehmung von Audio-Signalen berücksichtigen. Im Hinblick auf die Erkennung von irrelevanten Informationen handelt es sich hierbei um

→ den *Frequenzgang* bzw. die sogenannte Ruhehörschwelle und Hörfläche (siehe Abb. 204) sowie um

→ die *Verdeckungseffekte*, welche die „Unschärfe" unseres Gehörorgans beschreiben (siehe Abb. 205).

Die Hörfläche in Abb. 204 zeigt die frequenzabhängige Lautstärkenempfindung. Dies gilt auch für die sogenannte *Ruhehörschwelle*. Hiernach ist unser Ohr um die 4 kHz am empfindlichsten. Sie wird bestimmt, indem für viele verschiedene Frequenzen messtechnisch ermittelt wird, von welcher Lautstärke an jeweils eine Frequenz hörbar erscheint.

> Hinweis: Die Lautstärke L ist ein logarithmisches Maß, welches in dB (Dezibel) angegeben wird. Wächst die Lautstärke um jeweils 20 dB, so ist die Amplitude gegenüber einer Bezugsgröße um den Faktor 10 größer geworden, bei 40 dB also um den Faktor 100 usw.
> Üblicherweise wird in der Akustik auch die Frequenzskala logarithmisch gewählt. Logarithmenrechnung ist Exponentenrechnung. Dadurch sind die Abstände auf der Frequenzachse zwischen $0{,}1 = 10^{-1}$ und $1 = 10^0$, $10 = 10^1$, $100 = 10^2$, $1000 = 10^3$ usw. jeweils gleich groß.

Abb. 205 beschreibt den sogenannten *Verdeckungseffekt*. Stellen Sie sich vor, Sie sind in einer Disco. Aus riesigen Boxen dröhnt laute Musik. Für das Gehör bedeutet das Schwerstarbeit, da Schallpegel von 110 dB und mehr erreicht werden. Auf Grund der extremen Lautstärke, ist es nahezu unmöglich, sich zu unterhalten, es sei denn man schreit sich geradezu an. In der Akustik spricht man dabei von *Maskierung*. Um die Maskierung aufzuheben, muss der Sprachschallpegel so weit angehoben werden, dass das Störsignal (in diesem Falle laute Musik) ihn nicht mehr verdeckt.

Im Prinzip wird hiermit die Eigenschaft des Ohres beschrieben, schwache Töne in der frequenzmäßigen Umgebung eines starken Tons nicht wahrnehmen zu können. Diese Verdeckung ist desto breitbandiger, je größer die Lautstärke des betreffenden Tons ist.

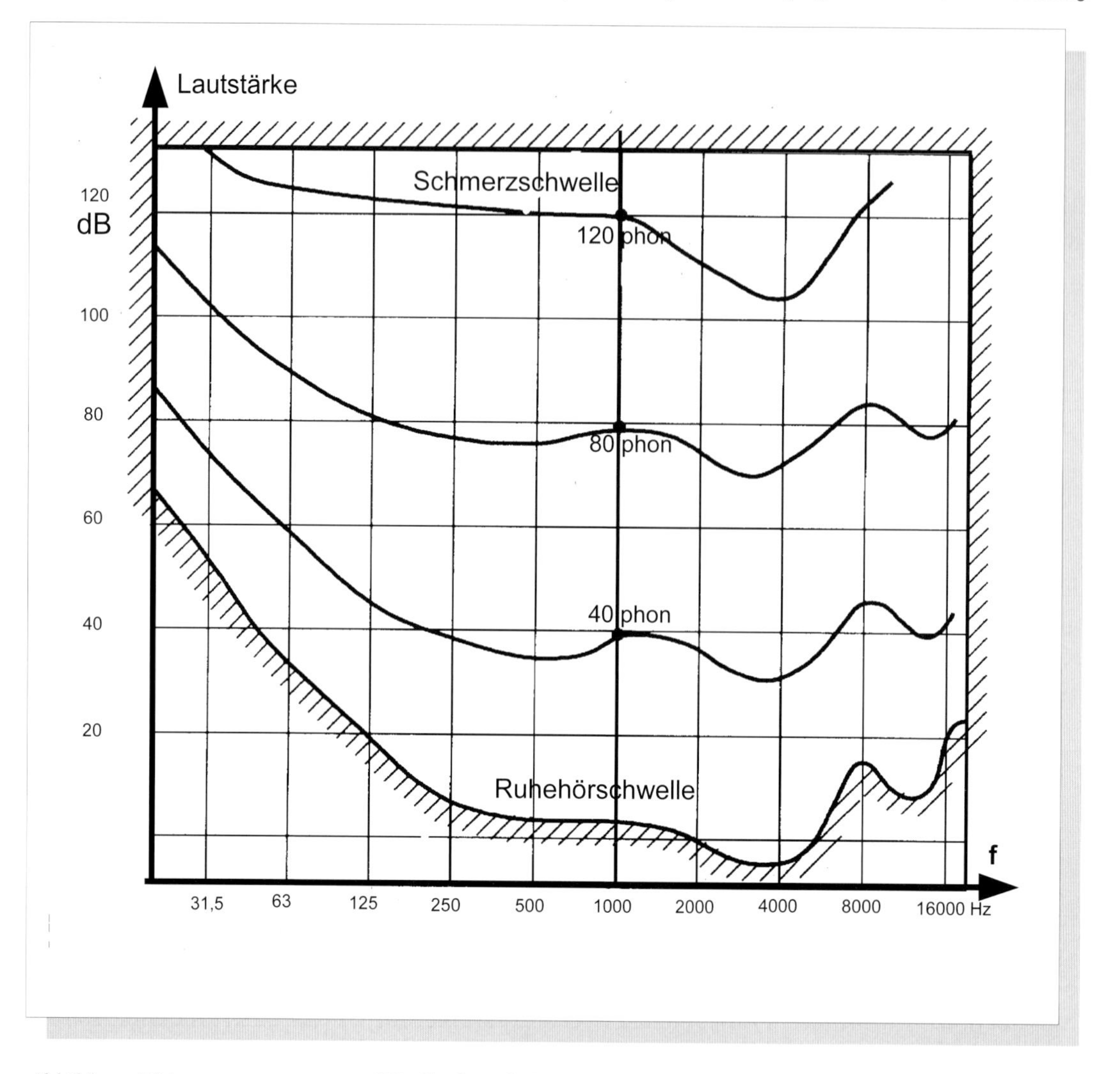

Abbildung 204 ***Hörfläche mit Ruhehörschwelle***

Die sogenannte Hörfläche ist hier schraffiert begrenzt. Beachten Sie die logarithmische Skalierung an beiden Achsen. Ein Steigerung von 20 dB bedeutet jeweils eine 10-fache Zunahme der Signalhöhe. In der Akustik ist es üblich und zweckmäßig, auch für die Frequenzachse ein logarithmisches Maß zu verwenden: hier verdoppelt sich von Markierung zu Markierung jeweils die Frequenz.

Wichtig im Zusammenhang mit der Kodierung/Komprimierung ist die Frequenzabhängigkeit der Empfindlichkeit unseres Gehörorgans. Um 4 kHz ist sie am größten.

Fazit: Schwache Töne in der unmittelbaren Nachbarschaft lauter Töne brauchen gar nicht erst übertragen zu werden, weil sie sowieso nicht gehört werden.

Abb. 206 zäumt die Verdeckung von einer anderen Seite auf. Je ungenauer bei der A/D-Wandlung quantisiert wird, desto unangenehm lauter ist das Quantisierungsrauschen. In der unmittelbaren Umgebung lauter Töne könnte demnach „grober"- d.h. mit weniger Bits - quantisiert werden, als außerhalb von Verdeckungsbereichen. Somit könnte innerhalb von Verdeckungsbereichen erheblich mehr Quantisierungsrauschen auftreten als außerhalb.

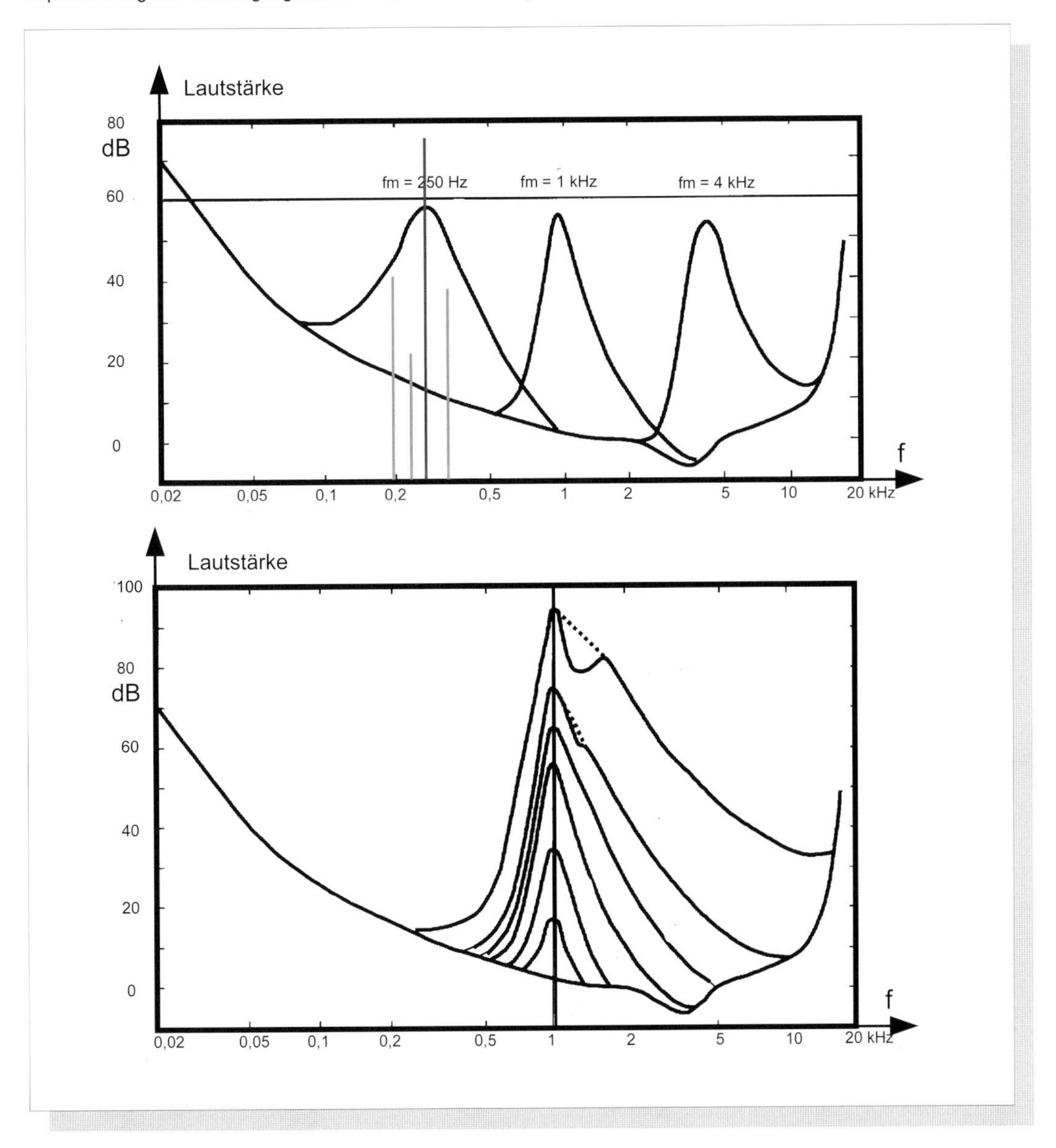

Abbildung 205 ***Verdeckung und Mithörschwellen***

Oberes Bild: Ein lauter 250 Hz-Ton verursacht einen Verdeckungsbereich bzw. „maskiert" einen Bereich, so dass die benachbarten leiseren Töne nicht wahrgenommen werden können.

Unteres Bild: Die Höhe und Breite des Verdeckungs- bzw. Maskierungsbereiches nimmt mit der Lautstärke erheblich zu; an der Schmerzgrenze von 100 dB reicht er von ca. 200 bis 20000 Hz.

Bei der aktuellen *MPEG-Audio-Kodierung* (MPEG: Moving Pictures Expert Group: Sie ist verantwortlich für die Komprimierungsverfahren von digitalem Audio und Video; ihre Standards gelten weltweit) wird aus den beiden genannten Gründen das Frequenzband des Audio-Signals in 32 gleich große Frequenzbänder aufgeteilt. Jedes dieser Frequenzbänder enthält nun einen schmalbandigen gefilterten Teil des ursprünglichen Audio-Signals. Für jedes dieser Bänder werden nun die o.a. Verdeckungseigenschaften ausgenutzt. Schwache Töne (Frequenzen) werden eliminiert, falls laute vorhanden sind, gleichzeitig die Grobheit der Quantisierung der Verdeckung angepasst.

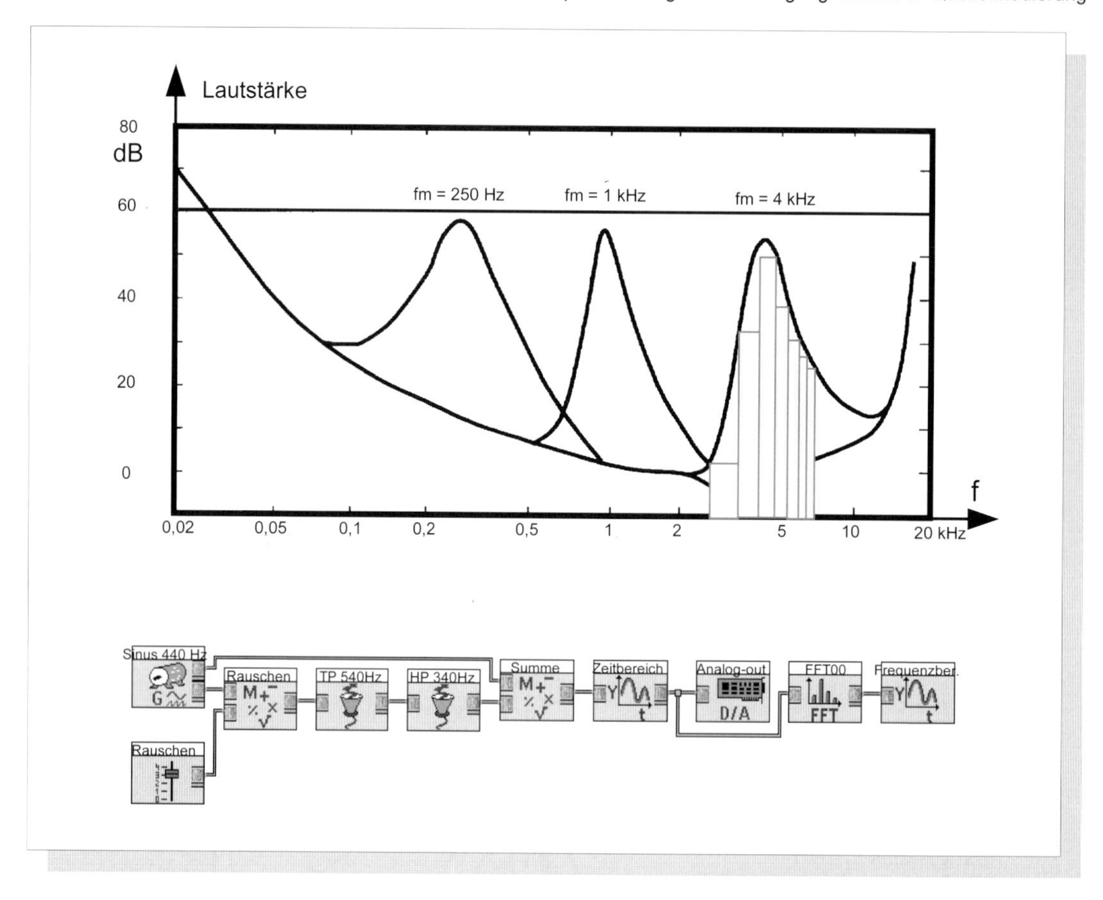

Abbildung 206 ***Maskierungsschwellen und Quantisierungsgeräusch***

Die Verdeckungsbereiche sind einmal frequenz-, zum anderen lautstärkenabhängig. Bei hohen Frequenzen sind die Verdeckungsbereiche wesentlich breiter als bei tiefen; dies wird hier durch die logarithmische Frequenzskala verschleiert.

In dem Verdeckungsbereich eines lauten 4 kHz-Tons sind 7 der 32 gleich breiten (!) Frequenzbänder eingetragen. Dadurch ist nun erkennbar, wie stark momentan in diesem Bereich jeweils das Quantisierungsrauschen sein darf, ohne akustisch wahrgenommen zu werden.

Unten ist eine einfache Versuchsschaltung hierzu dargestellt. Einem lauten 440 Hz-Ton wird über einen Handregler ein Schmalbandrauschen - es entspricht dem Quantisierungsrauschen innerhalb des Verdeckungsbereiches - zugeführt. Erst ab einer bestimmten Stärke wird das Schmalbandrauschen neben dem Sinuston überhaupt wahrgenommen. Vorher ist es schon deutlich auf dem Bildschirm im Zeit- und Frequenzbereich erkennbar.

Wie Abb. 207 zeigt, arbeitet ein MPEG-Kodierer mit einem *psychoakustischen Modell*, welches die Abb. 204 - 206 berücksichtigt. Um optimal kodieren/komprimieren zu können, muss auch das jeweils „momentan“ optimale psychoakustische Modell verwendet werden; dieses hängt also von dem jeweiligen Audio-Signal ab. Hierfür werden das Ausgangssignal und die Signale der 32 Kanäle auswertet. Als Ergebnis liefert dieses Modell für jedes Teilband - unter Berücksichtigung der jeweiligen Verdeckungseffekte - die gerade noch zulässige Quantisierung.

Durch die nachfolgende Bitstromformatierung werden die Bitmuster der quantisierten Abtastwerte aller 32 Kanäle sowie weitere Zusatzdaten (für die Rekonstruktion des Audio-Signals im Dekodierer) zu einem Bitstrom formatiert und (optional) durch eine Fehlerschutzkodierung weitgehend unempfindlich gegen Störungen gemacht.

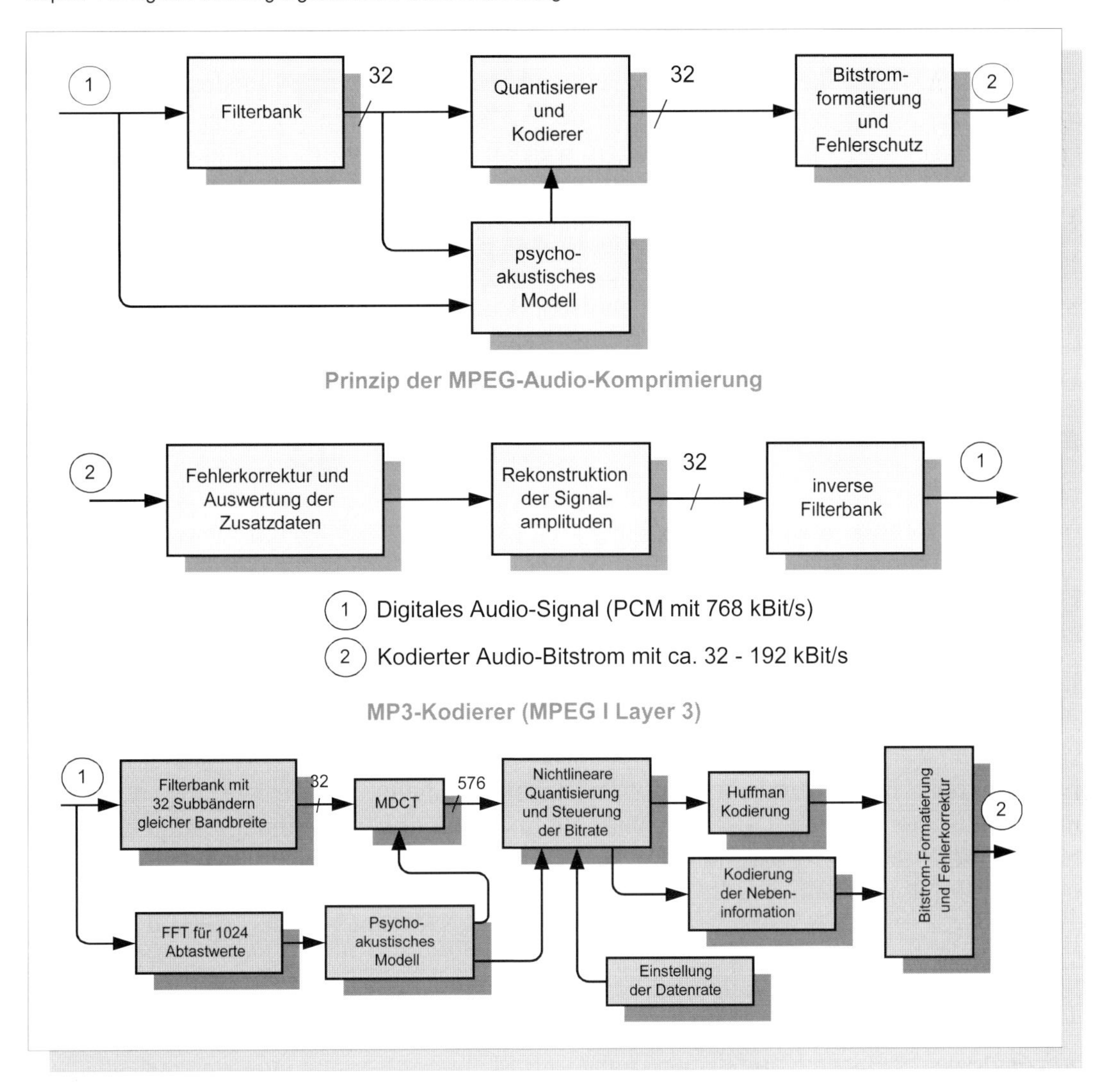

Abbildung 207 ***Datenreduktion nach MPEG***

Die obere Hälfte zeigt das Prinzip-Blockschaltbild von MPEG-Kodierer und –Dekodierer. Das PCM-Audio-Signal wird durch die Filterbank in 32 gleichbreite Teilbänder zerlegt. Die Quantisierung und Kodierung wird über das „psycho-akustische Modell" gesteuert; dieses berücksichtigt die Eigenschaften des momentan anliegenden Audio-Signals bzw. ermittelt die momentane „Verdeckung" innerhalb der 32 Subbänder. Entsprechend grob oder fein verläuft die Quantisierung. Danach werden die 32 Kanäle zu einem einzigen Bitstrom formatiert und mit einem Fehlerschutz versehen (siehe nachfolgend den Abschnitt „Fehlerschutz-Kodierung")

Unten sind Details der derzeit effektivsten Audio-Komprimierung nach MP3 dargestellt. Die FFT am Eingang verrät dem psychoakustischen Modell, in welchen Frequenzbändern starke oder auch schwache Verdeckungseigenschaften auftreten. Um es „auf die Spitze zu treiben" werden die 32 Frequenzbänder über eine MDCT (Modifizierte Diskrete Cosinus-Transformation, eine vereinfachte FFT) in insgesamt 576 (!) Subbänder unterteilt. Diese Bänder sind nun so schmal, dass es Probleme mit dem Unschärfe-Prinzip gibt: Die Einschwing- und Ausschwingzeiten bzw. die Impulsantwort werden hierdurch gross und damit die Auflösung des Kodierers im Zeitbereich zu klein. Deshalb wird signalabhängig nach Bedarf zwischen Zeit- und Frequenzbereichsauflösung umgeschaltet.

Der ganze Aufwand dient dazu, die Datenrate des MP3-Signals so niedrig wie möglich zu machen. Dabei wird bis an die Grenzen der Physik gegangen und ein gewaltiger Rechenaufwand für den Kodierer in Kauf genommen. Der Dekodiervorgang ist erheblich weniger rechenintensiv. Insgesamt wird auch an diesem Beispiel deutlich: Die Rechenleistung der Prozessoren multimediafähiger PCs kann nicht hoch genug sein!

Die Komprimierungsraten werden in erster Linie durch die Festlegung der Quantisierungsschwellen in jedem Teilband bestimmt. Diese wiederum von den momentanen Verdeckungseigenschaften der 32 Kanäle, die ja festlegen, welche Töne (Frequenzen) überhaupt nur übertragen werden müssen. Ein digitales PCM-Audio-Signal in CD-Qualität und für Mono benötigt 768 kBit/s. Mit Hilfe der MPEG-Audio-Kodierung lässt sich das Signal auf z.T. unter 100 kBit/s komprimieren.

Besonders populär ist das MP3-Verfahren (genauer: MPEG I Layer 3) zur Audio-Komprimierung. Durch zahlreiche technische Rafinessen - siehe Abb. 208 - lässt sich die Komprimierungsrate auf weniger als 10% (!) des PCM-Audio-Signals steigern. Demnach passen auf eine MP3-CD mindestens 10 normale Audio-CDs.

Kodierung und Physik

Die *Kodierung* wird hier als eine der wichtigsten Möglichkeiten der modernen Nachrichtentechnik geschildert. Auffallend ist jedoch, dass - bis auf die Komprimierung von Audio-Daten - die grundlegenden physikalischen Phänomene der ersten Kapitel - FOURIER- , Unschärfe - und Symmetrie-Prinzip - hiervon weitgehend losgelöst erscheinen. Sie wurden in diesem Kapitel kaum verwertet.

Dies hängt mit der geschichtlichen Entwicklung der „Informationstheorie“ zusammen. Alle *physikalisch fundierten Informationstheorien* (mit Namen wie Hartley, Gabor, Clavier und Küpfmüller verbunden) gerieten in den Hintergrund durch die grandiosen Erfolge der Informationstheorie von Claude Shannon (1948), die auf rein mathematischen Säulen (Statistik und Wahrscheinlichkeitsrechnung) ruht. Sie erst machte die modernen Anwendungen der Digitalen Signalverarbeitung wie Satelliten- und Mobilfunk möglich.

Bis heute ist es schwierig, den Begriff der *Information* aus physikalischer Sicht sauber in den Griff zu bekommen. Nach wie vor klafft eine Lücke zwischen der anerkannten Theorie von Shannon und der Physik, der sich alle Techniken beugen müssen.

Am Ende des nächsten Kapitels wird näher auf Shannons Theorie eingegangen.

Aufgaben zu Kapitel 11

Aufgabe 1

Erläutern Sie anhand konkreter Beispiele den „Heißhunger" multimedialer Anwendungen auf Übertragungskapazität. Welche Bedeutung könnte ADSL als „mittelfristige" Lösung zukommen?

Aufgabe 2

Der Begriff „Kodierung" existiert nicht in der Analogtechnik. Grenzen Sie diesen Begriff sinnvoll ein.

Aufgabe 3

Die ASCII-Kodierung ist ein seit langem etablierter Standard. Fassen Sie zusammen, weshalb er als veraltet gilt und welche Qualitäten ein neuer Kodierungsstandard haben sollte.

Aufgabe 4

Audio- und Video-Signale werden durchweg verlustbehaftet komprimiert, Programm- und Textdateien dagegen nicht. Versuchen Sie, die „Grenze" zwischen beiden Komprimierungsarten zu verdeutlichen. Weshalb wird nicht immer verlustfrei komprimiert?

Aufgabe 5

Überprüfen Sie am Beispiel der Abb. 196, ob dieser Huffman-Code ein „optimaler" Code ist, indem Sie einen alternativen Huffman-Baum erzeugen (z.B. für A den Code „0" statt „00").

Aufgabe 6

Führen Sie die LZW-Kodierung durch für „the rain in Spain falls mainly on the plain".

Aufgabe 7

Erläutern Sie die Vorzüge der Delta- bzw. Sigma-Delta-Kodierung. Unter welchen Voraussetzungen macht diese Kodierung bei Audio-Signalen gegenüber dem herkömmlichen PCM-Verfahren Sinn? Warum setzen sich die „1-Bit-Wandler" immer mehr durch?

Aufgabe 8

Beschreiben Sie den Aufbau und Zweck eines „Dezimationsfilters" am Ausgang eines Sigma-Delta-Kodierers.

Aufgabe 9

Erläutern Sie psycho-akustische Effekte, die bei der MPEG-Kodierung von Audio-Signalen ausgenutzt werden (Irrelevanzreduktion).

Aufgabe 10

Bei der MPEG-Audio-Komprimierung wird das Eingangssignal auf 32 gleich große Frequenzbänder verteilt. Was soll hierüber ermöglicht werden?

Aufgabe 11

Die Verdeckungs- bzw. Maskierungseffekte benachbarter Frequenzen und Frequenzbereiche wurde im Manuskript erläutert. Nach dem Symmetrieprinzip müsste es nun auch Verdeckungseffekte im Zeitbereich geben (was auch der Fall ist). Wie stellen sich diese dar?

Aufgabe 12

Audio-und Video-MPEG-Kodierung und –Dekodierung am PC kann per Software oder Hardware ausgeführt werden. Welche Anforderungen sind in beiden Fällen an den Rechner zu stellen?

Kapitel 12

Digitale Übertragungstechnik II: Kanalkodierung

Sendet ein Gerät einen kontinuierlichen Strom von Bitmustern, so soll er unverfälscht beim Empfänger ankommen. Dies gilt auch für den Abruf von Daten von einem Speichermedium. Das Maß schlechthin für die Qualität der Übertragung oder Speicherung ist die sogenannte *Bitfehlerwahrscheinlichkeit.*

Fehlerschutz-Kodierung zur Reduzierung der Bitfehlerwahrscheinlichkeit

Auf welche Weise lässt sich ein Signal über einen verrauschten bzw. gestörten Kanal möglichst sicher übertragen? Hierauf versucht die *Theorie der fehlerkorrigierenden Kodierung* Antworten zu geben. Die Erforschung dieses Problems hat viele direkte Auswirkungen auf die Kommunikations- und Computertechnik.

Während dies für die *Kommunikationstechnik* wahrscheinlich direkt einleuchtet, ist das für die eigentliche *Computertechnik* vielleicht nicht so klar. Aber denken Sie beispielsweise an das Abspeichern und auch Komprimieren von Daten. Abspeichern kann als eine Art *Datenübertragung auf Zeit* aufgefasst werden. Das Senden von Daten entspricht hierbei dem Schreiben auf ein Speichermedium, und das Empfangen entspricht dem Lesen. Dazwischen vergeht Zeit, in der das Speichermedium zerkratzt oder auf eine andere Art verändert werden könnte. Fehlerschutz-Kodierung kann also auch für das Speichern von Nutzen sein.

Rückblickend hat es in der Vergangenheit immer Übertragungsfehler gegeben, die sich mit den zur Verfügung stehenden Mitteln kaum vermeiden ließen. Bei einem Telefongespräch über eine rauschende und knisternde Telefonleitung können Sie die Botschaft Ihres Gesprächspartners oft noch verstehen, falls Sie nur die Hälfte hören. Und wenn nicht, können Sie ihn ja um Wiederholung des Gesagten bitten. Offensichtlich ist jedoch Sprache in hohem Maße redundant, und hier scheint auch die eigentliche Quelle zur Fehlerkorrektur zu liegen.

Auch für das Abspeichern einer längeren einfachen Textdatei wären also kaum Sicherheitsvorkehrungen zu treffen. Sind einige Bytes falsch, so machen sie sich lediglich als eine Art „Schreibfehler“ bemerkbar. Aus dem Sinnzusammenhang lässt sich aufgrund der Redundanz dann meist die Fehlerkorrektur durchführen.

Ganz anders sieht das beispielsweise bei einer gepackten Zip-Datei aus. Die Komprimierung läuft ja über die Beseitigung redundanter Daten, und plötzlich könnte ein einziges Fehlerzeichen die gesamte Datei völlig unbrauchbar machen. Denken Sie z.B. hierbei an eine gepackte *.exe Datei eines Programms.

Wie schon bereits erwähnt sieht die Strategie der modernen Übertragungstechnik insgesamt so aus (siehe Abb. 195):

→ Bei der *Quellenkodierung* werden Daten über die Beseitigung von Redundanz komprimiert.

→ Bei der *Entropiekodierung* wird unabhängig von der Art des Quellensignals versucht, den Code des Quellenkodierers in puncto Kompaktheit verlustfrei zu optimieren.

→ Bei der *Kanalkodierung* wird nach einem bestimmten Schema gezielt wieder Redundanz in Form zusätzlicher Bits („Prüfdaten“) hinzugefügt, um Fehler besser erkennen und beseitigen zu können.

Hinweis: Die Entwicklung von professionellen *Speichermedien* stellt ein besonderes Problem dar, weil die Fehlergenauigkeit im Vergleich zu den (fehlerschutzkodierten) Audio-CD-Platten um mindestens das Tausendfache verbessert werden musste. Auf einem Audio-CD-Spieler stellt ein Sektor die Daten für 1/75 Sekunde des Musikstückes zur Verfügung. Sollte einer dieser Sektoren bzw. Blöcke defekt sein, so könnte einfach der vorherige Sektor noch einmal genommen werden, ohne dass der Hörer dies merken würde.

Von professionellen Speichermedien müssen die Daten praktisch fehlerfrei an den Rechner geliefert werden. In der Praxis werden für derartige Speichermedien Fehlerraten von einem Fehlerbyte pro 10^{12} (!) Datenbytes akzeptiert. Anders ausgedrückt: Für 2000 CD-ROM-Platten wird nur mit einem Fehler gerechnet! Das ist bei den gegebenen Materialien und Verfahren nur mit einem wesentlich wirksameren Verfahren zur Fehlerschutzkodierung möglich als bei Audio.

Greifen wir nun den Gedanken der Signalwiederholung auf, um bei der Übertragung auf Nummer sicher zu gehen. Statt der „1" senden wir besser „11" und statt der „0" besser „00". Bei einem hohen Rauschpegel kann am Ende ab und zu ein Fehler auftreten, z.B. wird „01" empfangen. Damit muss das Signal fehlerhaft empfangen worden sein (Fehlererkennung). Was aber war gesendet worden: „00" oder"11"? Wurde das erste Symbol verfälscht oder das zweite?

Um die Übertragungssicherheit zu erhöhen wird noch mehr Redundanz gewählt: „000" und „111". Dann wäre bei sonst gleichen Bedingungen bei einem empfangenen „101" der ursprüngliche Wert „111" *wahrscheinlicher* als „000". Durch eine Art „Stimmenmehrheit" lässt sich hier die empfangene Zeichenkette („Vektor" dekodieren und das korrekte „1" wiederherstellen. Folglich kann dieser Code nicht nur Fehler erkennen, sondern auch beheben (Fehlerkorrektur)!

Distanz

Die Fehlerbehebung ist bei „101" möglich, weil diese Folge *näher* an „111" liegt als an „000". Der Begriff des *Abstandes* bzw. der *Distanz* ist der Schlüssel zur Fehlererkennung und –korrektur.

> Einen fehlererkennenden und -korrigierenden Code zu konstruieren bedeutet, genau soviel Redundanz hinzuzufügen, dass die zum Symbolvorrat gehörenden Codeworte „so weit wie möglich auseinander liegen", ohne die Zeichenkette länger als notwendig zu machen.

An dieser Stelle ist nun auch die formale *Definition eines Codes* sinnvoll:

> Ein Code der Länge n (z.B. n = 5) ist eine *Teilmenge aller möglichen Zeichenketten oder „Vektoren"*, die aus d Symbolen (z.B. Buchstaben eines Alphabets) gebildet werden können. Zwei beliebige Codeworte dieser Teilmenge unterscheiden sich *mindestens* an einer der n Stellen der Zeichenkette. In der digitalen Signalverarbeitung ist d = 2, d.h. wir verwenden stets *binäre Codes*, die aus Zeichenketten von „0" und „1" gebildet werden.

Gegeben sei eine Quelle mit vier verschiedenen Symbolen (z.B. bei der Steuerung eines Gabelstaplers "rechts", "links", "unten" und "oben". Sie werden binär kodiert:

00 für rechts
01 für unten
10 für links
11 für oben

Hinzufügen eines **Paritätsbits** zur Fehlererkennung: Ist (oben) die Anzahl der Einsen gerade so wird eine **0** angehängt, sonst eine **1**:

000 für rechts
011 für unten
101 für links
110 für oben

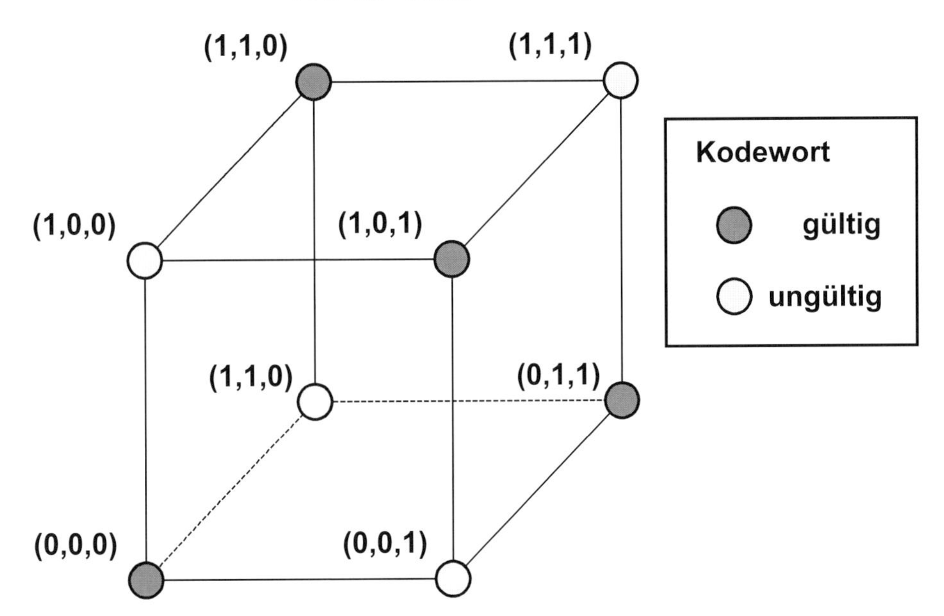

Verallgemeinerung:
Ein binäres Kodewort der Länge n lässt sich als ein Eckpunkt eines Würfels im "n-dimensionalen Raum" darstellen. Dann ergeben sich 2^n verschiedene Eckpunkte des Würfels.
Für n = 3 ergeben sich im Bild $2^3 = 8$ Eckpunkte. Die **Distanz** zwischen den benachbarten gültigen Kodewörtern ist größer als zwischen gültigen und nichtgültigen.

Abbildung 208 ***Binäre Codes aus geometrischer Sicht***

Ein binäres Codewort der Länge n lässt sich aus mathematischer Sicht als Eckpunkt eines n-dimensionalen Würfels auffassen, auch wenn dies für n > 3 nicht räumlich vorstellbar ist. Über diese Betrachtungsweise bekommen Begriffe wie die Hamming-Distanz bzw. die Bedeutung der minimalen Hamming-Distanz eines Codes, die Hamming-Kugel (sie stellt eine Umgebung um einen bestimmten Kodewort-Punkt dar) sowie die Hamming-Grenze (sie gibt an, wie viele Prüfbits mindestens nötig sind, um eine bestimmte Anzahl von Fehlern sicher korrigieren zu können) eine gewisse Veranschaulichung, zumindest im dreidimensionalen Bereich.

R.W. Hamming fand dieses Kodierungsverfahren 1950. Er ist neben Claude Shannon, dem eigentlichen Begründer der Informationstheorie, eine der herausragenden Persönlichkeiten dieses Fachgebietes.

Je größer die (Mindest-) Anzahl der Stellen ist, mit denen sich die Codeworte unterscheiden, desto sicherer lassen sich Fehler erkennen und korrigieren. Genau diese Anzahl gibt die (minimale) *Distanz* an.

Hamming-Codes und Hamming-Distanz

In unserem Beispiel wurde ein Code der Länge 3 mit 2 Datenbits und einem Prüfbit gewählt. Mit einem Prüfbit lassen sich jedoch lediglich $2^1 = 2$ Zustände unterscheiden. Werden statt dessen mehr, z.B. k Prüfbits gewählt, so lassen sich 2^k Zustände darstellen. Liegt ein binäres Kodewort der Länge n vor, so sollte bei der Fehlerkorrektur möglichst festgestellt werden können, an welcher der n Stellen der Fehler auftrat *oder* ob kein Fehler aufgetreten ist. Damit werden n + 1 verschiedene Zustände betrachtet.

Die k Prüfbits müssen mindestens die n verschiedenen Stellen darstellen können, an denen ein Fehler auftrat und ebenso dass kein Fehler auftrat. Damit ergibt sich eine sinnvolle Bedingung für Fehlerkorrektur in Form einer Ungleichung:

$$\mathbf{2^k \geq n+1}$$

Für k = 3 und n = 7 wird diese Ungleichung zur Gleichung; damit liegen für diese Werte optimale Verhältnisse vor. Abb. 209 veranschaulicht diese Zusammenhänge.

Die k Prüfbits bilden eine Binärzahl. Zusätzlich soll bei dieser nach R.W. Hamming benannte Kodierungsart durch diese Binärzahl auch der Ort des Fehlers angegeben werden. Wenn kein Fehler auftrat sollen alle Prüfbits den Wert 0 aufweisen.

Aus Geschwindigkeitsgründen hätte man gerne einen *kurzen* Code, n also möglichst klein. Die Anzahl M der Codeworte sollte aus Effizienzgründen möglichst groß sein. Das gilt natürlich auch für deren *minimale Distanz D*. Natürlich widersprechen sich diese Ziele. Die Kodierungstheorie versucht einen optimalen Kompromiss zwischen n, M und D zu finden. Ein (n,M,D)-Code verrät also bereits durch diese drei Zahlenangaben, wie gut er ist.

Wird ein Kodewort auf dem Übertragungsweg verstümmelt, dann ist die Anzahl der Fehler exakt die Hamming-Distanz zwischen dem empfangenen und dem ursprünglichen Kodewort. Soll der Fehler erkannt werden, darf aber das empfangene (falsche) Kodewort nicht einem anderen Kodewort zugeordnet werden. Deshalb ist eine möglichst große minimale Distanz D so wichtig:

> *Falls weniger als D Fehler auftreten, lässt sich mindestens der Fehler feststellen.*
>
> *Falls weniger als D/2 Fehler auftreten, liegt das empfangene Kodewort „näher“ am ursprünglichen Kodewort als an allen anderen.*

Nachdem ein Code benutzt wurde, um die Botschaft zu übertragen, müssen wir das Kodewort im Empfänger wieder dekodieren. Unsere Intuition flüstert uns zu nach dem Kodewort Ausschau zu halten, welches dem empfangenen „Vektor“ am nächsten ist. So lange der Übertragungsweg mehr als 50 % Empfangssicherheit für jedes gesendete Bit liefert, gilt als beste Wette das Kodewort, welches nur am wenigsten vom empfangenen Vektor abweicht, also das Kodewort mit der kleinsten Hamming-Distanz. Diese Strategie wird als *Maximum-Likehood-Methode* bezeichnet, also als *Methode der größten Wahrscheinlichkeit*.

Der **Hamming-Code** ist ein binärer fehlerkorrigierender Code, der in der Lage ist, 1-Bit-Fehler in einen 4-Bit Datenwort zu korrigieren. Dieser Code erfordert drei Korrekturbits, die vor der Speicherung berechnet werden müssen. Die Datenbits seien a1, a2, a3 und a4, die Korrekturbits c1, c2 und c3. Es ergibt sich also ein **7-Bit-Code**:

Beispiel:

a1	a2	a3	a4	c1	c2	c3
1	**0**	**0**	**1**	**?**	**?**	**?**

Die Korrekturbits im Sender sollen folgendermaßen berechnet werden:

c1 = a1 + a2 + a3 c1 = **1** + **0** + **0**
c2 = a2 + a3 + a4 c2 = **0** + **0** + **1**
c3 = a1 + a2 + a4 c3 = **1** + **0** + **1**

Es gilt die "modulo 2-Addition":
Sie entspricht genau der
Exclusiv-Oder-Funktion (EXOR)

0 + 0 = 1
0 + 1 = 1
1 + 1 = 0

Damit ergibt sich c1 = **1**, c2 = **1** und c3 = **0**

a1	a2	a3	a4	c1	c2	c3
1	**0**	**0**	**1**	**1**	**1**	**0**

1 = **1** + **0** + **0**
1 = **0** + **0** + **1**
0 = **1** + **0** + **1**

Nun ein Fehler im Datenwort auf dem Übertragungsweg:

a1	a2	a3	a4	c1	c2	c3
1	**0**	**0**	0	**1**	**1**	**0**

1 = **1** + **0** + **0**
1 = **0** + **0** + 0
0 = **1** + **0** + 0

Im Empfänger wird nun ein Paritätstest nach folgendem Muster durchgeführt:

e1 = (a1 + a2 + a3) + c1
e2 = (a2 + a3 + a4) + c2
e3 = (a1 + a2 + a4) + c3

e1, e2 und e3 sind neue Prüfbits, die bei fehlerloser Übertragung immer 0 ergeben müssen

e1 = (**1** + **0** + **0**) + **1** = **0**
e2 = (**0** + **0** + 0) + **0** = **1**
e3 = (**1** + **0** + 0) + **0** = **1**

2. und 3. Gleichung sind falsch. Beide Gleichungen haben a2 und a4 gemeinsam. Da a2 aber auch 1. Gleichung falsch machen würde, muß a4 falsch sein!

Nun ein Korrekturbit auf dem Übertragungsweg verfälscht:

a1	a2	a3	a4	c1	c2	c3
1	**0**	**0**	**1**	**1**	0	**0**

1 = **1** + **0** + **0**
0 = **0** + **0** + **1**
0 = **1** + **0** + **1**

e1 = (**1** + **0** + **0**) + **1** = **0**
e2 = (**0** + **0** + **1**) + 0 = **1**
e3 = (**1** + **0** + **1**) + **0** = **0**

Nur die 2. Gleichung ist falsch. Da c2 nur in dieser und keiner anderen Gleichung vorkommt, muss c2 falsch sein!

Abbildung 209 ***Fehlerentdeckende und fehlerkorrigierende Codes***

Einzelbitfehler werden durch den Hamming-Code mit hundertprozentiger Sicherheit entdeckt und korrigiert. Sollten allerdings mehrere Bits falsch übertragen oder gelesen worden sein, so versagt dieser Code. Jedoch gibt es auch fehlerkorrigierende Codes, die mehr als ein Bit zu korrigieren erlauben, natürlich auf der Grundlage zusätzlicher Prüfbits bzw. Redundanz. Praktisch alle diese fehlerkorrigierenden Codes folgen im wesentlichen dem beschriebenen Beispiel: Eine „Rückinformation" wird nach einem vorgegebenen Rechenschema berechnet und die Daten gespeichert. Diese Information wird verwendet, um die Prüfbits nach dem Lesen neu zu berechnen. Das Prüfbitmuster ermöglicht es, den Ort der Fehler und und den ursprünglichen korrekten Wert zu erkennen.

In Anlehnung an den oben beschriebenen Fall mit D/2 Fehler lässt sich nun die Fehlerkorrektur genau definieren:

Ein Code mit einer minimalen Distanz von D kann bis zu (D -1)/2 Fehler sicher korrigieren.

Den empfangenen Vektor mit jedem möglichen Codewort zu vergleichen um das „nächstliegende“ Kodewort herauszufinden, ist theoretisch der vielversprechendste Weg, bei umfangreichen Codes aber viel zu rechenintensiv. Deshalb beschäftigt sich ein großer Teil der Kodierungstheorie damit Codes zu finden, die effizient - also schnell - dekodiert werden können und diese Dekodierungsverfahren anzugeben.

Das alles hier könnte etwas theoretisch und wenig praktisch erscheinen. Das Gegenteil aber ist der Fall. Der nachfolgende Text stammt aus einer Laudatio für R.W. Hamming und würdigt die Bedeutung seines Lebenswerkes:

„Im täglichen Leben misst man eine Distanz durch Abzählen der Meter, die man mindestens braucht, um von einem Ort zu einem anderen zu gelangen.

In der digitalen Welt der Folge von Nullen und Einsen, also der „Bits", ist entsprechend die „Hamming-Distanz" die Anzahl der Bits, die man mindestens ändern muss, um von einer Bitfolge zu einer anderen zu gelangen. Diese Distanz wurde Anfang der 50er Jahre von R. W. Hamming eingeführt, sie wird seitdem von der Informationstechnik bis zur Informatik ausgiebig angewendet. So kann man beispielsweise bei der für die „künstliche Intelligenz" typischen Aufgabe der Gesichtserkennung die Ähnlichkeit zweier Gesichter über ihre Hamming-Distanz messen.

Die erste Anwendung, für die Hamming dieses Distanzmaß einführte, betraf aber die Sicherung gegen Fehler bei der Übertragung, Speicherung oder Verarbeitung von Bitfolgen. Je größer die Anzahl der Übertragungsfehler ist, desto größer wird auch die Hamming-Distanz zwischen gesendeter und fehlerhaft empfangener Bitfolge. Hamming benutzte daher zur Übertragung nur solche Bitfolgen, die untereinander eine mehr als doppelt so große Hamming-Distanz aufweisen, wie sie durch Übertragungsfehler entstehen können. So lässt sich ein Fehler erkennen und sogar korrigieren. Mehrere Bitfolgen mit großer Hamming-Distanz bilden einen „Hamming-Code". Diese, mit der Informationstheorie Shannons zeitgleichen Arbeiten Hammings bilden das Fundament der allgemeinen Theorie fehlerkorrigierender Systeme und Codes. Ihre Bedeutung liegt vor allem darin, dass sich beliebig komplexe Systeme mit vorgebbarer Zuverlässigkeit auch aus unzuverlässigeren Teilsystemen aufbauen lassen. Der dazu notwendige Aufwand kann dabei exakt berechnet werden.

Ihre unverzichtbare Anwendung findet die auch mathematisch höchst anspruchsvolle *Theorie der fehlerkorrigierenden Codierung* heute in jedem CD-Spieler und jedem Handy sowie auch in jedem Großrechner und in den weltumspannenden Nachrichtennetzen. Nur durch solche Codes lassen sich die unvermeidbaren Fehler bei der Übertragung, Speicherung und Verarbeitung von Informationen korrigieren.“

Faltungskodierung

Bei der Fehlerschutzkodierung werden zwei Kodierungsarten unterschieden: Block- und Faltungskodierung. Bislang wurden ausschließlich Codes fester Blocklänge behandelt. Die Information wird hierbei blockweise übertragen.

Bei der Faltungskodierung dagegen werden die Eingangsdaten - ähnlich wie bei digitalen Filtern - in einem faltungsähnlichen Prozeß über mehrere Ausgangsdaten „verschmiert". Abb. 210 zeigt den Aufbau eines einfachen Faltungskodierers. Das Eingangssignal - z.B. ein langandauerndes digitalisiertes Audio-Signal - in Form eines Bitmusters wird Bit für Bit in ein zweistufiges Schieberegister eingespeist. Gleichzeitig wird das Eingangssignal über eine „Addition" (EXOR) mit den Bits des Schieberegisters an den Abgriffen verknüpft. Das Schieberegister kann hier insgesamt vier verschiedene Zustände (00, 01, 10 und 11) annehmen. Damit diese Zustände (das nächste Bit erscheint hier als rechtes Bit im Schieberegister) bildlich auch den Zuständen im Schieberegister entsprechen, ist beim Faltungskodierer der Eingang rechts und sind die Ausgänge links gezeichnet.

Die beiden Ausgänge enthalten die gleiche Taktrate wie das Eingangssignal, die Redundanz des *gesamten* Ausgangssignal ist also 50 % höher als die des Eingangssignals, Voraussetzung für eine Fehlerschutzkodierung.

Es soll nun nach Möglichkeiten Ausschau gehalten werden, den Signalfluss am Ausgang in Abhängigkeit vom Eingangssignal und den Zuständen des Schieberegisters zu visualisieren. Dafür haben sich zwei Methoden bewährt:

→ *Zustandsdiagramm:*
Das in Abb. 210 dargestellte Zustandsdiagramm beschreibt vollständig das „Regelwerk" des dort abgebildeten Faltungskodierers. In den vier Kreisen stehen die vier verschiedenen Zustände des Schieberegisters („Zustandskreise"). Am Eingang des Faltungskodierers kann jeweils eine „0" oder eine „1" liegen; deshalb führen von jedem Zustandskreis zwei Pfeile weg.
Nehmen wir den Anfangszustand „00" an. Wird nun eine „1" auf den Eingang gegeben, erscheint an den Ausgängen eine „11" (alle Verknüpfungen an den Abgriffen laufen hier auf 1 + 0 = 1 hinaus). Der nächste Zustand ist dann „01". An dem Pfeil dorthin steht 1/11, die linke 1 ist das Eingangssignal, die rechte 11 das Ausgangssignal.
Wird eine „0" auf den Eingang gegeben, so ist auch der nächste Zustand eine „00"; deshalb beginnt und endet der Pfeil auf dem Zustand „00". An dem Pfeil steht deshalb auch 0/00.

→ *Netzdiagramm*
In der Fachliteratur meist als Trellisdiagramm bezeichnet (trellis (engl.) bedeutet Gitter). Hier kommt zusätzlich der zeitliche Ablauf mit ins Spiel. Die vier möglichen Zustände des Schieberegisters sind hierbei senkrecht angeordnet. Jedes weitere Bit am Eingang bedeutet einen weiteren Schritt nach rechts.
Beginnen wir links oben mit dem Zustand „00". Ein dicker Strich bedeutet hier eine „0" am Eingang, ein dünner eine „1". Von jedem Gitterpunkt der erreicht wurde, geht ein dicker und ein dünner Strich - entsprechend „0" und „1" - zu einem anderen Zustand. Die Ein- und Ausgangssignale sind jeweils an den dünnen und dicken Linien vermerkt.

Während das Zustandsdiagramm das „Regelwerk" für den Faltungskodierer bildet, lässt sich mit dem Trellisdiagramm die Kodierung eines bestimmten Eingangssignal-Bitmusters in der zeitlichen Abfolge genau analysieren.

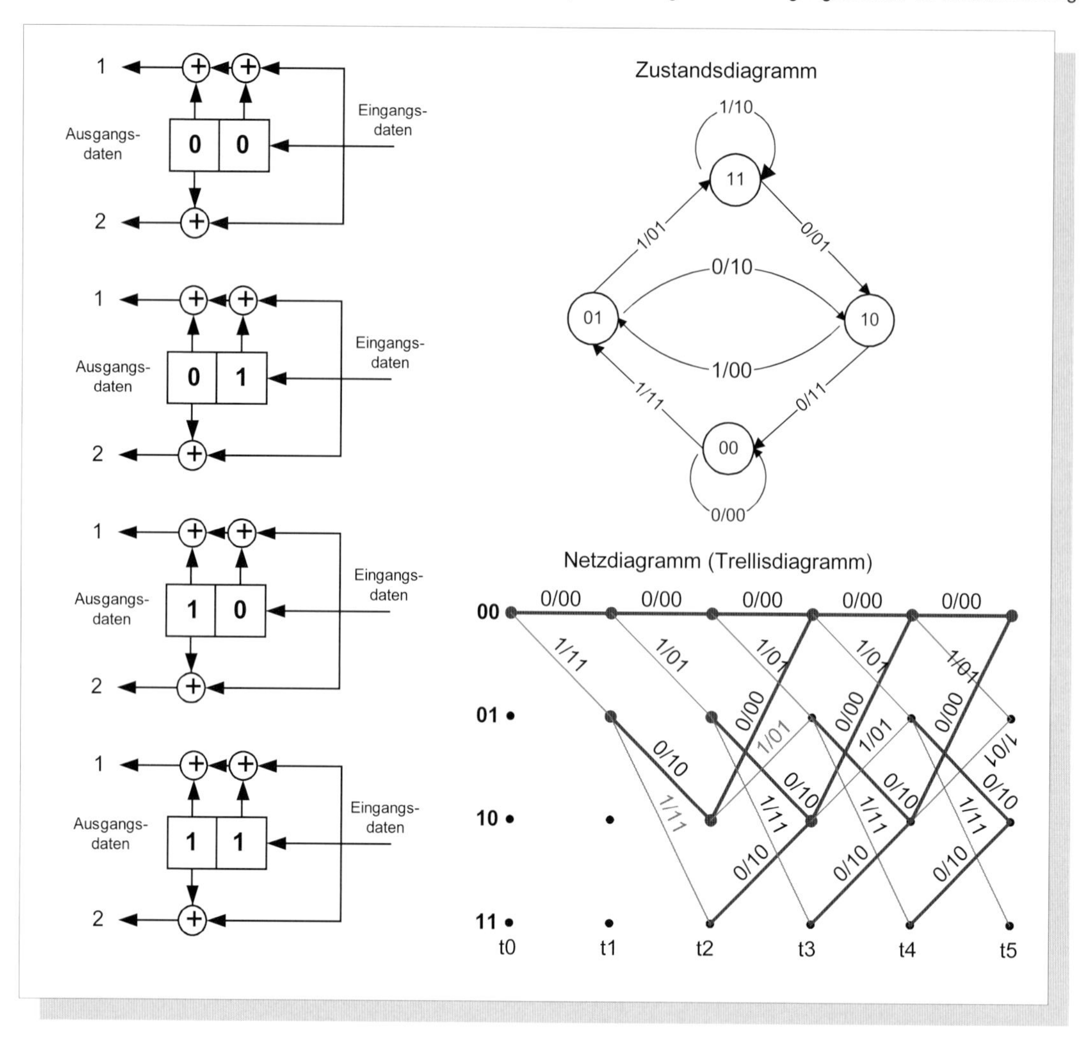

Abbildung 210 ***Beispiel für Faltungskodierer, Zustandsdiagramm und Trellisdiagramm***

Links ist jeweils der gleiche Faltungskodierer mit seinen insgesamt 4 „inneren" Zuständen (des Schieberegisters) dargestellt. Die „+"-Verknüpfungen an den Abgriffen führen eine „modula-2" oder EXOR- Operation durch (siehe Abb. 209).

Das Zustandsdiagramm stellt das „Regelwerk" des Faltungskodierers auf sehr einfache Weise dar. In den vier Kreisen stehen die vier verschiedenen Zustände des Schieberegisters („Zustandskreise"). Am Eingang des Faltungskodierers kann jeweils eine „0" oder eine „1" liegen; deshalb führen von jedem Zustandskreis zwei Pfeile weg. Entsprechend „landen" immer 2 Pfeile an jedem Zustand, dabei kann der Pfeil auf dem gleichen Zustandskreis beginnen und enden! Von einem Zustand in einen anderen zu wechseln geht also nur auf ganz bestimmte Weise; z.B. ist der Wechsel von „11" in den Zustand „01" nicht in einem Schritt möglich.

Das Trellisdiagramm zeigt die möglichen Wechsel von Zustand zu Zustand im zeitlichen Verlauf in, hier vom Zustand „00" ausgehend. Die Zustände des Schieberegisters sind senkrecht angeordnet. Vom Zustand „00" ausgehend kommen nur zwei andere Zustände („00" und „01") in Frage, je nachdem ob eine „1" am Eingang liegt (dünne rote Linie) oder eine „0" (dicke blaue Linie). Von jedem Gitterpunkt sind also prinzipiell zwei Wege möglich, ein „0"-Weg und ein „1"-Weg.

An den Linien steht jeweils das Eingangssignal und hinter dem Querstrich das Ausgangssignal (z.B. 0/10). Unter den hier aufgeführten möglichen „Wegen" ist auch der Weg für ein bestimmtes Bitmuster (siehe Abb. 211) und auch der „höchstwahrscheinliche Weg" für die Viterbi-Dekodierung eines auf dem Übertragungsweg oder auf dem Speichermedium veränderten Signal bzw. veränderte Bitfolge (siehe Abb. 212).

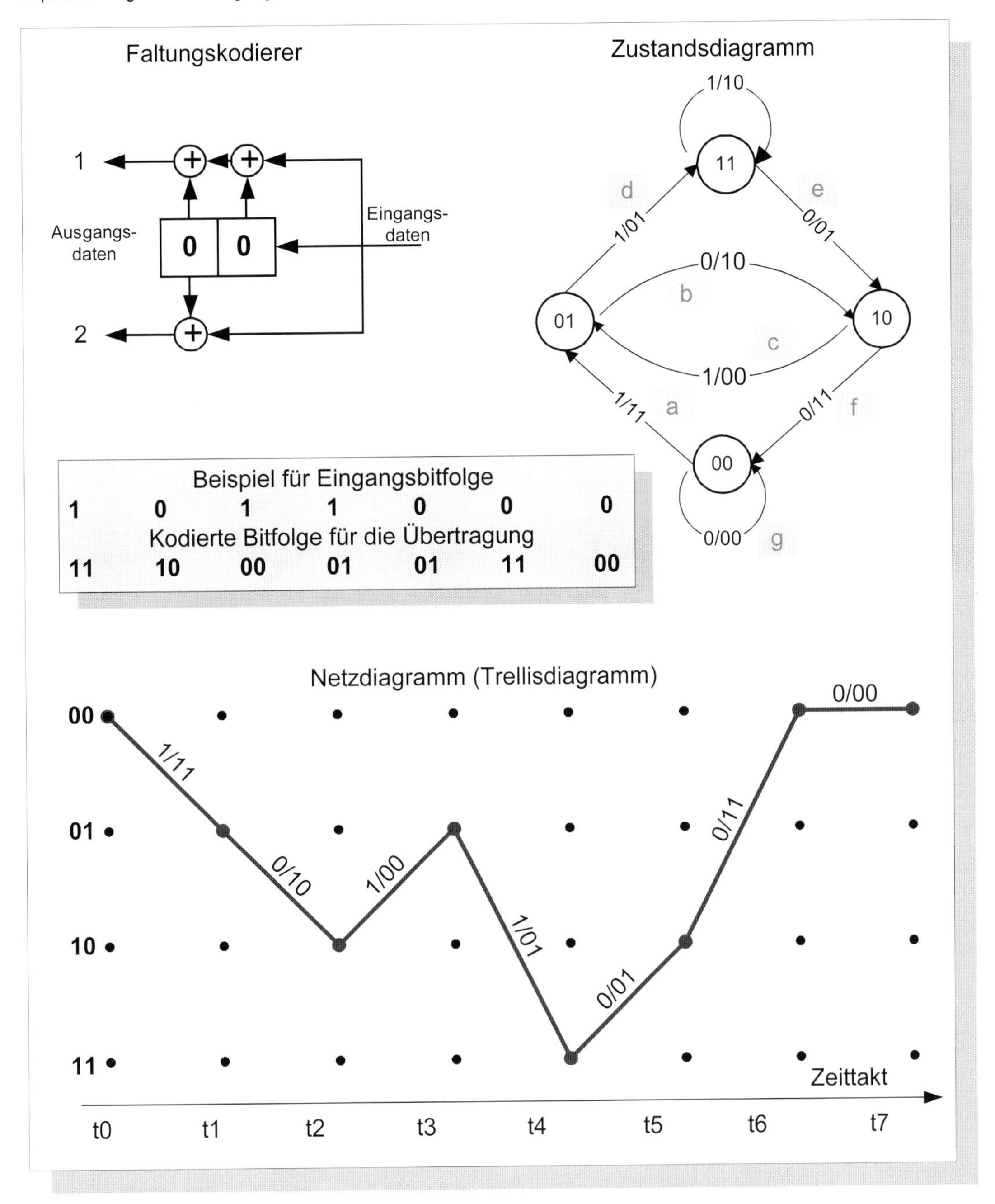

Abbildung 211 ***Trellisdiagramm für eine bestimmte Eingangsbitfolge***

Das Zustandsdiagramm gilt für alle möglichen Eingangs-Bitmusterfolgen und nicht für eine bestimmte. Dagegen ist das Trellisdiagramm in der Lage, den zeitlichen Verlauf der Zustandsfolge sowie der Ausgangssignale für eine bestimmte Eingangs-Bitfolge zu beschreiben.

Das obige Beispiel führt zu einer bestimmten kodierten Bitfolge am Ausgang. Das Trellisdiagramm zeigt den Weg für dieses Signal. Damit Sie den Verlauf, die Zustandswechsel, Eingangs- und Ausgangsdaten besser verfolgen können, ist der Weg im Zustandsdiagramm mit der Buchstabenfolge a,b,c ... gekennzeichnet.

Bei der Dekodierung wartet nun folgendes Problem auf uns: Wie lässt sich dieser Weg rekonstruieren, falls auf dem Übertragungsweg oder durch das Speichermedium die Bitfolge des Ausgangssignals an einer oder mehreren Stellen verfälscht wurde? Die Antwort darauf liefert die Viterbi-Dekodierung (siehe Abb. 212).

Beispiel: Das Bitmuster am Eingang bestehe aus der Folge

1 0 1 1 0 0 0

An den Ausgängen ergibt sich die kodierte Bitfolge, die sich anhand des Zustandsdiagramms kontrollieren lässt:

11 10 00 01 01 11 00

Das zugehörige Trellisdiagramm zeigt Abb. 211

Viterbi-Dekodierung

Was aber passiert bei der Dekodierung, falls auf dem Übertragungsweg die obige kodierte Bitfolge verfälscht und im Empfänger dekodiert wird? Wie lassen sich hier die Fehler erkennen und korrigieren? Dies zeigt Abb. 212 für die Empfangsfolge

10 10 10 01 01 11 00

Die unterstrichenen Werte stellen die Fehler auf dem Übertragungsweg bzw. des Speichermedium dar. Nun wird das Trellisdiagramm im Dekodierer Schritt für Schritt entwickelt, und zwar mit Hilfe des Zustandsdiagramms, welches ja das gesamte „Regelwerk" des Faltungskodierers enthält.

Der Dekodierungsprozess, nach seinem Erfinder *Viterbi-Dekodierung* genannt, schlägt mehrere Wege ein und versucht, den wahrscheinlichsten Weg bzw. die wahrscheinlichste kodierte Bitfolge des Senders zu finden (Maximum-Likehood-Methode).

Nun zur Dekodierung:

→ Der Dekoder sei im Zustand „00" und empfängt die Bitfolge „10". Ein Blick aufs Zustandsdiagramm zeigt: Der Kodierer kann diese Bitfolge überhaupt nicht erzeugt haben, denn ausgehend vom Zustand „00" gibt es nur zwei Alternativen:

- Aussendung von „00" und Beibehaltung des Zustands „00". Allerdings „weiß" ja der Dekodierer bereits, dass in diesem Falle nur 1 Bit richtig übertragen wurde. Als *„Summe der richtigen Bits"* wird die „1" am Gitterpunkt oben vermerkt.
- Aussendung einer „11" und Übergang in den Zustand „01" (im Trellisdiagramm die diagonale Linie von oben links). Auch hier wurde nur ein richtiges Bit empfangen, also eine „1" an den Gitterpunkt.

→ Der Dekoder empfängt nochmals die Bitfolge „10"

- Ausgehend vom Zustand „00" wiederholt sich die gleiche Prozedur noch einmal. Wäre in Wahrheit „00" gesendet worden, wären die Zustände „00" und „01" möglich; in beiden Fällen wurde dann nur 1 Bit richtig übertragen. Die Summe der richtigen Bits hat sich nun dadurch auf „2" erhöht (bei insgesamt 4 Bit) und dies an den Gitterpunkten eingetragen.

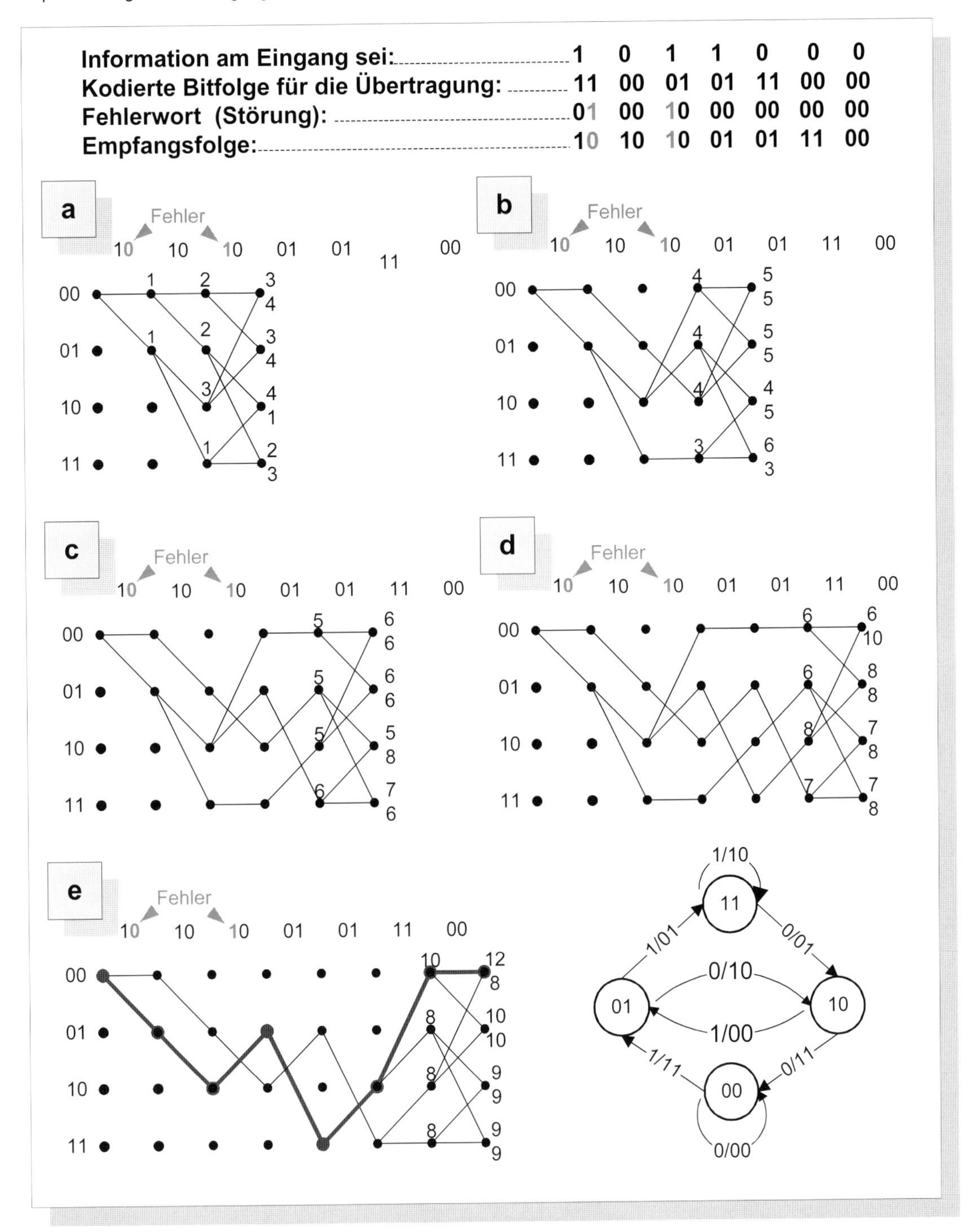

Abbildung 212 ***Viterbi-Dekodierung***

Für eine fehlerhafte Bitmuster-Empfangsfolge wird hier die Viterbi-Dekodierung durchgeführt. Das Zustandsdiagramm verrät, dass das Bitmuster in dieser Reihenfolge nicht durch den Faltungskodierer erzeugt worden sein kann, erkennt also sofort, dass in diesem Fall jeweils ein Bit falsch sein muss. Da aber nicht feststeht, welches der beiden Bits falsch ist, werden beide Möglichkeiten untersucht. Die Wege verzweigen sich daraufhin. An den Gitterpunkten wird jeweils die „Summe der richtigen Bits" auf dem betreffenden Weg notiert.

Zwei verschiedene Wege können sich an einem Gitterpunkt kreuzen. Derjenige Weg mit der kleineren „Summe der richtigen Bits" wird gestrichen. Damit schält sich langsam der Weg der größten Wahrscheinlichkeit heraus. Er stimmt tatsächlich mit dem Weg für die korrekte Bitfolge in Abb. 211 überein. Die Details sind im Text näher beschrieben.

- Ausgehend vom Zustand „01" führt der Empfang einer „01" in den Zustand „11". Dann aber wären beide Bits gegenüber „10" falsch und die Summe der richtigen Bits bleibt bei „1". Der alternative Empfang einer „10" mit Übergang in den Zustand „10" bringt 2 richtige Bits, also insgesamt bislang auf diesem Pfad 3 richtige Bits. Dieser Weg ist nach 2 Schritten der wahrscheinlichste.

→ Die dritte Bitfolge „10" wird nun entsprechend mit Hilfe des Zustandsdiagramms ausgewertet, die Summe der richtigen Bits eingetragen. Dabei münden nun jeweils 2 Übergänge in jedem Zustandspunkt. Im Zustand „00" finden wir z.B. zwei Übergänge mit verschiedenen Summen der richtigen Bits (3 und 4). Die Viterbi-Dekodierung beruht nun darauf, jeweils den Übergang mit der niederen Anzahl der richtigen Bits zu streichen, denn das ist der unwahrscheinlichere Weg durch das Trellisdiagramm. Ist in dem Zustandspunkt bei beiden Wegen die Summe der richtigen Bits gleich groß, wird kein Weg gestrichen, sondern beide Alternativen weiterverfolgt.

→ Durch Auswertung der weiteren empfangenen Bitfolgen „01", „01" und „11" und ständiges Löschen der unwahrscheinlicheren Übergänge, bildet sich im Trellisdiagramm nun ein „höchstwahrscheinlicher" Weg heraus.

→ Die letzte empfangene Bitfolge „00" bringt sozusagen die Entscheidung. Der höchstwahrscheinliche Weg des Trellisdiagramms für den Viterbi-Dekodierer stimmt mit dem richtigen Weg des Kodierers im Trellisdiagramm in Abb. 211 überein!

Die Fehler in der Empfangsfolge sind damit korrigiert worden. Durch den Vergleich der jeweils rechts notierten Summe der richtigen Bits ist sogar noch die Anzahl der aufgetretenen Fehler abschätzbar (14 - 12 = 2)

Hard- und Softdecision

Nach der Kodierung der Signale im Senderbereich folgt die Modulation, um die Übertragung zu ermöglichen. Im Empfänger wird das Signal demoduliert. Als Folge von Störungen der verschiedensten Art während der Übertragung lassen sich die „0"- und „1"-Zustände nicht mehr so genau unterscheiden wie im Sender.

Neben Störungen durch Rauschen oder andere Signale beeinflussen auch die Eigenschaften des Übertragungsmediums die Signalform. Bei drahtloser Übertragung sind das z.B. die Mehrfachreflexionen des Sendesignals an den verschiedensten Hindernissen, die zu Echo- und Auslöschungseffekten führen können.

Bei Kabel machen sich dessen *dispersiven* Eigenschaften (siehe Abb. 89). Die Übertragungsgeschwindigkeit in einem Kabel ist immer frequenzabhängig. Dadurch breiten sich Sinusschwingungen verschiedener Frequenz unterschiedlich schnell aus, was eine Änderung des Phasenspektrums bedeutet. Dies bringt eine Änderung der Signalform mit sich.

Die empfangenen Signale bzw. Bitfolgen sind also mehr oder weniger verrauscht und verformt. Wird hier mit einer festen Entscheiderschwelle („Harddecision") gearbeitet, so wird im Dekodierer die Möglichkeit, den höchstwahrscheinlichen Weg im Trellisdiagramm zu finden, erheblich geschmälert oder gar verspielt. Vielmehr sollten verfeinerte Möglichkeiten zur Entscheidung angeboten werden („Softdecision").

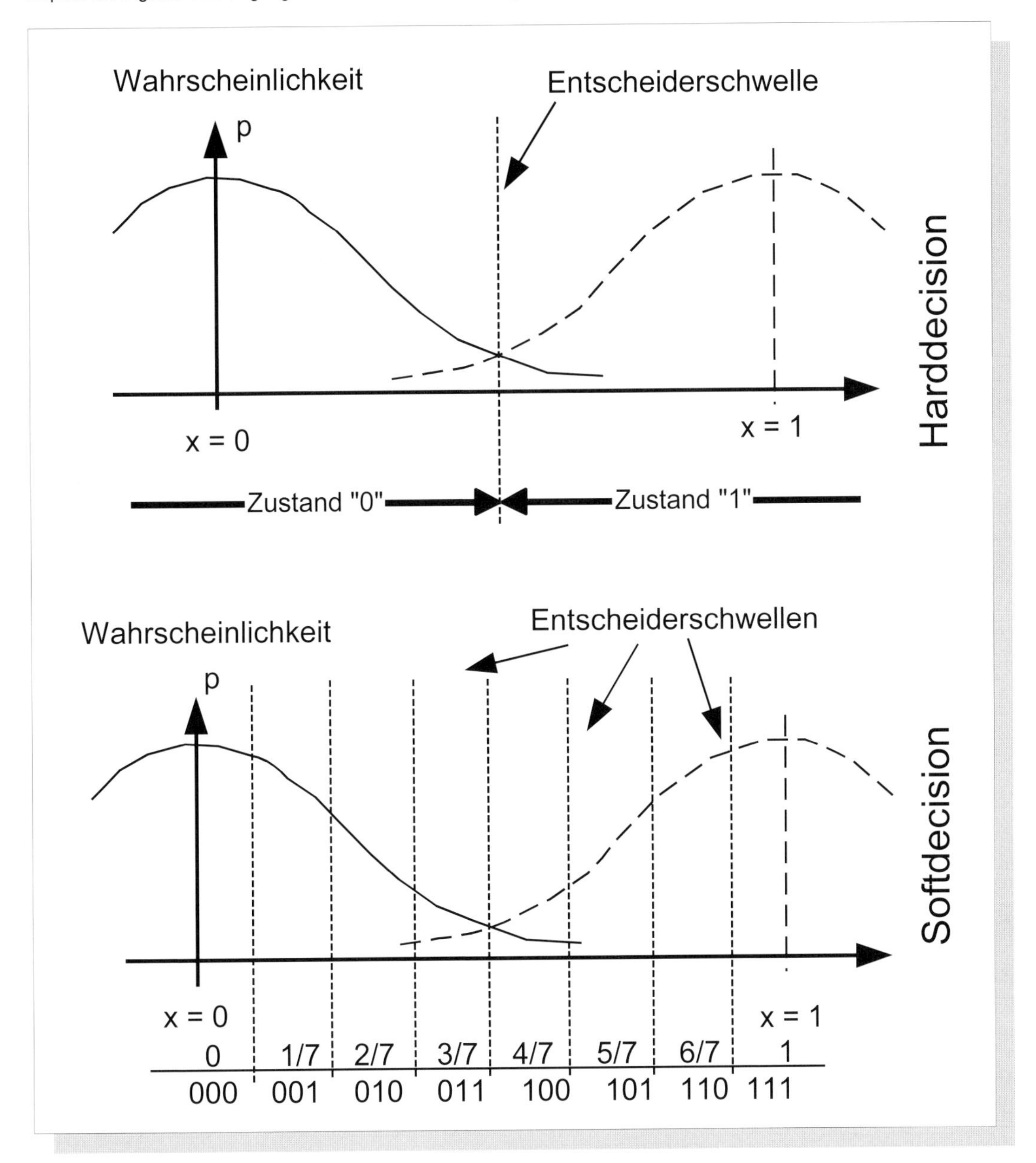

Abbildung 213 ***Hard- und Softdecision***

Die hier dargestellten Kurvenformen lassen sich folgendermaßen interpretieren: Das Signal für den Zustand „1" (oder „0") kommt meist recht ordentlich an, jedoch ist der Streubereich so groß, dass sie manchmal mit dem anderen Zustand verwechselt und falsch interpretiert werden (die Streubereiche überlappen sich in der Mitte). Da jedoch manche Bitmuster dem „Regelwerk" des Faltungskodierers widersprechen, sollte die Entscheidung ob „0" oder „1" in Verbindung mit dem Viterbi-Dekodierer getroffen werden.

Es ist hierbei die Aufgabe des Demodulators (siehe Abb. 195), dem Dekodierer Hilfestellung zu leisten. Der Demodulator gibt deshalb einen 3-Bit-Wert an den Dekodierer, der von „000" (hohe Wahrscheinlichkeit für den Empfang von"0") bis zu „111" (hohe Wahrscheinlichkeit für den Empfang von „1") reicht; er wählt den Wert in Abhängigkeit von der Stufe, die dem Signal zugeordnet wurde. Die einfachste Stufeneinteilung ist hier unten im Bild dargestellt. Sie hat sich in vielen Fällen bewährt.

Bei Softdecision sind also nicht nur ganzzahlige Werte für die „Summe der richtigen Bits" möglich. Das führt zu einer wesentlich genaueren Abschätzung der Wahrscheinlichkeit für einen ganz bestimmten Weg durch das Trellisdiagramm. Der typische Kodierungsgewinn liegt in der Größenordnung von 2 dB.

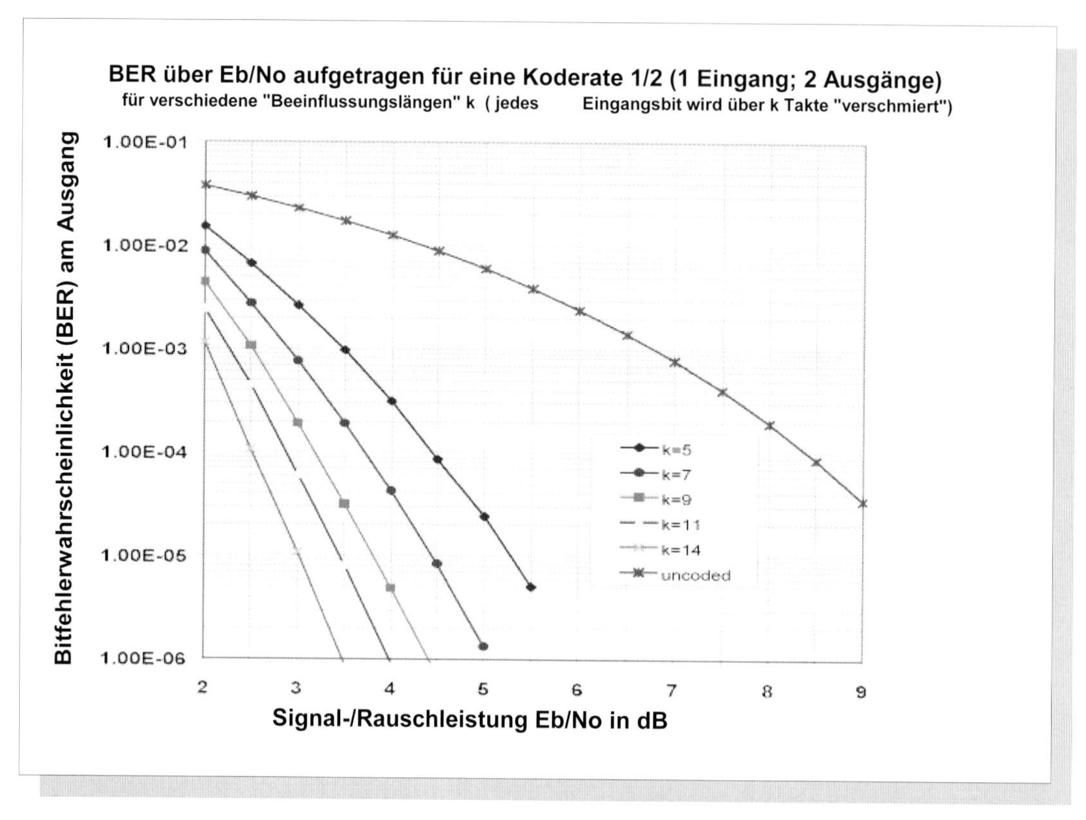

Abbildung 214 ***Leistungsfähigkeit von Faltungscodes***

Die Leistungsfähigkeit der Fehlerkorrektur steigt erwartungsgemäß mit zunehmender Beeinflussungslänge des verwendeten Kodierers. Sie wird durch die Speichertiefe des Schieberegisters bestimmt. Je größer diese ist, desto länger wirkt ein Eingangsbit auf seine Vorgänger und Nachfolger. Die Eingangsinformation wird breiter „verschmiert" und damit gegen einzelne Bitfehler besser gesichert.

Bereits bei k = 5 wird ein beachtlicher Fehlerschutz bzw. eine wesentlich niedrigere Bitfehlerwahrscheinlichkeit (BER: Bit Error Rate) gegenüber dem nichtkodierten Signal erreicht. Allerdings steigt auch der Rechenaufwand für den Viterbi-Dekodierer mit zunehmender Beeinflussungslänge stark an.

Für eine optimale Entscheidungsstrategie sollte die Wahrscheinlichkeit bekannt sein, mit der ein verfälschtes Signal empfangen wird (siehe Abb. 213). Bewährt hat sich in der Praxis die Wahl von 8 Entscheidungsstufen.

Kanalkapazität

Die Informationstheorie hat ein Geburtsdatum, begründet durch die berühmten „Kodiertheoreme" von Claude Shannon aus dem Jahre 1948. Bevor überhaupt jemand die derzeitige Entwicklung der Digitalen Signalverarbeitung DSP erahnen konnte, erkannte er die grundlegenden Probleme und lieferte brillante, ja endgültige Lösungen gleich mit! Es dauerte Jahrzehnte, bis seine Arbeiten einigermaßen richtig verstanden und praktisch genutzt werden konnten. Seine Beiträge gehören zu den wichtigsten wissenschaftlichen Erkenntnissen dieses Jahrhunderts, was aber nur die wenigsten wissen. Aus der gesellschaftspolitischen, technisch-wissenschaftlichen und wirtschaftlichen Perspektive stellen sie alles andere in den Schatten! Information bzw. Kommunikation sind schließlich *die* Schlüsselbegriffe unserer Gesellschaft, ja des Lebens. Deshalb gebührt es sich, an dieser Stelle kurz auf seine grundlegenden Gedankengänge einzugehen, soweit sie den Nachrichtenkanal betreffen.

Die von der Nachrichtenquelle bei der „Erzeugung“ der Nachricht getroffene Auswahl an Symbolen stellt zunächst beim Empfänger eine *Ungewissheit* im Sinne einer Nichtvorhersagbarkeit dar. Sie wird erst beseitigt, wenn der Empfänger die Nachricht erkennt.

> Damit ist die *Auflösung der Ungewissheit* Ziel und Ergebnis von Kommunikationsvorgängen

Um nun die Informationsmenge zu messen ist ein Maß nötig, welches mit dem Umfang der Entscheidungsfreiheit der *Quelle* wächst. Dadurch steigt nämlich auch die Ungewissheit des Empfängers darüber, welche Nachricht die Quelle hervorbringen und übertragen wird. Dieses Maß für die Informationsmenge wird als *Entropie* H bezeichnet. Sie wird in Bits gemessen. Der *Informationsfluss* R ist dann die Anzahl der Bits/s.

Wie lässt sich nun die Übertragungskapazität eines gestörten bzw. unvollkommenen Kanals beschreiben? Man sollte die Nachrichtenquelle so wählen, dass der Informationsfluss für einen gegebenen Kanal so groß wie möglich wird. Diesen größtmöglichen Informationsfluss bezeichnet Shannon als *Kanalkapazität* C. Shannons Hauptsatz vom gestörten Übertragungskanal lautet:

> Ein (diskreter) Kanal besitze eine Kanalkapazität C und angeschlossen sei eine (diskrete) Quelle mit der Entropie H. Ist *H kleiner als C*, so gibt es ein Kodiersystem, mit dessen Hilfe die Nachrichten der Quelle mit beliebig kleiner Fehlerhäufigkeit (Bitfehlerwahrscheinlichkeit!) über den Kanal übertragen werden können.

Von anderen Wissenschaftlern und Ingenieuren wurde dieses Ergebnis mit Erstaunen aufgenommen. Über gestörte Kanäle lassen sich Informationen beliebig sicher übertragen!? Wenn die Wahrscheinlichkeit der Übertragungsfehler wächst, also häufiger Fehler auftreten, wird die von Shannon definierte Kanalkapazität C kleiner. Sie sinkt, je häufiger Fehler auftreten. Also muss der Informationsfluss R soweit verringert werden, dass er kleiner oder höchstens gleich der Kanalkapazität C ist!

Wie ist dieses Ziel zu erreichen? Das hat Shannon nicht gesagt, sondern „lediglich“ die Existenz dieses Grenzwertes bewiesen. Moderne Kodierungsverfahren nähern sich immer mehr diesem Ideal. Dies lässt schon die bisherige Entwicklung der Modem-Technik erkennen: Lag vor 20 Jahren noch die über einen 3 kHz breiten Fernsprechkanal erzielbare Datenrate bei 2,4 kBit/s, so liegt sie heute bei 56 kBit/s!

Es erscheint jetzt auch einleuchtend, warum die Quellenkodierung (inklusive Entropiekodierung) als Methode der Komprimierung vollkommen getrennt von der (Fehlerschutz-) Kanalkodierung gehandhabt werden sollte. Bei der Quellenkomprimierung sollte dem Signal soviel Redundanz wie möglich entzogen werden, um der Kanalkapazität C des *ungestörten* Signals so nah wie möglich zu kommen. Ist der Kanal nun gestört, so kann genau nur das Maß an Redundanz hinzugefügt werden, um der (kleineren) Kanalkapazität C des *gestörten* Kanal wiederum möglichst nahe zu kommen!

Aufgaben zu Kapitel 12

Aufgabe 1

Stellen Sie zusammen, welche Dateiarten besonders gegen fehlerhafte Übertragung geschützt werden müssen. In welchem Zusammenhang erscheint hierbei der Begriff der Redundanz?

Aufgabe 2

Definieren Sie den Begriff der (Hamming-) Distanz eines Codes und beschreiben Sie deren Bedeutung für Fehlererkennung und –korrektur. Welche Bedeutung besitzt die

Ungleichung $2k \geq n + 1$ (k Prüfbits; n ist die Länge des Codewortes)

Aufgabe 3

Erläutern Sie die *Strategie der größten Wahrscheinlichkeit* (Maximum-Likehood-Methode) zur Erkennung und Korrektur von Übertragungsfehlern.

Aufgabe 4

Bilden Sie ein Beispiel (wie in Abb. 209) und ermitteln Sie Korrektur- und Prüfbits über die „modula 2-Addition".

Aufgabe 5

Beschreiben Sie im Vergleich zur *Blockkodierung* das Prinzip der *Faltungskodierung*.

Aufgabe 6

Erläutern Sie im Zusammenhang mit der Faltungskodierung die Darstellung des Signalflusses als *Zustandsdiagramm* bzw. als *Netzdiagramm.*

Aufgabe 7

Beschreiben Sie die Strategie der *Viterbi-Dekodierung* einer fehlerhaften Bitmuster-Empfangsfolge im Netzdiagramm mit Hilfe des Zustandsdiagramms.

Aufgabe 8

Softdecision bringt meist Vorteile gegenüber der *Harddecision*. Versuchen Sie dies zu erläutern.

Aufgabe 9

Formulieren und interpretieren Sie den Shannon`schen Hauptsatz der Kodierungstheorie.

Kapitel 13

Digitale Übertragungstechnik III : Modulation

Auch die digitalen Signale am Ausgang eines Kodierers sind „Zahlenketten“ in Form eines Bitstroms. Für die Übertragung solcher Bitmuster über ein physikalisches Medium (Kabel oder der freie Raum) müssen diese in ein zeitkontinuierliches, letztlich analoges, moduliertes Signal umgesetzt werden.

Als Signalform scheinen Bitmuster aus einer zufälligen Folge von Rechteckimpulsen zu bestehen. Diese enthalten in schneller Folge Sprungstellen, und dadurch ist ihre Bandbreite sehr groß. Deshalb muss die Bandbreite vor dem Übertragungsweg durch Filter begrenzt werden. Nach dem Unschärfe-Prinzip führt dies jedoch zu einer zeitlichen Ausdehnung jedes „Bit-Impulses“, wodurch sich benachbarte Bits überlagern können (ISI Intersymbol Interference).

Ein rechteckähnlicher Impuls besitzt immer ein Si-ähnliches Spektrum. Dies zeigt auch Abb. 215. Eine „Black-Box“ liefert eine Zufallsfolge binärer Impulse. Das Spektrum zeigt den Si-förmigen Verlauf. Durch Filter wird versucht, die Bandbreite optimal so einzuschränken, dass der Empfänger das Bitmuster noch rekonstruieren kann.

> Hinweis: *Augendiagramme*
> Das Augendiagramm in Abb. 215 liefert einen qualitativen Überblick der „Güte“ eines digitalen Signals. Dazu wird die Horizontalablenkung des Bildschirms mit dem Grundtakt (clock) des (zufälligen) Bitmusters synchronisiert. Eine genauere, vergleichende Betrachtung der Bilder ergibt:
>
> → Die Rundungen der „Augen“ entstehen durch die Rundungen der Impulsflanken.
>
> → Die oben und unten durchgehenden horizontalen Linien sind ein Maß für die Existenz von rechteckartigen Impulsen.
>
> → Verschwinden die Augenöffnungen, so lässt die Verformung des Bitmusters kaum noch die Rekonstruktion des ursprünglichen Sendersignals im Empfänger zu.
>
> → Rein qualitativ abschätzen über Augendiagramme lassen sich die ISI, aber auch sogenannter Phasenjitter (unregelmäßige Phasenschwankungen durch instabile Oszillatoren) sowie überlagertes Rauschen.

Die ISI hängt wesentlich ab vom Filtertyp, insbesondere von dessen Flankensteilheit. Dies zeigt Abb. 215 für vier verschiedene Filtertypen, bei denen die Grenzfrequenz des Filters übereinstimmt mit der sogenannten Nyquist-Frequenz (das ist die *Mindest-frequenz*, mit dem ein bandbegrenztes Signal nach dem Abtast-Prinzip abgetastet werden muss: $f_N = 2 * f_{max}$, siehe Abb. 173). Abb. 215 zeigt zwei Filtertypen, bei denen rechts die Augendiagramme geschlossen sind. Butterworth- und Tschebycheff-Filter besitzen zwar eine größere Flankensteilheit als das Bessel-Filter (bei gleicher Grenzfrequenz und „Güte“), dafür jedoch einen ausgeprägten nichtlinearen Phasenverlauf. Die Sinusschwingungen am Ausgang des Filters haben also eine andere Phasenlage zueinander als am Filtereingang. Dadurch „verschmiert“ die Impulsform und benachbarte „Bits“ überlagern sich. Es dürfte kaum möglich sein, in diesen beiden Fällen das ursprüngliche Bitmuster im Empfänger zu rekonstruieren.

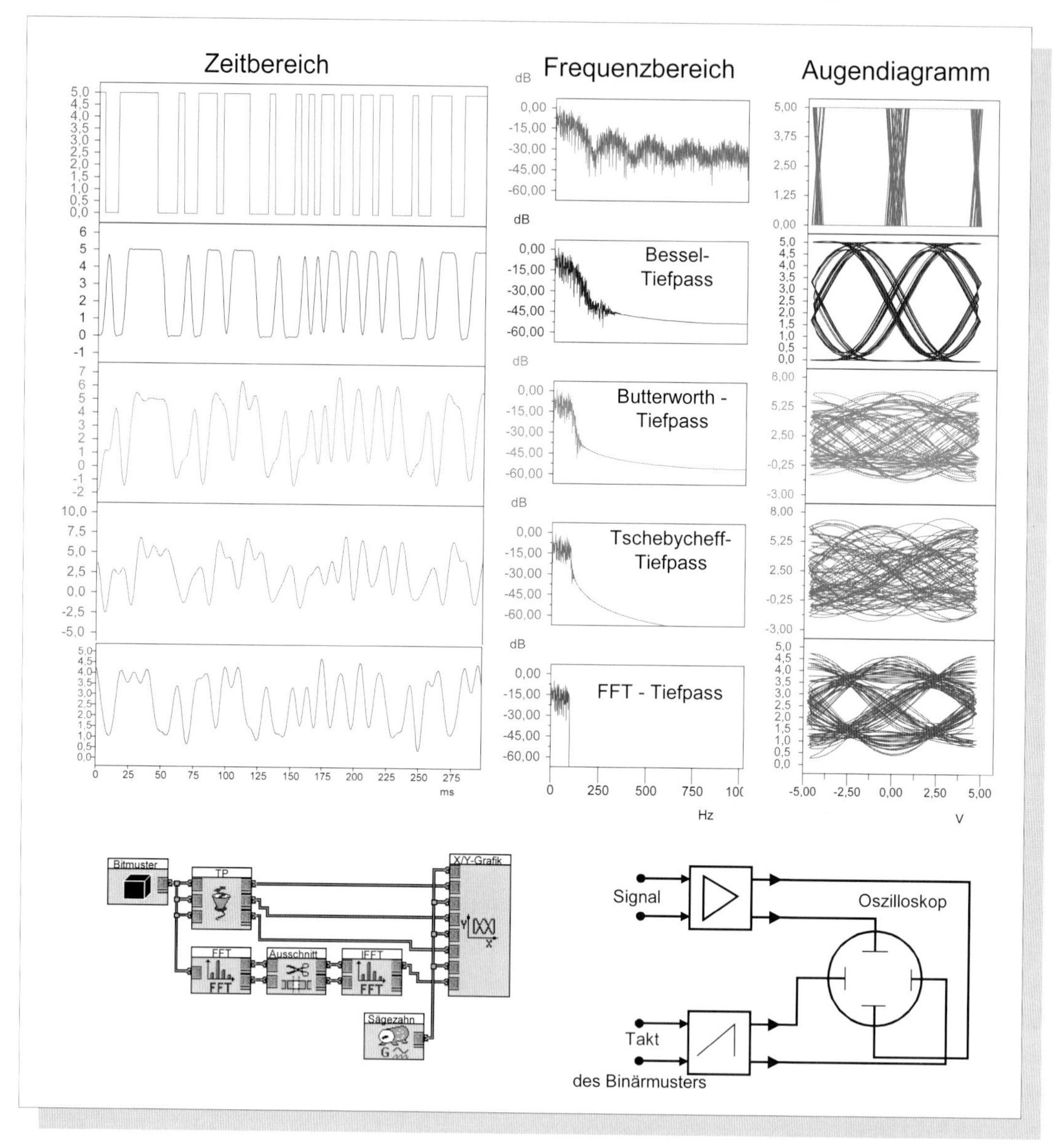

Abbildung 215 ***Tiefpass-Filterung des Bitstroms zu Einschränkung der Übertragungsbandbreite***

Oben links ist das durch den Kodierer momentan erzeugte Bitmuster zu sehen, in der Mitte das zugehörige Si-förmige Spektrum. Die Frequenz des Grundtaktes ist hier 200 Hz. Wegen der großen Bandbreite kann das Signal so nicht moduliert werden. Es gilt, ein möglichst optimales Filter zu finden, bei dem das ursprüngliche Bitmuster im Empfänger noch rekonstruiert werden kann bei möglichst kleiner Bandbreite. Bei einer „Abtastfrequenz" von 200 Hz kann günstigstenfalls ein Signal von 100 Hz herausgefiltert werden. Dies wird mit vier verschiedenen Filtertypen (bei gleicher Grenzfrequenz 100 Hz und jeweils 10. Ordnung) versucht.

Zunächst mit einem Bessel-, darunter mit einem Butterworth-, dann mit einem Tschebycheff-Tiefpassfilter (siehe Abb. 115) und schließlich unten mit einem FFT-Filter (siehe Abb. 179 ff.) Das Bessel-Filter besitzt eine ausgedehnte Filterflanke, dafür aber einen fast linearen Phasengang. Butterworth- und Tschebycheff recht steile Filterflanken, jedoch nichtlineare Phasenverläufe. Das „ideale" FFT-Filter dagegen fällt sprunghaft steil ab bei vollkommener Phasenlinearität.

Das Augendiagramm ist eine Standardmethode messtechnisch festzustellen, ob ein Bitmuster rekonstruierbar ist oder nicht. Je größer die freie „Augenfläche", desto besser. Danach dürfte das Bessel- sowie das FFT-Filter den Anforderungen genügen. Die Nichtlinearität des Phasengangs verformt offensichtlich die Impulsform der beiden anderen Filter extrem. Dies ist auch jeweils im Zeitbereich erkennbar.

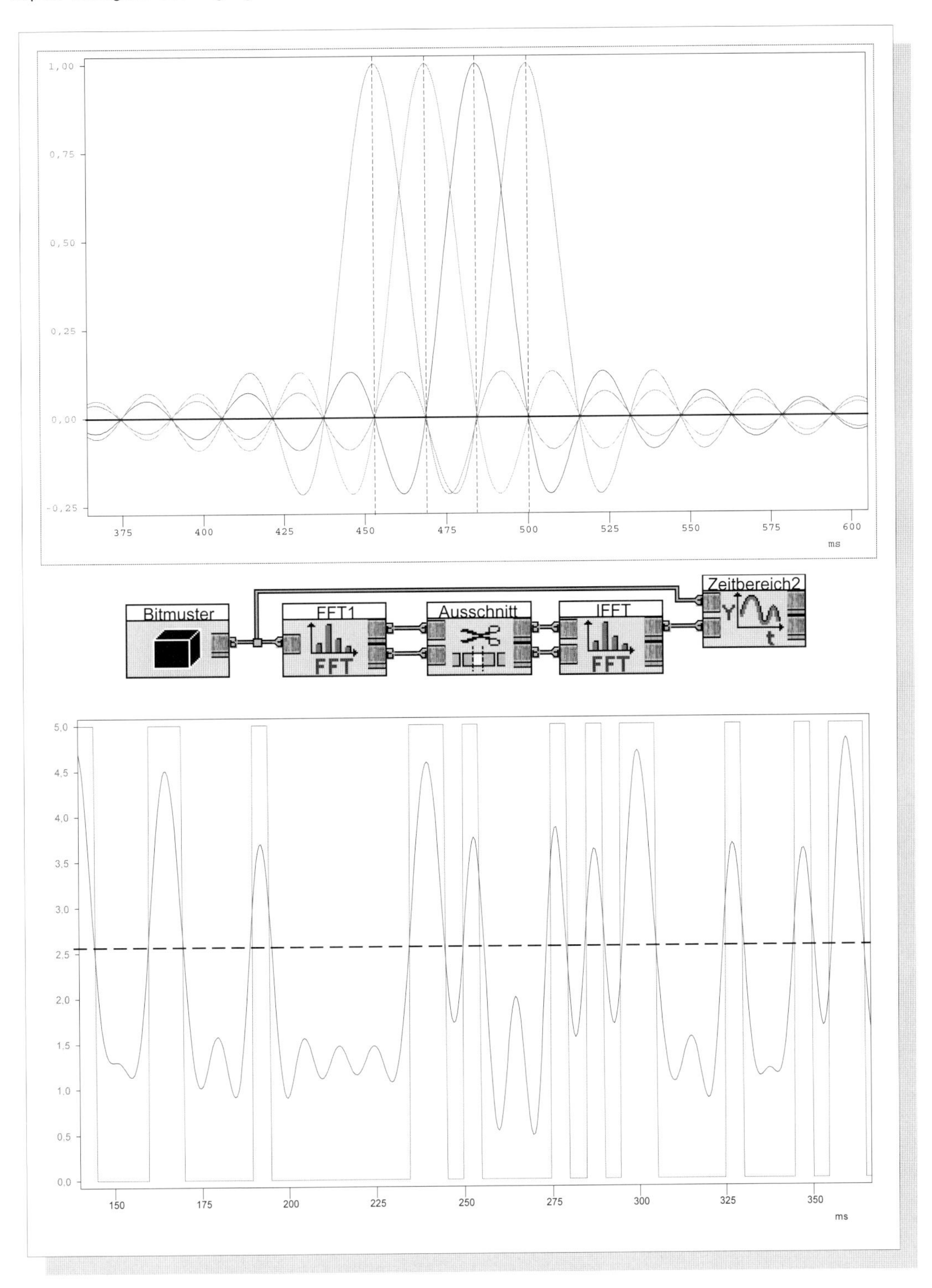

Abbildung 216 ***Ideal-Filterung und Grenzfall***

In Abb. 215 unten wird der Grenzfall - minimale Bandbreite bei vollkommener Rekonstruktion-erreicht. Bei der Grenzfrequenz von 100 Hz und idealer, d.h. rechteckförmiger Bandbegrenzung ist die Impulsantwort Si-förmig. Bei diesem Sonderfall überlappen sich jedoch die Si-Funktionen so wie oben im Bild dargestellt: Das Summensignal aus den einzelnen Impulsantworten ist in den Abtastzeitpunkten frei von Interferenzen, da die Si-Funktionen aller Nachbarimpulse zu diesem Zeitpunkten Nulldurchgänge aufweisen! Im unteren Bild ist ersichtlich, dass in diesem Fall bei einer Entscheiderschwelle von 50% sicher die „0"- und „1"-Werte des Bitmusters rekonstruierbar sind.

Der interessanteste Fall ist das FFT-Filter. Eigentlich müsste ja hier das schlechteste Augendiagramm vorzufinden sein, denn es handelt sich ja um eine „ideale" Filterung mit nahezu rechteckiger Filterflanke. Die Impulsantwort bzw. der Einschwingvorgang dieses Filters dauert nach dem Unschärfe-Prinzip extrem lange und ähnelt einer Si-Funktion. Alle diese Si-Funktionen überlagern sich extrem stark. Weshalb ist dann das Augendiagramm relativ „offen"?

Die Erklärung liefert Abb. 216. Bei der Nyquist-Frequenz ist das Summensignal aus den einzelnen Impulsantworten zum Zeitpunkt des Abtastens frei von Interferenzen, da die Si-Funktionen aller Nachbarimpulse zu diesem Zeitpunkt Nulldurchgänge aufweisen! Das untere Bild zeigt, wie gut sich das ursprüngliche Bitmuster rekonstruieren *ließe*. Jedoch gibt es keine analogen FFT-Filter mit diesen Eigenschaften.

Tastung diskreter Zustände

Wie bei den klassischen Modulationsverfahren stehen auch den Digitalen Modulationsverfahren nur ganz bestimmte Frequenzbereiche zur Verfügung. Auch hier werden direkt und indirekt Sinusschwingungen als „Träger" verwendet. Der eigentliche Unterschied zwischen den analogen und digitalen Modulationsverfahren besteht zunächst in der Modulation *diskreter* Zustände.

Eine Sinusschwingung lässt sich allenfalls in Amplitude, Phase und Frequenz ändern. Digitale Modulationsverfahren ändern also „sprunghaft" bzw. diskret Amplitude und Phase (oder eine Kombination aus beiden) an einer oder an mehreren (benachbarten) Sinusschwingungen.

Amplitudentastung (2-ASK)

In Abb. 217 wird die Tastung eines sinusförmigen Trägerschwingung durch ein unipolares Bitmuster dargestellt. Die Tastung stellt hier also die Multiplikation beider Signale dar und die Information liegt wie bei der AM in der Einhüllenden. Das modulierte Signal nimmt zwei Zustände ein (ASK: „Amplitude Shift Keying" bedeutet Amplitudentastung).

In dieser Form wird die ASK heute kaum noch verwendet: Stehen Taktfrequenz und die Frequenz des Träger nicht in einem ganzzahligen Verhältnis, so treten sporadisch Sprungstellen auf, welche die Bandbreite vergrößern. Ein Abschalten des Senders könnte beim Empfänger den Eindruck erwecken, es würden laufend „0"-Zustände übertragen. Außerdem erscheint die Synchronisation zwischen Sender und Empfänger nicht unproblematisch.

Phasentastung (2-PSK)

Es erscheint aus den genannten Gründen sinnvoller, ein bipolares, symmetrisch zu Null liegendes Bitmuster für die Modulation zu verwenden (NRZ-Signal: No Return to Zero). Dabei wird der sinusförmige Träger abwechselnd mit einem positiven und einem negativen Wert multipliziert, z.B. mit +1 und -1.

Damit ändert sich jedoch nicht mehr die Amplitude, vielmehr entspricht dies einer Phasentastung zwischen 0 und π rad (PSK: „Phase Shift Keying"). Die Phasentastung kann auch als „Amplituden-Umtastverfahren" interpretiert werden, bei der die Amplitude nicht an- und ausgeschaltet, sondern „invertiert" wird.

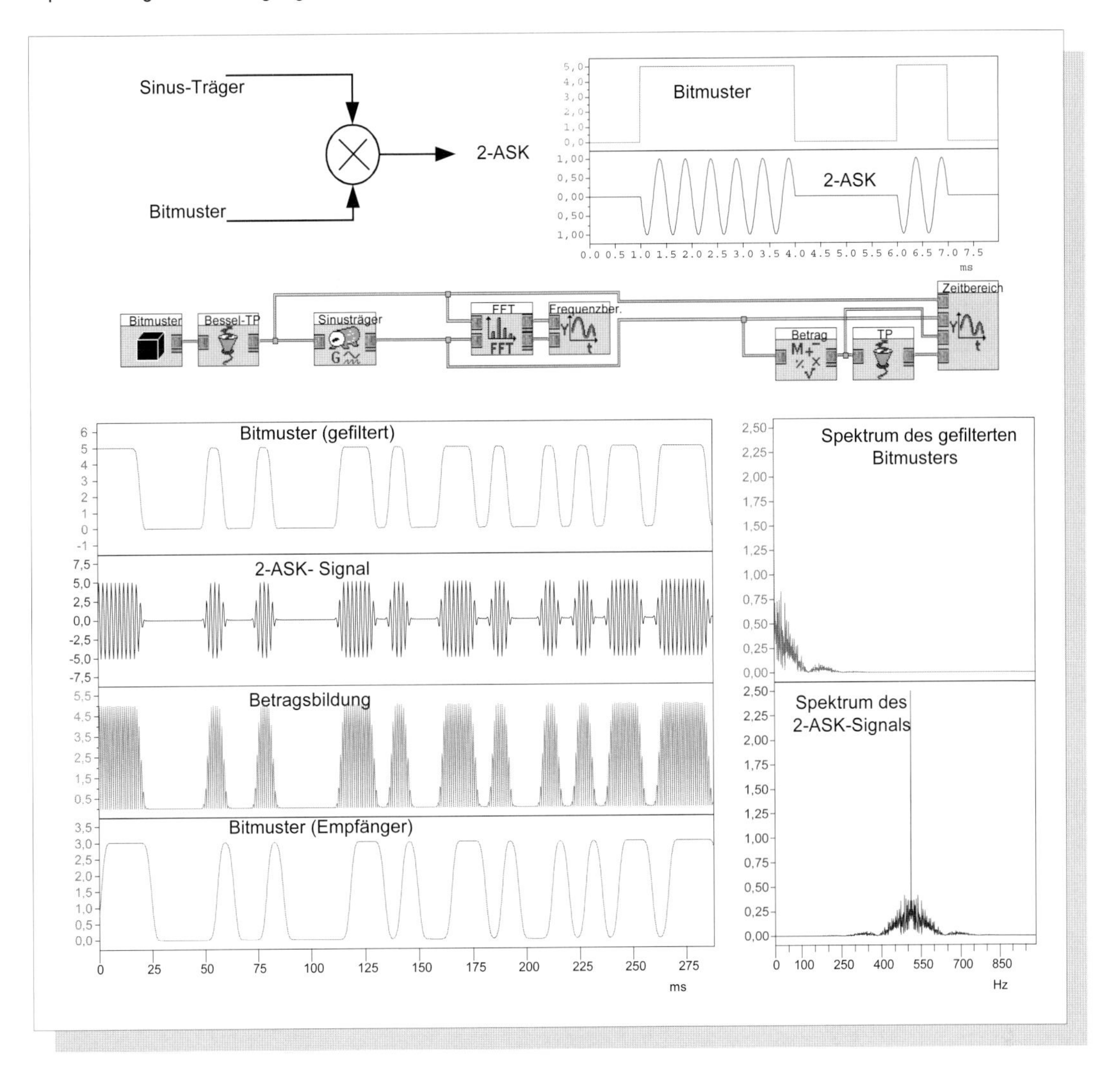

Abbildung 217 ***Amplitudentastung 2-ASK***

Bild oben: Im Prinzip unterscheidet sich die 2-ASK schaltungsmäßig nicht von der klassischen Amplitudenmodulation AM. Statt eines kontinuierlichen Signals wird hier ein (diskretes) Bitmuster moduliert, welches also lediglich zwischen 2 Zuständen wählt.

Bild unten: Wesentlich praxisnäher ist diese Darstellung. Zunächst wird das Bitmuster durch ein geeignetes (Bessel-) Filter bandbegrenzt. Dieses Signal besitzt keine Sprungstellen mehr und kann sich nicht schneller ändern als die höchste in ihm enthaltene Frequenz. Das modulierte bzw. „getastete" Signal weist einen kontinuierlichen Verlauf auf. Es handelt sich bei der 2-ASK-Tastung um eine Zweiseitenband-AM (siehe unten rechts).

Hier wird die Demodulation nach herkömmlicher Methode über eine Gleichrichtung (bzw. Betragsbildung) mit nachfolgender Bessel-Tiefpassfilterung durchgeführt. Durch die Phasenlinearität des Filters wird die Impulsform - das Bitmuster - kaum verformt. Das ursprüngliche Bitmuster lässt sich wieder gut rekonstruieren. Dazu muss aus dem Empfangssignal der Grundtakt des Binärmusters gewonnen werden. Die erforderlichen Komponenten sind ein PLL (Phase-Locked Loop, siehe Abb. 154), ein Komparator (auf „Entscheider"-Potential) und eine Sample&Hold-Schaltung.

Ein wesentlicher Anteil der Sendeenergie entfällt hier auf den Träger, der ja keine Information enthält. Die Anfälligkeit der zu übertragenden Information gegen Störungen ist also relativ hoch. Wie die nächste Abbildung zeigt, ist die Phasenumtastung 2-PSK vorzuziehen. Auch sie findet aber kaum noch Verwendung, weil es mit der „Quadratur-Phasenumtastung" ein effizienteres Verfahren gibt, welches eine wesentlich höhere Übertragungsrate garantiert.

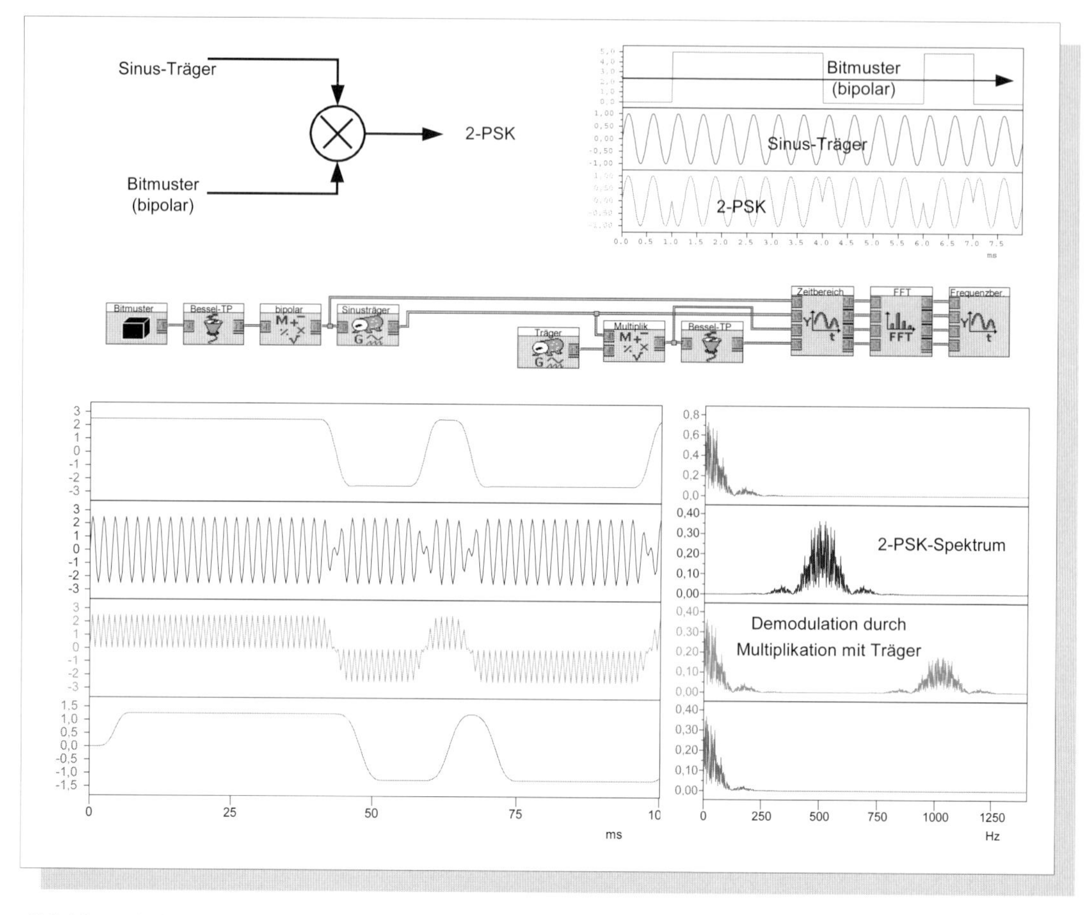

Abbildung 218 ***Phasentastung 2-PSK***

Die Phasentastung lässt sich durch die Multiplikation eines bipolaren Signals mit dem Sinusträger erreichen. Dies führt automatisch - wie oben rechts deutlich zu sehen ist - zu der Phasentastung.

In der Mitte ist eine Modulations- und Demodulationsschaltung für die Phasentastung mit DASYLab aufgebaut. Eine zufällige Bitmusterfolge wird durch einen Tiefpass bandbegrenzt, in ein bipolares Signal verwandelt und mit dem Träger multipliziert. Deutlich sind auch bei dem vorgefilterten Signal die Phasensprünge zu erkennen.

Im Gegensatz zur 2-ASK ist im Spektrum kein Träger erkennbar, die volle Sendeenergie bezieht sich auf den informationstragenden Teil des Signals.

Die Demodulation erfolgt hier durch die Multiplikation des ankommenden Signals mit dem Sinusträger, der über einen PLL bzw. über eine „Costas-Schleife" rückgewonnen werden muss. Wie bei der AM ergeben sich Summen- und Differenzsignal im Spektrum. Durch Tiefpass-Filterung wird das Quellensignal wiedergewonnen.

Frequenztastung (2-FSK)

Hierbei werden den beiden Zuständen des Bitmusters zwei verschiedene Frequenzen zugeordnet. Abb. 219 zeigt Signale, Blockschaltbild und *DASY*Lab-System (2-FSK: „Frequency Shift Keying" mit 2 Zuständen).

Das Eingangsbitmuster wird zusätzlich invertiert. Durch diese Aufsplittung ist jeweils nur ein Signal „high", das andere in diesem Moment stets „low". Beide Bitmuster werden nun gefiltert und anschließend mit den Frequenzen f_1 und f_2 multipliziert. Damit ist jeweils - entsprechend dem Bitmuster - nur eine Frequenz „angeschaltet". Die Summe ergibt dann das 2-FSK-Signal.

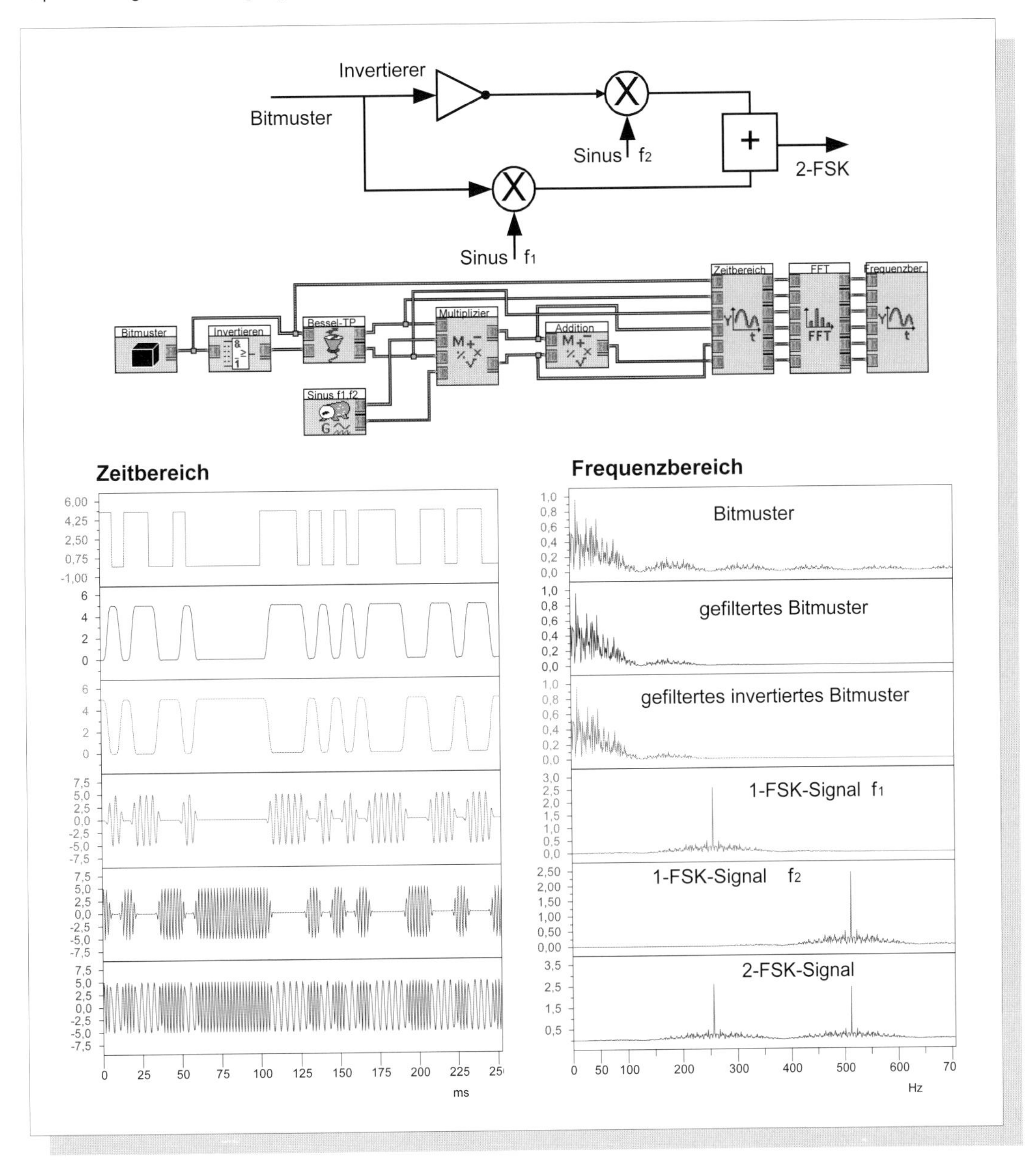

Abbildung 219 ***Frequenzumtastung (2-FSK)***

Die DASYLab-Schaltung invertiert zusätzlich das ankommende Bitmuster. Beide Signale – das invertierte und das ursprüngliche Bitmuster - werden nun tiefpassgefiltert. Jeweils nur eins der beiden Signale ist von Null verschieden. Durch die Multiplikation jedes Signals mit der Frequenz f_1 bzw. f_2 erhält man zwei ASK-Signale verschiedener Frequenz, von denen momentan jeweils nur ein Signal vorhanden ist. Sie Summe beider Signale ergibt das 2-FSK-Signal.

Im Frequenzbereich (unten) ist erkennbar, daß die beiden Frequenzen relativ weit auseinander liegen müssen, damit sich beide Signale nicht überlappen. Dieses Verfahren wird deshalb nicht dort angewendet, wo es auf eine besonders effiziente Übertragung auf einem bandbegrenzten Kanal ankommt.

Der Signalraum

Den diskreten Zuständen des Bitmusters werden also diskrete Zustände von Sinusschwingungen nach Amplitude, Phase und Frequenz zugeordnet. Wie wir noch sehen werden, sind bei den besonders effizienten digitalen Modulationsverfahren

Kombinationen aus allen drei Möglichkeiten üblich, also eine Art „APFSK" (Amplitude-Phase-Frequency-Shift Keying).

Für eine übersichtliche Darstellung dieser möglichen Signalzustände digital-modulierter Signale bietet sich die in Kapitel 5 eingeführte GAUSSsche Zahlenebene an (siehe Abb. 74 ff.). In Abwandlung zu der dort dargestellten frequenzmäßigen Symmetrie - jede Sinusschwingung besteht aus zwei Frequenzen +f und –f - reicht es hier aus, nur einen Zeiger („Vektor") + f zu verwenden.

Im Signalraum werden die verschiedenen diskreten Zustände der Trägerschwingung nach Amplitude und Phase als Zeiger („Vektor") dargestellt. Jedoch werden üblicherweise nur die *Eckpunkte* der Zeiger dargestellt. Ferner wird als Träger bei 2-ASK- und 2-PSK- Modulation bzw. als Referenzträger üblicherweise eine cosinusförmige Trägerschwingung gewählt, damit hierbei die Endpunkte in der GAUSSschen Zahlenebene auf der horizontalen Achse liegen.

In Abb. 220 liegen die Endpunkte für 2-ASK und 2-PSK auf einer Linie, d.h. aus mathematischer Sicht in einem *eindimensionalen Raum*. Warum ist nun überhaupt diese Darstellung in der GAUSSschen Ebene (*zweidimensional!*) als Signalraum so wichtig? Versuchen Sie, folgenden Überlegungen zu folgen:

→ Zunächst lässt sich nun genau ein Bereich angeben, in dem auf einem gestörten Kanal der (diskrete) Zustand liegen darf, um eindeutig im Empfänger identifiziert werden zu können .

- Da zeigt sich bereits der Vorteil von 2-PSK, bei der die Endpunkte den doppelten Abstand gegenüber 2-ASK besitzen (gleiche Amplitude der Trägerschwingung vorausgesetzt).

- Bei einem gestörten Kanal werden die Endpunkte nicht ständig dort liegen, wo er im ungestörten Idealzustand liegt. Ist der Kanal beispielsweise verrauscht, so liegt der Endpunkt bei jedem Durchgang zufällig innerhalb eines Bereiches verteilt (siehe Abb. 220).

→ Der eindimensionale Raum könnte leicht zu einem *zweidimensionalen Raum* erweitert werden, falls nicht nur die Phasenwinkel 0 und 180^0, sondern auch *andere Phasenwinkel und Amplituden* zugelassen wären.

- Je mehr verschiedene (diskrete) Zustände einer Trägerschwingung (konstanter Frequenz) zugelassen werden, desto besser dürfte die Bandbreitenausnutzung der Übertragung sein.

- Andererseits: Je kleiner die Distanz zwischen diesen verschiedenen Endpunkten des Signalraums, desto empfindlicher wäre das Signal gegenüber Störungen. Vielleicht ließe sich dies wiederum durch eine geschickte Verknüpfung von Kanalkodierung und –modulation vermeiden?

→ Die Kardinalfrage ist jedoch, wie sich mit der Zunahme der Anzahl der diskreten Zustände (Amplitude und Phase) der Trägerschwingung sich die *Bandbreite* des Signals ändert.

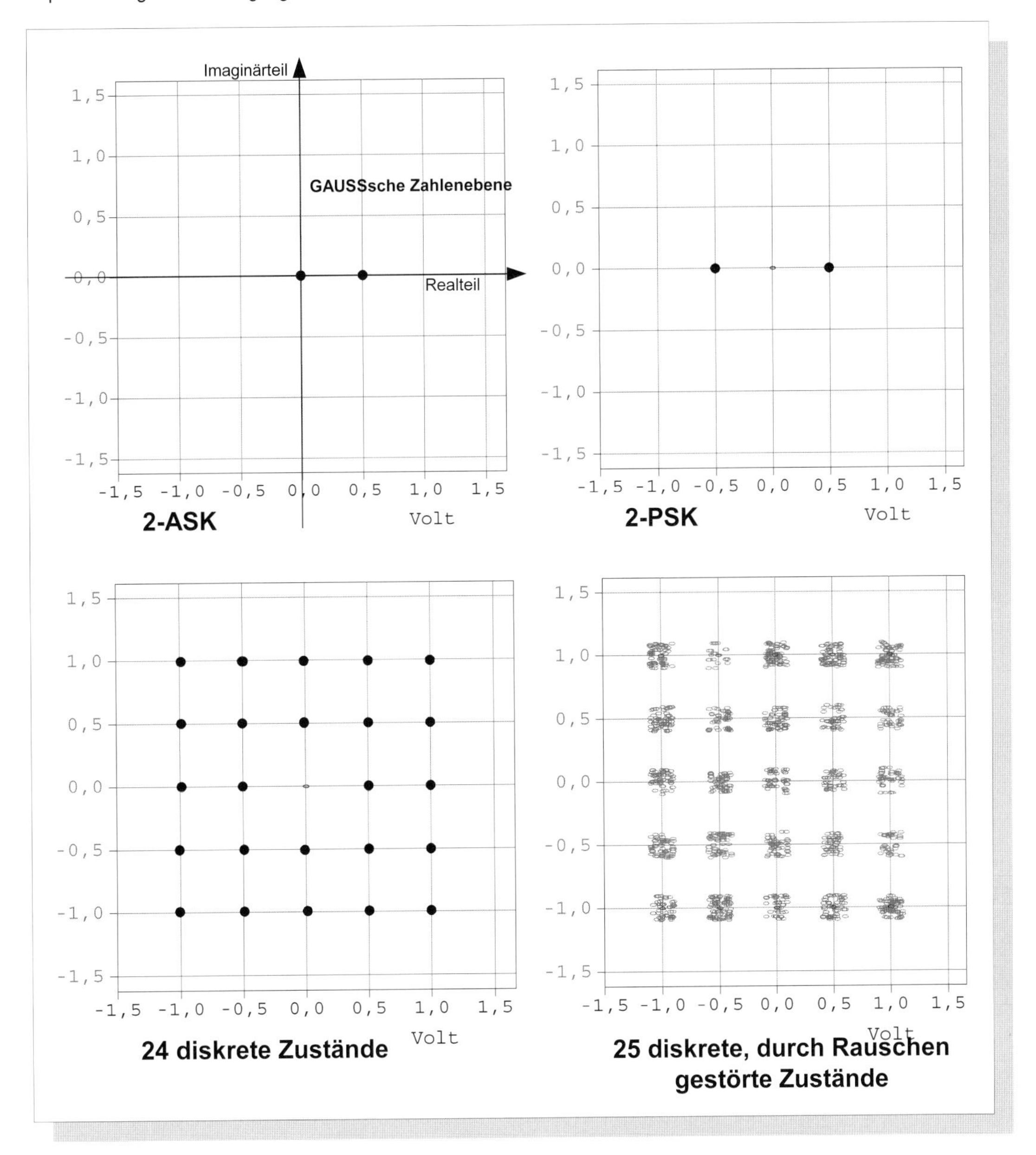

Abbildung 220 ***Diskrete Signalzustände und Signalraum***

Hier wird die GAUSSsche Zahlenebene als zweidimensionaler Signalraum für amplituden- und phasendiskrete Zustände einer Trägerschwingung dargestellt. 2-ASK und 2-PSK liegen auf der horizontalen Achse. Es ist naheliegend, die Anzahl möglicher diskreter Signalzustände in vertikaler Richtung zu einem zweidimensionalen Signalraum zu erweitern.
Dies gelingt - wie in den Abb. 73 ff dargestellt - durch die Aufsplittung einer phasenverschobenen Sinusschwingung in einen Sinus- und einen Cosinus-Anteil. Der einfachste Fall hierzu wird in Abb. 221 und im nachfolgenden Text mit der Quadraturphasenumtastung QPSK dargestellt.

→ Eine weitere Klärung ist erforderlich im Hinblick auf die Verwendung mehrerer benachbarter Trägerfrequenzen (Frequenzmultiplex), jede jeweils mit einer bestimmten Anzahl diskreter Zustände. Für verschiedene Frequenzen bräuchte man eigentlich auch verschiedene GAUSSsche Ebenen. In diese Richtung gedacht ist der Signalraum wirklich *dreidimensional*, wobei die Frequenz die dritte Dimension darstellt.

Ist es besser, nur mit *einer* Trägerfrequenz bei *vielen* diskreten Zuständen oder mit *vielen* Trägerfrequenzen mit jeweils *wenigen* diskreten Zuständen zu arbeiten?

→ Das Vorstellungsvermögen macht auch hier noch nicht Halt: Ist nicht beispielsweise ein Mobilfunknetz möglich, in dem alle Teilnehmer *gleichzeitig* den *gleichen Frequenzbereich* nutzen, wobei die Trennung der Kanäle durch eine spezielle Kodierung erreicht wird?
In diesem Fall müßten sich alle anderen Kanäle als *zusätzliche Störung* des eigenen benutzten Kanals bemerkbar machen.

Hier liegt eine Wechselbeziehung zwischen ganz verschiedenen diskreten Zuständen (Amplitude, Phase, Frequenz) eines Signals im Hinblick auf die optimale Nutzung der begrenzten Bandbreite eines Übertragungsmediums vor. Als vierte „Dimension" kommt die *Kodierung* hinzu! Damit schwebt Claude Shannons Informationstheorie über der ganzen Problematik und uns bleiben nur zwei Möglichkeiten, tiefere Einblicke zu gewinnen:

→ Gezielte Versuche mit DASY*Lab*, d.h. gezielte Fragen an die Signal-Physik nach dem Motto: Die Ergebnisse physikalisch begründbarer Experimente sind die Richter über wissenschaftliche Wahrheit. In der Technik ist nichts möglich, was den Naturgesetzen widerspricht!

→ Interpretation der fundamentalen Aussagen von Shannons Informationstheorie. Welche Ergebnisse dieser Theorie betreffen unsere Fragestellungen? Inwieweit tragen sie zur Problemklärung bei?

Die Vierphasentastung („Quadraturphasentastung" QPSK)

Mit der QPSK machen wir den ersten Schritt in den zweidimensionalen Signalraum. Ziel ist es, über einen Trick die doppelte Datenmenge (pro Zeiteinheit) bei gleicher Bandbreite zu übertragen.

Hierzu wird die Eingangs-Bitfolge in *zwei* Bitfolgen halber Taktfrequenz umgewandelt (siehe Abb. 221 oben rechts). Zwei aufeinanderfolgende serielle Bits mit der Frequenz f_{Bit} werden in ein „paralleles Dibit" mit der Frequenz f_{Dibit} umgeformt. Dabei ist f_{Dibit} nur halb so groß wie f_{Bit} !

Diese Aufgabe übernimmt der sogenannte Demultiplexer (Multiplexer fassen mehrere Kanäle zu einem einzigen zusammen, Demultiplexer machen dies rückgängig, splitten also einen Empfangskanal in mehrere Ausgangskanäle auf).

Ein Teil dieses Dibits soll den horizontalen, der andere den vertikalen Anteil des Zustands im Signalraum kennzeichnen. Für diesen Fall sind also $2^2 = 4$ verschiedene Zustände möglich.

Damit dies gelingt (siehe Abb. 74 ff) wird ein *Realteil* - der hat etwas mit einer cosinusförmigen Schwingung zu tun - sowie ein *Imaginärteil* - der hat etwas mit einer sinusförmigen Schwingung zu tun - benötigt. Beide sind lediglich um 90^0 zueinander phasenverschoben.

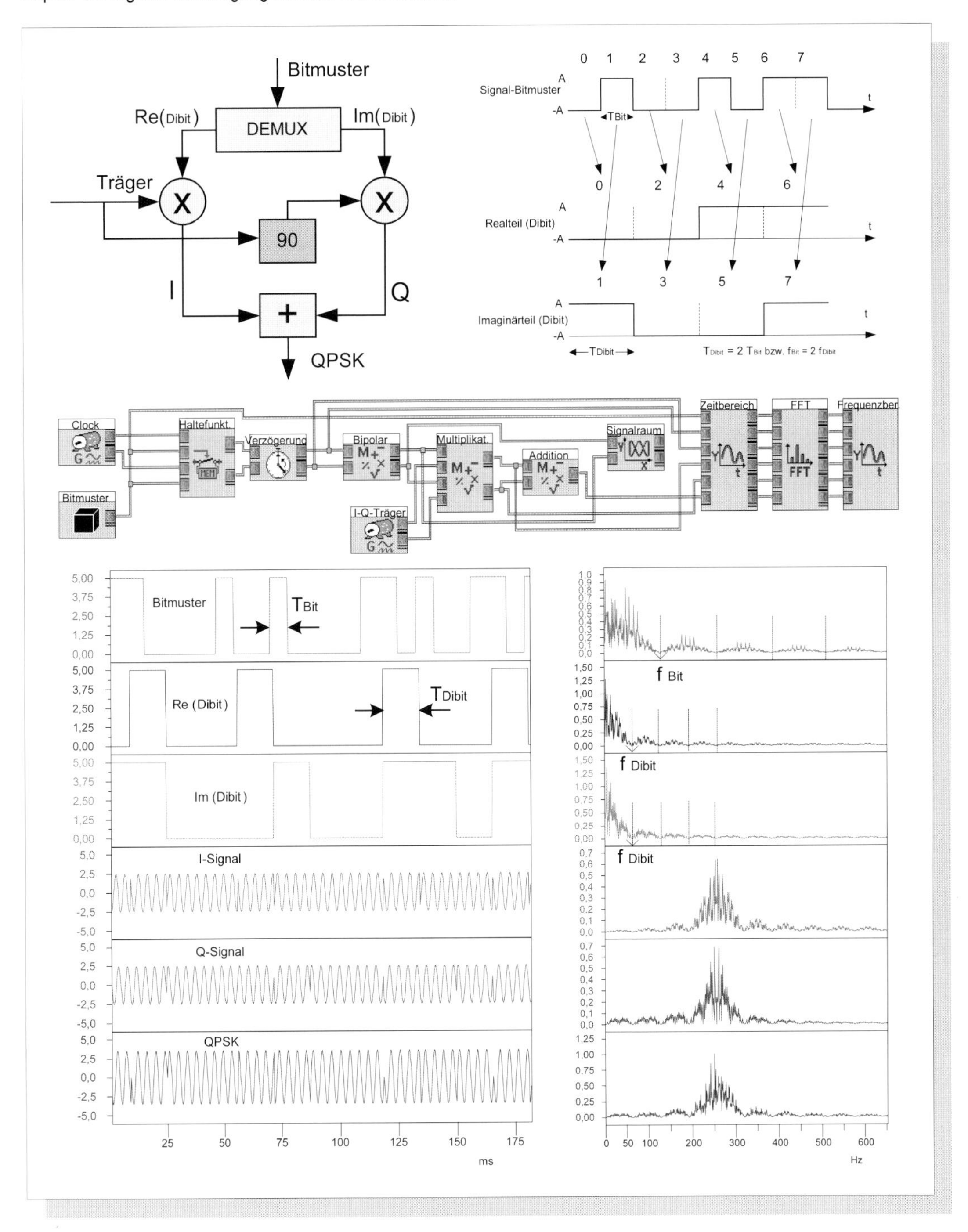

Abbildung 221 ***Vierphasentastung (QPSK)***

Die Funktionsweise der QPSK-Schaltung wird im Text näher beschrieben. Um alle Signale realistisch darzustellen, musste eine recht umfangreiche DASYLab-Schaltung erstellt werden. Die Verzögerungsschaltung dient dazu, die beiden Dibit-Kanäle genau miteinander zu synchronisieren. Um die Darstellung übersichtlicher zu machen, wurde hier auf eine Filterung der Bitfolgen verzichtet.

Den Beweis für den Transport der doppelten Datenmenge pro Zeiteinheit durch das QPSK-Signal gegenüber dem ursprünglichen Bitmuster bzw. gegenüber 2-ASK und 2-PSK liefert der Frequenzbereich. Deutlich ist zu sehen, dass der Nullstellenabstand des Si-förmigen Spektrums beim QPSK-Signal nur halb so groß ist wie beim obigen Eingangs-Bitmuster.

*Damit ist auch schon die Richtung vorgegeben, wie sich die Datenmenge pro Zeiteinheit weiter steigern lässt. Statt vier diskreter Zustände eventuell 16 (=4*4), 64 (=8*8) oder gar 256 (=16*16)!?*

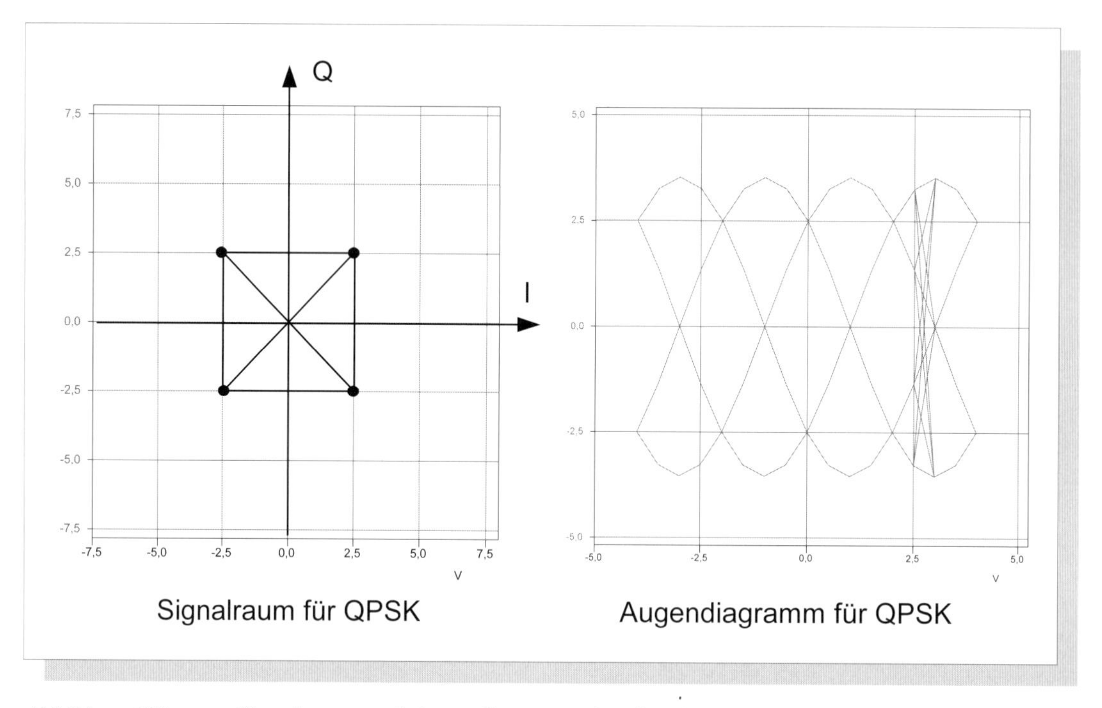

Abbildung 222 ***Signalraum und Augendiagramm für die Vierphasentastung (QPSK)***

Im Signalraum links sind die vier diskreten Zustände als Punkte dargestellt. Die Verbindungslinien zwischen ihnen zeigen die möglichen Übergänge von einem in den anderen Zustand.

Im diesem speziellen Augendiagramm ist die Phasenverschiebung von 90^0 zwischen den vier verschiedenen Sinusschwingungen - die den vier Signalraumpunkten entsprechen - deutlich zu erkennen

Dies erklärt den Aufbau der QPSK-Schaltung. Real- und Imaginärteil müssen nun noch addiert werden. Erinnern Sie sich daran (siehe Abb. 75), dass die Summe einer reinen Cosinus- und einer reinen Sinusschwingung *immer* eine um einen bestimmten Phasenwinkel verschobene Sinusschwingung ergibt.

Durch die gezielte Addition zweier Sinusschwingungen, die zueinander um 90^0 phasenverschoben sind (Sinus und Cosinus), lassen sich <u>Sinusschwingungen beliebiger Phasenverschiebung</u> erzeugen, falls das Verhältnis der Amplituden zueinander beliebig gewählt werden kann.

Durch die entsprechende Wahl der beiden Amplituden kann also <u>jeder</u> Punkt der GAUSSschen Zahlenebene erreicht werden.

Da jeder Dibit-Kanal nur zwei Zustände A und - A enthält (bipolar), ergeben sich also vier Phasenwinkel. Abb. 222 zeigt die vier Zustände und die möglichen Übergänge von einem Zustand in den nächsten als Verbindungslinien zwischen den Punkten.

Das Augendiagramm zeigt nicht nur die vier zueinander jeweils um 90^0 verschobenen Sinusschwingungen (die den vier Punkten des Signalraums entsprechen), sondern auch den 45^0-Winkel der Diagonalen.

Digitale Quadratur-Amplitudenmodulation (QAM)

Nachdem mit QPSK die Bandbreitenausnutzung verdoppelt wurde, ist die Richtung vorgegeben, wie diese noch wesentlich erhöht werden kann: Statt vier diskreter Zustände eventuell 16, d.h. 4 * 4 gitterförmig angeordnete Zustände, 64 (= 8*8) oder gar 256 (= 16*16).

Wie lassen sich nun solche „Gitter" in der GAUSSschen Zahlenebene erzeugen? Dies zeigt Abb. 223. Das Prinzipschaltbild zeigt einen *Mapper* („Abbildner"), der aus dem ankommenden seriellen Bitstrom zwei Signale mit jeweils 4 verschiedenen Amplitudenstufen erzeugt. In der Blackbox der DASY*Lab*-Schaltung entpuppt sich dieser Mapper als recht komplexes Gebilde. Zunächst erstellt ein Seriell-Parallelwandler bzw. Demultiplexer aus dem seriellen Bitstrom eine 4-kanalige Bitmusterfolge. Deren Taktfrequenz ist um den Faktor 4 niedriger als die des seriellen Bitstroms.

Dieses „4-Bit-Signal" kann momentan demnach $2^4 = 16$ verschiedenen Zustände annehmen. Der zugehörige Signalraum muß also 16 verschiedene diskrete Zustände aufweisen. Der Mapper ordnet nun jedem 4-Bit-Muster auf zwei Ausgängen je ein 4-stufiges Signal zu, eins für das I-Signal, das andere für das Q-Signal! Durch die Addition der I- und Q-Anteile entsteht das 16-QAM-Signal mit insgesamt 4 * 4 = 16 gitterartig angeordneten Signalzuständen.

> Mathematisch gesprochen *bildet* der Mapper ein 4-Bit-Muster auf 16 Punkte im Signalraum *ab.*

Das wichtigste Ergebnis zeigt der Frequenzbereich. Die Bandbreite verringert sich um den Faktor 4, wie der Vergleich des Nullstellenabstandes der Si-förmigen Spektren von seriellem Bitstrom und dem 16-QAM-Signal zeigt.

Abb. 224 zeigt Signalraum, Augendiagramm und einen Signalausschnitt, um die Gesetzmäßigkeiten besser überprüfen zu können:

→ Der Signalraum zeigt 10 (insgesamt gibt es 16) Signalzustände, die innerhalb eines kurzen Zeitabschnittes eingenommen wurden, Ferner, welche Übergänge zu anderen Signalzuständen stattfanden.

→ Das Augendiagramm zeigt angesichts der vielen möglichen Signalzustände eine große Komplexität. Von den herkömmlichen Augendiagrammen der Signaltechnik unterscheiden sich die hier dargestellten dadurch, dass für die Horizontal-Ablenkung kein periodischer Sägezahn mit ansteigender Rampe, sondern eine periodische Dreieckschwingung mit ansteigender und abfallender Rampe verwendet wird. Der Rücksprung des Sägezahns kann hier nicht - wie beim Oszilloskop - unterdrückt werden. Dadurch weisen die Augendiagramme eine etwas andere Symmetrie auf.

→ Der Signalausschnitt erlaubt eine bessere Betrachtung des Zusammenhangs zwischen I-Signal, Q-Signal und 16-QAM-Signal. Sehr schön ist hier an der Stelle des senkrechten Striches zu sehen, dass die Summe eines Sinus und eines Cosinus ein sinusförmiges Signal anderer Phasenlage und Amplitude ergeben kann.

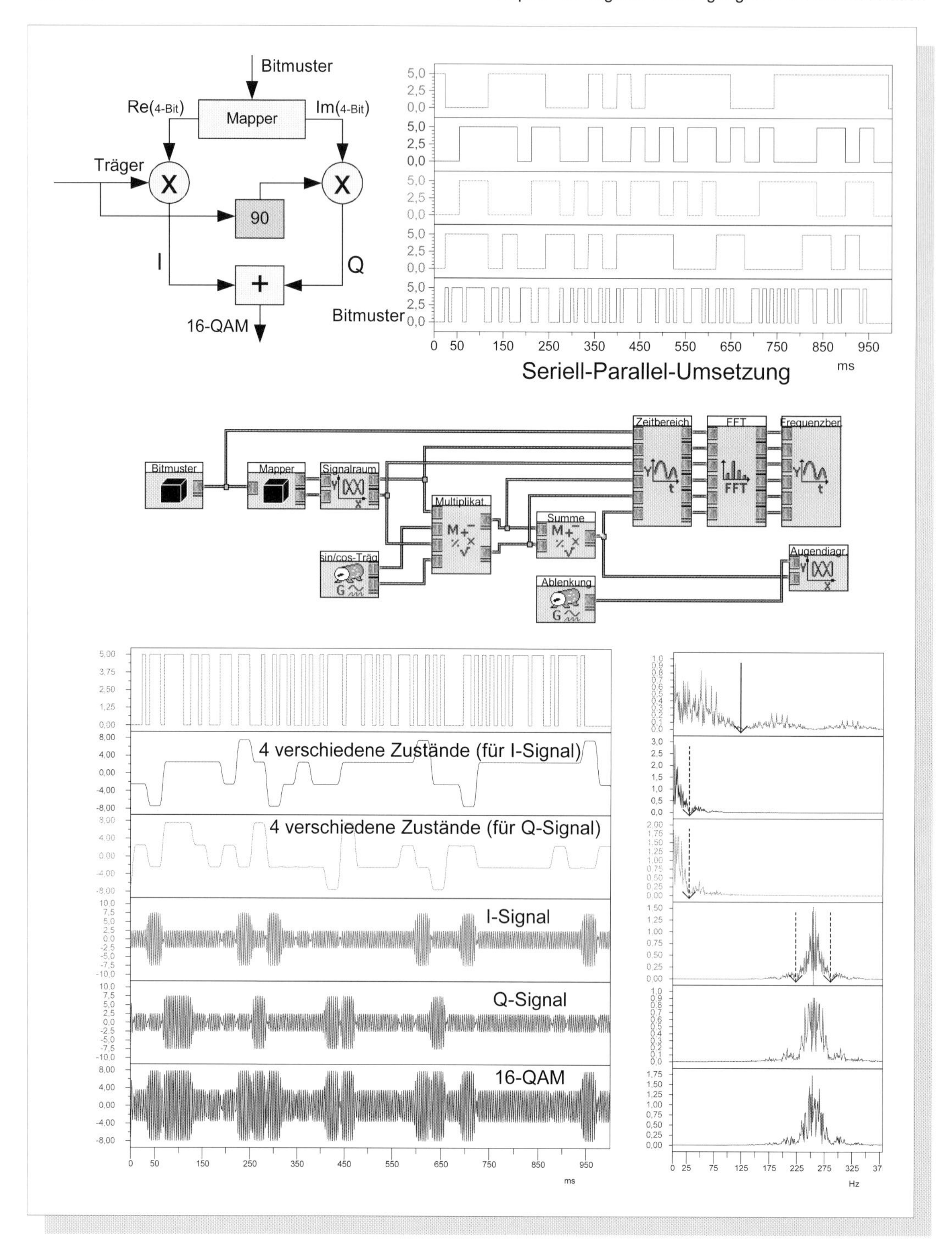

Abbildung 223 ***16-QAM: Serien-Parallel-Umsetzung, Mapper, Signalbildung***

Das Blockschaltbild oben links zeigt den prinzipiellen Aufbau. Dieser wurde möglichst realistisch mit Hilfe von DASYLab modelliert. Um die Darstellung nicht zu unübersichtlich zu machen, wurde der sogenannte Mapper - er bildet letztlich den ankommenden Bitstrom auf 16 Gitterpunkte des Signalraums ab - als Blackbox dargestellt. In dieser Blackbox befindet sich ein Demultiplexer mit 4 Ausgangskanälen. Aus einen seriellen Bitstrom wird durch Seriell-Parallelwandlung ein 4 Bit breites Signal geformt.

Momentan besitzt ein 4 Bit breites Signal $2^4 = 16$ mögliche Signalzustände, die sich im Signalraum wiederfinden müssen. Der Mapper erstellt über eine mathematische Vorschrift („Abbildung“) aus diesem 4 Bit breiten Signal 2 bipolare, 4-stufige Signale für X- und Y-Auslenkung im Signalraum.

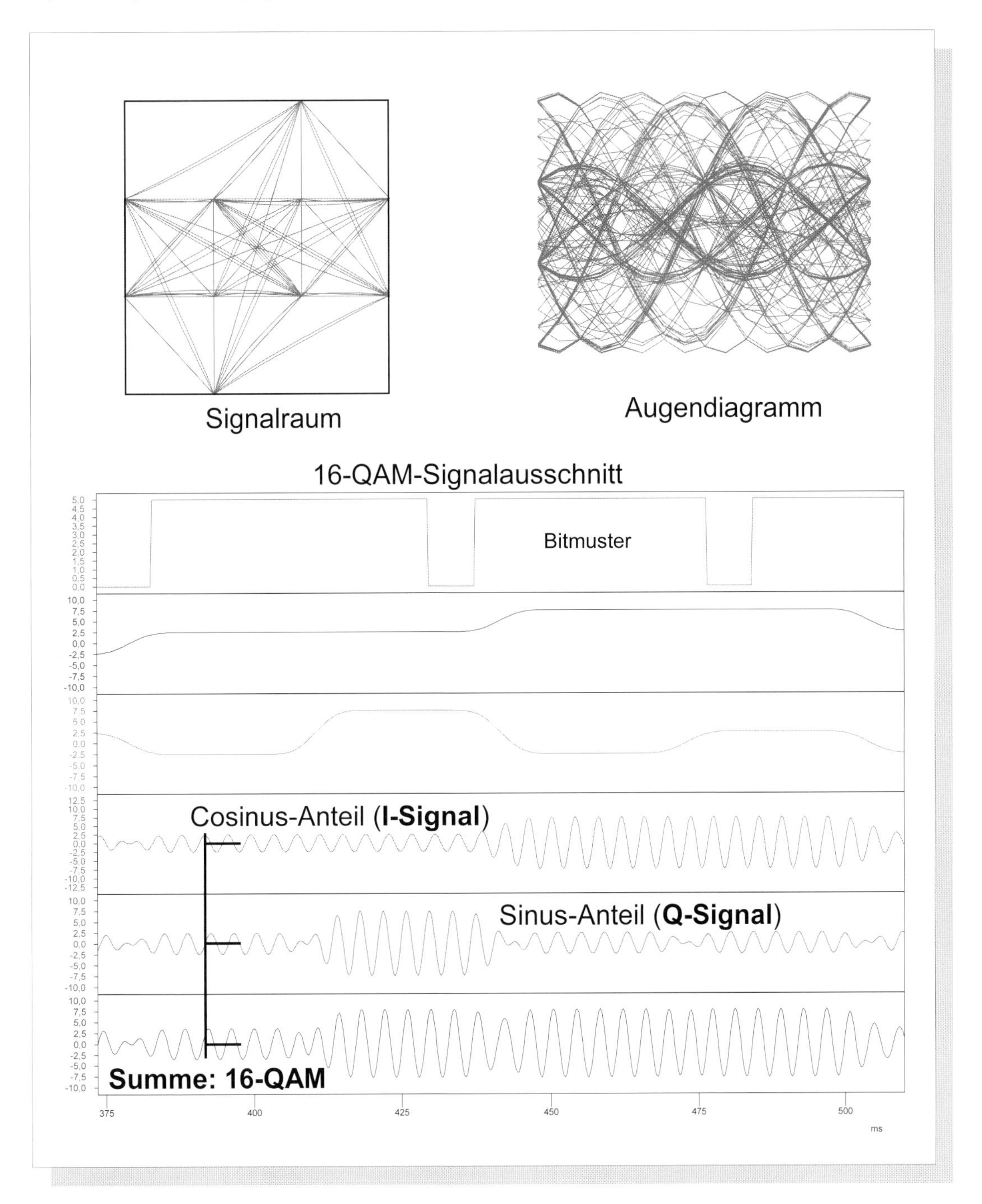

Abbildung 224 ***16-QAM: Signalraum, Augendiagramm und Signalausschnitt***

Der Signalraum zeigt 10 (insgesamt gibt es 16) Signalzustände, die innerhalb eines kurzen Zeitabschnittes eingenommen wurden, ferner die Übergänge zu anderen Signalzuständen.

Das Augendiagramm weist angesichts der vielen Signalzustände ein Bild hoher Komplexität auf. Die Interpretation ist nur im Zusammenhang mit den anderen Darstellungen möglich.

Der Signalausschnitt erlaubt eine bessere Betrachtung des Zusammenhangs zwischen I-Signal, Q-Signal und 16-QAM-Signal. Sehr schön ist hier an der Stelle des senkrechten Striches zu sehen, dass die Summe eines Sinus und eines Cosinus ein sinusförmiges Signal anderer Phasenlage und Amplitude ergeben muss!

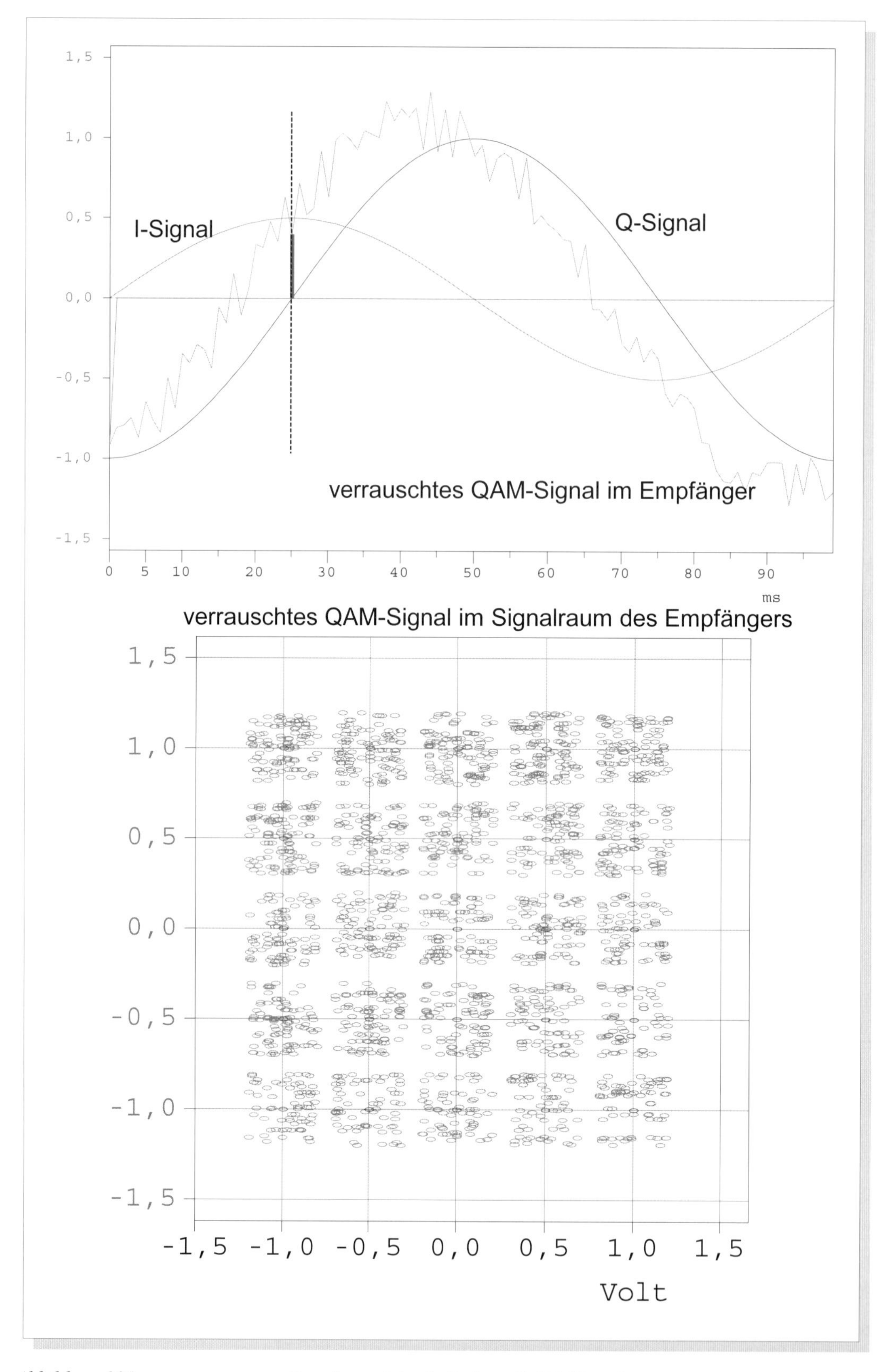

Abbildung 225 ***Empfangssicherheit eines QAM-Signals***

Die Simulation zeigt den Ausschnitt eines verrauschten 25-QAM-Empfangssignal. Der Signalraum zeigt zwischen den 25 Bereichen noch freie Korridore. Das Signal ist demnach vollständig rekonstruierbar.

Vielfach-Zugriff

Die ersten Lektionen von Shannons Informationstheorie haben wir mit den Aussagen zur *Quellen- und Kanalkodierung* bereits kennengelernt. Sie lassen sich zusammengefasst so formulieren:

Lektion 1: Niemals voreilig die Informationen eines Signals beschneiden, bis wirklich alle Entscheidungen hinsichtlich der weiteren Signalverarbeitung getroffen worden sind.

Lektion 2: Stets sollte die *Quellenkodierung* (welche das Signal komprimiert, indem sie Redundanz beseitigt) vollständig getrennt werden von der *Kanalkodierung* (welche die Übertragung über gestörte Kanäle sicherer macht, indem sie gezielt Redundanz hinzufügt).

Diese zweite Lektion wird noch immer gelernt, d.h. nach wie vor finden aufwendige Forschungen auf dem Gebiet statt, die durch Shannons Theorie vorgegebene Grenze der Übertragungsrate - die *Kanalkapazität C* - auch nur annähernd zu erreichen.

Es gibt aber eine immer mehr an Bedeutung zunehmende dritte Lektion, die bis heute noch nicht in ihrem gesamten Umfang verstanden und abgeschätzt werden kann, obwohl die Theorie schon vor über 50 Jahren veröffentlicht wurde! Jedenfalls streitet sich die Fachwelt noch darüber. Diese Lektion hat größte wirtschaftliche Auswirkungen und entscheidet über Investitionen von mehreren hundert Milliarden Euro bzw. Dollar. Ihr Inhalt kann etwas abstrakt so formuliert werden:

Lektion 3: *Wird ein Kanal durch Interferenzen (Überlagerungen) gestört, so lassen sich die Schutzmaßnahmen dagegen selbst unter der Annahme optimieren, dass die Störung in seiner schlimmsten Form, nämlich in Form von weißem (breitbandigen) „GAUSSschen" Rauschen vorliegt.*

Bevor nun neueste Modulationstechniken beschrieben werden, soll diese Aussage erläutert und konkret nutzbar gemacht werden.

Das lukrativste und zukunftsreichste Geschäft beruht wohl darin, die technische Kommunikation für alle weltweit möglichst perfekt, effizient und wirtschaftlich anzubieten. Jede falsche Entscheidung für oder gegen ein bestimmtes Übertragungsverfahren kann Sieg oder Aufgabe bedeuten. Die Rede ist hier vom „Vielfach-Zugriff" (Multiple Access) auf ein Übertragungsmedium.

Als recht unproblematisch erscheinen auf den ersten Blick die „klassischen" Techniken Frequenzmultiplex und Zeitmultiplextechnik. Die klassische Frequenzmultiplextechnik wurde hinreichend im Kapitel 8 beschrieben und bildlich dargestellt (siehe z.B. Abb. 138). Sie findet auf (abgeschirmten) Kabeln, aber auch in der Richtfunk, Rundfunk und Fernsehtechnik nach wie vor Verwendung.

Bei Frequenzmultiplex-Systemen werden alle Kanäle *frequenzmäßig gestaffelt* und *gleichzeitig* übertragen.

Jeder von Ihnen kennt die Schwächen, die sich bei diesem Verfahren bemerkbar machen. Solange das Übertragungsmedium ein (abgeschirmtes) Kabel, ein Lichtwellenleiter oder eine Richtfunkstrecke ist, hat man die Probleme weitgehend im Griff. Beim UKW-Empfang im Auto dagegen treten durch Mehrfachreflexionen des Sendersignals an Hindernissen *Interferenzen* auf, die das Gesamtsignal lokal auslöschen können, z.B. vor einer Ampel. Zieht man ein Stück vor, ist oft das Signal wieder da. Das

Sendersignal stört sich selbst durch Interferenz, falls am Empfangsort die Phasenverschiebung zwischen dem Träger des direkten Sendersignals und dem des reflektierten Sendersignal 180^0 bzw. π rad beträgt.

Aus Symmetriegründen - Frequenz und Zeit sind austauschbar - muß auch ein Zeitmultiplex-Verfahren möglich sein:

Bei Zeitmultiplex-Systemen werden alle Kanäle *zeitmäßig gestaffelt* und im *gleichen Frequenzbereich* übertragen.

Das Zeitmultiplex-System (Time Division Multiple Access TDMA) war das erste voll digitale Übertragungsverfahren. Das Schema zeigt Abb. 226. Auch sie sind in hohem Maße empfindlich gegen Interferenzen (z.B. durch Mehrfachreflexionen beim Mobilfunk), falls nicht besondere Schutzmaßnahmen getroffen werden.

Solche Interferenzprobleme treten naturgemäß am heftigsten bei der mobilen, drahtlosen, zellulären Kommunikation (Mobilfunk!) auf. Hierbei können schlimmstenfalls folgende „Vielfach-Effekte" auftreten:

→ Vielfach-Interferenz bei gleichzeitigem Zugriff vieler Nutzer.

→ Vielfach-Interferenz durch Mehrwege-Empfang bei Mehrfachreflexionen an Hindernissen.

→ Vielfach-Interferenz durch mehrere benachbarte Zellen, die gleichzeitig im gleichen Frequenzband senden und empfangen (Mobilfunknetz).

Während bislang der Übertragungskanal als „eindimensionales" Gebilde betrachtet wurde, wird hier der *Einfluss des Raumes* sowie der *Einfluss der Bewegung zwischen Sender und Empfänger* miteinbezogen.

Kehren wir zurück zu Shannons 3. Lektion. Sie sagt aus, dass sich Interferenzstörungen aller Art - z.B. durch Vielfach-Zugriff - in den Griff bekommen lassen, falls diese „Störungen" sich ähnlich verhalten wie weißes (GAUSSsches) Rauschen. Die möglichen Strategien lassen sich z.T. bereits aus Shannons Gesetzmäßigkeit für die Kanalkapazität C erkennen:

$$C = W \log_2 (1 + S/N)$$

Hierbei sind: C:= Kanalkapazität in Bit/s W:= Bandbreite des Signals

S:= Signalleistung N:= Rauschleistung

Wer Probleme mit „Logarithmen" hat, für den lässt sich dieser Zusammenhang auch anders beschreiben (Logarithmenrechnung ist Exponentenrechnung!):

$$1 + S/N = 2^{C/W} \text{ bzw. } S/N = 2^{C/W} - 1$$

Beispiel: Die Rauschleistung N sei so groß wie die Signalleistung S, d.h. das Signal verschwinde fast im Rauschen.
Dann gilt S/N = 1 bzw. $1 = 2^{C/W} - 1$ bzw. $2 = 2^{C/W}$ und damit C = W
Ergebnis: Die theoretische Grenze für die Übertragungsrate C ist gleich der Bandbreite, falls Signal- und Rauschleistung gleich groß sind; z.B. bei W = 1 MHz ergibt sich C = 1 Mbit/s.

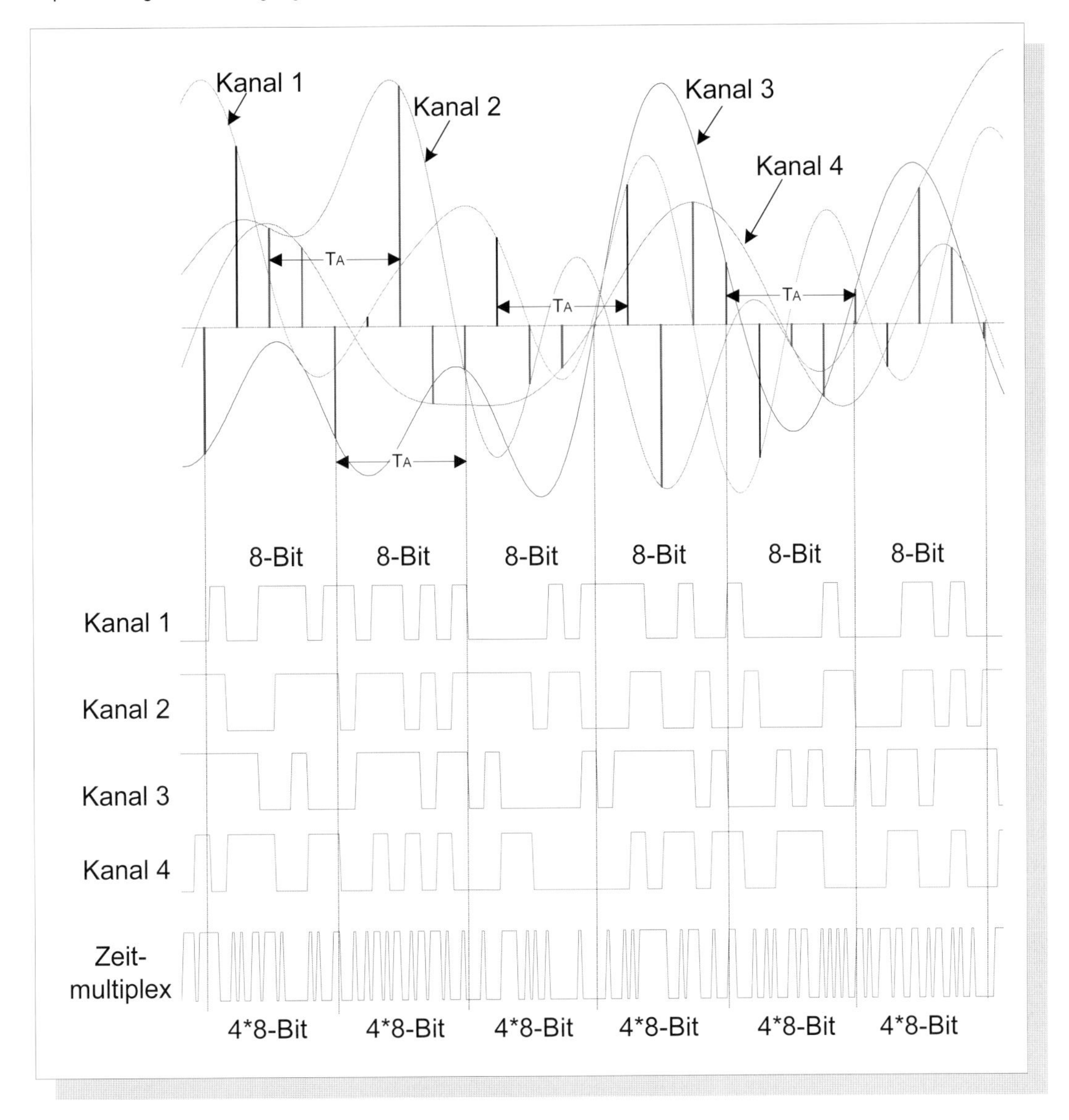

Abbildung 226 ***Zeitmultiplex-Verfahren***

Die Digitalisierung analoger Signale enthält hier vier Phasen, die an vier Analogsignalen schematisch dargestellt werden: Abtastung, Quantisierung, Kodierung und Zeit-Multiplexing.

*Die vier (parallelen) Kanäle werden alle mit der gleichen Abtastrate (z.B. f_A = 8 kHz bzw. T_A = 125 µs) abgetastet. Jedoch geschieht dies jeweils um 90^0 phasenverschoben bzw. $T_A/4$ zeitverschoben. Für vier Kanäle ergibt sich so eine Gesamtabtastrate von 4 * 8 kHz = 32 kHz.*

Quantisierung und Kodierung geschehen in einem Durchgang. Das Ergebnis liegt hier in Form von 4 digitalen, also zeit- und wertdiskreten (hier) 8-Bit-breiten Signalen vor. Der Grundtakt jedes einzelnen Digitalsignals liegt bei 32 kHz.

Das Zeit-Multiplexing ist eine Parallel-Seriell-Umsetzung, bei der sich die Übertragungsrate von 32 kBit/s noch einmal vervierfacht, also auf 128 kBit/s steigt.

Auf der Empfängerseite laufen dann die Vorgänge in umgekehrter Reihenfolge ab: Erst Demultiplexing, also Seriell-Parallel-Umsetzung und dann D/A-Wandlung.

In der Telekommunikation werden mindestens 30 Kanäle über Zeitmultiplex-Technik zusammengefasst (PCM 30). Ähnlich wie bei Frequenzmultiplex lassen sich wiederum mehrere kleine Gruppen zu größeren (z.B. PCM 120 usw.) zusammenfassen.

Damit ergeben sich folgende Möglichkeiten:

→ Es ist im Prinzip möglich, das Signal vollkommen im Rauschen verschwinden zu lassen. Dies erweckte bereits das Interesse der Militärs. Was im Rauschen verschwindet, lässt sich auch kaum abhören und auch kaum orten! Voraussetzung hierfür allerdings ist hierbei auch eine „Pseudo-Zufallskodierung". Das Signal muss hierfür nicht nur breitbandig sein, sondern nach außen hin auch möglichst zufällig aussehen.

→ Sind bei einem Vielfach-Zugriff alle Signale breitbandig und pseudo-zufällig zueinander, so können - das richtige Verfahren vorausgesetzt - alle Nutzer gleichzeitig auf den gleichen Frequenzbereich zugreifen!

Und damit kommt neben dem Zeit- und dem Frequenzbereich die *Kodierung* mit ins Spiel. Claude Shannon ist seinerzeit - was kaum bekannt - über die Kryptographie, d.h. über die für Unbefugte nicht entschlüsselbaren Codes zu seinen Erkenntnissen gekommen. Ein nicht entschlüsselbarer Code bzw. das hiermit kodierte Signal weist für den Betrachter keine auswertbare Regelmäßigkeit oder „Erhaltungstendenz" auf, stellt also physikalische betrachtet so etwas wie Rauschen dar.

> *Shannons 3. Lektion zeigt die Möglichkeit auf, durch eine Kombination von Signalbandbreite, Zeitdauer* und *Kodierung das Problem des Vielfach-Zugriffs bzw. der gegenseitigen Störung zu meistern.*

Abb. 227 zeigt plakativ die neue Dimension der Kodierung (*Code-Multiplex* bzw. Code Division Multiple Access *CDMA*) im Vergleich zu Zeitmultiplex (Time Division Multiple Access TDMA) und Frequenzmultiplex (Frequency Division Multiple Access FDMA).

> CDMA gilt heute als die intelligenteste, effizienteste und allgemeingültigste Lösung für den weitgehend störungsfreien Vielfach-Zugriff in all seinen Variationen.
>
> Bei CDMA ist ein Vielfach-Zugriff zur gleichen Zeit im gleichen Frequenzbereich möglich. Die Kodierung markiert die Einzelverbindung.

Die modernen und wahrscheinlich auch alle kommenden digitalen Übertragungssysteme werden mit CDMA alle drei „Dimensionen" ausnutzen. Dabei darf der Zusatz nicht fehlen, dass es nicht *das* CDMA-Verfahren schlechthin geben kann, genau so wenig, wie nur *eine* Zufallsfolge existiert!

> CDMA kann gleichzeitig FDMA und TDMA mit einbeziehen. Es sind vielfältige Kombinationen denkbar. Die Kanalkodierung kann optimal mit „eingebaut" werden (Kodierte Modulation).

Diskrete Multiträgersysteme

DMT (Discrete Multitone) ermöglicht die Übertragung großer Datenmengen in kritischen Übertragungsmedien. Dabei wird das Frequenzband „kammartig" in viele äquidistante Teilbänder eingeteilt. Jedes Teilband besitzt einen Träger, der individuell mit QPSK bzw. mehrstufigen QAM moduliert werden kann.

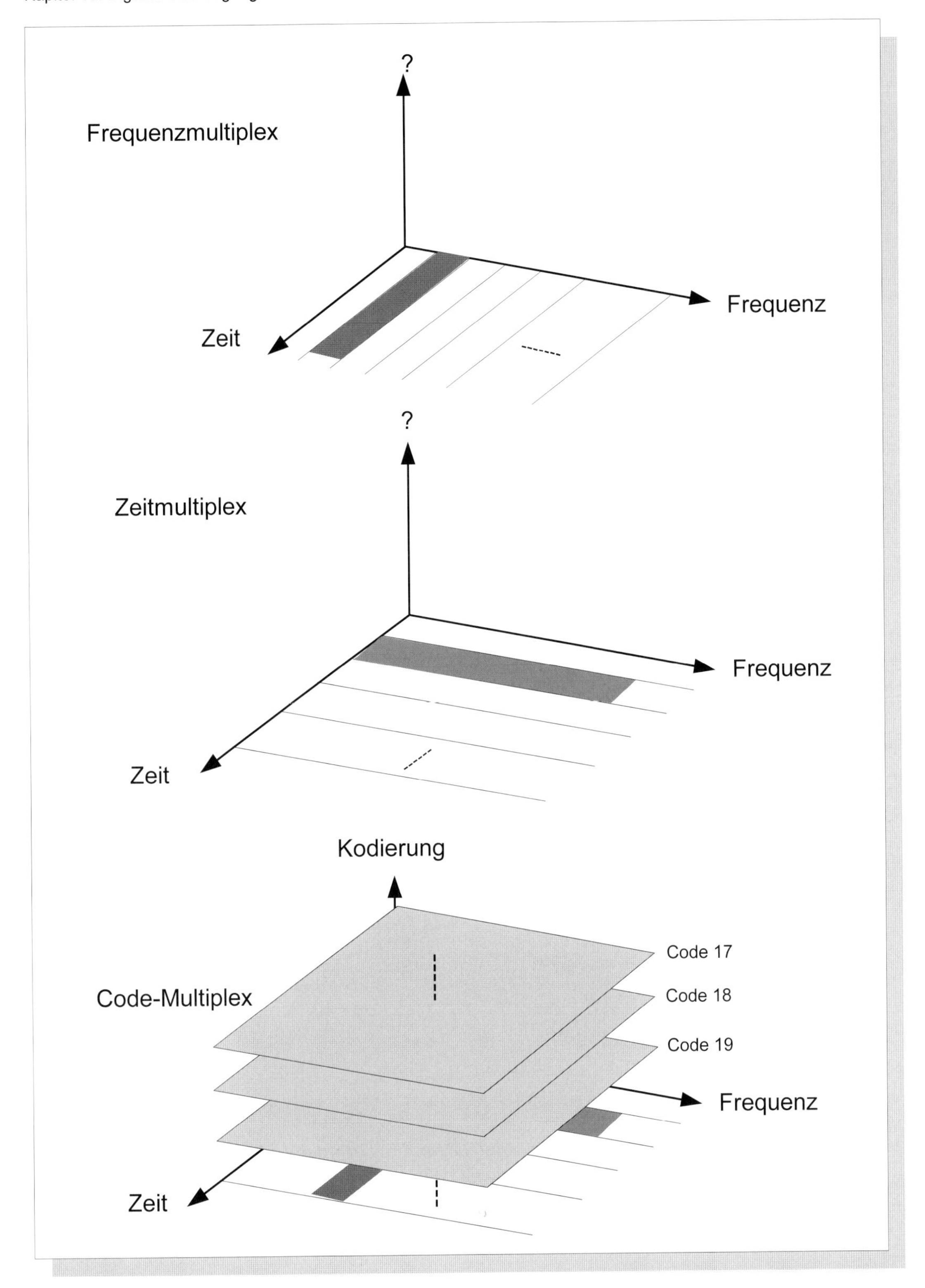

Abbildung 227 ***Frequenz-, Zeit- und Code-Multiplex (FDMA, TDMA und CDMA)***

*Zeitmultiplex**:** Alle Kanäle sind zeitmäßig gestaffelt und werden im gleichen Frequenzband übertragen. Frequenzmultiplex: Alle Kanäle sind frequenzmäßig gestaffelt und werden gleichzeitig übertragen. Code-Multiplex: Durch CDMA-Verfahren ist es grundsätzlich möglich, im Vielfachzugriff gleichzeitig im gleichen Frequenzband zu arbeiten. Die Trennung der Kanäle erfolgt durch den Code.*

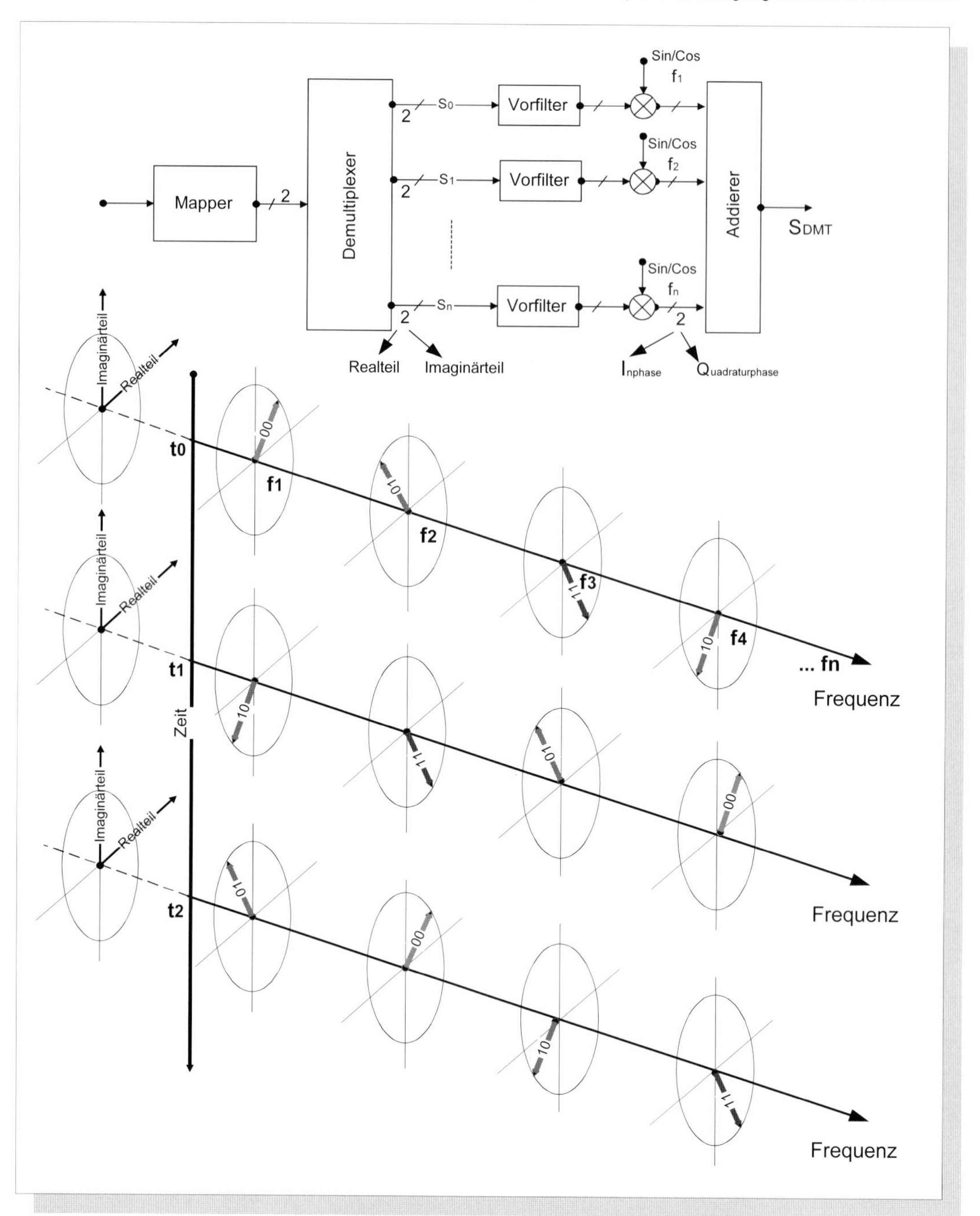

Abbildung 228 ***Diskretes Multiträgersystem am Beispiel einer 4-PSK-DMT***

Das Blockschaltbild oben zeigt den (hier sehr einfachen) Mapper, der vom eingehenden Bitstrom je zwei aufeinanderfolgende Bits „parallelisiert"(Real- und Imaginärteil), d.h. mit doppelter Symboldauer auf 2 Leitungen gibt (Real- und Imaginärteil). Der Demultiplexer verteilt diese Bits nun auf z.B. 1000 Kanäle mit je 2 Leitungen, was die Symboldauer nochmals um den Faktor 1000 erhöht. Damit diese Bits zeitsynchron sind, müssen sie auch im Demultiplexer zwischengespeichert und synchron weitergereicht werden. Je Kanal wird danach der Realteil mit einer Cosinus-, der Imaginärteil mit einer Sinusschwingung der Frequenz f_k ($0<k<1000$) multipliziert. Im Addierer werden alle Signale addiert; s_{DMT} setzt sich hier zusammen aus 1000 Frequenzen gleicher Amplitude, welche je nur vier Phasenlagen einnehmen können: 45^0, 135^0, 225^0 und 315^0 (4-PSK).

Die untere Bildhälfte zeigt für 4 dieser 1000 Trägerfrequenzen die momentane Phasenlage für 3 aufeinanderfolgende Zeitpunkte. Die Vertikale bildet die Zeitachse, die Horizontale die Frequenzachse.

Hinweis: Kritische Übertragungsmedien sind *linear verzerrende* Kanäle, d.h. das Medium verursacht beim Signal eine Veränderung des Amplituden- und Phasenspektrums. Physikalische Ursache sind die frequenzabhängige Absorption (Dämpfung) sowie die Dispersion (Sinuswellen verschiedener Frequenz breiten sich unterschiedlich schnell aus), ferner die Mehrwegeausbreitung durch Reflexion an Hindernissen, die indirekt die gleichen Effekte bewirkt.

DMT-Verfahren finden Anwendung in der

→ Sprachband-Modemtechnik (300 - 3400 Hz),

→ schnellen digitalen Übertragung auf metallischen Leiterpaaren. Hier sind HDSL (High Speed Digital Subscriber Line) und ADSL (Asymmetric Digital Subscriber Line; „Subscriber" bedeutet „Teilnehmer") zu nennen sowie in der

→ Funkübertragung über Kanäle mit Mehrwegeausbreitung (Mobile Kommunikation bzw. „Mobilfunk") einschließlich DAB (Digital Audio Broadcasting: Digitaler Rundfunk).

DMT überträgt mehrstufige PSK und QAM auf vielen äquidistanten Trägerfrequenzen. Dies zeigt auch Abb. 228. Hier wird für einen besonders einfachen Fall (4-PSK) ein DMT-System beschrieben. Ein sehr einfacher Mapper verteilt den Bitstrom auf 2 Kanäle (Seriell-Parallelwandlung). Der eine Kanal stellt den Real-, der andere den Imaginärteil dar. Die Symboldauer („Bitdauer") verdoppelt sich dadurch.

Der Demultiplexer macht im Prinzip nichts anderes. Er führt eine Seriell-Parallelwandlung durch, indem er jeden der beiden Eingangskanäle auf z.B. 1000 parallele Kanäle aufteilt. Dadurch wird die Symboldauer abermals um den Faktor 1000 größer. Allerdings müssen die 2 mal 1000 Ausgangssignale synchron sein. Der Demultiplexer muss die 2 mal 1000 Kanäle deshalb zwischenspeichern und *gleichzeitig* ausgeben. Außerdem müssen die Ausgangssignale bipolar sein.

Nach der Vorfilterung zur Reduzierung der Bandbreite der Rechteckfolgen wird jeweils jedes Realteil-Bitmuster mit einem cosinusförmigen, das Imaginärteil-Bitmuster mit einem sinusförmigen Träger einer bestimmten Frequenz f_k $(0<k<1001)$ multipliziert. Da bei PSK die Amplituden aller Trägerschwingungen immer gleich groß sind, liegen die Verhältnisse hier sehr einfach.

Cosinus- und Sinusanteil *einer* Trägerschwingung addieren sich - je nach 2-Bit-Muster - zu einer Trägerschwingung mit den Phasenverschiebungen 45^0, 135^0, 225^0 und 315^0. Insgesamt enthält dann das Ausgangssignal s_{DMT} des Addierers 1000 Trägerfrequenzen, deren Phasen sich mit der Rate der Symboldauer zwischen diesen 4 Werten ändert. Dies zeigt Abb. 228 unten.

Im Empfänger muss dieser Prozess wieder rückgängig gemacht werden, indem das Empfangssignal wieder in den (dreidimensionalen) Signalraum „projiziert" wird. Wie in Abb. 225 dargestellt, dürfen bestimmte Bereiche um die Signalpunkte des nicht gestörten Signals eigentlich nicht überschritten werden. Durch eine wirkungsvolle Kanalkodierung lassen sich auch dann noch Fehler erkennen, solange sie nicht zu häufig auftreten.

Vom Aufwand her erscheint ein DMT-System geradezu unvorstellbar. 1000 und mehr Trägerfrequenzen, Multiplizierer, Vorfilter, ein hoch komplizierter Demultiplexer usw.! Allerdings sind wir es gewohnt, uns solche Systeme zunächst immer einmal *analog* vorzustellen. Ein solches analoges System, wäre es früher gebaut worden, hätte ganze

Räume gefüllt. Das Zauberwort jedoch lautet hier: DSP (Digital Signal Processing), also Digitale Signalverarbeitung macht`s möglich. Hierfür wird in erster Linie *Rechenleistung* benötigt, denn das DMT-System ist ja weitgehend ein *Programm*, also *virtueller* Natur. Die *Echzeitverarbeitung* so vieler Signale im DMT-System stellt höchste Anforderungen an die Prozessoren. Seit kurzem ist es möglich Chips herzustellen, welche den Bitstrom am Eingang aufnehmen und am Ausgang direkt das DMT-*Basisband*-Signal ausgeben. Sie beinhalten also alle Prozesse, die vorstehend beschrieben worden sind worden sind, einschließlich der Kanalkodierung.

Dieses Basisband kann dann durch einen einzigen hochfrequenten Träger in einen beliebigen Frequenzbereich „verschoben" werden. Das wiederum geschieht durch Analogtechnik.

Welche Alternativen gibt es zu breitbandigen DMT-Systemen im Sinne der 3. Lektion von Shannon? Wäre es beispielsweise nicht einfacher, den Eingangs-Bitstrom über QAM direkt mit einem *einzigen* Träger zu modulieren?

Darüber haben Fachleute lange gestritten, aber der Streit scheint entschieden. CAP (Carrierless Amplitude/Phase)-Modulation ist eine spezielle vielstufige Form von QAM, bei der die vielen Zustände des Signalraums *einer einzigen Trägerschwingung* durch diskrete Amplituden- und Phasenänderungen zugeordnet werden. Die 16-QAM in Abb. 223 zeigt auch das Prinzip von CAP.

Die Unterschiede zwischen DMT und CAP zeigen die feinen Unterschiede bezüglich der 3. Lektion Shannons:

→ DMT arbeitet mehr im Frequenzbereich, CAP mehr im Zeitbereich. Die QAM/CAP-Technik arbeitet mit relativ hoher Symbolrate. Jedes Symbol dauert kurz und besitzt deshalb ein breiteres Frequenzband. DMT besitzt eine wesentlich längere Symboldauer bzw. eine Vielzahl entsprechend schmaler Frequenzbänder.

→ DMT ist deshalb wesentlich unempfindlicher gegen Mehrwege-Empfang beim Mobilfunk oder Digitalen Rundfunk DAB. Solange die zahlreichen Reflexionen an Hindernissen noch während der Symboldauer eintreffen, lässt sich das Sendersignal rekonstruieren.

→ DMT läßt sich viel flexibler an die physikalischen Eigenschaften des Kanals (z.B. Kabel) anpassen. In den Frequenzbereichen mit hoher Dämpfung oder/und Störungen können die dort liegenden Trägerfrequenzen niederstufig PSK-moduliert werden. Dadurch vergrößert sich die Distanz zwischen den Punkten im Signalraum, wodurch die Störsicherheit zunimmt bzw. die Bitfehlerwahrscheinlichkeit abnimmt. Hierdurch kann DMT wesentlich besser an die störungsabhängige Kanalkapazität angepasst werden.

→ Gab es noch vor einiger Zeit infolge des einfacheren Prinzips Vorteile für das QAM/CAP-Konzept hinsichtlich der technischen Realisierung, so gilt dies nun nicht mehr. Im Gegensatz: DMT ist inzwischen akzeptierter Standard und es gibt hierfür Chips zahlreicher Hersteller. CAP dagegen ist nicht standardisiert und es gibt keine Chips hierfür, weil DMT Shannons 3. Lektion intelligenter angeht!

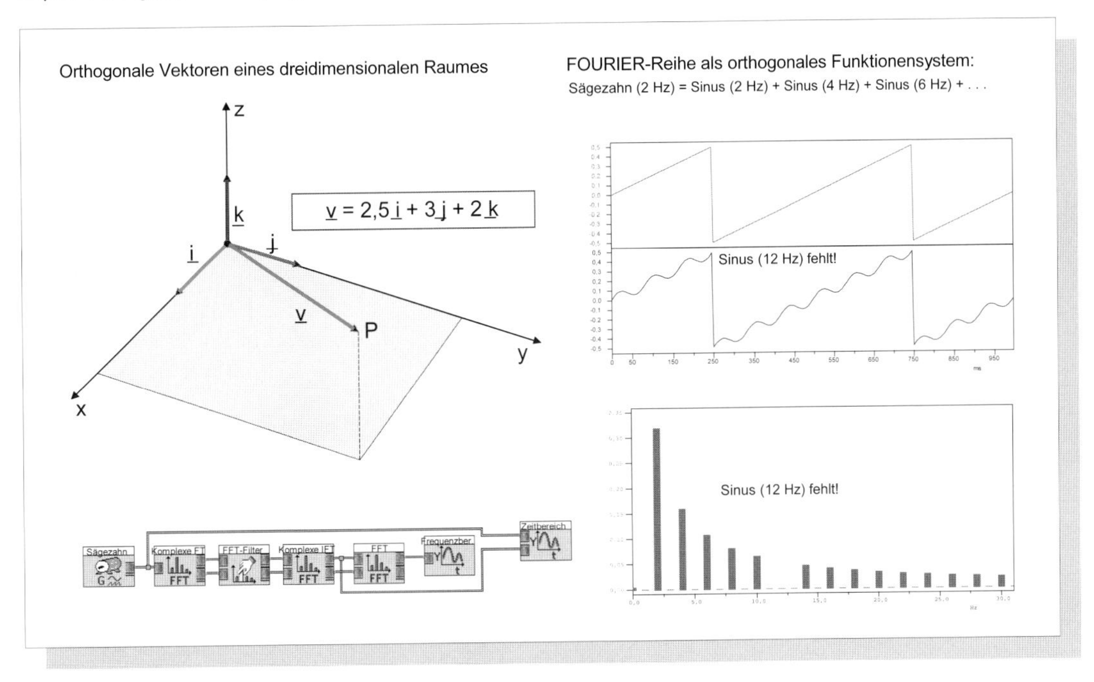

Abbildung 229 ***Orthogonalität***

Wie gelangt man zu einem Raumpunkt P? Ganz einfach z.B. nach folgender Anweisung: Gehe 2,5 Einheitsschritte (der Länge 1) in x-Richtung (2,5 ***i*** *) plus 3 Einheitsschritte in y-Richtung (3* ***j*** *) plus 2 Einheitsschritte in z-Richtung (2* ***k*** *). Der zu P führende Vektor kann also beschrieben werden durch* ***v*** *= 2,5* ***i*** *+ 3* ***j*** *+ 2* ***k*** *. Vektoren werden hier unterstrichen und fettgedruckt dargestellt und stellen gewissermaßen Zahlenwerte mit Richtungsangaben dar.*

i *,* ***j*** *und* ***k*** *sind linear unabhängig, weil sie senkrecht aufeinander, also orthogonal zueinander stehen. Dies bedeutet: Der Punkt P ließe sich niemals unter Verzicht eines der drei Einheitsvektoren* ***i*** *,* ***j*** *und* ***k*** *erreichen! Z.B. wäre falsch* ***v*** *= 2,5* ***i*** *+ 3* ***j*** *+ 2 (****i*** *+* ***j****).* ***i*** *,* ***j*** *und* ***k*** *sind in diesem Sinne unersetzbar und gleichzeitig die Mindestanzahl von Vektoren, um einen dreidimensionalen Raum „aufzuspannen", d.h. jeden beliebigen Punkt des Raumes zu erreichen!*

Orthogonale Funktionensysteme: Ein periodischer Sägezahn von 2 Hz enthält - wie bekannt - alle ganzzahlig vielfachen Frequenzen von 2 Hz, also Sinusschwingungen von 2, 4, 6, ... Hz bis hin zu „unendlich hohen" Frequenzen.

Diese unendlich vielen diskreten Frequenzen bilden im obigen Sinne einen „unendlich dimensionalen Vektorraum". Der Grund: Fehlt nur eine einzige dieser Frequenzen - in der Abbildung oben ist es die Sinusschwingung von 12 Hz - so läßt sich ohne diese 12 Hz die Sägezahnschwingung auf keinen Fall mehr aus Sinusschwingungen rekonstruieren! In diesem Sinne sind alle dieser unendlich vielen Frequenzen unersetzlich und stellen die Mindestanzahl dar, diesen Sägezahn zusammenzusetzen. In der Sprache der Mathematik bedeutet dies: Alle diese unendlich vielen Sinusschwingungen sind zueinander orthogonal !

Orthogonal Frequency Division Multiplex (OFDM)

Der neue europäische digitale Rundfunkstandard DAB arbeitet mit einem speziellen DMT-Verfahren: OFDM (Orthogonal Frequency Division Multiplex). „Orthogonal" bedeutet eigentlich „senkrecht stehend auf" und ist ein Grundbegriff der Mathematik, speziell der Vektorraum-Mathematik. Abb. 229 versucht, diesen Zusammenhang anschaulich mit der Modulationstechnik in Verbindung zu bringen.

Die bei der OFDM verwendeten Trägerfrequenzen sind stets die ganzzahlig Vielfachen einer Grundfrequenz!

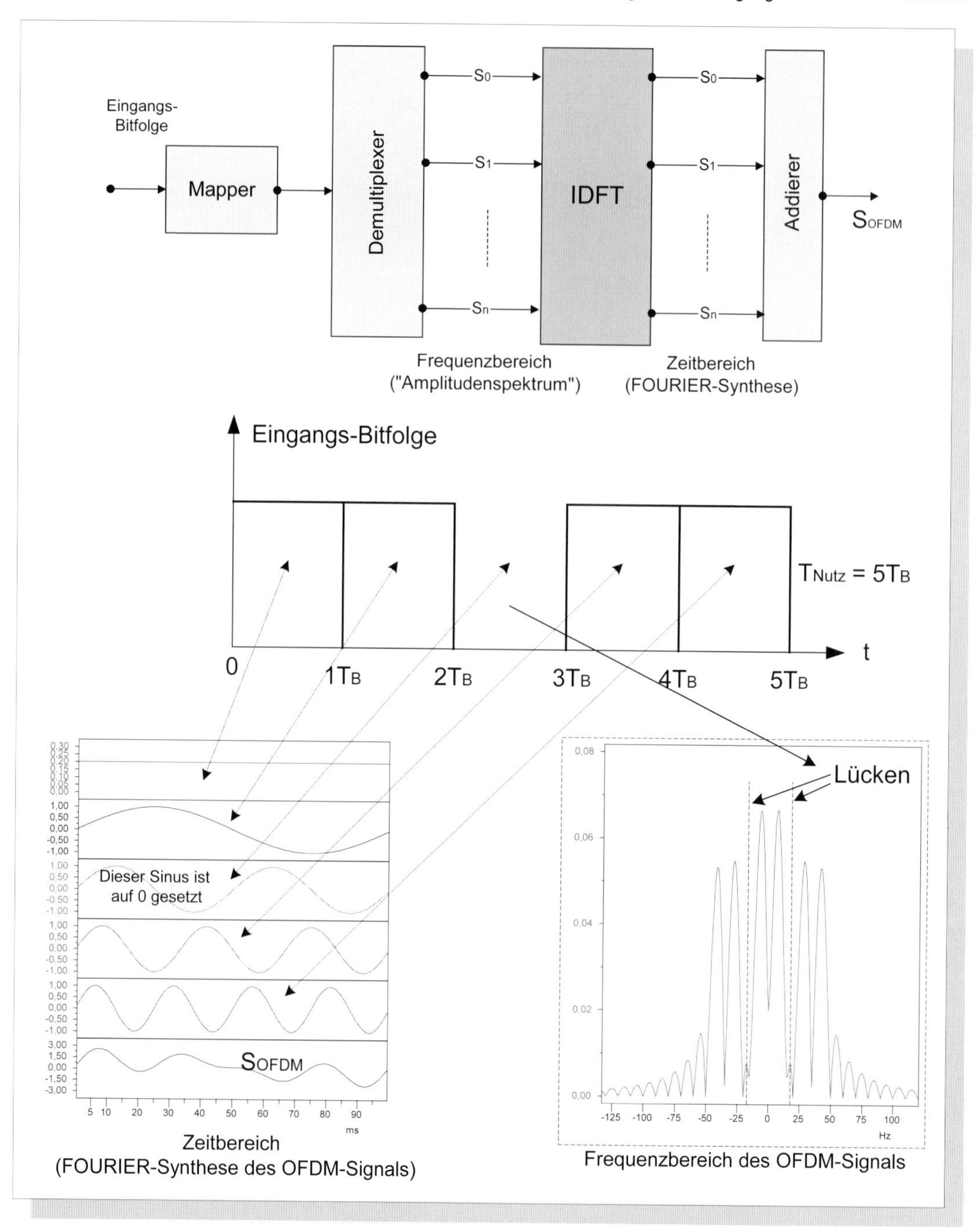

Abbildung 230 ***Blockschaltbild und vereinfachte Darstellung der OFDM***

In Abb. 228 liegen am Eingang des Addierers lauter Sinusschwingungen. Handelt es sich hierbei um ganzzahlige Vielfache einer Grundfrequenz, so lässt sich deren Summe als FOURIER-Synthese begreifen. Die FOURIER-Synthese ist aber das Ergebnis einer Inversen FOURIER-Transformation IFT (siehe Abb. 72) bzw. hier einer IDFT (Inverse Diskrete FOURIER-Transformation). Demnach lassen sich die Bitmuster am Ausgang des Demultiplexers als diskretes Spektrum (nach Real- und Imaginärteil) auffassen, welches über eine IDFT durch FOURIER-Synthese zu einem DMT-Signal im Zeitbereich verwandelt wird.

Statt der vielen Multiplizierer und Oszillatoren in Abb. 228 wird deshalb bei OFDM-Systemen ein IDFT-Block verwendet. Zu jedem Bit an den vielen Eingängen des IDFT-Blocks gehört am Ausgang eine ganz diskrete Frequenz mit diskreter Amplituden- und Phasenlage.

Genau genommen besteht jeder Eingang/Ausgang demnach aus 2 Leitungen (Real- und Imaginärteil)!

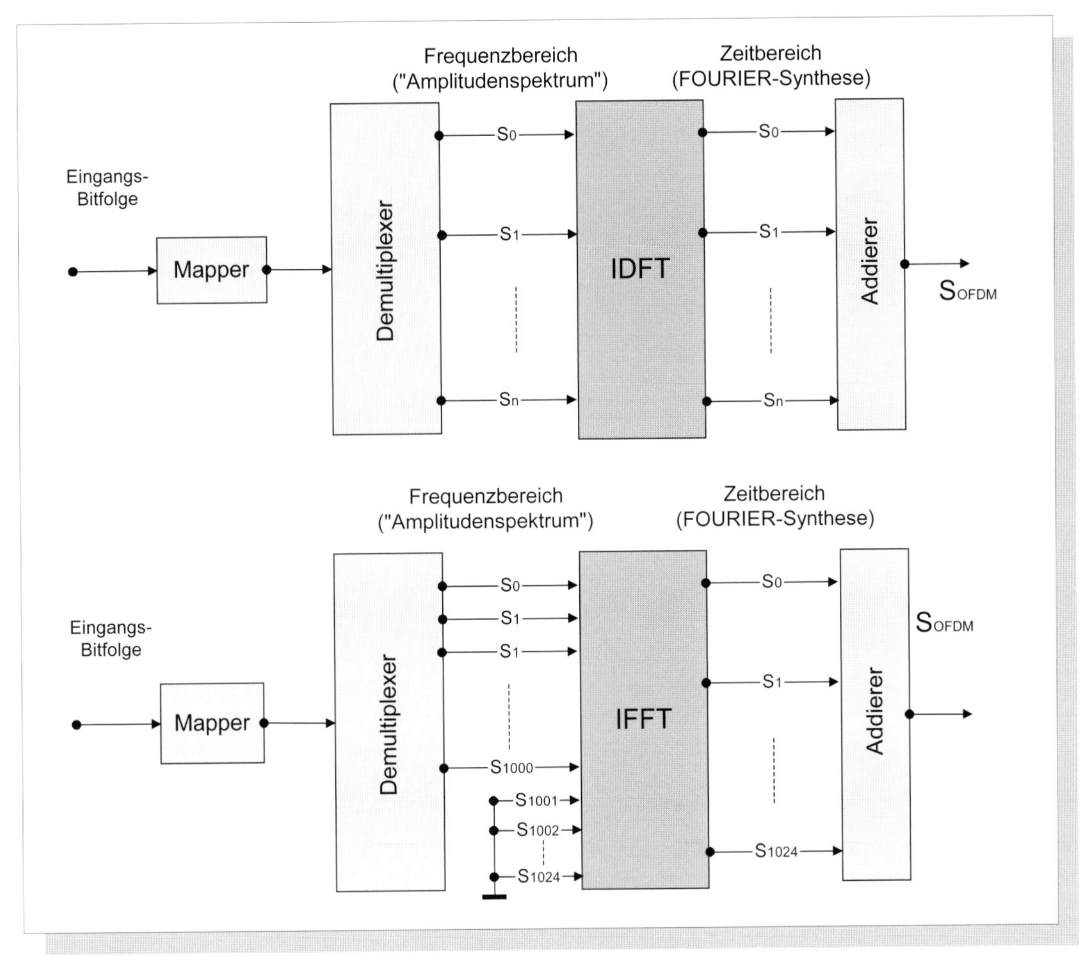

Abbildung 231 ***IDFT und IFFT***

Die Diskrete FOURIER-Transformation DFT als auch die Inverse Diskrete FOURIER-Transformation IDFT erlauben eine variable Blocklänge, d.h. sie können individuell an die Anzahl der Ausgänge des Demultiplexers angepasst werden. Allerdings sind beide Algorithmen bei hoher Anzahl der Ausgänge sehr rechenintensiv.

Die FFT ist eine auf Geschwindigkeit optimierte DFT wie auch entsprechend die IFFT. Sie nutzen übrigens das Symmetrieprinzip im Algorithmus aus! FFT und IFFT benötigen jedoch immer eine Blocklänge, die sich als Potenz von 2 ergibt, z.B. $2^{10} = 1024$.

Im vorliegenden Falle benötigt eine 1024-IFFT wesentlich weniger Zeit als eine 1000-IDFT. Deshalb ist es möglich, die 24 fehlenden Eingangswerte einfach als Null anzunehmen. Die Informationen über alle Eingangs-Bitmuster bleiben dabei erhalten.

Dies hat überraschende Konsequenzen und bringt ungeahnte Vorteile. Betrachten Sie bitte noch einmal genau Abb. 228 oben. Am Ausgang des Demultiplexers erscheint momentan ein breiter Bitcode. Jedes Bit hiervon wird anschließend mit einem sin- bzw. cosinusförmigen Träger multipliziert und dadurch liegen am Eingang des Addierers z.B. 1000 (äquidistante) Sinusschwingungen mit variabler Phasenlage, die zusammen am Ausgang des Addierers das DMT-Signal im *Zeitbereich* ergeben. Das könnte etwas mit FOURIER-Synthese zu tun haben, d.h. mit der *Signalerzeugung im Zeitbereich* durch die Addition geeigneter Sinusschwingungen.

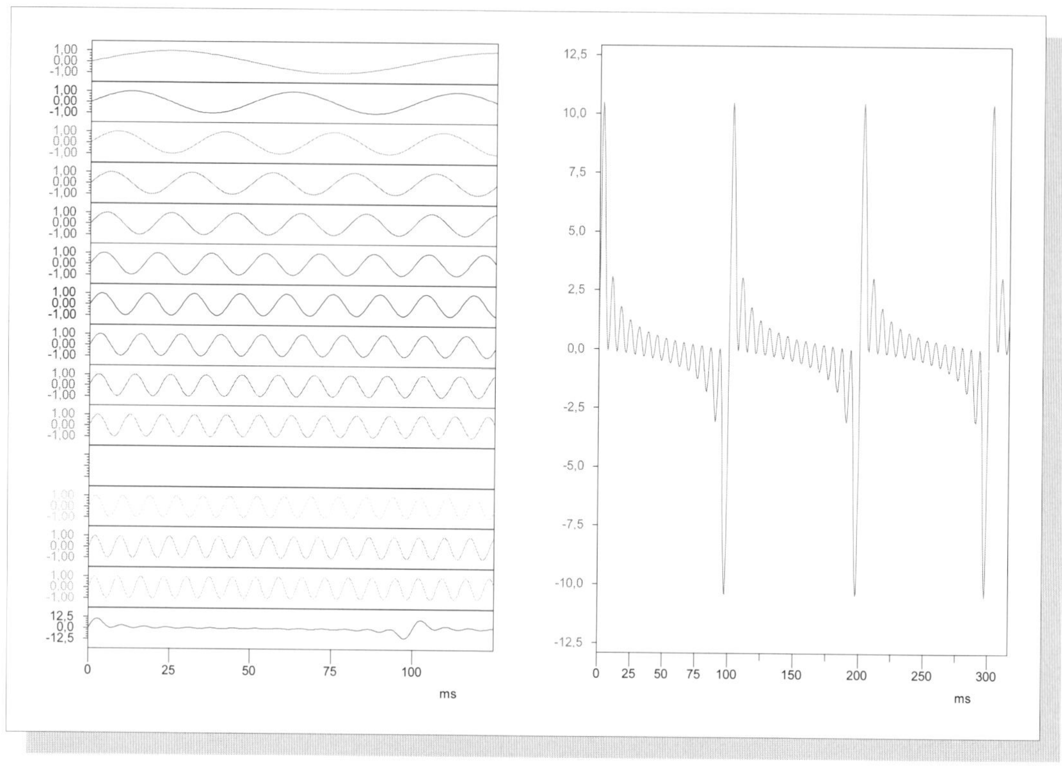

Abbildung 232 ***OFDM-Signal mit Nullphasen (ASK-OFDM)***

Dies Bild zeigt, warum es eine reine ASK-OFDM nicht geben sollte. Dann hätten alle Trägerschwingungen die gleiche Phase. Das hätte gravierende Folgen am Ausgang des Addierers. Die Summe aller Trägerschwingungen könnte lokal hohe Spitzen („Nadelimpulse") aufweisen. Damit aber wären die Übertragungseinrichtungen - z.B. Verstärker - überfordert.

Soll das gesamt OFDM-Signal im Frequenzbereich etwa die Form von weißem Rauschen besitzen, so erscheint die pseudo-zufällige Phasentastung (als Abbild des anliegenden Bitmusters) von Trägerschwingungen gleicher Amplitude als geeignete Wahl.

Aber welche Sinusschwingungen sind hierfür geeignet? Wie wir wissen, kommen als Sinusschwingungen bei (periodischen) Signalen nur die ganzzahlig Vielfachen der Grundfrequenz in Frage (ein digitales Signal einer bestimmten Blocklänge wird ja als periodisch aufgefasst; siehe Kapitel 9 „Digitalisierung"). Eine FOURIER-Synthese erhält man jedoch auf dem Weg vom Frequenz- in den Zeitbereich, d.h. über eine *Inverse* FOURIER-Transformation IFT bzw. hier über eine IDFT (Inverse Diskrete FOURIER-Transformation).

Demnach lässt sich der Bitcode am Ausgang des Demultiplexers als Frequenzspektrum interpretieren und die riesige Anzahl von Multiplizierern und Oszillatoren lässt sich durch einen IDFT-Block ersetzen! Durch die Orthogonalität der Trägerfrequenzen ergibt sich also ein vereinfachtes Verfahren mit IDFT.

Wie nun Abb. 230 in vereinfachter Weise zeigt, entspricht die Symboldauer bei OFDM der Periodendauer der Grundschwingung. In jedes OFDM-Symbol passt also ein ganzzahliges Vielfaches der Periodendauer aller Trägerschwingungen.

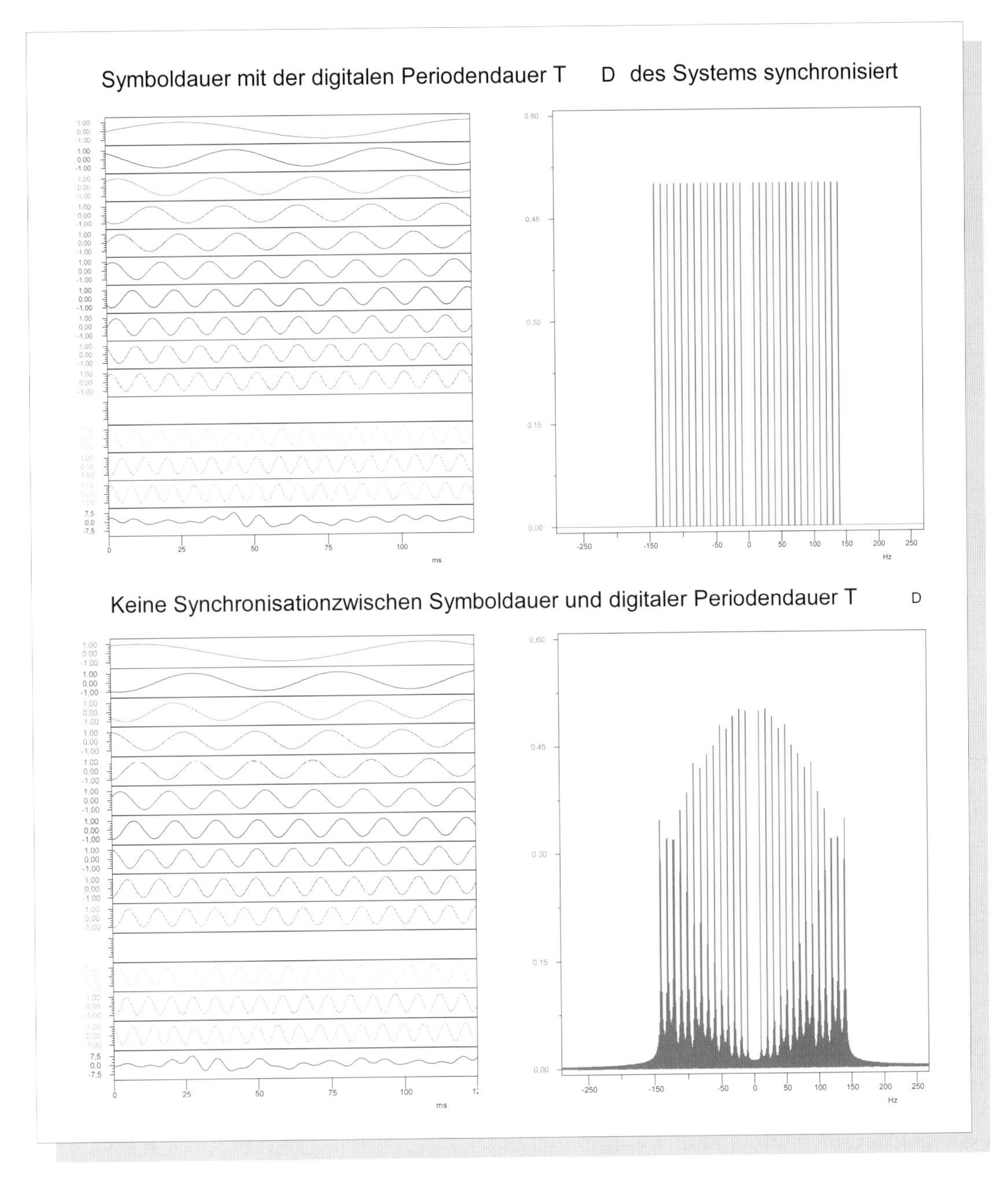

Abbildung 233 ***OFDM und digitale Periodendauer T_D***

Bei OFDM gilt die Symboldauer gewissermaßen als Zeitreferenz. Von besonderer Bedeutung ist zusätzlich aber aber deren Synchronität mit der digitalen Periodendauer T_D des signalverarbeitenden Gesamtsystems. Nur dann wird das Spektrum - die Summe aller Trägerschwingungen - richtig wiedergegeben bzw. rekonstruiert. Im vorliegenden Bild wurden die 4 möglichen Phasen der einzelnen Träger zufällig ausgewählt.

In der unteren Bildhälfte sind die Folgen der Nichtsynchronität der Symboldauer mit der digitalen Periodendauer T_D des Gesamtsystems mit DASYLab simuliert. Dabei stimmt die Blocklänge (hier 2048) nicht ganz mit der Abtastrate (hier 2040) überein.

Symboldauer und digitale Periodendauer T_D des Gesamtsystems müssen also in einem ganzzahligen Verhältnis zueinander stehen.

Ein besonderes Problem bei OFDM-Systemen ist deshalb die präzise zeitliche Synchronisation aller Sender im Hinblick auf Interferenz und Gleichwellenempfang benachbarter Sender.

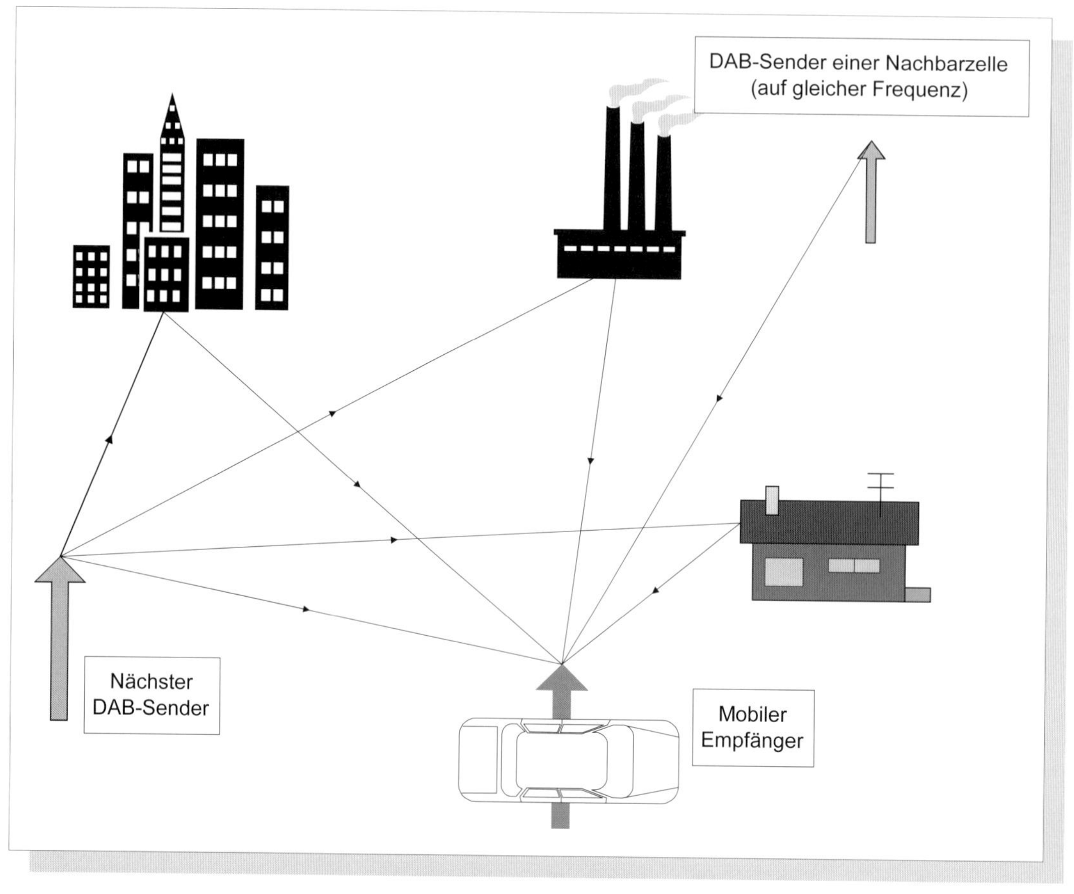

Abbildung 234 ***Mehrwege- und Gleichwellen-Empfang bei DAB***

Coded OFDM (COFDM) und Digital Audio Brodcasting (DAB)

Der digitale Rundfunk DAB ist eine gemeinsame Entwicklung mehrerer europäischer Länder. Kennzeichnen von DAB sind verschiedene Übertragungsmodi, welche die Anpassung je nach Bedarf für Audio, Text, Bilder und auch mobiles TV erlaubt. In diesem Sinne ist DAB nicht nur ein besserer Nachfolger für den UKW-Rundfunk, sondern Teil eines vollkommen neuartigen Übertragungssystems für digitale Daten, in dem allerdings Rundfunk und TV dominieren.

Abgestrahlt vom Sender werden 1536 Sinusträger im Abstand 1 kHz (Modus I). Während jeder Symboldauer T_S von 1,246 ms kann jeder Träger 4 verschiedene diskrete Phasenzustände einnehmen (4-DPSK). Dies entspricht 2 Bit ($2^2 = 4$). Während eines DAB-Zeitrahmens von 76 Symbolen (94,7 ms) können demnach 76 * 2 * 1536 = 233.472 Bit übertragen werden. Pro Sekunde ergeben sich dann 2,4 MBit, d.h. die Übertragungsrate bei DAB ist 2,4 Mbit/s.

Abb. 234 zeigt den Mehrwege- und Gleichwellenempfang beim Mobilfunk. Die hieraus resultierenden Probleme wie Interferenzen („Fading“, Schwund) usw. waren durch analoge Verfahren nicht lösbar. Durch eine einzigartige Kombination von Schutzmaßnahmen sind diese mehr oder weniger bei DAB gelöst worden. Deshalb spricht man bei DAB von COFDM (Coded Orthogonal Frequency Division Multiplex, also *kodierte OFDM*).

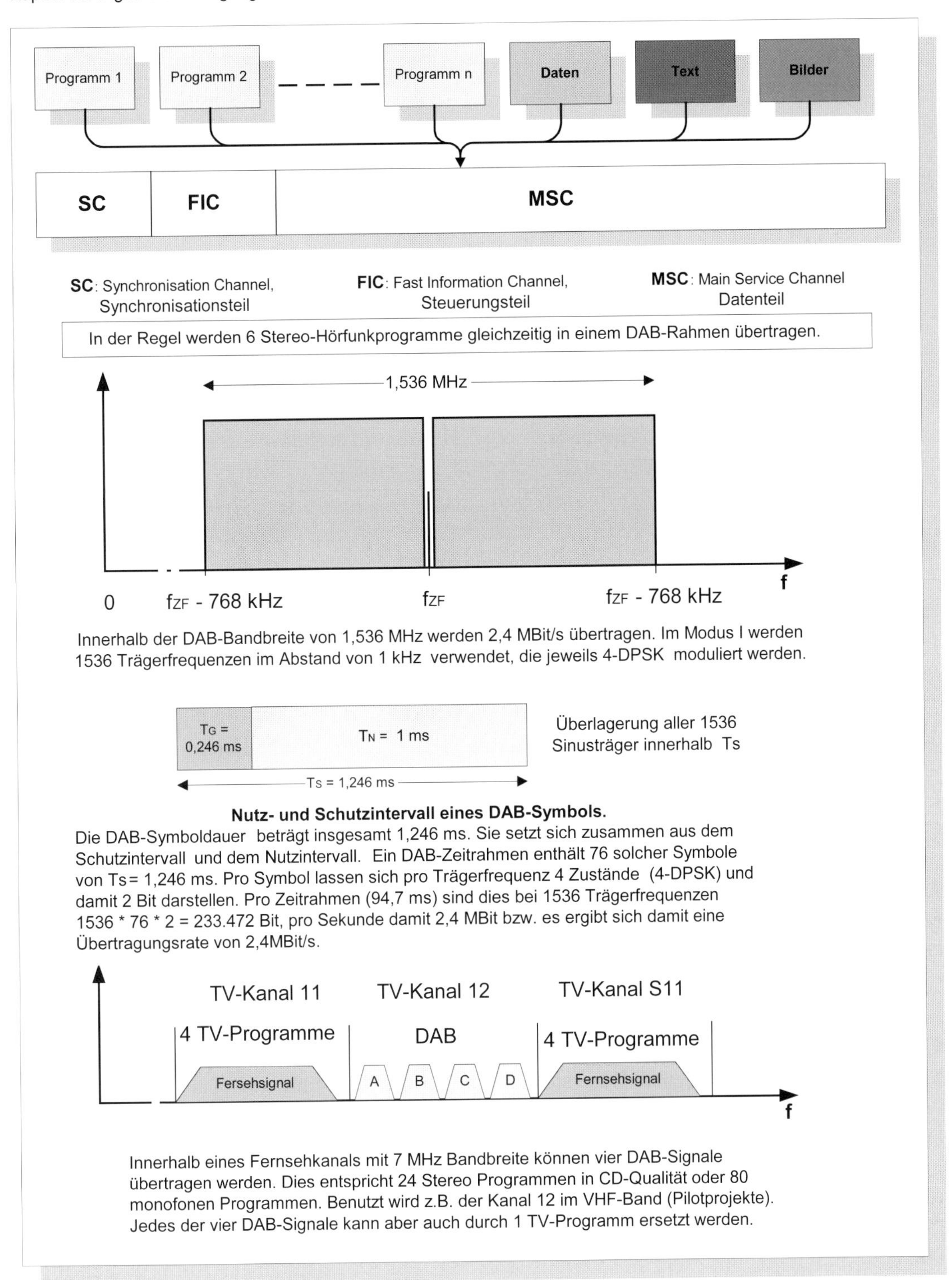

Abbildung 235 ***DAB-Rahmen, Frequenz- und Zeitstruktur***

Im Synchronisationsteil SC ist ein Nullsymbol enthalten, das dem Empfänger zur groben Synchronisation der Rahmen und und Symbolstruktur dient. Zur genauen Synchronisation wird das dort ebenfalls vorhandene Phasenreferenzsymbol verwendet. Im Steuerungsteil FIC werden Daten zur Steuerung und Dekodierung des DAB-Multiplex-Signals übertragen. Da diese Daten fehlerfrei empfangen werden müssen, sind sie besonders fehlergeschützt kodiert.
Das empfangene Signal wird nur während der Nutzintervalldauer T_N ausgewertet. Durch das Schutzintervall der Dauer T_G werden (lineare) Verzerrungseinflüsse aufgrund von Mehrwegeausbreitung und Gleichwellenempfang vermindert. Der Datenteil MSC enthält die eigentlichen Nutzdaten.

Die Audio-Signale werden einmal fehlerschutzkodiert (Faltungskodierung und Viterbi-Dekodierung. Eine weitere wirkungsvolle Schutzmaßnahme stellt *Interleaving* („Verschachtelung") dar. Durch *Zeit-Interleaving* können ursprünglich aufeinanderfolgende Bits eines Programms durch Umsortierung nach einem festgelegten Schema so verschachtelt werden, dass sie zeitlich weit auseinander liegen. Durch *Frequenz-Interleaving* werden die Daten der verschiedenen Programme ebenfalls durch Umsortierung auf die 1536 Trägerfrequenzen so verteilt, dass die Daten eines Programms im Spektrum weit auseinander liegen.

Die Audio-Signale usw. eines DAB-Signals werden im Zeit- und Frequenz-Bereich förmlich „zerpflückt". Das DAB-Signal und seine Nachbarn erscheinen so äußerlich fast wie breitbandiges weißes Rauschen.
Wird durch Schwundverluste ein schmaler Frequenzbereich gestört, so ist meist nur ein winziger Teil der Signale verfälscht, der bei der Dekodierung erkannt und korrigiert werden kann.

Global System for Mobile Communications (GSM)

Bei GSM handelt es sich auch um eine gemeinschaftliche europäische Entwicklung, hier für den Telefon-Mobilfunk. GSM verwendet beim D-Netz den Bereich 890 - 915 MHz für den *Uplink* (Verbindung vom Teilnehmer zum Netz) und 925 - 960 MHz für den *Downlink* (Verbindung vom Netz zum Teilnehmer). Im E-Netz liegt der Uplink von 1760,2 - 1775 MHz, der Downlink von 1855,2 - 1870 MHz. Diese Bänder werden jeweils in 200 kHz breite Kanäle eingeteilt. Wegen Uplink und Downlink korrespondieren jeweils immer zwei Frequenzen bzw. Kanäle miteinander (Duplex). GSM verwendet also auch FDMA (siehe Abb. 236).

Die Ziele von GSM waren u.a. Schutz gegen Missbrauch und Abhören (Kryptologie), hohe Teilnehmerkapazität, hohe Bandbreitenausnutzung, Übergänge zu den Festnetzen, Optimierung der Telefondienste, hohe Datengüte bzw. geringe Bitfehlerwahrscheinlichkeit sowie integrierte Daten- und Zusatzdienste.

GSM verwendet TDMA, um die Teilnehmer einer (lokalen) Zelle zu trennen. Hierbei teilen sich 8 Teilnehmer einer Basisstation eine Trägerfrequenz.

Die Kombination von TDMA und FDMA ergibt im D-Netz bei 50 Duplex-Kanälen mit je 200 kHz und 8 Teilnehmern je Kanal 400 Übertragungswege. Die Bitrate eines Kanals ist 271 kBit/s bei 200 kHz Bandbreite. Für die Modulation wird wieder das 4-DPSK-Verfahren verwendet. Die Bitrate pro Gespräch liegt bei 13 kBit/s. Die restliche Übertragungskapazität dient der Datensicherung. Zur Datensicherung kommt Faltungskodierung und Interleaving zum Einsatz.

Asymmetric Digital Subscriber Line (ADSL)

ADSL (Asymmetric Digital Subscriber Line) Verfahren wurde bereits zu Beginn des Kapitels 11 beschrieben. Hierbei handelt es sich um eine spezielle Variante von DMT für Kabelstrecken. Durch eine Optimierung aller bislang beschriebener Verfahren der Kodierung und Modulation ist es möglich, über eine normale 0,6 mm Cu-Doppelader für Telefonverkehr neben ISDN noch bis zu 8 Mbit/s zu transportieren.

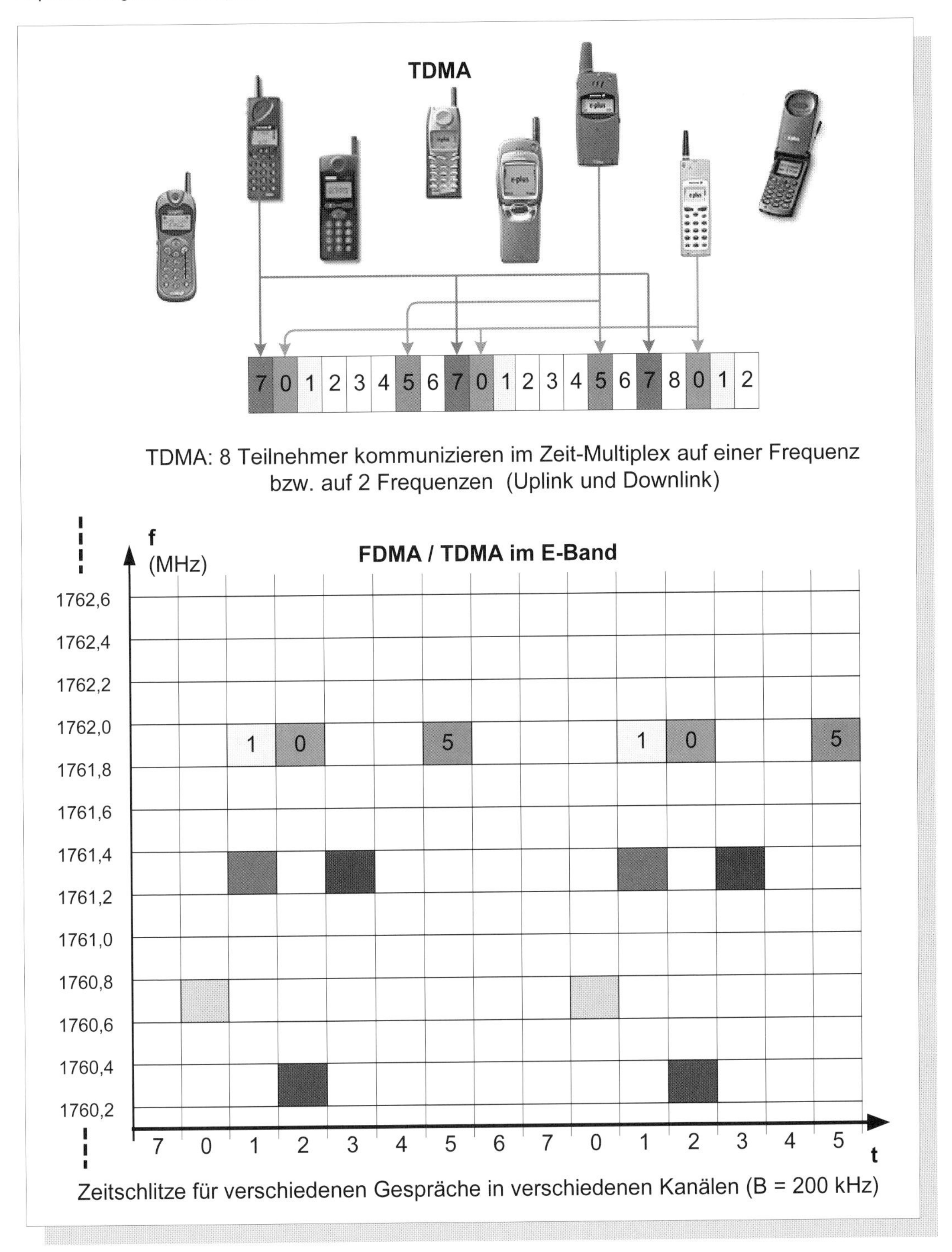

Abbildung 236 ***Frequenz- und Zeitmultiplex beim GSM-Verfahren***

Modernere ADSL-Systeme arbeiten oberhalb des Frequenzbandes von ISDN und nutzen den Frequenzbereich bis ca. 1,1 MHz aus. Insgesamt werden 256 Trägerfrequenzen im Abstand von 4 kHz (für die Richtung vom Netz zum Teilnehmer) verwendet. Jeder Träger kann üblicherweise bis zu 32 Zustände im Signalraum einnehmen.

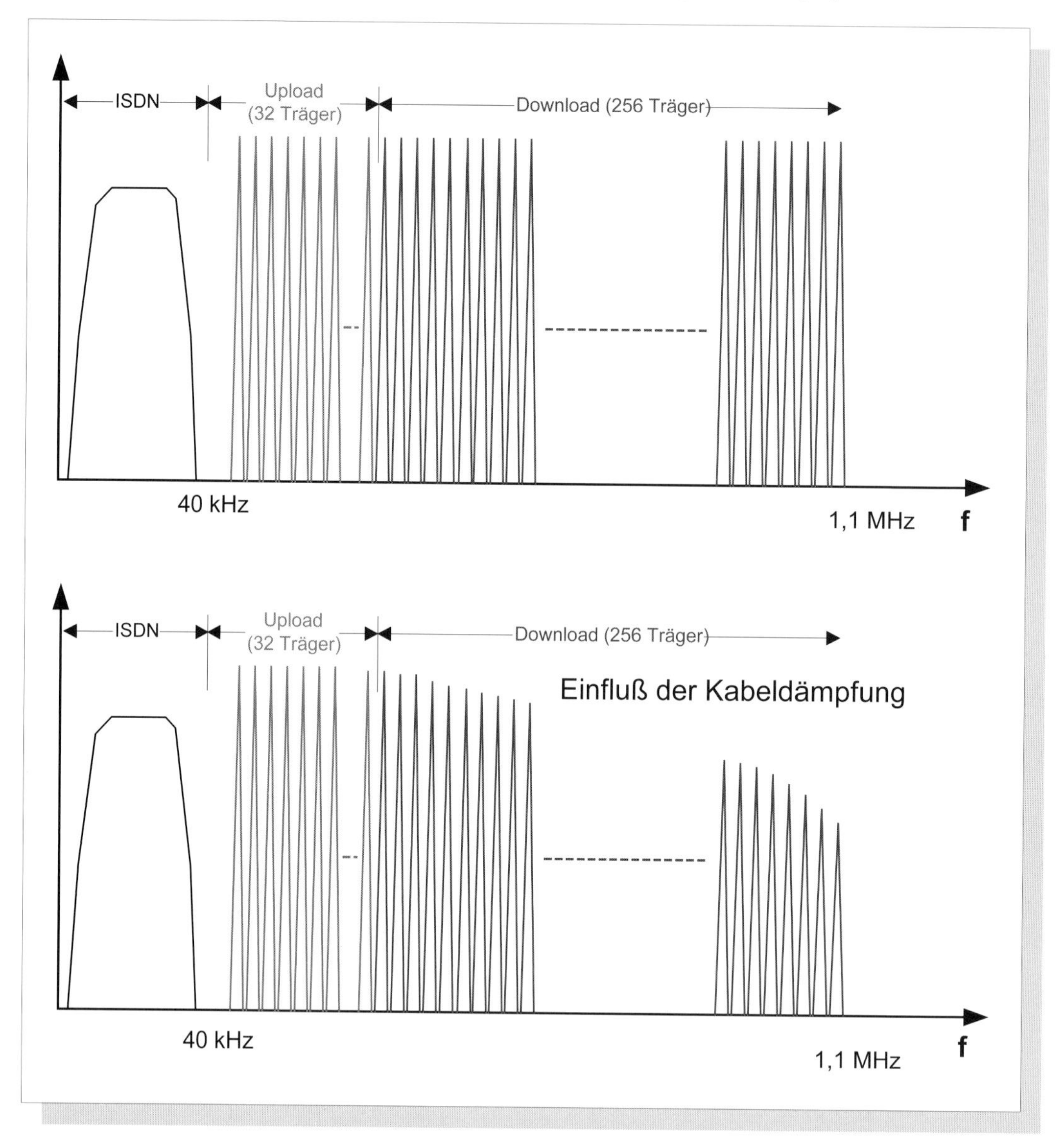

Abbildung 237 ***ADSL als spezielles - asymmetrisches - DMT-Verfahren***

Allerdings wird das System über eine automatische Messung des Signal-Rausch-Abstandes an die Eigenschaften des Übertragungsweges angepasst. Auf normalen Cu-Leitungen nimmt die Dämpfung um 1 MHz stark zu. Entsprechend werden die möglichen Zustände der dort liegenden Träger reduziert, so dass z.B. statt 32-QAM lediglich 4-QAM zum Tragen kommt. Liegen in diesem Bereich starke schmalbandige Störungen - z.B. durch Rundfunk - vor, so werden die Träger „abgeschaltet".

Mit steigender Kabellänge steigt auch die Leitungsdämpfung proportional. Deshalb ist bei ADSL die Übertragungsrate direkt proportional zur Leitungslänge. Die Herstellerangaben für ADSL beziehen sich meist auf Längen zwischen 2 bis 3 km.

Da ADSL für die schnellere Internet-Kommunikation gedacht ist, fällt der „Downstream“ (vom Netz zum Teilnehmer) mit bis zu 8 Mbit/s wesentlich größer aus als der „Upstream“ (bis zu 768 kBit/s). Der Datentransport vom Internet zum Teilnehmer ist üblicherweise viel umfangreicher als umgekehrt.

Die Modulation und Demodulation erfolgt als OFDM, d.h. im Sender wird eine IDFT bzw. IFFT verwendet, um die diskreten Amplitudenstufen an den Ausgängen des Demultiplexers in den Zeitbereich zu transformieren (siehe Abb. 223 und 230). Dieser Vorgang wird im Empfänger durch eine FFT wieder rückgängig gemacht. 256 (= 2^8) Träger für den Downstream und 32 (= 2^5) für den Upstream deuten schon auf die Verwendung von IFFT und FFT hin! Da im netzseitigen Sender das komplexe Signal aus je 256 Real- und 256 Imaginärteilen gebildet wird, muss eine 512-Punkte IFFT verwendet werden.

Die Telekom bietet zur Zeit T-DSL an, eine Variante mit erheblich niedrigerer Rate. Dadurch ist es nicht nötig, bis hin zur letzten Digitalen Vermittlungsstelle Internet-verbindungen mit sehr hoher Übertragungsrate installieren zu müssen.

Für kurze Verbindungen wird ein symmetrisches HDSL-Verfahren mit bis zu 50 Mbit/s angeboten.

Frequenzbandspreizung: Spread-Spectrum

Oft wird CDMA (Coded Division Multiple Access) gleichgesetzt mit dem „Spreizband-Verfahren“. Es ist aus der Sicht von Shannons „Lektionen“ vielleicht sogar das interessanteste Übertragungsverfahren überhaupt. Das „natürliche“ Frequenzband eines Signals wird hier absichtlich gespreizt, so dass es wesentlich breitbandiger übertragen wird. Wozu sollte das gut sein?

Zunächst ist zu klären, wie man aus einem schmalbandigen überhaupt ein breitbandiges Signal machen kann. Die einfachste Möglichkeit wäre, kürzere Impulse zu verwenden, denn im Grenzfall erzeugt ja ein Nadelimpuls ein unendlich breites Spektrum. Das wäre vergleichbar mit dem Zeitmultiplex-Verfahren (z.B. bei GSM, siehe auch Abb. 226), wo 8 Teilnehmer sich das Signal teilen, wodurch sich die Datenrate um den Faktor 8 erhöht. Jedem der Teilnehmer steht nur noch ein Achtel der Zeit zur Verfügung. Allerdings ist die Verwendung kurzer Impulse meist technisch schwierig, da der Sender die Sendeleistung schnell verändern muss.

Günstiger ist da schon die Spreizung der schmalbandigen Bitfolge durch Impulsfolgen, die sich wie weißes Rauschen verhalten (Pseudo Noise- (*pn*)- *Sequenzen*). Allerdings müssen diese Spreizsequenzen sich wie „nachvollziehbares Rauschen“ verhalten, denn im Empfänger muss ja alles rückgängig gemacht werden können. Dieses „Pseudo-Rauschen wird mit Hilfe rückgekoppelter Schieberegister erzeugt und wiederholt sich nach einiger Zeit. Im Gegensatz zu weißem Rauschen besitzt Pseudo-Rauschen auch eine feste Taktrate

Jede Fehlerschutzkodierung hat ja auch eine Spreizung des Frequenzbandes zur Folge, denn auch hier wird ja ein längerer Code verwendet. So ist einzusehen, dass diese Spreizung in Form einer Kodierung durchgeführt wird, die das Signal wesentlich unempfindlicher gegen Störungen macht.

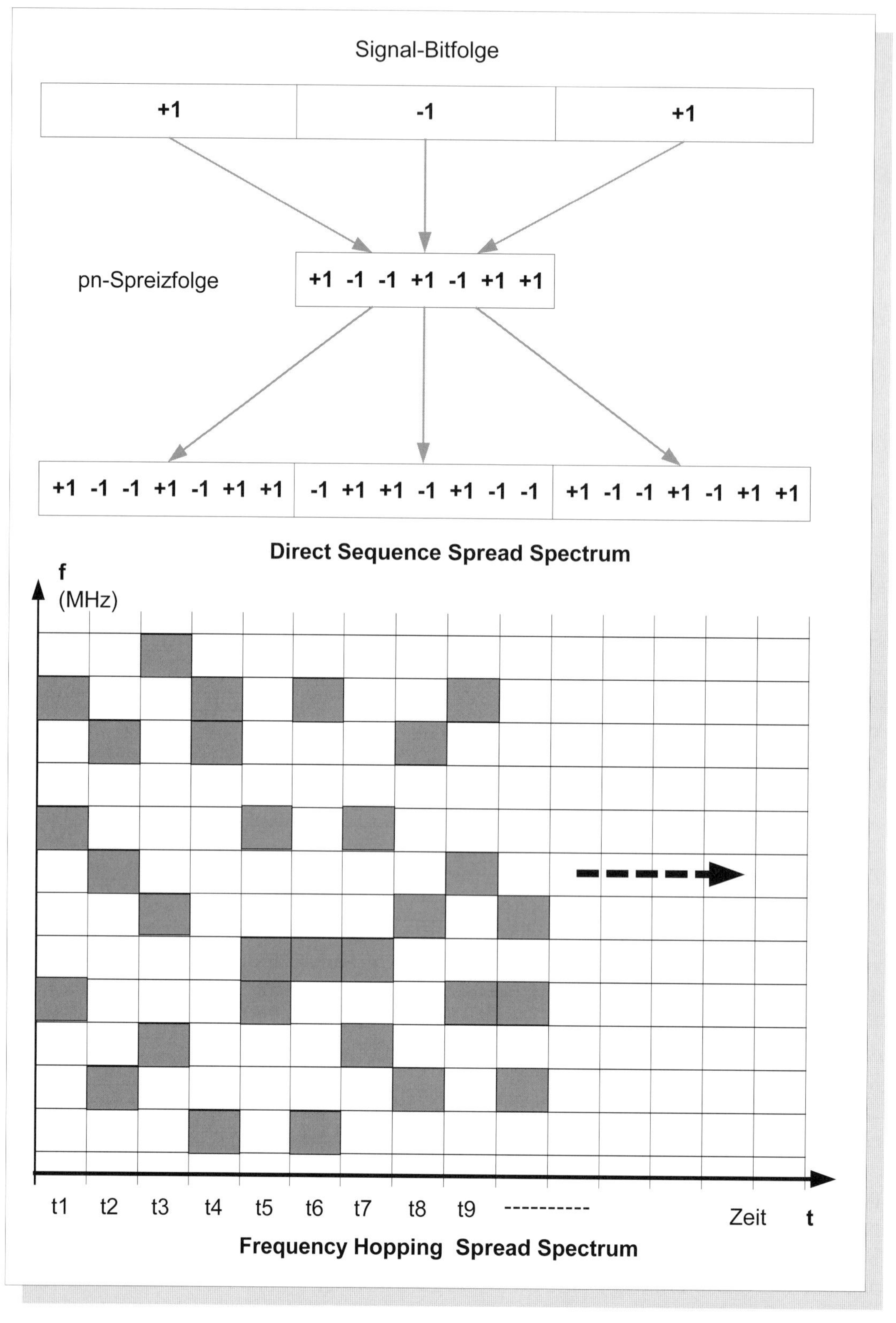

Abbildung 238 ***Direct Sequence und Frequency Hopping bei Spread Spectrum***

Vom Prinzip her erscheint das Direct-Sequence-Verfahren am einfachsten. Das gespreizte Signal kann über einfache logische Operationen erzeugt werden.

Nicht ganz leicht dürfte es sein, für das „Frequenzhüpfen" einen Satz von sehr schnell durchstimmbaren Frequenzsynthesizern herzustellen. Das „Zeithüpfen" als dritte Methode dürfte wiederum einfacher sein.

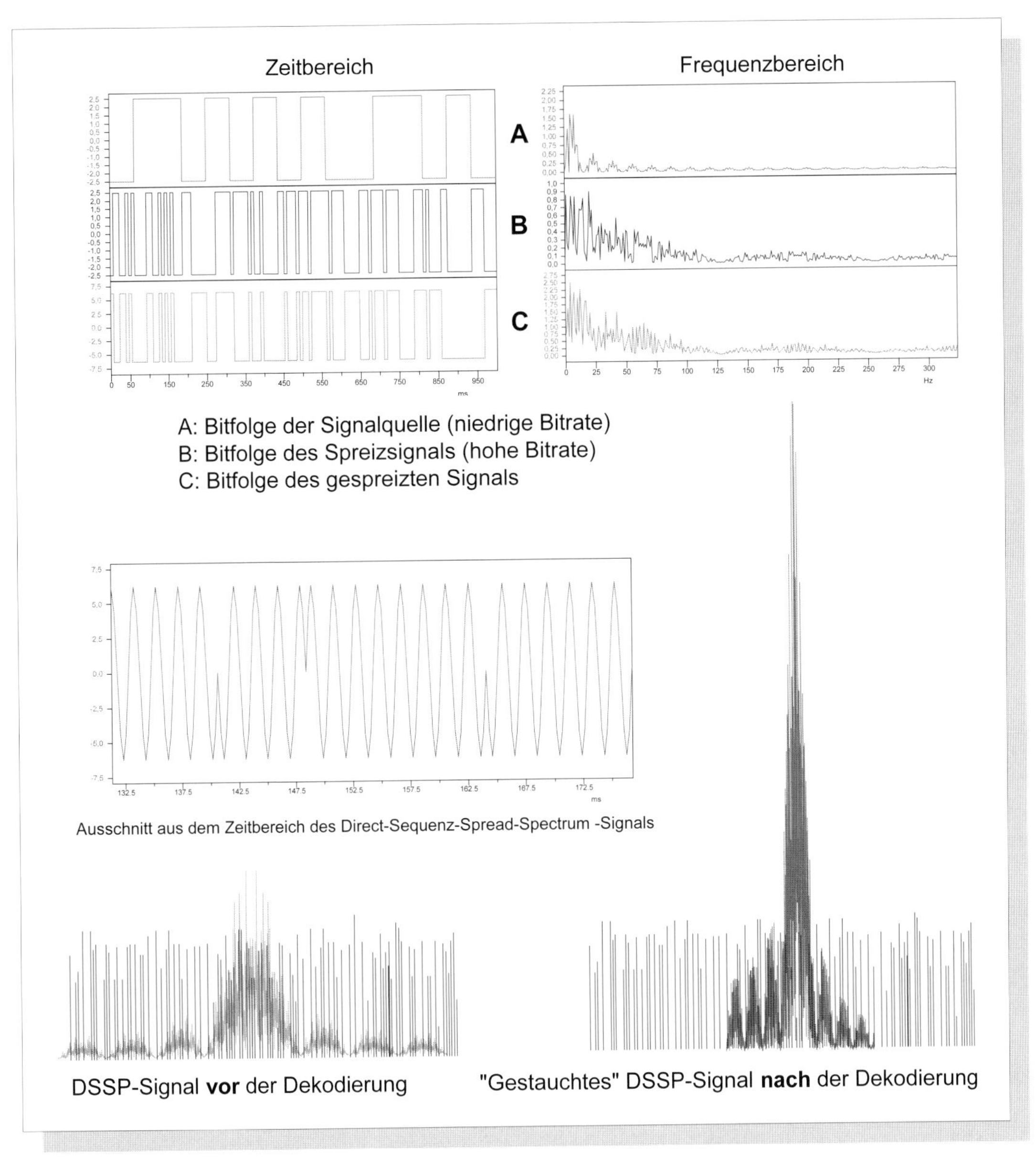

Abbildung 239 ***Direct Sequence Spread Spectrum DSSS***

Oben: Deutlich ist zu sehen, wie sich das Spektrum durch die Spreiz-Sequenz verbreitert. Die Bandbreite entspricht der der Spreizsequenz. Nicht ganz korrekt dargestellt ist hier die Spreizsequenz. Sie müsste sich eigentlich periodisch mit dem Takt der niedrigratigen Bitfolge wiederholen. Das ist jedoch ohne Einfluss auf den spektralen Verlauf.

Mitte: Für die Übertragung wird die gespreizte Bitfolge mit einem Träger moduliert. Das Bild zeigt einen kleinen Ausschnitt im Zeitbereich aus dem modulierten Spread-Spectrum-Signal. Hier liegt offensichtlich ein PSK-moduliertes Signal vor.

Unten: Kennt der Empfänger den Code, so kann das Empfangssignal in gestauchter Form rekonstruiert werden. Dieses gestauchte Signal ragt aus dem Rauschen heraus und enthält die Information über die ursprüngliche Bitfolge niedriger Rate (siehe oben).

Bei Spread-Spectrum-Signalen ist die Bandbreite - im Gegensatz zu allen bisher beschriebenen Digitalen Übertragungsverfahren - viel größer als die Informationsrate.

Durch die Verbreiterung des Spektrums nimmt die Störsicherheit (auch) gegen schmalbandige Störer zu. Das kann von Vorteil sein, falls jemand z.B. absichtlich versucht das Signal zu stören.

Vom Prinzip her recht einfach ist *Direct Sequence Spread Spectrum*. Im Prinzip handelt es sich hierbei um die Multiplikation einer niedrigratigen bipolaren Bitfolge mit einer hochratigen bipolaren pn-Bitfolge (siehe Abb. 239), sonst aber im Prinzip wie bei AM.

Eine andere Möglichkeit ist *Frequency Hopping Spread Spectrum*. Das Frequenzhüpfen wird durch eine *pn-Sequenz* gesteuert. Dieses System besteht hauptsächlich aus dem Codegenerator und einem schnell steuerbaren Frequenzsynthesizer, der durch den Codegenerator gesteuert wird. Im Unterschied zu FSK (siehe Abb. 219) beträgt die Anzahl der möglichen Frequenzen nicht nur 2 , sondern kann sehr groß sein.

Aus Symmetriegründen muss es dann auch *Time-Hopping-Spread-Spectrum* geben. Hierbei hüpft der Impuls zwischen möglichen Sendezeiten zufällig hin und her, so also würde es ein Zeitmultiplex-System für nur ein Signal geben.

Wird im Sender das Signal frequenzmäßig gespreizt, so wird es im Empfänger entsprechend gestaucht. Da die Energie des Signals sich nicht verändert, muß der Amplitudenverlauf um den Spreizfaktor höher ausfallen: Das Signal ragt aus dem Rauschen heraus. Dies verdeutlicht Abb. 239.

Im Empfänger kann das Signal nur frequenzmäßig gestaucht werden, falls der Code bekannt ist. Da für jedes Signal der Code anders aussieht, können *viele Signale den gleichen Frequenzbereich nutzen*, so dass sich der Nachteil der Frequenzbandspreizung mehr oder weniger aufhebt. Das Signal wird durch eine *Korrelation* wiedergewonnen (siehe Abb. 61 und 62). Hierdurch wird die Ähnlichkeit bzw. Erhaltungstendenz des ursprünglichen Signals „herausgefiltert".

Spread Spectrum kann vor allem dort eingesetzt werden, wo schwächste - im Rauschen verschwundene - Signale wiedergewonnen werden sollen. Dieses Verfahren findet u.a. Verwendung beim GPS (Global-Positioning-System) oder auch bei drahtlosen Mikrofonen. Spread Spectrum könnte vielleicht *die* Lösung für ein breitbandiges, drahtloses Kommunikationsnetz im Höchstfrequenzbereich werden!

Aufgaben zu Kapitel 13

Aufgabe 1

(a) Beschreiben sie die Möglichkeiten, ein digitales Signal - also ein Bitmuster - vor der Modulation bzw. Übertragung frequenzbandmäßig zu begrenzen.

(b) Wie lässt sich hierbei die Überlagerung (Interferenz) benachbarter Impulse in Grenzen halten?

(c) Wie lässt sich bei einem empfangenen Signal messtechnisch in qualitativer Weise feststellen, ob die Information noch rekonstruierbar ist?

(d) Weshalb sind manche Filtertypen überhaupt nicht zur Filterung von „rechteckförmigen" Bitfolgen geeignet?

Aufgabe 2

Fassen Sie die generellen Unterschiede zwischen den klassischen und den digitalen Modulationsverfahren zusammen.

Aufgabe 3

Vergleich Sie Amplituden-, Phasen- und Frequenztastung miteinander.

(a) Welche Vor- und Nachteile sehen Sie jeweils?

(b) Wie läßt sich auf einfachste Weise eine ASK in eine PSK verwandeln?

Aufgabe 4

Beschreiben Sie die Idee, welche hinter dem (zweidimensionalen) Signalraum in der GAUSSschen Ebene steckt.

Aufgabe 5

Beschreiben Sie anhand der Vierphasentastung QPSK, wie sich praktisch jeder Punkt im Signalraum erreichen läßt.

Aufgabe 6

Bei der Digitalen Quadratur-Amplitudenmodulation QAM lassen sich mit Hilfe eines *Mappers* beliebig viele, gitterartig angeordnete Punkte im Signalraum erreichen.

(a) Beschreiben Sie dessen grundsätzlichen Aufbau.

(b) Wie viele Signalzustände (Punkte im Signalraum) werden für ein 4-Bit-Signal am Eingang benötigt?

(c) Wie lässt sich dies schaltungsmäßig im Mapper realisieren?

(d) Wie viele diskrete Amplitudenstufen benötigt Realteil- und Imaginärteil-Signal?

Aufgabe 7

Durch die Darstellung des QAM-Empfangssignals lässt sich exakt feststellen, ob das Quellensignal wieder rekonstruierbar ist.

(a) Wie ist dies erkennbar?

(b) Nach welchem Prinzip arbeitet demnach ein QAM-Empfänger?

Aufgabe 8

Fassen Sie die drei „Lektionen“ der Informationstheorie Shannons zusammen!

Aufgabe 9

Das PCM 30-System wendet das Zeitmultiplex-Verfahren TDMA an. 30 Teilnehmer können hierbei den gleichen Übertragungskanal benutzen. Wie groß ist mindestens die Bitrate des PCM-30-Systems bei einer NF-Bandbreite von 4 kHz und der Verwendung von 8-Bit-A/D-Wandlern?

Aufgabe 10

DMT-Verfahren sind derzeit in der modernen Digitalen Übertragungstechnik aktueller Stand.

(a) Welche Vorteil verspricht man sich durch DMT trotz deren komplexen Struktur?

(b) Für welche Übertragungsmedien erscheinen DMT-Verfahren besonders geeignet? Begründen Sie dies.

(c) Welche Besonderheit weist OFDM auf?

(d) Durch welche digitalen Signalprozesse lässt sich der Aufwand stark reduzieren?

(e) Inwieweit ist ein DMT-System virtueller Art, Also ein Programm?

(f) Welche „Standard-Chips“ werden in erster Linie für diese digitale Signalverarbeitung DSP benötigt?

(g) Welche Anwendungen arbeiten auf der Basis von DMT?

Aufgabe 11

Beschreiben Sie den Aufbau eines OFDM-Senders und Empfängers.

Aufgabe 12

Was steckt hinter der Frequenzbandspreizung und CDMA?

Literaturangaben

Das vorliegende Lernsystem stellt die Theorie und Praxis der Signale – Prozesse – Systeme auf eine physikalische Basis. Als grundlegende Erklärungsmuster werden das *FOURIER-Prinzip*, das *Unschärfe-Prinzip* sowie das *Symmetrie-Prinzip* herangezogen. Das ist durchaus ungewöhnlich, nach Meinung des Autors auch erstmalig konsequent durchgeführt worden. Neben dem FOURIER-Prinzip wird in wenigen Büchern (andeutungsweise) das Unschärfe-Prinzip genannt, das Symmetrie-Prinzip findet praktisch keine Erwähnung bis auf den Hinweis, die Mathematik liefere auch negative Frequenzen

Aus diesem Grunde erscheint es wenig sinnvoll, eine lange Liste renommierter Fachbücher aufzuführen, da sie sich nahezu ausschließlich auf die *mathematische Modellierung signaltechnischer Phänomene* beschränken und deshalb hier kaum als Referenz dienen können.

Wirklichen Nutzen brachte das DVB-Buch von Ulrich Reimers (TU Braunschweig) bei der Behandlung der Digitalen Übertragungstechnik. Viele Ideen und Beispiele dort wurden aufgegriffen, modifiziert, gestaltet und simuliert.

Als ein weiterführendes fachwissenschaftliches Buch zum Thema, in dem die Erklärungsmuster nicht nur mathematischer, sondern auch inhaltlich-bildlicher Natur sind, erscheint empfehlenswert:

♣ *Alan V. Oppenheimer und Alan S. Willsky: Signale und Systeme; Lehr- und Arbeitsbuch; 1. Auflage VCH Verlagsgesellschaft, Weinheim 1989; ISBN 3-527-26712-3*

Für die Probleme der Digitalen Übertragungstechnik kann empfohlen werden:

♣ *Ulrich Reimers: Digitale Fernsehtechnik; Springer-Verlag Berlin ,Heidelberg, NewYork 1997; ISBN 3-540-60945-8*

Ein älteres Fachbuch hat geholfen, die schwingungsphysikalischen Grundlagen der Nachrichtentechnik besser zu erkennen:

♣ *E. Meyer und D. Guicking: Schwingungslehre, Friedr. Vieweg + Sohn GmbH Verlag, Braunschweig 1974; ISBN 3-528-08254-3*

Als ein relativ einfach geschriebenes (englisches) Fachbuch zur Digitalen Signalverarbeitung DSP kann gelten:

♣ *Craig Marven und Gillian Ewers: A simple approach to Digital Signal Processing; Texas Instruments 1993; ISBN 0-904 047-00-8*

Wer sich über aktuelle Fachbücher informieren möchte, dem können die Online-Buchhandlungen im Internet empfohlen werden. Durch Eingabe von Stichworten kommt man schnell zum Ziel und findet neben den Buchtiteln z.T. auch inhaltliche Zusammenfassungen und Beurteilungen von Lesern.

Die preiswerteste und aktuellste Fachbücherei ist mit Abstand das Internet, vor allem, wenn es um Fachaufsätze bzw. Fachartikel und weiterführende Hinweise geht.

Empfohlen werden kann hier u.a. die Meta-Suchmaschine für den deutschsprachigen und auch internationalen Raum unter http://meta.rrzn.uni-hannover.de

In der nächsten Auflage soll das elektronische Dokument zusätzlich mit zahlreichen Links versehen werden, die zu interessanten Fundstellen im Internet führen.

Stichwortverzeichnis

A

B

C

D

E

F

G

H

I

K

L

O

P

Q

R

S

T

U

V

W

Z

Springer Catalogue 2000/2001

Weiterführende Literatur des Springer-Verlages (Auszug)

Signal- und Systemtheorie

Vogel, P.: (1999) *Signaltheorie und Kodierung*
ISBN: 3-540-66011-9, DM 59,-

Wolf, D.: (1999) *Signaltheorie - Modelle und Strukturen*
ISBN: 3-540-65793-2, DM 98,-

Marko, H.: (1995) *Systemtheorie - Methoden und Anwendungen für ein- und mehrdimensionale Systeme*
ISBN: 3-540-58232-0, DM 139,90

Schlitt, H.: (1992) *Systemtheorie für stochastische Prozesse - Statistische Grundlagen, Systemdynamik, Kalman-Filter*
ISBN: 3-540-54288-4, DM 179,-

Digitale Signalverarbeitung

Walter, J.: (2003) *Digitale Signalverarbeitung mit Signalprozessoren - Hardware, Assembler, C*
ISBN: 3-540-61250-5

Meyer-Bäse, U.: (2000)
Schnelle digitale Signalverarbeitung - Algorithmen, Architekturen, Anwendungen
ISBN: 3-540-67662-7, DM 129,-

Gerdsen, P.; Kröger, P.: (1997)
Digitale Signalverarbeitung in der Nachrichtenübertragung - Elemente, Bausteine, Systeme und ihre Algorithmen
ISBN: 3-540-61194-0, DM 79,-

Schüßler, H.W.: (1994)
Digitale Signalverarbeitung 1 - Analyse diskreter Signale und Systeme
ISBN: 3-540-57428-X, DM 98,-

Messtechnik

Pfeiffer, W.: (1998) *Digitale Messtechnik - Grundlagen, Geräte, Bussysteme*
ISBN: 3-540-63904-7, DM 48,-

Kommunikations- bzw. Übertragungstechnik

Voges, E.; Petermann, K. (Hrsg.): (2001)
Optische Kommunikationstechnik - Handbuch für Wissenschaft und Industrie
ISBN: 3-540-67213-3, DM 198,-

Broy, M.; Spaniol, O., (Hrsg.): (1999)
Lexikon Informatik und Kommunikationstechnik
ISBN: 3-540-63249-2, DM 298,-

Bludau, W.: (1998) *Lichtwellenleiter in Sensorik und optischer Nachrichtentechnik*
ISBN: 3-540-63848-2, DM 98,-

Söder, G.: (1993) *Modellierung, Simulation und Optimierung von Nachrichtensystemen*
ISBN: 3-540-57215-5, DM 119,-

Huber, J.: (1992) *Trelliscodierung - Grundlagen und Anwendungen in der digitalen Übertragungstechnik*
ISBN: 3-540-55792-X, DM 119,-

Johann, J.: (1992) *Modulationsverfahren - Grundlagen analoger und digitaler Übertragungssysteme*
ISBN: 3-540-55769-5, DM 119,-

Druck- und Bindearbeiten: Stürtz AG, Würzburg

Springer-Verlag GmbH & Co. KG
Tiergartenstr. 17
69121 Heidelberg
und der Nutzer der CD-ROM Signale Prozesse Systeme
treffen folgende Vereinbarung über die Nutzung:

Ziff. 1 Urheber- und Nutzungsrechte
1. Die auf der CD-ROM gespeicherten Daten, die Software und die Bedienungsanleitung sind urheberrechtlich geschützt.
2. Der Nutzer hat das Recht, die CD-ROM auf die in der Bedienungsanleitung beschriebenen Weise zu benutzen. Alle anderen Nutzungsarten und Nutzungsmöglichkeiten sind unzulässig, insbesondere die Übersetzung, Reproduktion, Dekompilierung, Übertragung in eine maschinenlesbare Sprache und öffentliche Wiedergabe.
3. Der Nutzer ist berechtigt, die CD-ROM auf einem Rechner bzw. an einem Arbeitsplatz einzusetzen. Der Käufer verpflichtet sich, das Programm nur für persönliche Zwecke zu nutzen. Eine gewerbliche Nutzung bedarf der Zustimmung des Springer-Verlags.
4. Für die Verwendung des Programms an mehreren Arbeitsplätzen oder in Netzwerken ist eine Mehrfachlizenz erforderlich.

Ziff. 2 Beratung
1. Der Springer-Verlag eröffnet die Möglichkeit, Fragen in bezug auf die Nutzung der CD-ROM zu stellen. Ein Rechtsanspruch auf diesen Dienst besteht jedoch nicht.
2. Die Fragen können die Installation, die Handhabungs- und Benutzerprobleme des Programms betreffen.
Adresse: em-helpdesk@springer.de

Ziff. 3 Gewährleistung
1. Der Springer-Verlag ist nicht Urheber der Daten und Programme, sondern stellt sie nur zur Verfügung. Der Nutzer weiß, daß Inhalte und Software nicht fehlerfrei erstellt werden können.
2. Bei Material- oder Herstellungsfehlern und fehlenden zugesicherten Eigenschaften oder bei Transportschäden tauscht der Springer-Verlag den Vertragsgegenstand um.

Ziff. 4 Haftung des Springer-Verlages
1. Der Springer-Verlag haftet auf Schadensersatz, gleich aus welchem Rechtsgrund, nur bei Vorsatz grober Fahrlässigkeit und bei Eigenschaftszusicherungen. Die Haftung aus dem Produkthaftungsgesetz bleibt unberührt.
2. Die Haftung der auf den Vertragsgegenständen ausgewiesenen Urheber oder Hersteller ist - gleich aus welchem Rechtsgrund - gegenüber dem Nutzer auf Vorsatz und grobe Fahrlässigkeit beschränkt.

Ziff. 5 Datenschutz
Der Nutzer ist damit einverstanden, daß seine Daten maschinell gespeichert und verarbeitet werden.

Ziff. 6 Geltendes Recht
Es gilt das Recht der Bundesrepublik Deutschland.